DIE PFLANZLICHE ZELLWAND

VON

A. FREY-WYSSLING

PROFESSOR FÜR ALLGEMEINE BOTANIK UND PFLANZENPHYSIOLOGIE
DER EIDGENÖSSISCHEN TECHNISCHEN HOCHSCHULE ZÜRICH

MIT 188 TEXTABBILDUNGEN
IN 320 EINZELDARSTELLUNGEN

SPRINGER-VERLAG BERLIN HEIDELBERG GMBH
1959

ISBN 978-3-642-86331-8   ISBN 978-3-642-86330-1(eBook)
DOI 10.1007/978-3-642-86330-1

Druck der Universitätsdruckerei H. Stürtz AG., Würzburg

Vorwort

Das vorliegende Kompendium über „Die pflanzliche Zellwand" ist eine Neu-
auflage des ersten Teiles meiner Monographie: „Die Stoffausscheidung der
höheren Pflanzen", die 1935 als 32. Band der Springerschen Einzeldarstellungen aus dem Gesamtgebiet der Physiologie der Pflanzen und der Tiere in
Berlin erschien. Die damaligen Ausführungen über die Zellwände betrugen
etwa ein Drittel jenes Leitfadens. Seither sind jedoch unsere Kenntnisse über
die pflanzlichen Zellmembranen durch intensive Forschungstätigkeit und durch
die Einführung neuer Untersuchungsmethoden wie vor allem der Elektronenmikroskopie so weitgehend vermehrt und vertieft worden, daß es sich als notwendig erwies, sie in einem eigenen Bande gesondert zur Darstellung zu bringen.

Ich danke meinen Mitarbeitern Prof. Dr. K. Mühlethaler, Prof. Dr. F. Ruch
und Prof. Dr. H. H. Bosshard für die Zurverfügungstellung aktuellen Bild-
materials, Frl. Dr. Elsi Häusermann für die kritische Sichtung des Manu-
skriptes und dem Verlage für die reiche Ausgestaltung des Werkes mit erläu-
ternden Abbildungen.

Zürich, Silvester 1957.   A. Frey-Wyssling

Institut für Allgemeine Botanik
der Eidgenössischen Technischen Hochschule.

Inhaltsverzeichnis

Einleitung

Bedeutung der Zellwand als pflanzlicher Rohstoff

Zahlreiche und zum Teil sehr wichtige Wirtschaftszweige wie die gesamte Holz- und Papierindustrie, die Cellulose-, Watte-, Kork- und Strohindustrie sowie die bedeutsamsten Branchen der Textilindustrie und der Seilerei verwenden pflanzliche Zellwände als Rohstoff. Bedenkt man ferner, daß Torf, Braunkohle und Steinkohle, die als Brennstoff und als Rohstoff in der Gasindustrie, der Kokerei und anderen Sparten der chemischen Industrie Verwendung finden, zur Hauptsache aus fossilen Pflanzenmembranen hervorgegangen sind, erhellt die ungeheure Bedeutung dieses Produktes pflanzlicher Lebenstätigkeit. Die beigegebene Tabelle bringt seine Wichtigkeit in Zahlen zum Ausdruck; sie läßt die pflanzliche Zellwand als weitaus das belangreichste organische Massengut erkennen, das mengenmäßig sogar sehr wohl mit anorganischen Weltwirtschaftsgütern wie Stahl (1947 121000 Mill. kg) zu konkurrieren vermag.

Weltproduktion organischer Massengüter

	1936 (s. KÖSTLER 1943) Mill. kg (1000 t)	1947 (FAO) Mill. kg (1000 t)
Kohle	1451100	1222000
Holz	960000	840000
Pflanzenfasern		9000
davon Baumwolle	6900	
Wolle	1700	
Getreide	260800	474000
Erdöl	246300	383000

Die geschilderte Sachlage hat zur Folge, daß sich mit der Pflanzenzellwand vornehmlich Techniker beschäftigen, die sich für den Chemismus, die technologischen Eigenschaften und den Preis dieses Rohstoffs interessieren. Eine unübersehbare ältere und neuere Literatur, sowie neueste Veröffentlichungen geben von diesem Bemühen kund. Dabei kommt jedoch in der Regel der biologische Gesichtspunkt zu kurz. Vor allem wird gewöhnlich vergessen, daß jede Zellwand eine ontogenetische Entwicklung hinter sich hat, daß sich ihre Besonderheiten aus einer einfachen Lamelle heraus differenziert haben, und daß sie als Organell individueller Zellen gewachsen ist. Sein organisches *Wachstum* ist ein besonderes Merkmal der Vorgeschichte dieses Rohstoffes, das ihn wesentlich von anderen Massengütern unterscheidet, und dessen Berücksichtigung den Technologen davor bewahren sollte, anhand der ausgewachsenen Zellwand doktrinäre Terminologien aufzustellen; denn während der Zelldifferenzierung kann aus Verschiedenartigem durch Konvergenz scheinbar Gleichartiges oder aus Gleichartigem durch Differenzierung Verschiedenartiges entstehen. Ferner erlaubt das Studium der Entwicklungsgeschichte mit Hilfe der Elektronenmikroskopie einen so tiefen Einblick in den submikroskopischen Feinbau der

Zellwände zu gewinnen, daß wir über die Mannigfaltigkeit der Organisation dessen, was von der Technik einfach als „Zellstoff" bezeichnet wird, staunen müssen.

Ein weiteres Anliegen der biologischen Betrachtung ist die Lokalisierung der verschiedenen Membranstoffe in der Zellwand. Eine Pauschalanalyse von Holz oder Baumwolle sagt wenig über den Aufbau dieser Rohstoffe aus, wenn nicht angegeben werden kann, wie die verschiedenen Verbindungen in der Zellwand verteilt sind. Hier müssen die klassische Mikrochemie und die neuere Histochemie herangezogen werden, die zeigen, daß ohne Zuhilfenahme des Mikroskops und ohne Kenntnisse der Anatomie und der submikroskopischen Morphologie keine sinnvolle Zellwandchemie betrieben werden kann.

Aus dem erschlossenen Feinbau der Zellwand lassen sich viele ihrer physikalischen Eigenschaften herleiten, so namentlich ihre Dichte, ihre Färbbarkeit, ihre optische Anisotropie und ihre Zugfestigkeit. Umgekehrt erlaubt das Studium der technischen Eigenschaften der Zellwände weitgehende Rückschlüsse auf ihr Verhalten im Zellverband und ihre biologische Bedeutung im Pflanzenkörper.

So hofft die vorliegende Monographie, den Biologen mit den staunenswerten Eigenschaften der Pflanzenhäute bekannt zu machen und dem Techniker die biologische Betrachtungsweise seines Rohstoffes nahezubringen. Gleichzeitig möge der Einblick in das harmonische Heranwachsen der für den Menschen so nützlichen Strukturen jene ehrfurchtsvolle Erkenntnis wecken, die uns daran hindern soll, diese Gabe der Natur als Massengut sinnlos zu vergeuden; denn jeder Verbrauch über die Wachstumskapazität der heutigen Pflanzenwelt hinaus ist im Hinblick auf unsere Nachfahren sündhafter Frevel und strafbarer Raubbau.

De cellula vegetabili fibrillis tenuissimis contexta.

J. AGARDH (1852)

Fortan tritt nun die Frage, ob die
Membranen aus sog. Primitivfasern zusammengesetzt seien, in den Vordergrund.

C. NÄGELI (1864).

A. Biostruktur und Biogenese der Zellwand

1. Entwicklungsgeschichte

Die meisten pflanzlichen Zellmembranen fallen durch einen ausgesprochenen Schichtenbau auf. Ihre Lamellierung kann am besten ontogenetisch verstanden werden, indem man die Entwicklung der Zellwand mikroskopisch und elektronenmikroskopisch verfolgt.

a) Mittellamelle

Zellteilung

Abgesehen von der Haut der befruchteten Eizelle sind alle später gebildeten Zellmembranen durch die Einfügung von Querwänden entstanden, die die bestehenden Zellen anläßlich der Mitose in zwei Tochterzellen unterteilen.

Der Aufbau der neuen Wand erfolgt durch den sog. Phragmoplasten, der sich als selbständiger Plasmakörper im Gebiete der Äquatorialebene der sich teilenden Mutterzelle bildet, nachdem die Chromosomen in der Anaphase auseinandergewichen sind. Die Spindelfasern, die von Pol zu Pol verlaufen (Abb. 1a), durchsetzen den Phragmoplasten (STRASBURGER 1888). Vorerst ist seine dichte Plasmamasse spindelförmig; sie plattet sich jedoch frühzeitig ab und nimmt die Gestalt einer bikonvexen Linse an. Dadurch werden die Spindelfasern, die sich gleichzeitig verkürzen (TIMBERLAKE 1900), auseinandergedrängt. Als Ergebnis werden die beiden Tochterkerne in die Mitte der Mutterzelle gezogen und sitzen beidseitig satt auf dem abgeflachten Phragmoplasten (Abb. 1b).

In der Telophase werden die ersten Anzeichen einer neuen Querwand in Form von färbbaren Knötchen in der Äquatorialebene sichtbar (Abb. 1a). Ursprünglich war man der Meinung, es handle sich um Verdickungen der Spindelfasern. BECKER (1933, 1934) zeigte jedoch, daß diese „Knötchen" kleine Tröpfchen einer Coacervat-Entmischung sind, die sich vital mit Vacuolenfarbstoffen (z. B. Cresylblau) anfärben lassen. In fixierten Präparaten sollen sie als Körnchen mit den Spindelfasern verkleben, während sie bei Lebendbeobachtungen in den Staubfadenhaaren von *Tradescantia virginiana* als halbflüssige Differenzierungen des Phragmoplasten erscheinen. Ihre Anzahl vergrößert sich, bis die Tröpfchen schließlich seitlich zu einer halbfesten Schicht, der sog. Zellplatte, zusammenfließen.

Die Zellplatte läßt sich vital mit den basischen Farbstoffen Methylenblau und Neutralrot (BECKER 1933) anfärben, was darauf hinweist, daß sie bereits saure Zellwandstoffe wie z. B. Pektine (S. 133) enthält. Es ist daher wahrscheinlich, daß die ursprünglich tropfige Entmischung in der Äquatorialebene des Phragmoplasten durch die Bildung von Polyuroniden bedingt ist. Die in der Zelle gleichsam frei schwimmende Zellplatte wächst nun peripher, bis sie die Längswände der Mutterzelle erreicht und mit diesen verschmilzt.

Schon vor dem Anschluß an die Längswand wird die Zellplatte schwach doppelbrechend; und zwar erkennt man beidseitig einer isotropen, im Polarisationsmikroskop schwarzen Zentrallamelle schwach aufleuchtende, doppelbrechende Schichten. Die wachsende Zellplatte besteht also bereits aus drei Blättern, von denen man das zentrale als Mittellamelle bezeichnet, und gegen welches die zwei Tochterzellen beidseitig ihre Primärwände anlagern. Die Doppelbrechung der beiden Primärwandlamellen rührt davon her, daß sie bereits kleine Mengen Cellulose enthalten.

Nach der Regel von SACHS (1878) verwächst die Zellplatte stets unter rechten Winkeln mit den ursprünglichen Wänden der Mutterzelle; falls jene gekrümmt sind, wird daher auch die Querwand gebogen erscheinen. Ferner wird sie im allgemeinen senkrecht zur Längsachse anisodiametrischer Zellen angelegt. Von dieser zweiten Regel gibt es eine wichtige Ausnahme bei der Teilung der Cambiumzellen. Kurz nach ihrer Bildung stellt sich dort die Zellplatte in der

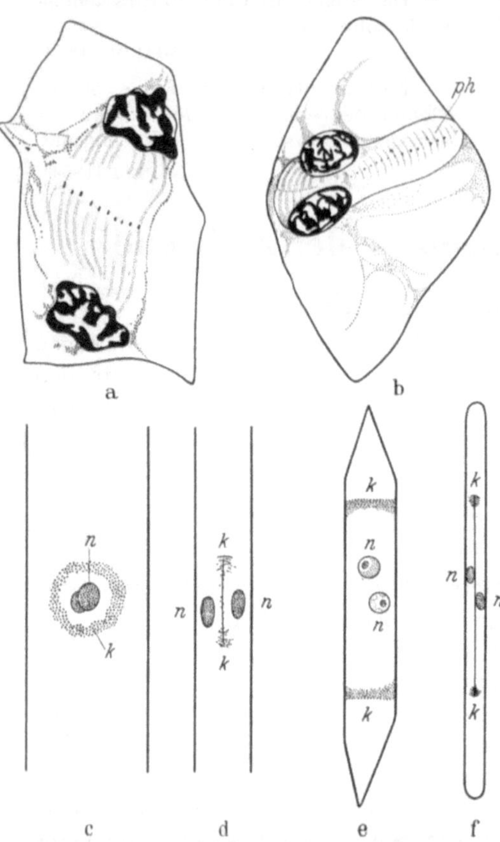

Abb. 1 a—f. Bildung der Querwand bei der Mitose. a u. b Telophase und Phragmoplast (*ph*) bei der Zellteilung im Nucellus von *Tulipa silvestris* (CHODAT 1922). c u. d Tangential- und Radialschnitt durch eine in Teilung begriffene Cambiumzelle von *Robinia pseudacacia* (BAILEY 1920). *n* Zellkern; *k* Ring aus Kinoplasma, begrenzt die Zellplatte. c u. f Späteres Stadium von c und d; der Kinoplasmaring *k* wandert mit zwei Fronten gegen die Zellpole

Tangentialebene parallel zur Zellachse ein. Am Rande des stark abgeplatteten Phragmoplasten (Abb. 1 d) erkennt man einen sehr aktiven plasmatischen Ring aus zirkular verlaufenden Plasmafäden und Plasmaströmen (BAILEY 1920). Dieser als Kinoplasma bezeichnete Wachstumsring (Abb. 1 c) vergrößert die Zellplatte, bis sie die Seitenwände erreicht; hierauf bildet sich an der jungen Zellwand oben und unten je ein kinoplasmatischer Saum, der die neue Querwand bis in die Zellspitzen hinaus baut und so die cambiale Mutterzelle tangential in zwei Tochterzellen spaltet.

Nicht bei allen pflanzlichen Zellen entsteht die neue Zellwand als lose Zellplatte im Innern des Cytoplasmas. Bei den Fadenalgen der Conjugaten, z. B.

bei *Spirogyra*, wird die Querwand von der Außenwand her nach innen gebaut, so daß die offene Verbindung zwischen den zwei Tochterzellen wie durch eine Irisblende nach und nach gedrosselt und schließlich ganz geschlossen wird. Das gleiche gilt für die kernlosen Blaualgen (Cyanophyceen); zur Veranschaulichung möge das Schema der fadenförmigen Spaltalge *Oscillatoria* (Abb. 106, S. 166) dienen. Auch bei der Zellteilung von *Staphylococcus* ist ein solcher Ringwulst im Elektronenmikroskop beobachtet worden, der das Bacterium wie eine sich schließende Blende spaltet (DAWSON und STERN 1954).

Intercellularsubstanz

Die unpaare Mittellamelle bleibt meistens unscheinbar; doch kann sie stets im Polarisationsmikroskop oder mit Pektinfarbstoffen als isotrope oder gefärbte Trennungslinie zwischen aneinander grenzenden Zellen festgestellt werden. Der Membranstoff, aus dem sie aufgebaut ist, wird als Intercellularsubstanz oder als Kittsubstanz bezeichnet, weil die Mittellamelle die einzelnen Zellen eines Gewebes zusammenhält. Falls die Intercellularen, d. h. die Lücken, die durch Abrundung der Zellecken im Gewebe entstehen, nicht als Luftkanälchen in den Dienst der Gewebedurchlüftung gestellt werden, können auch sie mit Intercellularsubstanz ausgefüllt werden.

Die spezifische Färbbarkeit, die Löslichkeit und der enzymatische Abbau der Mittellamelle deuten darauf hin, daß die Intercellularsubstanz aus Pektinstoffen besteht. Reagentien, die Pektinstoffe auflösen oder abbauen, führen durch Auflösung der Mittellamelle zum Gewebezerfall. Von dieser Methode, die als Maceration bezeichnet wird, macht man in der Histologie und in der Technik Gebrauch, um aus Geweben isolierte Zellen wie z. B. aus Holz lose Fasern zu gewinnen.

Maceration. Eine natürliche Maceration des Gewebes tritt bei der bakteriellen Flachsröste auf. Sie findet sich oft auch in überreifen Früchten, z. B. in der Birne, namentlich aber in Beeren. Ein klassisches Objekt für die mikroskopische Untersuchung isolierter Pflanzenzellen ist die Schneebeere *(Symphoricarpus racemosus)*. In solchen Früchten wird die Mittellamelle durch Pektinfermente enzymatisch abgebaut (s. S. 140), so daß die Zellen gegeneinander verschiebbar werden. Diese Fermentmaceration kann man auch experimentell verwenden. Zum Beispiel zerfallen Wurzelhauben durch Digerierung mit Pektinferment in individualisierte Zellen, deren Leben bei dieser schonenden Macerarion erhalten bleibt (CORMAK 1955).

Da Pektinstoffe in Ammoniumoxalat löslich sind und durch Oxydation abgebaut werden, können unverholzte Parenchyme durch Inkubation in Ammoniumoxalat oder verdünntem Wasserstoffsuperoxyd (KISSER 1926) in der Wärme maceriert werden. Für verholzte Gewebe sind stärkere Oxydationsmittel notwendig, wie z. B. SCHULZEs Kaliumchlorat-Salpetersäure-Gemisch. DADSWELL und ELLIS (1940b) machen darauf aufmerksam, daß für die Maceration von Holzschnitten die alleinige Anwendung von Pektinlösungsmitteln nicht genügt, sondern daß Reagentien gebraucht werden müssen, die zugleich auch Lignin und Cellulose angreifen. Umgekehrt lösen technische Aufschlußmittel (saure Kochung mit Natriumsulfit oder alkalische Kochung mit Natriumsulfid) bei der Gewinnung von Cellulose aus Holz nicht nur das Lignin, sondern auch die Pektinstoffe der Mittellamelle auf.

b) Primärwand
Feinbau (Streuungstextur)

Die Primärwand, die während der Zellteilung gegen die Mittellamelle abgelagert wird, umkleidet die junge Zelle als feine elastische Haut. Die Elastizitätsgrenze liegt indessen so tief, daß sie leicht überschritten werden kann, so
daß plastische Verformungen möglich sind.

Während die Mittellamelle im Elektronenmikroskop homogen erscheint,
zeigt die Primärwand ein System von miteinander verflochtenen submikroskopischen Cellulosefibrillen (FREY-WYSSLING, MÜHLETHALER und WYCKOFF
1948). Die Art der Verflechtung geht aus Abb. 2 hervor, die mögliche Fibrillen-
überkreuzungen darstellt. In Abb. 2b sind die Fibrillen so gelagert, daß man
theoretisch eine nach der andern wegnehmen kann, ohne die anderen in ihrem Verlaufe
zu stören. In diesem Falle sind die Fibrillen nur übereinandergeschichtet, ohne eigentlich
miteinander verflochten zu sein. In Abb. 2a ist es jedoch nicht möglich, eine Fibrille
wegzunehmen, ohne die anderen in ihrer Lage zu beeinträchtigen. Hier liegt eine
echte Verflechtung vor. Wie eine genauere Betrachtung der Abb. 9 zeigt, sind darauf
neben Überkreuzungen vom Typus der Abb. 2b viele solche vom Typus der Abb. 2a sichtbar, so daß also in der Primärwand tatsächlich eine Art Verwebung der Mikrofibrillen vorliegt. Hieraus folgt,
daß die Fibrillen nicht an einer Oberfläche entstehen können, sondern daß sie in
einer Matrix von einer gewissen Tiefe gebildet werden; es muß also eine ganze
Oberflächenschicht des Cytoplasmas, deren Dicke jene der Mikrofibrillen wesentlich übersteigt, an der Fibrillenerzeugung beteiligt sein.

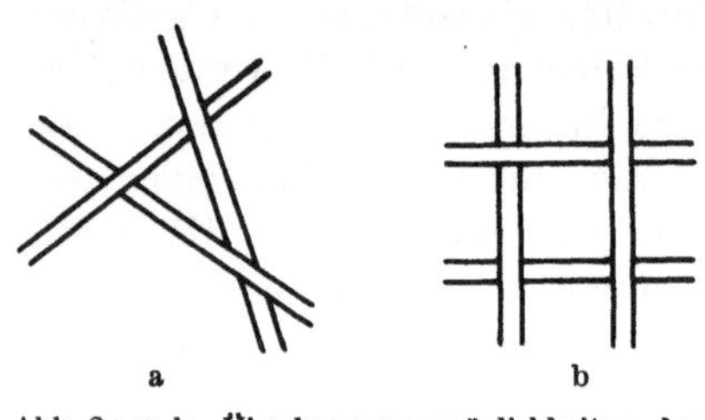

Abb. 2a u. b. Überkreuzungsmöglichkeiten der
Mikrofibrillen in der Primärwand.
a durchflochten, b überlagert

Die Matrix stellt die Hauptmasse der Primärwand dar. In der ausgebildeten
Wand besteht sie aus Pektinstoffen und Hemicellulosen, besitzt also eine ähnliche chemische Zusammensetzung wie die Mittellamelle. Tatsächlich ist es
schwer, beide Schichten strikte gegeneinander abzugrenzen. Die Primärwand
zeichnet sich lediglich durch die Einlagerung von doppelbrechenden, im Lichtmikroskop unsichtbaren Mikrofibrillen aus Cellulose oder anderen Gerüstsubstanzen (z. B. Chitin) aus. Dadurch erhält sie die sie gegenüber der plastischen Mittellamelle auszeichnende Elastizität. Da indessen zwischen den beiden
Wandschichten keine Phasengrenze besteht, können sie mechanisch nicht voneinander getrennt werden. Nach den Beobachtungen von MÜHLETHALER (1953a)
gibt es sogar Fälle, wo einzelne Mikrofibrillen von einer Primärwand durch die
Mittellamelle hindurch in jene der Nachbarzelle hinüberwechseln. Die Möglichkeit
ist nicht von der Hand zu weisen, daß unter Umständen der Phragmoplast bei
der Differenzierung der Zellplatte die Bildung der ersten Cellulosefibrillen nicht
streng auf die beiden Anlagerungsschichten der Mittellamelle beschränkt. Man
muß die Ausscheidung der Zellwand als ein dynamisches Geschehen auffassen,
dessen einzelne Phasen nicht scharf gegeneinander abgegrenzt sind, so daß
Mittellamelle und Primärwand ohne streng faßbare „Sprungschicht" kontinuierlich ineinander übergehen.

Das Fibrillengeflecht erscheint im Elektronenmikroskop, verglichen mit den natürlichen Verhältnissen, viel zu dicht. Bei der Präparation werden die Zellen maceriert, wobei die gesamte Matrix zusammen mit der Mittellamelle abgebaut wird. Ferner muß für die Untersuchung im Elektronenmikroskop alles Schwellwasser restlos entfernt werden, so daß das Fibrillengeflecht, das in der frischen Zellwand auf eine Tiefe von mindestens 0,5 μ verteilt ist, um mehr als eine Größenordnung auf weniger als 500 A zusammenschrumpft. Da die Primärwand, bezogen auf das Trockengewicht, nur zu ungefähr einem Drittel aus Cellulose

besteht (WIRTH 1946) und im gequollenen Zustand 92,5—94,2% Wasser enthalten kann (FREY-WYSSLING 1950; NAKAMURA und HESS 1938), sind in der frischen Primärmembran nur etwa 2,5% Cellulose vorhanden. Abb. 3 gibt an, wie spärlich die Armierung des vollhydratisierten Primärwand-Gels mit Cellulosemikrofibrillen ausfällt. Doch genügt diese geringe Menge von Cellulosestäben, der Zellwand die notwendige Festigkeit zu verleihen.

Die cellulosischen Mikrofibrillen sind lose in die Grundsubstanz eingelegt, ohne also, im Gegensatz zu früheren Ansichten (FREY-WYSSLING 1935a), durch Haftpunkte miteinander verbun

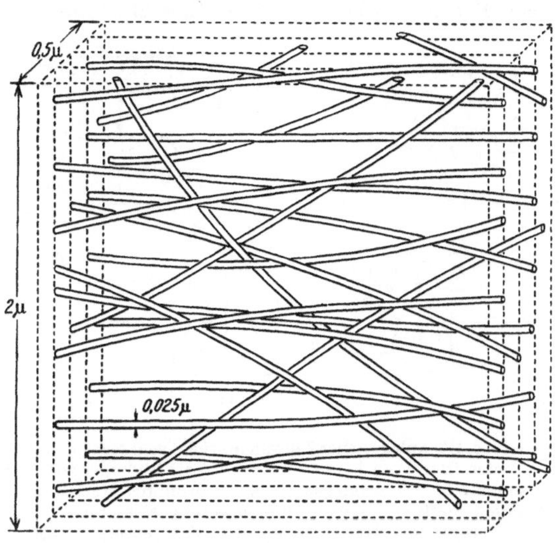

Abb. 3. Mikrofibrillengerüst der Primärwand im nativen Zustande bei optimaler Hydratisierung der Matrix. Die Mikrofibrillen nehmen nur 2,5 Vol.-% des Raumes ein

den zu sein. Beim Flächenwachstum der Primärwand muß daher nicht das Geflecht der Gerüstsubstanz, sondern die Grundsubstanz plastiziert werden (S. 94).

Die Ansicht von PRESTON (1934, 1938), wonach die Primärwand eine Schraubentextur der Mikrofibrillen besitze und in den Cambiumzellen der Coniferen die gleiche Schraubung wie die auf ihr deponierte Sekundärwand aufweise, ist widerlegt worden (FREY-WYSSLING 1940a, 1941).

Die Primärwände liefern wegen ihres geringen Cellulosegehaltes nur undeutliche Röntgeninterferenzen dieser Substanz (HEYN 1933b, SISSON 1937). Dagegen haben GUNDERMANN, WERGIN und HESS (1937a, b) mit der Röntgenmethode in der Primärwand von jungen Baumwollhaaren, Hafercoleoptilen und jungen Buchenzweigen einen wachsartigen Lipoidstoff nachweisen können, den sie Primärsubstanz nannten. Diese Fett-Wachs-Komponente ist zweifellos dafür verantwortlich, daß die mikrochemischen Reaktionen zum Nachweis der Cellulose in der primären Zellwand negativ ausfallen (TUPPER-CAREY und PRIESTLEY 1923). Nach HANSTEEN-CRANNER (1926) sollen auch lösliche Phosphatide in der Primärwand vorkommen (s. S. 187). Hiermit wird es sich ähnlich wie mit dem viel umstrittenen Eiweißgehalt der Zellwand verhalten, der nur in der peripheren Cytoplasmaschicht, welche die Primärwand synthetisiert, eine maßgebende Rolle spielt.

Zellformen

Membranen kleinster Oberfläche. Die Tatsache, daß die in einem primären
Meristem durch Zellteilung neuentstandenen Zellwände senkrecht auf die Seitenwände stoßen (Abb. 4), steht im Widerspruch zur Feststellung, daß ausdifferenzierte Gewebe in der Regel keine senkrecht aufeinander stehenden Zellflächen
aufweisen. Die Winkeländerung ist eine Folge des Zellwachstums. Während
sich das Zellvolumen vergrößert, strebt die primäre Zellwand zufolge ihrer
Elastizität eine möglichst kleine Oberfläche an. Früher war man der Meinung,
diese Minimumoberfläche isodiametrischer Meristemzellen sei durch die Ober-

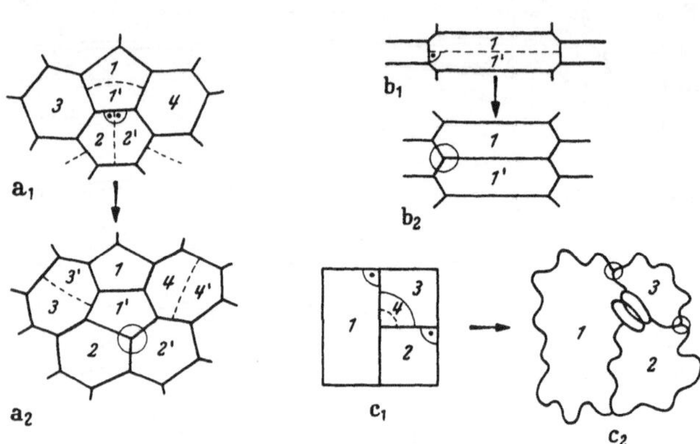

flächenspannung bedingt
(ERRERA 1888, 1907). Die
junge Zellwand kann je-
doch höchstens in ihren
allerersten Stadien als
flüssig betrachtet werden,
denn durch die Einlage-
rung der Cellulosemikro-
fibrillen wird sie zu einem
festen Körper mit elasti-
schen Eigenschaften. Da
jedoch Oberflächenspan-
nung und Oberflächenela-
stizität gleichsinnig auf
eine möglichst kleine Oberfläche hin tendieren, gilt
sicher für die Gestaltung

Abb. 4 a—c. Die Anlage neuer Zellwände erfolgt senkrecht zu den bestehenden Wänden (Regel von SACHS); später wird die Bildung dreier Winkel von
120° angestrebt. Zellteilungen a₁→a₂ im primären Meristem, b₁→b₂ im
sekundären Meristem. c₁→c₂ Differenzierung eines Spaltöffnungsappa-
rates mit drei Nebenzellen in der Blattepidermis

der Primärwand wachsender Zellen das *Prinzip der Bildung von Körperformen
kleinster Oberflächen*; es ist dabei für das Problem der Formgestaltung solcher
Flächen auch gleichgültig, ob die Zellvergrößerung durch Plasmawachstum oder
durch den Turgor vacuolisierter Zellen erreicht wird.

Der Körper mit der kleinstmöglichen Oberfläche ist die Kugel. Es sind daher
Kräfte am Werke, die Meristemzellen nach der Mitose abzukugeln. Vorerst,
d. h. bis die in einem späteren Entwicklungsstadium auftretenden Intercellularen
gebildet werden, zeigen indessen die Meristeme einen lückenlosen Zellverband.
Es gilt daher für solche Gewebe das geometrische *Prinzip der lückenlosen Raumerfüllung*.

Die ersten Histologen, die sich für das Problem der Zellform interessierten,
dachten in erster Linie an diesen Grundsatz. Aus der Kristallographie sind die
Elementarkörper bekannt, die durch Parallelverschiebung nach allen Richtungen
des Raumes lückenlos aneinandergereiht werden können. Es gibt deren fünf
(Abb. 5): einen Sechsflächner, einen Achtflächner, zwei Zwölfflächner und einen
Vierzehnflächner (TUTTON 1911). Weitere raumerfüllende Polyeder können
gewonnen werden, indem die Grundkörper von Abb. 5 so deformiert werden,
daß ihre entsprechenden Flächenpaare dabei parallel bleiben (z. B. Verzerrung des
Würfels zu einem Rhomboeder durch Dehnung einer Körperdiagonalen); doch genügen für unsere Betrachtung die Körper der Abb. 5. KIESER hatte schon 1818 gefunden, daß von diesen Körperformen am ehesten das Rhombendodekaeder

(Abb. 5c) der meristematischen Zellform entspreche, denn wenn man bei diesem Polyeder eine Achse wachsen läßt, entsteht ein prismatischer Körper mit sechseckigen Seitenflächen, dem beidseitig Pyramiden aufgesetzt sind (Abb. 5d), wie solche in sich streckenden Meristemen beobachtet werden können.

Die Ansicht von KIESER blieb hundert Jahre unwidersprochen, bis LEWIS (1923, 1935) durch genaue Zählungen fand, daß die Grundform der Pflanzenzelle nicht ein Zwölfflächner, sondern eher ein Vierzehnflächner

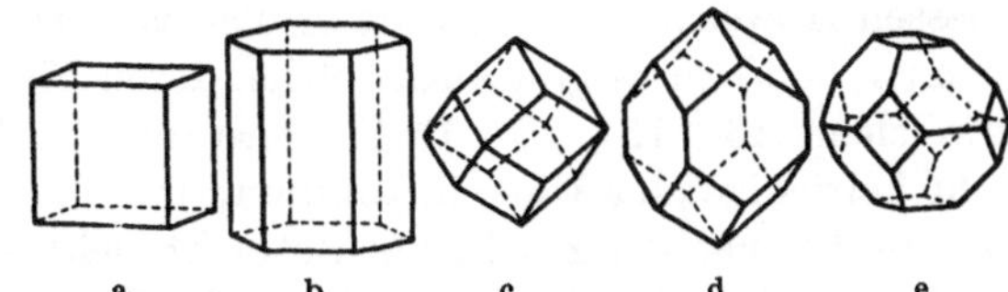

Abb. 5 a—e. Die fünf Paralleloeder von V. FEDEROW, die eine lückenlose Raumerfüllung gestatten: Hexaeder, hexagonales Prisma, Rhombendodekaeder, gestrecktes Rhombendodekaeder, kubisches Tetrakaidekaeder oder Kubooktaeder. (Nach VAN ITERSON und MEEUSE 1941)

ist. MATZKE (1946), der diese Feststellung durch weitere Daten ergänzte, erhielt im Durchschnitt von 450 untersuchten Grundgewebezellen 13,8 Facetten je Zelle (s. Tabelle 1). Ebenso gibt LIER (1952) für Peridermzellen als Mittel 14 Flächen an.

Tabelle 1. *Anzahl und Form der Flächen von pflanzlichen Zellen und von Schaumblasen.* (Nach MATZKE 1946)

	Anzahl untersuchter Zellen	Mittlere Anzahl der Flächen	Anzahl der		
			Vierecke %	Fünfecke %	Sechsecke %
Mark von *Sambucus, Ailanthus, Eupatorium*; Blattstielparenchym von *Angiopteris*; Fruchtblatt von *Citrus* . . .	450	13,80	27,3	39,7	25,4
Seifenschaum	600	13,70	10,3	67,0	22,0
Zusammengepreßte Schrotkügelchen . .	624	14,17	20,9	38,8	25,8

Das Vorwiegen der Vierzehnflächner (Tetrakaidekaeder, Abb. 5e) führte nun zu einem Vergleich mit der Blasenform in Seifenschaum (VAN ITERSON und MEEUSE 1941), wie er bereits von ERRERA (1888) angeregt worden war. THOMSON (1887) hatte nämlich theoretisch abgeleitet, daß die Blasen in Schäumen Tetrakaidekaeder von der in Abb. 5e angegebenen Grundform darstellen. Es handelt sich um eine Kombination des Hexaeders mit dem regulären Oktaeder, indem bei einem Würfel alle 8 Ecken durch Oktaederflächen abgeschrägt sind; bei einem solchen Kubooktaeder erscheinen die 6 Würfelflächen quadratisch, die 8 Oktaederflächen dagegen sechseckig (Abb. 5e). Solche Tetrakaidekaeder erlauben eine lückenlose Raumerfüllung. Aber sie widersprechen dem Gesetz der kleinsten Oberflächen, nach welchem sich in einem Schaum 3 Flächen stets unter einem Winkel von 120° und 4 Kanten unter dem Tetraederwinkel von 109° 28′ 16″ schneiden müssen (PLATEAU 1873; BERTHOLD 1886, S. 254). Da nun diese Winkelverhältnisse für lückenlos aneinanderstoßende reguläre Kubooktaeder mit ebenen Flächen nicht gelten, werden diese Flächen, wie THOMSON (1887) gezeigt hat, gekrümmt (Abb. 6a). VAN ITERSON und MEEUSE (1941) nennen einen solchen Vierzehnflächner mit gekrümmten Ebenen einen Thomson-Körper. Sie konnten zeigen, daß im Rindenparenchym der Wurzelknolle von *Asparagus Sprengeri* in der Tat solche Zellformen auftreten, was besagen würde, daß die Theorie von THOMSON über die Formgestalt von Blasen und Schäumen auch für die pflanzliche Zellgestalt gelten würde.

Eine statistische Nachprüfung der Zellformen im pflanzlichen Gewebe ergibt indessen Abweichungen von dieser Theorie. Die Zellen sind nicht nur Vierzehnflächner, sondern es gibt auch solche, deren Flächenzahlen nach unten und oben abweichen (13-, 15-, 12-, 16-Flächner usw.). Im Mittel ergibt sich jedoch in recht befriedigender Übereinstimmung mit der Theorie die Zahl 14. Wenn man aber die Formen der Flächen in Betracht zieht, scheint die Theorie von THOMSON nicht verwirklicht. Nach ihr sollten die Facetten der polyedrischen Zellen ausschließlich Sechsecke und Vierecke im Verhältnis 4:3 sein. Dies stimmt indessen keineswegs. Wie die Statistik von MATZKE (1946) ausweist, sind die meisten Zellflächen fünfeckig (40%), während Vierecke und Secksecke nur je $^1/_4$ der erfaßten Flächen ausmachen (Tabelle 1).

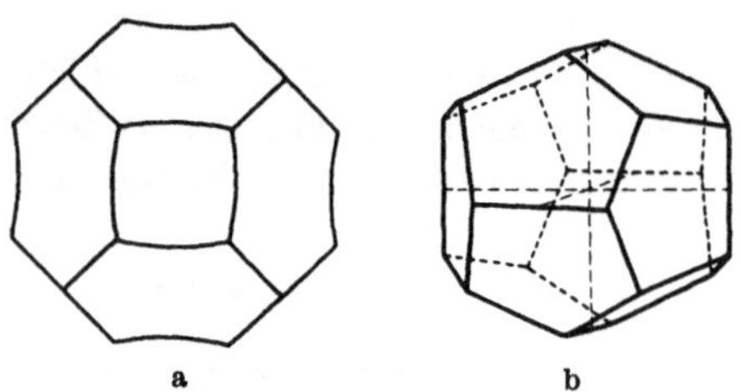

a   b

Abb. 6a u. b. Zellformen. a Projektion des Thomson-Körpers (Kubooktaeder mit gebogenen Kanten und Flächen). b Pentagondodekaeder

Interessanterweise gilt dies sogar in vermehrtem Maße für die Blasen in Seifenschäumen (Tabelle 1, MATZKE 1946). Das gleiche trifft zu, wenn Kügelchen von Bleischrot zu Polyedern zusammengepreßt werden, die den Raum lückenlos ausfüllen (MARVIN 1939); es entstehen Vierzehnflächner, die aber vorwiegend durch Fünfecke begrenzt sind (Tabelle 1).

Es ist interessant, daß auch aus Schmelzen körnig erstarrende Metalle durch Fünfecke begrenzte Polyeder liefern, wenn die wachsenden Kristallkeime zusammenstoßen; in diesem Falle bilden sich jedoch Pentagondodekaeder, also Zwölfflächner (HALLA 1951). Das Pentagondodekaeder (Abb. 6b) erlaubt keine lückenlose Aneinanderreihung; immerhin können Aggregate dieses Körpers den Raum bis auf 3% ausfüllen (PÖSCHEL 1943), so daß mit geringfügigen Verzerrungen die lückenlose Raumerfüllung erreicht wird. Auch kommt das Pentagondodekaeder den Winkelbedingungen von PLATEAU (1873) ziemlich nahe, so daß die Zwölfflächner unter den Pflanzenzellen häufig diese Gestalt annehmen.

Aus den Untersuchungen über die Grundgestalt der Meristemzellen geht hervor, daß deren Idealform ein Vierzehnflächner mit vorwiegend fünfeckigen, neben sechs- und viereckigen Facetten ist. Die Abweichungen der Flächenformen von jenen des Thomson-Körpers kann man an Hand der Gesetzmäßigkeiten während der Zellteilungen erklären. MATZKE (1956) findet, daß die mittlere Facettenzahl im apikalen Meristem von *Elodea densa* während der Teilung von 13,85 (Interphasezellen) auf 16,84 steigt, um bei den Tochterzellen vorübergehend auf 12,61 zu fallen. Die rechtwinklig eingefügten Zellwände knicken jedoch später die geraden Wände der Mutterzelle, wie dies aus Abb. 4a hervorgeht, denn die drei zusammenstoßenden Wände müssen an Stelle der rechtwinkligen Schneidung wegen des Prinzipes der kleinsten Oberflächen drei Winkel von ungefähr 120° miteinander bilden. Abb. 4a zeigt, wie dadurch aus vier- und sechseckigen Zellquerschnitten fünfeckige hervorgehen können. Ähnliches kann man sich durch die Bildung neuer Kanten an den Facetten der Vierzehnflächner vorstellen, von denen in Abb. 7 einige dargestellt sind. Wie man aus dem Vergleich von Abb. 7a mit Abb. 7b ersieht, braucht es nur geringfügige Kantenverschiebungen, um aus dem theoretischen Tetrakaidekaeder mit 8 sechseckigen und 6 viereckigen Facetten Vierzehnflächner mit vorwiegend fünfeckigen Facetten zu erhalten. Selbstverständlich besitzen alle diese Formen mehr oder weniger gekrümmte Ebenen, solange sie dem Postulate der minimalen Körperoberfläche genügen, wie dies für den Thomson-Körper (Abb. 6a) dargelegt worden ist.

Die Zelloberfläche ist auf das Zellvolumen zu beziehen. Der Quotient Oberfläche/Volumen wird als relative Oberfläche oder als Oberflächenentwicklung Q bezeichnet (FREY-WYSSLING 1946). Sie beträgt für die Kugel $6/d$ cm^{-1} und für den Würfel sowie für das Oktaeder $6\sqrt{3}/d$ cm^{-1}, wobei d den Kugeldurchmesser bzw. den Durchmesser der das reguläre Polyeder umschreibenden Kugel angibt. Allen regulären Polyedern, die mehr als 8 Flächen aufweisen, kommt eine Oberflächenentwicklung zu, die zwischen diesen beiden Werten liegt. Da die Kugel die geringstmögliche Oberfläche besitzt, werden nach dem Prinzip der kleinsten Oberflächenentwicklung Polyeder mit möglichst vielen Flächen angestrebt. Sobald jedoch durch die Zellaufblähung zufolge fortschreitenden Wachstums deren Anzahl vierzehn übersteigt, kann das Prinzip der lückenlosen Raumerfüllung trotz den gekrümmten Zellwänden schließlich nicht mehr aufrechterhalten werden, so daß sich Intercellularen bilden (Abb. 63c, S. 81).

Membranfaltung. Die bisherigen Betrachtungen gelten, solange die Primär-

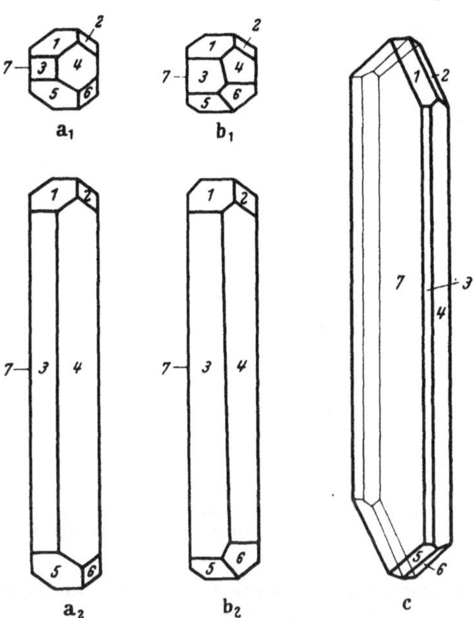

Abb. 7a—c. Vierzehnflächner; nur 6—7 Flächen sind sichtbar. a₁ Kubooktaeder, a₂ gestreckt. b₁ Vierzehnflächner mit 8 Fünfecken, b₂ gestreckt. c Cambiumzelle

wand durch Oberflächenkräfte (flüssiger Zustand) und elastische Kräfte (fester Zustand) unter Spannung steht. Sie braucht indessen in ihrer Flächenvergrößerung nicht unbedingt hinter der Volumenzunahme der Zelle zurückzustehen. Es gibt Fälle, wo sie durch starkes Flächenwachstum das Prinzip der Minimumflächen aktiv durchbricht, wie sich dies beim Streckungswachstum (s. S. 88) äußert, oder sie kann sich sogar in Falten legen. Es resultiert dann keine minimale, sondern im Gegenteil eine besonders große Oberflächenentwicklung. Dieses Beispiel zeigt, daß die Zellformen nicht ausschließlich durch äußere Kräfte bestimmt werden. Neben den physikalisch erfaßbaren Kraftfeldern spielen die ererbten morphogenetischen Faktoren, die sich in aktivem Wachstum äußern, eine ebenso große Rolle für die Formgestaltung sich ausdifferenzierender Zellen.

Offenbar werden durch die Membranfaltung verschiedene Ziele angestrebt. Die gelappten Epidermiszellen der Dikotylenblätter (Abb. 4c) erscheinen derart miteinander verzahnt, daß eine erhöhte Reißfestigkeit der Blattoberfläche

erreicht wird. In der besonders zierlichen Fältelung der Epidermispapillen von
Blütenblättern (*Pelargonium* Abb. 8a, *Viola* usw.) wird eine mechanische Ver-
steifung dieser zarten Zellwände ohne sekundäre Verdickungsschicht gesehen.
Schließlich scheint auch das Prinzip der inneren Oberflächenvergrößerung im
Interesse des Stoffwechsels eine Rolle zu spielen, denn in den Nadeln vieler
Coniferen wird die durch den Transpirationsschutz bedingte äußere Oberflächen-
verkleinerung der Blätter durch eine innere Oberflächenvergrößerung in den
sog. Armpalisaden des Mesophylls ausgeglichen. Namentlich in den *Pinus*-Nadeln
z. B. wird der Flächenverlust, der durch die kleine Anzahl der dem Lichte

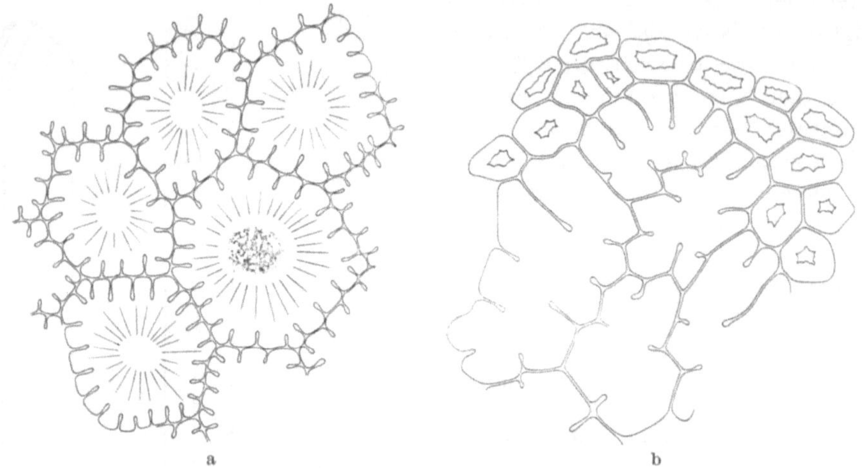

Abb. 8a u. b. Membranfalten. a Papillöse Epidermiszellen der Blütenblätter von *Pelargonium zonale*.
b Armpalisaden im Chlorenchym der Nadelblätter von *Pinus silvestris*

zugewendeten Mesophyllzellen bedingt ist, durch die Vermehrung des chloro-
plastenführenden Wandplasmas entlang den mächtigen Membranfalten (Abb. 8b)
weitgehend kompensiert.

Nach STRASBURGER (1882) sollen diese Falten nicht durch Flächenwachstum,
sondern durch Anlagerung (Apposition) entstehen. Tatsächlich erscheinen sie
während ihrer ontogenetischen Entwicklung im Lichtmikroskop zuerst als
„massive Leisten". Diese dürfen indessen nicht mit den Verdickungsleisten von
Tracheiden verglichen werden; denn jene werden als sekundäre Membran-
bildungen der Primärwand aufgelagert und können von ihr abgetrennt werden.
Im Polarisationsmikroskop erkennt man nämlich, daß die Falten durch Vermehrung der isotropen Intercellularsubstanz der Mittellamelle, verbunden mit
einem Flächenwachstum der doppelbrechenden Primärmembran, entstehen.
Eine Untersuchung der Faltenbildung im Elektronenmikroskop steht noch aus.
Durch späteres Verschwinden oder fehlende Bildung von Intercellularsubstanz
entstehen im *Pinus*-Mesophyll an der Basis vieler Falten die für die Funktion
des Blattes unerläßlichen mit Luft gefüllten Intercellularen.

Die ringartig angelegte Querwand sich teilender Fadenalgen, deren Wachstum wie beim Schließen einer Irisblende zentripetal von außen nach innen fortschreitet (S. 106), ist vielfach ebenfalls als eine Faltung der innersten Schicht
der Längsmembran gedeutet worden (GEITLER 1936). Für die Blaualgen weist

Mühldorf (1938) jedoch nach, daß durch eine ringförmige Zellplatte eine unpaare Ringlamelle angelegt wird, gegen die dann während des zentripetalen Wachstums beidseitig die Primärwände der Quermembran abgelagert werden. Nach Mühldorf soll daher keine Faltung vorliegen, sondern die Ontogenie der zentripetalen Querwandbildungen soll vielmehr wesensgleich mit der zentrifugalen Zellwandentwicklung bei der Teilung der Anthophytenzelle sein.

c) Sekundärwand
Feinbau (Paralleltextur)

Gegen Abschluß des Flächenwachstums der Primärwand wird eine Verdickungsschicht gegen sie abgelagert, die man als Sekundärwand bezeichnet. In der Regel beginnt diese Verstärkung der Zellwand schon, bevor die Zelle völlig ausdifferenziert ist (Wuhrmann-Meyer 1939). Bei den Bastfasern von *Cannabis, Urtica, Linum* usw., die Längen von mehreren Zentimetern und bei *Boehmeria* sogar bis über 1 dm erreichen, bleiben die Zellenden, solange sie ihr auffälliges bipolares Spitzenwachstum weiterführen, nur von der Primärwand umhüllt, während in einem gewissen Abstand von den Zellspitzen bereits eine dicke Sekundärwand angelegt ist (Tammes 1908, Aldaba 1927). Im Elektronenmikroskop erkennt man, daß die Bildung der sekundären Wandverdickung entlang den Zellkanten einsetzt und diese erstaunlich frühzeitig versteift (Abb. 11).

In der Sekundärwand ist das Verhältnis von Matrix und Gerüstsubstanz zugunsten der Mikrofibrillen verschoben. Sie kann bis zu 94% aus Cellulose bestehen (Tabelle 2). Dies hat zur Folge, daß die Mikrofibrillen nicht mehr individualisiert verlaufen wie in der Primärwand (Abb. 3), sondern parallelisiert werden und sich gegenseitig berühren. Dabei verkleben und verwachsen sie streckenweise miteinander (Abb. 10). Es entsteht eine durch das kristalline Kettengitter der Mikrofibrillen bedingte gesetzmäßige Verbänderung (s. S. 112). In der Regel laufen die submikroskopischen Fibrillen über ihre ganze Länge parallel zueinander, so daß eine *Paralleltextur* entsteht. Diese verleiht den sekundären Zellwänden hinsichtlich Festigkeit, Optik und allen übrigen vektoriellen Eigenschaften (thermische Ausdehnung, Quellung, Leitfähigkeit usw.) eine ausgesprochene Anisotropie (s. S. 224).

Sekundärwände mit vollkommener Paralleltextur sind in der Fibrillenrichtung spaltbar. Dies führt bei langgestreckten Zellen dazu, daß sie mechanisch in mikroskopische Fibrillen zerfasert werden können.

Die auffallende Paralleltextur der Sekundärwand, wie sie namentlich auch in den Ring- und Schraubenverdickungen der Tracheiden und Gefäße verwirklicht ist, hat zur Auffassung geführt, daß die Celluloseketten vor der Apposition durch die Plasmaströmung parallelisiert und dann gerichtet an die bestehende Primärwand angelagert würden (van Iterson 1927). Tatsächlich hat Dippel (1868) bei in Differenzierung begriffenen Gefäßgliedern netzförmige Plasmaströmchen beobachtet, die genau dem Muster des späteren Netzwerkes des ausgebildeten Netzgefäßes entsprachen. Da wir indessen heute wissen, daß die Cellulose in einer ruhenden membranogenen Schicht an Ort und Stelle aus Glucosemolekülen oder Triosen polymerisiert und gleichzeitig kristallisiert, kann die nachgewiesene Plasmaströmung nicht die Aufgabe haben vorgebildete

Tafel I

Mikrofibrillenbau der Zellwand

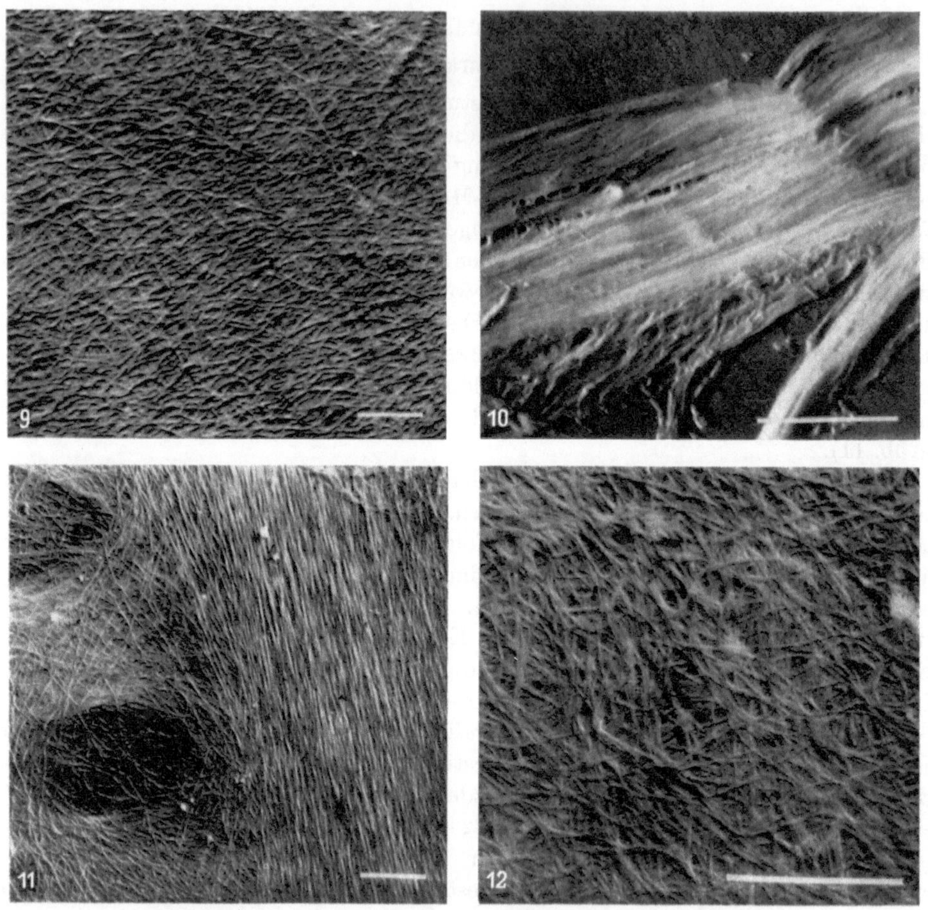

Abb. 9. Primärwand, Wurzelmeristem von Maiskeimlingen, Streuungstextur.
(Frey-Wyssling, Mühlethaler und Wyckoff 1948)

Abb. 10. Sekundärwand, Baumwollhaar, Paralleltextur mit Verschiebungslinie.
(Frey-Wyssling, Mühlethaler und Wyckoff 1948)

Abb. 11. Verstärkung der Zellkante, Parenchymzelle der Hafercoleoptile. (Mühlethaler 1950b)

Abb. 12. Verbänderung der Mikrofibrillen in der Zellwand der Mesophyllzellen der Tulpenzwiebel
(Frey-Wyssling 1951)

Celluloseketten auszurichten, sondern ihre Funktion besteht vielmehr in der Herbeischaffung der mikromolekularen Wandbausteine.

Tabelle 2. *Vergleich der Primärwand mit der Sekundärwand*

	Primärwand	Sekundärwand
Objekte	Mais, Coleoptile und Primär- wurzel	Baumwollhaare
Feinbau	{ Streuungstextur { Mikrofibrillen-Verflechtung	{ Paralleltextur { Mikrofibrillen-Verbänderung
Wachstum	Flächenwachstum	Dickenwachstum
Chemismus		
Lipoide.	4,5%[1]	—[2]
Alkali-Extrakt	87 %	5,4%
α-Cellulose	8,5%	94 %
	100 %	99,4%
Cellulose		
Polymerisationsgrad[3]	etwa 1000	> 3000
Kettenlänge	0,5 μ	> 1,5 μ
Kristallinität[4]	etwa 45%	etwa 70%

Fibrillenbau

Die mikroskopischen Fibrillen, in welche die meisten pflanzlichen Papier- und Textilfasern zerlegbar sind, verlaufen meistens schraubig um das Zell-Lumen herum. Nur selten erstrecken sie sich annähernd parallel zur Faser-achse. Im ersten Falle spricht man von Schraubentextur, im zweiten dagegen von Fasertextur.

Fasertextur. Obschon es keine Zellen mit idealer Fasertextur gibt, indem immer ein kleiner Steigungswinkel (s. unten) auftritt, haben doch jene Sekundär-wände, bei denen die Orientierungsachse der Fibrillen ungefähr mit der Rich-tung der Zellachse zusammenfällt (Ramie, Flachs-, Hanf-, Nesselfaser) eine so wichtige Rolle bei der Aufklärung der submikroskopischen Struktur der Zell-wand gespielt, daß dieser Terminus beibehalten werden soll.

Zellwände mit Fasertextur verhalten sich hinsichtlich ihrer Eigenschaften, bezogen auf die Zellachse, wie optisch einachsige Kristalle, wodurch die Unter-suchung ihrer Anisotropie, verglichen mit den Verhältnissen bei schraubig texturierten Zellwänden, wesentlich erleichtert wird. Cellulosische Kunstfasern zeigen ebenfalls die Symmetrie optisch einachsiger Körper; aber bei ihnen ge-lingt es in der Regel nicht, die vollkommene Paralleltextur, wie sie in der gewach-senen Faser vorhanden war, wieder zu verwirklichen; meistens tritt eine deut-liche Streuung oder doch eine gewisse Verwackelung der submikroskopischen

---

[1] FREY-WYSSLING (1954). Mittel aus Analysenwerten der Coleoptile und der Primär-wurzelspitze des Maises (vgl. Tabelle 29, S. 201).

[2] Bei den in der Literatur angegebenen Lipoidmengen von 0,6% (WARD 1955, S. 2) handelt es sich um Wachse der der Primärwand aufgelagerten Cuticula.

[3] Bestimmungen von Frl. Dr. M. MARX im Laboratorium von Prof. G. V. SCHULZ in Mainz.

[4] Bestimmungen von Dr. A. WEIDINGER im Cellulose-Laboratorium von Dr. P. H. HER-MANS in Utrecht.

Elemente auf, so daß die Ordnung in der cellulosischen Kunstfaser geringer als in der Naturfaser ist. Dies hat technische Vorteile, die sich z. B. darin äußern, daß die Kunstfaser elastischer und nicht spaltbar ist. Andererseits konnte die Kristallstruktur der Cellulose nur bei der Naturfaser mit ihrer optimalen inneren Ordnung entdeckt und theoretisch abgeklärt werden (s. S. 209).

Die als Textilfasern Verwendung findenden Pflanzenzellen (Bastfasern, Baumwollhaare) besitzen so mächtige Sekundärwände, daß ihre Primärwand mengenmäßig völlig zurücktritt. Ferner bestehen sie, wie erwähnt, zu über 90% aus Cellulose (Tabelle 2), deren Feinbau bis hinunter zu den molekularen Dimensionen aufgeklärt ist (FREY-WYSSLING und MÜHLETHALER 1951a). Die Zellwände dieser Fasern sind daher das erste und vorläufig wohl auch das einzige biologische Objekt, dessen Aufbau, ausgehend von der chemischen Struktur der amikroskopischen Molekülbausteine, durch die Gebiete der submikroskopischen kolloiden und der mikroskopischen Abmessungen bis hinauf zu der in diesem Falle makroskopisch sichtbaren Zelle bekannt ist.

In Tabelle 3 sind die Bauelemente einer Ramiefaser zusammengestellt. Diese Bastfaser ist eine Riesenzelle von bis 25 cm Länge und 50 μ Breite. Ihr Querschnitt ist nicht rund, sondern abgeflacht (s. Abb. 151, S. 254); die Querschnittsfläche errechnet sich aus der Zellwanddicke (etwa 6 μ) und dem Zellumfang, gemessen längs der Mitte der Zellwand (125 μ), zu 750 μ^2. Solche Fasern können durch Knicken und Knittern in mikroskopische Fibrillen zerlegt werden. Die feinsten im Mikroskop noch sichtbaren Zerfaserungsprodukte haben etwa 0,4 μ Durchmesser. Sie sollen als Makrofibrillen bezeichnet werden, denn im Elektronenmikroskop können noch feinere submikroskopische Fibrillen erkannt werden (Abb. 10), die mit ihrem Durchmesser von etwa 250 A den Mikrofibrillen der Primärwände entsprechen. Um sie zu erhalten, muß die Faser in einem Mixer zerschlagen werden. Die Mikrofibrillen sind indessen nicht die feinsten submikroskopischen Bauelemente der Sekundärwand, denn sie können durch Ultraschall (WUHRMANN, HEUBERGER und MÜHLETHALER 1946) oder im „Ultra-Turrax" (VOGEL 1953) in noch feinere Elementarfibrillen aufgespalten werden. Diese haben einen mehr (30 × 100 A²) oder weniger (50 × 60 A²) abgeflachten Querschnitt, d. h. sie sind bandförmig. Sie besitzen einen kristallinen Kern aus zu einem Kettengitter vereinigten Cellulosefadenmolekülen und eine Rinde von parallelisierter, aber auf dem Querschnitt weniger gut geordneter parakristalliner Cellulose, die in der Textilchemie gewöhnlich als „amorph" bezeichnet wird. Die Elementarfibrillen entsprechen den Bauelementen, die früher auf Grund indirekter Untersuchungsmethoden als Micellarstränge bezeichnet wurden (s. S. 221). Die Cellulosefadenmoleküle sind ihrerseits ebenfalls bandförmig. Ihre Bandfläche fällt indessen nicht mit jener der Elementarfibrillen zusammen; vielmehr stimmt sie mit der Diagonalebene des Kettengitters überein, die kristallographisch als (101) bezeichnet wird. Als Ergebnis stehen die Fadenmoleküle mit über 8 A Breite und etwa 4 A Dicke schief zur Fläche dieser Bauelemente (Abb. 13). Die Elementarfibrillen verassoziieren sich zu den etwas gröberen Mikrofibrillen, und diese verbändern sich seitlich nach der (101)-Ebene zu Lamellen. Die Zwischenräume zwischen den Elementarfibrillen werden als intermicellare Räume bezeichnet. Sie sind von der Größenordnung 10 A und sind für Mikromoleküle wie Wasser (Quellung!) und Jod (Chlorzinkjod-Färbung) zugänglich. Zwischen den Mikrofibrillen entstehen jedoch etwas gröbere Capillaren von der Größenordnung 100 A, in welche kolloide Farbstoffe (Kongorot und andere Benzidinfarbstoffe), kolloide Metallteilchen und Beschwerungsmittel eingelagert werden können (FREY-WYSSLING 1937a). Das gesamte heterocapillare Hohlraumsystem ist mit kleinen Mengen cellulosefremder Substanzen (Tabelle 2) und quellungsfähiger parakristalliner Cellulose angefüllt. Seine

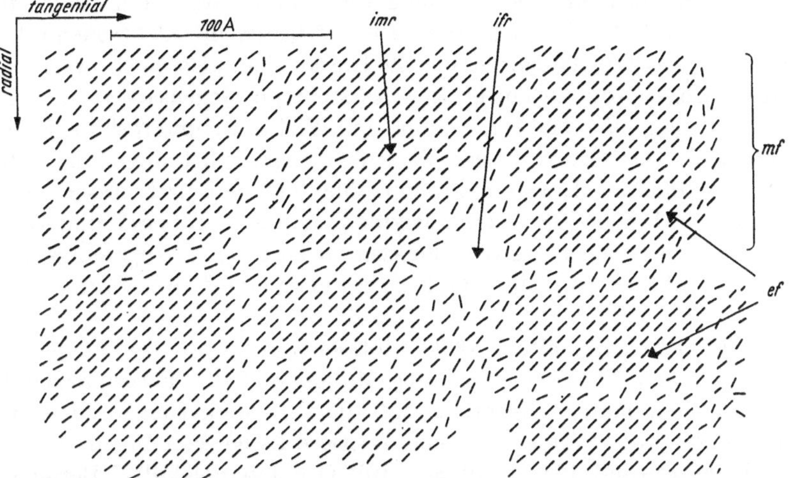

Abb. 13. Lagerung der zerklüfteten Mikrofibrillen (*mf*), der Elementarfibrillen (*ef*) und der Celluloseketten (*//*) im Querschnitt der Sekundärwand. *ifr* Interfibrillarräume (zugänglich für kolloide Inkrusten, Lignin usw.); *imr* Intermicellarräume (zugänglich für Mikromoleküle, H_2O und J_2). Die Querschnitte der Celluloseketten sind zu groß gezeichnet (vgl. Abb. 80). *radial* Radialrichtung; *tangenital* Tangentialrichtung der Zellwand

Dimensionen sind daher stark vom Quellungszustand der Sekundärwand abhängig; ungenügend gequollene Zellwände können deshalb unter Umständen für kolloide Farbstoffe unzugänglich sein.

Tabelle 3. *Strukturelemente der Ramiefaser*

	Querschnittsfläche	Anzahl der Celluloseketten
Kettenmolekül der Cellulose	$8{,}35 \times 3{,}95 \times \sin 84^0$ A² = 32,8 A²	1
Elementarfibrillen	30×100 bis 50×60 A² = 3 000 A²	100
Mikrofibrillen	250×250 A² = 62 500 A²	2 000
Makrofibrillen	$0{,}4 \times 0{,}4$ μ^2 = 0,16 μ^2	500 000
Ramiefaser	125×6 μ^2 = 750 μ^2	2 000 000 000

Aus Abb. 13 geht hervor, daß in der sekundären Zellwand eine ganze Hierarchie von fibrillaren Elementen amikroskopischer, submikroskopischer und mikroskopischer Größenordnung vorhanden ist. Eine genaue Abgrenzung dieser Bauelemente ist im Gegensatz zu den Verhältnissen in der Primärwand nicht möglich, da sie durch parakristalline Cellulose miteinander verklebt und verbändert sind. Es ist daher von besonderem Interesse zu entscheiden, ob die Mikrofibrillen der Primärwand mit jenen der Sekundärwand identisch sind, oder ob sie eher als grobe Elementarfibrillen angesprochen werden müssen. Ihr Durchmesser, vor allem aber auch ihre mangelhafte Kristallinität (Tabelle 2) und ihre Biegsamkeit sprechen eher dafür, daß auch die Mikrofibrillen der

Primärwände kein homogenes Gitter besitzen, sondern daß sie aus miteinander verkitteten Kettengittersträngen (Micellarstränge oder Elementarfibrillen) bestehen. In der Tat kann in gewissen Fällen eine Aufsplitterung der Primärwandfibrillen in feinere Elementarfibrillen nachgewiesen werden (Abb. 61, S. 76).

Der Querschnitt eines Cellulosekettenmoleküls beträgt 32,8 A². Man kann daher ausrechnen, wie viele solche Moleküle auf dem Schnitte quer durch die verschiedenen Bauelemente der Sekundärwand auftreten. Man findet für die Elementarfibrillen 100 Celluloseketten. Diese feinsten im Elektronenmikroskop nachgewiesenen Struktureinheiten der Zellwand sind also noch weit von der molekularen Größenordnung entfernt. Dies steht im Gegensatz zu den Eiweißstoffen, bei denen die Makromoleküle im Elektronenmikroskop abgebildet werden können. Der Grund dieser Verschiedenheit rührt davon her, daß die abbildbaren globularen Eiweißmakromoleküle Teilchendurchmesser von über 35 A besitzen, während die Fadenmoleküle nur 8 A breit sind und daher als amikroskopisch bezeichnet werden müssen, solange das Auflösungsvermögen des Elektronenmikroskops nicht von 30 A um etwa eine Größenordnung gesenkt werden kann.

Die Mikrofibrillen enthalten 2000 Cellulosemoleküle auf ihrem Querschnitt, die mikroskopischen Fibrillen eine halbe Million und der Faserquerschnitt gar 2 Milliarden. Zieht man in Betracht, daß die Celluloseketten mindestens 1,5 μ lang sind, während die Ramiefasern eine mittlere Länge von 15 cm erreichen, so enthält jede Faserwand $10^5 \cdot 2 \cdot 10^9 = 2 \cdot 10^{14}$ Cellulosemoleküle. Berücksichtigt man ferner, daß der Faserring des Stengels aus unzähligen Zellen besteht, so kommt man auf astronomische Zahlen von Cellulosemolekülen, die alle aus von den Assimilationszentren herbeigebrachten Glucosemolekülen systematisch aufgebaut und zweckentsprechend angeordnet werden müssen.

Eine submikroskopische Segmentierung, wie sie bei vielen Eiweißfasern (z. B. Kollagen) und nach HESS u. MAHL (1954, 1957) auch bei künstlichen Cellulosefasern auftritt, konnte bei nativen Cellulosemikrofibrillen bis jetzt im Elektronenmikroskop nicht nachgewiesen werden. Man kann daher zur Zeit nicht entscheiden, ob die Cellulosemoleküle im Kettengitter hinsichtlich ihrer Länge periodisch oder gegeneinander versetzt angeordnet sind. Eine dritte Möglichkeit, die eine gewisse Wahrscheinlichkeit für sich hat, besteht darin, daß die Kettenmoleküle in der nativen Zellwand viel länger als 1,5 μ sind und erst bei der Auflösung der Cellulose zu Bruchstücken von dieser Länge abgebaut werden (vgl. S. 24).

Schraubentextur. In den Wänden der meisten langgestreckten Zellen (Abb. 14a, b), gelegentlich aber auch in jenen isodiametrischer Zellen (Abb. 14c), verlaufen die Mikrofibrillen nicht achsenparallel, sondern auf Schraubenlinien um die Zellachse. Die Schraubung kann ganz verschieden steil ausgebildet sein. Ihre Steilheit wird durch den *Steigungswinkel* Θ gekennzeichnet, d. h. durch den Winkel zwischen der Tangente an die Schraubenlinie und der Richtung der Schraubenachse. Er kann zwischen 0° und 90° variieren und bildet das Komplement zum sog. *Neigungswinkel*, der die Neigung der Schraubentangente zur Ebene des Zellquerschnittes angibt. Bei den durch ihren Schraubenbau ausgezeichneten Baumwollhaaren beträgt der Steigungswinkel z. B. 30—35° (s. Abb. 134, S. 229).

Bastfasern mit sehr kleinem Steigungswinkel sind sehr zugfest, aber sie besitzen fast keine Dehnbarkeit. Fasern mit großem Steigungswinkel wie die Palmfasern (*Cocos nucifera*, Tabelle 4; *Arenga saccharifera*) und die Druckholztracheiden (SONNTAG 1904) sind dagegen dehnbar. SONNTAG (1909) hat solche Fasern daher als duktil bezeichnet. Die Baumwollhaare, Holzfasern und Tracheiden folgen jedoch dieser Regel nicht, denn sie sind trotz ihres Steigungswinkels von über 30° nicht duktil (s. Tabelle 41, S. 302).

Die Schraubung kann links oder rechts verlaufen (VAN ITERSON 1931). Gewöhnlich findet man innerhalb einer Zellwandschicht überall den

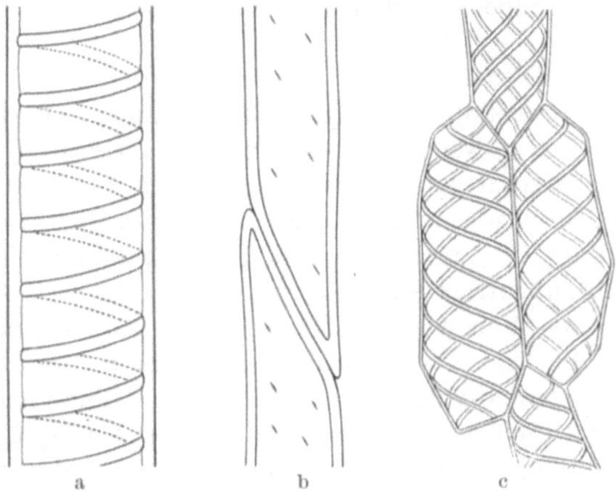

Abb. 14a—c. Schraubenbau (FREY 1927a). a Schraubentracheide von *Pseudotsuga* (Z-Schraube). b Holzfasern von *Fagus* (S-Schraube). c Zellen aus dem Velamen der Wurzel von *Dendrobium*, teils mit Z- und teils mit S-Schraubung

gleichen Schraubungssinn. Hiervon macht die Baumwolle eine Ausnahme, indem an sog. Umkehrstellen die linke Schraubung in die rechte und umgekehrt umschlagen kann, wobei indessen der Steigungswinkel von etwa 30° beibehalten wird. Die Anzahl der Umkehrstellen ist bereits bestimmt, wenn die erste Sekundärlamelle angelegt wird (BALLS 1923). Vermutlich entspricht der Abstand von einer Umkehrstelle zur nächsten dem täglichen Längenzuwachs der Primärwand des von 40 μ bis zu einer Länge von 4 cm heranwachsenden Baumwollhaares.

Hinsichtlich der Bezeichnung des Schraubungssinnes herrscht in der Terminologie eine Verwirrung. In der Mathematik und in der Kristallographie bezeichnet man eine Schraubenlinie linksläufig, wenn man, sie als Wendeltreppe benützend, beim Hinabsteigen die linke Seite der Schraubenachse zukehrt (Abb. 15a). Viele Botaniker nennen jedoch eine solche Schraube rechts windend, weil sie vom Studium der windenden Pflanzen her gewöhnt sind, solche Schrauben entsprechend dem Wachstum in aufsteigender Richtung zu beurteilen und

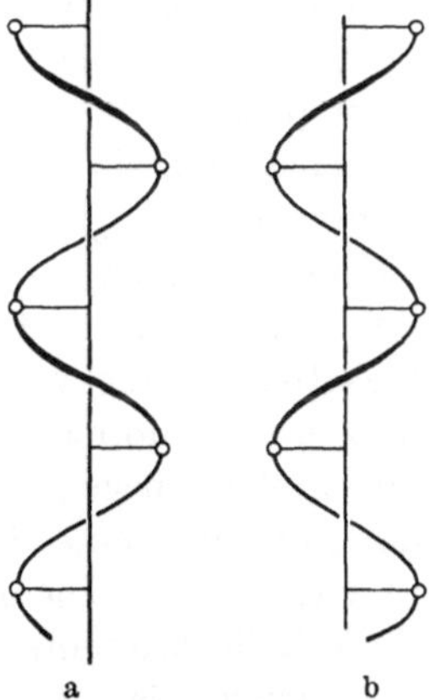

Abb. 15. a S-Schraube (links geschraubt, rechts gewunden). b Z-Schraube (rechts geschraubt, links gewunden)

beim Ersteigen einer solchen Wendeltreppe die rechte Seite nach innen gekehrt wird. Man muß also stets berücksichtigen, daß dem linken Schraubungssinn der Mathematiker der rechte Windungssinn der Botaniker entspricht. Dies führt zu ständigen Verwechslungen, weshalb man in der mikroskopischen Morphologie übereingekommen ist, die Begriffe linker oder rechter Schraubungs- oder Windungssinn besser zu vermeiden und durch eine eindeutige Terminologie zu ersetzen. Da die Schraubenlinie der Abb. 15a von vorne betrachtet wie der

2*

schiefe Balken des Buchstabens S und die Schraubenlinie der Abb. 15b wie
jener des Buchstabens Z verläuft, werden die beiden als S-Schraube und
Z-Schraube voneinander unterschieden.

Bei dieser Gelegenheit muß noch auf eine weitere Unzulänglichkeit der botani-
schen Terminologie hingewiesen werden, die gerne von „Spiralen" spricht, wo
Schraubenlinien vorliegen. Bei Spiralen ändert sich indessen der Abstand von
der Achse, wenn man auf der Linie fortschreitet (Kegelmantel), während er bei
der Schraubenlinie gleichbleibt (Zylindermantel). In den Wänden gestreckter
Zellen liegt nun zweifellos der zweite Fall vor, so daß die Termini „Spiral-
textur", „Spiraltracheiden", „Spiralbänder" usw. durch Schraubentextur,
Schraubentracheiden und Schraubenbänder ersetzt werden müssen.

Der Nachweis der Schraubentextur ist im allgemeinen leicht zu führen.
Häufig liegt eine schraubig angeordnete Streifung vor (vgl. BAILEY 1957), oder
die schiefgestellten knopflochartigen Mündungen einfacher Tüpfel (A. ZIMMER-
MANN 1884) verraten den schrägen Verlauf der Mikrofibrillen (Abb. 14b). Manchmal zeigt die Sekundärwand sogar Schraubenspalten (FREY-WYSSLING 1953b).
Am bekanntesten ist der Schraubenbau von trachealen Elementen, wo die
sekundäre Verdickungsschicht in Form von Schraubenbändern auf die Primärwand aufgelagert ist (Abb. 14a); vielfach ist dann die Verbindung zwischen den
zwei Wandschichten so schwach, daß das Schraubenband in Form eines langen
Fadens mit Fasertextur aus der Zelle herausgezogen werden kann (FREY 1927a,
Abb. 8; BADENHUIZEN 1954).

In der Röntgenkamera liefern Fasern mit Schraubenbau die sog. Sichel-
diagramme (Abb. 123, S. 210), wie sie für Baumwollhaare und auch für alle
Hölzer (CLARK, RITTER und SISSON 1930; SCHULZE, THEDEN und VAUPEL 1937)
kennzeichnend sind. Die Bogenlänge der Sicheln entspricht dem doppelten
Steigungswinkel 2Θ.

Sehr auffallend sind die Doppelbrechungserscheinungen von Zellen mit
Schraubentextur im Polarisationsmikroskop, denn sie lassen beim Drehen des
Objekttisches eine vollständige Auslöschung vermissen. Dies rührt davon her,
daß sich zwei doppelbrechende Schichten schief überkreuzen. Man kann dieser
Schwierigkeit begegnen, indem man die Zellen längs aufschneidet. Es liegt
dann nur noch *eine* doppelbrechende Schicht vor, die vollkommen auslöscht,
und zwar unter einem schiefen Winkel. Dieser Auslöschungswinkel, bezogen
auf die Zellachse, entspricht dem Steigungswinkel Θ (JACCARD und FREY 1928).
Da es schwer ist, Längsschnitte von macerierten Fasern oder Tracheiden zu
gewinnen, werden diese mit Vorteil auf Objektträger geklebt und nachträglich
ihre oberen Zellwände abgekratzt (PRESTON 1934).

Nach verschiedenen Methoden ermittelte Steigungswinkel einer Reihe von
Zellarten sind in Tabelle 4 zusammengestellt. Bei der Beurteilung der Neigungs-
schiefe der Schraubenstreifung muß darauf geachtet werden, daß die Zellwand
in ungequollenem Zustand zur Messung gelangt, denn bei starker Quellung
wird die Schraubung der peripheren Wandschichten durch die Zunahme des
Zellumfanges flacher und dadurch der Steigungswinkel vergrößert. Wie Tabelle 4
zeigt, kann der Steigungswinkel und sogar der Schraubungssinn in aufeinanderfolgenden Schichten der Sekundärwand wechseln (s. auch WARDROP 1954b,
BUCHER 1957). Nach ROELOFSEN (1951) finden sich in der Außenschicht der von

ihm untersuchten Fasern Z-Schrauben; bei Ramie und Flachs ist indessen die Außenschicht so dünn, daß sie bei den Messungen von REIMERS (1922) übersehen worden ist. Die Zentralschicht zeigt S-Schrauben, wobei sich allerdings die Angaben für Hanf widersprechen. Beim Flachs entspricht die Textur der inneren Partien der Sekundärwand einer Z-Schraube (Tabelle 4). Nach BUCHER (1957) soll die Zentralschicht der Sekundärwand der Nadelholztracheiden (*Picea*, *Pseudotsuga*, *Abies*, *Pinus* und *Larix*) wie beim Flachs stets eine Z-Schraube, die Innenlamelle dagegen eine S-Schraube vorstellen.

Das Streckungswachstum der Zellen bringt im allgemeinen eine Verkleinerung des Steigungswinkels mit sich, so daß unter vergleichbaren Umständen längere Tracheiden steiler geschraubt sind als kürzere (PRESTON 1934). In diese Gesetzmäßigkeit reiht sich auch die Feststellung ein, daß die Bastfasern mit Fasertextur (Steigungswinkel $\Theta = 0°$) außerordentlich lange Zellen sind (s. Tabelle 41, S. 302).

Tabelle 4. *Schraubentextur von Faserzellen.*
S = S-Schraube, Z = Z-Schraube

Sekundärwand von	Steigungswinkel Θ ermittelt		
	morphologisch[1]	röntgenographisch[6]	polarisationsoptisch
Hanf (*Cannabis*)			
Außenschicht	28° Z		
Zentralschicht	2° Z[1] S[2]	1,9°	—
Nessel (*Urtica*)			
äußere Zentralschicht .	8° S	} 4°	—
innere Zentralschicht .	3,5° S		
Ramie (*Boehmeria*) breite Fasern			
äußere Zentralschicht .	12,5° S	} 11°	
innere Zentralschicht .	5° S		} 6° [7]
schmale Fasern			
äußere Zentralschicht .	7,5° S	} 4°	
innere Zentralschicht .	3,2° S		
Flachs (*Linum*)			
äußere Zentralschicht .	10,1° S	} 6°	—
innere Zentralschicht .	5° Z		
Baumwollhaare (*Gossypium*)	30°—35° [3] 24° [4]	32°	30° [8]
Coir-Fasern (*Cocos*) . . .	30°—35° [5]	46°	—
Fichtentracheiden (*Picea*)			
Zentralschicht	30° Z[9]	—	—
Innenschicht	65° S		
Rotholztracheiden . . (*Pseudotsuga Douglasii*)	etwa 50° [5]	35°	48° [10]

Umgekehrt hat das Weitenwachstum der Zellen eine Vergrößerung des Winkels Θ zur Folge, und da bei den Coniferentracheiden bei der Differenzierung nur die Radialwände in die Fläche wachsen, verläuft die Schraubung auf ihnen im allgemeinen flacher als auf den Tangentialwänden; dieser Unterschied kann bis 15° ausmachen (FREY-WYSSLING 1940/1943).

Verhalten der Zellmembranen mit Paralleltextur

Zellwände mit Fasertextur und, in weniger ausgesprochenem Maße, auch solche mit Schraubentextur zeigen nicht nur leichte Spaltbarkeit (Zerfaserung),

[1] REIMERS (1922).   [2] ROELOFSEN (1951).   [3] DISCHENDORFER (1925).
[4] BALLS (1923).   [5] SONNTAG (1909).   [6] HERZOG und JANCKE (1928).
[7] PRESTON, J. M. (1931).   [8] PRESTON, J. M. (1933).   [9] BUCHER (1957).
[10] JACCARD und FREY (1928).

sondern bei mechanischer Überbeanspruchung bei der Quellung und beim hydrolytischen Abbau noch weitere charakteristische Eigentümlichkeiten, die in Membranen ohne Paralleltextur nicht auftreten. Sie sind in der Literatur als Verschiebungslinien, Kugelquellung, „chemische Querschnitte" und Korrosionsfiguren beschrieben. In allen diesen Fällen kann gezeigt werden, daß das eigenartige morphologische Verhalten durch die Parallellagerung der submikroskopischen Mikrofibrillen bedingt ist.

Kugelquellung. CRAMER (1858), der das 1857 entdeckte Schweizer-Reagens in die botanische Mikrochemie einführte, beobachtete, daß das Kupferoxydammoniak die Zellwände von cellulosischen Pflanzenfasern kugelig auftreibt

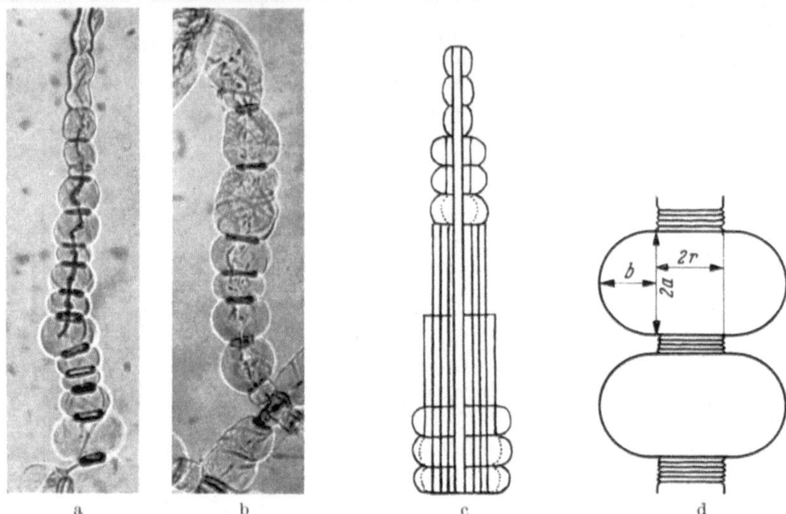

a   b   c   d

Abb. 16a—d. Kugelquellung. a u. b Kugelquellung von Baumwollhaaren (HESS, WERGIN u. Mitarb. 1939). c Kugelquellung der grobgeschichteten Bambusfasern (LÜDTKE 1928). d Beziehung zwischen Faserbreite $2r$ und Kugeldurchmesser $2a$. $a{:}r = 1{,}46$. (GRIFFIOEN 1935)

(Abb. 16a). Er erkannte auch bereits die Voraussetzungen für das Auftreten dieser auffallenden Erscheinung: Die Zellwand muß sehr cellulosereich und von einer viel weniger quellbaren Oberflächenhaut umkleidet sein. Dazu gesellt sich als dritte Bedingung ein Feinbau mit Paralleltextur, der eine starke Quellungsanisotropie, d. h. starke Querquellung bei fehlender Längsquellung (s. S. 297) verursacht. Am gleichmäßigsten erscheinen die Quellungskugeln bei Fasertextur, während bei Schraubentextur Unregelmäßigkeiten (Abb. 16b) und vehemente Faserverkürzungen auftreten. Die quellungshemmende Oberflächenhaut ist bei den Baumwollhaaren die Cuticula, bei Bastfasern (Flachs, Hanf, Ramie, Nessel) dagegen die Primärwand, die in Schweizer-Reagens unlöslich ist. Infolge der enormen Querquellung wird die Primärwand durch Querrisse aufgesprengt und zu Manschetten, die von den sich bildenden Kugeln abgleiten, zusammengeschoben. Manchmal entstehen auch durch die Schraubentextur der Sekundärwand bedingte schraubige Primärwandstränge (Abb. 16b). Wenn die Sekundärwand eine ausgeprägte Schichtung aufweist wie z. B. bei Bambusfasern, können tiefer liegende Schichten zufolge der schlecht quellenden Umhüllung durch den Quellungsdruck teleskopartig aus den Querschnittsebenen

der Fasern herausgeschoben werden (Abb. 16c) und dann ihrerseits Kugeln
bilden (LÜDTKE 1928). Bei richtiger Wahl der Konzentration des Kupferoxydammoniaks (Kupfertetramin) oder des haltbareren Kupferäthylendiamins lösen
sich die von der Primärwand entblößten, „nackten" Kugeln nach einiger Zeit
auf, während dünne, von den Manschetten der Primärwand umklammerte
Scheiben, deren Quellung durch die unlöslichen Spangen verhindert wird,
erhalten bleiben.

Die periodische Anordnung der Quellungskugeln, die auf dem unlöslichen
Innenschlauch der Tertiärwand (s. S. 33) wie auf einer Perlschnur aufgereiht
erscheinen (Abb. 16a), und die fälschlicherweise als „Querelemente" bezeich-
neten Restscheiben, die bei der Auflösung übrigbleiben, haben LÜDTKE (1932)
dazu geführt, eine Segmentierung der Fasern durch Querhäute anzunehmen.
Gewisse Textilchemiker sind ihm hierbei gefolgt (SAKOSTSCHIKOFF und TU-
MARKIN 1935). Ein genaues Studium (SCHLOTMANN 1933, GRIFFIOEN 1935,
HALLER 1935, 1937) zeigte indessen in aller Deutlichkeit, daß keine vorgebildete
Segmentierung vorliegt. In Natronlauge, die Cellulosefasern ähnlich stark verquillt, tritt nie Kugelquellung auf, weil sie im Gegensatz zu den Kupferreagentien
die Hemicellulosen und Pektinstoffe der Primärwand zu lösen vermag. Ebenso
bleibt die Kugelquellung aus, wo die Cuticula oder die Primärwand mechanisch
verletzt oder abgeschabt ist.

GRIFFIOEN (1935) konnte zeigen, daß die Größe der perlenartigen Schwellkörper von der Faserdicke abhängt (Abb. 16d). Denn bei Bambus-, Agaven-
und Palmenfasern sowie bei Nadelholztracheiden ergibt sich für das Verhältnis
Faserbreite zu Kugeldurchmesser ein konstanter Wert $2a/2r = 1,46$. Ferner
findet man $(2r + 2b) = 2,39$, woraus folgt, daß $a = 1,46r$ und $b = 1,39\,r$; d.h.
innerhalb der Fehlergrenzen ist $a = b$, so daß also das Profil der Schwellkörper
wirklich kreisförmig ist. Das Volumen der Schwellkörper beträgt

$$V = 2a\,\pi\,r^2 + 4/3\,\pi\,a^2 + \pi^2\,a^2\,r.$$

Da $a \sim 3/2r$, errechnet sich hieraus $102\,\pi r^3/7$, was verglichen mit dem ursprünglichen Volumen $21\,\pi r^3/7$ eine Quellung von etwa 400% oder einen Quellungsgrad (s. S. 291) von ungefähr 5 ergibt. Der Quellkörper besteht also nur zu
etwa 1 Volumenanteil aus Cellulose, in welche 4 Volumenanteile Wasser eingelagert sind. Die Kugelform wird durch die Oberflächenspannung der Gel-
lösung der Cellulose bedingt. Je mehr Cellulose für die Quellung zur Verfügung
steht, um so größer werden die Kugelringe, so daß der Kugeldurchmesser $2a$
proportional mit der Faserbreite $2r$ zunimmt; feine Fasern zeigen daher eine
kleinere „Periodizität" der Kugelquellung als breite Fasern.

Querzerfall. Ebenso merkwürdig wie die Erscheinung der Kugelquellung ist
die Möglichkeit, Fasern wie Geldrollen in dünne Querscheiben zu zerlegen, die
von KELANEY und SEARLE (1930) als „chemische Faserquerschnitte" bezeichnet
worden sind. Zu diesem Zwecke kocht man die Fasern während einiger Minuten
in 10%iger Schwefelsäure, trocknet sie etwas, erhitzt sie darauf einige Zeit auf
60—70°C und legt sie schließlich in 20%ige Kalilauge. Durch leichten Druck auf
das Deckglas können sie dann unter dem Mikroskop in dünne Scheiben von nur

einigen μ Höhe zerlegt werden. Bei stärkerem Druck werden diese längsgespalten und zerfallen in Fibrillenbruchstücke von etwa 1 μ Breite. Das Verfahren wird als Carbonisation bezeichnet, weil sich die Bruchstücke bei drastischer Erhitzung leicht bräunen. In der Praxis findet es Verwendung, um Wolle von cellulosischen Fasern, die sie verunreinigen, zu säubern; die Wolle ist gegenüber der oben angegebenen Behandlung unempfindlich, während die Cellulosefasern zu Staub zerfallen.

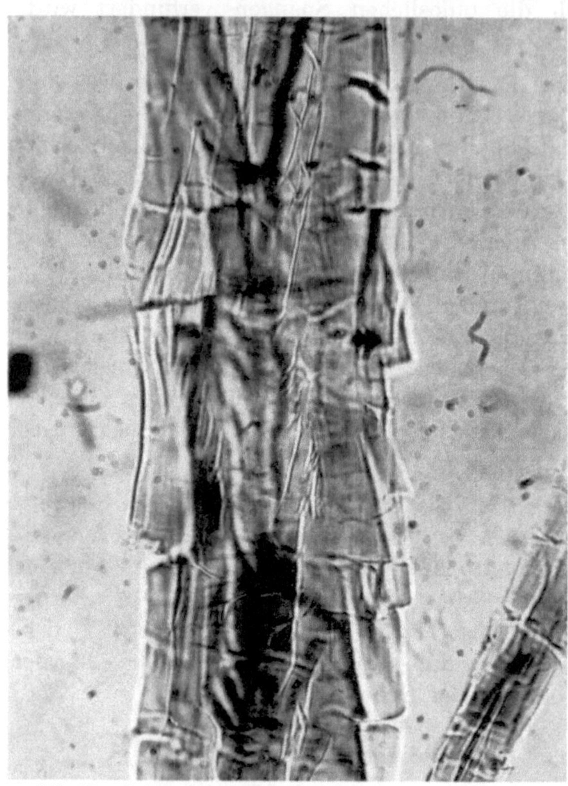

Abb. 17. Querzerfall einer hydrolysierten Ramiefaser bei Behandlung mit Mercerisierlauge. (FREY-WYSSLING 1940 b)

Der Querzerfall ist wie die Kugelquellung als Beweis für eine unsichtbare Segmentierung der sekundären Zellwand durch ein „Fremdhautsystem" betrachtet worden (LÜDTKE 1932). Dies trifft jedoch keineswegs zu, denn Querspalten können unter der Voraussetzung, daß Paralleltextur vorliegt, an ganz beliebigen Stellen längs der Faser auftreten. Der Zerfall steht vielmehr mit der Faserverkürzung im Zusammenhang, die auftritt, wenn die Faser in konzentrierte Lauge gelegt wird (z. B. 18 %ige Natronlauge = Mercerisierlauge). Durch die Querquellung werden die Mikrofibrillen etwas aus ihrer ursprünglich streng parallelen Lagerung gedrängt und mehr oder weniger schief gestellt. Dies hat eine Verkürzung der Faser zur Folge, wie sie von der Mercerisierung her bekannt ist. Da nun bei der Carbonisation die Cellulose vorgängig durch Schwefelsäure hydrolysiert worden ist, besitzt die Faser keinerlei Zugfestigkeit mehr, so daß die auf dem Objektträger liegende Faserzelle bei der Kontraktion der Zellwand in zahllose Scheiben zerfällt.

Abb. 17 zeigt den beginnenden Querzerfall, bevor die Spalten die Faser in ihrer ganzen Breite durchschnitten haben. Auffallend ist die gleichartige Länge der entstehenden Schollen. Trotzdem liegen keine vorgebildeten Segmente vor. Denn wenn die gleiche Faser in Chlorzinkjod liegengelassen wird, bis das Jod verdunstet ist, zeigt sie ebenfalls feine Querspalten, jedoch mit einer viel feineren Periodizität. Auch hier wird die Cellulose durch die in diesem Reagens vorhandene Salzsäure hydrolysiert und gleichzeitig durch das Zinkchlorid verquollen. Schließlich kann wiederum dieselbe Faser mit Salzsäure noch feiner in Teilchen von 1 μ Breite und 1,1 μ Länge zerlegt werden (FARR und ECKERSON 1934), die etwa den seiner Zeit von WIESNER (1886) postulierten Dermatosomen entsprechen. Daß es sich dabei jedoch keineswegs um definierte morphologische Einheiten handelt, geht daraus hervor, daß sie durch fortgesetzte Salzsäure-hydrolyse weiter in submikroskopische Teilchen von etwa 100 A Durchmesser und 500—600 A Länge, die als „Micelle" (s. S. 219) bezeichnet werden, zer-fallen. In der Sekundärwand mit Paralleltextur gibt es daher offenbar keine vorgezeichnete Periodizität im mikroskopischen Bereiche (vgl. S. 209), sondern sie wird je nach der gewählten Methode der Celluloseschädigung in längere oder kürzere Fibrillenbruchstücke zerlegt.

Interessanterweise wird die Cellulose nicht nur durch hydrolytische Agentien abgebaut, ohne daß der Zellwand äußerlich etwas anzusehen ist, sondern der Querzerfall kann auch durch Oxydation zustande kommen. So fand NETOLITZKI (1903) die Leinenfasern der Bänder, mit denen die ägyptischen Mumien umwickelt sind, von unzähligen Querspalten durch-setzt, so daß sie jegliche Zugfestigkeit verloren hatten und bei der geringsten Beanspruchung in Staub zerfielen.

Heterogene Reaktionsweise. Bei um-gefällter Cellulose (hochverstreckte und hochveresterte Zellwolle) konnten HESS und MAHL (1954) durch Anfärbung mit Jod submikroskopische Perioden von 650—670 A feststellen. Dieser Befund ist vielleicht mit den heterogenen Reak-tionsweisen von Cellulosefasern zu ver-gleichen, die in Abb. 18 dargestellt sind. Bei der Acetylierung von Ramiefasern erfolgt die Veresterung vorerst in Quer-bändern, von denen aus dann die Um-wandlung axial fortschreitet, so daß partiell acetylierte Fasern im Polari-

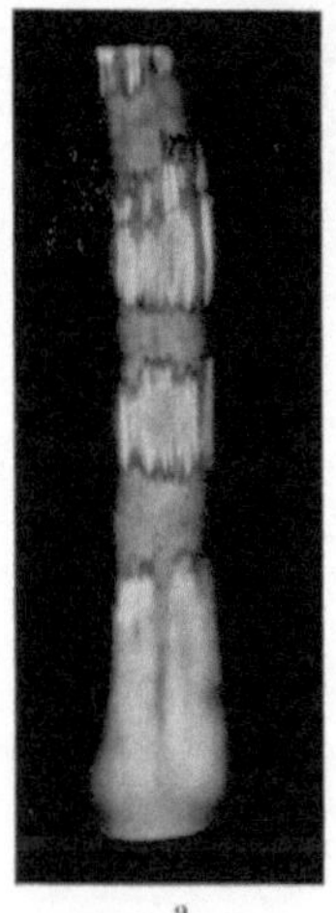
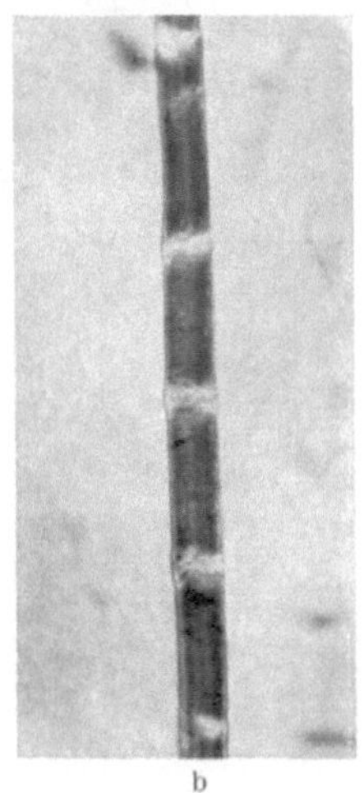

Abb. 18a u. b. Periodische Scheinstrukturen in Zellwänden mit Paralleltextur (FREY-WYSSLING 1940 b). a Heterogene Veresterung einer Ramiefa-ser, im Polarisationsmikroskop. Weiß: unverester-te Cellulose, grau: Cellulosetriacetat. Vergr. 175 fach. b Zonierte Silberfärbung einer Ramie-faser. Wo die Paralleltextur durch Knickung aufgelockert ist, unterblieb die Färbung. Vergr. 100fach

sationsmikroskop gestreift erscheinen (Abb. 18a). Oder bei Silberfärbungen kann es vorkommen, daß in aufgelockerten Partien der Faser das Silbernitrat bei der Zufügung des Reduktionsmittels vor der Silberausscheidung wieder aus-gewaschen wird, so daß dann getigerte Färbungen wie in Abb. 18b resultieren. Solchen Zonierungen liegt jedoch im Gegensatz zu den submikroskopischen Be-funden von HESS und MAHL (1954) in Kunstfasern kein festes Regelmaß zugrunde, denn die Perioden der mikroskopischen Segmentierung sind meist ganz uneinheit-lich und von variabler Länge.

Korrosionsfiguren. Die Hyphenkanäle gewisser holzzerstörender Pilze folgen mit Vorliebe der Richtung der mikrofibrillaren Paralleltextur (*Fomes Hartigii*, LOHWAG 1940; *Chaetomium globosum*, MEIER 1955). Bei *Chaetomium* entstehen dabei in der Sekundärwand merkwürdig regelmäßig begrenzte rautenförmige Korrosionsfiguren, wie sie zuerst von BAILEY und VESTAL (1937) beschrieben worden sind (Abb. 19a, vgl. auch Abb. 31).

Diese Bilder müssen so gedeutet werden, daß vom Pilze produzierte Cellulase das Kettengitter der Mikrofibrillen längs schiefen „Hydrolyseebenen" (Abb. 19c, — · — ·) abbaut, wodurch die Mikrofibrillen schief abgeschnitten werden. Da diese bei Paralleltextur miteinander verbändert sind und daher ein einheitlich

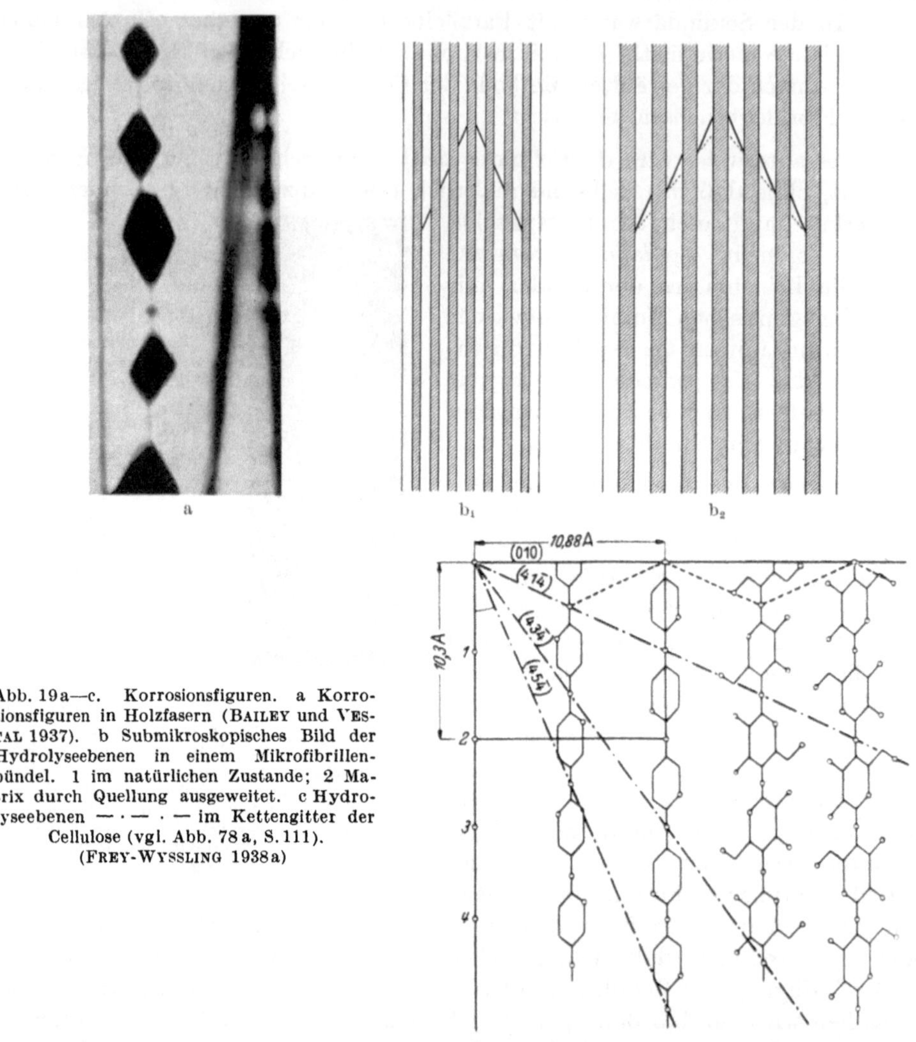

Abb. 19a—c. Korrosionsfiguren. a Korrosionsfiguren in Holzfasern (BAILEY und VESTAL 1937). b Submikroskopisches Bild der Hydrolyseebenen in einem Mikrofibrillenbündel. 1 im natürlichen Zustande; 2 Matrix durch Quellung ausgeweitet. c Hydrolyseebenen — · — · — im Kettengitter der Cellulose (vgl. Abb. 78a, S. 111). (FREY-WYSSLING 1938a)

orientiertes Kettengitter aufweisen, kann sich die Hydrolyse auch über interfibrillare Spalten hinweg geradlinig fortsetzen (Abb. 19b).

ROELOFSEN (1956) möchte dagegen den Korrosionsfiguren eine ähnliche Entstehung wie den makroskopischen rautenförmigen Pilzflecken auf Textilgeweben zuschreiben, wo die Hyphen parallel zu Schuß und Zettel verschieden schnell wachsen und auf diese Weise rhombenförmige Pigmentflecken hinterlassen. Bei einem Textilgewebe liegt indessen ein Kreuzgitter (Schuß und Zettel) vor, während in der Sekundärwand mit Paralleltextur ein Kettengitter mit nur einer ausgezeichneten Richtung vorhanden ist. Trotz ähnlicher äußerer

Morphologie ist daher die Bildung der mikroskopischen rautenförmigen Korrosionsfiguren kaum mit der Entstehung der makroskopischen rhombenförmigen Pilzstockflecken vergleichbar.

Schichtenbau

Die Sekundärwand weist stets einen Schichtenbau auf, der meistens mikroskopisch sichtbar, jedenfalls aber submikroskopisch nachweisbar ist; er steht mit dem Appositionswachstum im Zusammenhang. Die Lamellierung ist ein allgemeineres mikroskopisches Merkmal der Sekundärwand als die Fibrillierung, denn die Wände isodiametrischer Zellen, in denen sich die Paralleltextur der

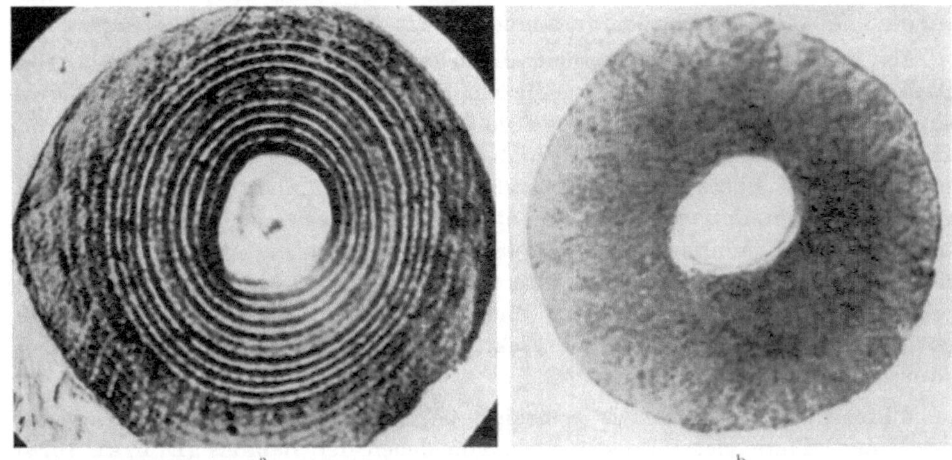

Abb. 20a u. b. Querschnitte durch das Baumwollhaar (ANDERSON und KERR 1938). Baumwollpflanze a im Freien kultiviert, mit Tageszuwachsringen; b unter Dauerbelichtung bei konstanten Wachstumsbedingungen kultiviert, ohne Zuwachsringe

Mikrofibrillen nur auf kleine Bereiche beschränkt (Abb. 12), lassen sich nicht in mikroskopische Makrofibrillen zerlegen.

Vielschichtige Sekundärwand. Berühmt ist die Lamellierung der Baumwolle geworden. Die Lamellendicke liegt an der Grenze des Auflösungsvermögens des Lichtmikroskops. Die Lamellen sind daher nur im gequollenen Zustande deutlich sichtbar (Abb. 20a). BALLS (1919) hat festgestellt, daß die Zahl der Tage, während denen die Sekundärwand in die Dicke wächst, mit der Anzahl der Lamellen übereinstimmt. Die Lamellen werden daher als Tagesringe gedeutet. In ägyptischer Baumwolle beträgt ihre Zahl 25, woraus sich bei Haaren von $20\,\mu$ Durchmesser eine Lamellendicke von $0,4\,\mu$ ergibt. Nach ANDERSON und KERR (1938) werden in kühlen Nächten — Temperatur unter 20^{0} C — dünnere Lamellen (z. B. $0,14\,\mu$) gebildet als in warmen Nächten von 30^{0} C. Wird die Baumwolle unter konstanter Belichtung im Gewächshaus bei 30^{0} C kultiviert, unterbleibt die Tagesringbildung (Abb. 20b). Hieraus folgt, daß die Cellulosebildung ein kontinuierlicher Vorgang ist, der aber im Felde während der kühleren Nachtstunden beeinträchtigt wird, so daß der nächtliche Zuwachs vornehmlich aus der stark entquellbaren Matrixsubstanz besteht; als Folge erscheinen im getrockneten Haar schmale Lamellen, die scharf voneinander getrennt sind.

Man kann somit bei der Lamellierung dichtere Celluloseringe und im frischen Zustande weniger dichte quellbare nichtcellulosische Ringe unterscheiden (KERR 1937). Das quellbare Material der Matrix ist im Gegensatz zur Cellulose mit basischen Farbstoffen anfärbbar, wie dies BAILEY und KERR (1935) z. B. für die feingeschichteten Fasertracheiden von *Tetramerista glabra* mit HEIDENHAINS Hämatoxylin gefunden haben. Da indessen die Baumwollhaare bis 94% Cellulose enthalten können, grenzen bloß sehr kleine Mengen dieser Matrixsubstanz die Tagesringe als submikroskopische Zwischenlage voneinander ab. Ihre große Quellbarkeit ermöglicht jedoch, die Lamellen lichtoptisch zu trennen. Diese bestehen aus einer einzigen Schicht parallel gelagerter Makrofibrillen, in die sie sich leicht aufspalten lassen. Jede Makrofibrille ist dann ihrerseits wieder aus mindestens 250 Mikrofibrillen zusammengesetzt (s. Tabelle 3 und Abb. 10).

Als Beispiel submikroskopischer Lamellierung seien die Milchröhren von *Euphorbia splendens* erwähnt, wo die mächtige Sekundärwand im Lichtmikroskop selbst im gequollenen Zustand vollkommen homogen erscheint, während sie im Elektronenmikroskop eine Unzahl submikroskopischer Lamellen (Abb. 28b) mit sich schief überkreuzender Paralleltextur zeigt (MOOR 1956). Man darf hieraus schließen, daß wohl alle „homogenen" Sekundärwände submikroskopisch lamelliert sind, da offenbar ihr Appositionswachstum rhythmisch erfolgt. In diesem Zusammenhang wäre es interessant, die in Abb. 20b wiedergegebene „einheitliche" Sekundärwand der unter konstanten Wachstumsbedingungen gezüchteten Baumwollhaare im Elektronenmikroskop auf ihren submikroskopischen Feinbau zu untersuchen.

Mikroskopisch vielschichtig erscheint die Sekundärwand der Sklerenchymfasern und Haare vieler Monokotylen, von denen der Bambus (LÜDTKE 1928) und das Zuckerrohr (V. D. HOEVEN V. OORDT-HULSHOF 1957) erwähnt seien. Solche Sekundärwände zeigen bei Auflösungsversuchen besonders auffällige Quellungsbilder (s. Abb. 16c).

Weitere klassische Beispiele für den Schichtenbau sind die Sekundärwände der Siphonocladen-Algen, deren ausgezeichnete Lamellierung schon von CORRENS (1893) ausführlich beschrieben worden ist. Die 10 μ dicke Wand kann auf dem gequollenen mikroskopischen Querschnitt bis 40 Lamellen zeigen, so daß diese mit 0,25 μ Durchmesser an der Grenze der lichtmikroskopischen Sichtbarkeit liegen. Die einzelnen Lamellen besitzen Paralleltextur, und zwar verlaufen die flächig verbänderten Mikrofibrillen in aufeinanderfolgenden Lagen kreuzweise zueinander.

Die Röntgenanalyse der Wandung der Riesenzellen von *Valonia* (Blasen von bis 1 cm Durchmesser) liefert daher zwei vollkommene, sich gegenseitig überlagernde Faserdiagramme, deren Äquatorialebenen im Mittel einen Winkel von etwa 78° miteinander einschließen (ASTBURY, MARWICK und BERNAL 1932). PRESTON und ASTBURY (1937) haben dann nachgewiesen, daß die eine dieser beiden Faserrichtungen den Meridianen der blasenförmigen *Valonia*-Zellen entspricht, während die andere einer Schraubentextur zukommt, die in sehr flachem Windungsgange die Blase vom Scheitel bis hinunter zur Anheftungsstelle umschreibt. Der Kreuzungswinkel ist daher auch nie konstant, sondern er variiert an verschiedenen Stellen der Blase von 67—85°. Über diesen Kreuzungswinkel

Tafel II

Die Sekundärwand und ihre Grenzlamellen

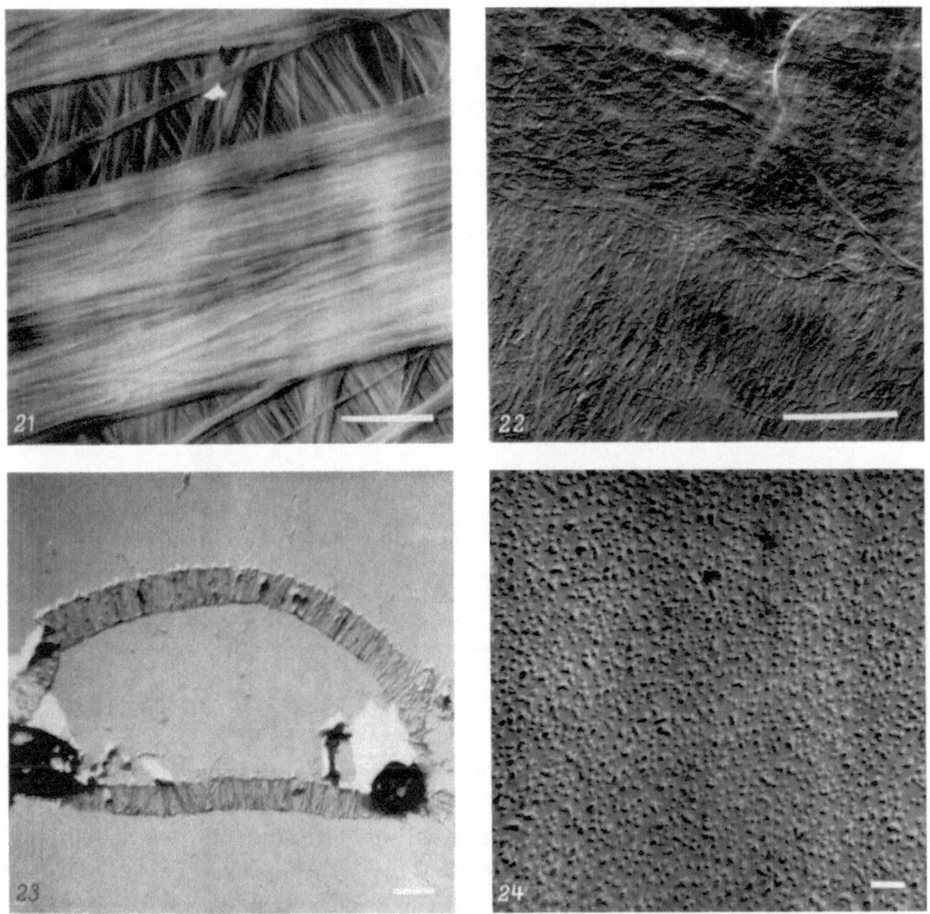

Abb. 21. Sekundärwand der *Valonia*-Alge mit überkreuzter Paralleltextur aufeinanderfolgender Appositionslamellen. (STEWARD und MÜHLETHALER 1953)

Abb. 22. Übergangslamelle unter der Primärwand. Differenzierung der Sekundärwand im Rindenparenchym der Keimwurzel des Maises. (MÜHLETHALER 1950a)

Abb. 23. Tertiärwand einer Holzfaser der Birke. Umgekippter Feinschnitt. (MEIER 1955)

Abb. 24. Warzige Innenauskleidung der Tertiärwand. Tracheide von *Pinus ponderosa*. (FREY-WYSSLING, MÜHLETHALER und BOSSHARD 1956)

hat sich eine Kontroverse entsponnen (PRESTON/ASTBURY und STEWARD/MÜHLE-
THALER 1954), da im Elektronenmikroskop in der Wand bestimmter *Valonia*-
Arten unter der Primärwand mit Streuungstextur Sekundärlamellen mit Paralleltextur gefunden worden sind, die sich in drei verschiedenen Richtungen unter
je etwa 60⁰ überlagern. Die einzelnen Lamellen scheinen aus nur je einer Mikro-
fibrillenlage zu bestehen (Abb. 21).

Ähnliche Verhältnisse liegen bei der Alge *Chaetomorpha* vor, deren Thallus
jedoch nicht blasenartig, sondern fadenförmig entwickelt ist. Die Mikrofibrillenrichtung des einen Lamellensystems verläuft parallel zur Fadenachse und jene
des andern ungefähr senkrecht dazu (NICOLAI und FREY-WYSSLING 1938);
ob diesem zweiten System eine schwache Schraubungstendenz zukommt, läßt

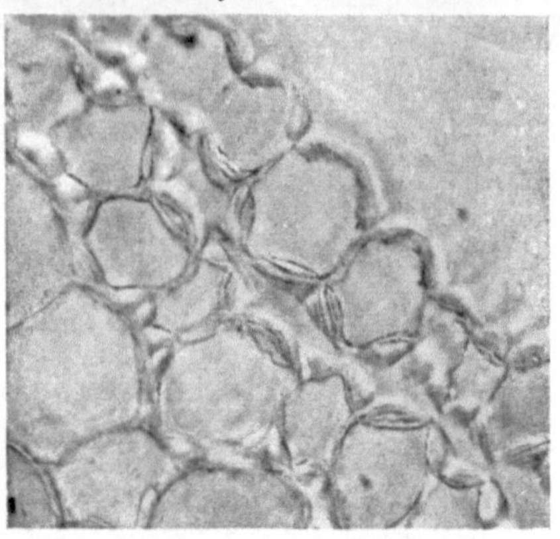
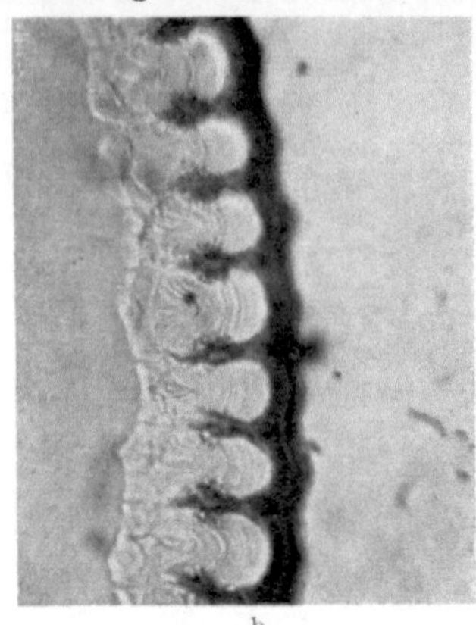

a   b

Abb. 25a u. b. Lamellierung der sekundären Wand in Collenchymen, durch Entfernung der Pektinstoffe sichtbar
gemacht. a Eckencollenchym im Stengel von *Solanum lycopersicum*. b Plattencollenchym in der Blattepidermis
von *Clivia nobilis*. (ANDERSON 1927, 1928)

sich nicht einwandfrei feststellen, da der Kreuzungswinkel auf dem Röntgendiagramm annähernd 90⁰ beträgt.

Eckenverdickungen der Collenchyme. In den Verstärkungen der Ecken-
und Plattencollenchyme liegen grob geschichtete sekundäre Zellwandverdickungen vor, die indessen nicht den ganzen, sondern nur Teile des Zellumfangs
beschlagen. Die zahlreichen Lamellen sind von mikroskopischer Dicke, und man
kann deutlich abwechselnde Lagen von Cellulose und Pektinstoffen unterscheiden (ANDERSON 1927, 1928). Durch Verquellung oder geeignete Maceration
der Pektinstoffe, z. B. mit Wasserstoffsuperoxyd, werden die Celluloselamellen
leicht sichtbar (Abb. 25). Die starke Quellung der Pektinstoffe läßt die Eckenverdickungen im Collenchym konvex erscheinen; nach Entfernung dieser Quellstoffe oder schon nach bloßer Entwässerung im Alkohol schrumpfen sie dagegen
wie in Abb. 25a zu konkaven Eckenleisten zusammen.

Im Gegensatz zu den Verhältnissen bei feinmikroskopischer und submikroskopischer Lamellierung lassen sich die cellulosefremden Stoffe in den Coll-
enchymverdickungen als mikroskopische Pektinzwischenlagen mikrochemisch
identifizieren.

Dreischichtige Sekundärwand. Den Holzanatomen ist von jeher aufgefallen,
daß viele Tracheiden und Holzfasern aus drei im Polarisationsmikroskop verschieden aufleuchtenden Schichten bestehen (z. B. DIPPEL 1898), die als Primär-,

Sekundär- und Tertiärlamelle unterschieden wurden. KERR und BAILEY (1934) wiesen nach, daß alle diese drei Schichten zur Sekundärwand gehören, die von der Primärwand als sehr feine Haut umhüllt wird. Im Lichtmikroskop lassen sich die ursprüngliche Mittellamelle und die Primärwand kaum voneinander abtrennen, da sich die letztere wegen ihres hohen Pektingehaltes gleich wie die Mittellamelle anfärbt. Man faßt diese beiden Lamellen daher vom morphologischen Standpunkte aus am besten mit der Bezeichnung Mittelschicht zusammen, um eine Verwechslung mit der echten Mittellamelle zu vermeiden.

Diese Terminologie ist auch dadurch gerechtfertigt, daß bei der Verholzung die gesamte Mittelschicht gleichmäßig von der Lignifizierung erfaßt wird.

Im Polarisationsmikroskop kann man zwar in jungen Zellwänden die Primärwand wegen ihrer schwachen Doppelbrechung gegenüber der isotropen Mittellamelle differenzieren; aber nachdem die stark doppelbrechenden Sekundärverdickungen angelegt worden sind, wird der schwache Schimmer der Primärwand zwischen gekreuzten Nicols derart überstrahlt, daß sie zusammen mit der

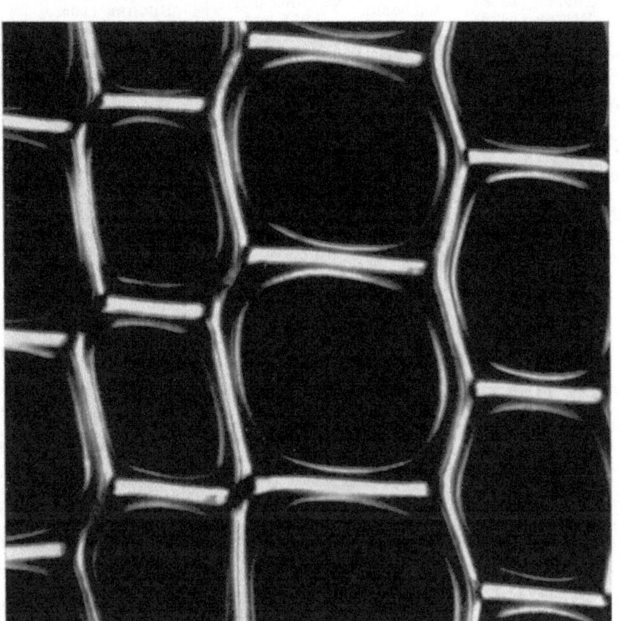

Abb. 26. Doppelbrechung der Schichten II_1 und II_3 in der Sekundärwand von *Pinus radiata*. (WARDROP und DADSWELL 1953)

Mittellamelle dunkel erscheint. Die auf die Mittelschicht folgende Außenschicht der Sekundärwand leuchtet besonders stark auf. Dann schließt sich die auf dem Querschnitt wenig doppelbrechende mächtige Zentralschicht an. Diese bildet die Hauptmasse der Zellwand und ist daher vom technologischen Standpunkte aus am wichtigsten. Sie ist ihrerseits submikroskopisch lamelliert. In gewissen Fällen tritt noch eine stark doppelbrechende Innenschicht auf (Abb. 26), die jedoch oft fehlt, z. B. bei den Holzfasern der Birke und den Tracheiden der Fichte (Abb. 28a).

Das ungleiche Aufleuchten der drei Schichten der Sekundärwand auf dem Faserquerschnitt ist durch eine verschiedene Neigung der Mikrofibrillen, damals als Micellarstränge bezeichnet, gedeutet worden (FREY-WYSSLING 1935a, b). Trotzdem hat PRESTON (1934, 1946) an seiner Annahme festgehalten, daß in den Tracheiden der Coniferen die Schraubentextur aller Sekundärwandschichten den gleichen Steigungswinkel aufweise, und er hat dies sogar für die Primärwand behauptet, um eine heute unhaltbar gewordene Wachstumstheorie der Zellwand zu entwickeln. Erst in neuerer Zeit hat er nach Einbeziehung weiterer

Untersuchungsobjekte die Theorie der einheitlichen Schraubung der Tracheiden aufgegeben (PRESTON 1947, 1952a).

Die Morphologie der dreischichtigen Sekundärwand ist in Abb. 27 in Anlehnung an KERR und BAILEY (1934) schematisch dargestellt, und die etwas verwirrende Terminologie dieser Schichten wird in Tabelle 5 übersichtlich zusammengefaßt.

Tabelle 5. *Terminologie der Zellwandschichtung*

Alte Terminologie DIPPEL (1898) RITTER (1928) VAN ITERSON (1927)	Schichten nach Abb. 26	Entwicklungsgeschichtlich KERR und BAILEY (1934)	Morphologisch BUCHER (1953) MEIER (1955, 1957)	Neue Terminologie, vgl. FREY-WYSSLING (1935a, b)	
Mittellamelle {	0	Mittellamelle	Mittellamelle	Mittellamelle	} Mittelschicht
	I	Primärwand	Primärwand	Primärwand	
Primärlamelle	II_1		Übergangslamelle		Außenschicht
Sekundärlamelle	II_2	Sekundärwand	Sekundärwand	Sekundärwand	Zentralschicht
Tertiärlamelle	II_3		Tertiärwand		Innenschicht
—	III	—	—	Tertiärlamelle, Abschlußlamelle	

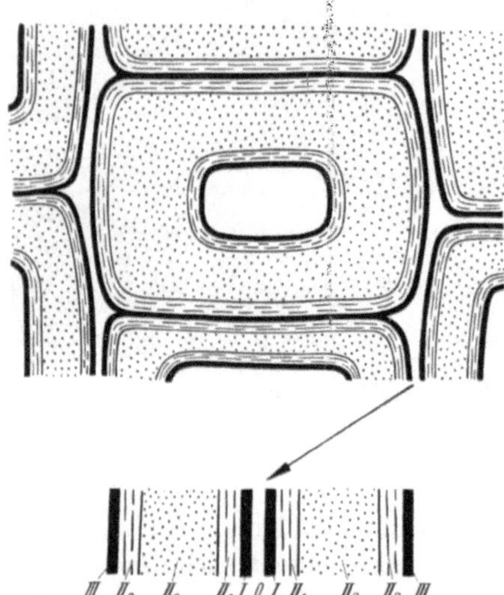

Abb. 27. Zellmembran mit dreischichtiger Sekundärwand. *0* Mittellamelle; *I* Primärwand; *II_1, II_2, II_3* Sekundärwand; *III* Tertiärlamelle

Das Elektronenmikroskop bestätigt die auf Grund der Polarisationsmikroskopie vorausgesagte Paralleltextur der Zentral- und der Innenschicht. Für die Außenschicht hat MEIER (1955) indessen festgestellt, daß in ihr die Mikrofibrillen zum Teil noch verflochten sind und sich überkreuzen (Birke), oder daß wenigstens eine unvollkommene Parallelität herrscht (Fichte). Ein ähnliches Bild mit verwoben überkreuzten Mikrofibrillen ist von WARDROP (1954a) veröffentlicht worden. MEIER bezeichnet daher die Außenschicht mit Recht als Übergangslamelle. Ihre Textur ist bedeutend dichter als jene der Primärwand, so daß sie zur dichtgepackten Zentralschicht überleitet, mit der sie indessen nur locker verbunden ist. Ferner setzt sie dem enzymatischen Abbau durch Pilze einen viel größeren Widerstand entgegen als die Zentralschicht. Die Übergangslamelle mit ihrem charakteristischen Überkreuzungsgeflecht findet sich auch in der Zellwand der Milchröhren von *Euphorbia splendens* (MOOR 1956); Abb. 22 zeigt ihre typische Übergangstextur. EMERTON und GOLDSMITH (1956) weisen nach, daß wie in der Primärwand (vgl. Abb. 48, S. 68) in der Übergangsschicht von Tracheiden gewisser *Pinus*-Arten zur Kantenverstärkung noch einzelne achsenparallele Fibrillen eingeflochten sind. Eine ausführliche Diskussion über das Überkreuzungssystem dieser Zellwandschicht findet sich bei EMERTON (1958).

In Abb. 28a und b ist der submikroskopische Feinbau der Zellwände von Birkenholzfasern, Fichtentracheiden und Milchröhren der *Euphorbia splendens* auf Grund der elektronenmikroskopischen Untersuchung durch schematische Skizzen wiedergegeben.

d) Tertiärwand

Bei der Verquellung der Sekundärwand von Textil- und Papierfasern bleibt ein zentraler Schlauch übrig, der von den klassischen Cytologen (NÄGELI 1864, v. HÖHNEL 1887) als vertrocknete Plasmareste gedeutet und als „Primordialschlauch" bezeichnet wurde (Abb. 16a). Bei näherer Untersuchung erweist sich dieser Quellungsrest indessen als eine besondere Wandschicht, die als Tertiärwand bezeichnet wird (BUCHER 1953). Sie ist oft übersehen worden, läßt sich jedoch leicht mit gewissen basischen Farbstoffen (Viktoriablau) oder im Phasenkontrastmikroskop darstellen (Abb. 32). Beim enzymatischen Abbau von Holzfasern und Tracheiden durch Pilze (BAKER 1939) bleibt sie als feine Innenhaut erhalten (Abb. 29, 31), so daß ihr Feinbau elektronenmikroskopisch untersucht werden kann (MEIER 1955). Sie weist in Birkenholzfasern einen Mikrofibrillenbau auf, wobei die Fibrillenrichtung wie in der Sekundärwand parallel zur Zellachse verläuft. Diese Entdeckung zeigt, daß man die zur Diskussion stehende Tertiärwand nicht mit der meist flachgeschraubten, im Polarisationsmikroskop stark aufleuchtenden (Abb. 26), von SANIO (1860) als „Tertiärlamelle" bezeichneten Innenschicht der Sekundärwand homologisieren darf. Wenn eine Innenschicht auftritt, besitzt sie meistens eine ansehnliche Dicke; häufig fehlt sie jedoch, während die Tertiärwand als innere, sehr dünne Abschlußhaut immer vorhanden ist. Ihre von BUCHER (1957) nachgewiesene Schraubenfältelung berechtigt nicht dazu, sie mit der ganzen Innenschicht (II$_3$) der Sekundärwand zu identifizieren.

Chemisch lassen sich in der Tertiärwand Pektinstoffe (Färbung mit Rutheniumrot und anderen basischen Farbstoffen) und Xylan (MEIER und YLLNER

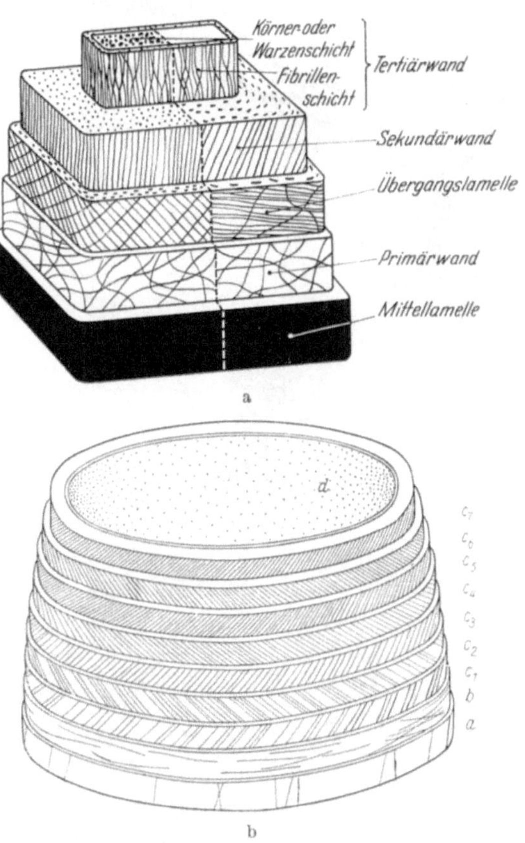

Abb. 28a u. b. Schema des Schichtenbaus der Zellwand (MEIER 1955, MOOR 1956). a Linke Hälfte: Birkenfaser; rechte Hälfte: Fichtentracheide. b Multilamellare Milchröhre von *Euphorbia splendens*. *a* Primärwand; *b* Übergangslamelle; c_1—c_7 Sekundärwandlamellen; *d* Tertiärlamelle

Tafel III

Enzymatischer und chemischer Zellwandabbau (MEIER 1955)

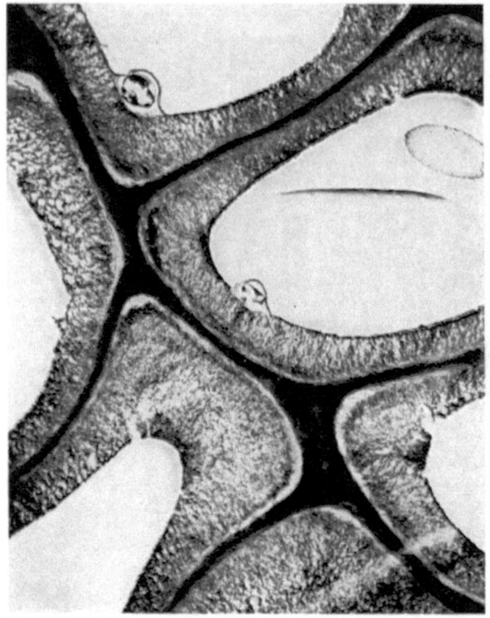

Abb. 29

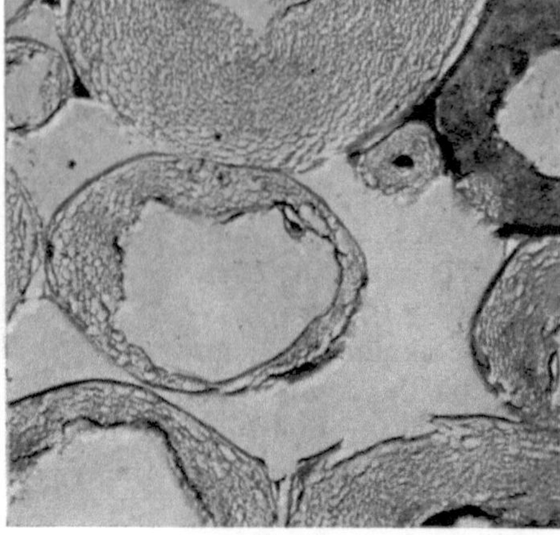

Abb. 30

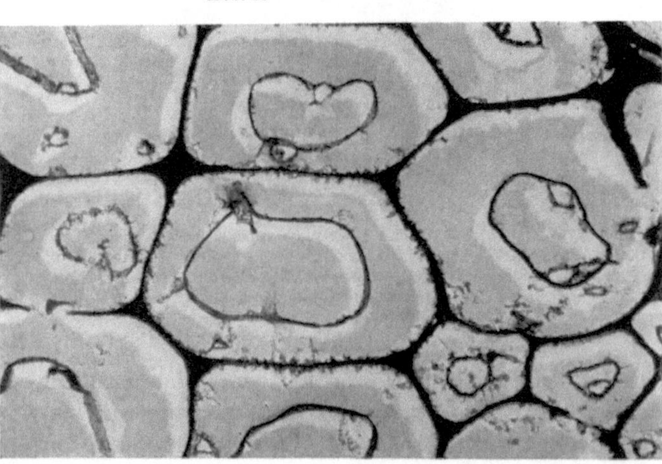

Abb. 31

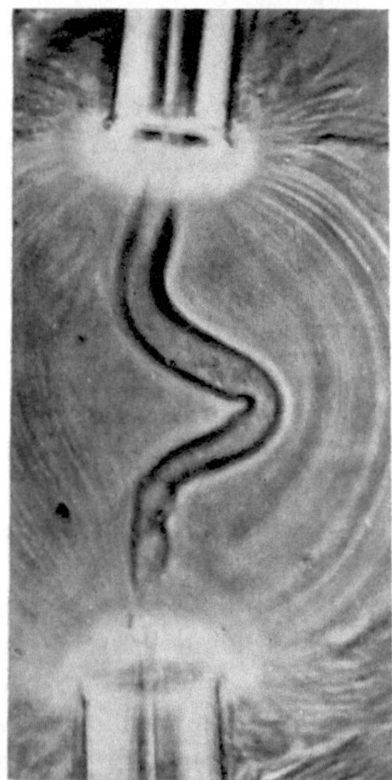

Abb. 32

Abb. 29. Fichtentracheiden, durch den Braunfäulepilz *Merulius domesticus* abgebaut. Vergr. 3500 ×

Abb. 30. Birkenholzfasern, durch den Weißfäulepilz *Trametes radiciperda* abgebaut. Rechts oben Zelle mit noch unversehrtem Lignin. Vergr. 2100 ×

Abb. 31. Birkenholzfasern, durch den Moderfäulepilz *Chaetomium globosum* abgebaut. Vergr. 1750 ×

Abb. 32. Tertiärwand der Birkenholzfaser nach Verquellung der Sekundärwand mit Kupferäthylendiamin (vgl. Abb. 16). Phasenkontrast Vergr. 350 ×

1956) nachweisen; die Doppelbrechung der Mikrofibrillen deutet auf Cellulose hin, deren Menge jedoch zurücktritt, denn die Haut ist in Kupferäthylendiamin unlöslich. Es liegt also in der Tertiärwand wie in der Primärwand eine größere Menge der als Matrix bezeichneten Substanz vor, welche die cellulosischen Mikrofibrillen derart umhüllt, daß sie dem Zugriff der Cellulase und der Quellungsreagentien, die Wasserstoffbindungen zu spalten vermögen, entzogen sind. Die Widerstandsfähigkeit der Tertiärlamelle gegenüber konzentrierter Schwefelsäure hat SCOTT (1950) veranlaßt, sie als „verkorkt" zu bezeichnen.

Der Unterschied zur Primärwand ist vor allem morphologischer Art, indem die Tertiärwand eine Paralleltextur aufweist (Abb. 23). Dies führt zur Auffassung, daß es sich eigentlich um die Bildungsschicht der Sekundärwand handelt. Während des Dickenwachstums der Sekundärwand von Birkenholzfasern läßt sich unabhängig von ihrem Alter stets eine Innenhaut mit dem in Abb. 23 wiedergegebenen Feinbau nachweisen (MEIER 1955). Die Feststellung der ständigen Gegenwart einer solchen Innenhaut ist schon alt (DIPPEL 1898), und WIELER (1940) hat die Meinung vertreten, daß die Sekundärwand nicht durch direkte Apposition, sondern durch Sekretion durch diese Innenhaut hindurch ausgeschieden würde. Der Feinbau der Tertiärhaut macht es jedoch wahrscheinlich, daß sie selbst die Bildungsschicht für die Lamellen der Sekundärwand ist; in ihr sind die cellulosischen Mikrofibrillen in Bildung begriffen. Wenn die Lamelle fertig ausdifferenziert ist, wird sie an die Sekundärwand abgegeben, und eine neue Sekundärlamelle wird aufgebaut. Nach Abschluß des Dickenwachstums der Sekundärwand vertrocknet bei den absterbenden Faserzellen und Tracheiden diese Schicht, nachdem sich das lebende Cytoplasma von ihr zurückgezogen hat.

BAILEY (1956, mündliche Mitteilung) hat sich mit Recht dagegen gewendet, daß die Innenschicht der Sekundärwand als Tertiärwand bezeichnet werde, da dies ontogenetisch unbegründet sei. Man muß daher zwischen einer eventuell vorhandenen Innenschicht der Sekundärwand und der abschließenden Innenhaut der Zellwände unterscheiden, die als Überrest der seinerzeit tätigen Bildungsschicht entwicklungsgeschichtlich eine besondere Bezeichnung verdient. Als solche ist der Terminus Tertiärwand, der in der Literatur in ganz verschiedenem Sinne gebraucht worden ist (Tabelle 5), vielleicht nicht sehr glücklich; er sollte daher durch die Bezeichnung *Abschlußlamelle* oder, wenn sich die hier vertretene Deutung als richtig erweist, durch *Bildungshaut* ersetzt werden. Als membranogene Schicht weist ihre Außenseite das Fibrillenmuster der anschließenden Sekundärwandlamellen auf.

Die Innenseite der Abschlußhaut ist häufig mit submikroskopischen Warzen besetzt (Abb. 24, 28a, b). Diese sind nicht nur in den Tracheiden von *Abies* und gewissen *Pinus*-Arten gefunden worden (LIESE und JOHANN 1954a), sondern auch in den Holzfasern der Birke, der Buche und des Nußbaums sowie in den Milchröhren von *Euphorbia splendens* vorhanden. Die Auskleidung der Tertiärwand mit Warzen scheint daher allgemein zu sein. In den Tracheiden von *Agathis* werden diese Warzen so groß, daß sie nach BAILEY (1956, mündliche Mitteilung) sogar im Lichtmikroskop wahrgenommen werden können. Über ihren Chemismus ist nichts bekannt; doch dürften ihre Gestalt, ihre sehr veränderliche Größe (LIESE 1957a) und ihr oft unregelmäßiges Auftreten mit der

Ansicht, daß die Abschlußhaut die eingetrocknete Bildungsschicht der Zellwand vorstelle, nicht unvereinbar sein. In diesem Sinne dürfen wohl auch die von STERLING und SPIT (1957) beobachteten warzigen, etwa 1000 A breiten „fibrillar bands" gedeutet werden, die auf der Innenhaut von das Längenwachstum abschließenden Spargelfasern auftreten.

Bei den Blaualgen ist die innerste Wandschicht mit dem Cytoplasma verwachsen, so daß in hypertonischen Lösungen keine Plasmolyse erzielt werden kann. Statt der Plasmaablösung treten Zellschrumpfungen oder wie bei dem mit den Blaualgen verwandten Schwefelbacterium *Beggiatoa* Wandknickungen (RUHLAND und HOFFMANN 1925) auf. Diese Wandschicht soll durch Pektin und Hemicellulose verstärkt sein (DRAWERT 1949) und ist daher mit der Tertiärlamelle der Cormophyten-Zellwände vergleichbar; andererseits besitzt sie jedoch die plasmatische Eigenschaft der Semipermeabilität und wird deshalb mit der Pellicula nackter Zellen verglichen (MÜHLDORF 1938).

e) Inkrustierung

Die junge Zellwand verändert nicht nur ihre Gestalt durch die Bildung von sekundären Verdickungsschichten, sondern sie wandelt sich vielfach auch in stofflicher Hinsicht. Dabei tritt zu der bereits vorhandenen Grundsubstanz der Matrix und den darin gebildeten Mikrofibrillen der Gerüstsubstanz durch nachträgliche Einlagerung eine dritte Kategorie von Wandstoffen, die als *Inkrusten* bezeichnet werden. Morphologisch scheinen diese sekundären stofflichen Veränderungen die Grundsubstanz zu ersetzen; ob dabei die Pektinstoffe lediglich entquollen oder aber abgebaut werden, ist kaum zu entscheiden. Die Zellwandanalysen weisen eine prozentuale Abnahme der Pektinstoffe während der Inkrustierung aus (GRIFFIOEN 1938), doch handelt es sich dabei wohl vor allem um eine relative Abnahme. Eine absolute Abnahme ist schwer nachzuweisen, da die Zellwand während der Inkrustierung noch im Wachstum begriffen ist, so daß es weder volumen- noch gewichtsmäßig eine feste Bezugsgröße gibt. Als solche kann nur die wachsende Zelle als Ganzes dienen, so daß die Zellwandanalyse mit cytologischen Untersuchungen gekoppelt werden muß, wenn man Aussagen über die absolute Zu- oder Abnahme der einzelnen Zellwandsubstanzen machen will (s. S. 201).

Verholzung

Die wichtigste Zellwandinkrustierung ist die Verholzung oder Lignifizierung. Als Lignin oder Holzstoff bezeichnet der Histologe Wandstoffe, die sich durch bestimmte mikrochemische Reaktionen nachweisen lassen (S. 170), von denen hier nur die Rotfärbung mit Phloroglucin-Salzsäure erwähnt sei.

Bei der Differenzierung der pflanzlichen Gewebe verholzen einzelne Zellen, Zellgruppen oder ganze Zellverbände. Im allgemeinen stirbt der Zellinhalt im Anschluß an die Lignifizierung der Zellwand ab (Tracheiden, Tracheen, Holzfasern, Steinzellen); eine wichtige Ausnahme von dieser Regel bildet indessen das Holzparenchym (Strang- oder Strahlenparenchym), dessen Zellen die Verholzung ihrer Zellwände überdauern und auf diese Weise den lebenden Bestandteil des Holzes bilden.

Verholzung der Sekundärwand. Die Zellgruppe, die in den sich differenzierenden Leitbündeln von Keimlingen oder austreibenden Knospen zuerst verholzt, wird als Protoxylem bezeichnet. Es handelt sich um längliche Zellen, deren Sekundärwand in Form eines sehr flachen Schraubenbandes angelegt wird (Abb. 33a). Oft beträgt der Steigungswinkel des Bandes sogar volle 90°, so daß in sich geschlossene Ringe mit sog. Ringtextur entstehen. Die Zellen des Protoxylems sind für die Wasserleitung ausersehen; sie verlieren daher ihren Zellinhalt und ermöglichen als leere Capillaren eine rasche Wasserverschiebung. Bevor ihr Protoplast abstirbt, werden jedoch die Ringe und Schraubenbänder mit Lignin inkrustiert. Während auf diese Weise die Verdickungen der Sekundärwand verholzen, bleibt die dünne Primärwand unverholzt und behält daher ihre Elastizität und Dehnbarkeit bei. Durch das Streckungswachstum des Grundgewebes, in welchem die leblosen Protoxylemzellen eingebettet sind, werden diese passiv gedehnt. Der Abstand der Ringverstärkungen vergrößert sich auf diese Weise, und da er ursprünglich größenordnungsmäßig der Ringbreite entsprach, läßt sich die passive Dehnung der Primärwand abschätzen (Abb. 33b). Bei den Protoxylemelementen mit Schraubenband wird dieses ausgezogen, wobei sich der Zellumfang verkleinert (Abb. 34b).

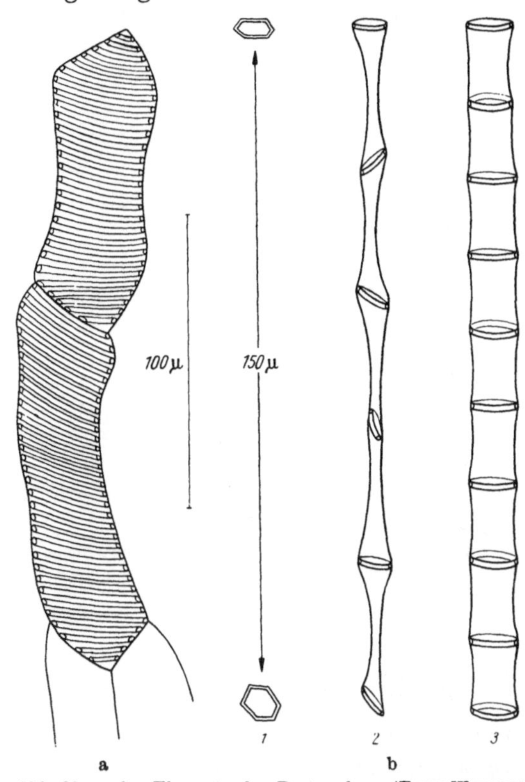

Abb. 33a u. b. Elemente des Protoxylems (FREY-WYSSLING 1940a). a Schraubenhydrocyten in der Hypokotyle des Samens von *Caryocar nuciferum*. b Passiv gedehnte Ringtracheiden: *1* von *Cucurbita Pepo*, Dehnungsgrad 120; *2* von *Aristolochia Sipho*, Dehnungsgrad 25; *3* von *Aristolochia Sipho*, Dehnungsgrad 10

Schließlich wird die Primärwand zerrissen, worauf die verholzten Verstärkungsringe und Schraubenbänder lose im Gewebe herumliegen (Abb. 33b₂).

Da die Leitelemente des Protoxylems ursprünglich relativ kurz sind (Abb. 33a), können sie als Hydrocyten angesprochen werden (FREY-WYSSLING 1940a). Bevor sie als überdehnte und später zerrissene Wasserleitungszellen funktionsuntüchtig werden, übernehmen Metaxylemelemente, die aus viel längeren Meristemzellen entstehen, ihre Aufgabe. Die neuen Wasserleitungszellen erreichen Längen von 1—3 mm mit einem Breiten-Längenverhältnis von der Größenordnung 1:100. Sie werden als Tracheiden bezeichnet. Auch sie weisen verholzte Schraubenverstärkungen auf. Diese sind wie im Protoxylem nur lose mit der Primärwand verbunden (Abb. 34a), so daß sie beim Brechen von Stengeln manchmal als dünne Fäden aus den Wasserleitungszellen herausgerissen werden.

Verholzung der Mittelschicht. Nach Abschluß des Streckungswachstums der Triebe setzt bei den Gymnospermen und Dikotylen die Cambiumtätigkeit ein, worauf alle nach innen abgegebenen Zellen verholzen und zusammen das sekundäre Xylem, d. h. das eigentliche Holz bilden. Dieses besteht bei den Gymnospermen aus Tracheiden mit Hoftüpfeln und wenig Holzparenchym, bei den Dikotylen aus Tracheen, Holzfasern und Holzparenchymzellen. Im Gegensatz zum primären Xylem, wo die Primärwand ihre Dehnbarkeit beibehält, ergreift die Verholzung im sekundären Holze in erster Linie die Mittelschicht.

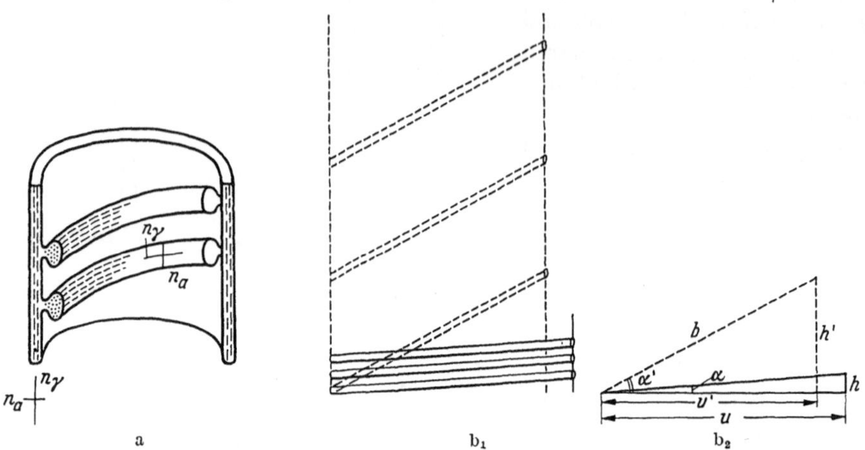

Abb. 34a u. b. Dehnung von Schraubentracheiden. a Feinbau (FREY 1927b). b_1 Netz des Schraubenbandes einer Zelle von 10 μ Durchmesser, 2 μ Schraubenganghöhe und 1 μ Bandbreite. — vor, ---- nach der passiven Dehnung. b_2 Schematische Darstellung. b Länge eines Schraubenumganges; α Neigungswinkel vor, α' nach der passiven Dehnung; h Ganghöhe vor, h' nach der passiven Dehnung; u Zellumfang vor, u' nach der passiven Dehnung

Das Lignin wird also vor allem in die Mittellamelle und die Primärwand eingelagert. Dies dürfte damit im Zusammenhang stehen, daß in der Sekundärwand zufolge ihrer Paralleltextur die Mikrofibrillen der Gerüstsubstanz viel dichter gepackt sind als in der Primärwand, so daß nur wenig Grundsubstanz zur Verdrängung durch das Lignin zur Verfügung steht.

Der Verholzungsgrad der Sekundärwand kann indessen stark variieren. Die sog. Zugfasern auf der Oberseite von Laubholzästen können völlig ligninfreie Sekundärwände aufweisen (JACCARD 1917), während die Tracheiden des sog. Druck- oder Rotholzes auf der Unterseite von Coniferenästen besonders stark verholzt sind (s. S. 317).

Auch bei primären und sekundären Bastfasern verholzt die Mittelschicht meistens, während die Sekundärwand, z. B. beim Hanf (REIMERS 1922), nur wenig Lignin enthält oder sogar völlig ligninfrei bleiben kann (Lein, Nessel und Ramie). Die Beobachtung, daß im Holz und in verholzten Textilfasern die Lignifizierung in erster Linie die Mittelschicht ergreift, hat zu der unzulässigen Verallgemeinerung geführt, daß Mittellamelle und Primärwand die ursprünglichen Stätten der Verholzung darstellen. Dies ist insofern unrichtig, als gerade bei der allerersten Ligninbildung im Protoxylem eines sich entwickelnden Pflanzenorgans nur die Sekundärwand von der Verholzung erfaßt wird, während die Mittelschicht unverholzt und auf diese Weise dehnbar bleibt.

Im UV-Mikroskop kann die Ligninanhäufung in der Mittelschicht der Cruciferentracheiden augenfällig nachgewiesen werden, da das Lignin ultraviolettes Licht absorbiert. Durch quantitative Messungen im Bereiche des Maximums der Absorptionskurve bei etwa 2800 A kann photometrisch gezeigt werden, daß das Lignin nicht nur in der Mittelschicht angehäuft ist, sondern daß es auch ungleichmäßig über die Sekundärwand verteilt ist (LANGE 1947). Auf Holzquerschnitten erscheint der Ligningehalt der Innen- und der anschließenden Zentralschicht der Sekundärwand 4—6mal geringer als in der Mittelschicht. Gegen die Außenschicht hin und namentlich in dieser selbst steigt die Menge des Lignins jedoch steil zum Maximum der Mittelschicht an. Die Außenschicht ist also nicht nur hinsichtlich der Mikrofibrillenstreuung, sondern auch in bezug auf ihren Chemismus eine typische Übergangslamelle (Abb. 109, S. 173).

Verholzung als irreversible Quellung. In den Sklereiden oder Steinzellen, die als Festigungselemente in primären Geweben (Mark, Rinde, Endokarp des Steinobstes und der Walnuß) auftreten, ist die mächtige, stark geschichtete und oft mit verzweigten Tüpfelkanälen versehene Sekundärwand meistens kräftig verholzt (Abb. 35). Diese Steinzellen beanspruchen ein besonderes theoretisches Interesse, weil ALEXANDROV und DJAPARIDZE (1927) eine Entholzung ihrer Zellwände beobachtet haben. Eine Delignifizierung der Zellmembran kommt sonst nur bei Regenerationserscheinungen im Zusammenhang mit der Wundheilung vor (SCHILLING 1915; BLOCH 1941, S. 120). Grundsätzlich verändern sich nämlich verholzte Zellwände nurmehr in der Richtung einer weiteren Einlagerung von Inkrusten, während ein Rückgängigmachen der Inkrustierung als Ausnahme bezeichnet werden muß. In den Sekundärwänden der Sklereidennester überreifer Quitten wurde indessen mit Hilfe der Phloroglucin-Salzsäure-Reaktion ein Verschwinden des Lignins festgestellt. Diese Entholzung kann die ganze oder nur einen Teil der Zellwand erfassen. Dabei verliert die Sekundärwand ihre mikroskopische Schichtung, und die Tüpfelkanäle verschwinden. Am wichtigsten ist jedoch eine wesentliche Schrumpfung der Wanddicke (Abb. 35a). Man darf hieraus schließen, daß bei der Verholzung umgekehrt eine wesentliche Aufquellung der Zellwand erfolgt. Tatsächlich wird immer wieder beobachtet, daß die Zellen des sekundären Xylems bei der Verholzung ihre Membranen unvermittelt auffällig verdicken. Manchmal beginnt die Verholzung auf der vom Cambium abgewendeten Seite der Zelle und breitet sich von dort über den gesamten Zellumfang aus; in diesem Falle ist ein auffälliger Dickenunterschied zwischen der bereits verholzten und der noch nicht verholzten Zellwandpartie sichtbar (Abb. 35b). Beweisend sind solche Bilder allerdings nicht, da ja die Sekundärwand in verschiedenen Teilen einer Zelle nicht gleichzeitig angelegt zu werden braucht, und die Inkrustierung könnte gleichzeitig mit der Anlagerung der Sekundärlamellen erfolgen. Im Hautgewebe der *Pinus*-Nadeln, das stark verholzt, ist indessen ein Fall bekanntgeworden, wo die Zellwände der sklereidenartig ausgebildeten Epidermis- und Hypodermiszellen in der Basis der Nadel unverholzt, weiter distal dagegen stark verholzt sind. Zwischen beiden Gebieten gibt es eine Übergangszone. Nach ALEXANDROV und DJAPARIDZE (1927) schwillt nun die Sekundärwand mit zunehmender Verholzung zusehends an, bis das Zellumen der Epidermiszellen auf eine enge Spalte reduziert ist. Gleichzeitig erscheinen die Tüpfelkanäle, die in den unverholzten

Zellen fehlen, und die für die Sklereiden charakteristische Lamellierung. Offenbar werden die sehr feinen Appositionsschichten der Sekundärwand, die im unverholzten Zustand im Lichtmikroskop unsichtbar sind, durch die Lignifizierung deutlich gegeneinander abgegrenzt und zufolge ihrer Vergröberung erkennbar.

Aus diesen Feststellungen geht hervor, daß die Verholzung mit einer starken Aufquellung der Wandlamellen verbunden ist; und da das Lignin, wenn es einmal eingelagert ist, nur in seltenen Ausnahmen von Natur aus wieder verschwindet, kann die Verholzung als *irreversible Zellwandquellung* aufgefaßt werden (FREY 1928).

Feinbau der verholzten Zellwand. Verholzte Zellwände erscheinen im Elektronenmikroskop homogen und zeigen keinerlei Einzelheiten. Dies rührt davon her, daß sich das Lignin elektronenoptisch gleich verhält wie die Cellulose der Mikrofibrillen, so daß die Elektronenstreuung ei-

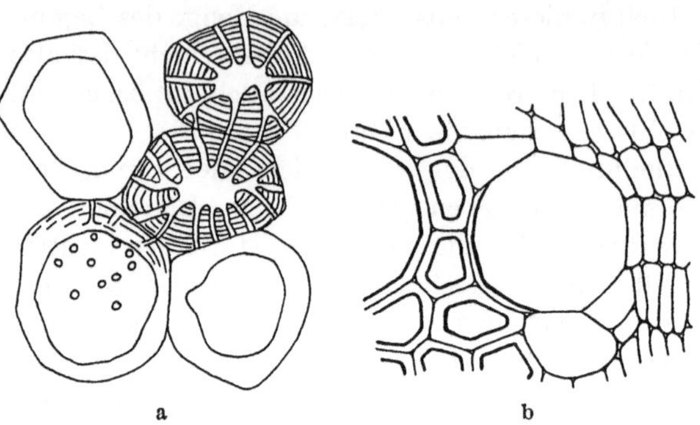

a   b

Abb. 35 a u. b. Verholzung und Entholzung (ALEXANDROW und DJAPA-RIDZE 1927). a Teilweise entholzte Steinzellen aus der Frucht der Quitte *(Cydonia oblonga)*. b Teilweise verholztes Gefäß im Xylem der Waldrebe *(Clematis vitalba)*

ner verholzten Wandlamelle überall gleich ist. Die Mikrofibrillen der inkrustierten Zellwände bleiben daher verborgen. Um sie im Elektronenmikroskop sichtbar zu machen, muß die inkrustierende Substanz herausgelöst werden (MÜHLETHALER 1949a, RIBI 1953). Umgekehrt bleibt bei der Zerstörung der Mikrofibrillen durch Säurehydrolyse ein poröses Ligningerüst übrig. Dieser Befund deckt sich mit den früher auf Grund indirekter Methoden gemachten Feststellungen (FREUDENBERG und DÜRR 1932).

Aus dem heterocapillaren Feinbau der Sekundärwände mit Paralleltextur (mit amikroskopischen intermicellaren und submikroskopischen interfibrillaren Capillaren; Abb. 13 und 80, S. 17 und 114) und aus den Größenverhältnissen des makromolekularen Lignins folgt, daß die Inkrustierung in den Räumen zwischen den Mikrofibrillen stattfinden muß. Das Lignin umkleidet daher die Mikrofibrillen und verhindert auf diese Weise den Zutritt von Cellulosereagentien zu den Cellulosesträngen. Mit Chlorzinkjod läßt sich deshalb die Cellulose der verholzten Zellwände vorerst nicht nachweisen, denn sie färben sich mit diesem Reagens gelb, da das Jod in hydratisierter Form im Lignin gespeichert wird. Wenn man indessen Holzfasern mechanisch staucht oder Coniferentracheiden sehr lange der Quellung in Chlorzinkjod aussetzt, wird offenbar die Umklammerung der Mikrofibrillen durch das Lignin teilweise gelöst, so daß das Jod in die intermicellaren Spalten der komplexen Mikrofibrillen einzutreten vermag. Dort nimmt es seine anhydre violette Farbe an. Da diese violettschwarze Färbung der Zellwände als Cellulosenachweis gilt, kann man also unter Umständen die Gegenwart von Cellulose auch in verholzten Membranen mikrochemisch sichtbar machen. In Zellwänden mit Paralleltextur (Schraubentextur der Tracheiden,

Zirkulartextur der Hoftüpfel) lassen sich im Polarisationsmikroskop sogar beide Wandstoffe nebeneinander nachweisen, da die dunkle Jodfärbung einen starken Dichroismus zeigt, so daß sie unter dem Polarisationsmikroskop in geeigneter Stellung des Drehtisches verschwindet, worauf die schwächere, durch das Lignin verursachte Gelbfärbung sichtbar wird.

Im Gegensatz zur kristallinen Cellulose erscheint das Lignin in der Zellwand weitgehend amorph. Es zeigt weder Eigendoppelbrechung noch einen auffallenden Dichroismus im angefärbten Zustand. LANGE (1947) hat zwar einen schwachen UV-Dichroismus festgestellt, der besagen würde, daß das Lignin nie vollkommen regellos, sondern mit einer gewissen Orientierung in die Interfibrillarräume eingelagert ist. Bei dieser schwachen Anisotropie handelt es sich jedoch um durch die Paralleltextur bedingten Formdichroismus und nicht um Eigendichroismus (s. S. 276).

Die bisherige Schilderung bezieht sich auf die Verholzung der parallel texturierten Sekundärwand. Zweifellos erfolgt jedoch die Inkrustierung der Primärwand nach dem gleichen Prinzip; nur ist dort die Maskierung der Cellulose

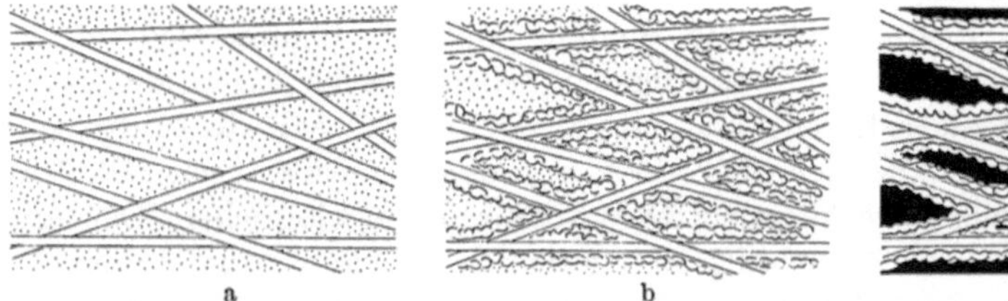

Abb. 36a—c. Inkrustierung der Primärwand. Grundsubstanz und Inkrusten bilden zusammenhängende Systeme (Durchdringungsstruktur). a Ursprünglicher Zustand; punktiert Grundsubstanz. b Lignifizierung; Lignin füllt die interfibrillaren Räume bis auf kleine Reste. c Verkernung oder Mineralisierung: Kern- und Mineralstoffe schwarz

derart, daß es nicht gelingt, sie färberisch nachzuweisen; doch folgt ihre Gegenwart aus der Doppelbrechung der verholzten Primärwand.

Abb. 36 gibt die submikroskopische Morphologie der Zellwandinkrustierung, unseren heutigen Kenntnissen entsprechend, wieder. Bei der Verholzung wird die Grundsubstanz der Matrix weitgehend durch Lignin ersetzt. Das Lignin ist in engem Kontakt mit den Mikrofibrillen der Gerüstsubstanz. Die interfibrillaren Räume werden indessen nicht vollständig mit Lignin ausgefüllt, denn die verholzte Zellwand kann mit Farbstoffteilchen von mikro- bis makromolekularen Abmessungen angefärbt werden; ferner kann sie sich nachträglich mit weiteren Wandstoffen zusätzlich noch stärker inkrustieren. Die verholzte Membran muß also wie die unverholzte Zellwand eine Lockerstruktur besitzen, nur sind die Durchmesser der Diffusionswege merkbar reduziert, so daß ein kolloider Farbstoff wie Kongorot nurmehr unvollkommen gespeichert wird. Die Leerstellen können durch Gerbstoffe (Phlobaphene), Kernholzfarbstoffe und Mineralstoffe weiterhin ausgefüllt und verschlossen werden, so daß die Zellwand ihre Lockerstruktur verliert und ein maximales spezifisches Gewicht erreicht, wie dies von Eisenhölzern bekannt ist.

Biologische Bedeutung der Verholzung. Die histologisch so auffallende veränderte Färbbarkeit der lignifizierten Zellwände hat von jeher die Aufmerksamkeit auf den Prozeß der Verholzung gelenkt, und es sind im Laufe der Zeit die verschiedensten Ansichten über die biologische Bedeutung dieses Vorganges geäußert worden.

Da die ersten Verholzungserscheinungen im Protoxylem auftreten und alle Wasserleitungszellen ausnahmslos verholzen, wurde die Imbibitionstheorie von Sachs (1865), nach der die Wasserleitung in den Zellwänden erfolgt, und die in neuerer Zeit durch die fluorescenzmikroskopischen Untersuchungen von Strugger (1938) für den extrafasciculären Transpirationsstrom bewiesen worden ist, vor allem auch für den Wassertransport in verholzten Zellen in Anspruch genommen. Da indessen die stark hydrophile Matrix der Zellwände bei der Verholzung teilweise durch Lignin ersetzt wird, wodurch der Leitquerschnitt der interfibrillaren Zwischenräume herabgesetzt wird (Abb. 36 b), scheint keine Förderung der Wegsamkeit für Wasser vorzuliegen. Nach Porsch (1926) sollen die lignifizierten Zellwände durch ihr großes Wasserbindungsvermögen die Wasserförderung im Sinne der Kohäsionstheorie begünstigen; durch Clarke und Pettifor (1940) ist jedoch bewiesen worden, daß das Wasserbindungsvermögen der Zellwände mit zunehmender Verholzung abnimmt, so daß die Hypothese von Porsch dahinfällt.

Schellenberg (1896) vertrat die Meinung, daß die Lignineinlagerung den Sinn habe, das Wachstum der betreffenden Zellen zwecks Erhaltung der angenommenen Form zu sistieren; und Molisch (1931/32) sah die Aufgabe des Lignins darin, die betreffenden Zellwände vor dem Angriff durch Mikroorganismen und Enzyme zu schützen. Derartige rein teleologischen Deutungen können indessen einer wissenschaftlichen Kritik wohl kaum standhalten.

An Stelle solcher Spekulationen liefert uns die Phylogenie objektivere Argumente für eine Deutung der Verholzung. Nachgewiesenermaßen tritt das Lignin im System der Pflanzen zuerst bei den Gefäßkryptogamen auf. So wie dies heute ontogenetisch beobachtet wird, stand seine Bildung ursprünglich wohl mit der Differenzierung besonderer Elemente für die Wasserleitung im Zusammenhang; anschließend verholzten dann auch die Festigungsgewebe. Man darf daher folgern, daß die Ligninbildung phylogenetisch mit dem Übergang der Pflanze vom Wasser- zum Landleben in Erscheinung tritt und deshalb mit den besonderen Bedürfnissen der Landpflanzen in Zusammenhang gebracht werden muß, indem die Lignineinlagerung eine Verfestigung des cellulosischen Mikrofibrillengeflechtes mit sich bringt (Abb. 36 b). Bezeichnenderweise lassen denn auch Phanerogamen, die sekundär zum Wasserleben zurückgekehrt, d. h. wieder zu Wasserpflanzen geworden sind, abgesehen vom reduzierten Wasserleitungssystem, das z. B. bei *Nymphaea* auf das Protoxylem beschränkt ist, keine nennenswerte Verholzung erkennen.

In den Wasserleitungselementen verschwindet der Turgor mit dem Absterben des Protoplasten, so daß die entleerten Zellen durch Verstärkungsringe oder Schraubenbänder vor dem Kollaps durch den seitlichen Druck der turgescenten Nachbarzellen bewahrt werden müssen. Nicht nur die Wasserleitungsröhren für den raschen Fluß des Transpirationsstromes, sondern auch die mechanischen Gewebe sind typische Errungenschaften der Landpflanzen. Durch den Wegfall des Auftriebes, der die Pflanzen im Wasser schweben oder fluten läßt, müssen besondere Gewebe mit Stützfunktion ausgebildet werden, welche die oberirdischen Organe tragen und es ermöglichen, die Assimilationsorgane im freien Raum soweit wie möglich dem Lichte entgegenzubringen. Da sowohl in den Wasserleitungselementen als auch in den Festigungsgeweben Druck- und Knickkräfte auftreten und nachgewiesenermaßen die verholzten Zellwände knickfester sind als unverholzte Membranen (s. S. 310), darf man wohl in der Lignifizierung der Zellwand eine Einrichtung sehen, um ihre Druckfestigkeit zu erhöhen.

Die inkrustierte Zellwand kann daher morphologisch mit armiertem Beton verglichen werden, in welchem zugfeste Eisenstäbe durch druckfesten Beton gegen seitliches Ausknicken abgestützt werden. In den verholzten Membranen ist dieses System indessen submikroskopisch, wobei die Cellulosemikrofibrillen die zugfesten Stäbe und das eingelagerte Lignin die druckfeste Stützsubstanz darstellen. Die Inkrusten bilden wie die Grundsubstanz ein zusammenhängendes System, in welches die Stäbe der Gerüstsubstanz, entgegen früheren Ansichten, ohne gegenseitige Haftstellen eingelegt sind. Da dem Lignin im Gegensatz zum Beton nicht nur Elastizität, sondern auch eine gewisse Plastizität zukommt, sind die verholzten Zellwände unter bestimmten Umständen verformbar (geotropische Aufrichtung von Bäumen, irreversible Durchbiegung von dauernd überbelasteten Balken usw.).

Verkernung

Bei der Verholzung besteht oft kaum ein zeitlicher Unterschied zwischen der Wandbildung und der anschließenden Inkrustierung. Dies gilt besonders für die Verholzung der Sekundärwände, die meistens direkt als lignifizierte Wandschichten in Erscheinung treten. Es gibt indessen Inkrusten, die erst nach längerer Zeit nachträglich in die voll ausgewachsene Zellwand eingelagert werden. Ein typisches Beispiel dieser Art ist die Bildung des gefärbten Kerns der Stämme gewisser Hölzer. Nachdem die Zellwand der Kernholzarten während mehrerer Jahre im normal verholzten Splinte ihre Funktionen ausgeführt hat, wird sie unvermittelt durch Einlagerung von Gerb- und Farbstoffen verkernt.

Bei zahlreichen Hölzern wie Eiche, Kiefer, Lärche wird immer ein Farbkern gebildet, während er bei Buche und Esche nur fakultativ auftritt. Der fakultative Farbkern eignet sich in erster Linie für die Abklärung der physiologischen Voraussetzungen, die eine Verkernung ermöglichen. Es zeigt sich, daß beim Buchen-Rotkern Sauerstoff zugegen sein muß, der offenbar eine farblose Verbindung oxydiert (ZYCHA 1948). Im fakultativen Braunkern der Esche konnte BOSSHARD (1953, 1955) nachweisen, daß unter bestimmten Feuchtigkeitsbedingungen die Holzparenchymzellen, bevor sie absterben, Gerbstoffe produzieren, die mikrochemisch nachgewiesen werden können. Bei der Esche bleiben diese subletal gebildeten Stoffe postmortal im Zellumen der Zellen des Strang- und Strahlenparenchyms in Form von braungefärbten Tropfen liegen. Durch Sauerstoffzutritt kann eine Nachdunklung eintreten. Im Ebenholz ist der als Phytomelan (s. S. 181) bezeichnete schwarze Farbstoff ebenfalls im Zellumen der Holzparenchymzellen eingelagert (GRIFFIOEN 1934). Im Gegensatz dazu wird der Farbkern der Eiche, Kastanie, Ulme, Lärche, Kiefer usw. durch eine Färbung der Zellwand bedingt. Man darf annehmen, daß bei diesen Kernhölzern der von absterbenden Zellen gebildete Gerbstoff in den interfibrillaren Resträumen zwischen dem eingelagerten Lignin adsorbiert wird (Abb. 36c). BRAUNER

(1933) hat gezeigt, wie bei Algen *(Spirogyra, Closterium)* und Farnprothallien der Gerbstoff des Zellsaftes postmortal aus den Vacuolen wegdiffundiert und die Zellwände imbibiert; durch die Imprägnation mit freigegebenen Vacuolengerbstoffen wird die Zellwand gebeizt, so daß sich ihre Affinität zu basischen Farbstoffen erhöht.

Der Mechanismus der Gerbstoffspeicherung in der Zellwand ist allerdings nicht ganz klar, da sowohl die Membran als auch die Gerbstoffe anionische Eigenschaften besitzen. Trotzdem häufen sie sich an und kondensieren zu unlöslichen Phlobaphenen, die unter dem Sammelbegriff „Gerbstoffrot" bekannt sind (STÄHELIN und HOFSTETTER 1844). Solche Kondensationen löslicher

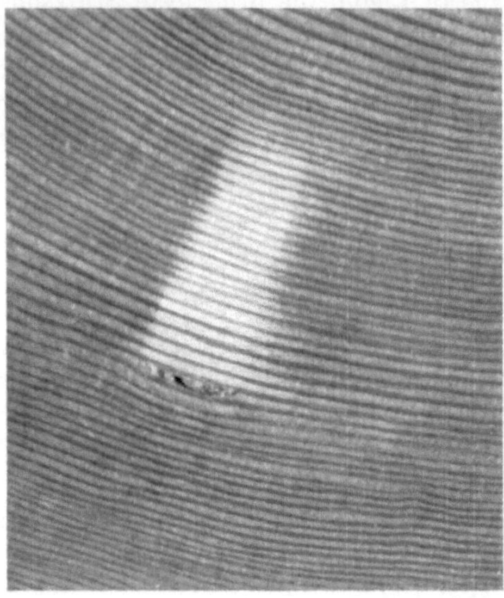 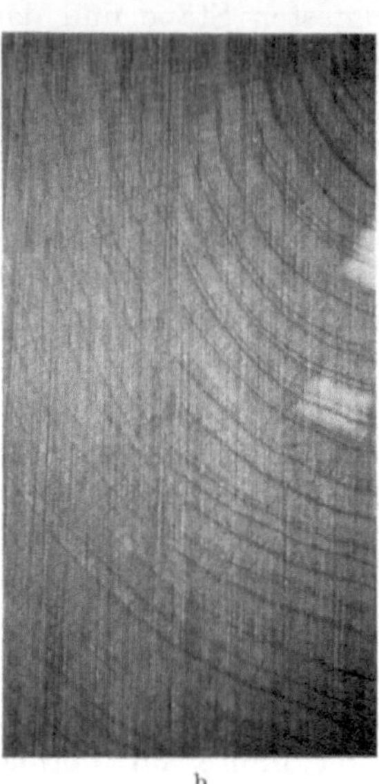

Abb. 37a u. b. Fehlende Verkernung hinter Holzspalten (FREY-WYSSLING 1938c). a Harztaschen im Kernholz von *Larix europaea*. b Windrisse im Kernholz von *Juniperus virginiana*

Gerbstoffe zu unlöslichem Gerbstoffrot sind auch in vitro möglich, wie z. B die Bildung von Catechu, Gambir oder Kakaorot (KARRER 1941, S. 589), die wie die Zellwandinkrustierung als postmortaler Vorgang aufzufassen ist.

Die gerbstoffproduzierenden Zellen brauchen nicht in unmittelbarer Nähe der verkernenden Holzzellen zu liegen. Wie Abb. 37 zeigt, wird die Verkernung hinter tangentialen Harztaschen oder Windrissen, die das radiale Leitsystem der Markstrahlen unterbrechen, verhindert (FREY-WYSSLING 1938c). Man kommt daher zum Schlusse, daß die Verkernungsstoffe von außerhalb des Farbkerns im inneren Splint liegenden Zellen stammen, denn die erwähnten Spalträume entstehen ursprünglich im Cambium und gelangen erst im Laufe der Jahre gegen die Kernholzgrenze. Da in Abb. 37b im Schatten der Harztaschen vier Jahrringe unverkernt blieben, braucht es offenbar mindestens die vier innersten Splintringe, um die Kernfarbstoffe zu produzieren.

Unter den ringporigen Laubhölzern finden sich häufiger Kernhölzer (Eiche, Kastanie, Robinie, Ulme) als unter den zerstreutporigen (Nußbaum). Dies ist hiermit in Zusammenhang gebracht worden, daß die Aktivität der Jahrringe bei den Ringporigen nach innen viel rascher abnimmt als bei den Zerstreutporigen, bei denen die physiologische Tätigkeit über viele Jahre andauert und nur allmählich erstirbt (HUBER 1935).

Zusammenfassend kann man sagen, daß die Kernholzfarbstoffe offenbar vom Holzparenchym subletal gebildet und anschließend postmortal in den Wänden benachbarter Zellen inkrustiert und kondensiert werden.

Mineralisierung

Die frischen Zellwände enthalten gelöste Mineralstoffe, die mit dem aus dem Boden aufgenommenen Schwell- und Transpirationswasser in das submikroskopische Capillarensystem der Membranen gelangen. Die Zellen sind auf diese Weise gewissermaßen von einer Nährlösung umspült, aus der sie ihren Bedarf an Nährsalzen decken. Die stark hydratisierten, leicht löslichen Ionen werden durch die cuticulare Rekretion (ARENS 1934, LAUSBERG 1935, FREY-WYSSLING 1949, SCHOCH 1955) in ähnlichen Mengen, wie sie herangeführt werden, fortwährend nach außen abgeschoben, während die schwer löslichen Mineralsubstanzen wie Kieselsäure und Calciumsalze sich in den alternden Zellwänden anhäufen. Sie füllen im Laufe der Zeit die submikroskopischen Capillaren aus (Abb. 36 c), so daß diese nach und nach verstopft werden. Dadurch büßt die Membran einen Teil ihrer Elastizität und Geschmeidigkeit ein. Da alle submikroskopischen Capillaren miteinander in offener Verbindung stehen, bildet sich bei genügender Mineralisierung ein submikroskopisches Aschenskelett der Zellwand aus.

Die Inkrustierung macht sich namentlich in den Hautgeweben der Blätter geltend, aber auch die Zellwände der Hölzer werden oft weitgehend mineralisiert. Aus Holzaschenanalysen läßt sich daher ein Einblick in die Zusammensetzung der mineralischen Zellwandinkrusten gewinnen. In Tabelle 23 sind die Extremwerte der Analysen von carbonathaltiger Holzrohasche zusammengestellt. Es geht daraus hervor, daß gewaltige Anhäufungen von Kalk oder Kieselsäure auftreten können. Auch die schwer löslichen Mangan- und Eisensalze werden, gemessen an ihrem Angebot im Boden, in den Zellwänden manchmal überraschend reichlich gespeichert.

Spodogramm. Bei sorgfältiger Veraschung von Schnitten oder ganzen Blattstücken läßt das Aschenskelett der Zellwände den Zellverband der Gewebe in unveränderter Form erkennen. Die erhaltenen Aschenbilder oder Spodogramme (MOLISCH 1920) können nicht nur für Zwecke der systematischen Anatomie verwendet werden (OHARA und KONDO 1929, KONDO 1934), sondern sie gestatten auch, die verschiedenen Aschenbestandteile in den veraschten Geweben mikrochemisch zu lokalisieren (vgl. HERRMANN 1932).

Die schönsten Spodogramme erhält man, wenn die Zellwände viel Kieselsäure enthalten. Die Gefahr, daß die Aschenbilder zusammensintern, ist dann am geringsten. Bei solchen Kieselskeletten können oft nicht nur die Zellformen, sondern selbst die feinsten mikroskopischen Struktureigentümlichkeiten dargestellt werden, wie dies von den Diatomeen bekannt ist. Ja sogar die submikroskopische Feinstruktur bleibt bei nasser Veraschung (S. 258) erhalten, so daß man den Stäbchendoppelbrechungseffekt (Abb. 154, S. 258) bei derartigen Kieselskeletten beobachten kann.

Diatomeenschalen. Von besonderer Bedeutung sind die Zellwände der Kieselalgen, deren feine Struktureinzelheiten für die Prüfung des Auflösungsvermögens des Lichtmikroskops eine Rolle spielen (Abb. 38). Die Porenmuster lassen sich

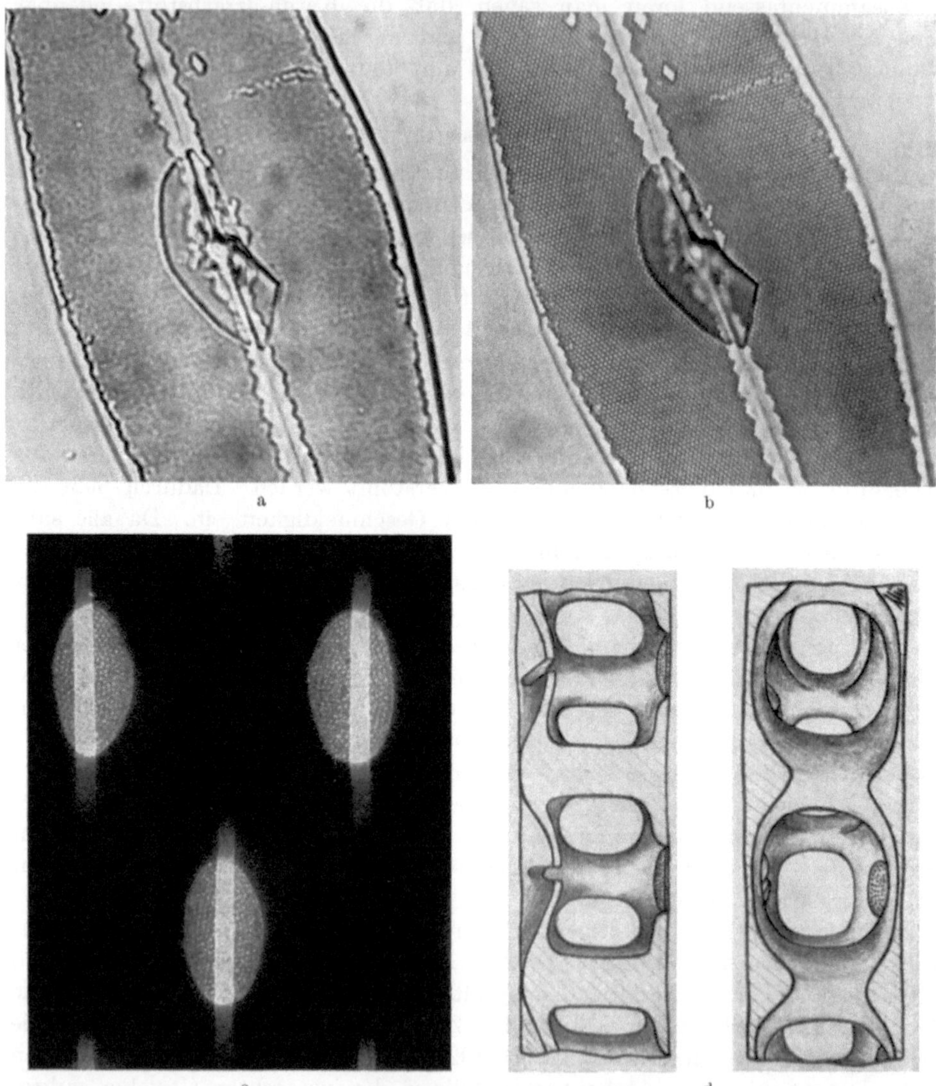

Abb. 38a—d. Testobjekt *Pleurosigma angulatum*. a und b Im Lichtmikroskop mit Objektivapertur 0,65 (a) und 0,85 (b) (Aufnahmen F. RUCH). c Im Elektronenmikroskop. d Räumliches Modell. (MÜLLER und PASEWALDT 1942)

heute im Elektronenmikroskop ohne Schwierigkeit auflösen, und es ist eine erstaunliche Mannigfaltigkeit von submikroskopischen Poren und Siebplatten entdeckt worden (KOLBE und GÖLZ 1943; MÜHLETHALER und BRAUN 1946; HELMCKE und KRIEGER 1951a). Schon PFITZER (1882) hat festgestellt, daß die poröse Wandung der Diatomeenschale von *Triceratium* nicht massiv, sondern gekammert ist, wobei die Außen- und die Innenlamelle verschiedene Porentypen aufweisen. Das Elektronenmikroskop läßt die Kammerung als allgemeines Bauprinzip der Diatomeenmembranen erkennen.

Bei *Pleurosigma angulatum*, dem lichtoptischen Testobjekt, weist die Innenlamelle Schlitze auf, die Außenlamelle ist dagegen von ovalen Fenstern durchbrochen, die mit Siebplatten verschlossen sind. Die große Tiefenschärfe des Elektronenmikroskops erlaubt, beide Durchbrechungssysteme gleichzeitig scharf abzubilden (Abb. 38 c). Durch stereoskopische Aufnahmen läßt sich der Abstand der beiden Lamellen ermitteln, so daß ein Modell des Wandfeinbaus konstruiert werden kann (MÜLLER und PASEWALDT 1942). Dieses zeigt, wie die Außen- und Innenhaut mit ihren verschiedenartigen Porenmusterungen durch Streben, die den submikroskopischen Spaltraum zwischen den beiden Lamellen in Kavernen unterteilen, miteinander verbunden sind (Abb. 38 d). Zur Auswertung solcher elektronenmikroskopischer Stereobilder ist die photogrammetrische Ausmessung herangezogen worden (HELMCKE und RICHTER 1951), mit welchem Verfahren erstaunlich genaue Modelle des submikroskopischen Feinbaus der verschiedensten Diatomeen gewonnen worden sind (HELMCKE und KRIEGER 1951 b, 1952). In der Regel sind die an der Grenze des Auflösungsvermögens des Lichtmikroskops liegenden Außenporen in der Decke des Kammersystems wie bei *Pleurosigma* durch Siebplatten mit submikroskopischen Siebporen verschlossen.

Mit dem Elektronenmikroskop konnte man in den Diatomeenschalen bisher noch keine Mikrofibrillen entdecken. Ich möchte daraus schließen, daß in dieser Zellwand die Kieselsäure nicht die Rolle einer Inkruste, sondern jene der Gerüstsubstanz spielt. Die Matrix besteht wie bei anderen Zellwänden aus einem pektin- und kohlenhydrathaltigen Gel, das durch die Kieselsäure-Einlagerung versteift wird. Die Kieselsäure polymerisiert im Gegensatz zu Cellulose und Chitin nicht linear zu einem Kettengitter, sondern zu einem dreidimensionalen amorphen System, dem eine im Elektronenmikroskop auflösbare Schaumstruktur zukommt (HELMCKE 1954). Die Schaumporen haben Durchmesser von unter 100 A, sind also noch feiner als die Siebporen, die z. B. bei *Cyclotella* 150 A messen. Zieht man dazu die gröberen Abmessungen der Innenporen sowie die Kammertiefen mit einer lichten Weite von der Größenordnung 1000 A in Betracht, so erkennt man, daß die Diatomeenschalen wie die Bastfasern heterocapillar gebaut sind, und man begreift ihr außerordentliches Adsorptionsvermögen, wie es vom Kieselgur bekannt ist. Damit sich dieses Bindevermögen gegenüber adsorbierbaren Stoffen betätigen kann, muß allerdings die organische Matrix der Zellwand durch Oxydation entfernt werden, was beim Fossilisationsprozeß des Kieselgurs geschehen ist oder bei rezenten Diatomeen durch trockene oder nasse Verbrennung bewerkstelligt werden kann. Es wird eine chemische Verbindung zwischen Kieselsäure und den Kohlenhydraten der Matrix vermutet (JØRGENSEN 1955); welcher Art diese sein soll, ist jedoch so wenig wie bei der postulierten Bindung zwischen Cellulose und Lignin bekannt (vgl. S. 173).

Wie die submikroskopischen Kammern während der Anlage der Diatomeenwand ausgespart werden, entzieht sich unserer Kenntnis. Man weiß auch nicht, ob in diese Kammern im lebenden Zustand Cytoplasma einströmt, oder ob sie nur für wäßrige Lösungen zugänglich sind. HELMCKE und KRIEGER (1952) nehmen an, daß die Siebplatten mit ihren Poren von nur 150 A Durchmesser

für das Cytoplasma unwegsam seien, so daß also das für die Diatomeen charakteristische extracellulare Plasma nur durch die gröberen Öffnungen der Raphe
austreten könnte.

Cystolithen. Die Mineralisierung der Zellwand kann einen so hohen Grad
erreichen, daß besondere mineralisierte Membranprotuberanzen gegen das Zellinnere gebildet werden. Diese können verkieselt (Cyperaceen, ZIMMERMANN
1893, RIKLI 1895) oder verkalkt sein.

Besonders auffallende Zellwandauswüchse erzeugen die sogenannten Lithocysten (WEDDEL 1854, RENNER 1910). Das sind Idioblasten, in denen größere
Mengen Calciumcarbonat zur Ausscheidung gelangen. Interessanterweise wird

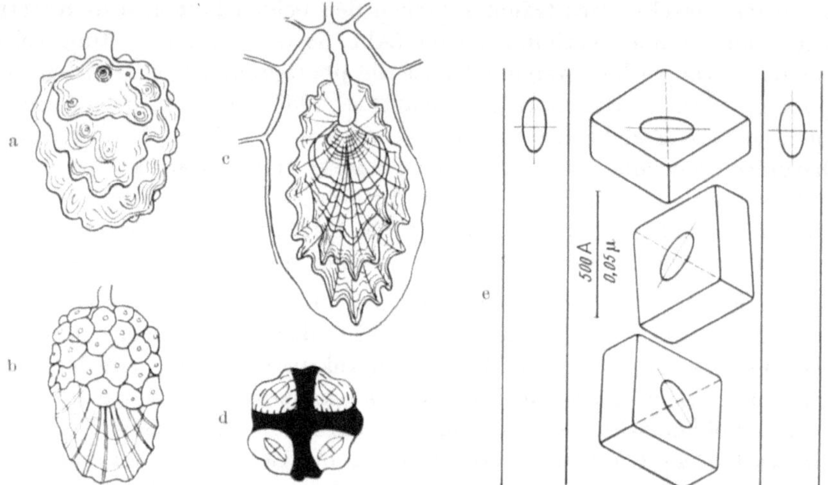

Abb. 39a—e. Cystolithen. a Von *Ficus leonensis*. b Schematischer Aufbau; Kanälchen im ausgewachsenen
Zustand mit Kalk gefüllt. c Skelett eines Cystolithen von *Ficus elastica*; Cellulosegerüst geschichtet, Stiel verkieselt. d Querschnitt im Polarisationsmikroskop; Zirkulartextur, negativer Sphärit. e Submikroskopische
Morphologie der Inkrustierung; Calcitmikrokriställchen zwischen zwei Cellulosemikrofibrillen. Die große Achse
der Indexellipsen gibt die Richtung des größeren Brechungsindex an

dieses Rekret nicht als mikroskopischer Zellinhaltskörper ausgeschieden, sondern als
submikroskopische Inkruste in ein keulenförmiges Cellulosegerüst eingelagert,
das durch einen Stiel mit der Wand des Idioblasten verwachsen ist. Diese frei
in den Lithocysten hängenden mineralisierten Körper werden seit WEDDEL
(1854) als *Cystolithen* bezeichnet.

Die Cystolithen treten nur in ganz bestimmten Familien auf, die sich in den
Reihen der Tubifloren und der Urticales häufen. Ihre Gestalt ist bei den Moraceen
trauben- bis rundlich maulbeerförmig *(Ficus, Morus)* oder bei den Acanthaceen
länglich, ,,donnerkeilartig'' *(Fittonia, Ruellia, Strobilanthes)*; ihre Oberfläche
erscheint warzig (Abb. 39a).

Durch Herauslösen des Calciumcarbonates kann das cellulosische Gerüst
freigelegt werden. Es weist eine feine tangentiale Schichtung sowie radial verlaufende Kanälchen auf (Abb. 39b, c), die auf dem Scheitel der Warzen aus-
münden (KOHL 1889). In den ausgewachsenen Cystolithen sind sie mit Carbonat
angefüllt. Der Stiel des Cystolithen ist verkieselt. Das Cellulosegerüst wird auch
bei Calciumhunger ausgebildet und bleibt dann unverkalkt.

Über die physiologische Bedeutung der Cystolithen geben Versuche Auskunft, ihre Ausbildung durch Veränderung der Umweltsfaktoren zu beeinflussen. KOHL (1889, S. 111) fand, daß bei Lichtmangel in gewissen Fällen nur rudimentäre oder gar keine Cystolithen gebildet werden. Nach KÜSTER (1916) ist dies indessen nicht auf fehlende Beleuchtung, sondern auf die Herabsetzung der Transpiration zurückzuführen. Diese Feststellung führt, gestützt auf den mikroskopischen Bau der Cystolithen, zu folgender Interpretation: Bei kräftiger Transpiration häuft sich Calciumbicarbonat in den Zellwänden an, von dem, offenbar zur Entlastung des submikroskopischen Zirkulationssystems, ein Teil in den Cystolithen zur Ablagerung gelangt. Dies geschieht, indem das Cytoplasma dieser Ausscheidungszellen die salzhaltige Imbibitionsflüssigkeit der umliegenden Zellwände durch die vorhandenen mikroskopischen Kanälchen ansaugt und das gelöste Bicarbonat durch Entwässerung und gleichzeitigen Entzug von Kohlensäure als festen Kalk zur Ausscheidung bringt. Die Oberfläche des Cystolithen erinnert daher an die Oberflächenbeschaffenheit von Tuffbildungen. Bei der Ausmündung der Kanälchen ist die Ausscheidung am intensivsten, so daß sich die auffälligen Protuberanzen bilden, die bei der Entkalkung des Cystolithen verschwinden. Die Kieselsäure wird als unlöslichster Bestandteil des Imbibitionswassers schon im Stiele des Cystolithen ausgeschieden, und dadurch wird der submikroskopische Capillarenweg nach einiger Zeit verstopft; ebenso erscheinen die mikroskopischen Kanälchen durch Kalk ausgefüllt. Die geschilderte Ausscheidung ist daher nur während und kurz nach der Entwicklung junger Blätter möglich.

Über den submikroskopischen Feinbau der Cystolithen liegen folgende Beobachtungen vor. Das Cellulosegerüst verhält sich im Polarisationsmikroskop wie ein optisch negativer Sphärit (FREY-WYSSLING 1935b, S. 186), d. h. die cellulosischen Mikrofibrillen müssen tangential, parallel zur Schichtung verlaufen. Die mikroskopischen Kanälchen sind daher Tüpfelkanälen vergleichbar, welche die Appositionsschichten der Celluloselamellen senkrecht durchstoßen. Die Matrix enthält neben Pektinstoffen den Zellwandstoff Callose (S. 146). ESCHRICH (1954) findet bei Cystolithen von *Ficus* folgende mittlere Zusammensetzung:

$CaCO_3$ 91,5%
Callose 4,5%
Cellulose 2,2%
Restsubstanz 1,8%

Im Cystolithengerüst tritt also die doppelbrechende Cellulose gegenüber den isotropen Wandstoffen der Matrix (Callose und Restsubstanzen) zurück.

Die Kalkeinlagerung kann theoretisch amorph oder kristallin in Form von Aragonit oder Calcit erfolgen. HILTZ (1950) erklärt die Kalkinkrustierung auf Grund von Röntgendiffraktionsdiagrammen als amorph. Im Gegensatz hierzu konnten wir im Cystolithenpulver von *Ficus elastica, Sanchezia nobilis, Strobilanthes isophyllus* und *Ruellia portellae* auf dem Röntgendiagramm einwandfrei die Serie der Calcitlinien nachweisen. Verascht man die Präparate, um die organischen Beimengungen zu entfernen, tritt neben dem Spektrum von Calcit auch jenes des Oxydes CaO in Erscheinung (BOLLMANN 1951). Die Calcitkriställchen sind submikroskopisch, auf Grund der Linienbreiten mit Durchmessern von gegen $0,1\,\mu$.

Die Doppelbrechung des Cellulosegerüstes wird durch die Calciteinlagerung herabgesetzt. Da die unregelmäßige Gestalt der Cystolithen nur ungenaue Dickenmessungen erlaubt, muß die Doppelbrechung durch direkte Bestimmung der beiden Hauptbrechungsindices nach dem Immersionsverfahren ermittelt werden (vgl. S. 226). Bei den gerade auslöschenden Donnerkeilen von *Ruellia* (Abb. 40) und *Strobilanthes* wurden dabei die Indices von Tabelle 6 gefunden.

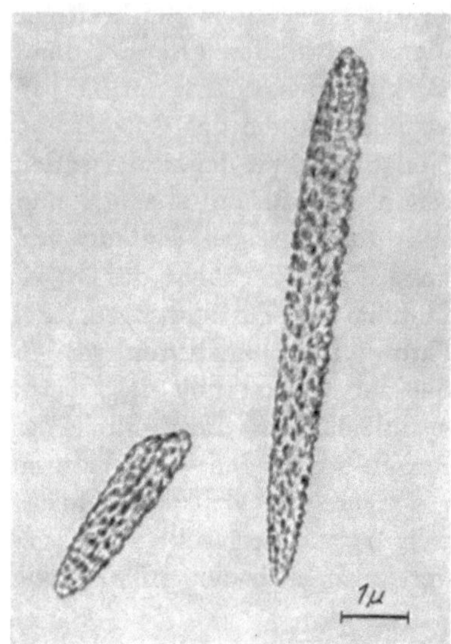

Abb. 40. Isolierte Cystolithen (Donnerkeile) von *Ruellia portellae* (phot. M. BOLLMANN)

Nach diesen Werten und auf Grund des ausgesprochenen Dichroismus dunkel-hell in Chlorzinkjod (s. S. 273) müssen die im Gerüst vorhandenen Cellulosemikrofibrillen in der Längsrichtung der keilförmigen Cystolithen verlaufen. Die in Tab. 6 ausgewiesene Steigerung der Doppelbrechung durch die Entkalkung dürfte auf zwei Gründe zurückzuführen sein: Erstens wird die Stäbchendoppelbrechung durch die Entfernung der mineralischen Inkrusten mit einem mittleren Brechungsindex von $1,60$[1] verstärkt (s. S. 256), und zweitens kann die Doppelbrechung des optisch negativen Calcites jene der optisch positiven Cellulosemikrofibrillen zum Teil aufheben. Die Doppelbrechung der Cystolithen ist deshalb in vivo stets gering und kann unter Umständen sogar auf Null kompensiert werden; es ist daher nicht erstaunlich, daß verschiedene Autoren isotrope Cystolithen gefunden haben (KOHL 1889, S. 119, 126; HILTZ 1950). Da die Doppelbrechung des Calcites jene der Cellulose stark überwiegt[1] und überdies

Tabelle 6. *Doppelbrechung Δn von Acanthaceen-Cystolithen.* (BOLLMANN 1951)

	Ruellia portellae			*Strobilanthes isophyllus*		
	n_γ	n_α	Δn	n_γ	n_α	Δn
Vor der Entkalkung	1,543	1,536	0,007	1,545	1,537	0,008
Nach der Entkalkung. . . .	1,564	1,535	0,029	1,563	1,535	0,028
Steigerung der Δn			0,022			0,020

die Konzentration des Kalkes sehr groß ist, können die Calcitkriställchen nicht gerichtet eingelagert sein. Sie müssen vielmehr sehr stark streuen, und es kann ihnen höchstens andeutungsweise eine Ausrichtung in bezug auf die Cystolithenachse zukommen (s. Abb. 39e). Eine Überschlagsrechnung mit Hilfe der Formel 15b liefert einen Streuwinkel von gegen 80° (s. S. 250).

Einlagerung von Calciumoxalat. In gewissen Fällen werden die Zellwände mit Calciumoxalat inkrustiert, und zwar in der Modifikation des Monohydrates oder Whewellits (FREY-WYSSLING 1935b, S. 238). Da dieses Salz ein außer-

---

[1] Calcit $n_\varepsilon = 1,486$, $n_\omega = 1,658$, $\Delta n = -0,172$, $\bar{n} = (n_\varepsilon + 2n_\omega)/3 = 1,60$.
Cellulose $n_\varepsilon = 1,600$, $n_\omega = 1,532$, $\Delta n = +0,068$, $\bar{n} = (n_\varepsilon + 2n_\omega)/3 = 1,55$.

ordentliches Kristallisationsvermögen besitzt, bleiben die Kristallkeime nicht submikroskopisch wie beim Calcit, sondern sie wachsen zu mikroskopisch sichtbaren Körnchen oder sogar zu wohlgeformten Kriställchen heran, die durch ihr Wachstum die Zellwand lokal aufsprengen.

In der Membran der Schirmalge *Acetabularia* kommt das Oxalat mit Calciumcarbonat gemischt vor (LEITGEB 1887). Für die höheren Pflanzen hat KOHL (1889, S. 71ff.) eine Zusammenstellung von Oxalateinschlüssen in der Zellwand gegeben, die hinsichtlich ihrer Vollständigkeit auch heute noch unübertroffen ist. Besonders auffallend sind solche Einlagerungen in den Zellwänden des Phloems der Cupressineen und Taxaceen. Ein anderes Beispiel ist in Abb. 41a dargestellt: Die verzweigten Haare, welche bei *Nymphaea* in die Luftkanäle des Stengels hineinragen, sind wie ein Geschmeide mit Kriställchen belegt. Ein Querschnitt durch die Zellwand zeigt, daß diese nicht der Membran aufliegen, sondern unter der Cuticula eingelagert sind (Abb. 41, a'). Offenbar beginnt die Ausscheidung bereits vor der Niederlegung der Appositionslamellen der Sekundärwand, so daß die Kriställchen während ihres eigenen Wachstums von diesen abgedeckt und vollständig überwachsen werden.

Der Nachweis solcher Zellwandeinschlüsse erfolgt am einfachsten mit dem Polarisationsmikroskop, da das Calciumoxalat-Monohydrat von allen in der Pflanze vorkommenden anisotropen Objekten

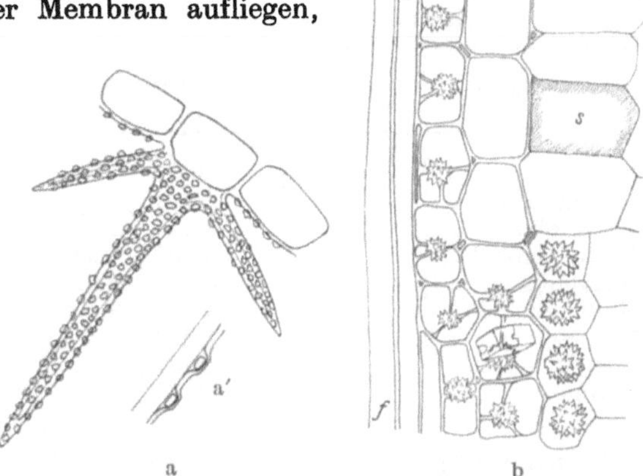

Abb. 41a u. b. a Kristalltrichom im Luftgang des Blattstieles von *Nymphaea alba*. a' zeigt, daß die Kristalle unter der Cuticula liegen. b Rosanowsche Kristalle im primären Phloem von *Tilia*. Tangentialschnitt. Phloemparenchym mit verstrebten Oxalatdrusen (doppelt konturiert), Markstrahlparenchym mit losen Oxalatkristallen (einfach konturiert). *f* Faser; *s* Schleimzelle

die größte Doppelbrechung aufweist und daher zwischen gekreuzten Polarisatoren wunderbar aufleuchtet. Die Einkapselung solcher Oxalatkristalle in den Zellhäuten erschwert ihre Lösung mit verdünnten Mineralsäuren.

Von den in die Zellwand eingeschlossenen Calciumoxalatkriställchen führt eine kontinuierliche Reihe zu den sog. Rosanowschen Kristallen. Das sind Kristalldrusen oder Einzelkristalle von Calciumoxalat-1-Hydrat, die im Zelllumen abgelagert, nachträglich von einer Cellulosemembran umgeben und dann durch Pfeiler oder Balken mit der Zellwand verbunden worden sind (Abb. 41b).

f) Adkrustierung
Cuticula

Überall, wo die pflanzliche Zellwand mit Luft in Berührung kommt, wird sie durch eine für Wasser schwer durchlässige Schicht nach außen abgedeckt. Dieser Überzug wird als Cuticula bezeichnet. Sie besteht aus lipophilen Substanzen und läßt sich daher, sofern sie eine mikroskopische Dicke besitzt, auf dem Wandquerschnitt durch Fettfarbstoffe (Sudan III, Scharlach R), aber auch mit polaren basischen Farbstoffen (z. B. Gentianaviolett) anfärben.

Submikroskopische Cuticula. Da die Intercellularen in den pflanzlichen Assimilations- und Durchlüftungsgeweben (Mesophyll, Rinde, Mark usw.) durch Auseinanderweichen benachbarter Zellen entlang der Mittellamelle entstehen, wurde angenommen, sie seien durch Pektinstoffe ausgekleidet (HABERLANDT 1918). Diese Auffassung schien durch das gelegentliche Auftreten von Pektinwarzen auf den Oberflächen gewisser Intercellularräume bestätigt zu werden (KISSER 1928 b). Einer solchen Deutung widerspricht indessen die Tatsache, daß Wasser schlecht in die Intercellularen eindringt (URSPRUNG 1924), denn bloßgelegte Mesophyllzellen sind wasserabweisend und lassen sich daher nicht benetzen (BANGHAM und LEWIS 1937). URSPRUNG (1924) führte diese Hydrophobie auf einen Wachsüberzug zurück, während LEWIS (1938) auf Grund der Adsorption von basischen Farbstoffen wie Methylenblau, Jodgrün usw. eine Auskleidung durch einen Proteinfilm annahm.

Tabelle 7. *Benetzungsgröße bei capillaren Steigversuchen im Mesophyll von Dianthus barbatus.* (HÄUSERMANN 1944)

Steigflüssigkeit	Grad der Lipophilie in %	Benetzungsgröße × 10⁶
Wasser	0	0,0
Methylalkohol .	50	24,89 ± 2,59
Äthylalkohol . .	66,7	31,15 ± 2,53
n-Propylalkohol .	75	42,09 ± 3,34
n-Butylalkohol .	80	*49,55 ± 3,51*
n-Hexylalkohol .	85,7	46,97 ± 4,20
n-Octylalkohol .	88,9	44,10 ± 2,88
Olivenöl	90	42,37 ± 2,51
Paraffinöl . . .	100	36,88 ± 0,77

Eine sehr gründliche Untersuchung der Benetzbarkeit der Mesophyllzellen durch HÄUSERMANN (1944) zeigte jedoch, daß weder Wachse noch Eiweißstoffe den unsichtbaren Oberflächenfilm der Intercellularen bilden können.

Für diesen Nachweis wurde die capillare Steiggeschwindigkeit verschiedener Flüssigkeiten in getrockneten Blättern von *Dianthus barbatus* gemessen. Aus der Steigungsformel von LUCAS (1918) wurde eine Benetzungsgröße abgeleitet, die neben einer durch die spezielle Gestaltung des Intercellularensystems bedingten Konstanten (HÄUSERMANN 1944) den Benetzungswinkel enthält. In Tabelle 7 sind die für verschiedene Flüssigkeiten gefundenen Benetzungsgrößen zusammengestellt. Die Lipophilie der verwendeten Flüssigkeiten ist durch das prozentuale Verhältnis der lipophilen (CH_3—, —CH_2—) zu den hydrophilen (—OH, —C = O) Gruppen in den unverzweigten Ketten der betreffenden Moleküle angedeutet.

Die Tabelle zeigt, daß nicht die rein lipophilen, sondern polare Flüssigkeiten die Intercellularen am besten benetzen, während Wasser ohne Druckanwendung überhaupt nicht einzudringen vermag. Auf Grund dieses Befundes kann man die sehr hydrophilen Pektinstoffe und die rein lipophilen Wachse als Auskleidungssubstanzen ausschließen. Ferner zeigen Extraktionsversuche mit den verschiedensten Lösungsmitteln unter Druck, daß der schwer benetzbare Oberflächenfilm vollkommen unlöslich ist. Da als lipophiler Zellwandstoff mit deutlicher Polarität, jedoch völliger Unlöslichkeit in polaren Lösungsmitteln nur Cutin bekannt ist, muß geschlossen werden, daß die Intercellularen mit einem submikroskopischen Cutinfilm ausgekleidet werden.

Diese Auffassung steht im Einklang mit der Beobachtung, daß sich die Cutinisierung der Schließzellen der Spaltöffnungen durch die Spalte in die substomatale Atmungshöhle hinein fortsetzt (HUBER, KINDER, OBERMÜLLER und ZIEGENSPECK 1956) und dort — in gewissen Fällen nachweisbar, im allgemeinen jedoch unsichtbar — diese großen Intercellularräume durch Bildung einer submikroskopischen Cuticula mit erfaßt. Nach chemischer Auflösung der Zellwand mit konzentrierter Schwefelsäure soll das „Cutin" als intercellulare „Korklamelle" übrigbleiben (SCOTT 1950).

Mikroskopische Cuticula. Die auf Querschnitten mikroskopisch sichtbare Cuticula beschränkt sich im allgemeinen auf die Außenseite der Epidermiszellen und der Haare, d. h. also auf die mit der trockenen Außenluft in Berührung kommenden Zellwände. Sie bedeckt diese Zellen als feines kontinuierliches Häutchen; daher die Verkleinerungsform Cuticula des lateinischen Wortes Cutis (= Haut).

Bildung der Cuticula. Ursprünglich war man der Ansicht, die Cuticula entstehe durch Cutinisierung der Oberfläche der cellulosischen Wand, d. h. durch deren Imprägnierung mit Cutinstoffen (STRASBURGER 1882, S. 192). Das Cutinhäutchen ist jedoch als deutlich abgegrenzte Lamelle ausgebildet und kann unter Umständen, namentlich bei welkenden Blütenorganen, von der Primärwand abgezogen (MARTENS 1933, VAN ITERSON 1937) oder durch Maceration mit Pektinenzy-

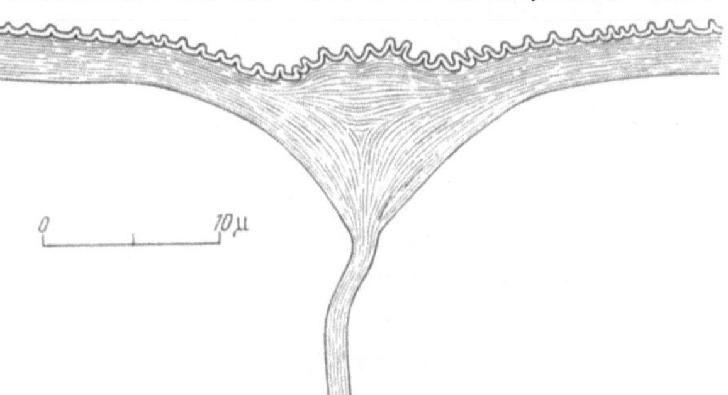

Abb. 42. Cuticula der Epidermis eines Blütenblattes von *Tradescantia virginica* (MARTENS 1934a)

men freigelegt werden (ORGELL 1955). Ferner zeigt die Cuticula in der Regel feine Fältelungen (Abb. 42), die auf ganz jungen Epidermiszellen noch fehlen. Die Falten entstehen jedoch sehr früh, bereits vor der Zellstreckung und zeigen dann noch keinerlei Orientierung, sondern bilden ein ungeregeltes System; durch das Zellwachstum werden sie orientiert, so daß sie in gestreckten Epidermiszellen meistens parallel zur Zellachse ausgerichtet sind (MARTENS 1934a, b).

Diese Beobachtungen haben MARTENS dazu geführt, die Cuticula in Übereinstimmung mit LEE und PRIESTLEY (1924) und ZIEGENSPECK (1928) als selbständige Wandschicht aufzufassen. Sie wird als halbfeste Masse durch die Außenwand der sich differenzierenden Zellen ausgeschieden. Welche Lösungsmittel dabei als Vehikel für die Bausteine der Cuticularsubstanzen dienen, ist unbekannt; falls es sich beim Wanderstoff um Salze der Fettsäuren, d. h. also um Seifen handelt (s. S. 194), käme das Wasser des Diffusionsstromes der cuticularen Transpiration in Betracht. Die Ausscheidung kann so reichlich erfolgen, daß FRITZ (1935) bei der Bildung der Cuticula von *Aloe* und *Gasteria* von einem Ergußwachstum spricht. Aber auch wenn bescheidenere Mengen halbfestes Cutin ausgeschwitzt werden, entsteht in der Regel ein Überschuß dieser plastischen Masse, die sich dann in Falten legt.

Da das pastenartige Procutin nicht von der Blattoberfläche abgeschabt werden kann, ist es vermutlich nach außen von einer sehr dünnen Pektinlamelle abgedeckt. Durch die folgende Zelldifferenzierung werden die Falten in der Richtung des stärksten Wandwachstums gestreckt und ausgerichtet, so daß sie in den papillenartigen Ausstülpungen der Blütenblattepidermis kegelförmig (MARTENS 1935), auf den langgestreckten Epidermiszellen der monokotylen Blätter längs und auf in die Breite wachsenden Zellen quer verlaufen; über den antiklinen Wänden der gestreckten Epidermis ist, offenbar durch die Vorwölbung der Zellen bedingt, ein weniger gut geordnetes Muster sichtbar (MARTENS 1934a, S. 490; BRINCMANN und KÜHN 1955). Die Faltenbildung auf den noch nicht differenzierten Zellen kann als Oberflächenreserve aufgefaßt werden, um den Anforderungen des späteren Flächenwachstums zu genügen. Nach Abschluß des Wachstums erstarrt die Cuticularmasse an der Luft nach und nach zu einem festen Film, so daß die Falten ihre Plastizität verlieren und dann starre *Cuticularleisten* darstellen.

Im Polarisationsmikroskop zeigt die Cuticula schwache Doppelbrechung (ROELOFSEN 1952); im Kontrast zu den unter ihr liegenden, kräftig aufleuchtenden Wandschichten erscheint sie jedoch oft fast isotrop. Im Elektronenmikroskop erweist sie sich als völlig strukturlos, denn es lassen sich keinerlei corpusculare oder fibrillare Elemente und, mit Ausnahme der Wasserpflanzen (*Elodea*, sowie Hydropoten von *Nymphaea, Victoria regia, Euryale ferox*; VOLZ 1952) keine Poren in ihr feststellen (ROELOFSEN und HOUWINK 1951; SCOTT, HAMNER und BAKER 1957). Sie verhält sich in dieser Hinsicht wie die Korklamelle in den Peridermzellen (s. S. 63); SITTE (1955) hat solche aufgelagerte Stoffe daher im Gegensatz zu den im Cellulosegerüst eingelagerten Inkrusten als *Adkrusten* bezeichnet.

Wachsausscheidung. In den ausgewachsenen Epidermiszellen kommt die Ausscheidungstätigkeit indessen nicht zur Ruhe; denn vielfach werden Wachse durch die Cuticula hindurch ausgeschwitzt. Dann erscheint die Cuticula in der Regel nicht gefältelt, sondern glatt. Die Wachse müssen von ihrer Bildungsstätte in den Außenschichten des Cytoplasten in gelöster Form durch die gesamte Zellwand einschließlich der erstarrten Cuticula hindurchwandern.

Die Wachsausscheidungen finden sich auf Blättern und Früchten als mikroskopische Körnchen-, Stäbchen- oder kompakte Krustenüberzüge (DE BARY 1871, HABERLANDT 1918). Die Körnchen entstehen offenbar durch eine Art Sammelkristallisation, wenn das Lösungsmittel der Wachse verdunstet. Allerdings läßt sich in ihnen keine besondere Orientierung der Wachsmoleküle nachweisen (WEBER 1941/42). Sie verleihen vielen Blättern und gewissen Früchten wie Trauben und Zwetschgen einen bläulichen, reifartigen Schimmer, der als „Duft" (frz. pruine) bezeichnet wird. Dieser Anflug läßt sich leicht abwischen, woraus erhellt, daß das Wachs ohne feste Verbindung der Cuticula aufliegt.

Die Stäbchenüberzüge sind vornehmlich von monokotylen Pflanzen wie Gräser (Schilf, Zuckerrohr), *Musa, Canna, Strelitzia* bekannt; aber auch der Wachsüberzug von *Benincasa cerifera* gehört hierher. Die einzelnen Stäbchen stehen senkrecht zur Epidermisaußenwand. Sie sind wie die Körnchen leicht abwischbar. Solche Wachsstäbchen sind beim Schilf im Lichtmikroskop scheinbar einheitlich gebaut (WEBER 1941/42); sie stellen jedoch in der Regel Pakete von submikroskopischen Wachsbändchen vor, wie W. J. SCHMIDT (1934) für die Wachsfäden der Woll-Laus *(Lachnus)* mit indirekten Methoden und KREGER (1948) für die Wachsstäbchen des Zuckerrohrs elektronenmikroskopisch nachgewiesen haben. Die ebenfalls stabförmigen Wachsmoleküle (s. S. 192) stehen in diesen Wachsfäden senkrecht zur Fadenachse, so daß der Mechanismus der Fadenausscheidung durch die Zellwand und die Cuticula hindurch nicht ohne weiteres verständlich ist. Submikroskopische Poren, durch welche die Fäden nach außen geschoben werden könnten, sind bisher nicht festgestellt worden.

Die Wachskrusten, wie sie für die Wachsbeere von *Myrica cerifera* und die Blätter gewisser Cactaceen *(Opuntia cereus)* und anderer Succulenten sowie der Wachspalmen charakteristisch sind, finden ihr Analogon im Insektenreiche in den Wachsblättchen, die von der Honigbiene an einem bestimmten Segment ihres Hinterleibes durch den Chitinpanzer hindurch ausgeschieden werden. Die Wachspalmen Südamerikas *(Ceroxylon andica, Klopstockia cerifera, Copernicia cerifera)* liefern auf der Blattoberfläche makroskopisch dicke Wachsschichten, die technisch ausgewertet werden. Das Carnaubawachs der *Copernicia*-Palme bildete lange die Grundlage für die Schuhwichsefabrikation. Über allen Epidermiszellen werden fein lamellierte Wachssäulen gebildet, die seitlich miteinander zu einer mächtigen Schicht verschmelzen, welche nur über den Spaltöffnungen einen feinen Kanal offenläßt.

Die schichtartigen Wachsüberzüge sind spröde und zerfallen bei der Isolierung in Schüppchen. Diese verhalten sich auf Grund der konoskopischen Untersuchung im Polarisationsmikroskop wie eine optisch positive einachsige Platte. Hieraus darf der Schluß gezogen werden, daß die Wachsmoleküle senkrecht zur Schichtung der Wachskruste, also umgekehrt wie in den Wachsstäbchen, orientiert sind.

Über die Bedeutung der Wachse für die Ökologie der Blätter gibt es eine ausgedehnte ältere Literatur (z. B. HABERLANDT 1918). Sie werden als im Dienste eines zusätzlichen Transpirationsschutzes gedeutet. Die lückenhafte Wachsbedeckung bei den Körnchenüberzügen scheint jedoch hierfür wenig geeignet. Andererseits machen die mächtigen Überzüge der Wachspalmenblätter einen hypertrophen Eindruck, besonders wenn man berücksichtigt, daß die Wachsbildung durch das Anwelken der geschnittenen Blätter von *Copernicia* subletal stark angeregt werden soll, so daß die Ernte an Carnaubawachs von langsam getrockneten Blättern wesentlich größer ausfällt als von frischen oder zu rasch getrockneten Blättern. Auch bei den Coniferen scheint die Wachsbildung mit dem Abschluß des Nadelwachstums nicht beendigt zu sein, denn mit dem zweiten Jahre ihrer Assimilationstätigkeit setzt ein erneuter Wachsschub ein (HÄRTEL und PAPESCH 1955). Bei einjährigen Blättern beschränkt sich allerdings die Wachsproduktion auf ihre Wachstumsperiode, denn weggelöste Wachsüberzüge werden bei Gräsern, Solanaceen, Leguminosen usw. nur erneuert, solange das Blatt noch wächst (SCHIEFERSTEIN und LOOMIS 1956). Interessanterweise sind innerhalb der gleichen Gattung gewisse Arten befähigt, Wachs zu sezernieren, andere dagegen nicht; so tragen z. B. die Blätter von *Nicotiana glauca* oder *Polygonum aviculare* einen Wachsüberzug, während jene von *Nicotiana tabacum* und *Polygonum persicaria* wachsfrei sind. Man erhält den Eindruck, daß es sich bei den Wachsausscheidungen um eine Überproduktion eines zur Einlagerung in die Zellwände bestimmten Membranstoffes handelt, dessen Überschuß gelöst durch die Epidermis nach außen ausgeschieden wird und auf der Cuticula zu Körnchen eintrocknet oder in Form von submikroskopischen Bändchen oder mikroskopischen Lagen kristallisiert.

Cuticularschichten

Epidermis. Bei vielen Xerophyten findet sich unter der Cuticula oft eine mächtige, häufig mehrschichtige Wandverdickung, die auf Grund ihrer Färbbarkeit mit Sudan III und Scharlach R als Cuticularschicht bezeichnet wird. Unter

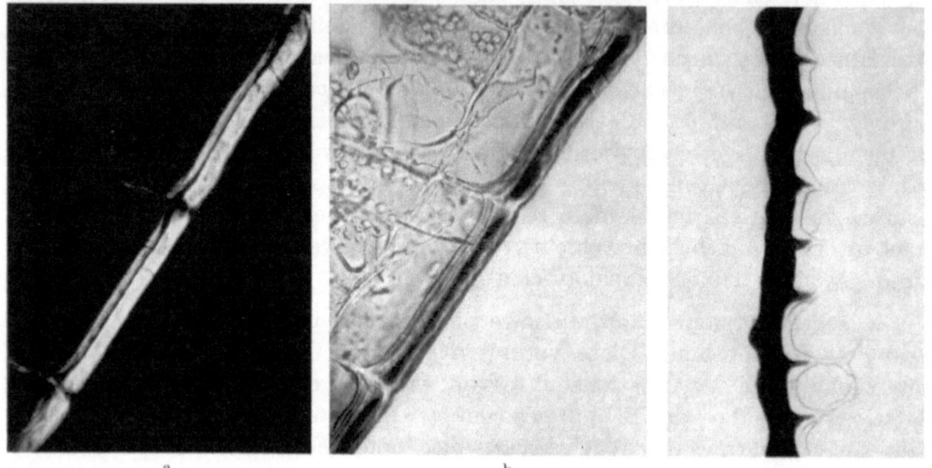

a   b   c

Abb. 43a—c. Cuticularschicht der Blattepidermis von *Clivia nobilis*. a Im Polarisationsmikroskop zwischen gekreuzten Nicols; isotrope Pektinschicht zwischen Cellulose- und Cuticularschicht. b Zwischen parallelen Nicols; man erkennt, daß die Cuticularschicht nicht über den ganzen Querschnitt gleich stark doppelbrechend ist. c Im ultravioletten Licht; Cuticularschicht dunkel, Celluloseschicht durchsichtig

dieser folgt eine cellulosische, immer lamellierte Sekundärwand. Mit Chlorzinkjod färbt sich die Celluloseschicht (Abb. 44, *Ce*) violett, die Cuticularschicht (Abb. 44, *Cu*) dagegen gelb. ANDERSON (1928) hat bei *Clivia*-Blättern nachgewiesen, daß die Lamellierung der Celluloseschicht jener eines Collenchyms entspricht (Abb. 25 b), indem im verquollenen Zustande mikroskopisch nachweisbare Pektinlamellen mit Celluloselamellen abwechseln. Da diese Schichtung nur in der Außenwand der Epidermis auftritt, handelt es sich um ein Plattencollenchym, welchem außen die alle Zellen überdachende Cuticularschicht aufgesetzt ist (Abb. 43 c). Zwischen Cutin- und Celluloseschicht befindet sich eine besonders breite Pektinlage, die schon im unverquollenen Zustande der Zellwand mit Rutheniumrot anfärbbar ist. Man stellt dann fest, daß sie sich in die Mittelschicht der antiklinalen Wände fortsetzt. Die gesamte Cuticularschicht liegt daher offenbar außerhalb der ursprünglichen Primärwände der Epidermiszellen. Sie läßt sich denn auch nach geeigneter Maceration mit Oxydationsmitteln (KISSER und SKUHRA 1952) als ununterbrochene, durchgehende Schicht vom Blatt abheben. Andererseits scheint es sich doch nicht um eine Adkruste im Sinne SITTES (1955) zu handeln, denn in den inneren Partien der Cuticularschicht von *Clivia* lassen sich färberisch außer Cutin auch Pektin (Rutheniumrot) und celluloseartige Wandstoffe (braunviolett mit Chlorzinkjod) nachweisen, die dann in der mikroskopisch homogen erscheinenden Schicht mengenmäßig nach außen hin abnehmen und schließlich unter der Cuticula ganz fehlen. Bei Aloe, welche bis 27 μ dicke Cuticularschichten besitzt, findet man Pektinstoffe auch direkt unter der Cuticula (FRITZ 1935). Da somit diese Schichten nicht aus reinem Cutin, sondern aus einem Gemisch von verschiedenen Wandstoffen bestehen, scheint es angebracht, sie nicht Cutinschichten zu nennen, wie dies in der Literatur üblich ist, sondern sie als *Cuticularschichten* zu bezeichnen.

Nach Abtragung der äußersten Partie der Cuticularschicht kann diese regeneriert werden; dabei nimmt sie indessen cuticulaähnliche Beschaffenheit an (FRITZ 1935). Dies deutet darauf hin, daß ausdifferenzierte Zellen nur die Cutinsubstanz zu sezernieren vermögen, während die übrigen Wandsubstanzen einer normalen Cuticularschicht offenbar nicht nachgeschoben werden können.

Häufig sind die Cuticularschichten zwischen den Seitenwänden der Epidermiszellen verankert (Abb. 43c). Diese Zwickel schieben sich manchmal tief zwischen die Epidermiszellen vor (z. B. in den extrafloralen Nektarien von *Hevea*; FREY-WYSSLING 1935b, S. 329). Offenbar können die Cutinsubstanzen durch die gesamte Oberfläche der Epidermiszellen ausgeschwitzt werden, denn es sind auch Fälle beschrieben, wo diese allseitig cutinisiert werden, so daß ein sog. Cuticularepithel entsteht (DAMM 1901). Falls Cutin im Überschuß abgelagert wird, entstehen Aufblähungen der Mittelschicht, die die Cutinreaktion zeigen, oder sogar „Cutincystolithen" (FRITZ 1935, 1937). Von diesen Stellen aus erfolgt vermutlich das Ergußwachstum der Cuticularschichten.

Besonders auffällig sind die Erscheinungen im Polarisationsmikroskop (A. FREY 1925a) zwischen gekreuzten Nicols (Abb. 43a). Die Celluloseschicht ist in bezug auf die Tangentialrichtung der Epidermiszelle positiv doppelbrechend, die Pektinschicht isotrop, die Cuticularschicht negativ doppelbrechend und die Cuticula wieder isotrop. Bei geeigneter Einschaltung eines Gipsplättchens Rot I. Ordnung leuchten daher die Celluloseschicht blau, die Pektinschicht rot, die Cuticularschicht gelb und die Cuticula wiederum rot auf.

Durch Erhitzen der Schnitte in Glycerin auf einem Heiztisch kann man die Doppelbrechung der Außenschicht zum Verschwinden bringen (AMBRONN 1888a). Die Cuticularschicht erscheint dann isotrop, so daß sie also offenbar keine gerichteten Mikrofibrillen aus kristallisierter Cellulose enthalten kann. Nach dem Abkühlen der Schnitte macht sich die negative Doppelbrechung der Cutinschicht wieder in ihrem vollen Umfange geltend. Der Verflüssigungspunkt der schmelzbaren Wandkomponente liegt zwischen 50 und 70° C, so daß es sich offenbar um Membranwachse handelt. Diese können innerhalb der Wand geschmolzen werden und kristallisieren in der Kälte wieder gerichtet aus.

Die Stärke der Doppelbrechung, gemessen am Gangunterschied (s. S. 238), variiert innerhalb der Cuticularschicht; sie ist im zentralen Gebiete am größten (Abb. 44a). Hieraus darf man schließen, daß die Wachse nicht gleichmäßig über die ganze Schicht verteilt, sondern in deren Mitte konzentriert sind. Aus der negativen Doppelbrechung folgt eine radial gerichtete Orientierung der stabförmigen Wachsmoleküle (Abb. 44b).

Nach den Untersuchungen von MADL. MEYER (1938) ist die Wachsverteilung in den Cutinschichten verschiedener Pflanzengattungen verschieden. Bei *Gasteria* besteht eine Anhäufung in der Mitte der Cutinschicht wie bei *Clivia*; bei *Jucca* und *Dasylirion* gibt es dagegen eine Wachsanreicherung in den äußeren Partien gegen die Cuticula hin. Ferner konnte gezeigt werden, daß die Doppelbrechung beim Erstarren der Wachse nicht bei der gleichen Temperatur erscheint, bei welcher sie bei ihrem Schmelzen verschwand; der Erstarrungspunkt ist um etwa 15⁰ C nach tieferen Temperaturen verschoben. Mißt man die Gangunterschiede in Funktion der Temperatur, ergibt sich eine Hysterese-Kurve, die verrät, daß für das Schmelzen der Wachse in der Zellwand eine ansehnlich höhere Temperatur benötigt wird als für deren gerichtetes Auskristallisieren in den vorhandenen submikroskopischen Räumen.

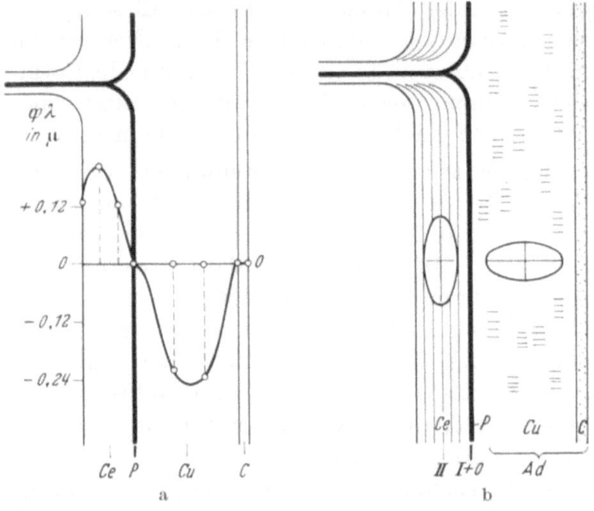

Abb. 44a u. b. Doppelbrechung der Epidermis eines Blattes von *Clivia*.
Ce Celluloseschicht; *P* Pektinschicht; *Cu* Cuticularschicht, *C* Cuticula.
0, I, II Mittellamelle, Primär- und Sekundärwand; *Ad* Adkrusten.
a Gangunterschied $\varphi \lambda$ in μ. b *Ce* lamelliert, große Achse der Indexellipse tangential ausgerichtet (optisch positiv); *P* isotrop; *Cu* große Achse der Indexellipse radial ausgerichtet (optisch negativ); *C* isotrop

Die starke Ultraviolettabsorption der Cuticularschichten, wie sie sich in Abb. 43c zeigt, hat zur Vermutung geführt, daß das Cutin kurzwelliges Licht absorbiere und dadurch den Blättern einen Schutz gegen UV-Strahlung verleihe (URSPRUNG und BLUM 1917). Eine genaue Untersuchung ergab indessen, daß das Cutin an und für sich UV-durchlässig ist (WUHRMANN-MEYER 1941), so daß viele Epidermen keinerlei UV-Schutz zu verleihen vermögen. Bei den meisten Xerophyten sind jedoch schwachgelbe Pigmente aus der Gruppe der Flavanone mit einem Absorptionsmaximum im langwelligen Ultraviolett in die Cuticularschichten eingelagert (BOLLIGER 1956). Nur wenn die Cuticularschicht neben dem Cutin solche UV-Farbstoffe enthält, kommt die auffällige Undurchlässigkeit für ultraviolettes Licht zustande, wie sie Abb. 43c zum Ausdruck bringt.

Wichtiger als der UV-Schutz ist wohl der hervorragende Transpirationsschutz, den die Cuticularschichten zu verleihen vermögen. Da das Cutin keine rein lipophile Substanz ist, sondern kleine Mengen unveresterte Alkohol- und Carboxylgruppen in sich birgt, verhält es sich allerdings nicht völlig hydrophob, sondern vielmehr wie ein schwach polarer Stoff. Es ist deshalb etwas quellbar, so daß stets kleine Wassermengen durch die Cuticula als *cuticulare Transpiration* verlorengehen. In den Cuticularschichten wird indessen dieser Wasserverlust, wenn auch nicht ganz aufgehoben, so doch durch die Wachseinlagerung ganz bedeutend reduziert.

Sporoderm. Bei Pollenkörnern (Mikrosporen) und anderen Sporen sind die Cuticularschichten auffallend kompliziert organisiert und weisen eine überraschende Formenmannigfaltigkeit auf. Im Lichtmikroskop gliedert sich das Sporoderm wie die Epidermis der Xerophyten in eine cellulosische Innenschicht, die als Intine bezeichnet wird, und eine ihr aufgelagerte cutinisierte Exine. Deren Cutinstoff ist chemisch besonders schwer angreifbar, so daß er als Sporopollenin (s. S. 196) vom Cutin der Blätter unterschieden wird. Die Exine der Pollenkörner besitzt ein eigentümliches Außenrelief. Es gibt Warzenpollen, Stachelpollen, Wabenpollen usw., die bestimmte Pflanzenfamilien oder Gattungen kennzeichnen. So sind z. B. Stachelpollen für Malvaceen und Compositen oder Wabenpollen für Cruciferen charakteristisch.

Bei genauerer Untersuchung, namentlich im Elektronenmikroskop, zeigt die Exine indessen außer ihrer für die Pollenbestimmung so wichtigen Außenskulptur vielfach einen porösen Innenaufbau (FERNÁNDEZ-MORÁN und DAHL 1952; MÜHLETHALER 1953b; SITTE 1953; AFZELIUS, ERDTMAN und SJÖSTRAND 1954) ähnlich wie bei den Kieselzellwänden der Diatomeen (S. 46).

Schon seit längerer Zeit ist eine Differenzierung der Exine in eine Ektexine und eine Endexine beobachtet worden. Für die neuere Feinbaulehre ist diese Einteilung indessen zu grob, und ERDTMAN (1952) unterscheidet daher vier verschiedene Bauelemente der Exine:

$$\text{Skulpturierte Exine oder Sexine} \quad \ldots \ldots \quad \left\{ \begin{array}{l} \text{Ektosexine} \\ \text{Endosexine} \end{array} \right.$$

$$\text{Nichtskulpturierte Exine oder Nexine} \quad \ldots \quad \left\{ \begin{array}{l} \text{Ektonexine} \\ \text{Endonexine} \end{array} \right.$$

Die räumlichen Beziehungen dieser verschiedenen Lamellen sind aus Abb. 45 mit der, soweit notwendig, durch MÜHLETHALER (1955) verdeutschten Terminologie von ERDTMAN ersichtlich. Die kontinuierliche Nexine ist im allgemeinen in eine häufig lamellierte (AFZELIUS 1956) Basalschicht (Endonexine) und eine darübergelagerte, etwas dickere Schicht, die Ektonexine, gegliedert. Die Sexine weist dagegen die verschiedensten Skulpturen auf. Die von den Pollenanalytikern registrierte Mannigfaltigkeit kann man am besten verstehen, wenn man die verschiedenen Typen wie in Abb. 45 zueinander in Beziehung bringt (MÜHLETHALER 1955), wobei es sich jedoch keineswegs um phylogenetische, sondern lediglich um morphologische Zusammenhänge handelt. Zu diesem Zwecke kann man vom sog. pilaten Typus der Sexine ausgehen. In diesem Falle ist die Sexine in einen Rasen von Kölbchen (Pila) aufgelöst, an denen man Stiel (Baculum) und Köpfchen (Caput) unterscheidet. Die Bacula entsprechen der Endosexine und die Capita der Ektosexine. Denkt man sich alle Kölbchen über ihre ganze Länge vollständig miteinander verschmolzen, so erhält man eine massive Sexine, die an ihrer Oberfläche durch besondere Ausgestaltung des distalen Poles der Capita mit Anhängseln verschiedenster Art versehen sein kann; zu diesem Typus gehört z. B. der Stachelpollen von *Cucurbita*. Verschmelzen jedoch nur die Köpfchen miteinander, entsteht eine baculate, mit Luft gefüllte Endosexine, die von einer deckenartigen Ektosexine, dem Tegillum überdacht ist. Solche tegillaten Exinen sind für die Fagaceen und die Betulaceen charakteristisch. Wenn die Warzen und Stacheln, die auf dem Tegillum sitzen, nicht in der Fortsetzung der Bacula der Endosexine liegen wie bei den Pollen von *Fagus*, dürfen sie nicht als verlängerte Köpfchen verschmolzener Pila betrachtet, sondern müssen als Anhangsgebilde besonderer Art gedeutet werden. Vielfach besitzt das Tegillum Poren; werden diese groß, ergibt sich eine von einer baculaten Endosexine getragene reticulate Ektosexine wie bei den Wabenpollen der Solanaceen (z. B. *Petunia*) und Gesneraceen (z. B. *Aeschynanthes*). Schließlich kann man sich die Pila auch nur reihenweise mit ihren Köpfchen verschmolzen denken, so daß gestreifter Pollen mit einer striaten Sexine entsteht.

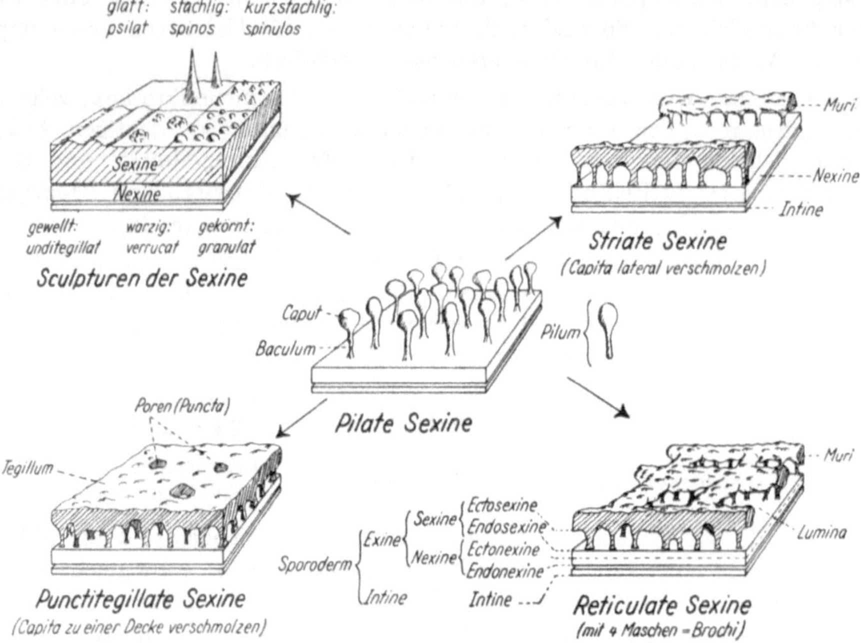

Abb. 45. Strukturen der Exine von Pollenkörnern. (MÜHLETHALER 1955)

Die Artkonstanz des Feinbaus der Sexine ist nicht leicht zu verstehen, da die Exine wie die Cuticularschichten der Epidermen außerhalb der Primärwand liegt. Sie muß daher durch die Sekundärwand (Intine) hindurch nach außen sezerniert werden. Daß auf diese Weise eine kompakte oder eine pilate Sexine ausgeschwitzt würde, wäre verständlich; aber welche formativen Kräfte durch die Intine und Endonexine hindurch wirksam sind, um den Feinbau der periphersten Schicht zu gestalten, ist rätselhaft. Der ganze Vorgang kann nur so verstanden werden, daß die Sexine gleichzeitig mit der Nexine und der Intine angelegt wird und von Anfang an das Muster für ihren Feinbau aufgeprägt bekommt, das sich dann während des Dickenwachstums der Zellwandschichten entwickelt.

Verkorkung

Periderm. Die Zellmembranen des Periderms enthalten eine Schicht aus einem lipophilen Wandstoff, die als Kork- oder Suberinlamelle bezeichnet wird. Diese färbt sich mit konzentrierter Kalilauge gelb und ist gegenüber starken Oxydationsmitteln widerstandsfähiger als die übrigen Wandschichten (v. HÖHNEL

1877). Diese mikrochemischen Eigenschaften teilt der Korkstoff mit dem Cutin, doch kann die Suberinlamelle in kochender Kalilauge im Gegensatz zur Cuticula aufgelöst werden. Ferner findet die Verkorkung innerhalb, die Cutinisierung dagegen außerhalb der Primärwand statt.

Verkorkung tritt nicht nur in dem durch das Korkbildungsgewebe (Phellogen) gebildeten sekundären Hautgewebe des Periderms auf, sondern unter Umständen auch in der Hypodermis, in Endodermen, in Exkretbehältern und im Gebiete der Chalaza gewisser Samen (VAN WISSELINGH 1925).

Eingehendere Untersuchungen über den Feinbau der verkorkten Zellwände sind nur bei Peridermborken durchgeführt worden. Die vom Korkcambium abgegebenen Zellen wachsen sehr rasch zu ihrer definitiven Größe heran, ohne daß eine Suberinlamelle nachgewiesen werden kann (MADER 1954). Diese entsteht erst, wenn die Zelle ausgewachsen ist; nach innen ist sie durch eine Kohlenhydratlamelle gegen den Zellinhalt begrenzt. Nach der Bildung der Korklamelle stirbt die Zelle bald ab und wird wie beim Flaschenkork mit Luft gefüllt, oder es können auch Exkrete in ihr abgelagert werden wie das Triterpen Betulin im Birkenkork.

Im Polarisationsmikroskop erweist sich die Suberinschicht, bezogen auf die Tangentialrichtung der Zelle, wie die Cuticularschichten als optisch negativ doppelbrechend. Durch Erhitzen von Korkschnitten in Glycerin verschwindet diese Doppelbrechung, doch erscheint sie beim Abkühlen wieder (AMBRONN 1888a). Sie ist durch eingelagerte Korkwachse bedingt.

Im Elektronenmikroskop findet SITTE (1954, 1955) eine cellulosische Mikrofibrillen enthaltende Primärwand, der die Suberinschicht in Form feiner Lamellen aufgelagert ist. Sie enthält keine Gerüstsubstanz, so daß das Suberin im Gegensatz zum Lignin nicht als Inkruste bezeichnet werden kann, sondern eine Adkruste darstellt. In der Suberinschicht des Flaschenkorkes wurden submikroskopische Poren gefunden, die durch eine korkfremde Masse verstopf sind. Sie werden wohl mit Recht als Tüpfelkanäle oder besser Plasmodesmen gedeutet, die während des Appositionswachstums der lamellierten Suberinschicht funktionierten und dann nachträglich verschlossen worden sind. Den Abschluß gegen das Zellinnere bildet eine Tertiärlamelle mit Cellulosemikrofibrillen. Diese fehlt allerdings beim Flaschenkork, was indessen als Ausnahme betrachtet werden muß und vielleicht mit der Tatsache im Zusammenhang steht, daß sich der für technische Zwecke verwendete Wundkork von *Quercus suber* durch sein sehr schnelles Wachstum etwas abweichend verhält (Abb. 46).

Die vorliegenden Untersuchungen ergeben, daß in den verkorkten Zellwänden eine Mittelschicht, bestehend aus Mittellamelle und Primärwand, vorhanden ist. Diese wird schwach verholzt (Phloroglucin-Reaktion). Darauf folgt als Sekundärwand die Suberinschicht, die jedoch keinerlei Gerüstsubstanz enthält, so daß das Suberin als selbständiger Wandstoff betrachtet werden muß. Die Korkschicht entsteht durch Apposition feinster Lamellen. Die Abschlußlamelle aus Kohlenhydraten enthält dagegen wieder Mikrofibrillen; sie ist als Tertiärwand zu bezeichnen. Da die Tertiärlamelle als abgestorbene Bildungsschicht der Sekundärwand gedeutet worden ist (S. 35), muß es uns nicht erstaunen, daß sie vor der Einstellung ihrer Tätigkeit noch Kohlenhydrate bildet oder sich wie beim Flaschenkork ganz in der Erzeugung von Suberin erschöpft.

MADER (1954) hat in der Mittelschicht die Primärwand übersehen und deutet
daher die Tertiärlamelle als Primärwand. Diese Auffassung hat insofern etwas
für sich, weil dann das Suberin wie das Cutin außerhalb der Primärwand ausgeschieden würde. Da indessen SITTE (1955) eine cellulosehaltige Lamelle mit
Streuungstextur im Kontakt mit der Mittellamelle nachgewiesen hat, scheint
entwicklungsgeschichtlich ein Unterschied zwischen der Ausscheidung von
Suberin und Cutin zu bestehen.

Die Bedeutung der Verkorkung wird allgemein in der Bildung eines wirksamen Transpirationsschutzes gesehen. Tatsächlich ist die Wasserundurch-
lässigkeit der Suberinwände so groß, daß verkorkte Zellen kurz nach Erzeugung
der Korklamelle eingehen. Der Kork isoliert außerdem vortrefflich gegen
übermäßige Erwärmung, so daß das lebenswichtige Phloem unter dem
Periderm ausgezeichnet gegen Vertrocknung und Sonnenbrand geschützt
erscheint.

Endodermis. In den Endodermen der primären Wurzeln werden hochdifferenzierte Zellwände ausgebildet, in deren Entwicklung drei Stufen
auftreten, die als Primär-, Sekundär- und Tertiärstadium unterschieden werden (VAN WISSELINGH 1925, GUTTENBERG 1940).

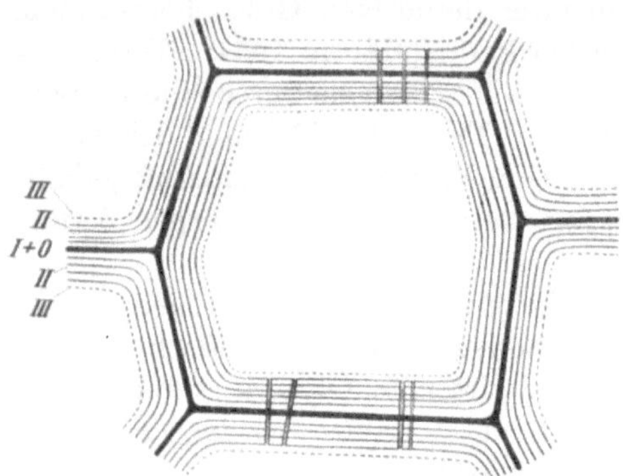

Abb. 46. Feinbau der verkorkten Zellwand (nach
SITTE 1954). *0 + I* Mittellamelle + Primärwand,
eventuell verholzt. *II* Sekundärwand aus Korkstoff,
submikroskopisch lamelliert, Tüpfelkanäle mit Pektin
oder Lignin verstopft. *III* Tertiärlamelle
mit Cellulosemikrofibrillen

Im ersten Stadium ist die noch meristematische Endodermisscheide mit den
sog. Casparyschen Streifen ausgestattet. Diese bestehen in einer lokalen Primär-
wandverdickung, die in der inneren Hälfte der Radialwände den Zellumfang
als in sich geschlossenes Band umschreibt. Auf dem Querschnitt erscheinen die
Streifen als stärker lichtbrechende „Punkte" oder Flecken. Sie besitzen wie die
Primärwand eine Matrix aus Pektinstoffen. Schon sehr frühzeitig verholzen
diese Knoten leicht (ZIEGENSPECK 1921, VAN WISSELINGH 1925, S. 245). Gleichzeitig enthalten die Primärendodermen aber auch eine suberinartige Lipoidsubstanz, die sich indessen vom Suberin der verkorkten Zellwände unterscheidet
(PRIESTLEY und NORTH 1922; PRIESTLEY und RHODES 1926; VAN WISSELINGH
1926). Diese Substanz kann als *Endodermin* bezeichnet werden. Sie besitzt
einen relativ höheren Fett- oder Wachsgehalt als das Suberin, denn für das
Verhältnis „freie Fettsäuren/Fett + Wachs" werden folgende Werte angegeben:
Endodermin 0,8; Kartoffelkork 3,5; Wundkork 4,4 (PRIESTLEY und RHODES
1926). Da sich die Casparyschen Streifen nur schwach mit Lipoidfarbstoffen
anfärben, besteht die Möglichkeit, daß das isolierte Endodermin nicht aus ihnen
stammt, sondern die Substanz vorstellt, die später zum Aufbau der „Korklamelle" verwendet wird.

Die Funktion der Primärendodermis kann auf Grund der Versuche von
RUFZ DE LAVISON (1910) folgendermaßen gedeutet werden: Die breite Wurzelrinde scheint bei der Elektion der aufgenommenen Bodensalze eine maßgebende

Rolle zu spielen. Jedenfalls ist die Aschenzusammensetzung des Zentralzylinders wesentlich anders als jene der Rinde, z. B. findet eine Anreicherung des Kaliums und eine Zurückdrängung des Natriums statt. Da nun die Nährsalze in der imbibierten Zellwand frei zirkulieren, braucht es eine Schranke, die den unkontrollierten Eintritt von unerwünschten Ionen verhindert. Diese Sperre in der Zellwand ist der Casparysche Streifen. Es ist dabei weniger wichtig, ob die Sperrsubstanz lipophile Eigenschaften besitzt, als daß sie als Inkruste das submikroskopische Capillarnetz verstopft. Sie erzwingt die Salzaufnahme durch das Cytoplasma der Endodermiszellen. Für diese Deutung sprechen folgende Tatsachen: Die Casparyschen Streifen sind in der Resorptionszone der Wurzelspitze bereits vorhanden. Das Cytoplasma schließt sehr dicht an die Streifen an und ist innig mit ihnen verbunden, denn bei Plasmolyse löst es sich von jenen Wandstellen nicht ab (Abb. 47a). Aufgenommene Eisenionen können mit Hilfe der Berliner-Blau-Reaktion außerhalb des Casparyschen Streifens überall in den Zellwänden gefunden, innerhalb desselben dagegen nicht nachgewiesen werden. Die merkwürdige Beschränkung dieser Sperrung der submikroskopischen Wanderwege auf nur einen Teil der Radialwände dürfte mit dem künftigen Dickenwachstum der Wurzel im Zusammenhang stehen. Man beobachtet nämlich bei Dikotylen (z. B. *Vicia Faba*), wie die Endodermiszellen nach dem Einsetzen der Cambiumtätigkeit gedehnt werden und schließlich nur noch mit dem Casparyschen Streifen aneinander haften (Abb. 47a').

Wenn die Endodermis durch das Spitzenwachstum der Wurzel aus der Resorptionszone herausgerät, tritt sie in das sog. Sekundärstadium (Abb. 47b). Die Wand wird dabei durch eine Suberinlamelle ausgekleidet. Vielfach werden Durchlaßzellen ausgespart, die nicht verkorken. Die Casparyschen Streifen verschwinden in den verkorkten Zellen und bleiben nur in den Durchlaßzellen erhalten (MAGER 1932). Wegen seinem Verhalten gegenüber konzentrierter Chromsäure wird der Endodermiskork manchmal als „Endodermin" vom Suberin des Periderms unterschieden (s. Tabelle 27, S. 196).

Bevor die Zellen der Sekundärendodermis absterben, bauen sie vielfach noch eine gewaltige verholzte Verdickungsschicht auf (Abb. 47c), so daß die Endodermis zu einer Schutzscheide wird (SCHWENDENER 1882). Solche mechanische Scheiden treten namentlich in Wurzeln ohne sekundäres Dickenwachstum, also vor allem bei den Monokotylen auf. Man bezeichnet derartige Endodermen mit stark verdickten Wänden als Tertiärendodermen. Nach KROEMER (1903) kann man in einer fertig ausdifferenzierten Endodermiszellwand fünf verschiedene Lagen unterscheiden, wie dies in Abb. 47d angedeutet ist. Auf die Mittellamelle (*1*) folgt eine erste Zwischenlamelle (*2*); diese ist mit der Korklamelle (*3*) ausgekleidet, die mit einer zweiten Zwischenlamelle abschließt (*4*), welcher die mikroskopisch meist deutlich lamellierte Verdickungsschicht (*5*) aufgelagert ist. Deren Appositionsschichten sind verholzt und füllen entweder die ganze Zelle aus, oder sie lassen wie in Abb. 47d die Außenwand unverdickt. Im ersten Falle spricht man von O-Endodermen, im zweiten dagegen von C-Endodermen, die indessen bei gewissen Wurzeln (z. B. *Iris*) ihrer Form entsprechend besser als U-Endodermen bezeichnet würden. Über die Verbreitung der beiden Typen gibt SCHWENDENER (1882) eine Übersicht. Unter übrigens gleichen Umständen sind die C-Scheiden biegsamer als die etwas steiferen O-Scheiden.

Die Lamellen der Verdickungsmembran werden in der Literatur über Endodermen (GUTTENBERG 1940) als Tertiärschichten bezeichnet. Dies stimmt mit der von uns gewählten Nomenklatur (s. S. 32) nicht überein, denn nach Anlage und Ausbildung ist die im sog. Tertiärstadium der Endodermis gebildete Wand eine typische Sekundärwand. Man kann auch zeigen, daß in den Endodermiszellen unter Umständen eine Tertiärlamelle in unserem Sinne, d. h. ein kohlenhydrathaltiger Überrest der Wandbildungsschicht auftritt. In den Grasendodermen der Andropogoneen trägt die Verdickungsschicht im Zellinnern einen

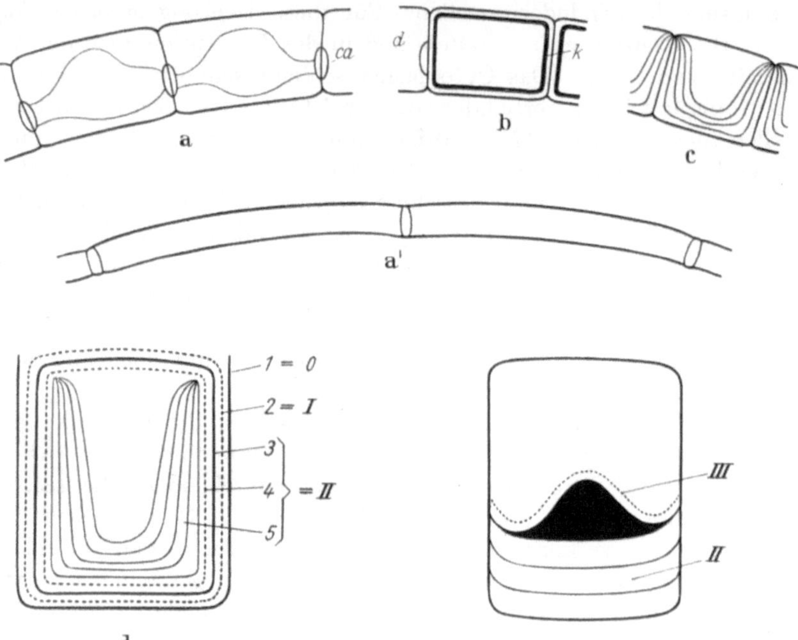

Abb. 47a—e. Endodermis. a Primärer Zustand. Bei Plasmolyse haftet das Plasma am Casparyschen Streifen (ca). a' Primäre Endodermis durch das Dickenwachstum des Zentralzylinders ausgezogen (Vicia Faba). b Sekundärer Zustand. Auskleidung mit Korklamelle (k); links Durchlaßzelle (d). c Tertiärer Zustand. Lamellierte Sekundärwand verholzt (Iris). d Wandschichten der Tertiär-Endodermis nach KROEMER (1903). 1 Mittellamelle 0; 2 erste Zwischenschicht = Primärwand I; 3 Korklamelle, 4 zweite Zwischenschicht, 5 lamellierte Verdickungsschicht = Sekundärwand II. e Endodermiszelle der Wurzel von Andropogon (BORISSOW 1928). Kieselkonkretion schwarz, Tertiärlamelle (III) punktiert angedeutet

verkieselten Kegel (Abb. 47e). Diese Kieselkonkretion ist mit einer dünnen „Cellulosehaut" überzogen (BORISSOW 1924—1928), die ganz der Abschlußhaut (Tabelle 5) der stark verdickten Faserzellwände entspricht.

Trachtet man, die von KROEMER (1903) aufgestellten Schichten der Endodermiswand mit jenen der Faserzellen und Tracheiden zu homologisieren, so muß man berücksichtigen, daß die beiden Zwischenlamellen (2) und (4) (Abb. 47d) nur in stark verquollenem Zustande der Zellwand sichtbar werden und daher offenbar pektinhaltig sind. Die Schichten (1) und (2) entsprechen entwicklungsgeschichtlich zweifellos der Mittellamelle O und der Primärwand I. Dagegen ist es schwer, die Korklamelle (3) und die zweite Zwischenlamelle (4) richtig zu homologisieren; sie dürften beide, zusammen mit der Verdickungsschicht (5), der Sekundärwand II entsprechen. Schließlich ist die entwicklungsgeschichtliche Tertiärlamelle III in den meisten Endodermen unsichtbar und nur in besonderen Fällen nachzuweisen (Abb. 47e).

g) Zusammenfassung über den Zellwandbau

Die pflanzlichen Zellwände bestehen aus einer ungeformten *Grundsubstanz* (Matrix), in die Mikrofibrillen aus einer *Gerüstsubstanz* eingelagert sind. Die Matrix ist aus amorphen Pektinstoffen und Hemicellulosen aufgebaut, die Gerüstsubstanz dagegen aus kettengitterbildenden Kohlenhydraten wie Cellulose, Mannan oder Chitin. Die Wandstoffe der Matrix werden in der Regel als Inkrusten bezeichnet. Da jedoch die Matrix während der Ontogenie der Zellwand *vor* den Mikrofibrillen auftritt, sollte man die Bezeichnung *Inkrusten* für Zellwandstoffe reservieren, die wie Lignin oder Mineralstoffe die Zellwand erst später verhärten. Wandsubstanzen, die diesem dreifachen System von Matrix Gerüstsubstanz und Inkrusten aufgelagert sind, werden als *Adkrusten* bezeichnet.

Es ist interessant, daß die Stützgewebe im Tierreich submikroskopisch nach genau den gleichen Prinzipien gestaltet sind. So besteht das Bindegewebe aus einer amorphen, im Elektronenmikroskop granularen Matrix (ASADI, DOUGHERTY und COCHRAN 1956) aus Polyhyaluronsäure, die chemisch sehr nahe mit den Pektinstoffen verwandt ist, und darin eingelagerten Mikrofibrillen aus Kollagen. Beim Knochen wird dann dieses System zusätzlich noch durch den Mineralstoff Calciumphosphat inkrustiert. Bei den mit den pflanzlichen Zellwänden strukturell nah verwandten Chitinpanzern der Insekten treten in gewissen Fällen auch Adkrusten in Form von Wachsen auf. Die Cuticula der Insektenpanzer darf allerdings nicht mit jener der pflanzlichen Epidermen homologisiert werden, denn sie entspricht funktionell und entwicklungsgeschichtlich eher der Primärwand.

Die einzelnen Komponenten solcher Systeme mit Stützfunktion verhalten sich kolloidchemisch grundsätzlich verschieden, wenn man jede für sich allein einer näheren Betrachtung unterzieht. Denkt man sich die Cellulosemikrofibrillen aus der Zellwand entfernt, bildet die Matrix ein sog. *Xerogel* aus Pektinstoffen, d. h. ein Gel, das beim Eintrocknen verhornt, also hart und durchscheinend wird. Ein natürlicher Abbau oder ein künstliches Herauslösen der Matrix verwandelt die Zellwand dagegen in ein *Aerogel*, d. h. in ein System von mehr oder weniger sperrigen Mikrofibrillen, die sich beim Eintrocknen nicht lückenlos aneinanderzulagern vermögen. Dem Aggregat der Gerüstsubstanzen kommt daher eine Lockerstruktur zu, die erlaubt, sie mit grobdispersen kolloiden Farbstoffen anzufärben. Ferner kann man Aerogele ohne auffallende Volumenveränderungen mit den verschiedensten Flüssigkeiten reversibel imbibieren. Farblose Aerogele sind im trockenen Zustande wegen der Lichtzerstreuung an ihren inneren Grenzflächen im Gegensatz zu getrockneten Xerogelen nicht durchsichtig, sondern weiß.

Da die Inkrusten der Zellwände sozusagen ein räumliches Negativ der Textur der Gerüstsubstanzen bilden, entsteht durch Abbau und Auflösung der Mikrofibrillen ebenfalls ein Aerogel, das gewöhnlich als Skelett (Ligninskelett, Aschenskelett) der Zellwand bezeichnet wird. Die Aschenskelette sind oft so porös, daß nicht nur Flüssigkeit, sondern wie die Bezeichnung Aerogel andeutet, bei ihrer Austrocknung sogar Luft in sie einzudringen vermag (z. B. Kieselgur).

Die Xerogele besitzen ein starkes Quellungsvermögen und werden im gequollenen Zustande plastisch. Die Aerogele sind dagegen ausgesprochen elastisch und erweisen sich in absolut trockenem Zustand oft als brüchig. Da die pflanzlichen Zellwände zufolge ihrer submikroskopischen Durchdringungsstruktur beide Geltypen in sich vereinigen, kommen ihnen je nach der Betonung der einen oder anderen Komponente die verschiedensten mechanischen Eigenschaften zu.

In der *Primärwand* herrscht die Matrix vor, während die Mikrofibrillen stark zurücktreten. Ihr Anteil am Aufbau der jungen Zellwand ist so gering, daß sich ihr Geflecht nach Entfernung der Matrix ohne Herstellung von Feinschnitten als ultradünne Haut direkt für die Beobachtung unter dem Elektronenmikroskop eignet. Die Primärwand ist daher plastisch und leicht verformbar. Sie setzt den Formveränderungen der Zelle während deren Differenzierung keinen nennenswerten Widerstand entgegen. Die passive Dehnung der Zellwand führt zu polyedrischen Zellformen mit kleinstmöglichen Oberflächen. Gleichzeitig folgt die Primärwand indessen der Zellvergrößerung durch aktives Flächenwachstum, indem die Zellwandsubstanzen der Matrix nachgeliefert und, wie wir sehen werden, die gelockerten Geflechte der Mikrofibrillen erneuert werden. Die ausschlaggebende Rolle des Pektins in der Matrix bedingt einen fließenden Übergang zwischen Primärwand und Mittellamelle. Es ist sogar beobachtet worden, daß vereinzelte Mikrofibrillen durch die Mittellamelle hindurch von einer Primärwand zur Nachbarwand hinüberwechseln (MÜHLETHALER 1953a). Die Gerüstsubstanz ist in den Primärwänden maskiert (s. S. 7), denn diese zeigen im allgemeinen die mikrochemischen Reaktionen der zwischen ihnen liegenden Pektinlamelle. Nur im Polarisationsmikroskop lassen sie sich dank der Doppelbrechung der Mikrofibrillen klar gegenüber der isotropen Mittellamelle abgrenzen. Die Vorherrschaft der Matrix hat auch zur Folge, daß bei der Inkrustation die ganze Mittelschicht, d. h. also Mittellamelle und Primärwand, gleichmäßig erfaßt wird.

In der *Sekundärwand* treten, im Gegensatz zur Primärwand, die Gerüstsubstanzen mit ihren hervorragenden mechanischen Eigenschaften in den Vordergrund. Die den Physiologen interessierenden Wachstums- und Differenzierungsvorgänge der Zelle sind gewöhnlich weitgehend abgeschlossen, wenn in der Sekundärwand durch Apposition zahlreicher Lamellen große Mengen Gerüstsubstanzen in Form von Mikrofibrillen niedergelegt werden. Die dichte Packung führt zur Paralleltextur und zu Verbänderungen der Mikrofibrillen. Die Techniker der Papier-, Zellstoff- und Holzindustrie konzentrierten ihr Interesse von jeher auf die Sekundärwand als dem Sitze der Gerüstsubstanz, und sie haben bei der Beurteilung ihrer Rohstoffe die physiologisch so wichtige Primärwand allzulange vernachlässigt.

Als Abschlußlamelle der Zellwand gegen das Zellumen findet sich die *Tertiärwand*. Sie enthält Gerüstsubstanzen; diese sind jedoch wie jene der Primärwand maskiert. Die Tertiärwand ist gegenüber Quellungsmitteln und Pilzfermenten, welche die Sekundärwand verquellen oder abbauen können, resistent. Sie teilt somit viele Eigenschaften wie ihre sehr geringe Mächtigkeit, ihr mikrochemisch abweichendes Verhalten und ihre Resistenz mit der Primärwand. Sie wird in dieser Monographie als die abgestorbene Wandbildungsschicht des verschwundenen Protoplasten der zu Festigungselementen ausdifferenzierten Zellen gedeutet.

Die *Inkrustierung* verändert die mechanischen Eigenschaften der Zellwände. Ihre Druckfestigkeit wird durch die Verholzung und die Verkernung gesteigert, während andere wertvolle Eigenschaften der Sekundärwand wie Zugfestigkeit, Biegsamkeit, Geschmeidigkeit und weiße Farbe beeinträchtigt werden, so daß man bei der Zellstoffgewinnung danach trachtet, die Inkrusten quantitativ zu entfernen.

Durch *Adkrustierung* entstehen Membranschichten, die weder eine Matrix noch Gerüstsubstanzen enthalten. Bei der Verkorkung wird die primäre Zellwand durch Adkrusten in Form von submikroskopischen Lamellen ausgekleidet. Dies geschieht durch Apposition, so daß die Korkschicht als eine spezielle Ausbildungsform der Sekundärwand aufgefaßt werden kann. Bei der Cutinisierung werden jedoch die Adkrusten durch eine bereits bestehende Membran hindurch nach außen ausgeschwitzt und erstarren dort infolge nachträglicher chemischer Veränderungen. Auch die Wachse, die häufig im Zusammenhang mit der Cutinisierung entstehen, sind befähigt, die im Wachstum begriffene oder bereits ausdifferenzierte Zellwand zu durchwandern.

2. Formwechsel

a) Differenzierung

Einfache Tüpfel

Die in der Zellplatte erscheinende Primärwand besteht aus einem homogenen Geflecht streuender Mikrofibrillen. Ganz junge Meristemzellen weisen daher im Elektronenmikroskop eine gleichmäßige Streuungstextur auf. Sehr frühzeitig beginnt sich diese homogene Textur jedoch zu differenzieren. Den Zellkanten entlang erscheinen einzelne parallel verlaufende Mikrofibrillen (Abb. 48), die bald vermehrt werden, so daß Verstärkungsleisten mit Paralleltextur entstehen (Abb. 11, S. 14). An den Zellkanten eilt also die Bildung von Paralleltexturen gegenüber den Zellflächen weit voraus. Interessanterweise sind diese Kantenverstärkungen kein Hindernis für das Streckungswachstum der Zellen (Wardrop 1955); offenbar befindet sich im frischen Zustande noch reichlich Matrixsubstanz zwischen den parallelisierten Mikrofibrillen, so daß sie wie in einem Kammzug aneinander vorbeigleiten können.

Gleichzeitig mit den Kantenverstärkungen werden die Tüpfelanlagen gebildet. Man beobachtet, daß die ursprünglich homogene Streuungstextur an zahlreichen Stellen aufgesprengt wird (Frey-Wyssling und Stecher 1951; Stecher 1952). Dies geschieht offenbar durch lokal vermehrtes Plasmawachstum, so daß die bereits gebildeten Mikrofibrillen auseinander geschoben werden (Abb. 49). Charakteristisch für diesen Differenzierungsprozeß ist das Auftreten stark gekrümmter Mikrofibrillen. Da die Cellulose in der peripheren Wandbildungsschicht des Cytoplasmas entsteht, kann die Oberfläche des Plasmas an solchen Stellen nicht eben sein, sondern sie muß Auswüchse mit im Tangentialschnitt runden Formen aufweisen. Die durch einen solchen Buckel weggeschobenen Mikrofibrillen werden dann durch zirkular verlaufende Fibrillen ergänzt (Abb. 49). Das Cytoplasma der wachsenden Zellen sucht auf diese Weise Kontakt mit dem Cytoplasma der Nachbarzellen. Kann dieser aus irgendeinem

Tafel IV

Differenzierung der einfachen Tüpfel im Rindenparenchym der Maiskeimwurzel

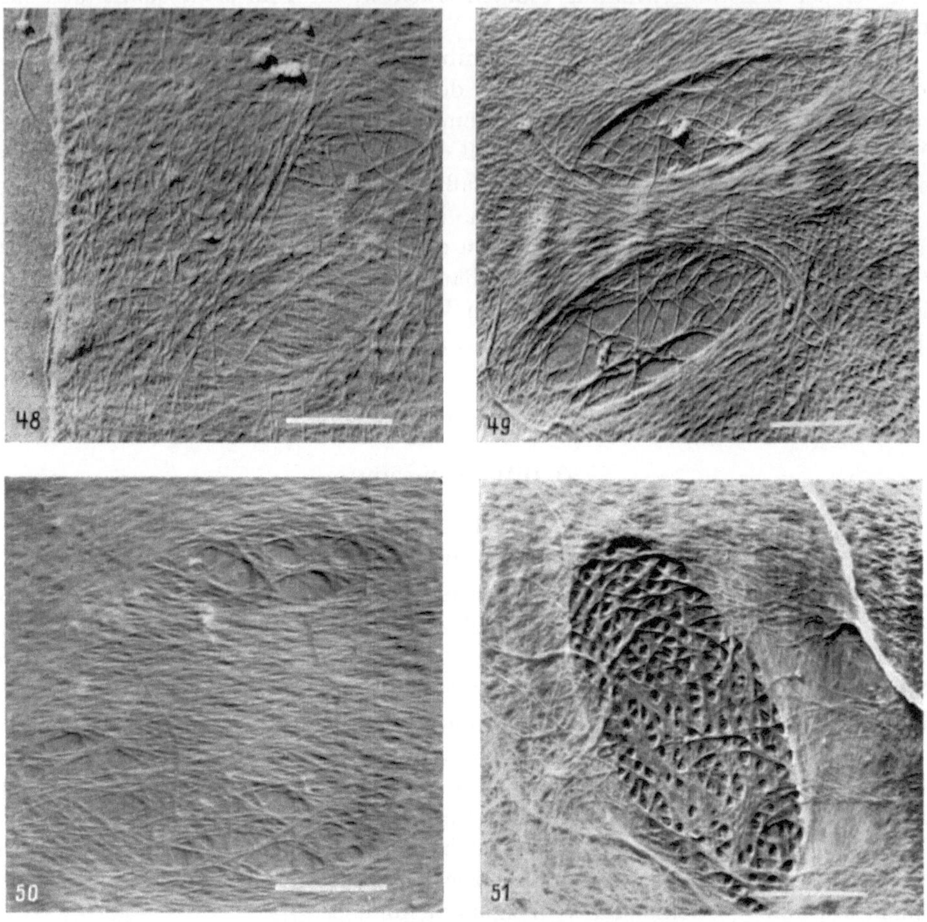

Abb. 48. Beginn der Tüpfeldifferenzierung durch Auflockerung. Umordnung des zuerst niedergelegten Fibrillengeflechtes durch das Streckungswachstum. (STECHER 1952).

Abb. 49. Die Tüpfelfelder werden beim Dickenwachstum der Zellwand offengehalten. Durch Wegschieben und Raffung der Mikrofibrillen entsteht ein Randwulst. (STECHER 1952)

Abb. 50. Ausgestaltung der Plasmodesmenfelder. (FREY-WYSSLING und STECHER 1951)

Abb. 51. Ausdifferenzierter Tüpfel. (MÜHLETHALER 1950a)

Grunde nicht hergestellt werden, bilden sich neue Fibrillenlamellen über der Tüpfelanlage, so daß sie nach und nach zuwächst.

Normalerweise entsteht aus einem solchen primären Tüpfelfeld die Schließhaut eines einfachen Tüpfels. Manchmal ist die Aufsprengung des ursprünglichen Fibrillengeflechtes derart (Abb. 50), daß erst spätere, über diese Öffnung gelegte Primärwandlamellen für die Differenzierung der Schließhaut verwendet werden. Man beobachtet, wie aus der umliegenden Streuungstextur in das Tüpfelfeld hineinlaufende Mikrofibrillen dort vom Cytoplasma zu gröberen Strängen gerafft werden, so daß Poren in der Primärwand entstehen. Durch diese als *Plasmodesmen* bezeichneten Kanälchen kommuniziert das Cytoplasma mit dem Zellinhalt der Nachbarzelle. Die Porenwände werden durch von der Oberfläche des Plasmastranges gebildete Zirkularfibrillen verstärkt, so daß schließlich ein ästhetisch außerordentlich ansprechendes Maßwerk von verbänderten Mikrofibrillensträngen entsteht (Abb. 51, MÜHLETHALER 1950 a).

Die Anzahl der Tüpfelanlagen wird während der Zellstreckung und der weiteren Zelldifferenzierung nicht vermehrt (WARDROP 1955; SCOTT, HAMNER, BALSER und BOWLER 1956; WILSON 1957); das Tüpfelmuster der ausgewachsenen Zelle ist also schon im allerfrühesten Meristemalter mit dem Beginn des Zellwachstums bereits vollständig bestimmt (Abb. 52).

Die beschriebene Differenzierung einfacher Tüpfel bezieht sich auf die Längswände sich streckender Zellen (Abb. 52). Auf deren Querwänden, die kein wesentliches Flächenwachstum aufweisen, beobachtet man dagegen keine Aussparungen, sondern entweder einzelne zerstreute Plasmodesmen (FREY-WYSSLING und MÜLLER 1957) oder dann Plasmodesmengruppen (Abb. 58), die später von der Sekundärwand als Schließhäute umwachsen werden.

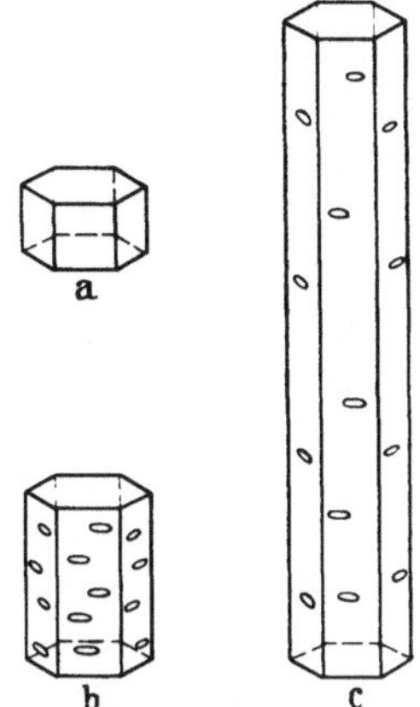

Abb. 52a—c. Schematische Darstellung des Streckungswachstums einer getüpfelten Zelle. Zelle a vor, b nach der Differenzierung der Tüpfel; c nach der Zellstreckung

Es ist anzunehmen, daß die Matrix der Mittellamelle, die die beiden Zellen ursprünglich voneinander trennt, in den Tüpfelkanälen aufgelöst wird, denn die Schließhaut wird von den beiden benachbarten Cytoplasten in harmonischer gemeinsamer Arbeit aufgebaut, so daß ein direkter Plasmakontakt als gegeben erscheint. Da alle aktiven Zellen durch solche Plasmodesmen miteinander in offener plasmatischer Verbindung stehen, wird die Gesamtheit aller lebenden Protoplasten in der Pflanze als *Symplast* bezeichnet. Weil in menschlichen Epithelien die mikroskopisch sichtbaren plasmatischen Zellbrücken im Elektronenmikroskop durch eine 100—200 A breite submikroskopische Intercellularfuge unterbrochen sind (VOGEL 1958), scheint es wahrscheinlich, daß auch bei den pflanzlichen Plasmodesmen keine Plasmaverschmelzung stattfindet.

In den großen Fenstertüpfeln des Markstrahlparenchyms der Gattung *Pinus* (FREY-WYSSLING, BOSSHARD und MÜHLETHALER 1956) und in den Schlitztüpfeln der Leitertracheiden der Farne (EIKE 1956) weist die Schließhaut keine besonders differenzierten Plasmodesmenporen auf, sondern sie zeigt das regelmäßige Geflecht einer Primärwand mit Streuungstextur.

Hoftüpfel

Dem Symplasten wird die Gesamtheit aller plasmafreien Zellen mit passiver Wasserleitungsfunktion als *Apoplast* gegenübergestellt (MÜNCH 1930). Während die Zellen des Symplasten durch einfache Tüpfel miteinander verbunden sind, geschieht dies im Apoplasten meistens durch Hoftüpfel.

Auf dem Längsschnitt (Abb. 53) zeigen die Hoftüpfel eine weitgespannte Schließhaut, deren Primärwände im Zentrum zu einem Kissen (Torus) verdickt sind; ihr durchlässiger Rand wird als Margo bezeichnet. Die Sekundärwände überwachsen dieses Tüpfelfeld seitlich als Randwülste, bis nur noch eine enge Öffnung (Porus) übrigbleibt. Den Raum unter der Pore nennt man Tüpfelkammer. Hinsichtlich der Funktion der Hoftüpfel nimmt man an, daß sie eine Art Ventilwirkung zur Regulierung der Wasserleitung ausüben. Es läßt sich experimentell nachweisen, daß bei einseitigem Druck die große Schließhaut gegen den Porus auf der Seite des Unterdruckes gepreßt wird, wobei der Torus die Tüpfelöffnung verschließt (z. B. BAILEY 1916).

Der Margo erscheint radial gestreift (RUSSOW 1883); er ist porös, denn er läßt nicht nur leicht Wasser-, sondern auch Tusche- (BAILEY 1916, FRENZEL 1929) und Titanoxydteilchen (LIESE und JOHANN 1954b) von 150 mμ Durchmesser durchtreten.

Ontogenetisch sind die Tüpfelfelder der künftigen Hoftüpfel der Coniferentracheiden schon im Cambium nachweisbar (SANIO 1873). Bei ihrer Ausweitung können in den benachbarten Partien der Primärwand die parallel texturierten, mikroskopisch sichtbaren Querbarren oder „Crassulae“ gebildet werden (s. S. 89). Im Elektronenmikroskop sieht man, wie gröbere, durch Verbänderung entstandene Stränge die Anlage der von SANIO als Primordialtüpfel bezeichneten Felder durchziehen (Abb. 54). Da diese von Plasmodesmen durchquert werden, liegt die Vermutung nahe, daß die Mikrofibrillen der ursprünglichen Primärwand durch das Plasma zu diesen verbänderten Strängen vereinigt worden sind. In einem späteren Stadium erscheint der Torus mit zirkular verlaufenden Mikrofibrillen und wird durch gebündelte Haltefäden mit der homogen texturierten umliegenden Primärwand verbunden (Abb. 55). Man erhält den Eindruck, daß am Rande des Torus Mikrofibrillen zusammengeschoben worden sind. Sicher gilt dies für die Haltefäden, die an ihren inneren und äußeren Enden in Mikrofibrillen auffasern, welche am Aufbau der Torus- und der äußeren Primärwandtextur teilnehmen (FREY-WYSSLING, BOSSHARD und MÜHLETHALER 1956). Offenbar können nur Mikrofibrillen, die ungefähr radial verlaufen, miteinander zu Strängen verbändert werden, während solche, die annähernd tangential gerichtet sind, von diesem Prozesse nicht erfaßt werden und später die Haltefäden als dünne Querspangen verbinden (Abb. 55a, b).

Während die Schließhaut auf diese Weise differenziert und der Torus durch die Auflagerung weiterer zirkular verlaufender Mikrofibrillen verdickt wird, überdacht die Sekundärwand das Tüpfelfeld wie eine sich schließende Iris (Abb. 53). Dies geschieht durch Randwachstum, d. h. durch stetige Anlagerung zirkular gerichteter Mikrofibrillen. Die Wandbildungsschicht oder Tertiärlamelle überzieht den Randwulst außen und innen, so daß er also während des Wachstums beidseitig von Cytoplasma umgeben ist. Wenn die Wandbildungsschicht nach dem Abschluß des Tüpfelwachstums abstirbt, hinterläßt sie in vielen

Fällen, namentlich auf der Innenseite des Randwulstes, die für die Tertiärlamelle charakteristische Warzenschicht (Abb. 24, S. 29). Bei den Gattungen *Abies*, *Picea* und *Larix* fehlen diese Warzen (LIESE und HARTMANN-FAHNENBROCK 1953). In der Gattung *Pinus* ist die Anzahl je Flächeneinheit und die Größe dieser Warzen artspezifisch, so daß das submikroskopische Warzenmuster der Hoftüpfel zur Holzbestimmung herangezogen werden kann (FREY-WYSSLING, MÜHLETHALER und BOSSHARD 1955/56).

Über den Feinbau der Schließhaut hat sich eine Kontroverse ergeben, weil die Querspangen von Abb. 55 in gewissen Fällen sichtbar sind, während sie in anderen Objekten fehlen (LIESE und FAHNENBROCK 1952; EICKE 1954). Eine genauere Prüfung zeigt, daß die Unterteilung der Schlitze zwischen den Radialspangen während der Ontogenese vorhanden ist; früher oder später können die Querspangen jedoch teilweise oder ganz verschwinden. Der Nachweis ihrer Gegenwart in jungen Tracheiden ist deshalb wichtig, weil die Poren zwischen den Radialspangen so groß sind, daß sich der von den Anatomen aufgestellte prinzipielle Unterschied von Tracheiden ohne und Gefäßen mit Wanddurchbrechungen verwischen würde. Wie Abb. 56 zeigt, sind indessen die „Poren" der Hoftüpfel submikroskopisch, während jene der Gefäße mikroskopische bis makroskopische Abmessungen erreichen. Hieraus erklärt sich die im Vergleich zum Nadelholz 10mal größere Steiggeschwindigkeit des Wassers im Laubholz.

Eine weitere Unstimmigkeit über die Durchlässigkeit der Hoftüpfel ist durch Beobachtungen von Poren im Torus entstanden (DALITZ 1953, STEMSRUD 1956). Es kann indessen gezeigt werden, daß es sich dabei um durch die Bestrahlung im Elektronenmikroskop verursachte Artefakte handelt (JAYME und HUNGER 1955; FREY-WYSSLING, MÜHLETHALER und MOOR 1956).

Zwischen benachbarten Gefäßen kommen auch bei Laubhölzern vielfach Hoftüpfel vor (z. B. bei *Fagus* und *Populus*); diese unterscheiden sich von jenen der Nadelhölzer durch ungegliederte Schließhäute mit Primärwand-Streuungstextur ohne Torus und Margo (LIESE 1957 b).

Plasmodesmen

Die als Plasmodesmen bezeichneten Zellverbindungen sind ursprünglich nicht in den Primärwänden, sondern zuerst in den Sekundärwänden beobachtet worden, wo sie TANGL (1879) in den äußerst dickwandigen Endospermzellen der Samen von *Strychnos*, *Areca* und *Phoenix* entdeckt hat. Es handelt sich dabei um feinste, an der Auflösungsgrenze des Lichtmikroskops liegende Kanälchen, welche die als Reservestoff dienende und daher bei der Keimung enzymatisch mobilisierte Sekundärwand unverzweigt radial durchziehen. Sie sind meistens nur nach geeigneter Färbung sichtbar (Abb. 57a).

Klare Bilder ergeben nach CRAFTS (1931) Anilinblau oder nach SCHUMACHER und HALBSGUTH (1938) die allerdings nicht leicht zu handhabende, von A. MEYER (1897) eingeführte Pyoktaninfärbung (ein Methylviolett, wie Anilinblau aus der Gruppe der basischen Triphenylfarbstoffe). Bei der Verquellung der Zellwände mit Jod-Schwefelsäure treten die Plasmodesmen als braune Striche in Erscheinung (s. MÜHLDORF 1937). Das Versilberungsverfahren nach PFEIFFER-WELLHEIM (1924) hat sich nicht in allen Fällen als geeignet erwiesen; dagegen liefert

Formwechsel

Tafel V a

Differenzierung der Hoftüpfel einer sekundären Tracheide von *Pinus silvestris* und *Abies alba*. (FREY-WYSSLING, BOSSHARD und MÜHLETHALER 1956)

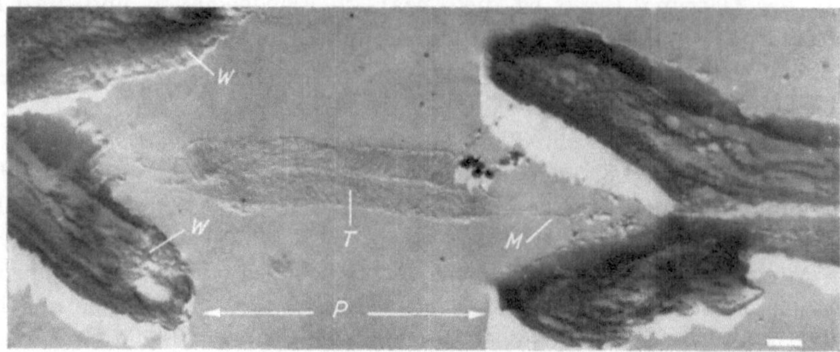

Abb. 53

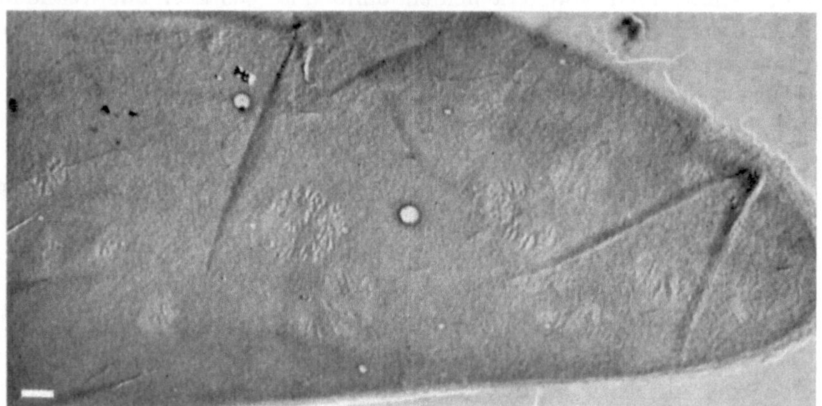

Abb. 54

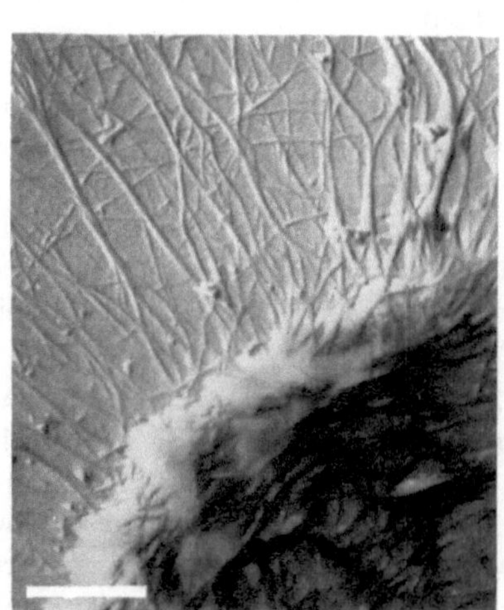

Abb. 55 a

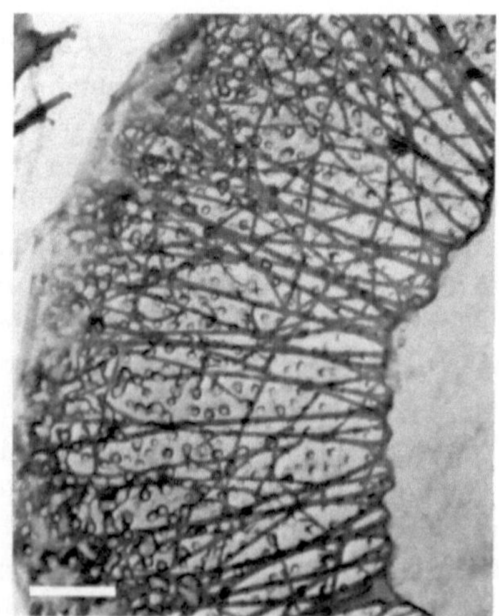

Abb. 55 b

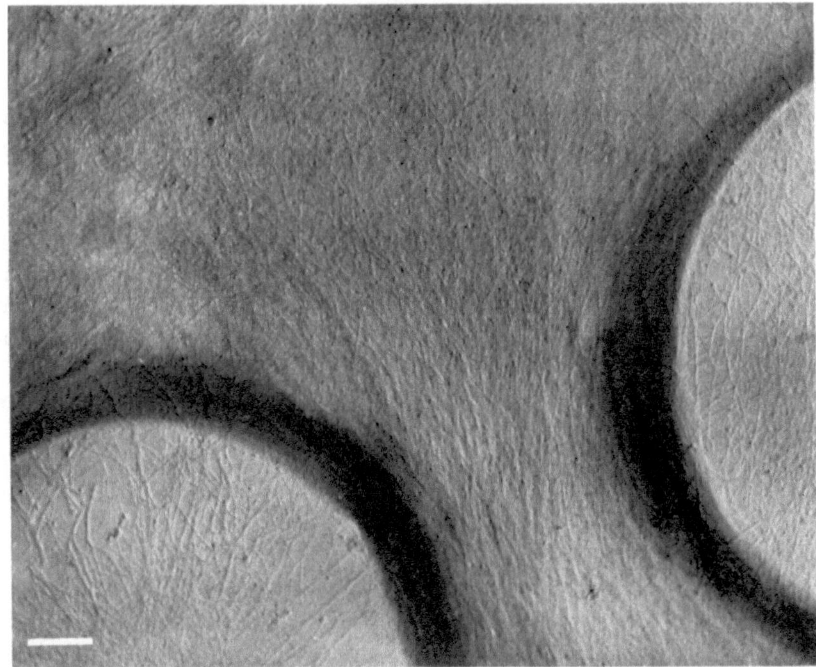

Abb. 56 a

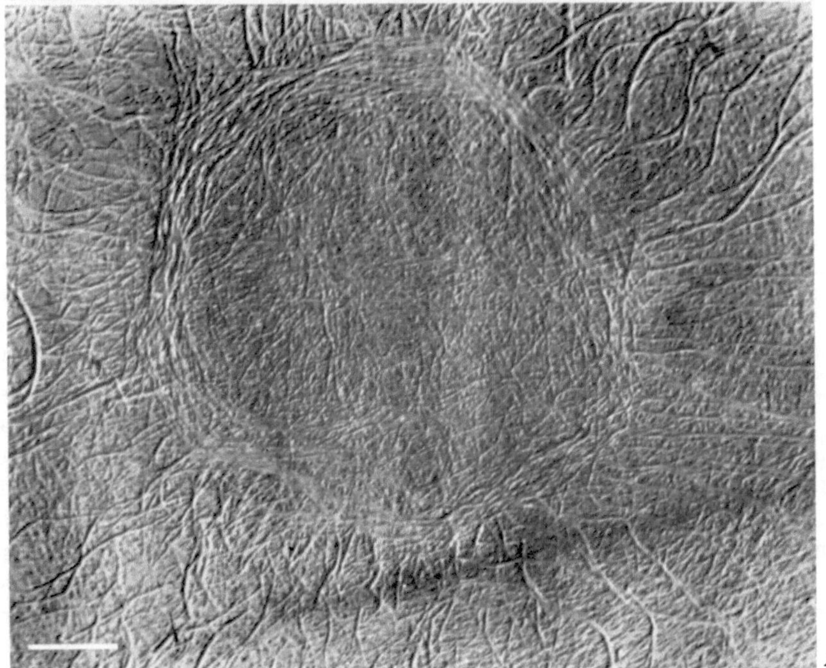

Abb. 56 b

Abb. 53. Längsschnitt durch einen unfertigen Hoftüpfel *(Abies alba)* mit weitem Porus *P*; *M* Margo (Schließhaut); *T* Torus, *W* wachsender Randwulst

Abb. 54. Anlage der Hoftüpfel in der Spitze einer primären Tracheide *(Pinus silvestris)*

Abb. 55 a u. b. a Ausdifferenzierte Schließhaut; Torus mit Zirkulartextur *(Abies alba)*. b Schließhaut eines Hoftüpfels aus einer 6jährigen Tracheide *(Abies alba)*, liegt auf der warzigen Innenwand des Randwulstes (vgl. Abb. 24, S. 29)

Abb. 56 a u. b. a Zwei benachbarte Hoftüpfel einer sekundären Tracheide *(Pinus silvestris)*. Rechts ursprüngliche Streuungstextur der Tüpfelschließhaut, links beginnende Differenzierung der Haltefäden. Beginnendes Wachstum des Randwulstes. b Differenzierung des Torus *(Pinus silvestris)*

die Quecksilberfärbung mit sublimathaltigem Gilson-Gemisch erstaunliche Ergebnisse (LAMBERTZ 1954).

Wie der von STRASBURGER (1882) geprägte Name sagt, werden die Plasmodesmen als Plasmabrücken betrachtet, die benachbarte Zellen miteinander verbinden (PFEFFER 1885, STRASBURGER 1901). Während ihre plasmatische Natur in den Primärwänden unbestritten ist, wurde sie hinsichtlich der dicken Sekundärwände verschiedentlich angezweifelt, so z. B. von JUNGERS (1930, 1933). Das Plasmodesmenbild der dickwandigen Samenendosperme erinnert nämlich nach Form und Anordnung an die Spindelfigur der Mitose, so daß die Vermutung aufgekommen ist, es handle sich um von der Kernteilung her zurückgebliebene Spindelfasern, die beim raschen Membranwachstum in die Sekundärwand eingeschlossen worden seien. MÜHLDORF (1937), LIVINGSTON (1935) und MEEUSE (1941 a, b) verfechten dagegen mit Recht die klassische Auffassung. Zu dieser Streitfrage, die wohl so alt ist wie die Entdeckung der Plasmodesmen, wäre zu bemerken, daß es tatsächlich noch niemandem gelungen ist, lebendes Plasma in den Plasmodesmenkanälchen von Sekundärwänden festzustellen. Selbst MÜHLDORF (1937) muß zugeben, daß es nicht möglich ist, Plasmaeiweiß mikrochemisch nachzuweisen oder den Plasmodesmeninhalt sekundärer Wände durch proteinverdauende Fermente aufzulösen. Auch spricht der geringe Stickstoffgehalt der Zellwände (z. B. im Holz) gegen einen Eiweißgehalt ausgewachsener Membranen. Man geht daher wohl nicht fehl, wenn man den Inhalt der Sekundär-Plasmodesmen als denaturiertes Plasma betrachtet, das wie die zur Tertiärlamelle gewordene ursprünglich ebenfalls plasmareiche Wandbildungsschicht seinen Stickstoffgehalt weitgehend verloren hat.

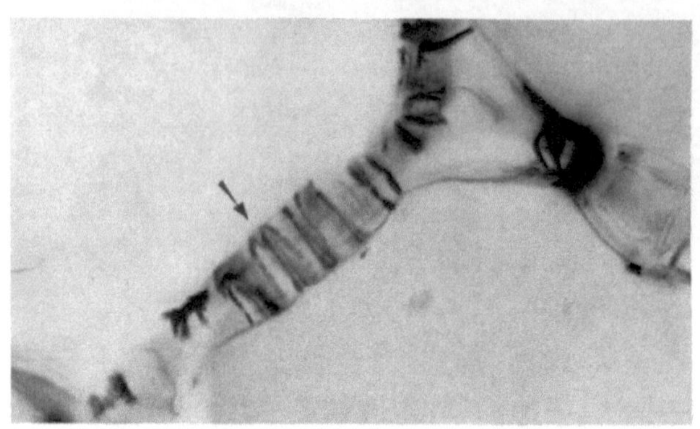

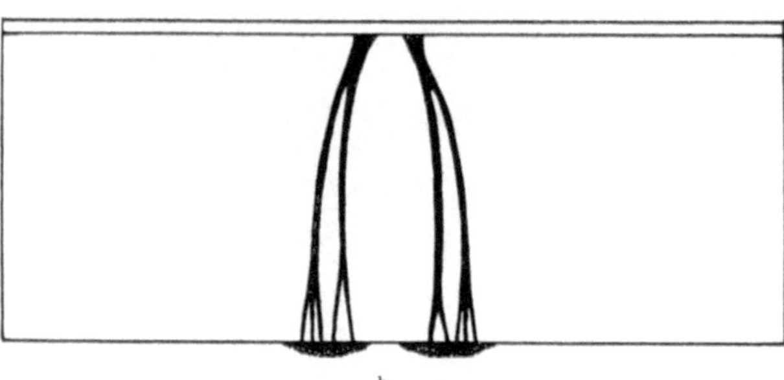

Abb. 57 a u. b. Plasmodesmen nach Quecksilberfärbung (LAMBERTZ 1954). a Innenwandplasmodesmen zwischen Parenchymzellen der Blattmittelrippe von *Primula pulverulenta*. b Außenwandplasmodesmen. durchstoßen die Außenwand der Epidermis bis unter die Cuticula

Ein besonderes Interesse beanspruchen die an blinde Tüpfel (AMBRONN 1884) erinnernden Plasmodesmen in den Außenwänden von Epidermen (SCHUMACHER und HALBSGUTH 1938). Sie stoßen durch die ganze Sekundärwand vor und endigen blind unter der Cuticula (Abb. 57 b). Die Schwierigkeit ihres Nachweises hat zur

Entdeckung geführt, daß diese Epidermisplasmodesmen offenbar am Tage aus der Wand zurückgezogen und dann nächtlich rhizopodienartig wieder in die Außenwand hinausgetrieben werden (LAMBERTZ 1954). Trotzdem die tagesrhythmische Periodizität dieses Plasmodesmenauf- und -abbaus im Lichtmikroskop eindrücklich demonstriert werden kann, ist es bis jetzt nicht gelungen, die fraglichen Kanälchen im Elektronenmikroskop überzeugend nachzuweisen (SCHUMACHER 1957). Das gleiche Epidermenmaterial, das mit der Quecksilberfärbung Plasmodesmen zeigt, erweist sich im Elektronenmikroskop völlig porenfrei (LAMBERTZ unveröffentlich). Einen ähnlichen Mißerfolg erzielten wir beim Versuche, die von NIEUWENHUIS-V. UEXKÜLL (1914) gesehenen feinen Sekretionskanälchen durch die Sekundärwände dickwandiger Euphorbiaceen-Nektarien im Elektronenmikroskop nachzuweisen. Worauf diese Diskrepanz beruht, konnte bisher noch nicht abgeklärt werden; eine Möglichkeit könnte darin bestehen, daß die vollständige Austrocknung der Präparate im Vakuum eine Schließung dieser Kanälchen bewirkt.

Dann müßten freilich die Plasmodesmen der Sekundärwände anders gebaut sein als jene der Primärwände, wo sie nicht nur in Tüpfelschließhäuten (Abb. 51), sondern auch verteilt über ganze Wandfacetten (Abb. 58) und in den Querwänden gegliederter Haare (ROELOFSEN und HOUWINK 1951) gefunden worden sind. In allen diesen Fällen treten tangential um die Plasmodesmenöffnung verlaufende Mikrofibrillen auf. Wenn dies auch in Sekundärwänden der Fall wäre, müßten die Kanälchen im Elektronenmikroskop darstellbar sein. Man darf daher vermuten, daß die Plasmodesmen der Sekundärwand nicht durch zirkular verlaufende Tangentialfibrillen ausgekleidet sind.

Während die klassische Cytologie Mühe hatte, Primärwand-Plasmodesmen nachzuweisen und deren Gegenwart indirekt aus den auffallenden Bildern der Sekundärwand-Plasmodesmen ableitete, ist die Sachlage heute gerade umgekehrt. Die Elektronenmikroskopie vermag die Poren der Plasmaverbindungen in den Primärwänden mit aller gewünschten Deutlichkeit prachtvoll abzubilden (Abb. 51, 58) und dadurch die klassische Deutung der Plasmodesmen zu beweisen, während ihr umgekehrt die im Lichtmikroskop nachgewiesenen Sekundärwandkanälchen zur Zeit noch entgehen.

Zellfusionen

Sollen benachbarte Zellen in offene Verbindung miteinander treten, d. h. durch größere Öffnungen als durch die submikroskopischen Poren der Plasmodesmen miteinander kommunizieren, müssen Teile der ursprünglichen Zellwand aufgelöst werden. Solche Zellfusionen treten auf, wenn behäutete Gameten einander befruchten sollen (Zygnemales, Mucoraceen), wenn die Gefäßglieder im sekundären Xylem der Angiospermen miteinander zu offenen Gefäßen verschmelzen, wobei die Querwände aufquellen, bevor sie in Lösung gehen (ESAU 1936); ferner im Phloem bei der Bildung der Siebporen in den Siebplatten und schließlich bei der Entstehung der gegliederten Milchröhren. Nach MILANEZ (1952) sollen auch beim Spitzenwachstum der ungegliederten Milchröhren dauernd Zellverschmelzungen stattfinden; bei den Milchröhren von *Euphorbia splendens* trifft dies jedoch keineswegs zu (MOOR 1956). Diese Aufzählung zeigt,

Tafel VI
Zellwanddifferenzierung

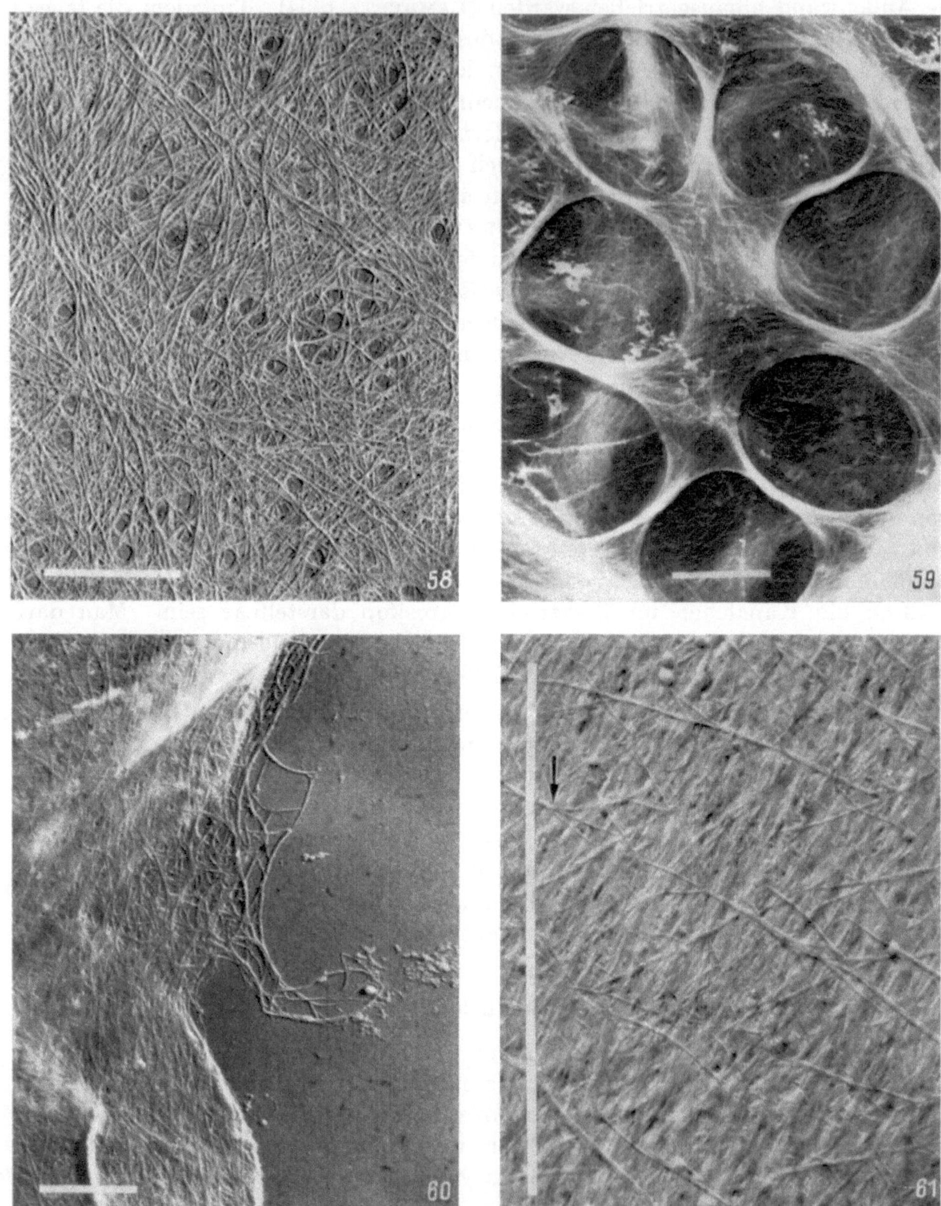

Abb. 58. Plasmodesmen im Phloemparenchym des Kürbisses *(Cucurbita Pepo)*

Abb. 59. Junge Siebplatte des Kürbisses. In der oberen Zellwand des Präparates sind die Siebporen ausdifferenziert, in der unteren, die durch die Maceration um etwa 1 μ nach links verschoben ist, dagegen noch nicht. (FREY-WYSSLING und MÜLLER 1957)

Abb. 60. Frisch geteilte Parenchymzelle in 3 mm langer Hafercoleoptile; die ursprüngliche Primärwand der Mutterzelle wird zerrissen. (FREY-WYSSLING und MÜHLETHALER 1951 b)

Abb. 61. Fibrillen in der Primärwand der Milchröhren von *Euphorbia splendens.* ↓ Aufspaltung der Mikrofibrillen in Elementarfibrillen (phot. H. MOOR)

daß Zellfusion bei pflanzlichen Objekten nur in besonderen Fällen auftritt und daher eine relativ seltene Erscheinung ist.

Die Untersuchung im Elektronenmikroskop ergibt, daß bei solchen lokalen Zellwandauflösungen das Cytoplasma ähnlich vorgeht wie bei der Bildung der Tüpfelfelder in der Primärwand. Man beobachtet, wie die Cellulosemikrofibrillen weggeschoben und am Rande der zukünftigen Perforation zu einem Ring angehäuft und aufgestaut werden. Solche Bilder treten bei den Gefäßfusionen und bei der Bildung der Siebplatten (Abb. 59) auf. Die Mikrofibrillen der Primärwand werden offenbar mechanisch entfernt, und nur die übrigbleibende Matrix verfällt der Auflösung, worauf die Protoplasten der beiden Nachbarzellen einander berühren und die entstandene Pore durch einen Plasmapfropfen ausfüllen (HEPTON, PRESTON und RIPLEY 1955).

Während die pflanzlichen Zellen über verschiedene Fermente verfügen, um Pektinstoffe, d. h. also die Zellwandmatrix, abzubauen, scheint keine Cellulase (s. S. 124) für den Abbau der Cellulose vorhanden zu sein. Man hat den Eindruck, daß einmal gebildete Cellulosemikrofibrillen erhalten bleiben. Dies geht auch aus Abb. 60 hervor, wo die Primärwand einer sich teilenden Zelle durch das Wachstum der beiden Tochterzellen zerrissen erscheint, ohne daß die auseinandergerissenen, nutzlos gewordenen Mikrofibrillen aufgelöst würden.

Die geschilderten Zellwanddurchbrechungen sind interessant, weil sie, wie die Tüpfelfelder, bei der Erstanlage der Primärwand in der Zellplatte gewissermaßen nicht „vorgesehen" sind, sondern erst nachträglich durch Differenzierung in der homogen angelegten Meristemzellwand entstehen. Dabei bedient sich die Morphogenese mechanischer Mittel, um die vorhandenen Mikrofibrillen der Gerüstsubstanz zu entfernen, und fermentchemischer Methoden, um die Pektinstoffe der Matrix aufzulösen.

Zellwandauflösung

Man darf den Satz aufstellen, daß bei den höheren Pflanzen einmal gebildete Zellwände im allgemeinen erhalten bleiben. Hierfür sprechen die Seltenheit von Zellfusionen, die Rudimente zerrissener Protoxylemelemente in ausgewachsenen Stengeln und die Erhaltung des physiologisch entbehrlichen Kernholzes der Bäume. Die autotrophe Pflanze ist in der Regel mit Kohlenhydraten so reichlich versehen, daß die in den Wänden funktionslos gewordener Zellen investierten Membranstoffe nicht hydrolysiert und in den Stoffwechsel zurückgeführt werden, wie dies beim dauernden Umbau der Gerüstsubstanzen der höheren Tiere geschieht.

Trotzdem gibt es im normalen und pathologischen Stoffwechsel gewisse Fälle, wo vorhandene Zellwände teilweise abgebaut oder sogar ganze Gewebe zerstört werden.

In den Samen, in deren Endosperm die Reservestoffe als Mannane oder Galaktane in der Zellwand abgelagert sind, werden bei der Keimung die Sekundärwände aufgelöst, so daß nur die Mittelschicht aus Primärwand und Mittellamelle erhalten bleibt.

Umgekehrt wird beim Reifen vieler Früchte das Pektin der Mittellamellen abgebaut, worauf das Perikarp weich wird, da die Zellen gegeneinander verschiebbar werden. Besonders ausgeprägt erscheint dieser Gewebezerfall im

saftigen Fruchtfleisch der Beeren vieler Solanaceen, ferner bei *Sambucus,*
Symphoricarpus, Phytolacca, Convallaria u. a. Es kann bis zum völligen Schwunde
der Mittellamellen kommen, so daß die Zellen zu einem Brei auseinanderfallen.
Da in reifen Früchten pektinabbauende Fermente auftreten (SLOEP 1928, ROE-
LOFSEN 1954), handelt es sich offenbar um eine enzymatische Aufhebung des
Gewebeverbandes.

In gewissen Fällen wird jedoch nicht nur die Mittellamelle, sondern die ganze
Zellwand aufgelöst, so daß nackte Protoplasten, sog. Gymnoplasten, meist mit
großen anthocyanhaltigen Vacuolen im Safte des Perikarps herumliegen (KÜSTER
1927). Die seltene Gelegenheit, in reifen Beeren auf natürliche Weise macerierte
oder gar hüllenlose Zellen höherer Pflanzen zur Verfügung zu haben, ist in der
Cytologie verschiedentlich ausgenützt worden (z. B. CHODAT 1920, S. 14; WEBER
1936). Ähnliche Zellwandauflösungen, die zu nackten Plasmamassen, sog.
„Periplasmodien" führen, sind im Tapetum vieler Sporangien festgestellt worden
(HANNIG 1911, SCHÜRHOFF 1924, TISCHLER 1934, S. 428ff.). Die von VAN TIEG-
HEM und DOULIOT (1888) vertretene Meinung, daß die Wurzelspitze der endogen
entstandenen Seitenwurzeln bei der Durchbrechung der primären Rinde ebenfalls
Zellwände verdaue („poche digestive"), hat sich indessen als unrichtig erwiesen
(LENZ 1911). Was bei der Zellwandauflösung oder -verdauung mit den cellu-
losischen Mikrofibrillen geschieht, ist noch in keinem der oben erwähnten Bei-
spiele elektronenmikroskopisch verfolgt worden.

Die auffallendsten Gewebeeinschmelzungen, bei denen eine umfassende
Cytolyse Zellhaut und Zellinhalt vollständig zum Verschwinden bringt, finden
bei der Bildung der lysigenen Exkretbehälter statt. Was mit den abgebauten
Membranstoffen geschieht, ist nicht bekannt. Bei der pathologischen Cytolyse,
wie sie bei der Gummosis der *Prunus*-Arten und anderer Bäume bekanntgeworden ist, werden die eingeschmolzenen Gewebestoffe in Gummi verwandelt.
Nach TSCHIRCH und NOTTBERG (1897) wäre auch die Bildung der Harztaschen
der Abietineen ein ähnlicher Vorgang, wobei die Hydrolyseprodukte der Zellwände in Terpene umgewandelt werden sollen. Diese Auffassung ist jedoch
abzulehnen, denn die Entstehung der Harztaschen ist die Folge einer Windriß-
bildung im Cambium, worauf in den Spalten, wo die Cambiumzellen in Kontakt
mit den aus den geborstenen Harzgängen stammenden Terpenen treten, ein
inneres Wundgewebe gebildet wird (FREY-WYSSLING 1938c).

b) Wachstum

Typen des Zellwandwachstums

Die Zelldifferenzierung ist stets mit einem Wachstum der Zellwand verbunden. Die Koppelung dieser beiden Vorgänge ist so eng, daß sie nicht ohne
Willkür gesondert betrachtet und beschrieben werden können. Wenn sie in
dieser Monographie trotzdem in zwei verschiedenen Kapiteln zur Sprache
kommen, geschieht es lediglich, um diesen Fragenkomplex, der durch die neueren
Untersuchungsmethoden unübersehbar angeschwollen ist, etwas zu gliedern.
Aber es ist unumgänglich, daß bei der Behandlung des Wachstums stets wieder
auf die Differenzierung verwiesen wird. So lassen sich die verschiedenen von
den Morphologen aufgestellten Wachstumstypen der Zellwand (SCHOCH-BODMER

und HUBER 1946) am besten aus dem Differenzierungsgeschehen im Cambium der Laubhölzer (FREY-WYSSLING 1957) ableiten.

Die von den spindelförmigen Initialen des Laubholzcambiums abgespaltenen Xylemzellen können je nach ihrer späteren Funktion zu Holzparenchymzellen, Gefäßgliedern oder Holzfasern heranwachsen. Die Holzparenchymzellen werden mit einfachen Tüpfeln ausgestattet; sie bleiben viele Jahre lebend und sind befähigt, Stärke zu speichern, so daß sie zum Speichergewebe gerechnet werden. Die Gefäßglieder dagegen machen eine oft beträchtliche Ausweitung des Umfangs durch und werden meistens mit Hoftüpfeln versehen; die Querwände werden aufgelöst, so daß die übereinanderliegenden Zellen miteinander fusionieren, worauf ihr Zellinhalt abstirbt, was ihre spätere Leitfunktion erleichtert. Die das Festigungsgewebe des Holzkörpers bildenden Holzfasern schließlich strecken sich in Richtung der Sproßachse, erzeugen in der Regel eine sehr dicke Sekundärwand mit oft schiefgestellten und schraubenförmig angeordneten schlitzförmigen Tüpfeln; auch hier stirbt der Zellinhalt nach Abschluß der Wanddifferenzierung ab.

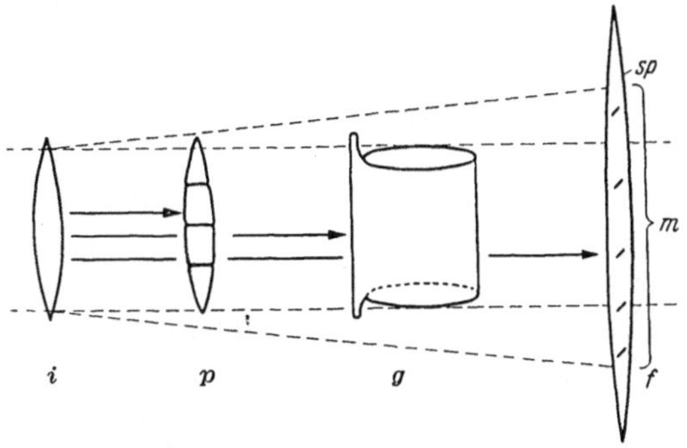

In Abb. 62 sind die mit diesem Differenzierungsgeschehen verbundenen Wachstumsvorgänge schematisch dargestellt: Bei der Entstehung von Holz- oder sog. Strangparenchym wird die Initiale durch Teilungsschritte in mehrere Zellen unterteilt (Abb. 62 *p*). Dieser als *Teilungswachstum* bezeichnete Vorgang führt im vorliegenden Falle allerdings nicht zu einer Volumenvergrößerung, sondern lediglich zu einer Zunahme der Zellenzahl durch die Entstehung neuer Kerne und neuer Zellwände; in der Regel ist das Teilungswachstum jedoch mit einer Volumen- und Trockengewichtszunahme des sich bildenden Zellkomplexes verbunden.

Abb. 62. Differenzierung der Holzgewebezellen aus dem Cambium. *i* Initiale; *p* Holzparenchymzellen (Teilungswachstum); *g* Gefäßglied (Weitenwachstum); *f* Holzfaser: *m* Mittelstück mit Tüpfeln (Streckungswachstum); *sp* Zellspitze ohne Tüpfel (Spitzenwachstum). Längenmaßstab der Zellen verkürzt

Bei der Ausweitung des Zelldurchmessers der Gefäßglieder spricht man von einem Flächen- oder enger gefaßt von einem *Weitenwachstum* der Zellwand. Der zweite Terminus ist vorzuziehen, da bei der Entstehung von Gefäßgliedern eine wesentliche Streckung der Zellen unterbleibt, so daß sie vielfach die ursprüngliche Länge der Cambialzellen beibehalten. Die Spitzen der spindelförmigen Initialen werden von dem auffallenden Weitenwachstum der Längswände nicht erfaßt und bleiben daher als schmale Zellanhängsel erhalten (Abb. 62 *g*).

An der Entstehung der Holz- und namentlich der Bastfasern können zwei verschiedene Wachstumsprozesse beteiligt sein. In erster Linie stellt man ein Auswachsen der Zellspitzen fest. Solches *Spitzenwachstum* kann wie bei Haaren, ungegliederten Milchröhren, Pollenschläuchen und Hyphen einseitig oder wie in Abb. 62 *f* bipolar erfolgen.

Wenn die Fasern beträchtliche Längen erreichen, wie dies namentlich bei Phloemfasern der Fall ist, beobachtet man gleichzeitig mit dem bipolaren Spitzenwachstum eine Streckung des Mittelstückes der Initiale. Dieses *Streckungswachstum* ist der für die rasche Verlängerung von Sprossen und Wurzeln wichtigste Wachstumstypus. Spitzen- und Streckungswachstum können bei auswachsenden Fasern manchmal auseinandergehalten werden, weil oft nur in der Streckungszone Tüpfel zu finden sind, während sie an den zwischen Nachbarzellen eindringenden Spitzen im allgemeinen fehlen (vgl. SCHOCH-BODMER und HUBER 1946).

Neben diesen Wachstumstypen werden in der Literatur noch das *Schraubenwachstum* gewisser Pilzhyphen und Algenzellen sowie ein *extraplasmatisches Zellwachstum* in bestimmten Sonderfällen unterschieden. Die folgende Darstellung soll zeigen, inwieweit die von dieser Systematik erfaßten Wuchsvorgänge als selbständige Wachstumserscheinungen zu gelten haben.

Teilungswachstum

Wie bereits erwähnt, ist Abb. 62 *p* insofern ein schlechtes Beispiel für das Teilungswachstum, als bei der Entstehung der Holzparenchymzellen nach der Mitose keine wesentliche Zellvergrößerung eintritt. In der Regel strecken sich jedoch die beiden Tochterzellen als Folge des Plasmawachstums nach der Teilung, wie dies in den primären Meristemen der Stengel und Wurzeln beobachtet werden kann. Dadurch wird die Primärwand der Mutterzelle, welche die beiden Tochterzellen umgibt (Abb. 63a) gedehnt. Da das Wachstum vor allem senkrecht zur Zellplatte erfolgt, sind es hauptsächlich die Längswände der Mutterzelle, die auf diese Weise gestreckt werden. In Abb. 63a ist dieser Tatsache dadurch Rechnung getragen, daß die Längswände der Mutterzelle gestrichelt gezeichnet sind.

Sobald nun die Zellplatte (Abb. 1) durch ihr peripheres Wachstum die Längswände der Mutterzelle erreicht, umgeben sich die beiden Tochterprotoplasten mit einer eigenen Primärwandlamelle. Diese verklebt mit der durch die Zellstreckung aufgelockerten Primärwand der Mutterzelle. Man findet daher bei solchen Zellen ein oberflächliches weniger dicht und ein inneres dichter geschlagenes Mikrofibrillengeflecht. Ob die neue Primärwand überall gleich dicht ausgebildet wird, ist schwer zu entscheiden; wenn dies der Fall wäre, müßte in Abb. 63a die Zellwand 1 (zwei ungedehnte Lamellen) etwas mächtiger sein als die Zellwand 2 (eine gedehnte und eine ungedehnte Lamelle) und diese wieder stärker als Zellwand 3 (nur eine neu angelegte Lamelle).

Nach einiger Zeit wird die alte Primärwand der Mutterzelle auf der Höhe der neuen Querwand überdehnt und birst bei der Abkugelung der beiden Tochterzellen (FREY-WYSSLING und MÜHLETHALER 1951 b). Das aufgerissene Fibrillengeflecht läßt sich im Elektronenmikroskop gut beobachten (Abb. 60).

Durch die ursprüngliche Zellwand der Mutterzelle werden bei der Gewebemaceration manchmal die beiden oder sogar ganze Gruppen von Tochterzellen zusammengehalten. So verbleiben z. B. bei der Maceration von Ahornholz die radialen Gefäßgruppen in ihrem Verband und verraten dadurch, daß sie ursprünglich durch tangentiale Teilung aus einem gemeinsamen Muttergefäßglied hervorgegangen sind.

Wie Abb. 63a zeigt, führt die Primärwandbildung neu entstandener Zellen bei fortschreitender Teilung zu einer *Einschachtelung* der Protoplasten in immer neue Häute. Die äußersten Primärwandlamellen werden dabei allerdings durch die zunehmende Auflockerung immer mehr „verdünnt" und zum Teil auch aufgerissen, so daß sich diese mehrere Zellen umgebenden Häute im Lichtmikroskop der Beobachtung entziehen.

Wenn indessen die Zellwände vor der Teilung sekundäre Verdickungsschichten bilden, wie dies bei Blaualgen und den fadenförmigen Cladophoraceen vorkommt, so lassen sich solche Einschachtelungssysteme leicht beobachten. Bekannt sind sie vor allem bei den Zellkolonien von *Gloeocapsa* (JAAG 1945) oder bei den Algenfäden von *Chaetomorpha* (NICOLAI und FREY-WYSSLING 1938). Während solche Einschachtelungsbilder früher als Ausnahmen galten, weil ein weiteres Wachstum der in dicke Membranpanzer eingeschlossenen Protoplasten als unmöglich erscheint, muß heute diese Art der Umhäutung neu entstandener Tochterzellen als das Grundprinzip des Teilungswachstums der Zellwände erklärt werden; mit dem Unterschiede allerdings, daß die Primärwände plastisch sind und daher leicht überdehnt und bis zur Unkenntlichkeit ausgezogen werden können.

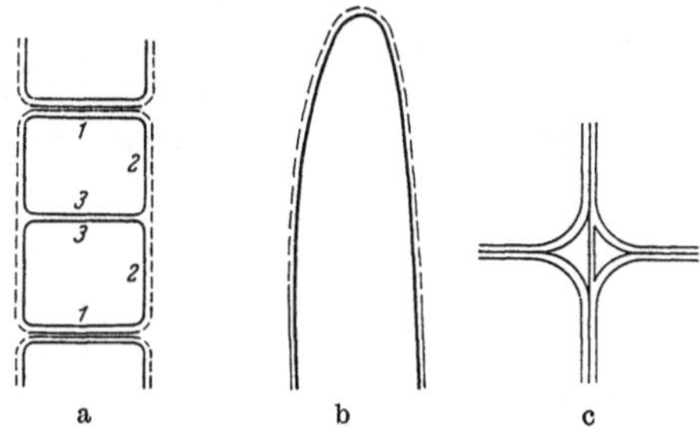

Abb. 63. a Teilungswachstum. *1* Alte Querwand; *2* Längswand; *3* neue Querwand. b Spitzenwachstum. ---- überdehnte Wandlamellen, —— ungedehnte Wandlamellen. c Intercellularenbildung

Tritt die Bildung der Querwand erst ein, nachdem die Längswände der Mutterzelle durch Apposition bereits eine bestimmte Dicke erreicht haben, lassen sich diese bei der anschließenden Zellstreckung nicht zerreißen. Man findet dann bei der durch die Abkugelung der Zellen bedingten Intercellularenbildung den jungen Intercellularenraum, besonders wo vier Zellen aneinander grenzen (MARTENS 1937, 1938), durch ein Septum unterteilt (Abb. 63c).

Weitenwachstum

Das imposanteste Flächenwachstum pflanzlicher Zellwände findet man wohl bei der Alge *Valonia*, die von den behäuteten mikroskopisch kleinen Aplanosporen mit 25 μ Durchmesser zu makroskopischen Coenocytenblasen von über 1 cm Durchmesser heranwachsen. Die Aplanosporen besitzen eine typische Primärwand mit einer Streuungstextur cellulosischer Mikrofibrillen in einer schleimigen Grundsubstanz, die vor der Beobachtung im Elektronenmikroskop durch Maceration entfernt werden muß. Durch die Volumenvergrößerung der seßhaft gewordenen Alge wird die Primärwand gedehnt und das Fibrillengeflecht aufgesprengt (STEWARD und MÜHLETHALER 1953; vgl. auch NICOLAI 1957). Unter dieser geborstenen Lamelle befindet sich bereits wieder eine neue Wand. Auch diese wird überdehnt und wiederum durch eine weitere Haut abgelöst. Im Laufe dieser aufeinanderfolgenden Häutungen werden die Mikrofibrillen der neuen Lamellen immer mehr parallel gelagert, bis schließlich in der heranwachsenden Blase solche mit idealer Paralleltextur entstehen. Die parallel gelagerten

Mikrofibrillen sind 300 A dick (Preston, Nicolai, Reed und Millard 1948)
und stark miteinander nach der Gitterebene (101) (Sponsler 1931) verbändert
(Abb. 21). Die einzelnen Lamellen bestehen aus einer einzigen Mikrofibrillen-
lage und sind daher nach Entfernung der interlamellaren Grundsubstanz submikroskopisch dünn. Wie bereits auf S. 28—30 erwähnt, überkreuzen sich die
Paralleltexturen aufeinanderfolgender Lamellen in drei Richtungen, und zwar
derart, daß sich jede Richtung nach Perioden von drei Lamellen immer wiederholt.
Da Röntgen- und Elektronenbeugungsdiagramme nur zwei von diesen drei
Ausrichtungen verraten, scheinen die Mikrofibrillen der dritten Lamelle wenig
oder schlecht kristallisierte Cellulose zu enthalten (Preston und Ripley 1954).
Nach den Beobachtungen von Wilson (1955) sind die 3 Schichten tatsächlich nicht
gleichwertig; er stellte nämlich fest, daß beim sechsstrahligen Reflexionsschimmer,
der sich bei geeigneter Beleuchtung um den Pol der Coenocyten von *Valonia
ventricosa*, ähnlich dem zweistrahligen Schimmer einer Grammophonplatte,
bemerkbar macht, zwei Strahlen wesentlich schwächer sind als die übrigen
vier Reflexionsstrahlen.

Nachdem die Zellwand von *Valonia* bereits zu einer multilamellaren Sekundärwand mit überkreuzter Paralleltextur geworden ist, kommt das Flächenwachstum der Riesenblasen noch nicht zum Stillstand (Sisson 1941a). Durch
weitere Volumenvergrößerung entstehen in den äußeren Lamellen charakteristische Aufsprengungen der parallel verbänderten Mikrofibrillen (Wilson 1951).
Wenn die Wand eine einheitliche Paralleltextur aufweisen würde, müßten solche
Risse zu Klüften durch die ganze Tiefe der Sekundärwand führen. Das System
überkreuzter Lamellen verhindert jedoch die Bildung derartiger Spalten, indem
es eine Auflockerung der individuellen Lamellen erlaubt, ohne daß lokale Schwächungen der Sekundärwand auftreten. Während die innersten neugebildeten
Lamellen geschlossene Filme aus verbänderten Mikrofibrillen darstellen, werden
gegen außen immer zahlreichere Aufsprengungen wahrgenommen, und die
äußersten Lamellen erscheinen schließlich weitgehend in Einzelfibrillen auf-
geschlitzt (Steward und Mühlethaler 1953, Tafel XV, Fig. 4).

Das Wachstum der *Valonia*-Zellwand besteht daher in einer ständigen Häutung, wobei die jüngsten Membranlamellen stets größer sind als die älteren, so
daß die bereits niedergelegten Mikrofibrillen über eine größere Oberfläche verteilt werden müssen. Die neuen Lamellen entstehen an der Oberfläche des
Protoplasten, der auch für den nötigen „Wachstumsdruck" sorgt, um die äußeren
Lamellen aufzusprengen. An der Erzeugung einer frischen Lamelle muß die ganze
Plasmaoberfläche gleichmäßig beteiligt sein, so daß die Existenz von Plasma-
inseln oder „Plasmaflocken", aus denen die Cellulosemikrofibrillen herauswachsen sollen (Preston 1952b), unwahrscheinlich scheint. Auch die Annahme,
daß Plasmaströme die Cellulosemikrofibrillen in periodisch wechselnden Richtungen parallel orientiert niederlegen (van Iterson 1936a), oder daß das Kristallgitter einer Lamelle richtend auf die Orientierung der Paralleltextur der nächsten
Lamelle einwirke, ist kaum haltbar, da die Mikrofibrillenschichten von 300 A
Durchmesser in einer Matrix, die etwa 10mal dicker ist (2500 A) als sie selber,
mit einem ansehnlichen Abstand von der vorangehenden Lamelle zur Abschei-
dung gelangen. Das morphogenetische Prinzip, nach welchem die sich regel-

mäßig überkreuzenden Fibrillensysteme periodisch geordnet werden, entzieht sich daher vorläufig noch unserem Verständnis.

Als weiteres Beispiel des Weitenwachstums der Zellwände soll die Aufblähung der Cambiumzellen ringporiger Hölzer (Durchmesser 40 μ) zu Gefäßgliedern vom 10fachen Umfang (Durchmesser bis 0,4 mm) genannt werden. Dieses Flächenwachstum ist im Gegensatz zu den Verhältnissen bei *Valonia* mit der Ausdifferenzierung der Zellwand abgeschlossen, denn nur in seltenen Fällen findet man in ausgewachsenen Gefäßgliedern noch lebende Protoplasten (MIA 1953). Das rasche Wachstum und die Ausgestaltung der Gefäßglieder im Frühholz der Esche ist von BOSSHARD (1952) untersucht worden.

Die Cambiumzellen zeigen im Elektronenmikroskop eine einheitliche Streuungstextur (Abb. 64), die nicht erraten läßt, ob Parenchymzellen, Gefäßglieder oder Holzfasern aus ihnen hervorgehen werden. Als erster Differenzierungsschritt werden durch lokale Aufsprengung der Primärwand große Tüpfelfelder angelegt (Abb. 65). Da diese Auflockerungen regelmäßig über die ganze Wand verteilt erfolgen, ergibt sich eine ansehnliche Umfangvergrößerung der Zelle. Die entstehenden fibrillenfreien Felder werden während ihrer Bildung durch eine neue, dem vergrößerten Umfang angepaßte Primärwandlamelle abgedeckt. Darauf beginnt die Niederlegung sekundärer Wandverdickungen mit Paralleltextur in Form von längsverlaufenden Wellenlinien (Abb. 66). Diese berühren sich mit ihren Wellenkämmen und erzeugen so eine rautenförmige Musterung der Zellwand.

Die Rautenfelder stellen die zukünftigen Gefäßtüpfel dar. Bevor diese jedoch endgültig ausdifferenziert werden, erfolgt eine weitere Phase des Weitenwachstums. Man beobachtet nämlich, daß die wellenförmigen Verstärkungsleisten auseinandergedrängt werden, wobei horizontal verlaufende Verbindungsbrücken mit Paralleltextur zwischen den auseinanderweichenden Wellenbergen angelegt werden (→ in Abb. 66). Dabei muß natürlich die künftige Tüpfelschließhaut durch Auflagerung einer weiteren Primärwandlamelle am Aufreißen verhindert werden. Diese Erweiterung des Gefäßgliedes schreitet fort, bis die Querbrücken so lang wie die Seiten der Rauten geworden und die Tüpfelaussparungen von einem Leistensystem regulärer Sechsecke umrahmt sind (Abb. 67). Die Entwicklungsgeschichte eines solchen Netzgefäßes zeigt also, daß die Tüpfel keineswegs „Wanddurchbrechungen" darstellen, sondern daß dünn bleibende Gebiete bei der Anlage der Sekundärwand sorgfältig ausgespart werden. Schon bei der ersten gefelderten Aufsprengung der ursprünglichen Primärwand wird auf dieses Ziel bedacht genommen und systematisch auf die Bildung regelmäßig verteilter durchlässiger Wandstellen, die mechanisch genügend gegen seitlichen Druck verstärkt sind, „hingearbeitet". Die Art der Lenkung dieses morphogenetischen Vorgangs ist uns ebensowenig bekannt wie die gleich rätselhafte Determinierung einer bestimmten Initiale zur Ausbildung eines Gefäßgliedes, während sich eine morphologisch nicht von ihr unterscheidbare Nachbarzelle zu einer Holzfaser entwickelt.

Spitzenwachstum

Das Spitzenwachstum ist eine lokale Flächenvergrößerung der Spitze (Apex) länglicher Zellen. Haare (Baumwollhaar, Wurzelhaare), Pollenschläuche und Hyphen wachsen nach diesem Typus. Da diese Zellen im Kontakt mit der freien

Tafel VII

Weitenwachstum der Gefäßglieder im Eschenholz (BOSSHARD 1952)

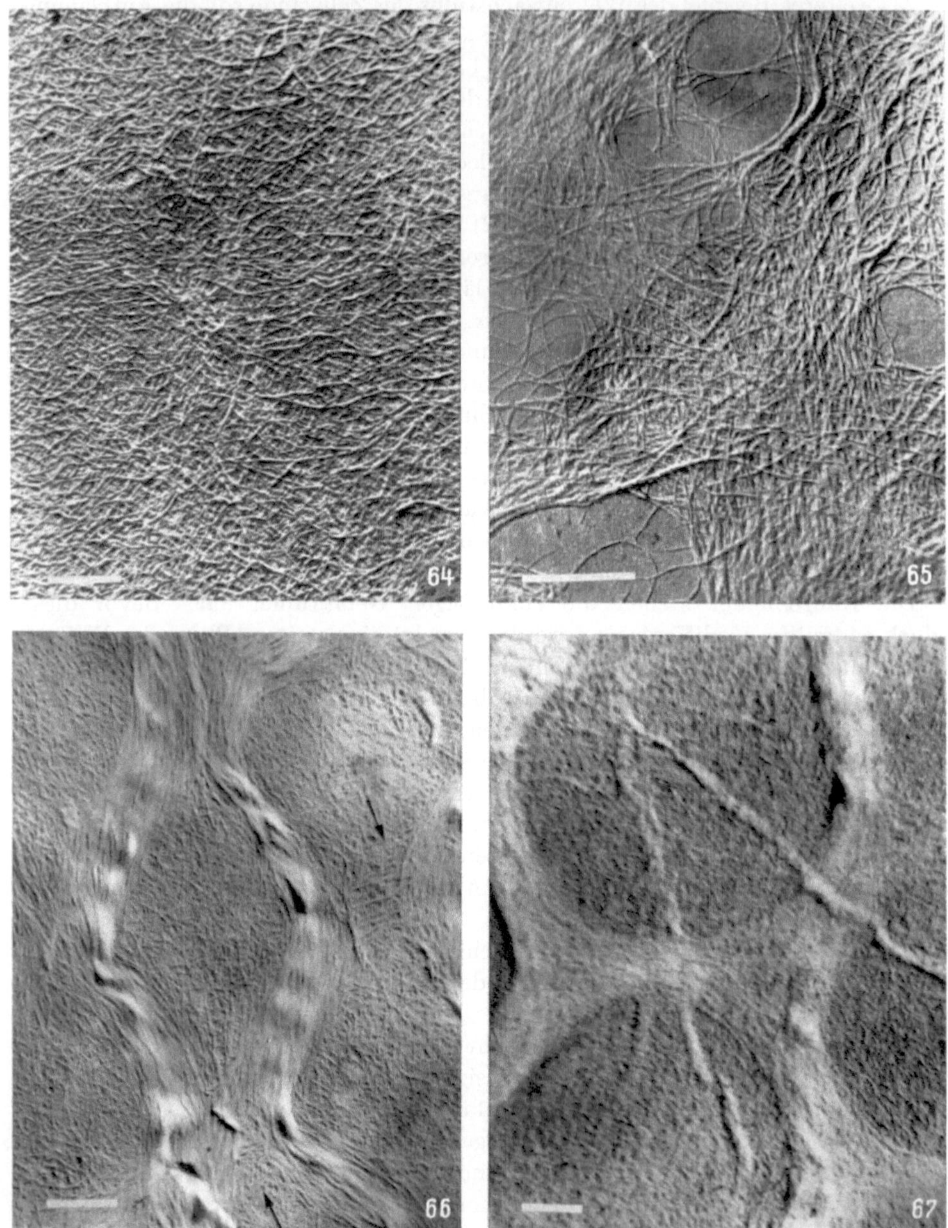

Abb. 64. Primärwand der Cambiumzellen

Abb. 65. Aufsprengung der Primärwand durch das Weitenwachstum

Abb. 66. Anlage wellenförmiger Leisten in der Sekundärwand, so daß rautenförmige Tüpfel entstehen. Man beachte bei → die beginnende Anlage von Querleisten

Abb. 67. Trennung der gewellten Längsleisten durch Weitenwachstum und Bildung sechseckiger Tüpfel

Atmosphäre sind, muß die Wand ihrer Spitze während der Verlängerung stets durch eine Cuticula abgedeckt sein. Dies gilt nicht für das Spitzenwachstum im Zellverband, wie es bei ungegliederten Milchröhren und beim bipolaren Auswachsen der Faserzellen vorkommt. Dort ergibt sich indessen das Problem, wie die Zellspitzen zwischen die Nachbarzellen hinein und so durch das bestehende Gewebegefüge hindurchwachsen. Die Zellspitzen besitzen offenbar die Fähigkeit, lokal die Mittellamelle zwischen zwei Zellen aufzulösen, worauf sich die Spitze zwischen sie hineinschiebt (intrusive growth, SINNOT und BLOCH 1939; Interpositionswachstum, SCHOCH-BODMER 1945 b). Falls das Spitzenwachstum gestört wird, können Zellgabelungen auftreten, wie dies von den Wurzelhaaren (KOPP 1948) und Fasern (SCHOCH-BODMER und HUBER 1949; BOSSHARD 1952) bekannt ist. Eine Art Spitzenwachstum findet auch statt, wenn Zell-Lappen zu langen Armen auswachsen wie bei der Entstehung der sog. Sternparenchyme, z. B. im Mark der *Juncus*-Blätter (MAAS GEESTERANUS 1941). Bei allen diesen Wachstumsvorgängen werden *keine* Tüpfel in der Zellwand angelegt, so daß hinsichtlich der submikroskopischen Wandmorphologie relativ einfache Verhältnisse zu erwarten sind.

Das Spitzenwachstum ist cytologisch besonders gut untersucht worden, weil man an den dünnen Haaren, Schläuchen und Hyphen ohne Schnittechnik Lebendbeobachtungen anstellen kann. Das Hyaloplasma erscheint mit der wachsenden Wand besonders innig verbunden; nach BOYSEN-JENSEN (1954) ragen Plasmapapillen in die junge Wand hinein. In der Regel befindet sich der Zellkern nahe dem Wachstumszentrum in der Zellspitze, wie dies namentlich vom vegetativen Kern der Pollenschläuche bekannt ist. Auch die Mitochondrien sammeln sich im spitzenständigen Plasma an (GIRBARDT 1955). Gegen die Basis der schlauchförmigen Zelle bildet sich eine riesige Vacuole, die nur durch einen dünnen Plasmabelag von der Zellwand getrennt wird.

Beim Spitzenwachstum der Pollenschläuche (SCHOCH-BODMER 1945a) ist die Zellspitze während des Wachstumsvorgangs durch Cutin abgedeckt, das im Elektronenmikroskop einen granularen Aspekt aufweist (Abb. 69) und sich durch die übliche Methode der Stufenmaceration mit 5% Mineralsäure und 5% Lauge nicht entfernen läßt. Erst eine Maceration in starker Lauge (SCHOLL 1908) löst diese Cutinschicht auf (VOGEL 1950), worauf die Cellulosemikrofibrillen der Primärwand mit Streuungstextur zum Vorschein kommen (Abb. 70). O'KELLEY und CARR (1954) finden statt Mikrofibrillen Stäbchen, die wohl das Ergebnis eines durch die gewählte Macerationsmethode bedingten Fibrillenabbaus sind.

Wichtig ist die Feststellung von ROELOFSEN und HOUWINK (1953), daß in der Spitze des wachsenden Baumwollhaares die Primärwand aus mehreren Lamellen mit verschiedener Orientierung der Mikrofibrillen besteht. In der innersten Lamelle verlaufen sie mehr oder weniger quer zur Zellachse, in einer mittleren Lamelle zeigt die Streuungstextur dagegen keine bevorzugte Richtung der Mikrofibrillen und in der äußersten Lamelle liegen sie annähernd parallel zur Zellachse. Außerdem erscheint das Geflecht der Mikrofibrillen in den äußeren Lamellen gegenüber der innersten zunehmend aufgelockert. Diese Beobachtung, die in Wurzelhaarspitzen und beim Auswachsen der Arme der Sternparenchymzellen bestätigt werden konnte, haben HOUWINK und ROELOFSEN (1954) zur

Entdeckung des von ihnen als Multi-Netz-Wachstum bezeichneten Vorgangs
geführt. Er besteht darin, daß das Fibrillengeflecht der äußeren Lamellen durch
den Wachstumsdruck der Plasmaoberfläche überdehnt und dadurch lockerer
wird. Die auf diese Weise geschwächte Wand wird durch eine neue, der größeren
Oberfläche angepaßte, dichter gewobene Primärwandlamelle verstärkt. Dieser
Vorgang wiederholt sich, so daß die Maschen des Fibrillengeflechtes von innen
nach außen stets größer werden. Durch das Vorschieben der Spitze werden die
Mikrofibrillen der äußeren Lamellen außerdem umorientiert (BONNER 1935,
FREY-WYSSLING 1935a), so daß sie, ausgehend von ihrer ursprünglichen Quer-
stellung, zunehmend aufgerichtet und schließlich in der Wachstumsrichtung
parallelisiert werden (Abb. 68).

Zum richtigen Verständnis dieses Wachstumsvorgangs muß man sich immer
bewußt sein, daß die im Elektronenmikroskop sichtbaren Mikrofibrillen nur
einen kleinen Bruchteil der Zellwandmasse aus-
machen, so daß sie also gewissermaßen im Gel
der Wandmatrix „schwimmen". Jede mechanische
Dehnung dieses Gels hat dann eine entsprechende
Ausrichtung der Mikrofibrillen zur Folge. Deren
Umorientierung kann mathematisch berechnet werden (DE WOLFF und

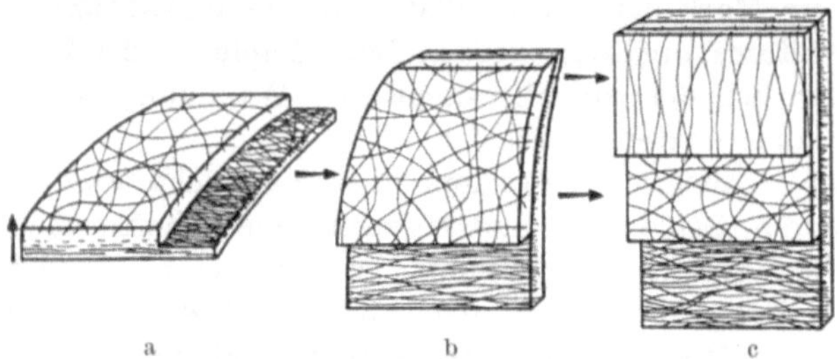

Abb. 68. Multinetz-Wachstum (HOUWINK und ROELOFSEN 1954). a,
b, c aufeinanderfolgende Stadien der Bildung neuer Innenlamellen
und der Auflockerung und Umorientierung der Mikrofibrillen älterer
Lamellen

HOUWINK 1954). Sie ist vom Verhältnis des in der Zeiteinheit gebildeten
Zellwandmaterials zum Zellquerschnitt abhängig. Ist dieses Verhältnis über die
ganze Wachstumszone konstant, erfolgt keine Umorientierung der Fibrillen
(Wurzelhaare); nimmt es jedoch von der Basis zur Spitze der Wachstumszone
zu, werden die Fibrillen aufgerichtet. Die Umorientierung wird natürlich auch
verhindert, wenn gleichzeitig mit dem Spitzen- ein entsprechendes Weitenwachstum stattfindet.

Unabhängig von den beschriebenen Umorientierungsvorgängen muß von
innen nach außen eine stetige Auflockerung des Fibrillengeflechtes erfolgen.
Dies bewirkt, daß im Apex der Zelle, also im Gebiete der kleinsten Lamellenzahl,
die Zellwand am schwächsten ist. Steigert man daher den Turgordruck in der
Zelle durch Einlegen in hypotonische Lösungen, bricht die Wand an der Spitze,
wobei der Protoplast durch Plasmoptyse ausgeschleudert wird. Interessanterweise findet diese Plasmoptyse auch statt, wenn man wachsenden Wurzelhaaren
den Sauerstoff entzieht (KOPP 1948), was darauf hinweist, daß für die Bildung
neuer Primärwandlamellen Atmungsenergie notwendig ist.

Es läßt sich nicht entscheiden, ob das Wachstum der Primärwand kontinuierlich oder periodisch erfolgt. Die Bildung von Lamellen, wie sie in Abb. 68
angedeutet sind, würde auf ein intermittierendes Zellwandwachstum hinweisen.
Es ist aber ebensogut möglich, daß die verschiedenen Prozesse kontinuierlich
ablaufen, so daß die Schichtgrenzen in Abb. 68 nur einen Behelf vorstellen,

die Verhältnisse in verschieden tiefen Teilen der Primärwand zur Darstellung zu bringen. Bei periodischem Wachstum müßte man wohl ein rhythmisches Vorprellen der Zellspitze erwarten, was bis jetzt kinematographisch nicht festgestellt werden konnte; es ist jedoch nicht ausgeschlossen, daß bei verfeinerter Beobachtungstechnik (Zeitdehnung statt Zeitraffung) ein solcher Nachweis gelingt.

Wie immer diese Frage künftig beantwortet werden wird, sicher steht fest, daß das Spitzenwachstum analog dem Teilungswachstum auf der Bildung neuer Primärwandschichten, also auf einer Häutung des Protoplasten beruht (Abb. 63 b). Beim Teilungswachstum geschieht die Neubildung an der ganzen Oberfläche der Tochterzelle, und es wäre daher von Interesse abzuklären, ob die Regeneration der Primärwand beim Spitzenwachstum ebenfalls durch die gesamte Protoplastenoberfläche oder nur durch die lokale Plasmaanhäufung an der Zellspitze bewerkstelligt wird. Bei der Baumwolle ist diese Frage durch Ernährung mit radioaktiver Kohlensäure geprüft worden (O'KELLEY 1953). Baumwollpflanzen, deren Samenhaare in den jungen Früchten die Hälfte ihrer endgültigen Länge erreicht hatten, wurden $C^{14}O_2$ ausgesetzt und dann die Primärwand der ausgewachsenen Haare vor der Entstehung der Sekundärwand auf ihre Radioaktivität untersucht. Bei reinem Spitzenwachstum müßte man erwarten, daß nur die Haarspitze radioaktiv geworden, die Haarbasis dagegen frei von radioaktivem Kohlenstoff geblieben wäre. Entgegen dieser Erwartung erwies sich das Haar in seiner vollen Länge als radioaktiv. Es wurde hieraus der Schluß gezogen, daß sich die Wachstumszone des Baumwollhaares über seine ganze Länge erstreckt. Ob diese Deutung auch für das Spitzenwachstum der Pollenschläuche gilt, die bis 1500 μ/Std (Tabelle 8) wachsen können (SCHOCH-BODMER 1932), wobei sich ihr Zellinhalt aus der Schlauchbasis zurückzieht und in der Schlauchspitze anhäuft, bedarf noch der Abklärung. Falls bei allen Zellen mit angeblichem Spitzenwachstum die Zellwände über ihre ganze Länge wachsen

Tabelle 8. *Längenwachstum einzelner Zellen*

Objekt	Autor	Ausgangslänge μ	Endlänge μ	Streckung	Streckungsdauer	Streckungsgeschwindigkeit μ/Std
Zellen des Hypanthiums von *Oenothera acaulis*	WEINLAND (1941)	8	160	20 ×	7 Tage	0,1
Wurzelzellen von *Triticum vulgare*	BURSTRÖM (1942)	etwa 20	400	20 ×	Keine Zeitangabe	
Parenchymzellen der Coleoptile von *Zea Mays*	BLANK u. FREY-WYSSLING (1941)	etwa 11	156	14 ×	4 Tage	1,5
Epidermiszellen der Coleoptile von *Avena sativa*	AVERY u. BURKHOLDER (1936)	etwa 13	2000	150 ×	4 Tage	21
Samenhaare von *Gossypium hirsutum*	ANDERSON u. KERR (1938)	etwa 28	28000	1000 ×	15 Tage	78
Filamentzellen von *Anthoxanthum odoratum*	SCHOCH-BODMER (1939)	79	514	65 ×	1 Std	435
Pollenschlauch von *Veronica Chamaedrys*	SCHOCH-BODMER (1932)	—	4500	—	3 Std	1500

sollten, würde hinsichtlich des Wachstumsmechanismus kein prinzipieller Unterschied gegenüber dem Streckungswachstum bestehen (STERLING und SPIT 1957). Bei jungen Sporangiophoren von *Phycomyces* konnte CASTLE (1958) an Hand von aufgestreuten Stärkekörnern jedoch feststellen, daß die Wandoberfläche nur in der Spitzenzone von 2 mm Länge wächst.

Bei *Acetabularia mediterranea* ist einwandfrei nachgewiesen, daß es ein differenziertes Spitzenwachstum gibt. Kernlose Hinterstücke dieser einzelligen Alge vermögen sich nicht zu strecken, während kernlose Vorderstücke auswachsen (HÄMMERLING 1932). Interessanterweise fahren die Hinterstücke fort Zellwandsubstanz zu bilden, was jedoch nur zu einer Wandverdickung, nicht aber zu einem Flächenwachstum führt (WERZ 1957).

Streckungswachstum

Das Streckungswachstum ist dadurch gekennzeichnet, daß die Zellwände benachbarter Zellen gemeinsam wachsen. Häufig sind sie dabei durch Tüpfel, d. h. also durch kommunizierende Plasmodesmen miteinander verbunden (Abb. 52, S. 69). Dieser Wachstumstypus wird als *symplastisches Wachstum* bezeichnet (PRIESTLEY 1930, MEEUSE 1941c). Es unterscheidet sich vom *Interpositionswachstum* (intrusive growth) dadurch, daß die Mittellamelle während des Wachstums erhalten bleibt. Diese Feststellung ist wichtig, weil man sich früher vorstellte, die Zellen würden während des Wachstums aneinander vorbeigleiten, wobei die Mittellamellensubstanz gewissermaßen als Schmiermittel diene. Diese Auffassung des *gleitenden Wachstums* (KRABBE 1886) muß heute aufgegeben werden; nicht nur aus theoretischen Gründen, weil auf jene Weise die Gewebe in Einzelzellen aufgelöst und daher nicht als Einheit, sondern als Zellkolonien ohne Erfassung der einzelnen Zellindividuen durch eine gemeinsame Koordination wachsen würden, sondern auch weil sich die Verhältnisse als viel komplizierter erwiesen, als man ursprünglich dachte. Wie aus Abb. 62 *f* hervorgeht, kann ein und dieselbe Zelle in ihrem mittleren Teil symplastisches Streckungswachstum zeigen, mit ihren Spitzen dagegen zwischen höher und tiefer liegende Zellen eindringen, also Interpositionswachstum aufweisen (SCHOCH-BODMER 1945b). Die Interposition kann insofern mit dem gleitenden Wachstum verglichen werden, als tatsächlich Zellwände aneinander vorbeiwachsen, aber dieser Vorgang bezieht sich nicht auf die ganze Zelle, sondern nur auf Teile ihrer Oberfläche, während andere miteinander in symplastischem Kontakt bleiben. Während des Interpositionswachstums sind keine Plasmodesmenverbindungen möglich. Nach Abschluß des Zellwandwachstums können jedoch nachträglich Tüpfelverbindungen hergestellt werden, wie dies REESS (1868) bei der Bildung der Gefäßthyllen sowie SCHOCH-BODMER und HUBER (1946) bei Gefäßwänden, die durch Interposition miteinander in Berührung kamen, nachgewiesen haben.

Die Wachstumsgeschwindigkeit einzelner Zellen kann im Zellverband beträchtliche Werte erreichen (Tabelle 8). Die Epidermiszellen der *Avena*-Coleoptilen können sich während mehrerer Tage um 21 μ/Std verlängern. Die größten Geschwindigkeiten findet man indessen im Dehnungsgewebe der Staubfäden von Grasblüten, nämlich etwa $^1/_2$ mm/Std bei *Anthoxanthum* oder sogar über 1 mm/min bei *Secale*, wo sich die Wachstumsgeschwindigkeit gar nicht in μ/Std ausdrücken läßt, weil das Herausschieben der Antheren aus den Roggenblüten und damit das Filamentwachstum unter günstigen Temperaturbedingungen am frühen Morgen schon nach 10 min abgeschlossen ist. Das Spitzenwachstum kann ähnlich hohe Geschwindigkeiten wie das Streckungswachstum annehmen. So wachsen die Baumwollhaare während 15 Tagen mit etwa 78 μ/Std, während Pollenschläuche Werte von 1,5 mm/Std erreichen können (Tabelle 8).

Beim Streckungswachstum von Zellwänden, die reichlich Tüpfel differenzieren, macht sich ein *Mosaikwachstum* geltend (FREY-WYSSLING und STECHER 1951; STECHER 1952). Das ursprünglich homogene Fibrillengeflecht der Meristemzellwand wird an zahlreichen Stellen stark aufgelockert (Abb. 48, 65). Man darf daher annehmen, daß dort temporär ein intensiveres Wachstum der Matrix stattfindet als zwischen diesen im Entstehen begriffenen Tüpfelfeldern. Anschließend werden die aufgesprengten Partien des Mikrofibrillengeflechtes mit einer neuen Primärwandlamelle überwachsen, die Tüpfelschließhäute differenziert und die Plasmodesmenbrücken zu der Nachbarzelle hergestellt. Die Plasmaverbindungen bleiben dann während des ganzen folgenden Streckungswachstums erhalten, so daß nun nachträglich die Schließhäute Stellen sind, wo das Flächenwachstum eingestellt erscheint, während die Wandpartien zwischen den Tüpfeln ihre Fläche auffallend vergrößern. Die Tüpfelfelder eilen also in ihrem Flächenwachstum jenem der übrigen Zellwand voraus, die ihre Flächenvergrößerung erst etwas später aufnimmt. Das Mosaikwachstum hinterläßt bei der Ausbildung der Tüpfelfelder manchmal mikroskopisch nachweisbare Spuren. So werden bei der lokalen Auflockerung anläßlich der Differenzierung der Tracheidentüpfel von *Pinus radiata* so reichlich Mikrofibrillen weggeschoben, daß sie sich zu mikroskopischen Querbalken zwischen den Hoftüpfeln aufstauen (WARDROP 1954c). Die Bedeutung dieser als „Crassulae" oder „bars of SANIO" bekannten Wandverdickungen im Bereiche der Tracheidenhoftüpfel vieler Coniferen war früher rätselhaft, während man heute weiß, daß sie durch das Mosaikwachstum als Begleiterscheinung der Tüpfeldifferenzierung entstanden sind.

Der Binnendruck, der die Zellwand beim Streckungswachstum dehnt und so die Bildung einer neuen Primärwandlamelle mit vergrößerter Oberfläche gestattet, wird von den meisten Pflanzenphysiologen mit dem Turgordruck identifiziert. Tatsächlich tritt bei fehlendem Turgor kein Streckungswachstum auf; man kann höchstens eine Verdickung der Zellwand, aber keine Zellverlängerung beobachten. Auch kann gezeigt werden, daß der Turgor während der Streckung „verbraucht" wird, indem er abnimmt und im Momente der maximalen Dehnung durch ein Minimum geht, um erst gegen Ende der Streckungsphase wieder erstellt zu werden (BURSTRÖM 1942, FREY-WYSSLING 1945). Abb. 73 zeigt, wie beim Streckungswachstum der Zellen in der Weizenwurzel zur Zeit der größten Streckungsgeschwindigkeit die Turgordehnung, d. h. die elastische Dehnung, durch ein Maximum und der Turgor selbst dagegen durch ein Minimum geht. Ebenso durchläuft der Elastizitätsmodul der Zellwand ein Minimum (s. S. 302). Gleichzeitig nimmt die Zelle beträchtliche Mengen osmotischer Substanz auf; umgerechnet auf Glucose enthält sie z. B. vor der Streckung $1,8 \cdot 10^{-7}$ mg, nach der Streckung dagegen $22,8 \cdot 10^{-7}$ mg Glucose (FREY-WYSSLING 1948a). Für den Zuckertransport scheint die Gegenwart von Bor unerläßlich zu sein (SPURR 1957).

Tafel VIII

Pollenschläuche und Chitinzellwände

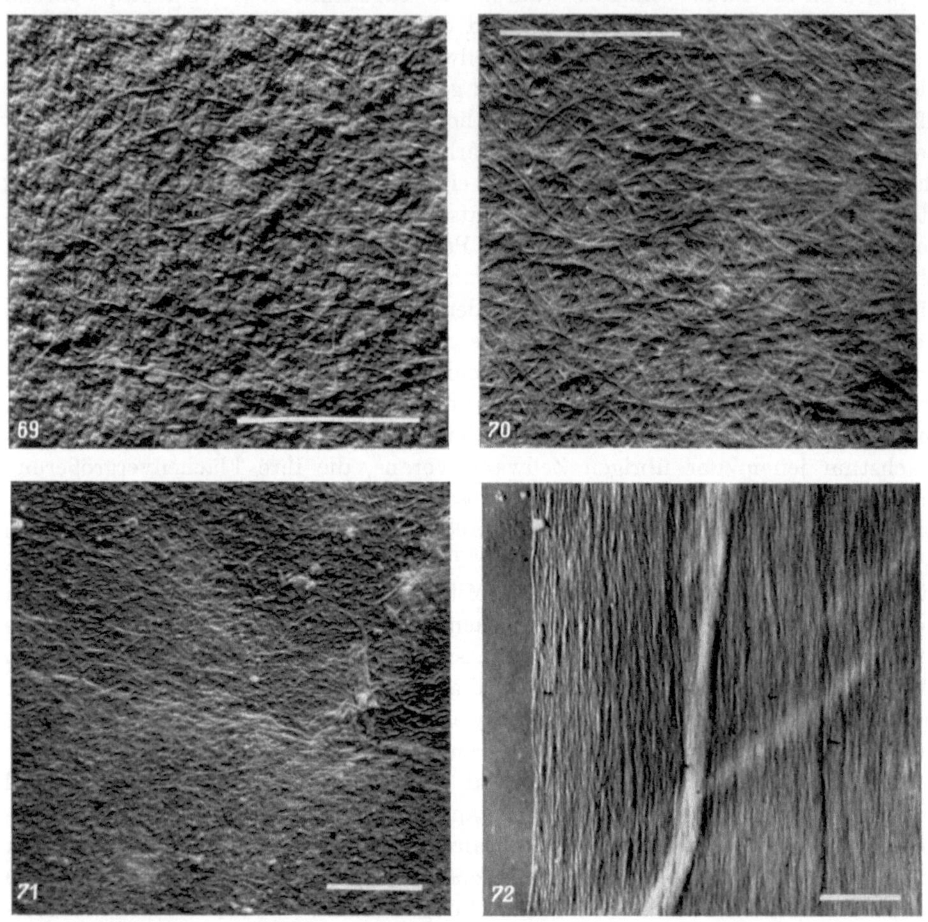

Abb. 69. Spitze des Pollenschlauches von Tulpenpollen, cutinisiert und Abb. 70 nach Verseifung des Cutins in Kalilauge. (VOGEL 1950)

Abb. 71. Primärwand (2 Lamellen) und Abb. 72 Sekundärwand des Sporangiophors von *Phycomyces*. (FREY-WYSSLING und MÜHLETHALER 1950)

Es spielen sich also wichtige metabolische Prozesse während der Zellstreckung ab. Bei der Maiscoleoptile findet man nicht nur eine Zunahme der Zucker in den Zellen, sondern es nehmen auch das Plasmaeiweiß, die Zellwandmatrix und die Gerüstsubstanz zu (FREY-WYSSLING 1948b; BROWN und BROADBENT 1951). Hieraus folgt, daß die Wandstreckung in der Regel mit einem Plasmawachstum und einem Wandwachstum verbunden ist. SCHUMACHER und MATTHAEI (1955) fanden beim Streckungswachstum von Blütenblättern und dem Sporogonstiel von *Pellia* allerdings kein Plasmawachstum, sondern im Gegenteil eine Abnahme des Eiweißstickstoffes um 12%. Auch BURSTRÖM (1951) ist der Meinung, daß Plasmawachstum und Zellelongation physiologisch getrennte Vorgänge seien, obwohl sie sich normalerweise überlappen. Wichtiger als das Plasmawachstum scheint mir indessen die stetige Produktion neuer Wandstoffe (Tabelle 9), also das Wandwachstum. Im allgemeinen werden die überdehnten Primärwandlamellen durch neue Lamellen ersetzt, so daß nicht einfach von einer passiven Streckung gesprochen werden kann. Bei sehr raschem Streckungswachstum gerät allerdings die Wandsekretion manchmal vorübergehend in Verzug; die Neubildung von Wandstoffen wird jedoch

Tabelle 9. *Chemische Zusammensetzung der Maiscoleoptilen in mg je Coleoptile.* (FREY-WYSSLING 1948b)

Stoffgruppen	Coleoptilenlänge in mm		
	9	32	55
Fett und Wachs (Ätherextrakt) . .	0,040	0,701	0,975
Zucker	1,016	2,651	5,704
Hemicellulose	0,231	0,973	1,371
Cellulose	0,191	0,930	1,616
Pektin	0,052	0,272	0,580
Protein	0,510	1,018	1,631
Asche	0,160	0,300	0,444
Total	2,200	6,845	12,321
Ausgangs-Trockengewicht	2,345	6,755	12,400

später nachgeholt. Bei der enormen Streckung der Internodialzellen von *Nitella axillaris* konnte GREEN (1958a) mit Hilfe des Interferenzmikroskops zeigen, wie die Zellwand während der großen Wachstumsperiode tatsächlich vorübergehend dünner, dann aber wieder dicker wird.

Ausnahmen hiervon trifft man bei sich sehr schnell streckenden Organen wie den Grasfilamenten (SCHOCH-BODMER 1939) und den Sporogonstielen von *Pellia* (OVERBECK 1934), wo ein endgültiges Dünnerwerden der gestreckten Zellwände zur Beobachtung gelangt. Die Zellstreckung mit einer solchen plastischen Wandüberdehnung ist jedoch ein Extremfall, bei welchem ein bestimmter Teilvorgang des Zellwandwachstums dominiert. Denn normalerweise wird die Schwächung der Zellwand sofort durch Wandverdickung wieder kompensiert. Der andere Extremfall ist das reine Appositionswachstum der Sekundärwände ohne Wanddehnung. In wachsenden Zellen kommen jedoch immer beide Prozesse, Wanddehnung und Apposition miteinander vor; manchmal wiegt der eine, manchmal der andere etwas vor, so daß alle Übergänge von einem Extremfall zum anderen möglich sind. Beim normalen Streckungswachstum „wächst" jedoch die Zellwand durch Neubildung von Matrix *und* Gerüstsubstanzen.

Dies geht am besten aus Abb. 73 hervor, die unter anderem die Veränderungen des Elastizitätsmoduls E der Primärwand während des Streckungswachstums wiedergibt. Da die elastischen Eigenschaften der Wand vom Geflecht der Cellulosemikrofibrillen abhängen, bringt dessen Dickenzunahme eine

Steigerung und dessen Überdehnung eine Senkung des Elastizitätsmoduls E mit sich. Die E-Kurve von Abb. 73 zeigt zu Beginn der Zellstreckung noch eine Wandverfestigung, offenbar als Folge der Wandverdickung; dann aber wird die Wand überdehnt, so daß das Fibrillengeflecht auffallend an Festigkeit verliert. Gegen Ende der Zellstreckung wird die Wand, nach der ermittelten Zunahme der Festigkeit zu schließen, durch Wiederaufnahme der submikroskopischen Lamellenbildung verstärkt und ihre ursprüngliche Elastizität wieder erstellt.

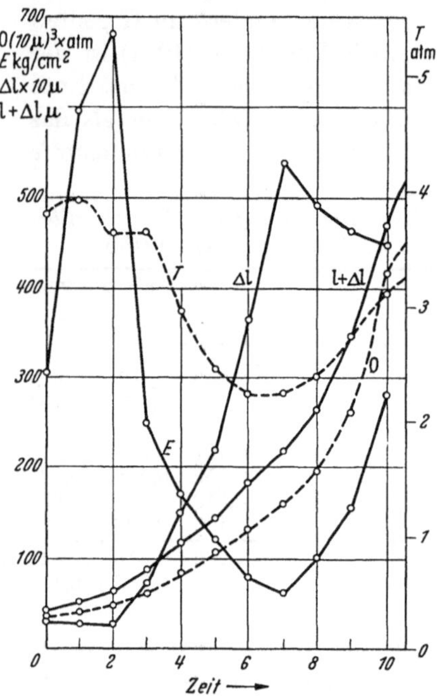

Abb. 73. Veränderung der die Zelle charakterisierenden Zustandsgrößen während dem Streckungswachstum der Wurzelepidermis von Weizen. Die Intervalle der Abszisse entsprechen der für die Bildung zweier neuer Epidermiszellen in einer Zellreihe des Meristems der Wurzelspitze durchschnittlich benötigten Zeit (BURSTRÖM 1942; FREY-WYSSLING 1948a, b, 1952a). $l + \Delta l$ Zell-Länge in μ; Δl elastische Turgordehnung in $\mu \times 10$ (10fach überhöht); E Elastizitätsmodul der Primärwand in kg/cm²; T Turgordruck in Atmosphären; O osmotisches Material je Zelle in $(10\ \mu)^3$ Atmosphären

Es gibt auch Fälle, wo die sonst für Sekundärwände charakteristische Niederlegung von Lamellen während des Streckungswachstums ständig weiterschreitet. Dies tritt bei dem erstaunlichen Streckungswachstum der Epidermiszellen der Monocotylen ein. MÜHLETHALER (1950b) hat gezeigt, wie die dicke Außenwand der ursprünglich kaum 20 μ langen Zellen unter Beibehaltung ihrer Dicke mindestens hundertfach auf 2000 μ heranwächst. Ein so gewaltiges Längenwachstum einer bereits deutlich ausgebildeten Sekundärwand ist in der Tat erstaunlich. Es gilt indessen auch hier das Prinzip der Dehnung äußerer Lamellen und Anlagerung neuer Lamellen, die der erreichten Flächenvergrößerung angepaßt sind. Bis 25 Lamellen sind nachgewiesen worden (BAYLEY u. Mitarb. 1957). Durch Aufstreuen von Kupferoxydteilchen als Marken findet CASTLE (1955) eine über die ganze Länge der Zelle gleichmäßig verteilte Dehnung der Zellwand. Es ist somit nachgewiesen, daß auch Sekundärwände dank ihres Lamellenbaus, der Plastizität der Lamellenmatrix und der Dehnbarkeit des Mikrofibrillengeflechts der Gerüstsubstanz ein Streckungswachstum durchmachen können.

Auffallend ist der Befund von BAYLEY u. Mitarb. (1957), nach welchem alle Lamellen von zuinnerst bis zuäußerst gleich dick sind, d. h. also daß die äußeren Lamellen bei diesem Streckungswachstum im Gegensatz zum Multi-Netz-Wachstum *nicht* ausgezogen und dünner werden. Da sie somit eine gleichmäßige Flächenzunahme ohne Dickenverlust aufweisen, nehmen BAYLEY u. Mitarb. ein Intussusceptionswachstum an, wobei Glucose für das Wachstum der außen gelegenen Mikrofibrillen durch die inneren Zellwandlamellen diffundieren müßte. Eine Flächenvergrößerung wäre auch durch bipolares Wachstum der Lamellen aus den Stellen denkbar, wo sie in die Primärwand der dünnen Antiklinalwände der Epidermis auskeilen (MÜHLETHALER 1950b); doch widerspricht dieser Auffassung der erwähnte Versuch von CASTLE (1955).

Zum Schluß soll versucht werden, ein Bild der submikroskopischen Morphologie des Streckungsvorgangs zu entwerfen. Wir wählen dazu das Flächenwachstum der Parenchymzellen in der *Avena*-Coleoptile. Nach Abb. 52 sind die sich streckenden Zellen durch die Tüpfel symplastisch miteinander verbunden. Ein schematischer Längsschnitt durch die Wand (Abb. 74a) zeigt daher die Plasmaschläuche benachbarter Zellen durch Plasmodesmen verbunden und zwischen den beiden Protoplasten die Primärwand, bestehend aus der Matrix und den beidseitig in ihr entstandenen Mikrofibrillen der Gerüstsubstanz (FREY-WYSSLING 1957). Da die Mikrofibrillen ungefähr senkrecht zur Zellachse angelegt werden, erscheinen sie auf dem Längsschnitt quer getroffen. Weil die Zahl und die Größe der Tüpfel während der Zellstreckung gleichbleiben, findet das Flächenwachstum zwischen den Tüpfeln statt. Kulturversuche mit radioaktiver Kohlensäure zeigen zwar eine gleichmäßige Radioaktivität der ganzen

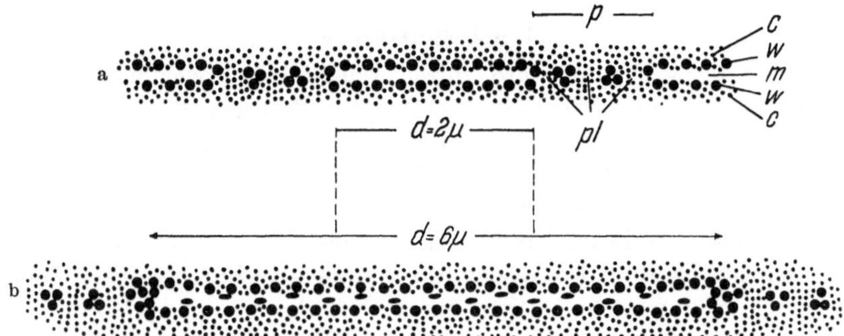

Abb. 74a u. b. Streckungswachstum der primären Zellwand zwischen zwei von Plasmodesmen (*pl*) durchsetzten einfachen Tüpfeln (*p*). *c* Cytoplasma; *w* Primärwand (Querschnitt der Cellulosemikrofibrillen); *m* Mittellamelle. a Tüpfeldistanz $d = 2\,\mu$. b Tüpfeldistanz $d = 6\,\mu$. ↔ Richtung der Zellstreckung. (FREY-WYSSLING 1957)

Zellwand (WARDROP 1956a, b). Dies spricht indessen nicht gegen örtlich verschiedene Wachstumsvorgänge (Mosaikwachstum), denn die weitere Ausgestaltung der Tüpfel erfolgt ohne Flächenvergrößerung ihrer Schließhäute. Durch die Aktivität der membranogenen Schicht wird die Wand zwischen den Tüpfeln gedehnt, d. h. die Matrix wird dünner und die Mikrofibrillen werden umorientiert. Dabei müssen auch die Flächen des Plasmabelages und der anschließenden Matrixschicht vergrößert werden. Dies kann entweder durch Plasmawachstum oder durch Dünnerwerden des Plasmaschlauches erreicht werden. Diese beiden Möglichkeiten erklären, warum beim Streckungswachstum je nach den gewählten Objekten eine deutliche oder keine Zunahme von Eiweißstickstoff gefunden wird. Da zu Beginn des Streckungswachstums ein starkes Wachstum der Matrix stattfindet, erzeugt die Flächenvergrößerung der membranogenen Schicht einen Wachstumsdruck. Dieser wird jedoch nur auf die bestehende Zellwand übertragen, wenn die zunehmende Matrixsubstanz nicht nach innen, also nicht gegen die Vacuole ausweichen kann. Hieraus erklärt sich die Notwendigkeit eines Turgordruckes, der das Plasma an die junge Wand preßt. Die Flächenvergrößerung der membranogenen Schicht kann nicht durch bloße Apposition bewirkt werden, sondern sie muß durch Intussusception neuer Substanz in die innersten Primärwandlamellen zustande kommen. Die äußeren Lamellen werden dadurch überdehnt, und wenn die jüngste Lamelle nicht laufend durch die Bildung von Mikrofibrillen verstärkt wird, erfolgt eine Schwächung der Wandfestigkeit.

Die Zellvergrößerung ist mit einer stürmischen Wasseraufnahme gekoppelt. Dem Absinken des Turgordruckes arbeitet der Stoffwechsel des Cytoplasmas entgegen, indem große Mengen osmotisch wirksamer Substanz in die Vacuole aufgenommen werden (s. Abb. 73 O). Der Abschluß der Zellstreckung kommt dadurch zustande, daß diese Substanz (Zucker) nicht mehr in die Vacuole ausgeschieden, sondern wieder für die Synthese von Gerüstsubstanz verwendet wird. Als Folge beobachtet man ein Ansteigen des Elastizitätsmoduls der Zellwand, ein Sinken der Turgordehnung und Wiederherstellung des ursprünglichen, vorübergehend stark gesunkenen Turgordruckes (Abb. 73 T). Diese Erscheinungen sind indessen keine rein mechanistisch zu erklärenden Vorgänge, denn sie werden vom Cytoplasma metabolisch gesteuert.

Wuchsstoff-Frage

Das Streckungswachstum wird durch Wuchsstoffe oder Auxine ausgelöst (WENT 1927, WENT und THIMANN 1937). Der Prototyp dieser Verbindungen ist die Indolylessigsäure, die wahrscheinlich aus der Aminosäure Tryptophan entsteht (THIMANN 1954). Dieses Auxin wird in aktiven apikalen Geweben (Terminalknospen, Coleoptilspitzen, Blütenknospen) und Blättern gebildet und wandert von dort basalwärts in die Streckungszone der betreffenden Organe, wo unter seinem Einfluß das rasche Wachstum streckungsbereiter Zellen eingeleitet wird. Bildungs- und Wirkungsort des Auxins sind also verschieden, und es muß daher vom einen Ort zum andern wandern. Es verhält sich daher wie die chemischen Sendboten oder Hormone in der tierischen Physiologie, so daß die Wuchsstoffe als Phytohormone bezeichnet werden.

Da die Zellstreckung durch Auxine hormonal gelenkt wird, ergibt sich die Frage, welcher oder welche von den zahlreichen am Streckungswachstum beteiligten Teilvorgängen stimuliert werden. Als solche sind zu nennen: 1. Zellwandwachstum durch Bildung neuer Matrixsubstanz und Wasseraufnahme in die Vacuole mit oder ohne gleichzeitigem Plasmawachstum; 2. Überdehnung der bereits gebildeten Primärwand, verbunden mit einer Senkung des Elastizitätsmoduls der Zellwand und einer ebenso vorübergehenden Senkung des Turgors; 3. Transport osmotisch wirksamen Materials in die Vacuole zur Wiederherstellung des ursprünglichen Turgors.

Bei diesen Teilprozessen ist es schwer zu entscheiden, welche eher als Ursache und welche eher als Folge zu gelten haben. Sinkt die Festigkeit (Elastizitätsmodul) der Wand zufolge der Überdehnung oder wird umgekehrt die Wand gedehnt, weil ihre Elastizität durch einseitige Pektinproduktion (GLASZIOU 1957) aktiv herabgesetzt worden ist? Vergrößert sich die Zelle, weil Wasser durch metabolische Pumpwirkung oder osmotisch in die Vacuole aufgenommen wird (THIMANN 1954), oder ist die Wasseraufnahme umgekehrt eine Folge der Zellvergrößerung? Wenn es gelänge, diese und ähnliche Fragen eindeutig zu beantworten, müßte der das Streckungswachstum der Zellwand stimulierende Wuchsstoff offenbar bei der als Ursache erkannten Reaktion eingreifen.

Das wichtigste Ergebnis der Wuchsstoff-Forschung ist die Feststellung, daß das Streckungswachstum ein aerober Prozeß ist. Taucht man sich streckende

Gewebe in Wuchsstofflösung unter, erfolgt kein Streckungswachstum, wohl aber, wenn die Lösung belüftet wird oder einfacher, wenn ein Teil der Objekte aus der Kulturlösung in die Luft hinausragt (THIMANN 1951). Weil indessen die Hemmung des Streckungswachstums nicht streng symbat mit der Atmungshemmung verläuft, besteht zwischen Atmung und Wandwachstum keine direkte, sondern nur eine indirekte Beziehung. Da die Aufnahme und Ausscheidung osmotisch aktiver Substanzen durch das Cytoplasma an metabolische Prozesse gebunden sind, könnte für die Aufrechterhaltung der osmotischen Konzentration in der sich vergrößernden Vacuole Atmungsenergie vonnöten sein. Weil jedoch gewisse Objekte wie Stengelstücke vom dritten Internodium des Erbsen-Keimlings in Wuchsstofflösung ohne äußere Zuckerzufuhr wachsen und bei der Wasseraufnahme durch Gewebescheiben aus Kartoffel- oder Topinamburknollen Luftsauerstoff unentbehrlich ist (BRAUNER und HASMAN 1940), wurde in neuerer Zeit das Grundphänomen der Zellstreckung in einer von der Atmung unterhaltenen Wasseraufnahme, nach Art einer Pumpwirkung, erblickt (THIMANN 1951). Später fand jedoch THIMANN (1954), daß die Theorie der Wasseraufnahme nicht richtig sein kann. Wenn nämlich Kartoffelscheiben durch Mannitzugabe zur Auxinlösung an der Aufnahme von Wasser vorübergehend behindert werden, erfolgt bei Zurückversetzung in mannitfreie Auxinlösung die Zellstreckung, wie wenn die Wasseraufnahme nicht gehemmt worden wäre. Hieraus muß man schließen, daß unter der Einwirkung des Auxins die Zellstreckung unabhängig von der Wasserzufuhr durch Plastizierung der Zellwand eingeleitet wird (THIMANN und LEOPOLD 1955).

Daß die wachsenden Zellwände durch den Wuchsstoff eine Erhöhung ihrer Plastizität erfahren und dadurch dehnbarer werden, ist schon seit 1931 bekannt (HEYN 1931, SÖDING 1931). Welcher Mechanismus jedoch diesen Effekt zustande bringt, ist bisher rätselhaft geblieben. Rein physikalisch-chemische Theorien konnten sich nicht durchsetzen. So ist das als „Säurewachstum" bezeichnete Phänomen, nach welchem eine Erhöhung der Wasserstoffionen-Konzentration das Wachstum fördert (STRUGGER 1932) nicht die Ursache, sondern lediglich eine Begleiterscheinung des Wachstums. Es verhält sich hier wie bei den elektrischen Potentialen, die in der Regel nicht die Ursache, sondern die Folge von chemischen Umsetzungen, also von Stoffwechselprozessen sind. Ähnlich wie Wasserstoffionen erleichtern vorhandene Kaliumionen die Zellstreckung, während Calciumionen hemmend wirken (WUHRMANN 1937, TAGAWA und BONNER 1957). Ein anderer Versuch, das Weicherwerden der Zellwand der Quellbarkeit der Pektinstoffe zuzuschreiben (RUGE 1942), konnte einer kritischen Prüfung des Einflusses von Wuchsstoff auf die Quellung von Membransubstanzen nicht standhalten, da die Quellungseffekte viel zu klein sind (BLANK und DEUEL 1943). Ähnlich verhält es sich mit der Änderung der Hydratation der Membranstoffe, die durch den Wuchsstoff verursacht werden soll (HEYN 1940). Wenn man die kleinen Konzentrationen der Auxine bei den Wachstumsvorgängen berücksichtigt, können durch direkten Einfluß auf die Zellwand niemals so große Effekte, wie sie beim Streckungswachstum beobachtet werden, zustande kommen.

Man kommt daher auf die Feststellung von SÖDING (1934) zurück, die lautet: „Die Erhöhung der plastischen und elastischen Dehnbarkeit ist eine Folge des stattfindenden oder wenigstens angestrebten Wachstums." Dieses Wachstum beruht auf einer gesteigerten Matrixproduktion. Zusätzlich wissen wir heute, daß das Streckungswachstum indirekt von der Atmung abhängt, daß also offenbar in labilen Verbindungen gespeicherte Energie verbraucht wird. Ferner zeigt die Elektronenmikroskopie, wie sich bei der Zellstreckung das Cytoplasma dauernd häutet.

Die Ursache des Flächenwachstums ist daher in der *membranogenen Oberflächenschicht* des Cytoplasmas zu suchen. Dort werden die Hemicellulosen und Pektinstoffe der Matrix synthetisiert und Celluloseelementarfibrillen zur Kristallisation gebracht. Dieser membranogenen Schicht kommt entsprechend der Dicke des Fibrillengeflechtes eine Mächtigkeit von mehreren 100 A zu. Es ist daher unmöglich, daß die Membranbildung etwa in Form von monomolekularen Oberflächenfilmen erfolgt. Vielmehr muß das Plasma, das sich nachher aus dieser Schicht zurückzieht, Pektinmoleküle und Cellulosefibrillen zwischen seinen als Enzyme wirksamen Makromolekülen synthetisieren. Es findet also eine Art Intussusception statt, die ein Flächenwachstum der membranogenen Schicht zur Folge hat. Der Turgordruck von innen und der Wanddruck von außen sorgen dafür, daß sich dieser „Wachstumsdruck" nicht etwa in radialer, sondern in tangentialer Richtung auswirkt. Durch die Orientierung der Mikrofibrillen kann ferner erzielt werden, daß sich der Tangentialdruck hauptsächlich in axialer Richtung äußert (s. S. 86). Während Turgor- und Wanddruck physikalisch durch Osmose und Elastizität, also durch Molekularkräfte bedingt sind, entsteht der postulierte „Wachstumsdruck" als Ergebnis chemischer Reaktionen, so daß er jene numerisch übertrifft. Es ist daher leicht denkbar, daß er größer wird als die mit dem Turgor im Gleichgewicht stehende axiale Tangentialspannung der Wand. Die Membran wird deshalb gedehnt und nach Erreichung der Elastizitätsgrenze überdehnt, d. h. plastisch ausgezogen. Das Wandwachstum sorgt gleichzeitig dafür, daß die Membran trotzdem in der Regel nicht dünner wird. Dieses Wandwachstum scheint allerdings bei der Hafercoleoptile unter dem Einfluß von Indolylessigsäure nicht angeregt zu werden; dagegen verraten die Versuche von BOROUGHS und BONNER (1953) mit C^{14}-markierten Nährstoffen (Acetat oder Rohrzucker) eine Zunahme der nichtcellulosischen Wandsubstanzen, d. h. also der Matrix.

Ob die Wand durch die im Elektronenmikroskop in Form von Fibrillenumorientierungen und Geflechtszerreißungen beobachtbare Überdehnung schwächer wird (Senkung des Elastizitätsmoduls, Abb. 73; Steigerung der plastischen und elastischen Dehnbarkeit), oder ob zusätzlich eine Beeinflussung der Matrix der äußeren Wandpartien erfolgt, muß auf Grund der vorliegenden Experimente (HEYN 1933a, SÖDING 1934, THIMANN 1954) im zweiten Sinne beantwortet werden, da die Plastizierung der Zellwand auch auftritt, wenn man auf osmotischem Wege die Streckung der im Wachstum begriffenen Zellen verhindert. Von der membranogenen Schicht muß daher ein weichmachender Impuls auf die Matrix der äußeren Wandpartien ausgehen. Falls die sich streckende Wand deutlich lamelliert ist wie beispielsweise die Außenwand ·der Epidermiszellen, muß sich dieser Einfluß über zahlreiche Lamellen erstrecken. Auf welche Weise eine Aufquellung der Matrixpektinstoffe erfolgt, ist unbekannt. Alle oben erwähnten Möglichkeiten wie Änderung der Hydratation usw. können in Betracht kommen, nur können sie nicht die Folge einer direkten Wirkung des Wuchsstoffes sein, sondern dieser wirkt indirekt über die gesteigerte Aktivität der membranogenen Schicht. Dies geht auch daraus hervor, daß die Plastizierung wachstumsbereiter, osmotisch jedoch an der Streckung verhinderter Zellwände nur dann erfolgt, wenn der Wuchstoff unter aeroben Verhältnissen eingewirkt (CLELAND und BONNER 1956) und so die Bildung energiereicher Metabolite ermöglich hat.

Die Wuchsstoffwirkung kann daher folgendermaßen umschrieben werden: Das Auxin stimuliert die Tätigkeit der membranogenen Schicht des Cytoplasmas. Sie besteht 1. in einem durch Intussusception angestrebten Flächenwachstum der innersten Wandpartie, 2. in einer Plastizierung der Matrix der äußeren Wandpartien und 3. in einer Ausscheidung osmotisch wirksamer Substanz in die Vacuole mit dem Ziele, den Turgor so gut wie möglich aufrechtzuerhalten.

Schraubenwachstum

Manchmal rotiert die Zellspitze während der Zellstreckung, so daß ein Drehwuchs zustande kommt. Dieses Schraubenwachstum ist besonders eingehend beim Längenwachstum der Sporangiophoren des Schimmelpilzes *Phycomyces* und des Terminalinternodiums der Armleuchteralge *Nitella* untersucht worden. Beide Objekte besitzen große makroskopische Zellen mit frei zugänglichen Längswänden. Bringt man kleine Marken, z. B. in Form von *Lycopodium*-Sporen, Tuscheteilchen oder Schmirgelpulver auf die Oberfläche solcher Zellen, kann man feststellen, welche Partien der Zellwand ihre Fläche vergrößern, und daß ursprünglich axial angeordnete Teilchen nach Abschluß des Wachstums auf einer Schraubenlinie liegen. Mit dieser Methode ist beobachtet worden, daß die Internodien von *Nitella* gleichmäßig über ihre ganze Länge wachsen, und zwar nicht nur axial, sondern gleichzeitig erfährt auch ihr Umfang eine gewisse Vergrößerung (GREEN 1954). Mit Hilfe von radioaktivem Wasser (Tritiumoxyd) kann gezeigt werden, daß die Synthese von Zellwandsubstanzen nur auf der Innenseite der Membran erfolgt, wodurch ein Intussusceptionswachstum der äußeren Wandlamellen ausgeschlossen werden muß (GREEN 1958a, 1958b). Beim Sporangiophor wächst jedoch bloß eine bestimmte Zone (CASTLE 1937), die in Abb. 75 in den verschiedenen Entwicklungsstadien punktiert angedeutet ist. Bei beiden Objekten weist die ausgewachsene Wand eine schraubige Streifung der Oberfläche auf.

Beim örtlichen Zellwandwachstum des Sporangiophors von *Phycomyces* soll näher auf das Schraubenwachstum eingegangen werden. Abb. 75 unterscheidet nach CASTLE (1953) 4 Entwicklungsstadien. Während der ersten Stunde weist der einzellige zukünftige Sporangienträger als etwa 100 μ weite Röhre ein reines Spitzenwachstum auf, wobei nur die Zellspitze wächst; dann erfolgt eine Aufblähung der Zellspitze (Stadium II), und das Sporangium wird ausdifferenziert (Stadium III). Während den Stadien II und III steht das Längenwachstum still, setzt dann aber aufs neue ein, wobei sich eine Wachstumszone etwa 1 mm unter dem Sporangium ausbildet; in diesem Stadium IV wächst das Sporangiophor stunden- oder sogar tagelang mit einer maximalen Geschwindigkeit von 3 mm/Std bei 25° C und wird dabei viele Zentimeter lang. In Abb. 75 ist nur der Anfang dieser sog. großen Wachstumsperiode dargestellt.

Während des ganzen Längenwachstums rotiert die Zellspitze, und zwar von oben betrachtet im Sinne des Uhrzeigers; nur wenn das unterbrochene Längenwachstum nach Stadium III wieder aufgenommen wird, erfolgt für kurze Zeit eine Rotation entgegen dem Uhrzeigersinne (Stadium IV b), die aber für die ganze folgende große Wachstumsperiode alsbald wieder von der ursprünglichen Linksdrehung abgelöst wird (OORT und ROELOFSEN 1932).

Die durch Markierung oder anhand der Oberflächenstreifung feststellbare Schraubung ist stark von äußeren Wachstumsbedingungen abhängig, ihr Steigungswinkel schwankt entsprechend zwischen einigen wenigen Graden und 40°!

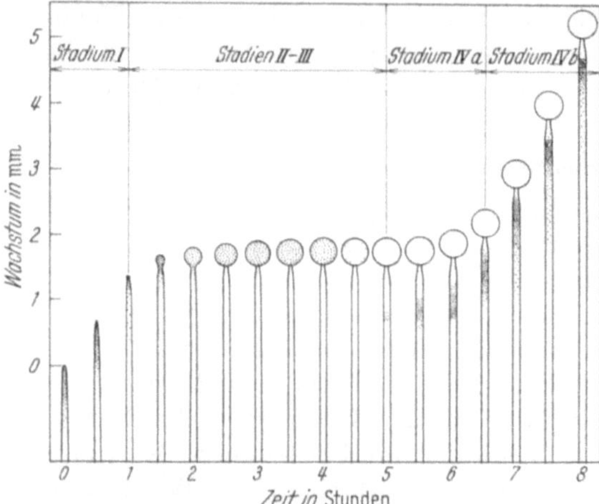

Abb. 75. Schraubenwachstum des Sporangiophors von *Phycomyces* (CASTLE 1953). Wachstumsintensität der wachsenden Zellwandbereiche durch verschieden starke Punktierung angedeutet. Das Sporangium wird während des Streckungswachstums des Stadiums *IV b*, das tagelang andauern kann, von oben gesehen im Sinne des Uhrzeigers gedreht, während es sich im Stadium *IV a* vorübergehend im umgekehrten Sinne drehen kann

Der innere Bau der Zellwand zeigt keinerlei Übereinstimmung mit dieser äußeren Schraubung. Man findet eine ungefähr achsenparallel ausgerichtete Paralleltextur der Sekundärwand, überdeckt von einer aus mehreren Lamellen bestehenden Primärwand (Abb. 71 und 72) mit Streuungstextur (FREY-WYSSLING und MÜHLETHALER 1950); in der innersten dieser Lamellen liegen die Mikrofibrillen mit recht geringer Streuung ungefähr transversal (ROELOFSEN 1950/51). Obschon die Gerüstsubstanz in dieser Zellwand nicht aus Cellulose, sondern aus Chitin besteht, zeigt die submikroskopische Morphologie in jeder Beziehung und sogar hinsichtlich der Mikrofibrillendicke(150—250A)

das gleiche Bild wie in den Zellwänden der höheren Pflanzen. Man darf daher schließen, daß auch in diesem Falle ein Multi-Netz-Wachstum stattfindet.

Auch in der Zellwand von *Nitella* verlaufen die Mikrofibrillen im Gegensatz zur Oberflächenstreifung nie schraubig, sondern ungefähr transversal (GREEN und CHAPMAN 1955).

Für die Erscheinung des Schraubenwachstums ist einerseits die Wandstruktur (PRESTON 1948, MIDDLEBROOK und PRESTON 1952) und andererseits die Aktivität der membranogenen Schicht des Cytoplasmas (FREY-WYSSLING 1952a, S. 236) verantwortlich gemacht worden. Falls die Wandstruktur ausschlaggebend ist, muß der Streuungstextur der Primärwand eine Schraubungstendenz zukommen. ROELOFSEN (1950/51) konnte mit großer Mühe eine sehr flache Z-Schraube feststellen (Kongorotdichroismus, Auslöschungsrichtung, Torsion bei künstlicher Dehnung). Wie wenig diese Schraube geneigt ist, geht wohl am besten daraus hervor, daß MIDDLEBROOK und PRESTON (1952) ebenfalls im Polarisationsmikroskop anstatt einer Z-Schraube eine sehr flache S-Schraube fanden! Dies deutet darauf hin, daß nur eine unbedeutende Schraubung vorliegt, wie sie in jeder Zelle durch die Verschiebungen der Mikrofibrillen in den äußeren Primärwandlamellen als Folge des Multi-Netz-Wachstums auftritt. Wenn der Grund zur Rotation in dieser Struktur liegen würde, müßte das Schraubenwachstum ganz allgemein auftreten, was bislang noch nicht nachgewiesen ist.

Ich habe daher versucht, die Wandbildung für das Schraubenwachstum verantwortlich zu machen. Wenn das im letzten Abschnitt beschriebene Intussusceptionswachstum der Matrix, das den Dehnungsdruck erzeugt, in der Wachstumszone nicht rotationssymmetrisch als sich axial verschiebender Ring erfolgt, sondern in der membranogenen Schicht *schraubig* fortschreitet, muß sich ein Schraubenwachstum ergeben. CASTLE (1953) hat diese Möglichkeit mit der Markierung der Zelloberfläche geprüft, konnte jedoch keine lokalen Wachstumszentren in der Wachstumszone feststellen. Hierzu ist zu bemerken, daß die Wandoberfläche nach der Multi-Netz-Theorie das Wachstum der membranogenen Schicht gar nicht aktiv mitmacht, sondern passiv gedehnt wird. Sie zeigt uns daher nur die Dehnungsresultante der sich in der Tiefe abspielenden Vorgänge. Durch ihre Inertie können die äußeren Lamellen und die Cuticula lokale Vorgänge an der Plasmaoberfläche nicht in allen Einzelheiten widerspiegeln. Der Einwand von CASTLE ist daher kein Beweis gegen ein schraubiges Fortschreiten der Intussusceptionswelle im wachsenden Sporangiophor. Wenn man bedenkt, daß der Umfang der aktiven membranogenen Schicht $2\pi \cdot 100\,\mu$, d. h. über $^1/_2$ mm, beträgt, so ist kaum anzunehmen, daß das Wachstum auf diesem ganzen Umkreis überall auf genau gleicher Höhe erfolgt. Wenn aber irgendeine Stelle nur wenig voraneilt, ergibt sich eine Wachstumsschraube.

Hinsichtlich der Intussusception deckt sich meine Meinung übrigens mit den Ausführungen von ROELOFSEN (1949/50), nur kann es sich nicht um eine Zwischenlagerung von Mikrofibrillen handeln, da ja jene Art von Wandwachstum durch die Multi-Netz-Theorie widerlegt ist; man muß deshalb auf das Flächenwachstum der Matrix in der membranogenen Schicht des Cytoplasmas zurückgreifen.

Trotz der Querrichtung der Mikrofibrillen kann in der innersten Lamelle die notwendige Neubildung der Matrix schraubig fortschreiten. Auf diese Weise würde sich erklären, warum die bei Turgoränderungen festgestellten Torsionen viel auffälliger sind als der nur eben angedeutete Schraubeneffekt der optischen Anisotropie.

Extraplasmatisches Wachstum

Von besonderem Interesse sind die Zellwände oder Teile derselben, die ohne direkten Kontakt mit dem Cytoplasma außerhalb des Zelleibes wachsen. Als erstes Beispiel sollen die flüchtige Terpene (ätherische Öle) produzierenden Köpfchenhaare der Labiaten erwähnt werden, die auf den oberirdischen Organen von *Hyssopus, Lavandula, Melissa, Mentha, Plectranthus, Pogostemon, Rosmarinus, Salvia, Thymus* usw. vorkommen. Die kugelige Exkretionszelle dieser gestielten Drüsen ist sehr plasmareich. Sie produziert das flüssige ätherische Öl und schiebt es zusammen mit einer wäßrigen Phase durch die Primärwand nach außen ab. Da die Cuticula für die ätherischen Öle nur wenig durchlässig ist, wird sie von der unter ihr liegenden Zellwand abgehoben. Das Exkret in der entstandenen subcuticularen Kammer erscheint nur selten homogen; in der Regel ist es eine wabige Emulsion. Da andererseits kein ätherisches Öl im

Cytoplasma nachgewiesen werden kann, ist die Frage diskutiert worden, ob die Terpene eventuell extracellular durch „Schleime" synthetisiert werden („resinogene Schleimschicht" TSCHIRCHs 1889, TUNMANN-ROSENTHALER 1931). WENZL (1935) wies indessen nach, daß die wäßrige Phase zwischen den Öltröpfchen kein Membranschleim, sondern eine Flüssigkeit von sehr niedriger Viscosität ist.

Die Cuticula kann durch das Exkret so weit aufgebläht werden, daß sie leicht platzt. In der Regel ist dies jedoch nicht der Fall; die charakteristischen Duftstoffe der verschiedenen Lippenblütler können auch ohne Verletzung der Cuticula durch Diffusion ins Freie gelangen (WENZL 1935). Die Oberfläche der Cuticula kann während der Exkretion bis 8mal vergrößert werden

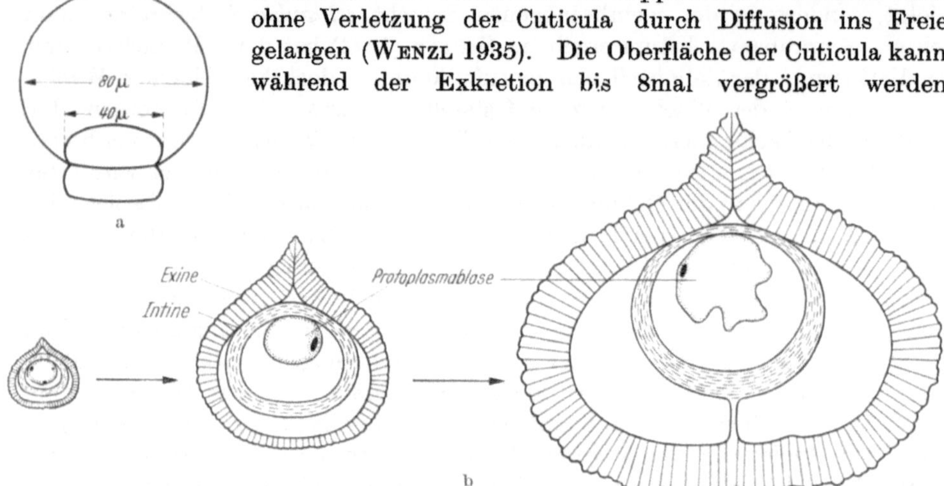

Abb. 76a u. b. Extracellulares Wandwachstum. a Cuticula des Drüsenhaares einer Labiate (nach WENZL 1935). b Entwicklung der Exine der Makrospore des Moosfarns *(Selaginella helvetica)* (nach FITTING 1900)

(Abb. 76a). Diese Oberflächenzunahme ist keine elastische Dehnung, denn die Cuticula federt bei einer Verkleinerung des Zellinhaltes durch Plasmolyse nicht zurück, sondern sie legt sich in Falten und wird zerknittert. Ebenso wenig handelt es sich um eine plastische Dehnung, weil die Dicke der Cuticula dabei auf $^1/_8$ absinken müßte, was nicht der Fall ist. Die Cuticula muß daher bei der Bildung des subcuticularen Raumes als Behälter für die Produkte der Exkretionstätigkeit mitwachsen. Dies ist auf zwei verschiedene Weisen denkbar: Entweder ist die Exkretemulsion befähigt, Cutin zu produzieren, woran WENZL zu denken scheint, oder die Exkretzellen scheiden an ihrer Basis, wo die Cuticula nicht von der Primärwand abgehoben ist, in üblicher Weise Cutin aus, welches das Flächenwachstum der Cuticula ermöglicht. Dies wäre somit eine plastische Oberflächenvergrößerung, die vom Verwachsungsrande der Cuticulablase aus genährt würde. Ein solches Randwachstum, das mit Hilfe von Markierungen zu beweisen wäre, hätte nichts gemein mit der Theorie von KLUG (1926), nach welcher vor der Aufblähung der Cuticula Cutin in Form von Falten für deren Oberflächenvergrößerung bereitgestellt sein soll; sondern die Cutinbildung würde gleichzeitig mit der Exkretproduktion erfolgen, indem die Drüsenzellen an ihrer Oberfläche dort, wo sich die Cuticula abhebt, Terpene bildeten, wo diese jedoch mit der Primärwand verbunden bleibt, Cutin produzierten. Wie diese Überlegung zeigt, ist es nicht unbedingt nötig, die Synthese von Terpenen und Cutin in den sub-

cuticularen Raum hinaus zu verlegen, wo wegen der Abwesenheit von Cytoplasma und Kern wohl kein differenzierter Stoffwechsel stattfinden kann. Es
würde sich dann beim aktiven Wachstum der Cuticula der Köpfchendrüsen
eigentlich nicht um ein echtes, sondern nur um ein scheinbares extracellulares
Wachstum handeln. Dies kann jedoch nicht mit Sicherheit bewiesen werden,
denn es sind Fälle bekannt, wo Wandsubstanzen ohne jeden direkten Kontakt
mit dem Cytoplasma aufgebaut werden.

Ein frappantes Beispiel ist die Bildung des Sporoderms der Makrospore von
Selaginella (FITTING 1900). Schon in sehr frühen Entwicklungsstadien besteht
die zukünftige Wand aus 2 Schichten, die mit der Exine und der Intine der
Pollenkörner homologisiert werden können. Sie sind indessen durch einen Saft-
raum voneinander getrennt, so daß man sie als Exospor und Mesospor voneinander unterscheidet. Im Innern des Mesospors füllt das Protoplasma wiederum
nicht den ganzen zur Verfügung stehenden Raum aus, sondern es ist um einen
Pol der sich entwickelnden Spore zusammengeballt und vom Mesospor durch
eine wäßrige Flüssigkeit getrennt (Abb. 76b). Der Durchmesser dieses Systems
versechsfacht sich im Laufe der Sporenentwicklung, so daß dessen äußere Oberfläche also auf das 36fache anwächst. Dabei nimmt nicht nur die Oberfläche,
sondern auch die Wanddicke des Meso- und namentlich jene des Exospors um
ein Vielfaches zu. Ein Kontakt der beiden Sporenhäute mit dem Protoplasma
ist nur am Pole, wo sich dieses anhäuft, möglich. Wie die Wandschichten in die
Fläche und gleichzeitig in die Dicke wachsen, ist daher rätselhaft. Die Flüssigkeit zwischen Plasma und Mesospor ist eine serumartige Lösung, denn es lassen
sich Eiweißstoffe aus ihr ausfällen. Man kann sie zur Not als sehr verdünntes
Plasma auffassen oder doch als Flüssigkeit, die aus dem Plasma stammende
wandstoffbildende Substrate und Enzyme enthält. Über die Flüssigkeit zwischen
Mesospor und Exospor ist indessen nichts bekannt, und da die Oberfläche des
Exospors während der Makrosporendifferenzierung ein charakteristisches Relief
annimmt, liegt hier das gleiche Problem der morphogenetischen Fernwirkung
vor wie bei der Gestaltung der hochdifferenzierten Exine der Mikrosporen des
Pollens (s. S. 60).

Sowohl die Pollenkörner wie die zur Diskussion stehenden Makrosporen
entwickeln sich in einer Flüssigkeit, die von der Tapetenschicht umgeben ist.
Man muß daher annehmen, daß das Tapetum eine Drüsentätigkeit entfaltet,
und daß seine Zellen die Monomeren für den Aufbau des Sporopollenins der
Exosporenwand ausscheiden. Die Fermente, welche die Polymerisation dieser
Stoffe auslösen, müßten dann in der wachsenden Sporenwand vorhanden sein,
und ihre Bausteine müßten durch das Exospor in geeigneter Weise angezogen
werden. FITTING (1900) wies darauf hin, daß ein solches Wachstum nur durch
Intussusception erfolgen könne. Offenbar ist das hierdurch bewirkte Flächenwachstum des Exospors größer als jenes des Mesospors, so daß sich die beiden
Wandschichten schon sehr früh voneinander ablösen.

In den Mikrosporangien kann in Sonderfällen durch Verschmelzung nackter
Zellen ein echtes Periplasmodium entstehen, das die sich entwickelnden Mikro-
sporen umgibt und offenbar die Funktion des fehlenden Tapetums übernimmt
(WULFF 1939). Solche Beobachtungen scheinen dafür zu sprechen, daß die

Bildung der Exine weniger durch Ausscheidung aus dem Innern der Mikrosporen selbst, sondern durch Auflagerung von außen her erfolgt.

Ganz anderer Art ist das extracellulare Zellwandwachstum bei der Bildung des Fruchtkörpers (Sorokarp) der Schleimpilze. Am besten untersucht sind die Verhältnisse während der Entstehung des Fruchtträgers (Sorophor) von *Dictyostelium*. Dieser Myxomycet bildet Pseudoplasmodien, d. h. die einzelnen Myxamöben geben ihre Individualität im Zell-Lager des vegetativen Zustandes nicht auf. Wenn ein solches Pseudoplasmodium zur Fruchtkörperbildung schreitet, entsteht nach einer charakteristischen Wanderphase ein Tropfen, dessen Scheitel senkrecht in die Höhe zu wachsen beginnt. Im Innern der aufwärts strebenden Papille erscheint parallel zu ihrer vertikalen Achse eine hohlzylindrische doppelbrechende Wand, die später zur Scheide des Sorusträgers wird (RAPER und FENNEL 1952). Am Aufbau dieser extracellularen Wand beteiligen sich zahlreiche nackte Zellen (Abb. 77 a). An der Basis des Hohlzylinders verwandeln sich die Myxamöben in behäutete Zellen, die sich vacuolisieren; durch ihre Volumenvergrößerung entsteht wie in einem Kamin eine Aufwärtsströmung, welche weiter oben die Myxamöben, die an der Wand haften, in eine cha-

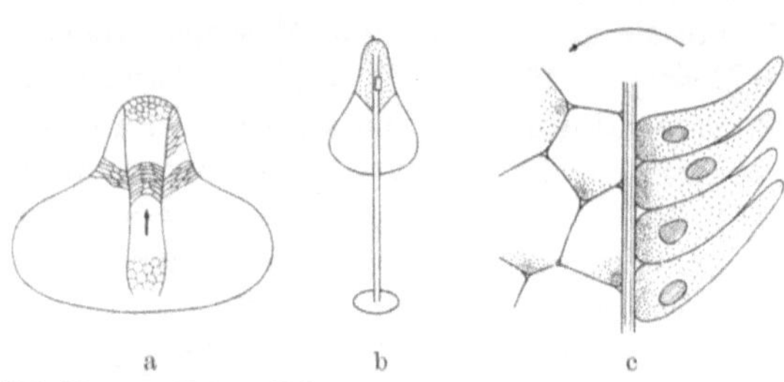

Abb. 77a—c. Extracellulares Wandwachstum bei der Bildung des Sorusträgers des Schleimpilzes *Dictyostelium discoideum* (nach RAPER und FENNEL 1952 sowie BONNER, CHIQUOINE und KOLDERIE 1956, gez. v. K. MÜHLETHALER). a Anlage der Wand im Pseudoplasmodium. Pfeile geben Strömungsrichtung an. b Bildung des Sorophors. c Cytologischer Bau des in b durch ein kleines Rechteck angedeuteten Bezirkes. Nachweis von Polysacchariden (schwarz) in den die Wand sezernierenden Zellen

rakteristische schiefe Stellung drängt. Auch auf der Außenseite der künftigen Fruchtträgerscheide herrscht eine Aufwärtsströmung (Abb. 77 c), indem die peripheren Myxamöben nach oben wandern und in den offenen Trichter der Hohlzylinderwand eintreten, um sich an deren Bau zu beteiligen. Auf diese Weise wächst der etwa 50 μ breite Stiel, bis er eine Länge von einigen Millimetern erreicht hat. Durch sein Spitzenwachstum wird der um den Fruchtträger lagernde Plasmodiumtropfen über das Substrat emporgehoben und schreitet dann zur Sporenbildung (Abb. 77 b). Die nötige Festigkeit des Trägers wird erreicht, indem sich alle Zellen in seinem Innern behäuten, vacuolisieren und lückenlos zusammenschließen, um so miteinander ein turgescentes Pseudoparenchym zu bilden.

Nach den elektronenmikroskopischen Untersuchungen MÜHLETHALERs (1956) weisen die Parenchymzellwände die Streuungstextur von Primärwänden auf, während der extracellularen Trägerscheide eine Paralleltextur parallel zur Stielachse zukommt. Die Mikrofibrillen bestehen auf Grund der wenigen Analysen aus der Gerüstsubstanz Cellulose II (s. S. 113). Wenn man die Tätigkeit einer einzelnen Myxamöbe verfolgt, so kann sie sich erst an der Bildung einer extracellularen Paralleltextur beteiligen, um später, wenn sie in das Innere des Trägers gelangt ist, sich mit einer Primärwand zu behäuten. Dieses Beispiel zeigt, daß die normale Entwicklung mit der anfänglichen Bildung einer locker geflochtenen Primärwand, gefolgt von der Erzeugung einer Cellulosewand mit dichtgepackter Gerüstsubstanz, keine Naturnotwendigkeit ist, sondern daß die Ausbildung der Membrantexturen offenbar den zu erwartenden mechanischen Bedürfnissen entspricht.

Über den Mechanismus der Entstehung der extracellularen Scheidenmembranen ist man durch BONNER, CHIQUOINE und KOLDERIE (1956) gut unterrichtet. Die membranerzeugenden Myxamöben bilden zusammen eine Art Drüsenepithel, dessen Zellen auf ihrer der künftigen Wand zugekehrten Seite reichlich Polysaccharide enthalten (Abb. 77c), die durch eine spezielle Schiff-Reaktion nachgewiesen werden (GOMORI 1952). Sie bestehen weder aus Stärke noch aus Glykogen, welche Reservestoffe vorgängig durch Inkubation mit Speichel entfernt worden sind. Es dürfte sich daher um Oligosaccharide handeln, die die Monomeren für die Cellulosesynthese liefern. Ferner ist in diesen Zellen alkalische Phosphatase angereichert, die voraussichtlich für die Energieübertragung und die Zuckerphosphorylierung eine Rolle spielt.

Man muß sich vorstellen, daß die Cellobiose in einer extracellularen Schleimschicht (Matrix) kristallisiert. Es ist indessen ausgeschlossen, daß die Epithelzellen makromolekulare Celluloseketten ausscheiden. Vielmehr muß angenommen werden, daß Glucose oder eventuell eine Triose an Ort und Stelle polymerisieren und gleichzeitig kristallisieren. Falls Zuckerphosphate ausgeschieden würden, müßte sich Phosphat in der Zellwand anhäufen, was nicht der Fall ist. Wenn deshalb die Polymerisation wie bei der Stärke von phosphorylierten Zuckern ausgeht, muß die Dephosphorylierung im Kontakt mit der Zelloberfläche erfolgen.

Die Bakterie *Acetobacter xylinum* (= *Bacterium xylinum*) vermag extracellular aus in der Nährlösung enthaltener Glucose Cellulosemikrofibrillen aufzubauen (Abb. 83, 84), die in ihrer Morphologie völlig mit jenen aus Zellwänden übereinstimmen (FREY-WYSSLING und MÜHLETHALER 1946, MÜHLETHALER 1949b). Die Elementarfibrillen sind anfänglich ganz kurz; sie verlängern sich proportional der Zeit durch Spitzenwachstum, wobei sie ihren Durchmesser unverändert beibehalten (COLVIN, BAYLEY und BEER 1957). Eine Cellulosesynthese ohne Kontakt mit lebenden Zellen scheint daher möglich. HESTRIN und SCHRAMM (1954) haben indessen mit gefriergetrockneten Präparaten dieser Bakterien gezeigt, daß die die Cellulosesynthese katalysierenden Fermente nicht ausgeschieden werden, sondern auf der Zelloberfläche sitzen. Für den Celluloseaufbau ist nicht nur Glucose, sondern auch Sauerstoff unerläßlich, so daß es sich also um einen aerobiontischen Vorgang handelt. Ferner scheinen Hexosephosphate im Spiele zu sein (SCHRAMM, GROMET und HESTRIN 1957). Nach GLASER (1957) gibt es ein Ferment, das Uridindiphospho-Glucose spaltet, wobei die Glucosereste zu Cellulose polymerisieren sollen. Isotopenversuche führen jedoch zum Schluß, daß die Glucosemoleküle nicht direkt als Monomere in die Celluloseketten eingebaut, sondern vorerst in kleinere Einheiten gespalten werden, aus denen dann die Cellulose aufgebaut wird (SCHRAMM 1955). Tatsächlich synthetisieren Trockenpräparate von *Acetobacter xylinum* Cellulose auch aus Dioxyaceton oder Glycerin.

c) Zusammenfassung über das Zellwandwachstum

Die junge Zellwand besteht aus einer *Grundsubstanz* (Matrix), in welcher die *Gerüstsubstanzen* (Cellulose, Chitin) in Form kristalliner Mikrofibrillen eingebettet sind; bei Kontakt mit Luft wird sie nach außen durch *Adkrusten* (Cuticula) abgedeckt.

Durch ihre ausgesprochene optische und mechanische Anisotropie sowie durch ihre Sichtbarkeit im Elektronenmikroskop sind die submikroskopischen Mikrofibrillen bei der Verfolgung der Wachstumsvorgänge der Untersuchung besser zugänglich als die übrigen Wandsubstanzen. Sie entstehen in einer Schicht von Grundsubstanz, die im Kontakt mit der Plasmaoberfläche steht. Eine genaue Grenze zwischen dem eiweißhaltigen Cytoplasma und der eiweißfreien Grundsubstanz läßt sich nicht angeben, so daß die ganze am Aufbau der Membran beteiligte periphere Zellpartie als membranogene Schicht bezeichnet werden muß. Die Mikrofibrillen polymerisieren und kristallisieren an Ort und Stelle aus mikromolekularen Einheiten, die nach den Befunden bei *Acetobacter* eventuell sogar kleiner als das Glucosemolekül sind. In kugeligen Zellen (z. B. *Valonia*) entstehen die Mikrofibrillen in allen möglichen Richtungen, wobei sie sich, gemessen an ihrem Durchmesser allerdings in ansehnlichen Abständen (Abb. 3, S. 7), gegenseitig durchflechten. Soll die Zelle jedoch eine andere Form annehmen, so werden sie in Richtung der größten Tensoren des künftigen Spannungsfeldes angelegt. Es herrscht somit eine weitgehende Analogie mit der Ausrichtung der Kollagenfasern im wachsenden Knochen.

In zylindrischen Zellen verläuft diese Spannung quer zur Zellachse (S. 307), so daß die innersten Mikrofibrillen beim Streckungswachstum ungefähr quer eingebaut werden. Nachdem sie gebildet sind, werden sie nachträglich durch das Flächenwachstum der Zellwand umorientiert und können bei ausgesprochenem Längenwachstum ihre Richtung schließlich um 90° ändern. Während dieser Umorientierung gelangen auf der vergrößerten Innenfläche der Zellwand fortlaufend neue, quer verlaufende Mikrofibrillen zur Ausscheidung (Multi-Netz-Wachstum). Das Fibrillengerüst ändert daher seine Orientierung von innen nach außen kontinuierlich (Abb. 68). Gleichzeitig wird es außen durch die Oberflächenvergrößerung aufgelockert, da in einem gewissen Abstande von der Plasmaoberfläche *keine* neuen Mikrofibrillen mehr gebildet werden. Bei starkem Flächenwachstum kann das Fibrillengeflecht der äußersten Lagen daher vollkommen desorganisiert oder sogar zerrissen erscheinen. Bei diesen Vorgängen muß die Matrix als plastische Substanz ein Übereinandergleiten der verschieden tief liegenden Mikrofibrillen erlauben.

Man kann das Flächenwachstum der pflanzlichen Zellwand als eine ständige *Häutung* bezeichnen, denn jede gebildete Hautlamelle wird nach außen abgeschoben und durch eine etwas tiefer gelegene neue und größere Haut ersetzt, wie dies besonders deutlich beim Teilungswachstum zu beobachten ist. Trotz dieser Feststellung läßt sich in der Primärwand nur selten eine Lamellierung erkennen (z. B. Abb. 71), da die „Häutung" nicht periodisch, sondern gewissermaßen kontinuierlich erfolgt.

Anders liegen die Verhältnisse bei der Sekundärwand, welche in der Regel mikroskopisch oder submikroskopisch lamelliert erscheint. In ihr herrschen die Gerüstsubstanzen vor, und die Grundsubstanz tritt zurück. Die Mikrofibrillen werden parallelisiert und so dicht gepackt, daß sie sich miteinander verbändern, wobei sie die Matrix abdrängen. Da sich dieser Vorgang periodisch wiederholt, entsteht eine Schichtung von Gerüstsubstanz und tangentialen

Zwischenlamellen von stärker quellbarer Substanz, die als Rest der Matrix mengenmäßig allerdings nicht ins Gewicht fällt.

Erstaunlich ist das Flächenwachstum gewisser Sekundärwände *(Valonia)*. Es kommt dadurch zustande, daß die äußeren Lamellen unter dem ständig wirkenden Wachstumsdrucke durch die laufende Apposition vergrößerter neuer Lamellen ausgezogen werden, bis sie bersten. Dabei spielen zweifellos die Reste der Grundsubstanz als plastisches Zwischenlamellen-Schmiermittel eine entscheidende Rolle. Man kann den ganzen Vorgang mit dem sekundären Dickenwachstum der Bäume vergleichen, wo durch die Tätigkeit des Cambiums die äußeren Gewebe ebenfalls mehr und mehr gedehnt werden, bis deren Zellen ihr Lumen weitgehend verlieren und völlig abgeplattet erscheinen.

Die alte Streitfrage, ob die pflanzlichen Zellwände durch Apposition oder durch Intussusception wachsen, muß daher hinsichtlich der Gerüstsubstanzen sowohl für die Primär- als auch für die Sekundärwand eindeutig zugunsten der Anlagerungstheorie entschieden werden. Anders verhält es sich dagegen mit der Grundsubstanz. Nur durch Einlagerung neuer Matrixmoleküle in die membranogene Schicht ist ihr Flächenwachstum denkbar. Ferner muß diese Intussusception durch beträchtliche Kräfte chemischer Art erfolgen, um den nötigen Wachstumsdruck zu entwickeln. Nur weil die Primärwand vornehmlich aus Grundsubstanz, die Sekundärwand dagegen zur Hauptsache aus Gerüstsubstanz besteht, darf man in grober Näherung bei der ersten von Einlagerungswachstum, bei der zweiten dagegen von Anlagerungswachstum sprechen. Richtig ist eine solche Einteilung jedoch nur, wenn man die Gerüstsubstanz der Primärwand von der Intussusception ausnimmt.

Die Adkrusten wachsen ebenfalls durch Intussusception, denn die Cuticula sich streckender Zellen bleibt trotz der Flächenvergrößerung gleich dick oder sie wird sogar dicker. Dabei müssen die Aufbaustoffe durch die Sekundärwand hindurch ausgeschieden werden (Ergußwachstum). Bei der Exinenbildung der Sporen (Exospor) scheinen sie sogar vom Tapetum her durch weite Intercellularräume zu wandern und exogen in die wachsende Wand aufgenommen zu werden.

Das Intussusceptionswachstum der Grundsubstanz führt zur Frage, inwieweit die Zellwand als *lebend* zu betrachten ist. Es ist bereits erwähnt worden, daß zur Zeit keine Möglichkeit besteht, in der membranogenen Schicht eine genaue Grenze zwischen Cytoplasmaoberfläche und gebildeter Grundsubstanz zu ziehen. Sicher ist auf Grund von Plasmolyseversuchen, daß die Zellwände während ihrer Differenzierung mit dem Cytoplasma verwachsen sind, so daß dieses nicht von ihnen abgelöst werden kann. Es sind zwei Möglichkeiten dieser Verschmelzung denkbar. Entweder verwandelt sich periodisch oder kontinuierlich die Oberflächenschicht des Cytoplasmas unter Rückzug der Stickstoffverbindungen direkt in Grundsubstanz, in welchem Falle die auftretenden, sehr beträchtlichen Flächenwachstumskräfte als Ergebnis chemischer Umsetzungen verständlich würden; oder die Plasmaoberfläche scheidet, ähnlich wie sie lipophile Oberflächenfilme bilden kann, die Grundsubstanz an ihrer Oberfläche aus. Die Größe des Intussusceptionsdruckes wäre dann weniger leicht verständlich, und man müßte sich fragen, ob etwa die Plasmaoberfläche mosaikartig beschaffen sei, so daß in gewissen Oberflächenpartien Grundsubstanz, in anderen dagegen Gerüstsubstanz gebildet würde; entgegen obiger Feststellung wären dann beide Wandbestandteile am Intussusceptionswachstum beteiligt. Gegen eine solche Auffassung spricht nun die Tatsache, daß die Mikrofibrillen nicht streng oberflächenparallel, sondern unter verschiedenen Winkeln zur Plasmaoberfläche verlaufen, wobei sie sich gegenseitig durchweben (Abb. 2, S. 6). Man muß aus diesem Grunde annehmen, daß sie ähnlich wie Kristallnadeln in einer Matrixschicht von ansehnlicher Dicke anschießen; sie können daher nicht gleichzeitig mit der Grundsubstanz an einer definierten Oberfläche ausgeschieden werden. Ich gebe deshalb der zuerst erwähnten Umwandlungstheorie den Vorzug, nach welcher eine submikroskopische Oberflächenschicht des Cytoplasmas in sich selbst große Mengen Grundsubstanz produziert und darauf, während sich die stickstoffhaltigen Enzyme aus dieser Schicht zurückziehen, die Mikrofibrillen der Gerüstsubstanz nach einem ähnlichen Prinzip wachsen läßt, wie es bei der Bildung der extracellularen Bakteriencellulose von *Acetobacter xylinum* beobachtet wird, wobei sich jedoch eine Zielstrebigkeit der Fibrillenorientierung geltend macht.

Besonders auffällig ist die Lebenstätigkeit der wachsenden Membran, wenn die Differenzierung von Plasmodesmen (Abb. 58, S. 76), Tüpfeln (Tafel IV und V, S. 68, 72) oder Wanddurchbrechungen einsetzt. Die ganze Morphogenese der Zellwand und die Ausbildung der verschiedenen Zellformen wird unter Mitwirkung des Kernes vom Cytoplasma aus geleitet, und bei den erwähnten Differenzierungen können wir einen Teilprozeß dieses Geschehens submikroskopisch verfolgen. Bereits niedergelegte Mikrofibrillen werden zu gröberen Strängen zusammengefaßt (Abb. 54, S. 72) oder über größere Areale weggeschoben (Abb. 65, S. 84), wobei die ursprünglich mehr oder weniger geradlinig verlaufenden Mikrofibrillen gebogen werden können. Diese Vorgänge sind nur denkbar, wenn man annimmt, daß lokal zwischen den Mikrofibrillen vermehrt Grundsubstanz produziert wird, indem nachträglich das Cytoplasma zwischen die bereits gebildeten Mikrofibrillen wieder eindringt und sie durch seine Wachstumstätigkeit auseinanderschiebt (Mosaikwachstum). Mikroskopisch sichtbar wird das Eindringen des Plasmas in die Wand bei den Plasmodesmen. Man kann nachweisen, daß diese Plasmaverbindungen erst nach dem Verwachsen der Zellplatte mit den Längswänden angelegt werden, und daß sie die von ihnen geschaffenen Poren nachträglich durch Bildung von Zirkularfibrillen an der Oberfläche der geschaffenen Plasmabrücken konsolidieren. Ektodesmen können sogar in epidermale Sekundärwände hinauswachsen, wobei die Kanälchen allerdings bis heute elektronenmikroskopisch noch nicht nachweisbar sind (S. 74).

Es unterliegt somit keinem Zweifel, daß die Zellwand lebender Zellen infolge der Nachbarschaft mit der Oberfläche des von ihr umschlossenen Protoplasten keine „tote" Haut vorstellt, sondern daß sie in das Stoffwechselgeschehen und in das Wachstum der Zelle mit einbezogen wird. Die Erscheinungen der Inkrustierung und der Adkrustierung führen dazu, daß man geradezu von einem Stoffwechsel der Zellwand sprechen muß, der indessen nicht von ihr selbst, sondern vom benachbarten Cytoplasma aus gelenkt wird.

Bei der Beurteilung des Lebenszustandes cytologischer Differenzierungsprodukte unterscheidet man zwischen *euplasmatischen, mesoplasmatischen, meta-*

plasmatischen und *alloplasmatischen* Bildungen. W. J. Schmidt (1937, S. 9) umschreibt diese Bezeichnungen wie folgt:

„a) *euplasmatisch: vorübergehende, vollkommen reversible Strukturierungen des Cytoplasmas* wie Polstrahlungen, Spindelfasern, Pseudopodien;

b) *mesoplasmatisch:* während des ganzen Lebens des Organismus *ausdauernde und für gewöhnlich irreversible Differenzierungen* des Cytoplasmas mit *lebhaftem Stoff- und Energiewechsel* wie Cilien, Flagellen, Schwanzfäden der Spermien, Myofibrillen;

c) *metaplasmatisch: dauernde* und für gewöhnlich *irreversible* Differenzierungen des Cytoplasmas mit *geringem Stoffwechsel* wie Stützfibrillen (Tonofibrillen, vielleicht auch Neurofibrillen);

d) *alloplasmatisch:* aus dem Cytoplasma hervorgegangene Differenzierungen die, *chemisch deutlich von ihm verschieden,* im fertigen Zustande *nur geringen oder gar keinen Stoffwechsel* zeigen, wie geformte und ungeformte Sekrete, Exkrete, Intercellular- und Cuticularsubstanzen, pflanzliche Zellmembranen."

Wie aus dieser Aufstellung hervorgeht, zählt W. J. Schmidt die pflanzlichen Zellwände zur letzten Gruppe. Die submikroskopische Morphologie führt zu einer Modifizierung dieser Anschauung. Auf Grund unserer heutigen Kenntnisse kann man wohl nur die kristallisierten Mikrofibrillen der Gerüstsubstanzen, die Inkrusten und Adkrusten zu den alloplasmatischen Gebilden rechnen, während sich die Grundsubstanz, die nachträglich, z. B. unter dem Einfluß von Auxin, vermehrt, bei Zellfusion wieder aufgelöst oder bei lysigenen Gewebeverschmelzungen unter Umständen chemisch umgewandelt werden kann, durchaus wie eine metaplasmatische Zelldifferenzierung verhält.

B. Biochemie der Zellwand

Die meisten Zellwandstoffe gehören zu den hochpolymeren Verbindungen (Staudinger 1932, Meyer und Mark 1940). Sie durchdringen sich in der Zellwand gegenseitig, und es ist daher oft schwer, sie unverändert aus ihrer Durchdringungsstruktur (Frey-Wyssling 1937c) herauszulösen. Entsprechend dem morphologischen Befunde kann man zwischen Grundsubstanzen (Matrix), in diese eingebetteten Gerüstsubstanzen, eingelagerten Inkrusten und aufgelagerten Adkrusten unterscheiden. Von allen diesen Stoffgruppen sind die Gerüstsubstanzen am besten bekannt, weil ihr kristalliner Bau die Untersuchung wesentlich erleichtert, und weil sie technisch von hervorragender Bedeutung sind. Zudem ist ihr Chemismus einheitlicher und etwas einfacher als jener der Matrix, so daß die Gerüstsubstanzen an erster Stelle besprochen werden sollen.

1. Gerüstsubstanzen

a) Cellulose

Chemismus

Konstitution. Die wichtigste pflanzliche Gerüstsubstanz ist die Cellulose $(C_6H_{10}O_5)_n$. Das Verständnis ihres Aufbaus setzt die Kenntnis der Molekularstruktur ihres Hydrolyseproduktes Glucose sowie die Art und Weise der Verkettung ihres Zuckers zu einem hochpolymeren Glucosan voraus. Wenn man

die Hexoaldosen ($C_6H_{12}O_6$) aliphatisch als offene Sechserketten schreibt, wobei
die C-Atome, beginnend mit der Aldehydgruppe, von 1—6 numeriert werden,
weist sie vier asymmetrische Kohlenstoffatome auf, die in der Formel I als
Kreuze ($\times$) angegeben sind. An diesen Stellen können die H- und OH-Gruppen

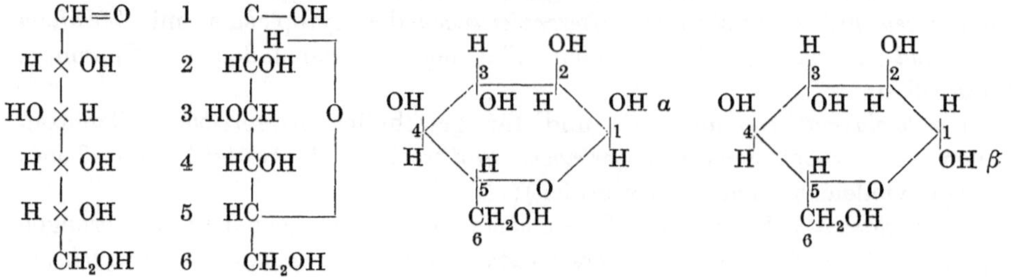

CH=O	1	C—OH
H $\times$ OH	2	HCOH
HO $\times$ H	3	HOCH
H $\times$ OH	4	HCOH
H $\times$ OH	5	HC
CH_2OH	6	CH_2OH
I		II
D-Glucose		D-Gluco-pyranose

α-D-Glucopyranose   III

β-D-Glucopyranose   IV

miteinander vertauscht werden, so daß es $4^2 = 16$ isomere Hexoaldosen gibt.
Von denen sind je zwei einander spiegelbildlich gleich, die als L- und D-Hexo-
aldosen unterschieden werden. In der Cellulose kommt die D-Glucose vor, die
in Formel I wiedergegeben ist.

Die Aldehydgruppe der Zucker ist befähigt, eine intermolekulare Brücke zu
einer Hydroxylgruppe zu schlagen (Halbacetalbildung). Bei der Glucose liegt
in der Regel ein 1-5-Ringschluß vor (II), wodurch ein sechszähliger Hetero-
zykel mit einer O-Brücke, die sog. Pyranose, entsteht. Dabei bildet sich am
ersten C-Atom eine OH-Gruppe, was zur Folge hat, daß auch es asymmetrisch
wird. Es gibt daher zwei verschiedene Konfigurationen der Hexosen je nach der
Anordnung der OH-Gruppe am ersten C-Atom, die als α- und β-Isomere unterschieden werden. In den Formeln III und IV ist die Stellung der OH-Gruppe
der α- und β-Glucose in der Schreibweise nach HAWORTH wiedergegeben. Diese
beiden Zucker sind von grundlegender Bedeutung, weil die α-Glucose die monomere Verbindung der Stärke und die β-Glucose jene der Cellulose vorstellen.
Die β-Glucose zeichnet sich dadurch aus, daß die alkoholischen OH-Gruppen
bei horizontal gedachter Ringebene abwechslungsweise nach unten und nach
oben weisen, während in der α-Glucose die OH-Gruppen des ersten und zweiten
C-Atoms gleichsinnig gerichtet sind. Dies hat weittragende Folgen bei der Polymerisation dieser Monomeren zu den hochpolymeren Molekülen der Stärke
und der Cellulose.

Die Polymerisation erfolgt durch Kondensation von zwei Alkoholgruppen unter
Wasseraustritt. In der Stärke und in der Cellulose geschieht diese Verätherung
zwischen den C-Atomen 1 und 4 benachbarter Monomerer. Wie Formel III
zeigt, kann die 1-4-Brücke ohne weiteres geschlagen werden, wenn man α-Glu-
cose-Moleküle nebeneinander reiht. Bei der β-Glucose weisen die OH-Gruppen
des ersten und des vierten C-Atoms jedoch nach verschiedenen Seiten, so daß
sie nur in Reaktionsnähe zueinander gebracht werden können, indem man
jedes zweite Ringmolekül um 180° um seine 1-4-Achse dreht. Dadurch wird
bei der Entstehung der Cellulose eine Kette gebildet, deren Symmetrie durch

eine zweizählige Schraubenachse bestimmt ist (Formel VI), während die Glieder in den Kettenmolekülen der Stärke durch einfache Translation ineinander übergeführt werden können (Formel V). Diese Symmetrieverhältnisse haben zur Folge, daß die Kettenmoleküle der Cellulose in Lösung gestreckt bleiben, während sich jene der Stärke schraubig aufrollen.

Wenn die Monomeren über die α-Stellung am ersten C-Atom miteinander verbunden sind, spricht man von α-glucosidischer, im anderen Falle wie bei der Cellulose dagegen von β-glucosidischer Bindung (V und VI). Da beide durch verschiedene Enzyme abgebaut werden, können die α-glucosidasischen Amylasen die Cellulose nicht angreifen; hierfür ist die β-Glucosidase Cellulase notwendig

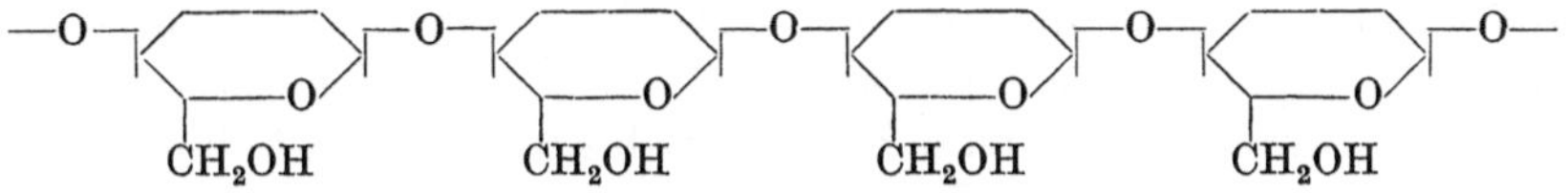

$$V \text{ Stärke } (\alpha\text{-glucosidisch})$$

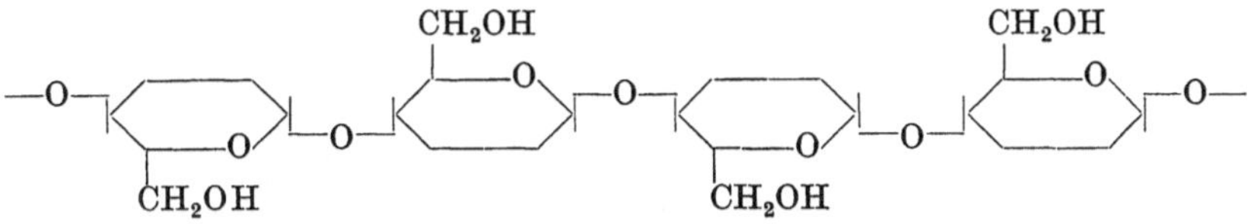

$$VI \text{ Cellulose } (\beta\text{-glucosidisch})$$

Das morphologische Motiv, das sich längs der Cellulosekette ständig wiederholt, ist nicht die β-Glucose selbst, sondern das Disaccharid Cellobiose. Seine Länge kann mit Hilfe der Röntgenanalyse (S. 213) bestimmt werden. Sie beträgt 10,3 A, so daß also ein Glucoserest $C_6H_{10}O_5$ als Kettenglied 5,15 A mißt.

Die Glucosereste der Cellulosekette tragen je eine primäre Alkoholgruppe $-CH_2OH$ am sechsten und zwei sekundäre Alkoholgruppen $>CHOH$ am zweiten und dritten C-Atom. Jene des ersten und vierten C-Atoms sind zur Glucosidbrücke $>CH-O-CH<$ veräthert. Die Aldehydgruppe verliert im Pyranosering ihr Reduktionsvermögen, wenn das erste C-Atom glucosidisch mit einem anderen Molekülrest verbunden ist. Dies hat zur Folge, daß von allen Glucoseresten der Cellulosekette nur der endständige mit freiem erstem C-Atom reduzierende Eigenschaften besitzt. In gewissen Abständen, z. B. an jedem hundertsten Glucoserest, erscheinen die primären Alkoholgruppen am sechsten C-Atom zu Carboxylgruppen oxydiert (E. Schmidt u. Mitarb. 1934). Ob diese Oxydation schon im natürlichen Zustande vorhanden ist oder erst bei der Isolierung und Aufarbeitung der Cellulose stattfindet, ist schwer zu entscheiden.

Polymerisationsgrad. Falls wie bei den Oligosacchariden nur wenige Ringe glucosidisch miteinander verbunden sind, kann aus ihrem Reduktionsvermögen gegenüber zweiwertigem Kupfer, der sog. Kupferzahl, auf den Polymerisationsgrad ihrer Verbindungen geschlossen werden. Bei den Celluloseketten ist indessen die Zahl der nicht reduzierenden Glucosereste so groß, daß die eine reduzierende Endgruppe völlig zurücktritt und daher nicht mit genügender Genauigkeit erfaßt werden kann, um den Polymerisationsgrad zu bestimmen.

Es ist daher wichtig, daß STAUDINGER (1932) eine einfache lineare Beziehung zwischen der Viscosität von Celluloselösungen und der Kettenlänge der Fadenmoleküle festgestellt und zur Bestimmung des Polymerisationsgrades herangezogen hat. Man findet mit dieser Methode bei nativer Cellulose aus Sekundärwänden (Flachsfasern) im günstigsten Falle Polymerisationsgrade bis gegen 8000 (SCHULZ und MARX 1954; MARX 1955). Da ein Glucoserest 5 A lang ist, können also bis 4 μ lange Fadenmoleküle in der Zellwand vorkommen. Vielleicht sind sie noch länger, werden jedoch beim Lösungsvorgang auf die im Viscosimeter erfaßbare Länge abgebaut. In der Regel liefern Fasercellulosen Werte von etwa 3000, während in den Primärwänden kürzere Ketten vom Polymerisationsgrad 1000 gefunden worden sind (s. Tabelle 2, S. 15).

Die Kettenlänge bestimmt die physikalischen Eigenschaften der Cellulosepräparate. Als Ergebnis des fraktionierten Aufschlusses der Zellwandcellulose mit Natronlauge unterscheidet man die schwer- bis unlösliche α-Cellulose von den löslichen β- und γ-Cellulosen. Nach STAUDINGER (1937) kommen diesen Präparaten die in Tabelle 10 verzeichneten Polymerisationsgrade zu, woraus sich die

Tabelle 10.　*Polymerhomologe Cellulosen* (STAUDINGER 1937)

	Polymeri-sationsgrad	Kettenlänge	Mechanische Eigenschaften	Fibrillen-bildungs-vermögen	Löslichkeit in 10% NaOH
Oligosaccharide γ-Cellulose	1—10	bis 50 A	Kristallpulver	fehlt	leicht löslich
Hemikolloide β-Cellulose	10—100	50—500 A	kurzfaserig, pulverisierbar	gering	ohne Quellung löslich
Mesokolloide α-Cellulose (Viskose-Seide)	100—500	500—2500 A	faserig, zugfest	gut	nach vorangehender Quellung zögernd löslich
Native α-Cellulose (Fasercellulose)	500—8000	0,25—4 μ	langfaserig, sehr zugfest	sehr gut	starke Quellung, unlöslich

angegebenen Kettenlängen berechnen lassen. Wie neuere Untersuchungen zeigen, enthält die γ-Cellulose-Fraktion zwar neben wenig Glucosanen hauptsächlich andere Polyosen (RÅNBY 1952a), die indessen alle vornehmlich aus Mikromolekülen bestehen. Die höher polymeren β-Cellulosen sind nach STAUDINGER hemikolloid und die α-Cellulose der Viscoselösungen mesokolloid. Nur die in Natronlauge unlösliche native Cellulose wird als „eukolloid" bezeichnet.

Die in Tabelle 10 aufgeführten β- und α-Cellulosen, die sich lediglich durch verschiedene Polymerisationsgrade und dadurch bedingte verschiedene Löslichkeiten und verschiedene technische Eigenschaften unterscheiden, bilden zusammen eine polymerhomologe Reihe.

Kristallbau

Kristallgitter der Cellulose I. Die Fadenmoleküle der Cellulose kommen in der Natur nie frei vor, sondern stets in einem mehr oder weniger gut geordneten Kettengitterverband. Große Teile dieses Verbandes sind ideal kristallisiert, so daß von Cellulosefasern ausgezeichnete Röntgendiagramme gewonnen werden können (s. S. 210). Aus diesen kann die Symmetrie des Kettengitters (Abb. 78) ermittelt werden. Es handelt sich um ein monoklines Kristallgitter, dessen parallel zu den Fadenmolekülen verlaufende b-Achse eine zweizählige Schraubenachse ist. Für die Dimensionen des Elementarbereiches, d. h. der kleinsten periodisch sich wiederholenden morphologischen Einheit, sind folgende Werte

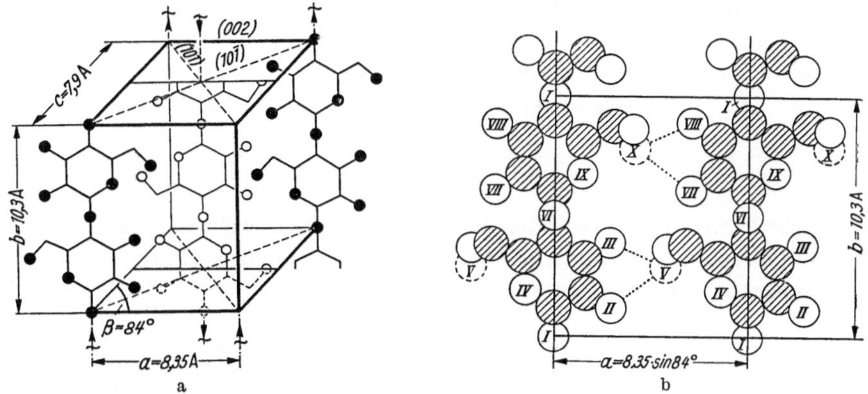

Abb. 78. a Elementarbereich des Cellulose I - Gitters nach MEYER und MISCH (1937). ⌄ Zweizählige Schraubenachse. b Projektion der (002) Ebene. Wasserstoffbindungen zwischen den O-Atomen *II, III, X* der einen Kette und den O-Atomen *V, VII, VIII* der Nachbarkette (nach K. H. MEYER). Die Rotation der punktiert angedeuteten O-Atome *V* und *X* um die Verbindungslinie des 5. und 6. C-Atoms als Achse bringt diese beiden O-Atome näher an den glucosidischen Sauerstoff einer Nachbarkette in der Ebene (101) heran

gefunden worden [auf die stark abweichende Elementarzelle von SEN und ROY (1954) kann in dieser Monographie nicht näher eingegangen werden]:

Der Elementarbereich umschließt einen Ausschnitt aus dem Kettengitter, welcher der Länge eines Cellobioserestes entspricht, der ja das sich wiederholende Motiv der Cellulosekette vorstellt. Die

	a in A	b in A	c in A	β
MEYER und MISCH (1937)	8,35	10,3	7,9	84°
LEGRAND (1948). . . .	8,16	10,28	7,83	84° 20'
KIESSIG (1950)	8,17	10,31	7,84	84° 5'
[SEN und ROY (1954) .	16,3	10,3	9,0	64°]

b-Achse, die als Faserperiode bezeichnet wird, umfaßt daher die Länge von 2 Glucoseresten. Der Elementarbereich wird von 2 Kettenmolekülen durchsetzt, die um $^1/_4$ Faserperiode, d. h. um etwa 2,6 A gegeneinander verschoben sind; ferner verlaufen diese beiden Ketten gegenläufig (antiparallel), so daß ihre aldehydischen Endgruppen in entgegengesetzten Richtungen zu suchen sind.

CARLSTRÖM (1957) macht darauf aufmerksam, daß die Celluloseketten nicht vollständig gestreckt sein können, sondern wegen des glucosidischen Bindungswinkels von 107° in den Sauerstoffbrücken gelenkartig geknickt sein müssen. Die Ketten müssen daher in der Faserrichtung zickzackförmig verlaufen (vgl. Chitin S. 128, Abb. 87b). Weitere Abänderungen des Cellulosegitters künden HONJO und WATANABE (1958) an, die bei — 100° C neue Interferenzen und einen starken Intensitätsunterschied zwischen den (hkl)- und $(\overline{h}\,\overline{k}l)$-Interferenzen entdeckt haben.

Die flachen Glucoseringe liegen in der durch die beiden Achsen a und b gebildeten Gitterebenenschar (002); der Index 2 rührt davon her, daß der Elementarbereich nicht nur im Einheitsabstande vom Ursprung aus gerechnet,

sondern auch im Abstande $^1/_2$ eine solche Gitterebene aufweist. In der Zellwand
liegen indessen diese Ringebenen wider Erwarten nicht parallel zur Membran-
oberfläche, sondern unter einem Winkel von ungefähr 45⁰ zu ihr. Die Röntgenanalyse von Paralleltexturen zeigt, daß die Diagonalebenenschar (101) parallel
und die Diagonalebenenschar (10$\bar{1}$) ungefähr senkrecht zur Wandoberfläche
verlaufen. In den Diagonalebenen haben die Kettenmoleküle einen kürzeren
Abstand voneinander als in den Ebenen (002) und (200), die den prismatischen
Elementarbereich begrenzen (Werte nach KIESSIG 1950):

Kettenabstände in den Ebenen (002)   8,17 A
(200)   7,84 A
(10$\bar{1}$)   5,95 A
(101)   5,36 A

Die Gitterkräfte der kristallinen Cellulose sind von zweierlei Art. In der der
b-Achse entsprechenden Kettenrichtung wirken covalente Hauptvalenzkräfte,
während senkrecht dazu Wasserstoffbindungen tätig sind. Diese bilden Brücken

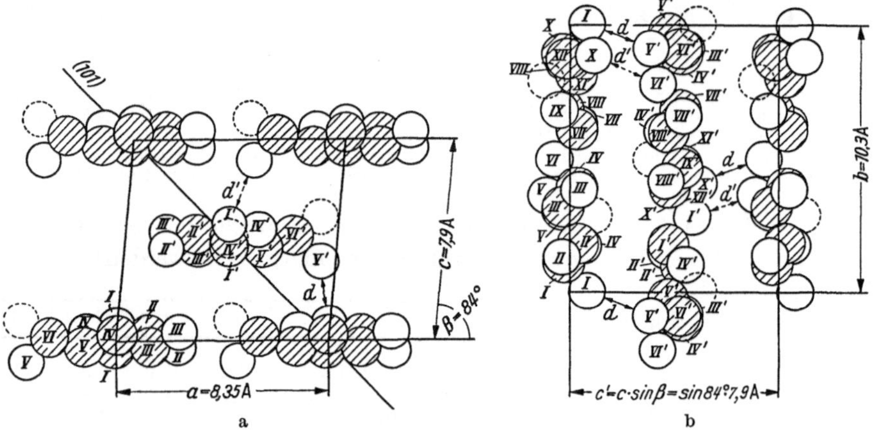

Abb. 79a u. b. Projektion des Elementarbereiches der Cellulose I (FREY-WYSSLING 1955). a In der Richtung
der b-Achse, b senkrecht dazu. d kleinstmöglicher Abstand zwischen O-Atomen = 2,54 A, verbindet die Ketten
der (101)-Ebene. d' = 2,80 A, verbindet jene der (10$\bar{1}$)-Ebene

zwischen benachbarten Sauerstoffgruppen $>$O$\cdots$H$\cdots$O$<$, wenn deren Abstand von der Größenordnung 2,5 A ist. K. H. MEYER (Abb. 78b) stellte sich
vor, daß die Wasserstoffbindungen ungefähr in der (002)-Ebene zwischen den
Alkoholgruppen am sechsten und am zweiten oder dritten C-Atom benachbarter
Ketten wirksam seien. Dies hätte zur Folge, daß die (002)-Ebene eine ausgesprochene Wachstums- und Spaltebene vorstellen würde, so daß blättchen-
oder doch extrem bandförmige submikroskopische Bauelemente der Zellwände
nach (002) entstehen müßten. Die Elektronenmikroskopie zeigt in der Tat,
daß den Mikrofibrillen eine Tendenz zur Abflachung und zur Verbänderung
zukommt; auf Grund der Röntgenuntersuchungen erfolgt die flächige Entwicklung aber nicht nach der Ebene (002), sondern nach der Diagonalebene
(101) (MUKHERJEE, SIKORSKI und WOODS 1951, SCHURZ 1955). Die Wasserstoffbindungen sind daher wahrscheinlich in der Ebene (101) tätig. Tatsächlich
läßt sich unter Ausnützung der freien Drehbarkeit der primären Alkoholgruppe
am sechsten C-Atom um die Achse, welche das fünfte mit dem sechsten C-Atom

verbindet, zeigen, daß jene OH-Gruppe auf einen Abstand von nur 2,54 A an den glucosidischen Sauerstoff der in der (101)-Ebene benachbarten Kette herangebracht werden kann, während in der (002)-Ebene der kleinstmögliche Abstand zwischen der OH-Gruppe am sechsten und jenem am zweiten oder dritten C-Atom einer benachbarten Kette 2,65 A beträgt (Frey-Wyssling 1955). Da sich 2,54 A dem optimalen Abstand für die Bildung von Wasserstoffbrücken nähert, dürften sich diese vor allem in der Diagonalebene (101) betätigen (Abb. 79a und b). Gleichzeitig ergeben sich etwas schwächere H-Bindungen in der etwa senkrecht auf (001) stehenden Diagonalebene (10$\bar{1}$). Die Celluloseketten werden also längs diesen zwei fast senkrecht aufeinanderstehenden Ebenen zusammengehalten. Dies erklärt, warum bei der Kristallisation der Cellulose nicht ganz flache Blätter, sondern Mikrofibrillen gebildet werden; da die Bindungstendenz nach (101) jedoch wesentlich größer ist als nach (10$\bar{1}$), entstehen nach (101) abgeflachte Fibrillen.

Kreger (1957a) hat festgestellt, daß in der Zellwand der Algenfäden von *Spirogyra* ausnahmsweise nach (10$\bar{1}$) oder (002) abgeflachte Mikrofibrillen auftreten.

Kristallgitter der Cellulose II. Kocht man Fasercellulose mit 18% Natronlauge, zeigt sie nach dem Auswaschen ein verändertes Kettengitter, das als Cellulose II bezeichnet wird. Da die Zellwände einer Anzahl Meeresalgen diesen Typus der Cellulose als Gerüstsubstanz aufweisen (s. S. 122), sollen die beiden Elementarkörper einander gegenüber gestellt werden (nach Meyer und Mark 1940, Bd. 2, S. 231):

Cellulose I	$a = 8,35$ A	$b = 10,3$ A	$c = 7,9$ A	$\beta = 84°$	Vol. $= 675,5$ A^3
Cellulose II	8,14	10,3	9,14	62°	676,6

Beide allomorphen Modifikationen haben die gleiche Dichte, denn das Volumen ihrer Elementarkörper unterscheidet sich kaum. Trotzdem scheint die Cellulose I die stabilere Modifikation zu sein, denn wenn man Cellulose II in Glycerin über 140° C erhitzt, geht diese in Cellulose I über (Meyer und Badenhuizen 1937; Kubo und Kanamaru 1938). Das Kettengitter der Cellulose II kommt bei der Behandlung mit konzentrierter Natronlauge dadurch zustande, daß vorübergehend je ein Natriumion pro Glucoserest ins Kettengitter der Cellulose I eintritt und dieses ausweitet. Es entsteht dabei eines neues, ebenfalls monoklines Kettengitter der Natroncellulose ($a = 12,8$ A, $b = 10,3$ A, $c = 13,2$ A), dessen Winkel $\beta = 40°$ indessen, verglichen mit jenem der Cellulose I (84°), stark verändert ist. Nachträglich können die Natriumionen aus dem Gitterverbande herausgewaschen werden, wobei sich die Celluloseketten einander wieder nähern; aber sie können ihre ursprüngliche Stellung nicht mehr zurückgewinnen, sondern ordnen sich in ein Gitter mit dem wesentlich spitzeren Winkel $\beta = 62°$ ein.

In der älteren Literatur werden die beiden Modifikationen der kristallinen Cellulose I und II als native oder natürliche Cellulose und Hydratcellulose auseinandergehalten (Meyer und Mark 1940, Bd. 2, S. 210ff.). Da indessen die Hydratcellulose auch natürlicherweise vorkommt und entgegen älteren Auffassungen kein Kristallwasser enthält, sind die Bezeichnungen Cellulose I und Cellulose II vorzuziehen.

Kristallinität. Die Röntgenanalyse zeigt, daß in den aus den Zellwänden gewonnenen Cellulosepräparaten nicht alle Kettenmoleküle ins Kristallgitter eingebaut sind (HERMANS und WEIDINGER 1949, 1950; ANT-WUORINEN 1955). So findet man in der Sekundärwand cellulosischer Pflanzenfasern (Ramie, Flachs, Baumwolle) nach verschiedenen Methoden (HERMANS 1949, S. 316) immer etwa 70% der Ketten kristallin geordnet und etwa 30% ungeordnet. In der Primärwandcellulose wurde jedoch eine viel niedrigere Kristallinität von nur 45% gefunden (Tabelle 2, S. 15). Die beiden Anteile sind früher als kristalline und amorphe Cellulose auseinander gehalten worden. Man darf sich indessen nicht vorstellen, daß vollkommen wirr durcheinanderlaufende Celluloseketten im „amorphen" Anteil vorkommen; vielmehr handelt es sich um Fadenmoleküle, die an der Peripherie des Kettengitters mehr oder weniger parallel zur *b*-Achse des Gitters verlaufen, aber aus irgendwelchem Hinderungsgrunde nicht ins Kristallgitter einschnappen können. Durch sorgfältige Trocknung und Streckung der Fasern kann die Kristallinität etwas verbessert und durch starke Quellung verschlechtert werden, was zeigt, daß Fadenmoleküle an der Oberfläche des Kettengitters in die strenge Ordnung der Kristallinität eintreten oder aus ihr austreten

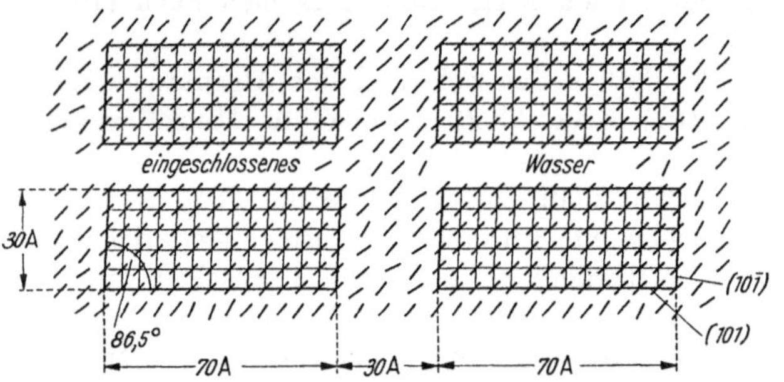

Abb. 80. Kristalline und parakristalline Cellulose (FREY-WYSSLING 1954) auf dem Querschnitt durch eine Mikrofibrille (vgl. Abb. 13, S. 17)

können. Man nennt den Zustand parallel gelagerter Stabmoleküle, die jedoch um ihre Längsachse gegeneinander verdrehbar bleiben, parakristallin. Man sollte daher die ungeordnete Cellulose anstatt als amorph eher als *parakristallin* bezeichnen.

Die Größe der Cellulosekristallite mag etwa den im Elektronenmikroskop sichtbaren Elementarfibrillen entsprechen (s. S. 16). Ihre Länge ist unbestimmt; sie erreicht sicher mikroskopische, vielleicht sogar makroskopische Dimensionen. Ihre Breite ist dagegen submikroskopisch; im Elektronenmikroskop sind mit Hilfe der Beschattungsmethode Querschnitte von $30 \times 100 \ A^2$ gemessen worden (VOGEL 1953), während die röntgenometrische Breitenmessung Werte von 50—60 A ergibt (HENGSTENBERG und MARK 1928). Mit diesen Daten ist das Feinbaumodell von Abb. 80 aufgestellt worden (FREY-WYSSLING 1954). Es geht daraus hervor, daß die Mikrofibrillen keinen homogenen Querschnitt besitzen. Homogen gebaut ist nur der Kern der Elementarfibrillen. Ihre Oberfläche wird von einem Kranz parakristalliner Cellulosemoleküle gebildet, welche die Elementarfibrillen in der Mikrofibrille zusammenhalten. Da Wasser zwischen die parakristallinen Ketten eindringen kann, sind die Mikrofibrillen quellbar. Auch deren große Biegsamkeit ist auf amikroskopische Klüfte in ihrem Innern zurückzuführen, denn eine ideal kristallisierte Mikrofibrille müßte steif und brüchig sein wie Astbestfibrillen. Bezeichnet man den Krümmungsradius einer $2r$ dicken gebogenen Mikrofibrille mit R, beträgt das Verhältnis der Länge des

Außenbogens zum Innenbogen $(R + r)/(R - r)$, d. h. die Außenseite der Fibrille wird verlängert und die Innenseite verkürzt. Bei einer Schleife von $^3/_4\,\mu$ Krümmungsradius ($R = 7500$ A), wie sie im Elektronenmikroskop beobachtet werden kann (Abb. 65, S. 84), erleidet eine Mikrofibrille von $r = 150$ A auf ihrer Außenseite somit eine Verlängerung von 3%. Da indessen das Kettengitter der Cellulose eine Dehnbarkeit von weniger als 2% aufweist (s. S. 302), sind solche Krümmungen nur möglich, wenn die Mikrofibrillen nicht homogen kristallisiert sind. Für die Elementarfibrillen ($2r = 30$ bis 100 A) mit einem ideal kristallisierten Kern ergibt diese Rechnung weniger als 0,5%, was innerhalb der Dehnbarkeitsgrenze liegt.

Es erhebt sich die Frage, warum die kristallinen Bereiche im Durchmesser nicht größer als etwa 100 A werden. Da auch andere hochpolymere Naturstoffe wie Seidenfibroin und das Actomyosin der Muskeln Elementarfibrillen von ähnlichen Ausmaßen aufweisen, scheint ein allgemeines Prinzip der Wachstumsbeschränkung vorzuliegen, sobald Fibrillen von $100-200$ A Dicke erreicht sind (BALASHOV und PRESTON 1955). Bei der Cellulose können das bei der Kristallisation frei werdende Hydratationswasser und okkludierte Moleküle der Matrix für die Zerklüftung der Mikrofibrillen verantwortlich gemacht werden. Warum jedoch diese nicht dicker als $200-300$ A werden, läßt sich so nicht erklären. Wie ihre Verbänderung in den Sekundärwänden zeigt, hätten sie durchaus das Vermögen, sich weitere Cellulosemoleküle einzuverleiben; statt dessen verkleben sie jedoch mit ihren Nachbarfibrillen. In den Primärwänden, wo die Mikrofibrillen so weit voneinander abliegen, daß sie sich nirgends berühren, ist die Ausbildung einer uniformen Fibrillenstärke besonders augenfällig.

In der Zellwand entstehen die Mikrofibrillen nicht durch Zusammenlagerung vorgebildeter Fadenmoleküle, wie dies im Fällungsbade bei der Herstellung von Kunstseide aus einer Celluloselösung geschieht, sondern die Cellulose polymerisiert und kristallisiert zugleich an Ort und Stelle. Nur so wird verständlich, daß benachbarte Ketten auf den Diagonalebenen des Kettengitters antiparallel verlaufen. Es wird dabei nicht nur Hydratationswasser, sondern je Glucoserest auch ein Molekül Konstitutionswasser freigesetzt. Mengenmäßig tritt dieses Konstitutionswasser allerdings stark hinter dem Hydratationswasser zurück. Aber solche Wassermoleküle, die nicht genügend schnell aus dem System wegdiffundieren können, sind geeignet, durch ihre Gegenwart die Bildung von Wasserstoffbrücken lokal zu beeinträchtigen und so Fehlstellen im Kristallgitter zu verursachen.

Löslichkeit

Als kristallisierte hochpolymere Substanz gehört die Cellulose zu den Festkörpern, die unter natürlichen Verhältnissen nur im festen Zustande auftreten. Die Ansicht, daß das Cytoplasma befähigt sei, Cellulosefadenmoleküle zu synthetisieren, die dann gelöst durch die Plasmaströmung an die Zellwand gebracht werden, um dort nachträglich ein Kettengitter zu bilden, hat sich als unrichtig erwiesen. Die Kristallisation erfolgt vielmehr gleichzeitig mit der Polymerisation durch das membranogene Grenzplasma.

Die Wasserstoffbindungen des Cellulosegitters sind so beschaffen, daß sie unter biologischen Bedingungen schwieriger zu lösen sind als die glucosidischen

Hauptvalenzbindungen der Kette, für deren Abbau die β-Glucosidase Cellulase zur Verfügung steht. Nur im Laboratorium gelingt es, die Wasserstoffbindungen zu lösen und individuelle Cellulosefadenmoleküle zu gewinnen. Das bekannteste Lösungsmittel dieser Art ist das Schweizer-Reagens, das vor nunmehr hundert Jahren entdeckt worden ist (SCHWEIZER 1857). Es handelt sich um das komplexe Kupfertetraminhydroxyd $[Cu(NH_3)_4](OH)_2$. Eine konzentrierte Lösung dieser Verbindung ist befähigt, so verschiedenartige Substanzen wie Cellulose, Seidenfibroin und Kollagen aufzulösen, während viele Kohlenhydrate wie Stärke, verschiedene Hemicellulosen und Pektinstoffe nur quellen, aber nicht in Lösung gehen. Erst in neuerer Zeit hat man erkannt, daß die gemeinsame Eigenschaft der in Schweizer-Reagens löslichen hochpolymeren Stoffe in der seitlichen Verknüpfung von unverzweigten Fadenmolekülen zu Kettengittern durch Wasserstoffbindungen besteht.

Das Schweizer-Reagens hat praktisch (Kupferseide) und theoretisch (für die viscosimetrische Bestimmung des Polymerisationsgrades gelöster Cellulose, STAUDINGER 1932) eine ungeahnte Bedeutung erreicht. In der Mikrochemie wird es für den Nachweis der Cellulose in den Zellwänden als Lösungsmittel herangezogen (CRAMER 1858). Bei solchen Lösungsversuchen gelangen an Faserzellen die auf S. 22 beschriebenen Erscheinungen der Kugelquellung zur Beobachtung, die darauf beruhen, daß das Schweizer-Reagens die cellulosefremden Stoffe der Primärwand nicht aufzulösen vermag.

Die mikrochemische Verwendung des Kupfertetramins — von der veralteten Bezeichnung Kupferoxydammoniak abgeleitet abgekürzt als *Cuoxam* bezeichnet — wird dadurch erschwert, daß das Komplexion $[Cu(NH_3)_4]^{++}$ recht unstabil ist und daher an der Luft Ammoniak abgibt, worauf ein Teil des Kupfers als $Cu(OH)_2$ ausfällt. Das Cuoxam ist deshalb nur in luftdicht verschlossenen Flaschen unter einer Ammoniakatmosphäre haltbar und zersetzt sich auf dem Objektträger nach kurzer Zeit. Man ersetzt es daher in der Mikrochemie mit Vorteil durch das stabilere Kupfer-Äthylendiamin $[Cu(NH_2 \cdot CH_2 \cdot CH_2 \cdot NH_2)_2](OH)_2$, das an der Luft haltbar ist (HALLER 1933). In diesem *Cuen* genannten Reagens sind die Celluloselösungen auch weniger sauerstoffempfindlich als in Cuoxam, so daß Viscositätsmessungen an der Luft durchgeführt werden können, ohne Gefahr eines oxydativen Abbaus der Celluloseketten zu laufen (MARX 1955).

Neben den beiden erwähnten Kupferkomplexen sind auch solche von Eisen (JAYME und VERBURG 1954), Zink und Kobalt entdeckt worden, die imstande sind, Cellulose aufzulösen. Allen gemein ist, daß sie nur in konzentrierter alkalischer Lösung wirken. Die Reaktion besteht offenbar darin, daß die Metalle den Wasserstoff aus den Wasserstoffbindungen herauswerfen und an seine Stelle treten. Die OH-Ionen der stark alkalischen Lösung dienen dann als Acceptoren für die frei gewordenen Protonen. Da die fraglichen Metalle im alkalischen Bereiche unlösliche Hydroxyde bilden, können sie in solchen Lösungen nur als Komplexionen an die Wasserstoffbindungen herangebracht werden. Das Metall tritt dann an die Stelle des Wasserstoffes und geht mit den Alkoholgruppen der Cellulose einen Komplex ein, wobei die bisherigen Liganden des Kupfers oder des Eisens frei werden.

Welcher Art der Metall-Cellulose-Komplex ist, entzieht sich unserer Kenntnis. Die Schwierigkeit besteht darin, daß der Wasserstoff die Koordinationszahl 2, das Kupfer dagegen 4 und das Eisen sogar 6 besitzt. Beim Kupfer nimmt man an, daß die sekundären Alkoholgruppen am zweiten und dritten C-Atom des Glucoserestes und zusätzlich 2 Wasser- oder 2 Ammoniakmoleküle als Liganden auftreten, um die Koordinationszahl 4 zu befriedigen. Ferner soll die primäre Alkoholgruppe am sechsten C-Atom in den extrem alkalischen Lösungen als Säure mit dem Kation $^1/_2$ Cu(NH$_3$)$_4^{++}$ reagieren (MEYER und MARK 1940, Bd. 2, S. 274).

Da die Kupferkomplexionen viel zu groß sind, um ins Kettengitter einzudringen, kann das Durchreagieren der kristallinen Elementarfibrillen nur von ihrer Oberfläche her erfolgen. Es besteht daher die Möglichkeit, daß nicht alle Fadenmoleküle vom Kettengitter abgelöst werden, wenn hohe Cellulosekonzentrationen vorliegen. Vollkommen molekulare Zerteilungen der Celluloseketten sind daher nur in sehr verdünnten Lösungen zu erwarten.

Nachweis

Mikrochemischer Nachweis. Für den Nachweis der Cellulose in den Zellwänden können die Kupferreagentien erst nach Zerstörung der Inkrusten durch Bleichung (z. B. mit Eau de Javelle) und Extraktion der Grundsubstanzen mit starker Lauge (5—10% NaOH) herangezogen werden. Ohne eine solche Vorbehandlung wird zwar die Cellulose verquollen und sehr langsam herausgelöst, aber die Umrisse der Zellwand als solche bleiben erhalten.

Man zieht daher in der Mikrochemie solchen umständlichen Lösungsreaktionen schnell wirkende Färbungen vor. Besonders geeignet sind die direkt „aufziehenden" sog. substantiven Benzidinfarbstoffe ((Kongorot, Benzoazurin, Benzopurpurin, Chicagoblau usw.), die zwar in der Textilfärbetechnik wegen ungenügender Wasch- und Lichtechtheit an Bedeutung verloren haben, in der Mikrotechnik jedoch noch immer sehr brauchbar sind. Die käuflichen Benzidinfarbstoffe erweisen sich meistens als Gemische, denn wenn man ihre wäßrige Lösung mit Amylalkohol ausschüttelt, läßt sich von der wasserlöslichen Hauptmenge eine anders gefärbte, leicht lipophile Komponente abtrennen (FREY-WYSSLING und MICHEL 1943; MICHEL 1944). Falls ansehnliche Mengen dieser Komponente vorhanden sind, kann der Farbstoff, wie z. B. das Benzoazurin, für histologische Doppelfärbungen (Metachromasie) verwendet werden.

Als Prototyp der direkt färbenden Benzidinfarbstoffe soll das *Kongorot* erwähnt werden. Cellulosische Zellwände färben sich mit diesem Farbstoff tiefrot. Die Färbung ist intensiver, wenn die Fasern vorgängig gebleicht und gebeucht (alkalisch gewaschen) worden sind; doch sind solche Vorbehandlungen nicht unumgänglich notwendig. Das Kongorot löst sich nicht molekular in Wasser, sondern in Form von Kolloidteilchen aus mehreren Farbstoffmolekülen, die elektroadsorptiv zusammengehalten werden. Abb. 81a zeigt das Kongorotmolekül. Entsprechend dem elektrischen Charakter der Amino- und Sulfogruppen ergibt sich das Dipolschema von Abb. 81b. Solche Dipolmoleküle ziehen sich in Lösung gegenseitig an und haben das Bestreben, sich etwa wie in Abb. 81c zusammenzulagern. Die Kolloidteilchen können nicht in die intermicellaren Spalträume der Mikrofibrillen eindringen. Dagegen vermögen sie leicht in die interfibrillaren Capillaren der Paralleltextur der Sekundärwände (Abb. 132a) hineinzudiffundieren, wo sie von den Mikrofibrillen adsorbiert werden (Abb. 82a). Interessanterweise ist diese Diffusion nur quer zur Paralleltextur, wie aus Abb. 82a ersichtlich, nicht aber in der Längsrichtung der submikroskopischen Capillaren möglich (FREY-WYSSLING 1947).

Warum die Benzidinfarbstoffe von den Cellulosefibrillen so stark adsorbiert werden, ist nicht leicht einzusehen, da die Cellulosemoleküle ja keine freien Ladungen tragen. Die Kongorotfärbung wird durch Zufügung von etwas Ammoniak in schwach alkalischer Lösung durchgeführt, weil die in Abb. 81a dargestellte acidoide Form des Kongorotmoleküls bei saurer Reaktion leicht in die

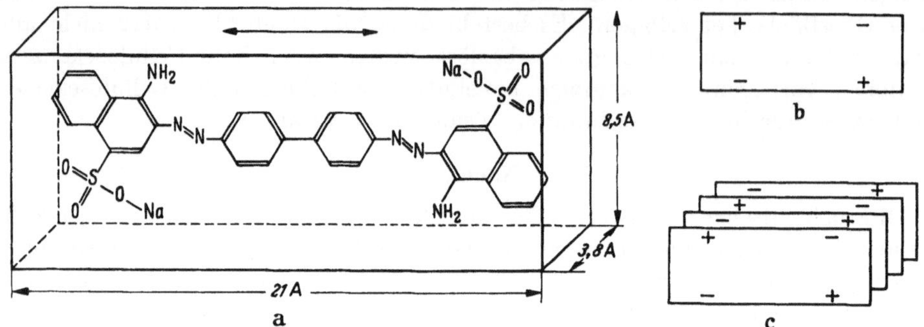

Abb. 81. Kongorot. a Dimensionen des Moleküls; b Dipolschema; c Kolloidteilchen

chinoide Form übergeht, worauf die Farbstoffsäure als dunkelblauer Niederschlag ausfällt. Die leicht alkalische Reaktion fördert die Dissoziation der Sulfogruppen; sie reicht jedoch lange nicht aus, um die Alkoholgruppen der Cellulose zu acidifieren. Die Adsorptionskräfte zwischen Cellulose und Kongorot sind daher nicht ionogener Art, sondern es muß sich um induzierte Dipolkräfte handeln. Einer solchen Induktion kommt die Gestalt des Kongorotmoleküls entgegen, denn sein röntgenometrisch bestimmter Querschnitt 8,5 A × 3,8 A (WÄLCHLI 1945) zeigt eine auffallende Übereinstimmung mit jenem

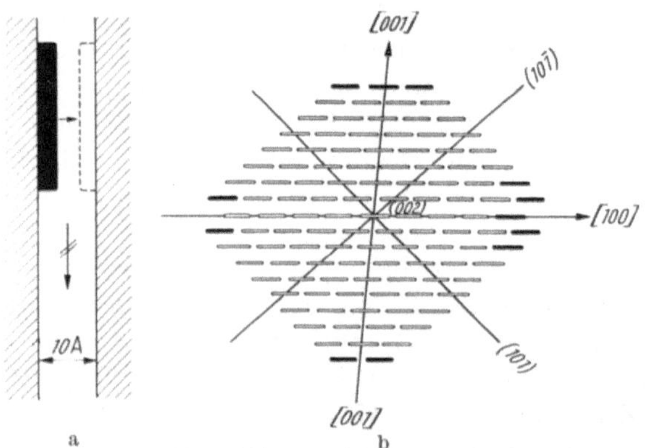

Abb. 82a u. b. Kongorotfärbung (FREY-WYSSLING 1947). a Adsorption von Kongorot durch die Oberfläche der Mikrofibrillen. b Parakristalliner Einbau von Kongorot (⸺) in die Oberfläche des Kettengitters der Cellulose (═══)

der Celluloseketten 8,35 A × 3,95 A (Abb. 81a). Einzelne Kongorotmoleküle können sich daher in die Oberfläche des Kettengitters einpassen (Abb. 82b) und sich auf diese Weise den Cellulosemolekülen derart nähern, daß sehr wohl Wasserstoffbrücken als starke Bindungskräfte zwischen diesen beiden Molekültypen entstehen können (OSTER 1955).

Die gerichtete Anlagerung der anisodiametrischen Farbstoffmoleküle verursacht einen starken Dichroismus der Kongorotfärbung (s. S. 269).

Der Cellulosenachweis mit Benzidinfarbstoffen ist nicht sehr spezifisch. Vorzuziehen ist die Verwendung von *Chlorzinkjod* (35 g KJ, 7 g J in 100 g H_2O

plus 210 g $ZnCl_2$). Dieses Reagens färbt cellulosische Zellwände blau bis violett-schwarz, verholzte oder anderweitig inkrustierte Membranen dagegen gelb. Die blaue Jodspeicherung beruht darauf, daß die Jodatome zur Absättigung ihres Koordinationsbestrebens in den OH-Gruppen hochpolymerer Kohlen-hydrate geeignetere Partner finden als in wäßrigen Lösungen, wo die Hydrata-tion mit Wasserdipolen eine Veränderung der violetten Jodfarbe nach braun zur Folge hat. Während der submikroskopische Aufbau der Stärkekörner so locker ist, daß die Jodmoleküle J_2 ohne weiteres zwischen die Amylose- und Amylopektinketten einzudringen vermögen und dabei ihre Hydratationshüllen, die die braune Farbe verursachen, gewissermaßen „abstreifen", gelingt dies bei der Cellulose erst nach einer kräftigen Quellung mit Zinkchlorid. Als Quel-lungsmittel können auch konzentrierte Schwefel- (Jod-Schwefelsäure) oder Phosphorsäure (Jod-Phosphorsäure) verwendet werden.

Es ist anzunehmen, daß die Quellungsmittel die in Abb. 132a (S. 221) an-gedeuteten Spalten und Klüfte der Sekundärwandfibrillen aufweiten oder solche neu schaffen, so daß die voluminösen Jodmoleküle einzudringen vermögen. In den Mikrofibrillen der Primärwände fehlen offenbar solche Spalten. Die Primär-wandcellulose läßt sich nämlich mit Chlorzinkjod nicht nachweisen, denn die jungen Zellwände färben sich mit diesem Reagens nur schwach gelb.

Das Jod wird zwischen den parallel verlaufenden Celluloseketten gerichtet eingelagert. Es verleiht daher der Zellwand einen starken Dichroismus schwarz-farblos (vgl. S. 273, A. FREY 1925b, 1927a). Im Gegensatz zum Kupfer reagiert das Jod mit der Cellulose nur, solange ein Kettengitter vorliegt, in welches es eintreten kann, denn es muß offenbar mit eng benachbarten Celluloseketten in Beziehung treten. Celluloselösungen lassen sich daher mit Jod nicht färben wie Amyloselösungen, deren aufgewundene Amyloseketten dem Jod erlauben, im Innern ihrer Schraube eine geeignete Komplexverbindung einzugehen (RUNDLE, FOSTER und BALDWIN 1944). Die Bindung des Jodes im aufgelockerten Cellulosegitter ist nur sehr lose, denn wenn man mit Chlorzinkjod gefärbte Zell-wände aufbewahrt, verflüchtigt sich das Jod im Laufe der Zeit durch Sublimation.

Die Sekundärwände der *Valonia* und anderer Siphonocladenalgen lassen sich mit Chlorzinkjod nicht anfärben; ferner sind sie resistent gegenüber Schwefel-säure (PRESTON 1952d). Dort sind offenbar die Mikrofibrillen (Abb. 21, S. 29) so ideal kristallisiert, daß das Zinkchlorid dem Jod keinen Eintritt ins Ketten-gitter zu vermitteln vermag. Erst wenn man Schweizer-Reagens als Quellungs-mittel heranzieht, wird eine nachträgliche Färbung mit Chlorzinkjod möglich (NICOLAI und FREY-WYSSLING 1938). Andererseits gibt es auch Zellwände wie in den Samen von *Tropaeolum majus, Paeonia officinalis* und *Impatiens Bal-samina*, die sich wie Stärke ohne Quellungsmittel mit Jodlösungen bläuen. Der entsprechende Zellwandstoff ist als Reservecellulose oder *Amyloid* bezeichnet worden (s. S. 145). Ferner hat ZIEGENSPECK (1925) im Collenchym junger Gras-knoten Zellwände gefunden, die sich mit Jod-Salzsäure (25% HCl mit Jodjod-kalium) bläuen; er glaubte damit einen besonderen Wandstoff, den er als *Kollose* bezeichnete, nachgewiesen zu haben. Die mit Jodreagentien sich bläuenden Zellwände sind in Tabelle 11 zusammengestellt.

Tabelle 11. *Mit Jodreagentien sich bläuende Zellwände* (FREY-WYSSLING 1939a)

Zellwandsubstanz	Blaufärbung mit	Literatur
Amyloid	Jodjodkalium	WINTERSTEIN (1892) KOOIMAN (1957)
Kollose	Jod-Salzsäure	ZIEGENSPECK (1925)
Sekundärwand-Cellulose .	Chlorzinkjod Jod-Phosphorsäure Jodwasserstoffsäure	FREY (1927a) MANGIN (1888) DAUPHINÉ (1939)
Siphonocladen-Cellulose .	Jod-Schwefelsäure Chlorzinkjod nur nach vorhergehender Behandlung mit Schweizer-Reagens	MOLISCH (1923, S. 336), NICOLAI und FREY-WYSSLING (1938)

Durch zu starke Bleichung oder jahrhundertelange Einwirkung von Luftsauerstoff (Mumienleinen aus ägyptischen Gräbern) wird die Cellulose teilweise in *Oxycellulose* umgewandelt. Da die Oxycellulose dank ihrer Carboxylgruppen basische Farbstoffe wie Rutheniumrot oder Methylenblau speichert, zeigt sie mikrochemisch die gleichen Farbreaktionen wie die Pektinstoffe. Die Methylenblau-Absorption kann zur colorimetrischen Bestimmung der oxydativ entstandenen Carboxylgruppen verwendet werden. So enthalten handelsüblich gebleichte Ramiefasern in 100 g 1,55 mMol —COOH, während mit Kaliummetaperjodat und Natriumchlorit oxydierte Fasern bis 55 mMol Carboxyl aufweisen (PATEL 1951). Solche Bastfasern haben ihre Zugfestigkeit verloren und zerfallen in kurze Mikrofibrillen-Bruchstücke.

Verschiedenartige Oxydationsmittel greifen die Cellulose in verschiedener Weise an. Stickstoffdioxyd oxydiert die primäre Alkoholgruppe am sechsten C-Atom. Kalium-Bichromat baut bei Gegenwart von Schwefelsäure gleichzeitig die Ketten ab, so daß das Reduktionsvermögen der Chromsäure-Oxycellulose stark zunimmt. Perjodat oxydiert die primären Alkoholgruppen am zweiten und dritten C-Atom zu Aldehydgruppen, wobei der Pyranosering geöffnet wird; durch Chlorit werden diese Aldehydgruppen weiter zu Carboxylgruppen aufoxydiert. Mit alkalischer Hypobromitlösung sollen etwa 40% der Carboxylgruppen in 6-Stellung, die übrigen dagegen in 2- und 3-Stellung entstehen. Der verschiedene Chemismus dieser Oxydationsvorgänge äußert sich in einer ungleichen Beeinflussung des Brechungsvermögens der Ramiefasern im Verlaufe der Oxydation. Während im allgemeinen die Brechungsindices mit zunehmender Oxydation etwas absinken, steigen sie in Hypobromit-Oxycellulose merklich an; es darf angenommen werden, daß nur die parakristalline Cellulose abgebaut wird, so daß schließlich ideal kristallisierte Cellulose übrigbleibt (PATEL 1951).

Makrochemischer Nachweis. Durch Extraktion werden Inkrusten und Grundsubstanzen entfernt, worauf man die reine Gerüstsubstanz der Hydrolyse unterwirft. Durch Osazonbildung oder Papierchromatographie wird dann das Spaltprodukt Glucose qualitativ und quantitativ bestimmt. Dieses Verfahren ist indessen nicht beweisend, denn durch den Nachweis des Glucoserestes ist das Polysaccharid selbst noch nicht mit Sicherheit erfaßt, weil neben Cellulose auch andere Polyglucane möglich sind.

Doppelbrechung (vgl. S. 234). Da die Grundsubstanz und die Inkrusten meist kaum doppelbrechend sind, kann eine hohe Doppelbrechung der Zellwände als ein Indiz für die Gegenwart von Cellulose verwendet werden. Die Doppelbrechung der Cellulose ist nämlich sehr hoch. Sie beträgt 0,068 (FREY-WYSSLING und WUHRMANN 1939) und ist somit mehr als 7mal so groß wie jene von Quarz und Gips (0,009). Der größte Brechungsindex rein cellulosischer Fasern (Ramie) beträgt bei Zimmertemperatur 1,600 und der kleinste n_α 1,532 (s. Tabelle 32a, S. 227). Die Dispersion der Doppelbrechung beträgt 1,04, d. h. im weißen Licht treten genau die gleichen Interferenzfarben auf wie bei Gips, Quarz und Glimmer. Die Richtung des größten Brechungsvermögens n_γ fällt mit der Achse der Mikrofibrillen zusammen, so daß im Polarisationsmikroskop deren Ausrichtung ermittelt werden kann (s. S. 245). In Bastfasern ist die Kettengitterrichtung zugleich optische Achse. Die Cellulose ist daher *optisch positiv*. Durch Nitrierung und vollständige Acetylierung, d. h. durch Aufhebung des Dipolcharakters ihrer seitlichen OH-Gruppen, werden die Fadenmoleküle der Cellulose optisch negativ (AMBRONN und FREY 1926).

Röntgenanalyse. Der einwandfreiste Nachweis der Cellulose erfolgt mit Hilfe der Röntgenanalyse (s. S. 205). Das Kristallgitter der Cellulose I liefert drei charakteristische Interferenzringe mit den Gitterabständen 6,05, 5,33 und 3,92 A, die den Netzebenenscharen (101), (10Ī) und (002) entsprechen. Da die Röntgeninterferenzen Kristallarten festzustellen gestatten, auch wenn diese nur wenige Prozente eines Substanzgemisches ausmachen, kann die kristalline Cellulose neben reichlich Grundsubstanz und Inkrusten und sogar in ganz jungen Primärwänden nachgewiesen werden.

Die Cellulose II weist wesentlich andere Netzebenenabstände auf (7,3, 4,45, 4,03 A), so daß sie leicht von der Cellulose I zu unterscheiden ist. Die beiden allomorphen Modifikationen der Cellulose sind denn auch mit Hilfe der Röntgenanalyse entdeckt worden und nur auf diese Weise erkennbar.

Vorkommen

Die Cellulose kommt in allen Zellwänden der *höheren Pflanzen* vor. Ihre Gegenwart in meristematischen *Primärwänden* wurde auf Grund von deren Doppelbrechung und Festigkeitseigenschaften vorausgesagt (FREY-WYSSLING 1935a), obschon Biologen (TUPPER-CAREY und PRIESTLEY 1923) und Chemiker (HESS, TROGUS und WERGIN 1936) glaubten, die Abwesenheit von Cellulose in diesen streckungsfähigen Zellwänden bewiesen zu haben. Heute ist durch röntgenographische und elektronenmikroskopische Untersuchungen gezeigt, daß sich Cellulose bereits in den jüngsten Zellhäuten vorfindet. Ihre Röntgeninterferenzen können allerdings durch kristalline Wachse bis zur Unkenntlichkeit überlagert sein, so daß ein deutliches Cellulosediagramm erst nach entsprechender Extraktion mit Chloroform und verdünnter Lauge sichtbar wird (SISSON 1937). In unverholzten und verholzten *Sekundärwänden* bildet die Cellulose in der Regel den Hauptanteil (Zellstoffgewinnung!). Die Cutinschicht cutinisierter Zellwände scheint in ihrem inneren Bereiche auf Grund mikrochemischer Teste Cellulose enthalten zu können (MADL. MEYER 1938); dagegen ist die Suberinschicht verkorkter Zellwände völlig cellulosefrei (SITTE 1955).

In den Zellwänden der *Grünalgen* spielt die Cellulose die gleiche Rolle wie in den Membranen der höheren Pflanzen; aber auch bei den *Rot-* und *Braunalgen* ist sie verbreitet (NAYLOR und RUSSEL WELLS 1934). Häufig entzieht sie sich jedoch dem mikrochemischen Nachweis wegen der Gegenwart großer Mengen von Pektinstoffen, Hemicellulosen oder Schleimen, so daß das Elektronenmikroskop und die Röntgenanalyse zur Untersuchung herangezogen werden müssen. Die *Pilz*membranen enthalten entweder Cellulose oder Chitin (S. 127) als maßgebende Gerüstsubstanz. Unter den Flagellaten gibt es Vertreter wie *Dinobryon* mit cellulosehaltigen und andere wie die Euglenen mit cellulosefreien Zellwänden (THIMANN 1954). Die Fähigkeit des *Acetobacter xylinum*, auf glucosehaltigen Nährböden extracellular sog. *Bakteriencellulose* zu synthetisieren, die chemisch und röntgenometrisch mit der Cellulose der höheren Pflanzen identisch ist (Abb. 83, 84), wurde bereits erwähnt (S. 103). Aus dem Tierreich sind die cellulosehaltigen Mäntel der *Tunicaten* bekannt, die gleiche Mikrofibrillen mit entsprechenden Durchwebungen und Verbänderungen (Abb. 85) wie die pflanzlichen Zellwände aufweisen (FREY-WYSSLING und FREY 1950; MEYER, HUBER und KELLENBERGER 1951; RÅNBY 1952b).

Von besonderem Interesse ist das Auftreten von Cellulose II in den Zellwänden vieler Algen. Entdeckt wurde diese früher nur als aus Lösungen gefällte Cellulose bekannte Modifikation in der Meeresalge *Halicystis* (SISSON 1938a). Seither ist Cellulose II auch in den Wänden der Algengattungen *Ulothrix*, *Ulva* und *Spongomorpha* gefunden worden (NICOLAI und PRESTON 1952). Die Cellulose II ist wie Cellulose I in Form von Mikrofibrillen vorhanden; erstaunlicherweise sollen jedoch bei dieser Modifikation keine Parallel-, sondern lediglich Streuungstexturen vorkommen, obschon z. B. bei *Halicystis* (PRESTON 1952a, S. 111) eine multilamellare Sekundärwand auftritt. Die Vermutung, daß das Kettengitter der Cellulose II durch die Gegenwart der Natriumionen des Meerwassers mit verursacht sein könnte, wird dadurch entkräftet, daß auch die Süßwasseralge *Ulothrix zonata* das Röntgendiagramm der Cellulose II liefert. Es gibt daher zur Zeit keine Erklärung, warum in den einen Algen die Cellulose nach dem Kettengitter II und in den anderen nach dem Gitter I kristallisiert. Immerhin ist bemerkenswert, daß die native Cellulose I bei den niederen Algen des untersuchten Materials zu fehlen scheint und erst bei den höheren Formen auftritt (NICOLAI und PRESTON 1952). Ebenso hat MÜHLETHALER (1956) beim Schleimpilz *Dictyostelium* Cellulose II gefunden (vgl. GEZELIUS und RÅNBY 1957).

Verdächtig sind die Befunde, bei denen beide Cellulosen I und II nebeneinander festgestellt werden wie bei *Trentepohlia*, *Vaucheria* und *Botrychium*, denn es scheint unwahrscheinlich, daß ein und dieselbe membranogene Schicht bald die eine und dann wieder die andere Modifikation der Cellulose erzeuge. Der Nachweis eines Xyloglucans als Hauptbestandteil der polylamellaren Zellwand von *Halicystis Osterhoutii* (ROELOFSEN, DALITZ und WYNMAN 1953), das ähnliche Röntgeninterferenzringe erzeugt wie Cellulose II, ruft nach erneuter Untersuchung der fraglichen Algenzellwände. Vorläufig lassen die Autoren die Frage offen, ob die im Elektronenmikroskop sichtbaren Mikrofibrillen Cellulose II oder Polyxyloglucan vorstellen, oder ob zweierlei Mikrofibrillen vorhanden sind. In erster Linie wäre abzuklären, aus welchen Stoffen die Grundsubstanz, welche die Amyloidreaktion mit Jodjodkali gibt (VAN ITERSON 1936b), und die mikro-

Tafel IX

Bakterien- und Tunicatencellulose; Mannan B

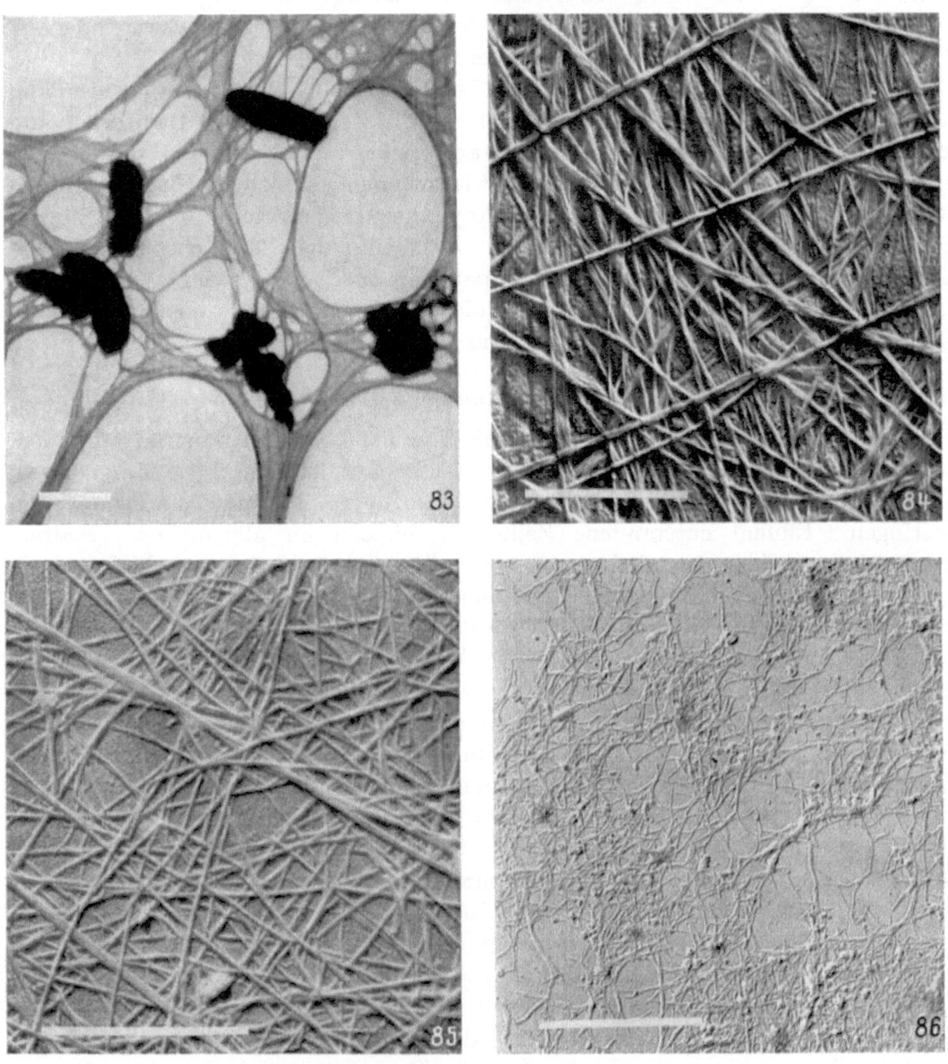

Abb. 83. *Acetobacter xylinum* produziert extracellulare Cellulosemikrofibrillen.
(FREY-WYSSLING und MÜHLETHALER 1946)

Abb. 84. Bakteriencellulose von *Acetobacter xylinum*. (MÜHLETHALER 1949b)

Abb. 85. Tunicatencellulose (Tunicin) aus dem Mantel von *Ciona*. (FREY-WYSSLING und R. FREY 1950)

Abb. 86. Mannan B aus den Endospermzellwänden der Dattelsamen. (MEIER 1956)

fibrillare Gerüstsubstanz dieser Zellwand bestehen. Falls das röntgenometrisch gefundene Gitter der Cellulose II einem anderen Polysaccharid zugehören sollte, wären die niederen Algen cellulosefrei, woraus sich die Möglichkeit ergeben würde festzustellen, wo im Stammbaum der Algen die so wichtige Gerüstsubstanz Cellulose phylogenetisch zuerst aufgetreten ist.

Chemisch reine Cellulose kommt in der Natur nicht vor. Verhältnismäßig wenig cellulosefremde Begleitstoffe besitzen die Zellwände der Baumwollhaare und gewisse Bastfasern, so daß von Wachsen befreite Baumwolle, daraus hergestellte Watte und Filtrierpapiere sowie schonend gebleichte Bastfasern von Lein, Nessel und Ramie für mikroskopische und optische Untersuchungen genügend „reine" Cellulose vorstellen. Mit Hilfe der Papierchromatographie der Hydrolysate solcher α-Cellulosepräparate kann jedoch gezeigt werden, daß sie noch immer ansehnliche Mengen cellulosefremder Zucker (wie z. B. Arabinose und Xylan) enthalten (DAS, MITRA und WAREHAM 1954).

Cellulase

Die riesigen Mengen Cellulose, welche die Landpflanzen dauernd aufbauen, werden von ihnen in der Regel nicht wieder abgebaut. Man muß daher annehmen, daß die höheren Pflanzen über kein Cellulose hydrolysierendes Fermentsystem verfügen. Einmal entstandene Zellwände bleiben im allgemeinen erhalten, und es konnte wahrscheinlich gemacht werden (S. 75), daß selbst bei Zellwandperforationen die vorhandenen Cellulosemikrofibrillen nicht aufgelöst, sondern mechanisch auf die Seite geschafft werden.

Eine Zerstörung der angehäuften Cellulose geschieht vornehmlich durch niedere Organismen, parasitische oder saprophytische Pilze (SCHAEFER 1957) oder im Boden durch Bakterien, Actinomyceten und Protozoen. Diese Organismen verfügen über das Ferment *Cellulase*. Im Darme der Tiere, die Cellulose zu verdauen vermögen (Pansen der Wiederkäuer, holzfressende Käferlarven, Termiten), wird die Cellulase nicht vom Tiere selbst, sondern von symbiontischen Bakterien produziert. Eine Ausnahme scheinen die Schnecken zu bilden, deren Darmepithel ein sehr aktives celluloseabbauendes Enzym sezerniert (KARRER 1925).

Beim biochemischen Abbau der Cellulose müssen einerseits die Wasserstoffbindungen des Kettengitters gesprengt und anschließend die Kettenmoleküle hydrolysiert werden. Anscheinend ist die Cellulase mehr auf den zweiten Vorgang spezialisiert, denn man stellt fest, daß aufgeschlossene oder umgefällte Cellulose viel schneller angegriffen wird als native Fasercellulose. Gereinigte Cellulase hat ein p_H-Optimum von 4,5. Ihr Reaktionsprodukt ist nicht Glucose, sondern Cellobiose. Die digonale Schraubenachse der Cellulosekette gestattet offenbar den Zutritt der Enzymmoleküle nur zu jeder zweiten β-glucosidischen Bindung. Die Spezifitätsgrenze der Cellulase liegt bei der Cellohexose (Mol.-Gew. etwa 1000). Kürzere Celluloseketten-Bruchstücke werden von der Cellulase nicht mehr abgebaut. Dafür tritt dann ein zweites Enzym, die β-Glucosidase (Cellobiase), in Funktion, die solche Oligocellodextrine und Cellobiose zu Glucose abbaut (BERSIN 1939, S. 63). Die Cellobiase ist wärmeempfindlicher als die Cellulase, so daß sich bei der Kultur thermophiler celluloseabbauender Bakterien über Temperaturen von 67° Cellobiose anhäuft (PRINGSHEIM und KUSENACK 1924).

Aspergillus oryzae liefert ein kommerzielles, cellulasehaltiges Enzymgemisch. Dieses enthält auch Lichenase, die durch fraktionierte Fällung von der Cellulase getrennt werden kann (FREUDENBERG und PLOETZ 1939).

b) Cellulosebegleiter

Wenn die Cellulose der Zellwände von den Grundsubstanzen (Pektine) und den Inkrusten (Lignin) befreit ist, bezeichnet man sie als Holocellulose. Diese enthält neben der Gerüstcellulose die sog. Hemicellulosen (S. 140), die durch Alkalien extrahierbar sind; gewöhnlich werden dabei 2 Hemicellulosefraktionen, beispielsweise A mit 5% KOH und B mit 24% KOH (entspricht 17,5% NaOH), gewonnen. Die übrigbleibende α-Cellulose ist indessen chemisch immer noch nicht einheitlich, denn ihr Hydrolysat enthält papierchromatographisch leicht nachweisbare glucosefremde Zucker, die von der Cellulose nahe verwandten Polysaccharidketten stammen. So findet JERMYN (1955) in aus Birnen gewonnener α-Cellulose

Glucan	81,4%
Mannan	4,5%
Xylan	10,2%
Rest	3,9%
	100%

Aus Coniferenholz gewonnene Cellulose enthält oft mehr Mannan; z. B. findet man im Zellstoff von *Pseudotsuga Douglasii* neben 5,5% Xylan 10,1% Mannan, das in der Papierindustrie gewisse Schwierigkeiten bereitet. Die Hauptmenge der Cellulosebegleiter geht bei der Alkaliextraktion der Zellwand in die Hemicellulosefraktionen ein. Alkalilösliches Xylan und Mannan bilden mit Kupfersalzen unlösliche Kupferkomplexe, so daß sie aus dem Extrakt ausgefällt und gereinigt werden können. Auf diese Weise läßt sich zeigen, daß keine Mischpolymerisate der verschiedenen monomeren Zucker vorliegen, sondern daß es sich offenbar um einheitliche Polysaccharidketten handelt. Die Fällung mit dem koordinativ vierwertigen $[\mathrm{Cu(NH_3)_4}]^{++}$-Ion beruht auf der Bildung von Di-diol-Komplexen

$$\begin{array}{ccc} \mathrm{HCOH} & \mathrm{Cu} & \mathrm{HOCH} \\ \mathrm{HCOH} & & \mathrm{HOCH} \end{array}$$

wodurch benachbarte Polyosenketten aneinander gebunden werden. Nach DEUEL und NEUKOM (1949) müssen hierfür zwei benachbarte Hydroxyle nach der gleichen Seite des Pyranoserings weisen (cis-Stellung), wie dies bei den Monomeren der Mannane und Galaktane der Fall ist. Da die cis-Konfiguration bei der β-Xylose nicht auftritt, müssen entweder die Endglieder der Xylankette als α-Xylose reagieren, oder die Arabofuranose, die bei den Xylanen meistens als Endgruppe vorkommt, ist für die Fällung verantwortlich. Im Gegensatz zu den erwähnten Hemicellulosen entstehen bei den β-glucosidischen Celluloseketten mit Kupfer keine Di-diol-, sondern Mono-diol-Komplexe, die anstatt zu einer Fällung umgekehrt zu einer Dispergierung der Fadenmoleküle führen (s. S. 116).

Xylan

Das Monomere der Xylanketten ist der Pentosezucker Xylose. Er besitzt die gleiche Konfiguration wie die Glucose, nur fehlt am Pyranosering die Seitengruppe des sechsten C-Atoms mit ihrer primären Alkoholgruppe. Die Xylankette $(C_5H_8O_4)_n$ ist daher folgendermaßen gebaut:

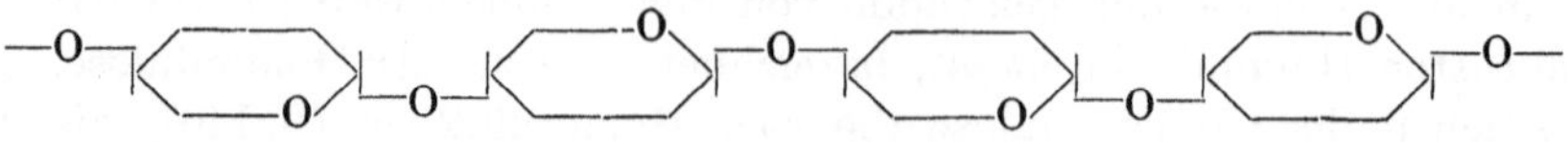

VII Xylankette

Sie weist wie die Cellulosekette β-glucosidische 1-4-Bindungen auf und besitzt daher ebenfalls eine digonale Schraubenachse als Symmetrieelement sowie die charakteristische Kettenperiode von 10,3 A.

Diese morphologischen Übereinstimmungen lassen den Gedanken aufkommen, ob etwa die Xylanketten ins Kettengitter der kristallinen Cellulose eingebaut und daher der Alkaliextraktion nicht zugänglich seien (NORMAN 1936, 1937). Der Polymerisationsgrad des aus α-Cellulose gewonnenen Xylans ist allerdings nur etwa 20, also viel niedriger als jener der Cellulose, der auf über 1000 steigen kann. Die in den Hemicellulosefraktionen enthaltenen Xylane sind noch kürzere Ketten mit nur 4—6 Xyloseresten. Es darf angenommen werden, daß die längeren Xylanketten durch Wasserstoffbindungen an die Oberfläche des Cellulosekettengitters gebunden sind und dadurch ihre Unlöslichkeit erlangen.

In Cellulose aus Stroh, Sisal, Manilahanf und Cocosfasern steigt der Xylangehalt auf 18—25% an (NORMAN 1937). Trotzdem gibt es keine Möglichkeit, diesen Membranstoff in der Zellwand mikrochemisch nachzuweisen.

Mannan (vgl. S. 141)

Der Grundkörper der Mannane ist die Mannose, eine Hexose, die sich von der Glucose durch die Vertauschung der OH-Gruppe am zweiten C-Atom unterscheidet:

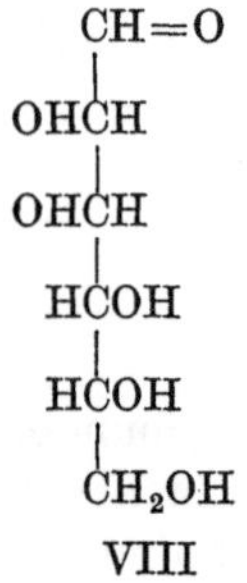

VIII
D-Mannose

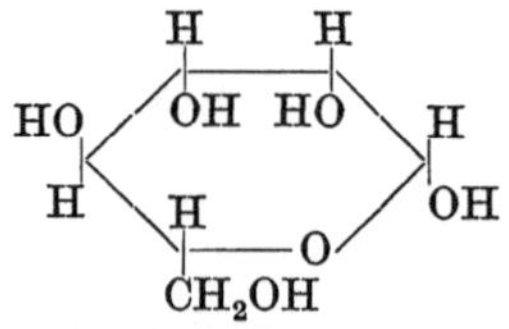

IX
β-D-Mannopyranose

Die Verknüpfung der Mannopyranoseringe erfolgt durch β-glucosidische Bindungen, so daß die Struktur der Mannanketten wie bei den Celluloseketten durch die Formel VI (S. 109) wiedergegeben werden kann. Der ganze Unterschied dieser beiden Ketten liegt darin, daß die OH-Gruppen am zweiten und dritten C-Atom bei der Cellulose nach verschiedenen, beim Mannan dagegen nach der gleichen Seite weisen.

Auch hier erhebt sich die Frage, ob die unverzweigten Mannanketten dank ihrer großen morphologischen Ähnlichkeit eventuell ins Kettengitter der Cellulose eintreten können, obschon hier die sterische Hinderung größer sein müßte als bei der Xylankette, wo einfach die Seitenglieder fehlen.

Das Fichtenmannan macht bis gegen 10% der Zellwand aus (Tabelle 30). Es erweist sich im Polarisations- und im Elektronenmikroskop als formloses Pulver, welches das gleiche Röntgendiagramm liefert wie γ-Cellulose (S. 110) und Steinnußmannan A (S. 142). Es handelt sich um ein Glucomannan, in dessen β-1-4-glucosidischer Kette auf je 4 Mannosereste ein Glucoserest kommt (LINDBERG und MEIER 1957).

Fast in reiner Form tritt das Mannan als Reservestoff (S. 141) in den Sekundärwänden des Endosperms gewisser Palmsamen auf (Abb. 91), besonders im Dattelkern *(Phoenix dactylifera)* und in der Steinnuß *(Phytelephas macrocarpa)*.

Nachweis

Es gibt keine Möglichkeit, die cellulosebegleitenden Hemicellulosen neben der Cellulose färberisch nachzuweisen. Dagegen haben ASUNMAA und LANGE (1954) ein photometrisches Verfahren ausgearbeitet, das erlaubt, die Menge der beiden Zellwandbestandteile abzuschätzen. Es beruht darauf, daß beliebige Kohlenhydrate durch Veresterung mit p-Phenyl-azo-benzoyl-chlorid orangerot gefärbt werden können. Die durch die Absorption bedingte Färbung wird mikrospektrographisch quantitativ erfaßt (s. S. 266). Führt man solche Bestimmungen vor und nach der Alkaliextraktion von Holzschnitten aus, läßt sich nachweisen, daß die Hemicellulosen in den äußeren Partien der Sekundärwand angehäuft sind (bis 50% in der Übergangsschicht), während gegen das Zellumen der Hemicellulosegehalt auf etwa 10% fällt.

c) Chitin

Die Gerüstsubstanz der meisten Pilzzellwände ist nicht Cellulose, sondern Chitin.

Chemismus und Kristallbau

Chitin ist ein stickstoffhaltiges Kohlenhydrat. Es bildet wie die Cellulose unverzweigte hochpolymere Ketten, deren Baustein das Acetylglucosamin ist. Im Glucosamin ist die primäre Alkoholgruppe am zweiten C-Atom der Glucose durch eine Aminogruppe ersetzt; diese ist im Chitin peptidartig mit einem Acetylrest verbunden. Die Acetylglucosaminreste sind β-glusosidisch miteinander verknüpft, so daß sich Formel X für die Chitinkette ergibt:

X Chitinkette

Röntgenaufnahmen von Crustaceensehnen liefern einen rhombischen Elementarbereich des Kettengitters (MEYER und PANKOW 1935):

$$a:b:c = 9{,}40:10{,}46:19{,}25 \text{ A}.$$

Dieselben Werte wurden bei Pilzchitin aus dem Sporangiophor von *Phycomyces* gefunden (VAN ITERSON, MEYER und LOTMAR 1936). In Übereinstimmung mit der β-glucosidischen Bindung in der Cellulose sind aufeinanderfolgende Acetylglucosaminreste gegenseitig verschraubt, und die

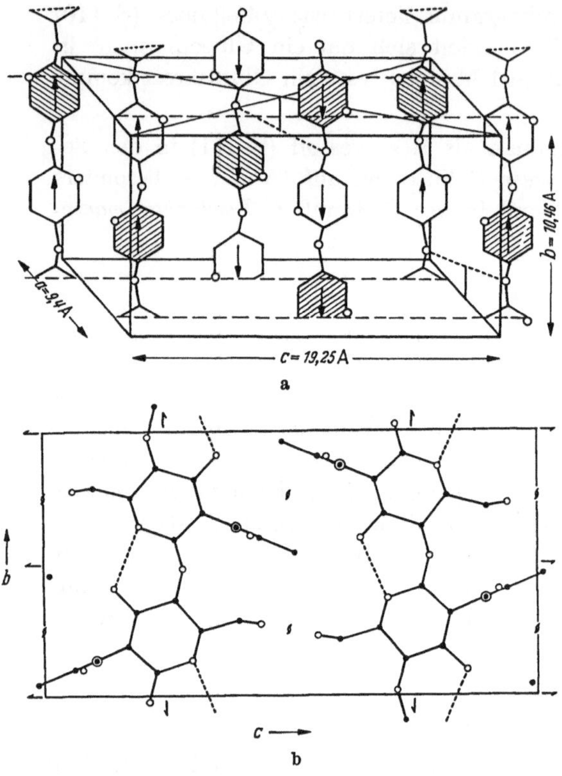

a

b

Abb. 87a u. b. Elementarbereich des Chitinkettengitters a nach MEYER und PANKOW (1935), b nach CARLSTRÖM (1957). ● C, ○ O, ⊙ N; c Radialrichtung in der Sekundärwand des Sporangienträgers von *Phycomyces*

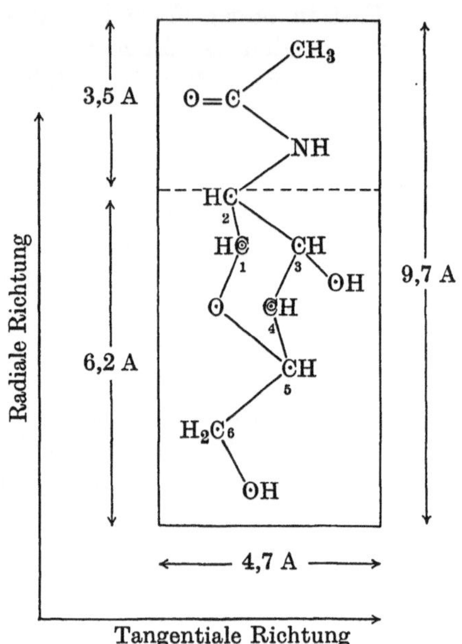

Abb. 88. Orientierung des Acetyl-Glucosaminrestes in der Sekundärwand von *Phycomyces* (nach HEYN 1936). Peptidartige Bindung des Acetyls

Faserperiode beträgt auch hier 10,4 A. Der Elementarbereich umfaßt 8 Acetylglucosaminreste von 4 Chitinketten, die ihn in gegenläufiger Weise durchsetzen (Abb. 87a). HEYN (1936) gibt einen 4mal kleineren Elementarkörper mit nur 2 Monomeren an. Er findet, daß die c-Achse des Kettengitters (Abb. 88) in den hohlzylindrischen Sekundärwänden der Sporangienträger von *Phycomyces* radial verläuft, so daß also der Pyranosering und auch die peptidartig gebundene Acetylseitenkette in der Radialebene liegen. Interessanterweise entspricht die halbe a-Achse von 4,7 A ungefähr dem „Backbone"-Abstand von 4,6 A der Polypeptidketten im Fasereiweiß-Kettengitter.

Eine erneute Röntgenanalyse des Chitins der Hummersehnen durch CARLSTRÖM (1957) ergab

$$a:b:c = 4{,}76:10{,}28:18{,}85 \text{ A},$$

d. h. also einen Elementarkörper mit 4 Acetylglucosaminresten. Die Abwesenheit der Reflexe *(0k0)* beweist die Gegenwart zweizähliger Schraubenlinien. Die Pyranoseringe liegen ungefähr in der (100)-Ebene. Die Hauptvalenzketten werden nicht als Gerade, sondern entsprechend dem Glucosidwinkel von 107° als mit geknickten Glucosidbrücken versehene Zickzacklinien angesprochen (Abb. 87 b). Die genaue Übereinstimmung der Faserperiode des Chitins (10,28 A) mit jener der Cellulose (10,3 A) wird als Hinweis dafür angesehen, daß auch im Cellulosegitter ein zickzackförmiger Verlauf der Glucanketten auftritt.

Nachweis

Reinigung. Für die Entfernung störender Begleitstoffe kann für die Pilzmembranen das Verfahren von SCHOLL (1908) verwendet werden. Es besteht in abwechselndem Kochen des Pilzmaterials in 10% Kalilauge und in Wasser, bis das Filtrat farblos abläuft, worauf der Rückstand mit 1% Kaliumpermanganat und darauf mit 2% Natriumbisulfit behandelt wird.

Sowohl Chitin als auch Cellulose bleiben nach dieser Behandlung als reinweiße oder leicht gelbliche Masse zurück. Eventuell vorhandene Cellulose kann durch Schweizer-Reagens entfernt werden. Umgekehrt kann das Chitin durch 24% Salzsäure von der Cellulose abgetrennt werden.

Mikrochemischer Nachweis. Das Chitin ist in mancher Hinsicht gegenüber chemischen Reagentien widerstandsfähiger als die Cellulose. Namentlich gegenüber Quellungsmitteln ist es viel unempfindlicher. In Mercerisierlauge (17,5% NaOH) werden gereinigte Chitinsporangienträger nicht verquollen und verkürzt wie Cellulosefasern; auch in Kalium-Quecksilberjodid verquillt Chitin nicht, und in Schweizer-Reagens ist es unlöslich (MEYER und WEHRLI 1937). Die Quellungsunempfindlichkeit gegenüber stark hydratisierenden Agentien dürfte damit zusammenhängen, daß die NH_2-Gruppe, die eine der polaren OH-Gruppen der Cellulose ersetzt, durch die apolare Methylgruppe des Acetylrestes abgedeckt ist. Eine Auflösung des Chitins kann nur in konzentrierter Salzsäure oder Schwefelsäure erreicht werden. In 24% Salzsäure wird es nur langsam hydrolisiert, so daß es, nach kurzer Zeit durch Wasser wieder ausgefällt, noch ein unverändertes Chitin-Röntgendiagramm liefert (CLARK und SMITH 1936).

Gereinigtes Chitin färbt sich mit Kongorot und gibt mit Chlorzinkjod nach Vorbehandlung mit Diaphanol eine rotviolette Färbung. Jodjodkalilösung und Schwefelsäure verursachen die mannigfaltigsten gelb- bis rotbraunen Töne. Dieses Verhalten gab sogar Anlaß, die Existenz verschiedenartiger Chitine zu postulieren (KRAWKOW 1892). Die Jodfärbungen sind jedoch unspezifische Gruppenreaktionen (KÜHNELT 1928, RICHARDS 1947), so daß sie keine sichere Identifikation gestatten.

Einen zuverlässigeren Test hat VAN WISSELINGH (1897, 1925) mit seiner Chitosan-Reaktion ausgearbeitet. Unter Chitosan versteht man mehr oder weniger desacetylierte Abbauprodukte des Chitins. Das Zellwandmaterial wird vorgängig in einem zugeschmolzenen Glasröhrchen mit Glycerin auf 300° C erhitzt und so von den Grundsubstanzen befreit; übrig bleiben die Gerüstsubstanzen Chitin und Cellulose. Hierauf erfolgt der Aufschluß des Chitins wiederum in zugeschmolzenen Glasröhrchen mit 50% Kalilauge während 20 min bei 160—180° C. Das entstandene Chitosan gibt dann nach Auswaschung mit

95% Alkohol mit Jodjodkalilösung in Gegenwart von verdünnter Schwefelsäure
eine charakteristische rotviolette Farbe. Ist im gleichen Präparat auch Cellulose vorhanden, so läßt sich diese durch die Blaufärbung mit Jod-Schwefelsäure
nachweisen. Das rotviolette Chitosan entfärbt sich in konzentrierter Schwefelsäure und löst sich darin auf. Leider sind auch Fälle bekanntgeworden, wo
chitinfremde Wandsubstanzen auf den Chitosantest mit Jod angesprochen haben
(GONELL 1926).

Makrochemischer Nachweis. An gereinigtem Chitin [$(C_8H_{13}O_5N)_n$] können
Elementar- und Acetylanalysen durchgeführt werden. DIEHL (1936) gibt z. B.
für Sporangienträger von *Phycomyces* folgende Werte an:

	Gefunden %	Theoretisch %
N	6,22	6,90
C	47,26	47,29
H	6,69	6,40
Acetyl . .	21,1	21,2

Auch andere Autoren finden in der Regel zu wenig Stickstoff, während sonst
die Übereinstimmung mit den theoretischen Werten gut ist.

Ähnlich wie Cellulose mit Hilfe des Osazons des Hydrolyseproduktes Glucose
quantitativ bestimmt werden kann, gelingt dies beim Chitin durch quantitative
Erfassung des Glucosamin-Chlorhydrates (THOMAS 1942/43). Da indessen
Glucosamin auch als Hydrolyseprodukt von Glucoproteinen auftreten kann,
darf aus seiner Anwesenheit nicht unbedingt auf das Vorhandensein von Chitin
geschlossen werden. Heute kann die Zuckeranalyse der Hydrolysate mit Hilfe
der Papierchromatographie im Gegensatz zu früher ohne großen Zeitaufwand
durchgeführt werden.

Doppelbrechung (vgl. S. 234). Chitin ist schwach negativ doppelbrechend.
Im allgemeinen wird diese negative Eigendoppelbrechung, die nur durch geeignete Imbibitionsversuche nachgewiesen werden kann (MÖHRING 1926), durch
eine kräftige positive Stäbchendoppelbrechung überkompensiert. BAAS BECKING
und CHAMBERLIN (1925) geben als mittleren Brechungsindex von Crustaceen-
und Insektenchitin 1,525 an. Aus der Imbibitionskurve von MÖHRING läßt sich
dagegen ein Wert von 1,61 ablesen. DIEHL und VAN ITERSON (1935) haben nachgewiesen, daß der mittlere Brechungsindex des Chitins vom Einschlußmittel
abhängig ist. In einem Gemisch von Glycerin und Chinolin findet man 1,555,
in Kalium-Quecksilberjodid dagegen 1,60—1,62. Nach SCHMIDT (1939) wird
die negative Doppelbrechung des Chitins durch Nitrierung derart vergrößert,
daß sie trotz der positiven Stäbchendoppelbrechung deutlich in Erscheinung
tritt; die Objekte brauchen vor der Nitrierung nicht besonders gereinigt oder
entmineralisiert zu werden.

Röntgenanalyse. Die sicherste Methode, die beiden Gerüstsubstanzen Chitin
und Cellulose voneinander zu unterscheiden oder nebeneinander nachzuweisen,
ist die Röntgenanalyse (s. S. 205). Chitin erzeugt drei deutliche Interferenzringe,
die Netzebenenabständen von 9,6, 4,63 und 3,39 A entsprechen. Diese liegen
genügend weit von jenen der Cellulose I und II entfernt, so daß eine einwandfreie
Identifizierung möglich ist. Vor der Röntgenometrierung werden die Gerüst-

substanzen mit Vorteil nach SCHOLL gereinigt oder gelöst und wieder ausgefällt (R. FREY 1950). In einem Kristallgemisch können die Interferenzabfolgen der beiden Kristallarten nebeneinander registriert werden, selbst wenn die eine Kristallart weniger als 5% des Gemisches ausmacht. Die Methode ist daher geeignet, die Frage zu entscheiden, ob Cellulose und Chitin nebeneinander als Gerüstsubstanzen auftreten können.

Vorkommen

Das 1825 entdeckte Chitin ist bei niederen Tieren weit verbreitet: die Borsten der Ringelwürmer, Panzer und Sehnen der Arthropoden, Kauwerkzeuge und Sepienschulp der Mollusken bestehen aus dieser Gerüstsubstanz. Erst 1894 wurde dann festgestellt, daß auch der als „Fungin" oder „Pilzcellulose" bekannte Membranstoff der Pilzzellwände mit Arthropoden- und Molluskenchitin identisch ist (WINTERSTEIN 1894).

Nur in Pilzzellwänden kommt Chitin vor; Befunde, wonach dieser Wandstoff auch bei gewissen Algen neben Cellulose auftrete, konnten widerlegt werden (R. FREY 1950). Das Chitin steht vermutlich in Zusammenhang mit der heterotrophen Lebensweise der Pilze, ganz unabhängig davon, ob diese als Saprophyten oder als Parasiten auf Pflanzen oder auf animalischer Haut (Dermatophyten) leben (BLANK 1953).

Chitin ist charakteristisch für alle Basidiomyceten und die höheren Ascomyceten. Bei den niederen Ascomyceten ist Chitin bei den Endomycetaceen vorhanden, kann aber bei den untersuchten Saccharomycetaceen und Spermophthoraceen röntgenographisch nicht leicht erfaßt werden. Die Phycomyceten zerfallen in zwei Gruppen: einerseits die Oomyceten, die Cellulose als Gerüstsubstanz enthalten, und andererseits die Blastocladialen und Zygomyceten, die Chitin aufweisen. Auf Grund hiervon wurde ein polyphyletischer Ursprung der Phycomyceten postuliert (v. WETTSTEIN 1921), welche Anschauung allerdings bekämpft wurde (HARDER 1937). Die Röntgenanalyse bestätigt jedoch den zwischen Oomyceten und Zygomyceten bestehenden Unterschied im chemischen Aufbau der Zellwand und rechtfertigt die Trennung dieser beiden Gruppen als voneinander unabhängige Pilzreihen (GÄUMANN 1949).

d) Hefeglucan

Die Hefezellwände enthalten bloß ein paar Prozente Chitin, so daß dieser Wandstoff nur in aufgearbeitetem Material erfaßt werden kann. Nach KREGER (1954) ist die Reinigungsmethode nach SCHOLL für den Chitinnachweis bei Hefen ungünstig; um das Chitin zu erfassen, muß eine Säurebehandlung vorausgehen. Eine Extraktion mit 2% Salzsäure bringt 75% amorphe Grundsubstanzen in Lösung; der Rückstand besteht aus 20% Hefeglucan und einigen Prozenten Chitin.

Das *Hefeglucan* liefert bei der Hydrolyse Glucose. Es ist unlöslich in 3% Natronlauge und 2% Salzsäure, wird jedoch nach solcher Säurebehandlung alkalilöslich in 3% Natronlauge. Die lösliche Modifikation wird als Hefehydroglucan vom nativen Hefeglucan unterschieden. Dieses liefert ein von Chitin und Cellulose wesentlich verschiedenes Röntgendiagramm (KREGER 1954). Im Elektronenmikroskop erscheint das Hefeglucan macerierter Hefezellwände in

Form von Mikrofibrillen mit verflochtener Streuungstextur; die spärlichen Chitinmengen erweisen sich als granular (HOUWINK und KREGER 1953). Die Art und Weise, wie die Glucosereste zu einer Polyose verknüpft sind, ist noch nicht bekannt; vermutlich handelt es sich um nicht oder wenig verzweigte Fadenmoleküle, die zu einem Kettengitter zusammentreten können.

Besser unterrichtet ist man über das *Hefemannan* oder den *Hefegummi*, der bei der oben beschriebenen Maceration mit 2% Salzsäure mit den amorphen Grundsubstanzen in Lösung geht. Seine gummiartige Beschaffenheit wird durch verzweigte Makromoleküle verursacht, indem die Mannosereste über 1-6- und 1-2-Bindungen miteinander verbunden sind (MEYER und MARK 1940, Bd. 2, S. 353). Das Hefemannan unterscheidet sich dadurch grundlegend vom linear gebauten Steinnußmannan, das in Form von Mikrofibrillen auftreten kann (s. S. 141).

Die Hefezellwand soll aus zwei chemisch voneinander unterscheidbaren Hüllen bestehen, indem das Hefeglucan in der äußeren, das Hefemannan dagegen in der inneren lokalisiert sei (NORTHCOTE und HORNE 1952). Ferner scheint das Mannan an ein Protein gebunden zu sein. FALCONE und NICKERSON (1956) geben folgende Zusammensetzung der Zellwand von Bäckerhefe an: reduzierende Zucker (Glucose, Mannose und Hexosamin) 84,4%, Protein (Pseudokeratin, $1,07 \times 6,25$) 6,7%, Chitin (Hexosamin) 2,7% (vgl. Tabelle 18). Im Mannanprotein beträgt das Gewichtsverhältnis Mannan:Protein 12:1.

Das Verhältnis der drei erfaßbaren Hefezellwandstoffe Mannan, Glucan und Chitin variiert bei den verschiedenen Saccharomycetaceen stark. Es gibt mannanfreie Arten *(Nadsonia fulvescens, Schizosaccharomyces octosporus)* und glucanfreie Arten *(Rhodotorula glutinosa, Sporobolomyces roseus)*. Bei Mannanabwesenheit kann der Glucan- und eventuell sogar der Chitingehalt vergrößert erscheinen. Häufig treten jedoch auch bislang noch nicht definierte Wandstoffe auf, die spezifische Röntgeninterferenzen liefern (KREGER 1954).

Auf Grund des elektronenmikroskopischen Befundes übernimmt offenbar das Hefeglucan zufolge der körneligen Ausbildung der geringen Chitinmengen die Funktion der Gerüstsubstanz. Es ist bezeichnend, daß dieses Glucan trotz großer morphologischer Ähnlichkeit keine Cellulose vorstellt (z. B. Unlöslichkeit in Cuoxam). In keinem Organismus wurden somit bisher Cellulose und Chitin gleichzeitig in der Zellwand gefunden (R. FREY 1950). Diese beiden Gerüstsubstanzen scheinen sich gegenseitig auszuschließen, so daß ihnen ein hoher systematischer Wert für die Beurteilung verwandtschaftlicher Beziehungen der Pilze zukommt.

2. Grundsubstanzen

Unter Grundsubstanzen sind die kohlenhydratartigen Zellwandstoffe wie die Pektinstoffe und die Hemicellulosen zu verstehen, in welche die submikroskopischen Fibrillen der Gerüstsubstanzen eingebettet sind. In der Technologie werden diese Substanzen wie das Lignin als Inkrusten bezeichnet. Entwicklungsgeschichtlich treten jedoch die Grundsubstanzen vor den Gerüstsubstanzen auf, und wir kennen Zellwandlamellen oder sogar ganze Schichten, die nur aus Grundsubstanz ohne besondere Verstärkung durch Gerüstfibrillen bestehen. Aus diesem Grunde sind vom biologischen Standpunkt aus die Grundsubstanzen von den Inkrusten, die erst später nach der mechanischen Wandverfestigung durch Mikrofibrillen entstehen, abzutrennen. Die Grundsubstanzen unterscheiden sich von den Gerüstsubstanzen durch fehlende oder nur schwach ausgeprägte Anisotropie.

a) Pektinstoffe

Da die Mittellamelle aus Pektinstoffen gebildet wird und die Gewebe bei deren Zerstörung in ihre einzelnen Zellen zerfallen (Maceration), werden diese Wandstoffe auch als Kittsubstanz bezeichnet. Es gibt indessen Zellwände wie jene der Collenchyme, deren sekundäre Verdickungslamellen zum Teil ebenfalls aus Pektinstoffen bestehen, so daß die Funktion dieser Wandsubstanzen vielseitiger ist.

Chemismus

Der Grundkörper der Pektinstoffe ist die Galakturonsäure (XII), die sich vom Hexosezucker Galaktose (XI) ableitet.

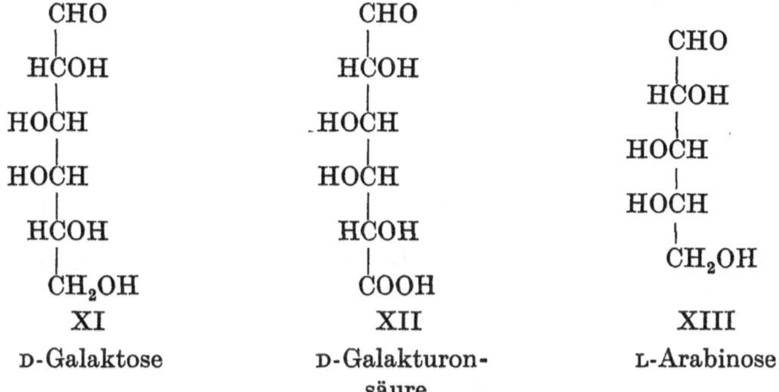

Die Galaktose (XI) unterscheidet sich von der Glucose (I) durch die Stellung der OH-Gruppe am vierten C-Atom. In den Uronsäuren ist die primäre Alkoholgruppe —CH_2OH der Hexosen zur Carboxylgruppe —COOH oxydiert. Diese kann durch Decarboxylierung abgetrennt werden, worauf ein Pentosezucker, und zwar im vorliegenden Falle Arabinose (XIII), entsteht.

Neben der Serie Galaktose-Galakturonsäure-Arabinose gibt es eine entsprechende biologische Reihe Glucose-Glucuronsäure-Xylose. Doch kommt die Glucuronsäure mehr im Tierreiche vor, während sie im Pflanzenreiche selten auftritt. Wichtig ist ihre Gegenwart in der *Hyaluronsäure*, d. i. eine hochpolymere Uronsäure, die im Bindegewebe der Wirbeltiere eine ähnliche Rolle als Grundsubstanz wie die Pektinstoffe in den Zellwänden spielt, indem sie als Einbettungsmittel für die Fibrillen der Gerüstsubstanz Kollagen dient. Der Grundkörper der Hyaluronsäure ist ein Disaccharid, das aus je einem Molekül Acetylglucosamin (vgl. Formel X) und Glucuronsäure besteht.

Die Galakturonsäurereste sind durch 1-4-Bindungen zu hochpolymeren linearen Ketten mit Schraubensymmetrie zusammengeschlossen. Da die OH-Gruppe am vierten C-Atom der Galakturonsäure, verglichen mit der Stellung am vierten C-Atom der Glucose, vertauscht ist, verlangt die vorhandene Schraubenachse, im Gegensatz zur Cellulose, die α-1-4-glucosidische Bindung.

Die α-1-4-Polygalakturonsäure wird als *Pektinsäure* (XV) bezeichnet. Wie
Formel XV zeigt, handelt es sich um eine vielwertige Säure, mit zahlreichen
linear angeordneten dissoziationsfähigen sauren Gruppen. Die Dissoziation ist
indessen sehr gering, so daß es sich um eine ausgesprochen schwache Säure
handelt, die zufolge fehlender Aufladung in Wasser schwer löslich ist. Die Salze
der Pektinsäure werden als Pektate bezeichnet. Das Calciumpektat ist vollkommen unlöslich, so daß Ca-Ionen als Pektinfällungsmittel verwendet werden
können.

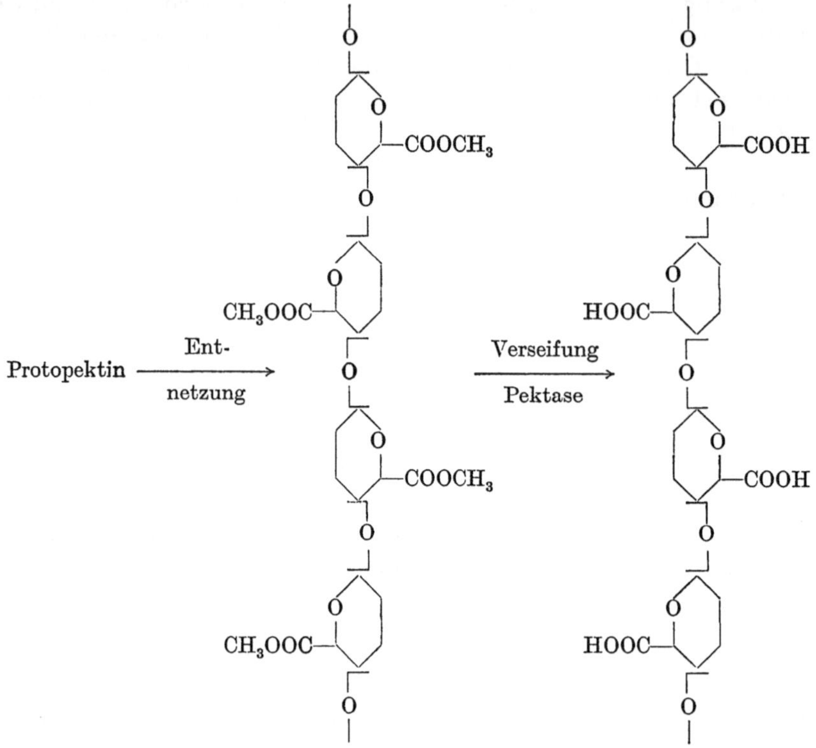

In der Pflanze ist ein großer Teil der Carboxylgruppen mit Methylalkohol
verestert, wobei Veresterungsgrade von unter 50% bis weit darüber hinaus auftreten können. Solche veresterte Pektinsäuren werden als *Pektin* bezeichnet.
Da sie immer eine gewisse Anzahl unveresterter Carboxylgruppen enthalten,
sind die Pektine stets schwach sauer. Sie erweisen sich im Gegensatz zur Pektinsäure als wasserlöslich, wobei die Löslichkeit mit steigendem Veresterungsgrade
zunimmt. Die Pektine können daher durch Wasserextraktion aus pektinhaltigen
Geweben isoliert und durch anschließende Alkoholfällung gewonnen werden.
Sie besitzen ein außerordentliches Geliervermögen; deshalb sind sie technisch
von Bedeutung und als Handelsware erhältlich.

Das Pektin der Mittellamelle und der Primärwand ist indessen wasserunlöslich. Es tritt in der jungen Zellwand als sog. *Protopektin* auf, dessen genaue
Konstitution unbekannt ist. Man nimmt an, daß die Pektinketten durch Phos-

phorsäurebrücken (Abb. 89 b) oder durch Veresterung mit Zuckern (z. B. Arabinose, Galaktose) über die freien Carboxylgruppen miteinander verbunden werden (HENGLEIN 1955). Da das Protopektin vollkommen unlöslich ist, müssen die Vernetzungen der Pektinketten vorgängig einer Pektinextraktion abgebaut werden. Dies geschieht z. B. mit 0,5% organischen Säuren (Oxal-, Citronen-, Weinsäure) oder mit 0,5% Ammoniumoxalat, das imstande ist, Calciumpektat aufzulösen. Die verwendeten Extraktionsmittel müssen saurer als das Pektin selbst sein, aber keinen hydrolytischen Abbau der Ketten bewirken. Vor der Extraktion in sehr verdünnter Salzsäure (0,3%) kann das Objekt in warmer 3% Salzsäure (unter 50° C) gebeizt werden.

Wie der Aufbau der Pektinstoffe in der Natur erfolgt, ist unbekannt. Dagegen ist man über ihren Abbau, wie er in alternden Zellwänden vorkommen kann, gut unterrichtet. Die Art und Weise der Entnetzung des Protopektins entzieht sich zwar unserer Kenntnis. Die entstehenden Pektine werden dann jedoch durch eine besondere Esterase, die Pektase, verseift, und die gebildeten Pektinsäuren können durch die Pektinase hydrolysiert und zu Oligogalakturonsäuren abgebaut werden (BONNER 1936).

Durch den Pektinabbau verlieren die Zellen eines Gewebes ihren Zusammenhang, so daß es in Einzelzellen zerfällt. Dieser Vorgang spielt sich beispielsweise beim Ausreifen der Früchte ab und kann bei gewissen Beeren (z. B. Schneebeere, *Symphoricarpus*) oder bei überreifem Kernobst zu einem zusammenhanglosen Zellbrei führen.

Optik und Kettengitter

Die Pektinstoffe der Mittellamelle und der Primärwand verhalten sich isotrop, so daß sie im Polarisationsmikroskop im Gegensatz zur Cellulose nicht aufleuchten, sondern dunkel erscheinen. Dies ist erstaunlich, da sich die Polygalakturonsäuren als unverzweigte Kettenmoleküle erweisen, von denen man eine Aggregation zu parakristallinen Bündeln erwarten sollte. Offenbar sind diese Ketten jedoch in den Primärwänden nicht parallel geordnet, sondern vermutlich miteinander zu einem amikroskopischen Flechtwerk vernetzt.

In strömenden Pektinlösungen lassen sich die Pektinketten dagegen parallelisieren, so daß Strömungsdoppelbrechung auftritt (PILNIK 1945). Auch an Pektingelen konnte VAN ITERSON (1933) Doppelbrechung feststellen, und zwar erwies sich diese Anisotropie, bezogen auf die Kettenrichtung, als negativ. WUHRMANN und PILNIK (1945) haben die optischen Eigenschaften von Pektinfäden gemessen und die in Tabelle 12 verzeichneten Werte gefunden.

Die Doppelbrechung Δn des Pektins ist sehr gering, steigt jedoch bei der Pektinsäure zu ähnlichen Werten wie bei Glimmer an. Der negative Charakter der optischen Anisotropie ist durch die starke Polarität der Carboxylseitengruppen bedingt.

Tabelle 12. *Brechungsvermögen von Pektinfäden; Dehnungsgrad 2,71, bei 60% rel. Feuchtigkeit und 18° C, grünes Hg-Licht $\lambda = 546$ mμ.* (WUHRMANN und PILNIK 1945)

	Pektin	Pektinsäure
$n_{\parallel}$	1,5029	1,5265
$n_{\perp}$	1,5037	1,5328
$\Delta n = n_{\parallel} - n_{\perp}$.	— 0,0008	— 0,0063
n_{iso} (Mittel) .	1,5034	1,5307

Gedehnte Pektinfäden und -folien liefern Röntgeninterferenzen (WUHRMANN und PILNIK 1945), die nach Verseifung durch die Bildung von Natriumpektat oder Pektinsäure deutlicher werden und eine bessere Kristallinität verraten. PALMER u. Mitarb. (1947) haben den Elementarbereich kristalliner Pektinpräparate bestimmt und dabei eine Faserperiode von 13 A gefunden, die drei Galakturonsäurereste mit α-1-4-glucosidischer Bindung in trigyroider Anordnung umfaßt. An Stelle der zweizähligen Schraubenachse im Kettengitter der Cellulose und des Chitins tritt hier also eine dreizählige Schraubenachse auf.

Im Collenchym von *Petasites vulgaris* haben ROELOFSEN und KREGER (1951, 1954) kristallisiertes Pektin gefunden. Nach der Größe der Doppelbrechung zu schließen, ist indessen eine sehr unvollkommene Parallelisierung der Pektinstäbchen vorhanden (PRESTON 1952 c). Dies zeigt auch das Elektronenmikroskop, in welchem feine und relativ kurze submikroskopische Pektinfibrillen abgebildet werden können (ROELOFSEN und KREGER 1951). Man stellt somit fest, daß das Pektin in der pflanzlichen Zellwand nie den Grad der Anisotropie der Cellulose oder des Chitins zu erreichen vermag.

Gelbau

Die wichtigsten Eigenschaften der Pektinstoffe sind ihre Gelierfähigkeit und das erstaunliche Quellungsvermögen ihrer Gele.

Das Quellungsvermögen beruht auf der außerordentlichen Hydratationsfähigkeit der methylierten Carboxylgruppen. Die Hydratation ist meist so groß, daß ohne besondere ordnende Kräfte — Strömungsgradient, Dehnung, Wandbildung während der Zellstreckung (Collenchym) — keine oder nur eine unvollkommene Parallelisierung der Polygalakturonsäure-Kettenmoleküle auftritt. Die Gelbildung geschieht durch Wechselwirkung gewisser Seitengruppen benachbarter Ketten miteinander. Die Wahrscheinlichkeit der Entstehung solcher Haftpunkte ist um so größer, je länger die Kettenmoleküle sind; die Gelierfähigkeit ist daher vom Polymerisationsgrad der Pektine abhängig. Die Pektingele können auf verschiedenem Wege entstehen:

a) Durch Bildung von Nebenvalenzgelen bei mit Methylalkohol hochveresterten Pektinen im sauren Milieu ($p_H \sim 3$). Hier bestehen die Haftbrücken aus gerichteten Wasserdipolen, die sich zwischen den negativierten Sauerstoff und die positivierte Methylgruppe der Methylestergruppe einschieben (Abb. 89a). Durch Zufügung von Zucker oder Alkohol, die dem Pektin das Hydratationswasser streitig machen, kann die Bildung dieser lockeren Gelbindungen befördert werden.

b) Durch Bildung von Hauptvalenzgelen, indem benachbarte Carboxyl- oder Alkoholgruppen chemisch miteinander verknüpft werden. Auf solche Weise gebildete Phosphorsäure- oder Arabinosebrücken (Abb. 89b) kommen vermutlich im Protopektin vor. DEUEL (1947) ist es gelungen, mit Hilfe von Formaldehyd, dessen Moleküle Brücken zwischen benachbarten primären Alkoholgruppen schlagen, künstlich solche Hauptvalenzgele herzustellen.

Nach allgemeiner Auffassung (z. B. HENGLEIN 1955) kommen im Protopektin als weitere Haftpunkte Calcium- oder Magnesiumbrücken vor, welche die einwertigen Carboxylgruppen benachbarter Ketten miteinander verbinden. DEUEL u. Mitarb. (1950) haben jedoch gezeigt, daß keine festen Salzbrücken vorhanden sind, sondern daß sich bewegliche Ionengleichgewichte zwischen den vorhandenen Polyanionen und den Metallkationen einstellen, durch welche

die Hydratation der Pektinketten so weit gesenkt wird, daß sie als Calciumpektat ausfallen.

Die Wassermenge, die in einem Pektingel gebunden sein kann, ist erstaunlich groß. Während Baumwollcellulose bei 90% Feuchtigkeit nur 15% Wasser

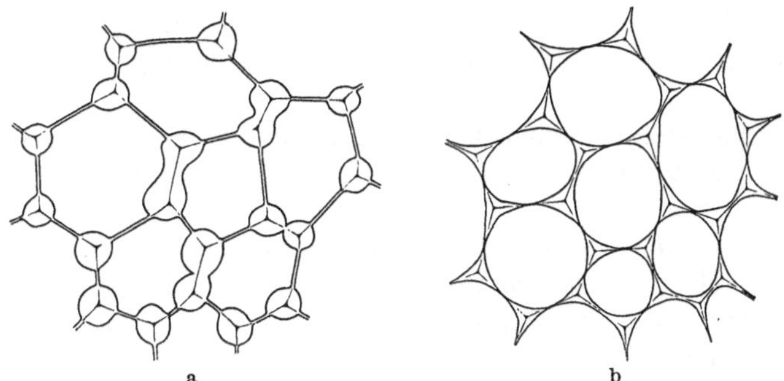

Abb. 89a u. b. Bindungen zwischen Pektinketten. a Dipolbindung. b Covalenzbindungen

aufzunehmen vermag, adsorbiert ein Natriumpektatgel dabei über 40% und
verquillt beim Einlegen in Wasser wie Gelatine (vgl. Abb. 169). Pektinhaltige
Zellwände schrumpfen daher beträchtlich, wenn sie, wie dies in der Mikro-

Abb. 90a u. b. Quellungszustand der Collenchyme. a Convex-Collenchym, hydratisiert (z. B. in Glyceringelatine). b Conkav-Collenchym, dehydratisiert (z. B. in Canadabalsam)

technik üblich ist, mit Alkohol dehydratisiert werden. In Dauerpräparaten
erscheinen daher Mittellamelle und Primärwand unnatürlich dünn; im frischen
Zustand sind sie wesentlich dicker, gehen aber unmerklich ineinander und in
die Sekundärwand über, so daß sie bei Lebendbeobachtungen schwer gegeneinander abzugrenzen sind. Besonders auffallend verhalten sich die Eckenverdickungen der Collenchyme. Im frischen Zustand erscheinen sie ihres großen
Pektingehaltes wegen (S. 30) auf dem Querschnitt kreisförmig aufgequollen,
während sie nach der Entwässerung zusammenfallen (Abb. 90). Die Histologen
unterscheiden daher zwischen Konvex- (Abb. 90a) und Konkavcollenchymen
(Abb. 90b), wobei jedoch ein- und dasselbe Collenchym beide Formen annehmen kann, je nachdem ob man es im hydratisierten oder im dehydratisierten
Zustand (z. B. Balsampräparate) beobachtet. Um den natürlichen Quellungszustand der Collenchyme tunlichst zu erhalten, sollten sie in einem wäßrigen
Milieu, z. B. in Glyceringelatine, präpariert werden.

Nachweis

Ihrer anionischen Natur entsprechend speichern die Pektinstoffe basische Farbstoffe wie *Methylenblau*, Safranin usw. (MANGIN 1893a). Am geeignetsten ist *Rutheniumrot* (ammoniakalisches Rutheniumoxychlorid). Es ist allerdings kein spezifisches Pektinreagens, denn es färbt auch andere saure Zellwandstoffe, besonders wenn diese Uronsäuregruppen enthalten; so speichert die Oxycellulose in stark gebleichten Zellwänden Rutheniumrot kräftig, was bei unkritischer Anwendung dieses „Pektinreagenses" zu Fehlschlüssen führen kann.

Die Pektinstoffe sind unlöslich in Schweizer-Reagens, was die Abwesenheit oder doch Seltenheit von Wasserstoffbrücken in ihrem Gelgerüst vermuten läßt. Wichtig ist ihre leichte Oxydierbarkeit (DEUEL 1947), die die Grundlage aller Macerationsmethoden vom Kaliumchlorat-Salpetersäure-Gemisch SCHULTZEs bis zur verdünnten Wasserstoffsuperoxyd-Lösung KISSERs (1926) bildet.

Hydrolyse mit verdünnten Säuren erlaubt das Protopektin, Behandlung in verdünnten Alkalien das Calciumpektat aus histologischen Schnitten zu entfernen. Ammoniumoxalat löst, warm angewendet, alle Pektinstoffe.

Die quantitative Bestimmung der Pektinstoffe geschieht durch Fällung der Extrakte bei geeignetem p_H mit Alkohol oder Calciumsalzen, genauer jedoch durch Decarboxylierung der Uronsäuren mit starker Salzsäure und Messung der gewonnenen Kohlensäure, oder bei Kenntnis des vorliegenden Veresterungsgrades durch Bestimmung der Methoxylgruppen. Das Methanol kann nach der Methode von ZEISEL mit Jodwasserstoffsäure ausgetrieben werden (HENGLEIN 1955).

Die nach der Decarboxylierung übrigbleibenden Pentosane können nach der Furfurolmethode durch Destillation mit 12% Salzsäure bestimmt werden; dabei gehen die Pyranringe der Pentosen in den Furanring über, so daß jedes Molekül $C_5H_{10}O_5$ unter Wasserverlust ein Molekül Furfurol $C_5H_4O_2$ liefert; das Furfurol kann nach Kondensation mit Phloroglucin als schwarzgrüne Verbindung gewonnen werden. Da die Umwandlung nicht streng quantitativ verläuft, geht man in neuerer Zeit immer mehr zur eleganteren papierchromatischen Bestimmung der durch Hydrolyse gewonnenen Galakturonsäuren über.

Vorkommen

Nach den mikrochemischen Reaktionen zu urteilen, besteht die Kittsubstanz der Mittellamelle, welche benachbarte Zellwände zusammenhält, aus Protopektin. Es wird angenommen, daß ein Calciumsalz dieser Verbindung vorliege, da man mit Schwefelsäure Calcium als Gips in der Mittellamelle nachweisen kann (MOLISCH 1923, S. 58).

Die sekundäre Wand der Collenchyme besteht aus abwechselnden Lamellen von Cellulose und Protopektin (Abb. 25a), die durch geeignete Maceration sichtbar gemacht werden können (ANDERSON 1927). Ähnlich verhält sich die als Plattencollenchym entwickelte cellulosische Innenschicht der dicken Außenwände der Epidermen xeromorpher Monokotylen (Abb. 25b). Bei der Epidermis von *Clivia* verrät die Grenzlamelle zwischen Cellulose- und Cutinschicht ihre Pektinnatur durch ihre Färbbarkeit mit Rutheniumrot und durch ihre Isotropie (Abb. 43a, 44).

Bei vielen Farnen (LUERSSEN 1873), Equisetaceen (MANGIN 1893b) und Phanerogamen (KISSER 1928b), wie z. B. in der Knolle der Kohlrabi (VÖCHTING 1908) oder in der Stengelrinde gewisser Compositen (CARLQUIST 1956), kommen in den Intercellularen der Parenchyme zentrifugale Wandverdickungen vor, welche die mikrochemischen Reaktionen des Protopektins zeigen und als *Pektinwarzen* bezeichnet werden. Nach MACKE (1939) entstehen in den Zellen von *Helodea canadensis* bei Überdosierung der Bordüngung und Kultur im Lichte zentripetale Pektinzapfen, die ins Zellinnere hinein wachsen. Auch die großen Schleimkugeln oder Schleimtropfen in den Intercellularen des Schwammparenchyms der Araceen *Dieffenbachia* und *Philodendron* (KISSER 1928b) und das Gelgerüst der coagulierbaren Vacuolen in den Zellen der Borraginoideen-Blütenblätter (HOFMEISTER 1940) verhalten sich mikrochemisch wie Pektinstoffe. Ob es sich dabei um wirkliche Pektine oder andere Uronide (s. S. 141) handelt, muß jedoch dahingestellt bleiben.

Die aus Äpfeln, Zuckerrübenschnitzeln oder Agrumen hergestellten technischen Pektinpräparate zeigen die mikrochemischen Reaktionen der Pektinstoffe, unterscheiden sich jedoch durch ihre Wasserlöslichkeit grundsätzlich vom Protopektin der Zellwände.

In gewissen Pflanzenmaterialen, die in Tabelle 13 nach HENGLEIN (1955) zusammengestellt sind, erreicht der Pektingehalt bis über ein Drittel des Trockengewichtes. Da bei den in Tabelle 13 erwähnten Objekten der Zellsaft vorgängig abgepreßt worden war und ihr Plasmagehalt minim ist, stellen sie zur Hauptsache Zellwände dar. Wie man erkennt, steigert sich der Pektingehalt beim Trocknen von einigen Prozenten auf etwa das 10fache. Dies gibt einen Hinweis dafür, wie außerordentlich viel Wasser das Pektin in der Zellwand zu binden vermag, denn die übrigen Zellwandbestandteile, wie vor allem die Cellulose, können nur bescheidene Mengen Hydratationswasser binden.

Aus den Zellwänden der Braunalgen sind pektinartige Stoffe bekannt, die sich von den echten Pektinen dadurch unterscheiden, daß sie keine Methylester sind. Aus *Fucus* und Laminaria hat KYLIN (1915) das *Algin* isoliert, das ein Salz der *Alginsäure* vorstellt. Ferner kennt man das Kolloid *Fucoidin* aus *Fucus*, *Chorda*, *Laminaria* und anderen Braunalgen. Es läßt sich in der Zellwand mit Jodjodkalium in 1% Schwefelsäure nachweisen (MOLISCH 1923). Die aus Fucoidin bestehende Mittellamelle färbt sich blau, während die anschließenden

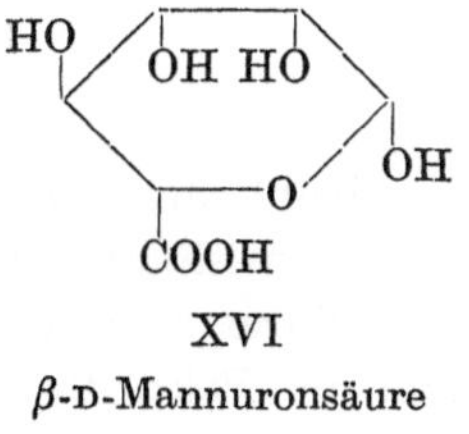

Tabelle 13. *Pektinreiche Pflanzenmaterialien.* (Nach HENGLEIN 1955)

Ausgangsmaterial	Pektin im frischen Material Gew.-%	Pektin im getrockneten Material Gew.-%
Apfeltrester .	1,5—2,5	15,0—18,0
Citronenpulp .	2,5—4,0	30,0—35,0
Orangenpulp	3,5—5,5	30,0—40,0
Rübenpulp .	1,0	25,0—30,0
Karotten . .	0,62	7,14

XVI
β-D-Mannuronsäure

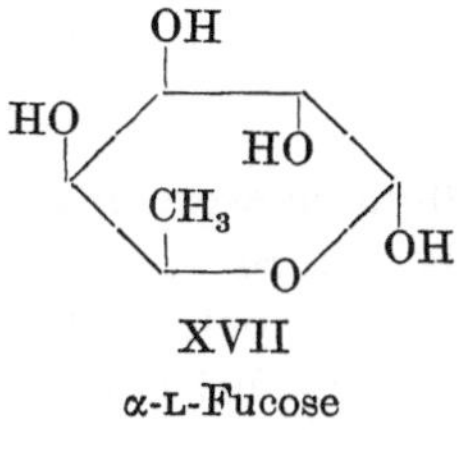

XVII
α-L-Fucose

Celluloseschichten ungefärbt bleiben. Algin und Fucoidin enthalten Polyuronsäuren. Alginsäure ist als unverzweigte Kette der Polymannuronsäure erkannt
worden (HEEN 1938). Das Fucoidin ist komplizierter zusammengesetzt (BORESCH
1932). Unter seinen Hydrolyseprodukten befindet sich die Desoxygalaktose oder
Fucose (XVII).

Pektinfermente

Wie bereits erwähnt, sind beim Pektinabbau zwei verschiedene Enzymtypen
isoliert worden: einerseits die Esterase Pektase, die den Methylester verseift
und auf diese Weise Methylalkohol anlagert (GLASZIOU 1957) oder abspaltet,
und andererseits die Pektinasen, welche die glucosidischen Brücken der Polygalakturonsäure-Ketten auf verschiedene Art und Weise abbauen (DERUNGS
1957). Das Auftreten von geringen Mengen Methylalkohol und Galakturonsäuren in vergorenen Obstsäften ist auf die Tätigkeit dieser Fermente zurückzuführen. Primäre Pflanzengewebe, z. B. Wurzelspitzen, können mit Pektinase
schonend maceriert und dadurch in lebende Einzelzellen zerlegt werden (CHAYEN
1952).

Auf vollständig methylierte Pektine übt die Pektinase keine Wirkung aus;
vorgängig muß eine Verseifung durch Pektase stattfinden (DEUEL und WEBER
1946). Offenbar verhindert die methylierte Carboxylgruppe den Angriff auf die
benachbarte Glucosidbrücke. Der Abbau der Polygalakturonsäure-Kette kann
viscosimetrisch, genauer jedoch durch Bestimmung der freiwerdenden Aldehydgruppen nach WILLSTÄTTER und SCHUDEL (1918) verfolgt werden.

Für die Entnetzung der Protopektine ist ebenfalls ein besonderes Ferment,
die Protopektinase, postuliert worden. SLOEP (1928) glaubte, es in überreifen
Mispeln *(Mespilus germanica)* nachgewiesen zu haben. Der Fruchtbrei aus der
Mispel sollte daher als Macerationsmittel für mikroskopische Schnitte verwendet
werden können. Entsprechende Versuche von ROELOFSEN (1954) führten jedoch
zu negativen Ergebnissen, so daß er die Gegenwart einer Protopektinase in den
Mispelfrüchten bezweifelt.

Nach KAMAL und WOOD (1956) produziert der Welkepilz der Baumwolle
Verticillium dahliae eine Protopektinase, die ihm erlaubt, in die Wirtspflanze
einzudringen. Bei Bakterien soll die Geschwindigkeit, mit der pektinabbauende
Fermente ausgeschieden werden können, darüber entscheiden, ob eine Infektion
stattfindet oder sich das Gewebe durch Wundreaktionen verteidigen kann;
Bacterium aroideae soll in dieser Hinsicht bei der Infektion von Kartoffelknollen
gegenüber anderen Bakterien bevorzugt sein (LAPWOOD 1957). Der natürliche
Pektinabbau in reifenden Früchten bewirkt jedoch keine Erhöhung der Infektionsgefahr durch Beeinträchtigung der vorhandenen Immunität (GÄUMANN
1945, S. 442).

b) Hemicellulosen

Einteilung

Als Hemicellulosen werden die hochpolymeren Kohlenhydrate der Zellwand
zusammengefaßt, die in verdünnten kochenden Mineralsäuren (1% Salzsäure,
3% Schwefelsäure) löslich sind. Die notwendige Säurekonzentration ist mehr
als dreimal größer als bei der Salzsäureextraktion der Pektine (S. 135).

Tabelle 14. *Einteilung der Hemicellulosen.* (NORMAN 1937; TREIBER, TOPLAK und RUCK 1955)

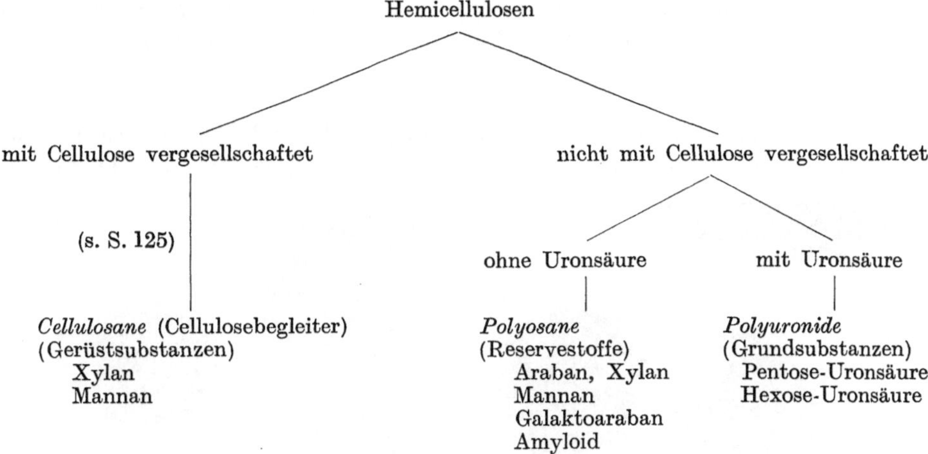

Die Hemicellulosen bilden eine sehr uneinheitliche Gruppe, und es gibt keine mikrochemischen Reaktionen, um sie zu erkennen oder voneinander abzugrenzen. Bei der Hydrolyse können Pentosen (Arabinose, Xylose), Hexosen (Galaktose, Mannose) und Galakturonsäure auftreten. Entsprechend ihrer Zusammensetzung und ihrer Funktion in der Zellwand kann die in Tabelle 14 wiedergegebene Einteilung getroffen werden.

Die *Cellulosane* haben ihren Namen zu Unrecht erhalten, da sie bei der Hydrolyse keine Glucose, sondern andere Zucker liefern. Sie werden daher in dieser Monographie als *Cellulosebegleiter* bezeichnet. Da es sich um *Skelett-* oder *Gerüstsubstanzen* handelt, sind sie unter jenem Titel auf S. 125ff. behandelt worden.

Die *Polyosane*, die nicht mit Cellulose vergesellschaftet sind, kommen vielfach in Samen vor, wo sie sehr dickwandige Zellwände bilden, die bei der Samenkeimung abgebaut und weitgehend aufgelöst werden. Sie müssen daher als *Reservestoffe* betrachtet werden, die an Stelle von Stärke als Kohlenhydratreserve dienen. Als man ihre Zuckerbausteine noch nicht kannte, wurden sie fälschlicherweise als „Reservecellulose" bezeichnet, und sie sind es vor allem, die die Bezeichnung „Hemicellulosen" aufkommen ließen.

Die *Uronide* sind wie die Pektinstoffe stark quellbare Substanzen, die wegen ihrer vollkommenen Isotropie zu den *Grundsubstanzen* zu rechnen sind. Sie unterscheiden sich von den Pektinstoffen lediglich durch die mangelnde Veresterung mit Methylalkohol. Färberisch sprechen die Uronide auf die Pektinreagentien an, so daß diese beiden Stoffklassen, zwischen denen übrigens gleitende Übergänge denkbar sind, mikrochemisch nicht auseinander gehalten werden können.

Reservestoffe

Elfenbein-Mannan. Am besten untersucht sind die Reservepolyosane der harten Palmsamen von *Phoenix dactylifera* (Dattelkern), *Phytelephas macrocarpa* (Steinnuß) u. a. (Abb. 91). Das Endosperm der Steinnuß ist so dicht und hart, daß es als pflanzliches Elfenbein in der Knopfindustrie Verwendung findet. Späne der Steinnuß lassen sich in zwei Mannanfraktionen zerlegen. Das

Mannan A ist in 7% Kalilauge löslich und kann nach Neutralisierung der Lösung
durch Alkohol ausgefällt werden. Es gibt keine Jodreaktion und erscheint im
Elektronenmikroskop als amorphes Pulver. Sein Polymerisationsgrad umfaßt
10—13 Mannosereste (WHELAN 1955).

Das Mannan B ist in Cuoxam löslich, woraus es durch Natronlauge wieder
ausgeschieden und anschließend mit Alkohol gefällt werden kann. Es besteht
aus Ketten von 39—40 Mannoseresten, ist also höher polymer als Mannan A.

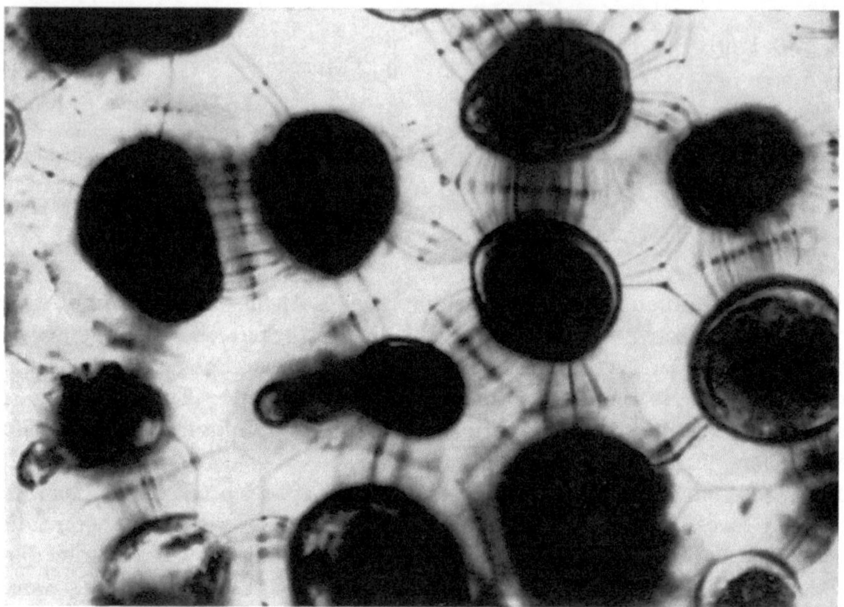

Abb. 91. Dickwandiges Endosperm des Samens von *Trachycarpus excelsa* (japanische Hanfpalme)
mit Plasmodesmen

Auch nach KLAGES (1934) unterscheiden sich Mannan A und B durch einen
verschieden hohen Polymerisationsgrad, wobei allerdings für Mannan A 70—86
und für Mannan B eine noch wesentlich größere Zahl von Mannoseresten je
Kette angegeben werden. Hinsichtlich der Löslichkeit besteht somit eine Analogie zum Verhalten längerer und kürzerer Celluloseketten (Tabelle 10, S. 110).

Das umgefällte Mannan B färbt sich mit Chlorzinkjod violett, unterscheidet
sich jedoch von der Cellulose dadurch, daß es sich mit Jodschwefelsäure nicht
bläut. Die Löslichkeit in Cuoxam und die Färbbarkeit mit Chlorzinkjod deuten
darauf hin, daß ein durch Wasserstoffbindungen zusammengehaltenes Kettengitter vorliegt, das allerdings eher als parakristallin denn als echt kristallin anzusprechen ist, weil es keine deutlichen Röntgeninterferenzen liefert und in
Schwefelsäure offenbar sofort auseinander bricht.

Die gereinigten Mannane enthalten noch etwa 1% Glucose (möglicherweise
aus den Primärwänden) und 1—2% Galaktose. Die Galaktosereste sind als
Endgruppen vorhanden, vermutlich als 6-1-Abzweigungen der Hauptkette (vgl.
Formel XVIII Carubin).

Von besonderem Interesse ist die Feststellung von MEIER (1956), daß das
Mannan B des Dattelkerns in Form submikroskopischer Fibrillen vorliegt

(Abb. 86), deren Morphologie mit jener cellulosischer Mikrofibrillen übereinstimmt. In den Sekundärwänden des Dattel-Endosperms findet sich somit
wie in cellulosischen Sekundärwänden eine mikrofibrillare Komponente (Mannan B), die als anisotrope Gerüstsubstanz in eine isotrope Grundsubstanz
(Mannan A) eingebettet ist. Diese Verhältnisse sind deshalb erwähnenswert,
weil das Mannan der Samenzellwände funktionell nur beiläufig die Rolle einer
Gerüstsubstanz spielt, in erster Linie jedoch als *Reservestoff* bei der Keimung
verbraucht wird. Offenbar verfügen die betreffenden Embryonen über das
Ferment Mannase, um diese dicken und sehr harten Sekundärwände aufzulösen.

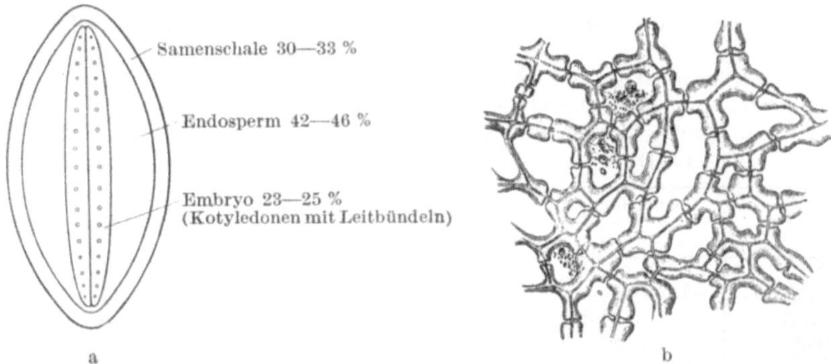

Abb. 92. a Querschnitt durch den Samen von *Ceratonia siliqua*, Johannisbrotbaum (DEUEL und NEUKOM 1954).
b Endosperm des Samens von *Ceratonia* mit einfachen Tüpfeln (TSCHIRCH 1889, S. 454)

Trotz des auffallenden Funktionswechsels solcher Zellwände wird offenbar am
Prinzip der Einbettung submikroskopischer Mikrofibrillen in eine amorphe
Masse festgehalten.

Galaktomannane. Reines Mannan tritt selten auf. Viel häufiger liegen Misch-
polyosen vor, die bei der Hydrolyse neben Mannose Galaktose liefern. So enthalten die Reservepolyosen in den hartsamigen Leguminosensamen durchwegs
reichlich Galaktose.

Am besten untersucht ist das Galaktomannan aus den Samen des Johannis-
brotbaums *Ceratonia siliqua* (Abb. 92), die in früheren Zeiten auf Grund ihrer

XVIII
Carubin

Härte und relativen Größenkonstanz im nahen Osten als Gewichtssteinchen dienten. Es wird nach Entfernung von Samenschale und Keimling durch Mahlen des Endosperms (Abb. 92a und b) als *Carubin* gewonnen und kommt als „Gummi" lieferndes Pulver für die Textil- und die pharmazeutische Industrie in den Handel.

Carubin ist wasserlöslich und zerfällt bei der Hydrolyse in etwa $^1/_5$ Galaktose und $^4/_5$ Mannose. Die Galaktose bildet Seitenverzweigungen einer β-1-4-Mannankette, die positive Strömungsdoppelbrechung aufweist (DEUEL und NEUKOM 1954).

In den Samen von *Ceratonia* wurde das Ferment „Carubinase" aufgefunden. Dieses besteht aus zwei verschiedenen Enzymen, von denen das alkalistabilere die Galaktose von der Kette abspaltet und das alkalilabilere die 1-4-glucosidischen Bindungen der Mannanhauptkette abbaut (DEUEL, LEUENBERGER und HUBER 1950).

Ein ähnliches Galaktomannan, das *Guaran*, stammt aus dem Endosperm der indischen Leguminose *Cyamopsis psoralioides*. Die Zusammensetzung des Endospermpulvers ist in Tabelle 15 mit jener des Carubins verglichen.

Tabelle 15. *Zusammensetzung des Endospermpulvers von Ceratonia (Carubin) und Cyamopsis (Guaran).* (Nach DEUEL, SOLMS und NEUKOM 1954)

| | Carubin | | Guaran | |
	%	%	%	%
Galaktomannan .	83,0		86,5	
Galaktoserest . .		13,3		30,8
Mannoserest . .		69,7		55,7
Proteine	6,0		3,7	
Asche	2,0		1,1	

Während im Carubin das Verhältnis von Galaktose zu Mannose 1:4 beträgt, ist es im Guaran 1:2. Im übrigen ist die gleiche Konstitution gefunden worden, so daß also Formel XVIII auch für Guaran gilt, wenn man sich jeden zweiten Mannoserest mit einer Galaktoseseitengruppe vorstellt.

Da die erwähnten Galaktomannane wasserlöslich sind, verschleimen die sie enthaltenden Zellwände, wenn man die Samenquerschnitte in Wasser legt. Solche Nährgewebe werden daher als Schleimendosperme bezeichnet. Mit den üblichen mikrochemischen Reagentien lassen sich deren Zellwände nicht anfärben, mit Ausnahme einer dünnen Innenlamelle, die als cellulosehaltige Tertiärlamelle angesprochen wird (WIESNER, Bd. 2, S. 1867).

Galaktomannanhaltige Endosperme kommen bei folgenden Arten vor, die sich auf die beiden angegebenen Unterfamilien der Leguminosen verteilen. In Klammern ist der Galaktosegehalt des betreffenden Galaktomannans, soweit bekannt, nach PIGMAN und GOEPP (1948, S. 636) beigefügt.

Caesalpiniaceen		*Papilionaceen*	
Ceratonia siliqua . . .	(20)	*Cyamopsis* spec. . . .	(34—38)
Gleditschia triacanthos .	(26)	*Sophora japonica* . . .	(16)
Poinciana regia . . .	(18—19)	*Trigonella foenum*	
Gymnocladus dioeca . .	(25—27)	*graecum*	—
Caesalpinia spec. div. . .	—		
Cassia spec. div. . . .	—		

Interessanterweise ist die Fähigkeit, Polyosane in den Zellwänden als Reservestoffe zu kondensieren, offenbar nur auf die Endosperme beschränkt, denn bei den Leguminosen mit endospermlosen Samen (Bohne, Erbse, Sojabohne), die ihre Reservestoffe in den Kotyledonen des Embryos anhäufen, treten keine solchen Galaktomannane als Zellwandverdickungen auf.

Galaktoarabane. Aus den Samen der Erdnuß ist ein Galaktoaraban isoliert worden, das aus unverzweigten Ketten vom Aufbau

$$...AAGAAGAAG...$$

(A = Arabinose, G = Galaktose) bestehen soll (NORMAN 1937). Auch aus dem Lärchenholz kann ein Galaktoaraban extrahiert werden, das sogar wasserlöslich ist.

Amyloid. Im Nährgewebe vieler Samen kommen collenchymartige Zellwandverdickungen vor, die sich mit Jodjodkali bläuen (vgl. Tabelle 11, S. 120) und deshalb als *Amyloid* bezeichnet werden. Nach einer systematischen Studie von KOOIMAN (1957) gibt es über 100 Genera mit amyloidhaltigen Samen, hauptsächlich in den Familien der Anonaceen (15), Caesalpiniaceen (42) und Primulaceen (20).

Seit den Untersuchungen der Samen von *Tropaeolum majus, Impatiens Balsamina* und *Paeonia officinalis* durch WINTERSTEIN (1892) galt das Amyloid als eine galaktoarabanhaltige Hemicellulose. Mit Hilfe der Papierchromatographie stellt KOOIMAN dagegen Glucose neben Galaktose und Xylose als Hauptzucker fest. Das Verhältnis dieser drei Zucker schwankt in Amyloidpräparaten aus verschiedenen Samen:

	Glucose		Xylose		Galaktose
Tamarindus indica	3	:	2	:	1
Tropaeolum majus	4	:	3	:	2
Cyclamen hybr.	4	:	3	:	1

Das Amyloid wäre somit ein Xylogalaktoglucan variabler Zusammensetzung. Die Ansicht BUSTONS (1934), nach welcher Galaktoarabane für nichtverholzende Pflanzen charakteristisch sein sollen, während die Hemicellulosen der Holzpflanzen mehr der Gruppe der Glucoxylane angehören würden, trifft offenbar für das Amyloid nicht zu.

Durch Injektion 3% wäßriger Amyloidlösungen in Äthanol werden Amyloidfäden erhalten, die getrocknet Röntgendiagramme mit einer Faserperiode von 10,0 A ergeben. Es wird daher eine β-1-4-Glucan-Hauptkette mit Galaktose- und Xylose-Seitengruppen angenommen. Als Polymerisationseinheit müßte ein viergliedriges Glucankettenstück mit 3 Xylose- und 0—2 Galaktosemolekülen vorliegen (KOOIMAN und KREGER 1957).

Das Amyloid fehlt in unreifen Samen; dagegen ist dort reichlich Stärke vorhanden. Es wird daher vermutet, daß die Amyloidverdickungen der Zellwände auf Kosten der Stärke entstehen, die am Schlusse der Samenreife verschwindet. Bei der Keimung von *Tropaeolum* erscheinen dann während der Mobilisierung der Amyloidreserven in den Kotyledonen vorübergehend wieder Stärkekörner. Diese könnten allerdings auch aus dem verschwindenden Fett des Nährgewebes hervorgehen.

Glucane. Aus Isländisch Moos *(Cetraria islandica)* läßt sich durch siedendes Wasser der Flechtenstoff *Lichenin* extrahieren, von dem es über 20% enthalten kann. Auch im Hafermehl ist 3,4% Lichenin gefunden worden.

Lichenin liefert bei der Hydrolyse nur Glucose. Es ist also ein Glucan, das sich jedoch vom Hefeglucan (S. 131) durch seine Wasserlöslichkeit unterscheidet und deshalb zu den Reservestoffen gerechnet wird. Es werden Polymerisationsgrade von 160—230 angegeben. Trotzdem besteht ein prinzipieller Unterschied gegenüber β-Cellulose (S. 110), indem ungefähr $^1/_4$ der Glucosidbrücken β-1-3- und nur $^3/_4$ β-1-4-glucosidische Bindungen vorstellen (WHELAN 1955). Es ist nicht bekannt, ob das Lichenin aus der Zellwand oder wie die Stärke aus dem Zellinhalt stammt.

Callose

Vorkommen. Die Calli, die im Phloem die Siebfelder (Abb. 93a) funktionslos gewordener Siebröhren verschließen, bestehen aus einem besonderen Membranstoff, der von MANGIN (1890) als *Callose* bezeichnet worden ist. Es handelt sich indessen nicht um eine vom Plasma prämortal ausgeschiedene Substanz, denn die Callose tritt schon in den funktionstüchtigen Siebröhren auf; insbesondere kleidet sie dort die Siebporen als Hohlzylinder aus (Abb. 93b). Wenn am Ende der Vegetationsperiode die Siebröhren verschlossen werden, wird die Calloseauflagerung verstärkt. Sie kann ein Ausmaß erreichen, wie es in Abb. 93c dargestellt ist. Meist verkleben die einzelnen Callosepfropfen miteinander, häufig erscheinen sie jedoch auch als Kugeln, die nach Auflösung der Membranstege Doppelpfropfen vorstellen (Abb. 93d).

Die unten beschriebenen Farbreaktionen wurden auch in gewissen Pilzzellwänden, Pollenschlauchmembranen (MANGIN 1910), im Membrangerüst der Cystolithen (Abb. 39c), in der Hülle um Calciumoxalatdrusen (THALER und WEBER 1957) und in Auskleidungen einfacher Tüpfel (CURRIER 1957) gefunden.

Nachweis. Die Callose wird von verschiedenen Vertretern der Reihe der Triphenylmethan-Farbstoffe (Baumwollblau, Wasserblau) selektiv angefärbt. Es handelt sich dabei um die wasserlöslichen sulfonsauren Salze des Anilinblaus (Formel XIX), das sich in neuerer Zeit als das zuverlässigste Callosereagens erwiesen hat.

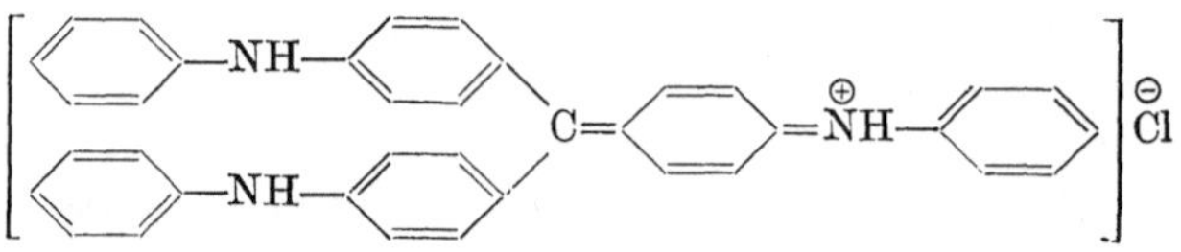

$$\left[\ \text{(C}_6\text{H}_5)\text{—NH—(C}_6\text{H}_4)\quad \text{(C}_6\text{H}_5)\text{—NH—(C}_6\text{H}_4)\text{—C}=(\text{C}_6\text{H}_4)=\overset{\oplus}{\text{N}}\text{H—(C}_6\text{H}_5)\ \right]\ \overset{\ominus}{\text{Cl}}$$

XIX

Anilinblau

$$\left[\ \text{(C}_6\text{H}_5)\text{—NH—}\quad (\text{CH}_3)_2\text{N—(C}_6\text{H}_4)\text{—C}=(\text{C}_6\text{H}_4)=\overset{\oplus}{\text{N}}\,(\text{CH}_3)_2\ \right]\ \overset{\ominus}{\text{Cl}}$$

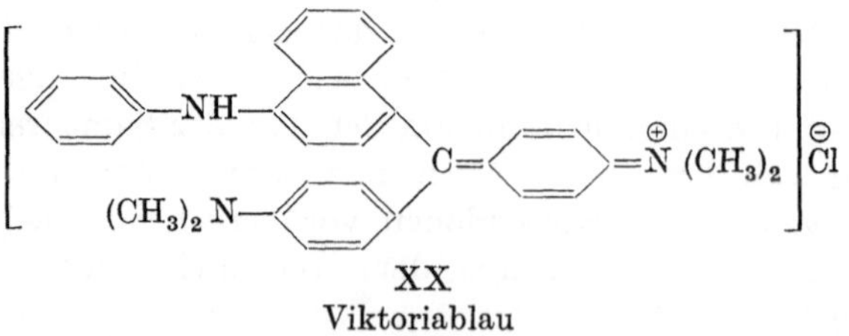

XX

Viktoriablau

Anilinblau wird aus verdünnter wäßriger Lösung bei schwach saurer Reaktion (z. B. 3% Essigsäure) durch die Callose stark gespeichert. Da das Anilinblau ein basischer Farbstoff ist, könnte man vermuten, daß die Callose schwach anionische Eigenschaften besitze. Dem steht indessen entgegen, daß die Anionen der sulfonsauren Salze (Baumwollblau, Wasserblau) im sauren Bade ebenfalls auf Callose aufziehen.

Das Anilinblau verleiht der Callose eine meergrüne Fluorescenz, deren optimales Aufleuchten mit 0,02% Anilinblaulösung bei p_H 6 erreicht wird. Durch Erhöhung des p_H-Wertes verliert das Fluorochrom seine Leuchtkraft, da seine Dissoziation im alkalischen Bereiche zurückgedrängt wird. Diese Methode erlaubt, im Fluorescenzmikroskop die kleinsten Spuren von Callose in einem Gewebe zu entdecken. Zum Beispiel kann gezeigt werden, daß im Stengel der Weinrebe die Callose nicht ausschließlich auf das Phloem beschränkt ist, sondern auch in den anstoßenden Geweben auf vereinzelten Zellwänden als unscheinbare Auflagerung vorkommt.

Leider ist Anilinblau kein exklusiver Callosefarbstoff, da es, wenn auch schwächer, andere Zellbestandteile ebenfalls anfärbt. Umgekehrt wird der „Cellulosefarbstoff" Benzoazurin von der Callose stark gespeichert, so daß bei der Identifizierung von Membranstoffen mit Hilfe von Farbreaktionen immer große Vorsicht geboten ist.

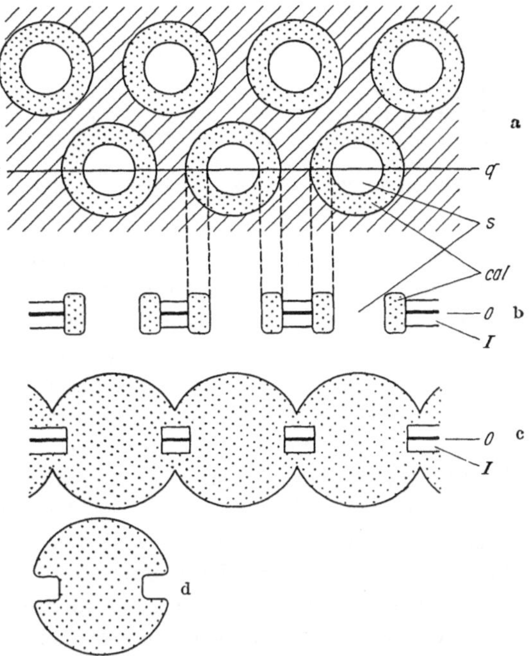

Abb. 93a—d. Siebröhren-Callose. O Mittellamelle; I Primärwand, Callose punktiert. a Schematischer Ausschnitt aus einem Siebfeld (*cal* Callose). b Querschnitt q—q durch das Siebfeld a mit zylindrischer Calloseauskleidung (*cal*) der Siebporen (*s*). c Calloseplatte in stillgelegten Siebröhren. d Isolierter Callosepfropfen

Im handelsüblichen Wasserblau (ARNOLD 1956) und im Resorcinblau (ESCHRICH 1956) befinden sich ebenfalls Fluorochrome, die auf Callose ansprechen.

Die aus dem Phloem von *Vitis* gewonnenen Callosekügelchen (Abb. 93d) sind isotrop. Sie weisen ein Brechungsvermögen von 1,532 auf. Ihr Röntgendiagramm verrät eine ausgeprägte Periodizität von 15,5 A (FREY-WYSSLING, EPPRECHT und KESSLER 1957).

Hinsichtlich der Löslichkeit verhält sich die Callose gerade umgekehrt wie die Cellulose: In Schweizer-Reagens ist sie unlöslich, dagegen löst sie sich in oxydierenden Säuren (Salpetersäure konz., Chromsäure), 5% Javellewasser, 40% Zinkchlorid, 2—20% Schwefelsäure, 5% Alkali (NaOH, KOH) und Kaliumquecksilberjodid. Die Löslichkeit in 5% Alkali und in verdünnter Schwefelsäure verweist die Callose in die Gruppe der Hemicellulosen. Die Siebröhrencallose wird allerdings erst in 20% Schwefelsäure aufgelöst.

Chemismus. Für den hydrolytischen Abbau werden je nach Herkunft der Callose verschiedene Schwefelsäurekonzentrationen benötigt. Wir unterscheiden

10*

daher zwischen Pilz-, Siebröhren- und Cystolithencallose. Die unterscheidenden
Merkmale dieser Calloseabarten sind in Tabelle 16 zusammengestellt.

Tabelle 16. *Abarten der Callose*

	Pilzcallose	Siebröhren-callose	Cystolithen-callose
Färbung mit Chlorzinkjod	keine	gelb	gelb
Für die Hydrolyse benötigte H_2SO_4-Konzentration .	5%	20%	2%
Hydrolyseprodukt	Glucose	Glucose	Glucose

Bei der Pilzcallose, früher als Pilzcellulose bezeichnet, wurde schon von WINTERSTEIN (1893) festgestellt, daß bei der Hydrolyse nur Glucose anfällt. ESCHRICH (1954) hat papierchromatographisch den gleichen Nachweis für die Cystolithencallose erbracht. Diese ist relativ leicht zu gewinnen, da die schweren Cystolithen aus einem Brei von cystolithenführenden Blättern abzentrifugiert, entmineralisiert und auf Callose aufgearbeitet werden können. Bei der Siebröhrencallose ist eine Isolierung viel schwieriger. Trotz dem Gewichtsunterschied zwischen dehydratisierter Callose (1,62) und kristallisierter Cellulose (1,55) ist im mit Pektinase und Cuoxam macerierten und mit Schweizer-Reagens vorbehandelten Phloem von *Vitis* (ESAU 1948) in der Zentrifuge keine saubere Trennung der Calli von den Zellwandresten zu erzielen. Denn die Callosekügelchen und die verholzten Hartbastreste (Phloemfasern) weisen im hydratisierten Zustande offenbar ungefähr das gleiche Gewicht auf. Besser als in der Zentrifuge gelingt die Trennung mit einfachen Sedimentationsversuchen, weil die sperrigen Fasern langsamer absinken als die kugeligen Calli. Auf diese Weise hat KESSLER für seine Diplomarbeit 140 mg Siebröhrencallose von genügender Reinheit für eine chemische Untersuchung isoliert (Abb. 94).

Die chemische Strukturanalyse zeigt, daß die Glucoseeinheiten wie im Lamillarin durch β-1-3-Glucosidbindungen aneinandergekettet werden (ASPINALL und KESSLER 1957, KESSLER 1957/58). Verzweigungen der Kette scheinen

XXI
Callose

nicht vorzukommen, da bei der Methylierung außer 2,4,6-Trimethylglucose keine anderen Dimethylglucosen auftreten (Formel XXI). Ferner muß die

Kette von ansehnlicher Länge sein, da sich keine Endgruppen (2-3-4-6-Tetra-methylglucose) nachweisen lassen. Die Ketten sind vermutlich schraubig auf-gewunden, was die Isotropie der Callosekügelchen verständlich machen würde. Bei der Stärke ist die Amylose nur in Lösung in flachen Windungen geschraubt, während sie im Stärkekorn in steilen Windungen stabilisiert ist, so daß sie weit-gehend gestreckt erscheint, wodurch die bekannte optische positive Anisotropie der Zirkulartextur entsteht.

Da die Glucosereste bei 1-3-glucosidischer Bindung keine benachbarten sekundären Alkoholgruppen aufweisen, ist die Unlöslichkeit der Callose im Schweizer-Reagens (vgl. S. 125) nicht ohne weiteres erklärbar.

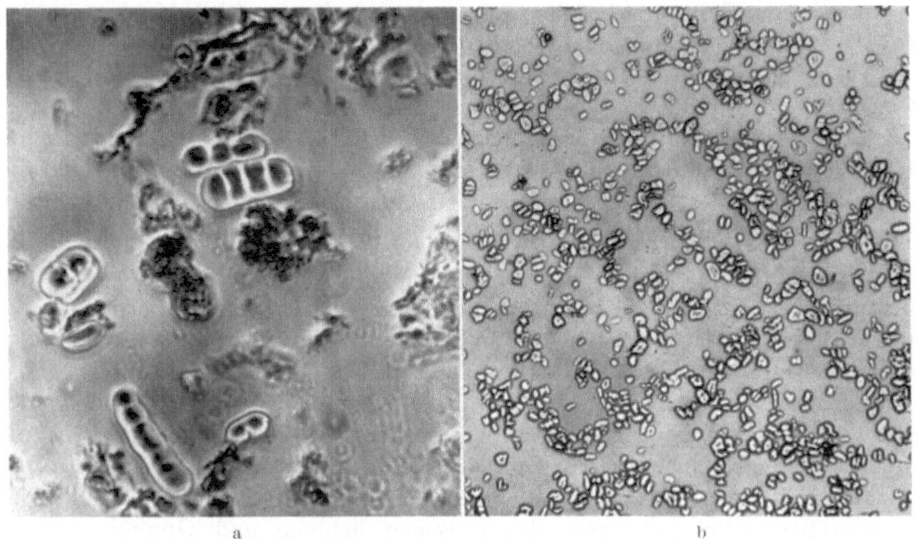

Abb. 94a u. b. Aus dem Bast der Weinrebe isolierte Calloseplatten (phot. KESSLER). a Das Präparat enthält noch 55—65% andere Zellwandtrümmer (Vergr. 80×). b Reinpräparat (Vergr. 320×)

Funktion. Trotzdem die Callose offenbar zur Gruppe der Polyosane unter den Hemicellulosen gehört (s. Tabelle 14), kann man sie nicht zu den Reserve-stoffen rechnen. Tatsächlich ist man über ihre Funktion im unklaren. Ur-sprünglich war man der Meinung, sie stehe in erster Linie im Dienste einer Ab-dichtung funktionslos gewordener Siebröhren; in ähnlicher Weise wurde der Verschluß gewisser Pollenschläuche hinter den auswandernden Pollenkernen durch Callosepfropfen gedeutet. Da jedoch die Siebporen bereits während der optimalen Leittätigkeit der Siebröhren mit Callose ausgekleidet sind, ist jene Annahme kaum stichhaltig; CURRIER (1957) denkt deshalb an eine Abdichtung gegen das Herauslecken und Durchsickern des Phloemsaftes in die Mittelschicht der Siebplatten (vgl. Abb. 93b). Ihr Vorkommen in anderen Zellwänden (Pilz-callose, Cystolithencallose) und als Wandauflagerungen, wie sie mit der Fluores-cenzmethode auch außerhalb des Phloems entdeckt werden, weist jedoch nicht unbedingt in Richtung der Wandabdichtung. Vorläufig kann man wohl nur sagen, daß es sich um einen unselbständigen Wandstoff handelt, der als Ein-lagerung oder Auflagerung cellulosischer oder chitinhaltiger Zellwände entsteht.

Interessant wäre es, eventuelle Beziehungen zu der in Schweizer-Reagens unlöslichen Tertiärlamelle abzuklären, da das Viktoriablau (XX), welches die Tertiärwände selektiv anfärbt, wie das Callosereagens Anilinblau (XIX) ebenfalls zu den Triphenylmethan-Farbstoffen gehört.

Quellstoffe

Die Gruppe der polyuronidhaltigen Hemicellulosen zeichnet sich durch ein starkes Quellungsvermögen aus, das durch die betonte Hydratationsfähigkeit der Carboxylgruppen bedingt ist.

Aus vielen Pflanzenmaterialien können durch Kochen mit 1% Natronlauge in 50% Alkohol Hemicellulosen mit 3—4% (Eichenholz, Jute) oder sogar 5—10% (Bohnen-, Roggen-, Haferstroh) Polyuronidgehalt extrahiert werden (NORMAN 1937, S. 43). Hemicellulose aus Maiskolben besteht aus 94,8% Xylose und 5,1% Glucuronsäure. Histomorphologisch lassen sich diese „Cyto-Uronide" nicht lokalisieren, so daß man nicht weiß, aus welchen Schichten der Zellwände sie stammen. Es ist auch unbekannt, inwieweit es sich zum Teil um durch Pektase verseifte Pektinstoffe handelt.

Ist die Löslichkeit solcher Polyuronide noch etwas größer, indem sie zufolge eines größeren Uronidgehaltes oder durch die Gegenwart wasserlöslicher Polyosenanteile ohne Alkali mit siedendem Wasser extrahiert werden können, spricht man nicht mehr von Hemicellulosen, sondern von *Schleimen* oder *Gummi*. Es ist klar, daß es hinsichtlich der Löslichkeit gleitende Übergangsreihen geben muß, so daß eine einwandfreie Verteilung der Polyuronide auf Pektinstoffe, Hemicellulosen, Schleime und Gummi auf große Schwierigkeiten stößt. Die Unzulänglichkeiten der Einteilung der verschiedenen Zellwandstoffe werden noch größer, wenn man versucht, zwischen Schleim und Gummi zu unterscheiden, denn die Kriterien der Quellbarkeit und Wasserlöslichkeit sind chemisch ungenügend. So werden z. B. die Galaktomannane des „Schleimendosperms" der auf S. 143 besprochenen Leguminosensamen wegen ihrer „Verschleimung" als Schleim oder wegen ihrer Wasserlöslichkeit als „Gummi" bezeichnet, trotzdem sie keine Uronide enthalten.

Da keine chemischen Definitionen möglich sind, hält sich diese Monographie an die historischen Umschreibungen, nach welchen *Schleime* normale Zellstoffe sind, die in kaltem Wasser stark aufquellende Gallerten liefern; diese sind in heißem Wasser löslich oder verflüssigen sich eventuell schon in kaltem Wasser durch langsame „Verschleimung". Die *Gummiarten* besitzen ähnliche Eigenschaften, verdanken jedoch ihre Entstehung nicht dem normalen, sondern einem anormalen, pathologischen Stoffwechsel, der zum Gummiflusse führen kann. Beim Eintrocknen erstarren die Gummiarten meistens zu glasigen Massen, während die Schleime in der Regel zu einem Pulver zusammenfallen; doch ist dies kein für eine Einteilung brauchbarer Unterschied. Da Gummi und Schleime für ähnliche oder gleiche technische Zwecke verwendet werden und der Chemiker keine charakteristischen chemischen Unterschiede feststellen kann, ist es begreiflich, daß der Technologe die beiden Bezeichnungen mehr oder weniger synonym verwendet.

c) Schleime

Chemismus

Die in Wasser gelösten Schleime können mit Alkohol gefällt und auf diese
Weise gereinigt werden. Sie fallen in Form einer weißen Masse als hochpolymere
Kohlenhydrate an. Bei der Hydrolyse entstehen Uronsäuren, die durch Sal-
petersäure zu Schleimsäure $COOH \cdot (CHOH)_4 \cdot COOH$ oxydiert werden können,
Hexosen und Pentosen. Die häufigsten Hydrolyseprodukte sind Galakturon-
säure (XXII), Galaktose, Arabinose und Xylose. Als Besonderheit muß die
Methylpentose 6-Desoxymannose oder Rhamnose (XXVII) erwähnt werden. Im
Gegensatz zur Xylose, die wie im Xylan als sechsgliedriger Pyranosering (XXVI)

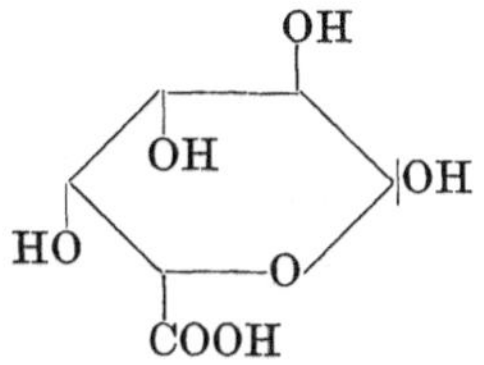

XXII
D-Galakturonsäure

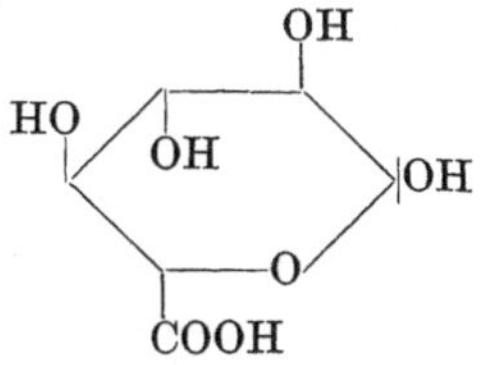

XXIII
D-Glucuronsäure

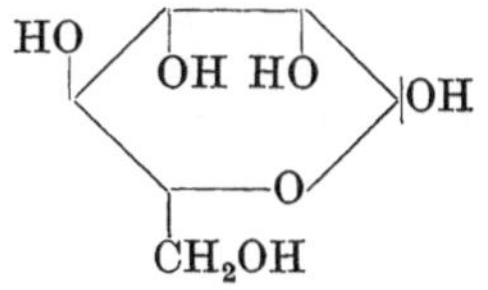

XXIV
D-Mannose

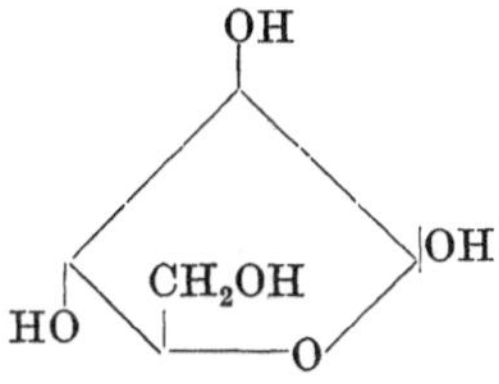

XXV
L-Arabofuranose

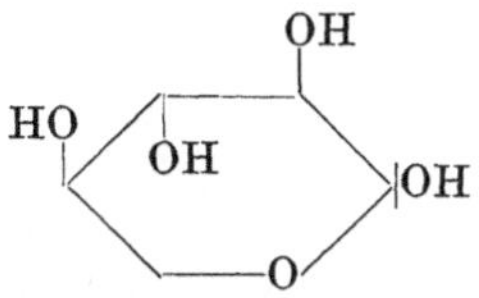

XXVI
D-Xylose

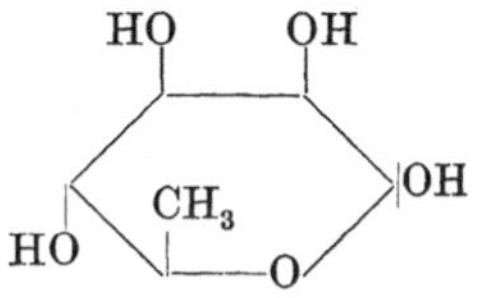

XXVII
L-Rhamnose

vorliegt, tritt die Arabinose in der Furanoseform als Fünferring auf (XXV).
Sie spaltet bei der Hydrolyse sehr leicht ab. Die geringe Stabilität ihrer glucosidischen Bindung wird auf die furanoide Form der L-Arabinose zurückgeführt.
Selten treten Glucuronsäure (XXIII), Mannose (XXIV) oder Fucose (XVII,
S. 139) auf. Die wenigen Membranschleime, deren Zusammensetzung bisher
aufgeklärt worden ist, sind nach HIRST (1951) und HOSTETTLER (1952) in Tabelle 17 zusammengestellt.

In den Schleimen und Gallerten gewisser Meeresalgen treten an Stelle der
Carboxylgruppen als saure Gruppen Schwefelsäurereste auf. Es besteht auf
diese Weise eine weitgehende Analogie zu den tierischen Quellstoffen Chondroitin
im Knorpel und Mucoitin im Speichel, bei denen die primäre Alkoholgruppe eines
Hexosamins mit Schwefelsäure $-CH_2O-SO_3H$ verestert ist.

Vorkommen und Nachweis

Pflanzenschleime können als Zellinhalt, als Intercellularsubstanz oder als
verquollene Zellwände auftreten (JARETZKY und BEREK 1938). Hier soll nur
von den *Membranschleimen* die Rede sein. Die wasserlöslichen Zellwandverdickungen der sog. Schleimendosperme (S. 144) sollten nicht zu den Schleimen

Tabelle 17.
Chemismus der Membranschleime und Gummiarten. (HIRST 1951, HOSTETTLER 1952)

Familie	Pflanze	Schleim	Vorhandene Zuckerreste					
Nymphaeaceen	*Brasenia schreberi* Gmel.	Blatt-	Glu	G	A	—	M	
Magnoliaceen	*Kadsura japonica* Dun.	Stengel-	Glu	—	—	X	—	
Cruciferen	*Lepidium sativum* L.	Kressesamen-	Gal	G	A	X	R	
	Sinapis alba L.	Senfsamen-	Gal	—	A	X	R	
Papilionaceen	*Astragalus gummifer* Labill.	Traganth-	Gal	G	A	X	—	F
Linaceen	*Linum usitatissimum* L.	Leinsamen-	Gal	G	—	X	R	
Plantaginaceen	*Plantago psyllium* L.	Flohsamen-	Gal	—	A	X	R	
	Plantago arenaria Waldst. u. Kit.	Samen-	Gal	G	A	X	—	
	Plantago fastigiata T.	Samen-	Gal	—	A	X	—	
	Plantago lanceolata L.	Samen-	Gal	G	—	X	—	
	Plantago ovata Forsk	Samen-	Gal	—	A	X	R	
	Plantago major L.	Samen-	Gal	—	A	X	—	
	Plantago alpina L.	Samen-	Gal	—	A	X	R	
		Gummi						
Prunoideen	*Prunus avium* L.	Kirsch-	Glu	G	A	X	M	
	Prunus insititia L.	Damson-	Glu	G	A	X	M	
	Prunus insititia L.	Eierpflaumen-	Glu	G	A	X	—	
	Prunus persica Stokes	Pfirsich-	Glu	G	A	X	R	
	Prunus amygdalina Stokes	Mandel-	Glu	G	A	X	—	
Mimosaceen	*Acacia senegal* Willd.	Arabisches	Glu	G	A	—	R	
	Acacia mollissima Willd.	Australisches	Glu	G	A	—	R	
	Prosopis juliflora DC.	Mezquite-	Glu	G	A	—	—	
Rutaceen	*Citrus medica* L.	Citronen-	Glu	G	A	—	—	
	Citrus aurantium L.	Orangen-	Glu	G	A	—	—	
	Citrus decumana L.	Grapefruit-	Glu	G	A	—	—	

Gal = D-Galakturonsäure   Glu = D-Glucuronsäure
G   = D-Galaktopyranose   X   = D-Xylopyranose.
A   = L-Arabofuranose   M   = D-Mannopyranose
F   = L-Fucose (6-desoxy-L-Galaktose)   R   = L-Rhamnopyranose (6-desoxy-L-Mannose)

gerechnet werden, da es sich dort nicht um Polyuronide, sondern um Reservepolyosen handelt. Den Schleimen wird manchmal auch die Funktion von
Reservestoffen zugesprochen, namentlich wenn sie als Zellinhalt vorkommen.
Doch scheinen mir diese voluminösen Zellstoffe mit ihrem sehr hohen Hydrata-
tionsgrad und entsprechend wenig Trockensubstanz für Speicherzwecke denkbar
ungeeignet zu sein, denn bei den typischen Reservestoffen wird gerade umgekehrt durch weitgehende Entwässerung tunlichst viel Substanz in einem
möglichst kleinen Volumen kondensiert.

Die Membranschleime kommen vornehmlich an der Oberfläche von Wasserpflanzen (Algen, Nymphaeaceen) und von Samen vor. Bei den Wasserpflanzen
vermitteln sie einen gleitenden Übergang zwischen dem frei beweglichen Wasser
des umgebenden Milieus und dem von der lebenden Substanz gebundenen
Schwell- und Konstitutionswasser. Auf den Epidermen der Organe der Landpflanzen findet man an Stelle solcher hydrophiler Schleimbeläge die Cuticula
als hydrophoben Abschluß. Eine Ausnahme von dieser Regel machen die Samen
vieler Angiospermenfamilien (z. B. Cruciferen, Compositen), deren Epidermis
befähigt ist, bei Befeuchtung mit Wasser zu verschleimen. Dadurch werden
die Samen in einen Schleimmantel eingehüllt, der sie vor dem Austrocknen

bewahren soll (KLEBS 1884) und als Klebemittel eine ausgiebige zoochore Samenverbreitung ermöglicht.

Der Nachweis von Schleimüberzügen, deren Abgrenzung gegenüber Wasser im Mikroskop unsichtbar ist, kann mit Hilfe von Tusche erfolgen, die nicht in den Schleim einzudringen vermag. In solchen Tuschepräparaten weisen verschleimende Samen einen klaren hyalinen Saum auf, der gegenüber der schwarzen Umgebung prachtvoll hell aufleuchtet. Gallerten lassen sich in der Regel mit Farbstoffen nur langsam anfärben. Stark hydratisierte Schleime nehmen jedoch oft willig Farbstoffe auf. MANGIN (1894) unterschied Cellulose-, Pektin- und Calloseschleime je nach der Färbbarkeit mit Cellulosefarbstoffen (Kongorot oder Benzoazurin in basischem Bade), mit Pektinfarbstoffen (Methylenblau oder Rutheniumrot) oder mit dem Callosefarbstoff Anilinblau. Zu den Calloseschleimen rechnete er die verquellenden Calli der Siebröhren sowie die schleimigen Wände der Mucorineensporangien und der Pollenmutterzellen. Die übrige Einteilung in Pektin- oder, wie er sie nennt, echte Schleime und Celluloseschleime ist von TSCHIRCH (1889) durch Berücksichtigung von Jodschwefelsäure als Testreagens auf eine bessere Basis gestellt worden. Die Schleime, die in mit Jodjodkalilösung angefärbten Präparaten nach Zugabe von 75% Schwefelsäure gelb bleiben, werden als echte Schleime, diejenigen, die sich bläuen, als Celluloseschleime bezeichnet. Zu den Celluloseschleimen gehören die Cruciferenschleime und der Quittenschleim (CRAMER 1855), zu den Pektinschleimen dagegen Leinsamen-, Flohsamen- und der Samenschleim der übrigen *Plantago*arten.

Die Einteilung in Cellulose- und Pektinschleime scheint auf Grund der Tabelle 17 völlig abwegig, da ja in keinem Falle Glucose als Hydrolyseprodukt gefunden wird. Doch hat die Elektronenmikroskopie gezeigt, daß die Celluloseschleime submikroskopische Cellulosefibrillen enthalten (MÜHLETHALER 1950c), während diese Mikrofibrillen in den Pektinschleimen fehlen. Da die Cellulose wasserunlöslich ist, bleiben die Mikrofibrillen bei der Schleimextraktion mit den Verunreinigungen zurück und gehen daher nicht in die Analyse ein. Die Schleime liefern deshalb in beiden Fällen ähnliche Zusammensetzungen, und die Masse zwischen den Cellulosefibrillen weist durch ihren Gehalt an Galakturonsäure, Galaktose und Arabinose ebenfalls auf eine Verwandtschaft mit den Pektinstoffen hin. Doch ist die Einteilung in Cellulose- und Pektinschleime morphologisch sinnvoll, weil die ersten durch Mikrofibrillen armiert und dadurch im Vergleich mit tierischen Schleimen besonders fest und elastisch erscheinen.

Celluloseschleime

Kresse-Schleim. Die Celluloseschleime stellen ein heterogenes System aus einer Gerüstsubstanz (Cellulose) und einer Grundsubstanz vor. Dieses System kann als Modell für die Primärwände dienen, um zu zeigen, daß die Pektinstoffe keine „inkrustierenden" Substanzen verkörpern, sondern daß umgekehrt die Fibrillen der Gerüstsubstanz in eine voluminöse Grundmasse eingebettet sind (Abb. 95).

Dank ihrem Cellulosegehalt sind die Celluloseschleime doppelbrechend. Trotz fortschreitender Aufquellung bleibt diese auffallende Anisotropie erhalten, da die Mikrofibrillen im Gegensatz zu der Grundsubstanz nicht verquellen.

Tafel X
Membranschleime (MÜHLETHALER 1950 c)

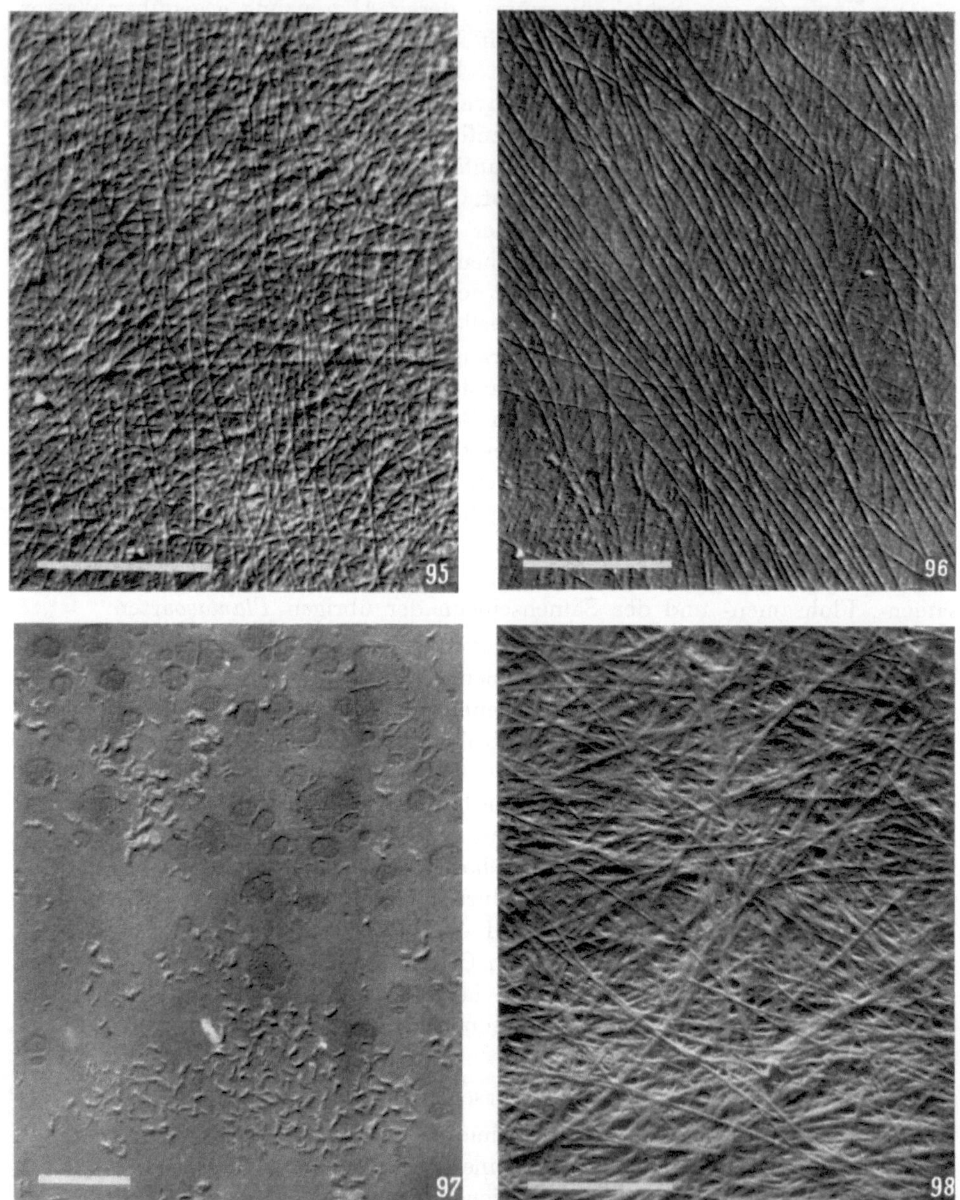

Abb. 95. Samenschleim der Kresse (*Lepidium sativum* L.)

Abb. 96. Samenschleim der Quitte (*Cydonia maliformis Mill.*)

Abb. 97. Samenschleim des Leins (*Linum usitatissimum* L.)

Abb. 98. Traganthschleim

Bei den Cruciferensamen werden die Cellulosefibrillen durch den Quellungsdruck senkrecht zur Samenoberfläche ausgestülpt, so daß sich im Polarisationsmikroskop zwischen gekreuzten Nicols ein prächtiges Strahlenbild ergibt
(Abb. 99).

Cobaea-Schleim. Ein mikroskopisches Modell des submikroskopischen Feinbaus der Celluloseschleime findet man im Samenschleim von *Cobaea scandens*.
In der Epidermis der Testa tritt die cellulosische Sekundärwand in Form eines
flach und äußerst dicht gewundenen, sehr schmalen, nur etwa 1 μ breiten

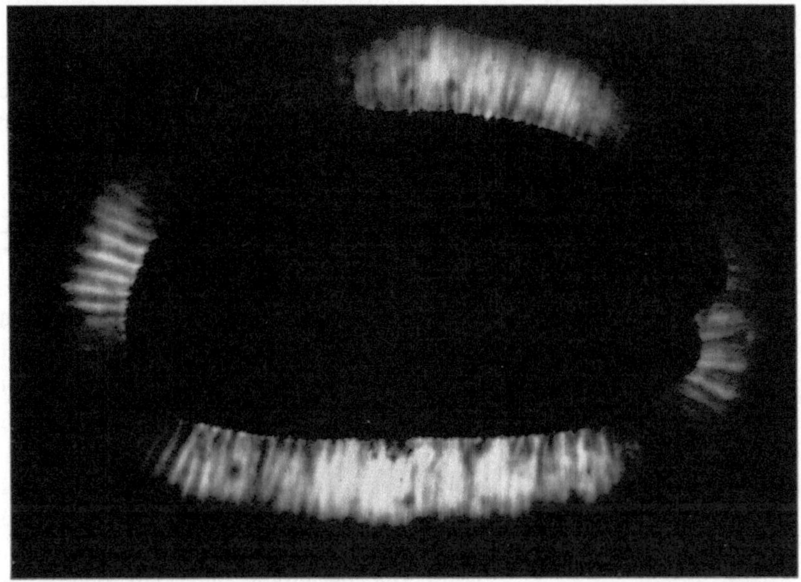

Abb. 99. Befeuchteter Kressesamen *(Lepidium sativum)* im Polarisationsmikroskop (Vergr. 22 ×).
Anisotroper Schleim wird senkrecht zur Samenoberfläche ausgestoßen (Polarisationskreuz!)

Schraubenbandes auf. Bei Benetzung der Samen wird das Schraubenband durch
die Quellung der Membranschleime aus den Epidermiszellen ausgestoßen, so
daß die ganze Samenoberfläche von einem schleimigen Filz bedeckt wird. Manchmal rollen sich die Schraubenbänder, die häufig als noch intakte Wandschichten
im Schleim eingebettet erscheinen, nicht ab (Abb. 100). Sie können dann unter
dem Mikroskop zu den sehr regelmäßigen *Cobaea*-Fäden ausgezogen werden,
die als massive Cellulosefibrillen mit einer ausgezeichneten Paralleltextur ein
geeignetes Versuchsobjekt für das Studium von Verschiebungslinien (S. 311)
und dichroitischen Färbungen sind (AMBRONN 1925, FREY 1927a). Die Cellulosenatur der Fäden ist röntgenometrisch nachgewiesen (EPPRECHT, unveröffentlicht), so daß in diesem Falle die Bezeichnung Celluloseschleim vollauf berechtigt ist.

Traganth-Schleim. Membranschleime, die in den Handel kommen, werden
gewöhnlich als Gummi bezeichnet, auch wenn sie biologisch keineswegs zu
diesen Substanzen (S. 150) zu rechnen sind. Dies gilt vor allem für den Traganth
„Gummi“, der von *Astragalus gummifer* Labille und vielen anderen *Astragalus*-
Arten des nahen Ostens ausgeschwitzt wird. Er entsteht durch Verschleimung

der Sekundärwände der Membranen des Markgewebes und der primären Markstrahlen (TSCHIRCH 1889, S. 214). Tritt nach einer feuchten Periode Trockenheit ein, können sich in der Rinde Risse bilden, durch die der unter Druck
stehende Schleim ausgepreßt wird, worauf er vertrocknet. Da er häufig durch
Längsrisse über den primären Markstrahlen austritt, wird er bisweilen in Form
von Lamellen nach außen geschoben (Blättertraganth). Manchmal enthält
der eingetrocknete Traganth noch Stärkekörner, die aus dem verschleimten
Speichergewebe stammen. Man nimmt an, daß der Schleim wie in den ,,Schleim-
endodermen'' zu den Stoffreserven der Pflanze zu zählen sei. Das Ausschwitzen
dieser Kohlenhydratreserven unter Aufsprengung der Rinde muß als patho-
logischer Vorgang betrachtet werden. Vielfach vermag übrigens das Rindengewebe dem Binnendrucke standzuhalten;
der Schleimfluß wird dann durch künstliche
Einschnitte ausgelöst.

Der Traganthschleim enthält neben Galakturonsäure, Galaktose, Arabinose und Xylose
die bei den Angiospermen seltene L-Fucose
(6-desoxy-α-Galaktose, Tabelle 17). Im Elektronenmikroskop weist er reichlich Mikrofibrillen auf, welche die charakteristische
Verbänderung der Cellulosemikrofibrillen zeigen (Abb. 98).

Nostoc-Schleim. Als weiteres Beispiel eines
Celluloseschleimes soll die Schleimhülle der
Blaualgengattung *Nostoc* erwähnt werden,
welche die aus rundlichen Einzelzellen bestehenden perlenkettenartigen Algenfäden umgibt. Jeder Faden besitzt eine hyaline Scheide;
außerdem ist jedoch ein ganzes Lager solcher
Fäden in eine gemeinsame Gallerte eingebettet, die bei feuchtwarmem Wetter über

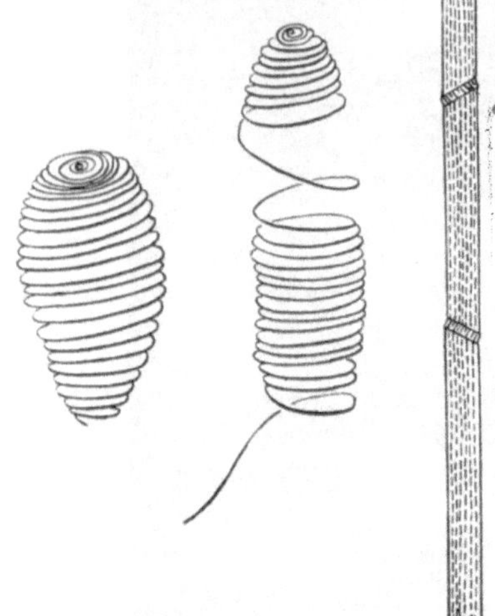

Abb. 100. Etwa 1 μ breite Cellulosefäden
aus den verschleimenden Epidermiszellen
der Samen von *Cobaea scandens* (FREY
1927a). Rechts schematische Darstellung
des Fadenfeinbaus, *a* Verschiebungslinie

Nacht überraschend zu so auffallenden Schleimmassen heranquillt, daß die
Nostoc-Kolonien in gewissen Schweizerdialekten als ,,Sternschnuder'' bezeichnet
werden. Diese Gallerthülle speichert die Pektinfarbstoffe Rutheniumrot und
Methylenblau, weist jedoch andererseits auch die Chlorzinkjodreaktion auf.
Im Elektronenmikroskop gibt sie sich als Celluloseschleim, d. h. als heterogenes
System, bestehend aus einer amorphen Grundmasse und Cellulosemikrofibrillen,
zu erkennen (FREY-WYSSLING und STECHER 1954). Die pektinartige Grundsubstanz kann mit 2,5% Schwefelsäure am Rückflußkühler völlig abgebaut
werden, worauf die Fibrillenmasse, wie aus Abb. 101 und 102 ersichtlich, filz-
artig übrigbleibt. Aus Analogie zu den cellulosischen Zellwänden der *Nostoc*-
Heterocysten (VAN WISSELINGH 1925, S. 42) sowie mit Hilfe der Jodfärbung und
des Joddichroismus kann man dartun, daß das Mikrofibrillengeflecht aus Cellulose besteht. Charakteristisch sind Fibrillenverbänderungen (Abb. 102), wie
sie für Angiospermen- und Bakteriencellulose nachgewiesen worden sind (Abb. 12
und 84, S. 14 und 123).

Tafel XI

Schizophyceen und Bakterien

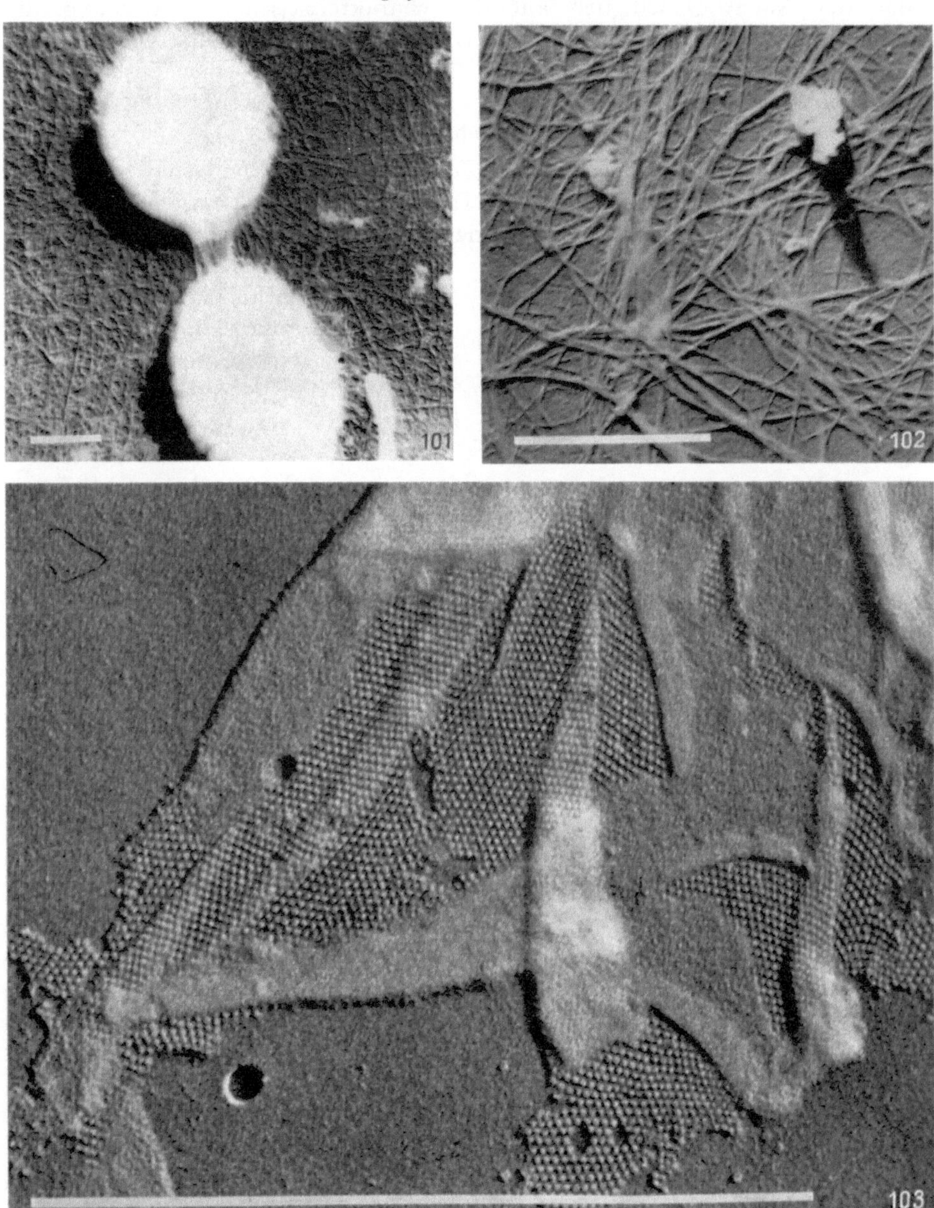

Abb. 101. Mikrofibrillengeflecht und Abb. 102. Mikrofibrillenverbänderung des *Nostoc*-Schleimes. (FREY-WYSSLING und STECHER 1954)

Abb. 103. Innenseite der Bakterienmembran von *Spirillum*. (HOUWINK 1953)

Weder röntgenographisch noch chemisch ist bisher bewiesen worden, daß die Mikrofibrillen wie bei *Cobaea* wirklich aus Cellulose bestehen. Vorläufig beruht der Nachweis lediglich auf der charakteristischen Jodfärbung, die jedoch bei anderen Polyosenkettengittern auch auftreten kann. Der morphologische Befund über den Feinbau der Celluloseschleime bedarf deshalb noch einer chemischen Bestätigung.

Pektinschleime

Die Pektinschleime färben sich mit Jod schwach gelb und sind nur im getrockneten Zustande doppelbrechend. Die Schleime der Leinsamen und der Wegerichsamen gehören in diese Kategorie. Sie enthalten keine Cellulosefibrillen.

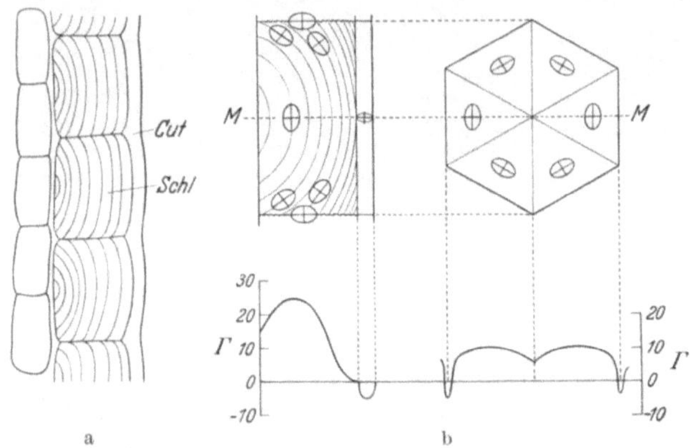

Abb. 104a u. b. Schleimepidermis des Leinsamens. a Zellumen durch die geschichtete Sekundärwand verdrängt. *Cut* Cutinschicht; *Schl* Schleimschichten (nach CRAMER 1855). b Schema des optischen Verhaltens einer Epidermiszelle im Schnitt und in der Aufsicht. *Γ* Gangunterschied längs dem Schnitt *M—M*, in Graden des Kompensators gemessen (nach FAUCONNET 1948)

Im **Leinsamen-Schleim** enthüllt das Elektronenmikroskop zwar Reste von durch Querzerfall abgebauten Fibrillen (Abbildung 97). Es dürfte sich dabei um Reste der Gerüstsubstanz der verschleimten Zellwand handeln, die mechanisch oder wohl wahrscheinlicher auf enzymatischem Wege in einen derartigen Zerteilungszustand gebracht worden sind, daß sie auf Jod nicht mehr ansprechen und dem Schleim keine Doppelbrechung zu verleihen vermögen.

Die äußere Epidermiszellwand der Leinsamentesta quillt so leicht auf, daß sie selbst bei Beobachtung der Schnitte in Alkohol (CRAMER 1855) das ganze Zellumen ausfüllt (Abb. 104a). Der Schleiminhalt, der auf Kosten von verschwindender Stärke entsteht (JARETZKY und ULBRICH 1934), entspricht der Sekundärwand; er ist deutlich geschichtet und stark doppelbrechend. Das Schichtsystem verhält sich wie ein idealer optisch negativer Sphärit (FAUCONNET 1948), dessen Mittelpunkt $h/3$ unter der Zellbasis liegt, wobei h die Zellhöhe angibt (Abb. 104b). Nach außen verrät der Verlauf des Gangunterschiedes eine ausklingende Anisotropie, die vermutlich auf die selbst in wasserarmen Fixierungs- und Einschlußmitteln einsetzende Verquellung zurückzuführen ist. Bezogen auf die Tangentialrichtung ist die Sekundärwand optisch positiv, was auf die Anwesenheit von gitterartig gebündelten hochpolymeren Polyosanketten hinweist (Galakturonsäureketten würden optisch negativ reagieren); man könnte vermuten, daß es sich dabei um Galaktanfibrillen handelt, da die vorhandene anisotrope Gerüstsubstanz bei der Verquellung in einer Weise in submikroskopische Partikel zerfällt, wie dies von Cellulose nicht bekannt ist (Abb. 97); auch weist die Hydrolyse des Schleims keine Glucose aus (Tabelle 17).

Die Sekundärwand ist von einer negativ doppelbrechenden Cuticula abgedeckt. Bei Befeuchtung quillt die Sekundärwand so stark auf, daß die Cuticula weggedrückt wird und sich die Schleimmassen nach außen ergießen. Vorerst lassen sich die Schichtgrenzen der gewaltig quellenden Wand noch erkennen, aber bald verwandelt sich alles in eine strukturlose amorphe Masse. Gleichzeitig muß die die starke Anisotropie verursachende Gerüstsubstanz in die submikroskopischen Teilchen, die auf Abb. 97 sichtbar sind, zerfallen.

Sulfatgallerten

Agar und Carrageen sind sulfathaltige Quellstoffe, die durch Auskochen bestimmter Rotalgen gewonnen werden.

Agar stammt von *Gelidium corneum* Lamouroux, anderen *Gelidium*-Arten und nah verwandten Gattungen der Rhodophyceen, die an den Küsten von Florida, Kalifornien und Südasien vorkommen. Dieser Algenschleim besitzt die bemerkenswerte Eigenschaft, daß eine dünnflüssige heiße Lösung (z. B. 1,5%) beim Abkühlen zu einer sehr steifen Gallerte erstarrt. Durch Hydrolyse zerfällt Agar in die Monomeren D-Galaktose, L-Galaktose und Sulfat. Auf neun D-Galaktosereste, die 1-3-glucosidisch zusammengefaßt sind, kommt ein Molekül L-Galaktose-6-Sulfat, so daß sich als Polymerisationseinheit folgende Kette ergibt (PIGMAN und GOEPP 1948, S. 637):

$$\text{D-Galaktose} \xrightarrow{1-3} (\text{D-Galaktose})_7 \xrightarrow{1-3} \text{D-Galaktose} \xrightarrow{1-4} \text{L-Galaktose-6-Sulfat}$$

XXVIII
Agar (Polymerisationseinheit)

An Stelle von Uronsäuren tritt hier also der Schwefelsäureester $-CH_2-OSO_3^{\ominus}H^{\oplus}$ als saure Gruppe auf. Die L-Konfiguration der Galaktose soll derart zustande kommen, daß die Schwefelsäure an die Aldehydgruppe am ersten C-Atom der D-Galaktose angelagert werde, worauf eine Reduktion am ersten und eine Oxydation am sechsten C-Atom erfolge, wodurch sich das Spiegelbild der D-Galaktose ergibt. Die Agarketten sollen mindestens 140 Monomere enthalten, was somit 14 der obigen Ketteneinheiten entsprechen würde.

Carrageen wird aus den getrockneten Rotalgen *Chondrus crispus* Stakh. (Irisch Moos) oder *Gigartina mammillosa* J. Ag. extrahiert. Dieses Kohlenhydrat liefert bei der Hydrolyse nur D-Galaktose und Sulfat. Es ist also auch hier keine Uronsäure zugegen. Die Galaktosereste sind durch α-1-3-glucosidische Bindungen miteinander verknüpft, und die Schwefelsäureestergruppe befindet sich am vierten C-Atom $>CH-OSO_3^{\ominus}H^{\oplus}$. Im getrockneten Zustande liefert Carrageen Röntgeninterferenzen, aus denen Elementarzellen mit einer Faserperiode von 25,2 A abgeleitet worden sind (BAYLEY 1955).

d) Gummiarten
Chemismus und Vorkommen

In der Biochemie werden die Pflanzenschleime und Gummiarten gewöhnlich zusammengefaßt, weil sie sich hinsichtlich ihres Chemismus und ihres Quellungsvermögens sehr ähnlich verhalten. Biologisch sind diese zwei Stoffgruppen jedoch auseinander zu halten, da die Schleime Produkte des normalen, die Gummiarten dagegen Exsudate eines pathologischen Stoffwechsels vorstellen. Die Membranschleime sind Wandsubstanzen der Normogenese, während echtes Pflanzengummi durch Einschmelzung von Geweben entsteht. Die Gummiarten sind daher Abbau- und Zerstörungsprodukte der normalen Zellwand.

Der Gummifluß der Steinobstarten fördert allerdings häufig mehr Gummi an die Oberfläche, als Zellwände eingeschmolzen wurden, so daß dann der gesamte Stoffwechsel in die Gummosis mit einbezogen werden muß.

Cytologisch unterscheiden sich die Verschleimung und die Gummosis dadurch, daß im ersten Falle die Wandaufquellung von innen nach außen fortschreitet und die Primärwände, die von der Verschleimung nicht erfaßt werden, noch lange sichtbar bleiben; bei der Gummibildung setzt die Wandauflösung jedoch in der Mittelschicht zwischen den Zellen ein und erfaßt die Sekundärwand von außen nach innen. Die Pathogenese setzt bereits bei der Differenzierung der Meristeme ein, indem an Stelle von verholzenden prosenchymatischen Zellen Nester von dünnwandigen Parenchymzellen produziert werden, in denen zuerst Gummi auftritt, und von denen dann die Gummosis ausgeht, die bereits ausdifferenzierte Gewebe einschmilzt (TSCHIRCH 1889, S. 210). Die gebildete Gummimasse sprengt durch ihre Quellung die Gewebe auf und führt zum Gummifluß, der lange anhalten und bis zur Zerstörung von Trieben und Stämmen führen kann.

Chemisch scheint ein Unterschied zwischen Membranschleimen und Gummiarten zu bestehen, indem die Schleime laut Tabelle 17 (mit Ausnahme von *Brasenia* und *Kadsura*) Galakturonsäure, die verschiedenen Pflanzengummi dagegen durchwegs Glucuronsäure als saure Komponente enthalten. Besonders bezeichnend ist in dieser Hinsicht, daß das sog. Traganth-,,Gummi", das jedoch vom cytologischen Standpunkt aus ein Schleim ist, keine Glucuronsäure, wohl aber Galakturonsäure enthält!

Der durch Tabelle 17 ausgewiesene Unterschied im Chemismus der dort aufgeführten Schleim- und Gummiarten könnte zu folgender Hypothese Anlaß geben: Die Galakturonsäure der Schleime würde mit dem Pektinstoffwechsel im Zusammenhang stehen, also auf eine vermehrte Bildung von Grundsubstanz hinweisen, während die Glucuronsäure als ein Oxydationsprodukt der Cellulose aus dem Abbau der Gerüstsubstanz hervorgehen könnte. Bei einem Teil der Schleime, den sog. Celluloseschleimen, wird tatsächlich die Gerüstsubstanz nicht abgebaut und bleibt in Form von im Elektronenmikroskop nachweisbaren Mikrofibrillen übrig, während bei der Gummosis die Zellwände samt der Gerüstsubstanz ,,eingeschmolzen" werden. Hypothetische Oxydationsvorgänge wurden schon vor langer Zeit in Betracht gezogen, da bei der Gummosis oxydierende Fermentsysteme wirksam sein sollen (WIESNER 1885; SORAUER 1909, S. 699). Solange man jedoch nichts weiß über die Herkunft der beiden Homologen D-Galaktose und L-Arabinose (aus dem vermehrten Pektinstoffwechsel?) und der Xylose (aus dem Cellulosestoffwechsel?), sind solche Überlegungen vorläufig nur interessante Feststellungen, denen keinerlei Beweiskraft zukommt; denn die Schleimstoffe können ebensogut einen von der Pektinsynthese ganz oder weitgehend unabhängigen Stoffwechsel aufweisen, und die Gummosis kann theoretisch die vorhandenen Zellwandstoffe so weitgehend ab- und umbauen, daß die monomeren Kohlenhydratprodukte gar nichts mehr mit der Konstitution der ursprünglichen hochpolymeren Ausgangsstoffe zu tun haben.

Kirschgummi

Sehr eingehend ist die Gummibildung des Kirschbaumes untersucht. Man beobachtet, daß gewisse Zellgruppen, die sich vom Cambium ableiten, nicht zu typischen Elementen des sekundären Xylems ausdifferenzieren, sondern parenchymatisch bleiben. Die Gummosis nimmt in diesem Parenchym ihren Anfang und greift dann auf das ausdifferenzierte Holz über. Die Markstrahlzellen widerstehen der Einschmelzung am besten und scheinen nach SORAUER (1909, S. 695) noch zu wachsen, bevor sie sich auflösen. Es entsteht auf diese Weise im einjährigen Holze eine Gummitasche, die bei genügender Wasserzufuhr derart quillt, daß das außerhalb liegende Gewebe birst.

Das ausgestoßene Gummi erstarrt zu großen Tropfen, die meist farblos, manchmal bräunlich, und völlig klar sind. Wie manche andere Gummiarten ist das Kirschgummi bei einem bestimmten Quellungsgrade fadenziehend. AMBRONN (1889) hat bei solchen Kirschgummifäden ein bemerkenswertes optisches Verhalten entdeckt; auf Zug reagieren sie mit optisch positiver Doppelbrechung, die nach einiger Zeit verschwindet und sich in negative Doppelbrechung umkehrt. Diese negative Eigendoppelbrechung der Fäden dürfte von den sich ausrichtenden Uronsäureketten herrühren (S. 135); die zuerst auftretende positive Anisotropie muß dagegen als Spannungsdoppelbrechung gedeutet werden. Während die Spannungsdoppelbrechung sofort in Erscheinung tritt, braucht die Orientierung der hochpolymeren Uronsäureketten eine gewisse Zeit; unterdessen klingt die Spannungsdoppelbrechung ab, weil die Fäden nicht ideal elastisch sind, sondern innere Spannungen durch langsames Fließen und Umorientierung ausgleichen.

Arabisches Gummi

Gummi arabicum wird von *Acacia Senegal* Willd. ($= A. verek$ Guill. et Perrott.) und zahlreichen anderen *Acacia*-Arten gewonnen. Die Herde der Gummosis entstehen im Phloem aus zusammengesunkenen Parenchymzellen und Siebröhren (MOELLER 1875). Die Umwandlung der Wände der umliegenden Zellen in Gummi erfolgt stets von außen nach innen. Die gebildeten Gummitaschen schwellen bei feuchtem Wetter auf und sprengen bei nachfolgender Trockenheit die Rinde auf. Oft wird der Gummifluß durch Einschnitte künstlich gefördert. In Gebieten ohne ausgesprochene Trockenperioden produzieren die Akazien kein Gummi.

Aus in Wasser gelöstem arabischem Gummi kann durch Alkohol die Arabinsäure ausgefällt werden. Sie ist im Gummi als Calciumsalz vorhanden. Ihr Äquivalentgewicht beträgt etwa 1200, und diese Einheit enthält ungefähr zwei Mole Galaktose, drei Mole Arabinose, ein Mol Rhamnose und ein Mol Aldobiuronsäure, die aus Galaktose und Glucuronsäure zusammengesetzt ist. Milde Hydrolyse entfernt Arabinose und Rhamnose sowie ein Arabo-Galakto-Disaccharid und hinterläßt eine pektinsäureähnliche Verbindung aus Galaktose und Glucuronsäure im Verhältnis 3:1. Für diese abgebaute Arabinsäure wird folgende Formel angegeben (PIGMAN und GOEPP 1948, S. 634):

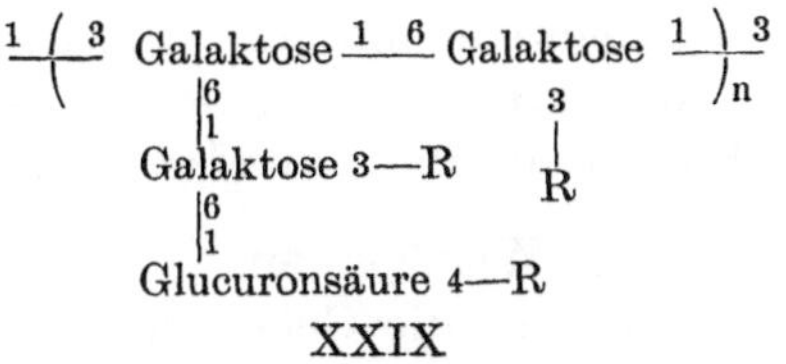

$$
\overset{1}{-}\!\!\Big(\!\overset{3}{-}\ \text{Galaktose}\ \overset{1}{-\!-}\overset{6}{-}\ \text{Galaktose}\ \overset{1}{-}\!\!\Big)\!\overset{3}{_n}
$$

$$
\begin{array}{c}
\big|6 \\
\big|1 \\
\text{Galaktose } 3\!-\!\text{R} \qquad\qquad \overset{3}{\big|}\ \text{R} \\
\big|6 \\
\big|1 \\
\text{Glucuronsäure } 4\!-\!\text{R}
\end{array}
$$

XXIX

Arabinsäure (Polymerisationseinheit)

Die übrigen Zuckerreste R sind in 3- oder 4-Stellung an die Galaktose- und Glucuronsäurereste angefügt (HIRST 1951).

Lysigene Exkretbehälter

Die Einschmelzung der Gewebe bei der Gummosis ist mit der Bildung von lysigenen Exkretbehältern verglichen worden, wie sie z. B. in der Orangenschale vorkommen. Tatsächlich besteht die Analogie, daß ein besonders zartwandiges Gewebe dazu bestimmt ist, durch Auflösung seiner Zellen eine Gewebelücke zu schaffen, in welche dann Exkrete, so vor allem ätherische Öle und andere Terpene, ausgeschieden werden (Abb. 105).

Ob bei der Auflösung der Zellwände nur die Grundsubstanz oder auch die Mikrofibrillen der Gerüstsubstanz abgebaut werden, ist unbekannt. Eine saubere Auflösung findet jedenfalls nicht statt. Die Zellen an der Peripherie des Ölbehälters erscheinen eher zerdrückt als weggelöst. Die Ausgangssubstanz für die Terpene kann nicht aus den verschwundenen Zellwänden stammen, deren Masse viel zu gering ist; vielmehr muß es sich um eine richtige Ausscheidungstätigkeit der umliegenden Zellen handeln. Eigenartig ist dabei, daß es nicht

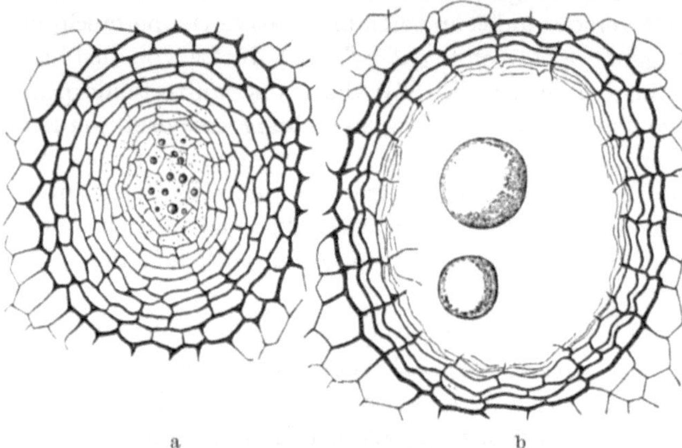

Abb. 105a u. b.   Lysigene Ölbehälter in der Fruchtschale der Citrone (TSCHIRCH 1889, S. 218). a Junges Entwicklungsstadium. b Ausgewachsene Ölbehälter

zur Ausbildung eines Ausscheidungsepithels kommt, wie es für die schizogenen Exkretgänge charakteristisch ist.

Während es sich bei der Gummosis um einen pathogenen Vorgang handelt, hat man es bei der Bildung der lysigenen Exkretbehälter mit einer Normogenese zu tun.

Vielfach werden auch die Harzgallen und Harztaschen zu den lysigenen Exkretlücken gerechnet. Soweit wir jedoch bei einheimischen Nadelhölzern feststellen konnten, handelt es sich bei den typischen Harztaschen, wie sie in Fichten- und Lärchenbrettern auftreten, um im Cambium durch Torsionsbeanspruchung zur Zeit der großen Wachstumsperiode erzeugte Windrisse, welche die Markstrahl-Harzkanäle unterbrochen und eine harzunterlaufene Stelle verursacht haben (FREY-WYSSLING 1938c). Das in zwei Blätter gespaltene Cambium erzeugt Wundgewebe um das eingedrungene Harz, und sein rindenständiges Blatt nimmt nach einiger Zeit die normale Holzproduktion wieder auf, so daß die Harztasche im sekundären Holze eingeschlossen wird.

Wundgummi

In angeschnittenem Holz werden die Gefäße und die Holzsparenchymzellen mit einer Masse verstopft oder ausgefüllt, die als Wundgummi bezeichnet wird.

Diese Substanz hat indessen chemisch nichts mit den Gummiarten gemein. Sie ist in Wasser und Kalilauge unlöslich, färbt sich mit Phloroglucin-Salzsäure rot und gibt auch andere Ligninreaktionen, z. B. mit Anilinsulfat. Es kann sich daher nicht um Kohlenhydrate handeln wie bei echtem Gummi, sondern es müssen aromatische Verbindungen wie im Holzstoff zugegen sein. Die Bezeichnung dieses Wundstoffes als Wundgummi ist daher irreführend.

e) Mucoproteide

Ausgewachsene Zellwände von Pflanzen enthalten im allgemeinen nur Spuren von Stickstoff, so daß man annehmen muß, die Plasmaproteine, an welche das Leben gebunden ist, ziehen sich vollständig aus den von ihnen gebildeten Membranen zurück. Hierfür spricht die leichte Ablösbarkeit des Cytoplasmas von der Zellwand bei der Plasmolyse. Von diesem allgemeinen Verhalten machen nun die kernlosen Spaltpilze (Bakterien) und Spaltalgen (Blaualgen) eine Ausnahme. Diese Organismen lassen sich nicht plasmolysieren; vielmehr schrumpfen in hypertonischen Lösungen die ganzen Zellen samt ihrer Zellwand ein, oder diese weist charakteristische Knickungen auf (RUHLAND und HOFFMANN 1925).

Bakterien- und Actinomyceten-Membran

Die Zellwände der Bakterien und Actinomyceten sind innig mit dem Cytoplasma verbunden, von dem sie enzymatisch abgetrennt werden können (WEIBULL 1956); doch lassen sie sich unter Umständen auch durch Plasmolyse in eine äußere Wand und eine innere Plasmamembran, die sich mit Viktoriablau selektiv anfärbt, spalten (ROBINOW und MURRAY 1953). In gewissen Fällen wie bei den Tuberkuloseerregern sind die Bakterien von einer besonders widerstandsfähigen sog. Kapselmembran umschlossen.

Die Bakterienzellwände weisen bei der Analyse einen ansehnlichen Eiweißgehalt auf (Tabelle 18). Sie werden gewonnen, indem man diese Organismen in einer entsprechenden Kugelmühle zerschlägt und den Zellinhalt durch Auswaschen von den Membranfetzen entfernt (SALTON 1953; ROMANO und NICKERSON 1956). Im Elektronenmikroskop wird die Reinheit der Zellwandpräparate geprüft.

Die Zusammensetzung solcher Zellwände ist aus Tabelle 18 ersichtlich (vgl. WORK 1957). Sie bestehen zur Hauptsache aus Eiweiß und Kohlenhydraten, deren ungefähre Mengen aus der Relation $N \cdot 6{,}25$ und der Bestimmung des Totals der reduzierenden Substanzen als Glucose berechnet worden sind. Man nimmt an, daß die Proteine mit Aminozuckern und Uronsäuren Bindungen eingehen, so daß sog. Glucoproteide oder *Mucoproteide* entstehen. Wie bei den Lipoproteiden ist man sehr mangelhaft über den Charakter dieser Bindungen unterrichtet, da bei der Analyse die Paarlinge immer getrennt anfallen.

Aus Tabelle 18 geht hervor, daß die Zellwand der untersuchten gramnegativen Bakterien in erster Linie aus Lipoproteiden besteht, während jene der grampositiven Bakterien einen hohen Mucoproteidgehalt verrät. Der Hexosamingehalt ist im ersten Falle gering. Bei den grampositiven Bakterien erreicht er jedoch ungefähr ein Drittel des Totals der reduzierenden Substanzen; außerdem ist ihre Aminosäuregarnitur, verglichen mit jener der gramnegativen, recht ärmlich, indem sie meist nur Alanin, Glutaminsäure und Lysin enthalten.

Tabelle 18. *Bakterien-, Actinomyceten- und Saccharomyceten-Zellwände.* (SALTON 1953; ROMANO und NICKERSON 1956; FALCONE und NICKERSON 1956)

	$N \times 6{,}25$ Protein	Total P	Zucker red. (Glucose, Mannose usw.)	Hievon Hexosamin	Total Lipoide	Erfaßt
Grampositive Bakterien						
Streptococcus pyogenes .	66,2	0,62	33,1	11,8	—	99,9
Micrococcus lysodeikticus	54,3	0,09	44,9	16,1	1,2	99,5
Sarcina lutea	47,5	0,22	46,5	16,3	1,1	94,3
Bacillus subtilis	31,8	5,35	34,0	8,5	2,5	73,7
Gramnegative Bakterien						
Escherichia coli	63,1	1,52	16,0	3,0	20,8	101,4
Salmonella pullorum . .	38,8	0,88	46,0	4,8	19,0	104,7
Actinomyceten[1]						
Streptomyces fradiae . .	30,0	—	22,2	18,4	—	—
Nocardia polychromo-						
genes	51,0	—	10,3	3,1	—	—
Saccharomyceten						
Bäckerhefe	6,7	0,34	84,4	2,7	—	91,4

[1] W. J. NICKERSON (briefl. Mitt. 3. 5. 57).

Besonders ist zu erwähnen, daß bei *Escherichia* und *Salmonella* α-ε-Diaminopimelinsäure $COOH \cdot CHNH_2 \cdot (CH_2)_3 \cdot CHNH_2 \cdot COOH$ gefunden worden ist (SALTON 1953). Bei den grampositiven Bakterien fehlt diese C_7-Aminosäure (CUMMINS 1956).

Die Wandlipoide, deren Molekülketten Abstände von 3,72 und 4,14 A aufweisen (s. S. 190), können röntgenographisch erfaßt werden (GROSSBARD und PRESTON 1957). Die Zellwände der gramnegativen Bakterien *(Escherichia)* geben, entsprechend ihrem höheren Lipoidgehalt, deutlichere Diagramme, aus denen hervorgeht, daß die Lipoidketten senkrecht zur Zelloberfläche orientiert sind.

PARK und STROMINGER (1957) haben in der Zellwand von *Staphylococcus aureus* einen Nucleotid (XXX) folgender Zusammensetzung gefunden:

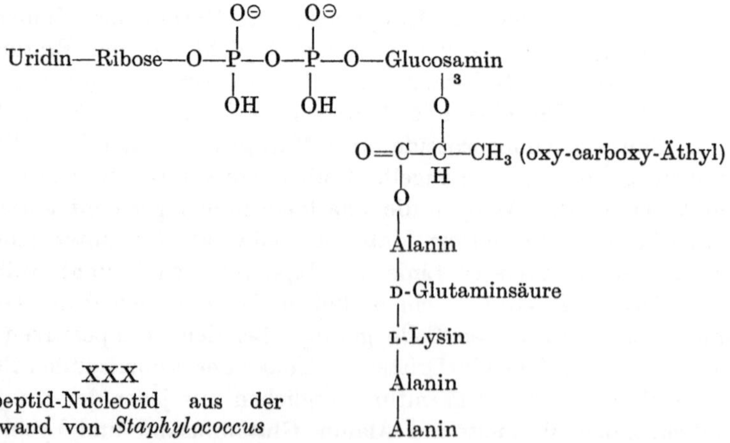

$$
\begin{array}{ccccc}
 & O^{\ominus} & & O^{\ominus} & \\
 & | & & | & \\
\text{Uridin—Ribose—O—} & P & \text{—O—} & P & \text{—O—Glucosamin} \\
 & | & & | & \overset{3}{|} \\
 & OH & & OH & O \\
\end{array}
$$

$$O=C-\underset{H}{C}-CH_3 \quad \text{(oxy-carboxy-Äthyl)}$$

$$
\begin{array}{c}
| \\
O \\
| \\
\text{Alanin} \\
| \\
\text{D-Glutaminsäure} \\
| \\
\text{L-Lysin} \\
| \\
\text{Alanin} \\
| \\
\text{Alanin}
\end{array}
$$

XXX
Mucopeptid-Nucleotid aus der
Zellwand von *Staphylococcus*

Er wird als Vorläufer der Membran-Mucoproteide betrachtet. Unter der Einwirkung von Penicillin häuft sich dieser Nucleotid an, so daß angenommen wird, das Antibioticum verhindere die Transglucosidation, wodurch der Aufbau der Zellwand und damit das Wachstum dieser Bakterien verunmöglicht werde.

Als Zucker sind neben Glucose bzw. Glucosamin in vereinzelten Fällen Galaktose, Mannose und Rhamnose identifiziert worden, wobei kein besonderer Unterschied zwischen grampositiven und -negativen Bakterien besteht. Uronsäuren werden von SALTON (1953) nicht angegeben. Dies ist erstaunlich, da sonst in den Kohlenhydraten vieler anderer Bakterien (Kapselpolysaccharide der Pneumokokken, Polysaccharide von *Rhizobium*, *Azotobacter* und der aeroben mesophilen sporenbildenden Bakterien wie *Bacterium megatherium*, *B. circulans*, *B. macerans*, *B. brevis* usw.) Uronsäuren vorkommen (HOSTETTLER 1952). Da sich jene Analysen indessen nicht auf abgetrennte Zellwandpräparate beziehen, ist es schwer zu entscheiden, inwieweit es sich bei den erwähnten Polysacchariden um Membran- oder Zellinhaltsstoffe handelt.

Die bakteriellen Polysaccharide beanspruchen ein besonderes Interesse, weil sie wie Eiweißstoffe serologisch diagnostiziert werden können (BURGER 1950). In Verbindung mit ihren Eiweißträgern stellen sie Antigene vor, die, ins Blut von Warmblütlern gebracht, die Bildung von Antikörpern auslösen. Diese Antikörper verhalten sich indessen nicht nur gegenüber der betreffenden Protein-Polysaccharid-Verbindung als Präcipitine, sondern sie fällen auch die eiweißfreien Polysaccharide aus. Man nennt Stoffe, die nur in Verbindung mit Eiweißen Antikörper erzeugen, aber auch ohne Proteine mit den Antikörpern reagieren, *Haptene*. Ob die Kohlenhydrate aus rein dargestellten Bakterienzellwänden auch solche Hapten-Eigenschaften besitzen, bleibt noch abzuklären.

Die Zellwand der Strahlenpilze verhält sich ganz ähnlich wie die der Bakterien. Sie enthält bei *Streptomyces fradiae* ein Mucoproteid, das sehr reich an Hexosamin (18,4%, s. Tabelle 18) ist, welches den größten Teil der reduzierenden Substanz ausmacht. Trotzdem läßt sich kein Chitin nachweisen. Der Aminosäurebestand liegt zwischen der reichen Garnitur der gramnegativen und der verarmten der grampositiven Bakterien. Auffallend ist ein starker Flecken der Diaminopimelinsäure auf dem Papierchromatogramm (ROMANO und NICKERSON 1956).

Wie früher erwähnt (S. 132), enthalten auch die freipräparierten Hefezellwände etwas Eiweiß, das an das Hefemannan gebunden sein soll. Wie Tabelle 18 zeigt, ist dieser Proteingehalt, verglichen mit jenem der Bakterienzellwand, bescheiden, und auch das Hexosamin, das in diesem Falle kleinen Mengen Chitin entstammt, tritt stark hinter der vorherrschenden Polyosanfraktion (Glucan und Mannan) zurück.

Die Zellwandpräparate der Bakterien erscheinen im Elektronenmikroskop strukturlos (SALTON und WILLIAMS 1954). Dies gilt auch für *Streptomyces* (ROMANO und NICKERSON 1956). Hiervon gibt es indessen Ausnahmen, indem HOUWINK (1953, 1956) bei *Spirillum* und *Halobacterium* auf der Innenseite der Zellwand kugelige Elemente von etwa 125 A Durchmesser in hexagonaler Anordnung gefunden hat (Abb. 103). SALTON und WILLIAMS (1954) haben die gleiche granulare Membranstruktur bei *Rhodospirillum* gefunden und machen es wahrscheinlich, daß die globularen Teilchen ein Mucoproteid vorstellen. Nur die plasmaseitige Oberfläche weist diese Struktur einer dichtesten hexagonalen Kugelpackung auf; die Außenseite der Membran ist dagegen glatt und scheint auf diese Weise abgedichtet.

Blaualgen-Membran

Die Zellwände der Cyanophyceen (GEITLER 1936, S. 25) sind eigenartig gebaut; sie lassen sich kaum mit jenen der Grünalgen und höheren Pflanzen homologisieren. Am meisten interessiert die innerste Schicht, die als *Pellicula* mit dem Cytoplasma verwachsen ist. Man kann daher bei den Blaualgen keine normale Plasmolyse erzielen, sondern die Zelle schrumpft mit der Wand als Ganzes (Cytorrhyse). Es gelingt zwar unter Umständen, das Plasma von der Wand zu trennen, wobei es jedoch geschädigt wird und abstirbt (DRAWERT 1949). Die Pellicula stellt eine durch Pektin und Hemicellulose verstärkte semipermeable plasmatische Grenzschicht vor. Sie übernimmt die Funktion des Plasmalemmas, das bei den Protoplasten der Cyanophyceen fehlt. Man darf vermuten, daß die Verwachsung von Plasmaeiweiß und Wandstoffen auf chemischer Bindung beruht, so daß also die Wandsubstanz der Pellicula als Mucoproteid anzusprechen wäre. Experimentelle Hinweise zur Stützung dieser Hypothese liegen jedoch nicht vor.

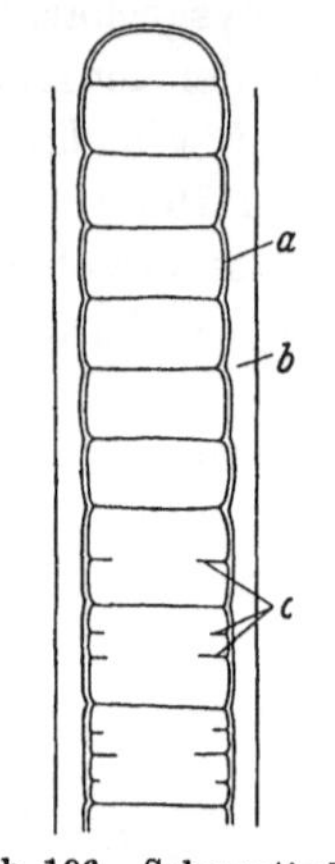

Abb. 106. Schematische Darstellung der Zellwand der Oscillatorien. *a* Eigenwand mit Pellicula als Innenlamelle; *b* extracellulare Gemeinschaftsscheide; *c* Anlage neuer Querwände

Bei *Oscillatoria* (Abb. 106) ist die Zellmembran zweischichtig gefunden worden (METZNER 1955). Die innere Schicht wäre die Pellicula, die infolgedessen innig mit der äußeren Wandschicht verbunden ist. Die Doppelschichtung kann hier nicht als Ergebnis einer Häutung gedeutet werden wie bei den höheren Pflanzen (S. 104); denn bei *Oscillatoria* werden die Querwände nicht als paarige Zellplatte, sondern als unpaariger Ring angelegt, der sich wie ein Diaphragma zentripetal schließt (Abb. 106). Die gleiche Art der Zellteilung ist bei der Bakteriengattung *Staphylococcus* gefunden worden (DAWSON und STERN 1954). Cellulose kann in den Zellwänden der Cyanophyceen mit den üblichen Cellulosereagentien nur in den etwas dickwandigeren Heterocysten nachgewiesen werden; solche fehlen jedoch bei *Oscillatoria*. Chitin ist nicht vorhanden. Trotz der Abwesenheit dieser Gerüstsubstanzen ist die Zellwand doppelbrechend.

Im Elektronenmikroskop erscheinen diese Zellwände, in üblicher Weise gereinigt, homogen; nach Chromsäurebehandlung zeigen sich jedoch submikroskopische Poren von 70 A Durchmesser. Die Querwände sind unregelmäßig mit ihnen übersät, während die Längswände ober- und unterhalb der Ansatzstelle der Querwände quer verlaufende Porenreihen aufweisen (METZNER 1955; DRAWERT u. METZNER 1956; SHINKE u. UEDA 1956). Im lebenden Zustand sind diese Poren mit Schleim, in den Querwänden vielleicht auch mit Plasma gefüllt. Es wird vermutet, daß die charakteristischen, ruckartigen Kriechbewegungen der *Oscillatoria*-Fäden durch Ausstoßen von Schleim durch die Porenreihen der Längswände zustande kommen.

Die Zellfäden sind von einer Scheide umgeben, die als extracellulare Wandbildung gedeutet werden muß (vgl. S. 102), da sie von den Zellen unabhängig ist; denn diese können aus der Scheide herauswachsen oder sich in ihr zu Zellgruppen (Hormogonien) abgliedern. Die Scheide scheint bei *Oscillatoria* ein Pektinschleim zu sein, der durch submikroskopische Fibrillen versteift ist (METZNER 1955). Bis jetzt ist es nicht gelungen festzustellen, ob diese Mikrofibrillen aus Cellulose bestehen.

Außerhalb oder an Stelle der Scheide befinden sich bei vielen Cyanophyceen noch Schleimmassen, die bei *Nostoc* eine riesige Gallerte bilden. Diese enthält, wie auf S. 156 beschrieben, Cellulosemikrofibrillen als Gerüstsubstanz (Abb. 101, 102).

3. Inkrusten

a) Lignin

Unter Lignin versteht man die aromatischen polymeren Zellwandstoffe, welche die Verholzung der ursprünglich aus Kohlenhydraten angelegten Zellwände verursachen (FUCHS 1926, FREUDENBERG 1933. HÄGGLUND 1939, BRAUNS 1952). Verholzte Zellwände zeigen die weiter unten beschriebenen mikrochemischen Reaktionen.

Chemismus

Das Lignin kann durch Zerstörung der hochpolymeren Kohlenhydrate mit Mineralsäuren gewonnen werden. Mit konzentrierter Salzsäure wird das sog. Willstätter-Lignin erhalten (WILLSTÄTTER und ZECHMEISTER 1913), durch abwechslungsweise Behandlung des Holzes mit Schwefelsäure steigender Konzentration und Kupferoxydammoniak das Cuoxam-Lignin (FREUDENBERG, ZOCHER und DÜRR 1929; M. STAUDINGER 1942). Die Abtrennung des Lignins von der Cellulose durch Schwefelsäure kann man durch Ultraschallbehandlung begünstigen (Ultraschall-Lignin, H. P. FREY 1957). Ferner fällt eine Art Lignin bei der Zerstörung des Holzes durch den Hausschwamm *Merulius* an (Braunfäule-Lignin). Alle erwähnten Lignine zeichnen sich durch eine dunkle Farbe aus, die auf eine Kondensierung des nativen Lignins hindeutet.

Hellere Präparate werden durch Extraktion des Holzes mittels wasserfreiem, mit trockenem Salzsäuregas versetztem Äthanol, Methanol sowie Dioxan (FREUDENBERG 1954), Phenol oder anderen sauren organischen Flüssigkeiten und anschließender Ausfällung gewonnen. Dabei wird jedoch nur ein Teil des im Holze vorhandenen Lignins in Lösung gebracht. Die auf diese Weise erhaltenen Lignine sind hydrophobe Pulver (JUNKER 1941), deren chemische Zusammensetzung etwas variiert; man unterscheidet daher Äthanol-Salzsäure-Lignin, Dioxan-Salzsäure-Lignin usw.

Am schonendsten ist die Gewinnung mit organischen Lösungsmitteln ohne Säuren (Aceton, Äthylalkohol, Benzol) nach BRAUNS (1952), wobei jedoch nur etwa 2% des Gesamtlignins in Lösung gehen. Das lösliche Brauns-Lignin wird als eine niedermolekulare Fraktion (MG 1000—3000) des Gesamtlignins betrachtet (FREUDENBERG 1954).

Durch Bleichung kann das Lignin auf oxydativem Wege löslich gemacht werden. Es wird durch elementares Chlor in eine Verbindung übergeführt, die in 2% Natriumsulfit unter vorübergehender Rotfärbung in Lösung geht. In der Mikrotechnik erfolgt durch die übliche Eau de Javelle-Aufhellung stets eine gewisse Chlorierung des Lignins. Durch Chlordioxyd (SCHMIDT u. Mitarb. 1923, 1925) werden neben dem Lignin auch die Hemicellulosen der Grundsubstanz aus der Zellwand entfernt, so daß die reine Skelettsubstanz übrigbleibt. In der Technik erfolgt das Herauslösen des Lignins bei der Zellstoffgewinnung durch Kochung mit Natriumsulfit, wobei in der Sulfitablauge Ligninsulfonsäuren anfallen (Sulfitverfahren, saurer Aufschluß), oder mit Natronlauge und Natriumsulfid (Sulfatverfahren, alkalischer Aufschluß).

Alle Ligninpräparate weisen einen ansehnlichen Methoxylgehalt auf, der im Laubholz größer ist als im Nadelholz. Junge, wenig verholzte Gewebe enthalten wesentlich weniger Methoxyl als später im ausgewachsenen verholzten Zustand (Tabelle 19). Hieraus darf jedoch nicht geschlossen werden, daß alles Pflanzenmaterial, in welchem Methoxyl gefunden wird, ligninhaltig sei. So findet man z. B. bei *Sphagnum* mikrochemisch kein sog. Moos-Lignin, während beim Salzsäureaufschluß solches anfällt (Tabelle 19). Dies rührt davon her, daß bei der Behandlung von Pflanzenmaterial mit konzentrierter Salzsäure kleine Mengen Kohlenhydrate und Pektinstoffe humifiziert werden, als unlösliche braune Massen in die Ligninfraktion eingehen und vom Pektin her Methoxyl enthalten können. Diese Tatsache hat zuzeiten Zweifel an der Existenz von nativem Lignin erweckt (HILPERT u. Mitarb. 1935).

Tabelle 19. *Methoxylgehalt (OCH_3) verschiedener Lignine*

	Gew.-%	
Laubholz-Lignin (Buche, Eiche usw.)	21 —22	} KALB (1932)
Nadelholz-Lignin (Fichte, Kiefer)	15 —16	
Stroh-Lignin, Roggenhalm alt (155 cm hoch)	13 —16	} BECKMANN, LIESCHE
Stroh-Lignin, Roggenhalm jung (22 cm hoch)	3,0—5,2	und LEHMANN (1923)
Moos-„Lignin" *(Sphagnum)*.	1,4—1,9	ZETZSCHE (1932 b)

Erst als die schonenderen Extraktionsmethoden eingeführt wurden, konnte der Chemismus des Lignins abgeklärt werden. Man findet für Fichten-Lignin die Zusammensetzung (FREUDENBERG 1954)

$$C_9H_{8,1}O_{2,4}(OCH_3)_{0,9}.$$

Die Sauerstoffatome befinden sich in phenolischen oder alkoholischen Hydroxylgruppen (OH) und in Ätherbrücken (—O—). Außerdem müssen geringe Mengen von freien oder leicht freizusetzenden Carbonylgruppen (=O) vorhanden sein, denn verholzte Zellwände zeigen die Aldehydreaktion mit fuchsinschwefliger Säure, und viele der unten beschriebenen Ligninreaktionen scheinen auf der Gegenwart von freien Aldehydgruppen zu beruhen.

Für die monomere C_9-Verbindung des polymeren Lignins kommt ein Phenylpropangerüst in Betracht. Da die Synthese von künstlichem Lignin aus Coniferylalkohol (XXXI) gelingt (FREUDENBERG 1954) und da diese Verbindung als Glucosid in Form von Coniferin (XXXII) im Cambialsaft der Coniferen auftritt, gilt heute der Coniferylalkohol $C_9H_9O_2(OCH_3)$ als der Grundkörper des Lignins.

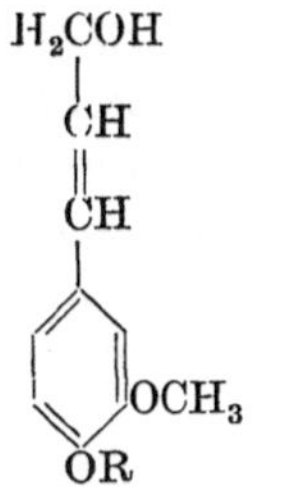

H₂COH

XXXIII Vanillin

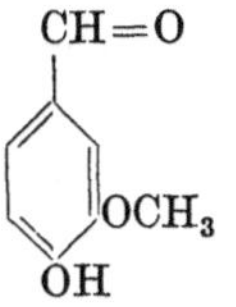

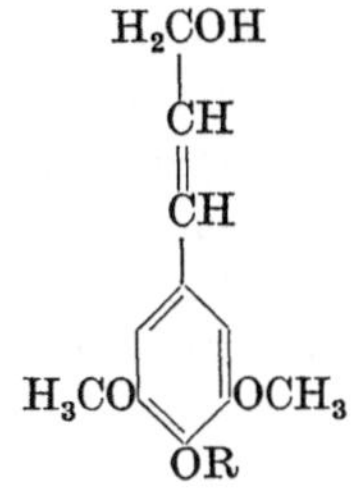

H₂COH

XXXI Coniferylalkohol (R = H)
XXXII Coniferin (R = C₆H₁₁O₅)

XXXIV Sinapinalkohol (R = H)
XXXV Syringin (R = C₆H₁₁O₅)

Im Lignin der Laubhölzer ist der Coniferylalkohol zum Teil durch Sinapinalkohol (XXXIV) ersetzt, dessen Glucosid Syringin (XXXV) aus dem Cambialsaft des Flieders bekannt ist. Da der Benzolkern des Sinapinalkohols zwei
Methoxylgruppen trägt, erklärt sich der höhere Methoxylgehalt des Laubholz-
Lignins.

Der Coniferylalkohol kann zu dem Aldehyd Vanillin (XXXIII) abgebaut
werden und der Sinapinalkohol zum analogen Stoffe Syringaldehyd. Bei entsprechend vorbehandelten Laubholz-Ligninen variiert das Verhältnis Syring-
aldehyd:Vanillin von 3 bis gegen Null (z. B. *Acer* 2, *Dipteronia* 0,3—1; TOWERS
und GIBBS 1953).

Die Polymerisation der primären Ligninbausteine erfolgt nach FREUDEN-
BERG (1954, 1956) durch Dehydrierung, wobei zunächst Dimere entstehen,
von denen bisher Dehydro-diconiferylalkohol (XXXVI) und Pinoresinol
(XXXVII) gefaßt werden konnten. Es wird vermutet, daß die Polymerisation
auf diesem Wege weiterschreitet und zum höherpolymeren Lignin führt. NORD
u. Mitarb. (1957) sind dagegen der Meinung, daß die Polymerisation ohne Dehydrierung von p-Hydroxy-phenyl-Brenztraubensäure ausgehe.

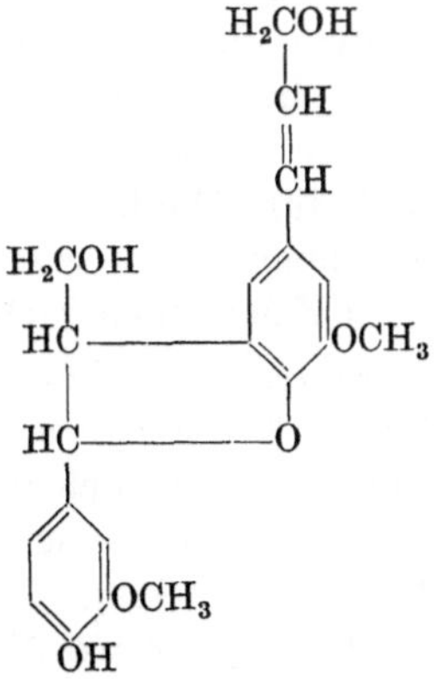

XXXVI
Dehydro-diconiferylalkohol

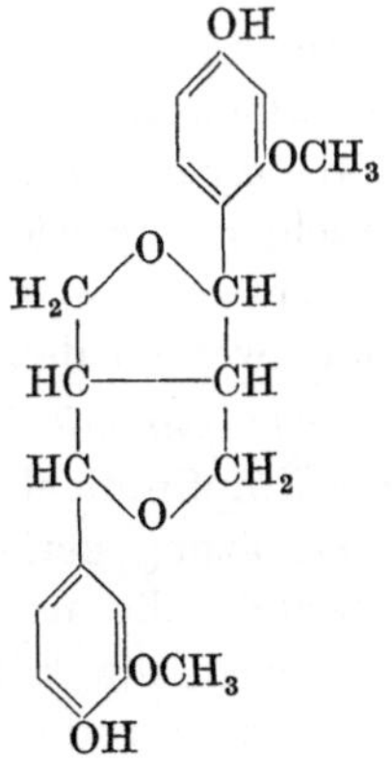

XXXVII
DL-Pinoresinol

Auf jeden Fall tritt eine Netzpolymerisation auf. Da die Verknüpfung über
verschiedene C—C- und —O—-Brücken erfolgt, ist das Lignin *heteropolymer*.
In den löslichen Ligninen ist der Polymerisationsgrad entsprechend der geringen

Viscosität ihrer Lösungen niedrig (STAUDINGER und DREHER 1936). Wie hoch das genuine unlösliche Lignin in der Zellwand polymerisiert ist, bleibt unbekannt. Auf Grund röntgenometrischer Untersuchungen an Cuoxam-Lignin liegt ein graphitähnliches Schichtgitter mit den Benzolringen in der Basisebene (001) vor (JODL 1942). Die in Abb. 107 angegebenen Abstände konnten in der C_7O_2-Gruppe des aromatischen Ringes vermessen werden (BECHERER und VOIGT-LAENDER-TETZNER 1955).

Nachweis

Mikrochemischer Nachweis. Verholzte Zellwände zeigen alle oder doch mehrere der folgenden, zum Teil sehr farbenprächtigen mikrochemischen Reaktionen. Die meisten dieser „Ligninnachweise" sind zwar nicht eindeutig, da sie nicht das Ligninmolekül als Ganzes, sondern nur bestimmte freie aktive Gruppen des Polymerisates erfassen.

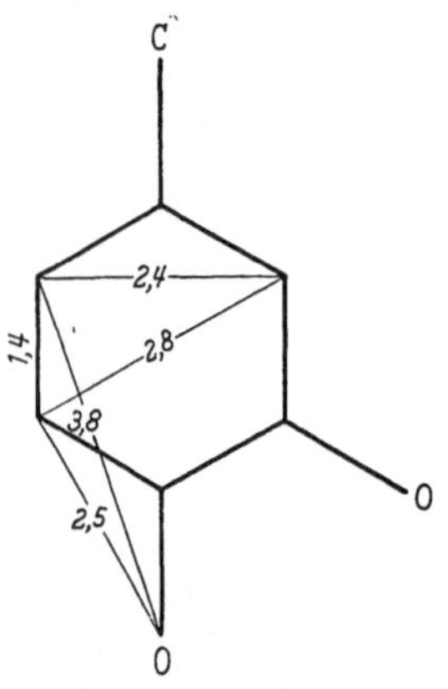

Abb. 107. C_7O_2-Streuungs-komplex des Ligninmoleküls ohne H-Atome (nach BECHE-RER und VOIGTLAENDER-TETZNER 1955)

1. Gelbfärbung mit Chlorzinkjod. Das Lignin verhindert das Eindringen des Jodes in die spaltartigen Locker- oder Fehlstellen des Cellulosekettengitters, so daß keine Violettfärbung der Zellwand auftritt. Offenbar verunmöglicht das Lignin die Auflockerung der Spalträume durch das Zinkchlorid. Ob es sich um eine mechanische Behinderung oder um eine Absättigung der freien OH-Gruppen der Cellulose handelt, bleibt unentschieden. Durch tagelange Einwirkung des Chlorzinkjodes tritt bei Coniferentracheiden allmählich (FREY 1927a) oder bei mechanisch gequetschten Fasern sofort Blaufärbung ein.

2. Speicherung basischer Farbstoffe wie Gentianaviolett, Safranin, Jodgrün usw. Die Affinität der verholzten Zellwände zu solchen Farbstoffen ist durch den schwach sauren Charakter des Lignins bedingt. Man geht wohl nicht fehl, wenn man sein anionisches Verhalten auf freie phenolische Hydroxylgruppen zurückführt. Carboxylgruppen, wie sie bei den Pektinstoffen vorkommen, sind im Lignin nicht nachgewiesen (HÄGGLUND 1939). Die basischen Farbstoffe, die eine spezielle Verwandtschaft zu Carboxylgruppen zeigen wie Rutheniumrot und Methylenblau, werden daher von verholzten Zellwänden nicht gespeichert.

3. Kirschrote Färbung mit Phloroglucin/Salzsäure. Die Phloroglucinreaktion wird wegen ihrer Empfindlichkeit und auffälligen Färbung in erster Linie zum Nachweis der Verholzung herangezogen. Leider ist sie jedoch nicht spezifisch für Lignin. Zellwände, die als Folge von Verwundungen mit sog. Wundgummi inkrustiert sind, zeigen die Färbung auch (BOBILIOFF 1919). Es scheint, daß aromatische Aldehyde für die Phloroglucinreaktion verantwortlich sind, denn Zimtaldehyd, Vanillin (XXXIII), Coniferylaldehyd u. a. geben die Rotfärbung in vitro. CZAPEK (1899a) glaubte daher, daß nicht das Lignin, sondern ein in kleiner Menge vorhandener Holzbegleitstoff „Hadromal", der mit Coniferyl-aldehyd identisch sein soll, mit dem Phloroglucin reagiere. Es besteht jedoch auch die Möglichkeit, daß durch die angewendete starke Salzsäure ein aromatischer Aldehyd im Lignin freigelegt oder von ihm abgespalten wird.

4. Farbreaktionen mit den verschiedensten aromatischen Aminen (Aufzählung bei HÄGGLUND 1939, S. 128). In der Histologie ist die Gelbfärbung mit Anilinsulfat am gebräuchlichsten. Die Holzfärbung beruht auf der Umwandlung der Struktur des Anilins in die chinoide Form. Vermutlich sind auch hier aromatische Aldehyde als Reaktionspartner im Spiele (ZECHMEISTER 1913).

5. Reaktion von MÄULE (1900). Behandelt man Laubholz nacheinander mit neutraler Kaliumpermanganatlösung, dann mit verdünnter Salzsäure und schließlich mit Ammoniak, tritt eine starke Rotfärbung ein. Durch die Einwirkung des Permanganates entsteht Mangansuperoxyd, welches aus der Salzsäure Chlor freisetzt. Es bildet sich daher Ligninchlorid, das sich mit Ammoniak oder anderen Alkalien rot färbt.

Die verholzten Zellwände der Gymnospermen und Gefäßkryptogamen zeigen die Reaktion von MÄULE nicht (GÉNEAU DE LAMARLIÈRE 1903). Dies rührt daher, daß nur der vom Sinapinalkohol abgeleitete Syringaldehyd, nicht aber das Vanillin die Rotfärbung erzeugt (TOWERS und GIBBS 1953).

6. Chlorlignin-Test. Schnitte oder Faserbündel werden mit Chlorgas oder angesäuertem Calciumhypochlorit (Chlorkalk) chloriert und anschließend mit einer Lösung von Natriumsulfit betupft. Das gebildete Chlorlignin zeigt vorübergehend eine prachtvolle Rotfärbung. Wegen seiner Wasserlöslichkeit wird es in kurzer Zeit aus dem Schnitte ausgewaschen.

Tabelle 20. *Optische Daten von festem Fichtenlignin*

	Brechungs-index n_D	UV-Extinktionskoeff. log ε_g ($\lambda = 280\,\mathrm{m}\mu$)
Cuoxam-Lignin . . .	1,61	2,10
Ultraschall-Lignin . .	1,60	2,08
Braunfäule-Lignin . .	1,60	2,03

Optische Eigenschaften. Im Gegensatz zu den Kohlenhydraten ist das Lignin optisch inaktiv, da seine Bausteine keine asymmetrischen C-Atome aufweisen (FREUDENBERG 1956).

Als aromatische Verbindung ist es stark lichtbrechend. Sein Brechungsindex ist wesentlich höher als das mittlere Brechungsvermögen der Cellulose. FREUDENBERG, ZOCHER und DÜRR (1929) finden im Minimum der Stäbchendoppelbrechungskurve (s. S. 173) des Ligninskelettes von Fichtenholzschnitten Werte für den Brechungsindex n zwischen 1,58 und 1,61 (vgl. Abb. 110). Das Interferenzmikroskop (s. S. 254) liefert die in Tabelle 20 angegebenen Werte (H. P. FREY 1957).

Für die Mikroskopie am wichtigsten ist die Ultraviolettabsorption des Lignins. Acetonlösliches und Dioxan-Lignin der Fichte zeigen ein Absorptionsmaximum bei 282 mμ (Abb. 108) und ein Minimum bei 260—262 mμ (FREUDENBERG und SCHUMACHER 1953/1955). Der Extinktionskoeffizient ε_g von aus Zellwänden gewonnenen Ligningerüsten kann im UV-Mikroskop mit Hilfe der Linie 280 mμ der Quecksilberlampe gemessen werden (H. P. FREY 1957); ε_g bezieht sich auf Gewichtsprozente Lignin in der Zellwand, so daß nicht nur relative (LANGE 1947), sondern auch absolute quantitative Ligninbestimmungen in mikroskopischen Schnitten durchgeführt werden können, wenn deren Dicke bekannt ist.

Absorptionsmessungen im UV-Mikroskop zeigen, daß das Lignin in der Zellwand nicht gleichmäßig verteilt ist. In Nadelholzschnitten ist die Extinktion in der Mittelschicht und der Übergangslamelle wesentlich größer als in der eigentlichen Sekundärwand (Abb. 109). Das Lignin erscheint also in den peripheren Schichten der Zellwand angereichert. Dies ist nicht weiter erstaunlich, da ja die Cellulosemikrofibrillen in jenen Schichten weniger dicht gepackt sind als in der Sekundärwand.

Die optischen Methoden erlauben auch, das Wesen der Lignineinlagerung aufzuklären. Werden entfettete Fichtenholz-Radialschnitte mit 5% Natronlauge digeriert und dann abwechslungsweise mit 1% Schwefelsäure behandelt

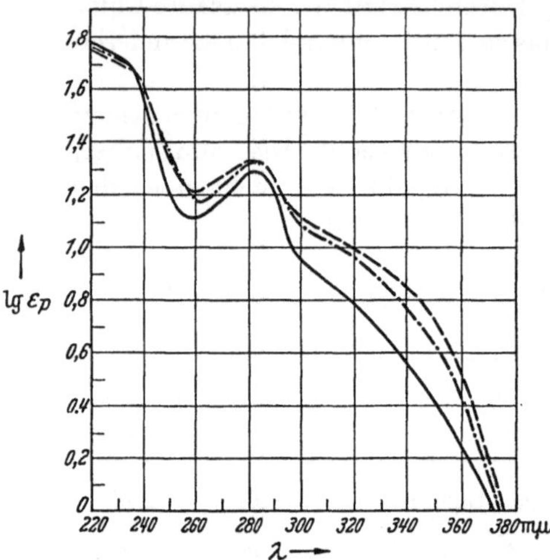

Abb. 108.   Ultraviolett-Extinktionskurven   des Lignins. Ordinate: Logarithmus des Extinktionskoeffizienten. Abszisse: Wellenlänge des UV-Lichtes. —— lösliches Fichtenlignin; ---- Dioxanlignin der Fichte (0,1 n HCl); —·—·— Dioxanlignin der Fichte (0,3 n HCl) (aus FREUDENBERG und SCHUMACHER 1953/1955)

und mit Kupferäthylendiamin geschüttelt, erhält man Ligninskelette der Zellwand (FREUDENBERG, ZOCHER und DÜRR 1929), welche die Erscheinung der Stäbchendoppelbrechung zeigen (s. S. 256). Abb. 110 stellt eine solche Stäbchendoppelbrechungskurve des Lignins dar. Als Imbibitionsflüssigkeiten mit steigendem Brechungsindex n_2 wurden Alkohol-Jodbenzol-Methylenjodid verwendet. Dieser Effekt beweist, daß das Lignin in die submikroskopischen Interfibrillarräume des Cellulosegerüstes eingelagert ist. Vielfach erfolgt die Lignininkrustierung nicht submikroskopisch fein, sondern in so grober Verteilung, daß sie mikroskopisch sichtbar gemacht werden kann (BAILEY und KERR 1937). Zu diesem Zwecke muß man das Cellulosegerüst der Zellwände von Schnitten sorgfältig mit 72% Schwefelsäure auflösen. Dabei findet eine Quellung statt, und nach dem Verschwinden der Cellulose bleibt ein Skelett von mikroskopisch sichtbaren Ligninsträngen zurück, deren Ausrichtung mit der Mikrofibrillentextur des ursprünglichen Cellulosegerüstes übereinstimmt. DADSWELL und ELLIS (1940a) haben solche mikroskopische Ligninskelette („lignin residues") in Holzfasern von *Tetramerista*, *Homalium*, *Casearia*, *Sideroxylon*, *Eucalyptus*, *Ackama* und in Druckholztracheiden von *Pinus radiata* nachgewiesen.

Die Lignineinlagerung verändert die Anisotropie der Zellwand nur unwesentlich. Die lokal verholzten Verstärkungsplatten in den Schließzellen der Gymnospermen-Spaltöffnungen (Abb. 111) zeigen z. B. annähernd den gleichen Gangunterschied wie die benachbarten, nicht verholzten Wandpartien (FREY 1928). Hieraus wurde geschlossen, daß das Lignin in amorphem Zustande in die Zellwand eingelagert werde. Ligninreagentien verleihen den Holzzellwänden oft einen schwachen Dichroismus, doch ist dieser hauptsächlich durch die Textur des Stäbchenmischkörpers (Stäbchendichroismus) bedingt.

Für eine gewisse Ausrichtung des Lignins in den interfibrillaren Räumen spricht zwar der von LANGE (1944/45) nachgewiesene UV-Dichroismus der verholzten Zellwand. Das Verhältnis der Extinktion $E_{\parallel}/E_{\perp}$ parallel und senkrecht zur Achse der cellulosischen Mikrofibrillentextur kann bis auf 1,2 ansteigen. Dies wurde so gedeutet, daß auf der Oberfläche der Mikrofibrillen eine gerichtete Adsorption gewisser Gruppen des hochpolymeren Ligninmoleküls erfolge. Imbibitionsversuche zeigen jedoch, daß der UV-Dichroismus verschwindet, wenn man die Fichtentracheiden mit einem UV-durchlässigen hochbrechenden Flüssigkeitsgemisch (Schwefelkohlenstoff-Äthanol, siehe S. 277) durchtränkt (H. P. FREY 1957). Bei der UV-Anisotropie verholzter Zellwände handelt es sich deshalb nicht um Eigen-, sondern um Stäbchenanisotropie.

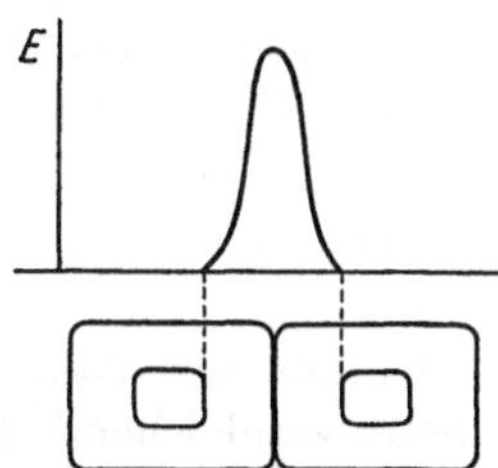

Abb. 109. Ultraviolett-Absorption der Tracheidenzellwände (nach LANGE 1947). Unten Querschnitt der Tracheiden; oben UV-Extinktionskurve; E Extinktion

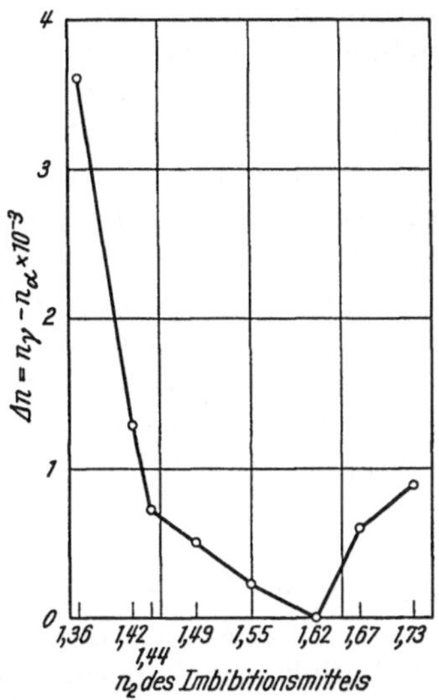

Abb. 110. Stäbchendoppelbrechungskurve des Ligninskeletts von Fichtentracheiden (Radialschnitte). (Diplomarbeit H. P. FREY 1955, unveröffentlicht.) Abszisse: Brechungsindex des Imbibitionsmittels n_2. Ordinate: Doppelbrechung $\varDelta n$

Welche Bindungsart das Lignin mit der Cellulose eingeht, ist umstritten (WENZL 1948). Es dürfte sich jedoch kaum um covalente Bindungen, sondern eher um Wasserstoffbindungen handeln, denn die Assoziation Cellulose—Lignin kann sehr leicht gesprengt werden. Legt man Holzschnitte in Chlorzinkjod ein, bleibt die Cellulose vorerst durch das Lignin maskiert. Als Folge mechanischer Stauchung der Zellwände oder nach mehrstündiger Quellung im Zinkchlorid wird die Cellulose jedoch färbbar. Dies deutet darauf hin, daß nur eine lose Bindung besteht, die leicht gelöst werden kann.

Vorkommen

Bei sämtlichen Thallophyten und Moosen fehlt nach MOLISCH (1921, S. 342) die Verholzung. Nach anderen Autoren (s. VAN WISSELINGH 1925, S. 132) ist in vereinzelten Fällen bei Pilzen, Flechten und Moosen mit Phloroglucin und Anilinsulfat „Lignin" gefunden worden. Da diese Reagentien indessen auch auf andere Verbindungen ansprechen, die in der Membran vorkommen können, ist diese Streitfrage nur zu entscheiden, wenn man die fraglichen „Ligninsubstanzen" aus den Zellwänden isoliert, auf ihren Methoxylgehalt (vgl. Tabelle 19) prüft und Abbaureaktionen durchführt. Allgemeine Verbreitung findet die

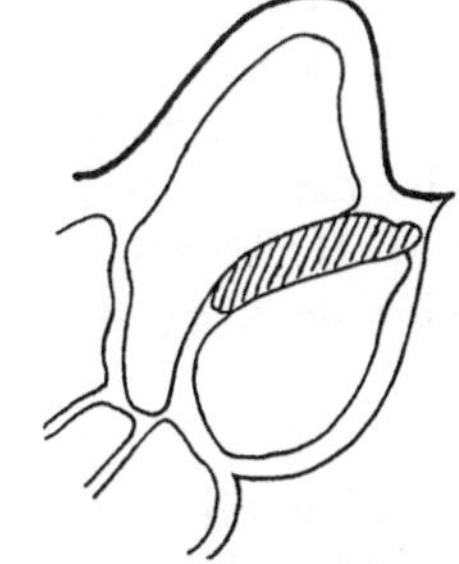

Abb. 111. Ligninplatte in der Schließzelle der Spaltöffnung von *Ginkgo*. (Schematisch; A. FREY 1928)

Verholzung im System erst von den Gefäßkryptogamen an aufwärts (Linsbauer 1899). Die Ligninchemie der Gymnospermen ist etwas einfacher als
jene der phylogenetisch jüngeren Angiospermen (s. S. 169).

Die Lignineinlagerung tritt ontogenetisch und wohl auch phylogenetisch
zuerst in den für die Wasserleitung spezialisierten Hydrocyten und Tracheiden
der Leitbündel auf, deren sekundäre Membranversteifungen (Ringe, Schraubenbänder, Leisten), die ein Kollabieren der vom Plasma befreiten turgorlosen
Zellen verhindern, auffällig verholzen. Die Lignifizierung bewirkt eine Vergrößerung der Druck- und Knickfestigkeit der angelegten Ringe und Spangen, die
dank ihrer cellulosischen Skelettsubstanz zwar eine bedeutende Zugfestigkeit,
aber keine Formfestigkeit besitzen (s. S. 314). Nach der Ligninbildung in den
ersten Leitelementen verfallen das gesamte Wasserleitungssystem und, mit
Ausnahme des Collenchyms und der in gewissen Fällen cellulosisch bleibenden
Bastfasern, alle mechanischen Gewebe der Verholzung. Man kann daher die
Lignineinlagerung als eine Reaktion der Zellwand gegen die Druckkräfte auffassen, die im Laufe der Phylogenie beim Übergang vom Wasser- zum Landleben der Pflanzen aufgetreten sind (Frey 1928). Bei der ontogenetischen Entwicklung spielen allerdings die exogenen Kräfte keine Rolle mehr, da durch die
Vererbung festgelegt ist, welche Zellen verholzen müssen.

Beim sog. Zugholz der Laubhölzer und beim Druckholz der Nadelhölzer
kann der Einfluß der Verholzung auf die Wandfestigkeit vergleichend geprüft
werden. Zugholzfasern bleiben unverholzt (Jaccard 1917), Druckholztracheiden
sind dagegen sehr stark verholzt und werden dabei druckfester (Sonntag 1904).
Clarke (1939) weist nach, daß Hölzer von gleicher Wichte im grünen Zustande
mit zunehmender Verholzung druckfester sind und weniger schwinden. Gegen ältere
Untersuchungen (Schellenberg 1896), nach welchen verholzten Fasern gegenüber unverholzten keine vermehrte Festigkeit zukommt, muß der Einwand
erhoben werden, daß nur die Zugfestigkeit geprüft worden ist, die ausschließlich
durch das Cellulosegerüst der Membran bedingt ist und infolgedessen von der
Verholzung nicht direkt beeinflußt wird.

Das Lignin ist ein typisch sekundärer Pflanzenstoff. Es ist keine lebenswichtige Verbindung. Die Verholzung kann experimentell durch ständiges Hin-
und Herbiegen von Zweigen teilweise unterdrückt werden (Jaccard 1919),
oder sie kann durch Mutation ganz unterbleiben (Gummihanf, Tobler 1940).

Herkunft

Über die chemische Herkunft des Lignins in den jungen, noch unverholzten
Geweben besteht eine Anzahl von Hypothesen, die allerdings nurmehr histori-
sches Interesse besitzen. Es standen sich von jeher zwei Meinungen gegenüber,
von denen die erste recht behalten hat: 1. Die Protoplasten erzeugen in den
verholzenden Zellen niedrigmolekulare Grundstoffe, die in die Zellwand befördert und dort chemisch umgewandelt und zu Lignin kondensiert werden.
Als solche Ausgangsverbindungen wurden in Erwägung gezogen: Pentosen
(Jonas 1921, Odén 1926), Fructose (Wislicenus und Hempel 1934) und andere
Hexosen (Schrauth 1923). Schließlich ist, wenigstens für die Coniferen, der
Coniferylalkohol als Grundbaustein des Lignins zur Diskussion gestellt (Freuden-
berg u. Mitarb. 1929; Klason 1936) und heute als solcher erkannt worden.

2. Das Lignin entsteht durch Umwandlung aus anderen Membranstoffen, die bereits in der Zellwand abgelagert sind. Alle wichtigen Membranbestandteile wie Cellulose (CROSS und BEVAN 1918, S. 178), Pentosane (SCHWALBE und BECKER 1919) und Pektinstoffe (FUCHS 1926, S. 292; GRIFFIOEN 1938) wurden hierfür in Anspruch genommen.

Die Umwandlungshypothese, nach der Kohlenhydrate in das aromatische Lignin verwandelt werden sollen, ist für die Zellwände als unrichtig erkannt worden. Dagegen verdient sie Beachtung im Zusammenhang mit der Humusbildung im Boden. Die Entstehung des Humus wird zur Hauptsache dem in den Boden gelangenden Lignin zugeschrieben, da dieser Zellwandstoff gegenüber enzymatischen Angriffen viel widerstandsfähiger ist als Cellulose, die rasch abgebaut wird (RUSSEL 1936, S. 223; ZETZSCHE 1932c, S. 303). Nach dieser Auffassung müßten auch die Kohlenlager zur Hauptsache aus Lignin hervorgegangen sein, wodurch das Lignin zu einem Naturstoff von zentralem Interesse erhoben würde. Nun können aber unzweifelhaft auch Cellulose und niedermolekulare Kohlenhydrate humifiziert (HILPERT u. Mitarb. 1934/35) und inkohlt werden, wobei Ringschlüsse und Dehydrierungen zu aromatischen Verbindungen führen. Wenn also auch eine Aromatisierung der Cellulose in der lebenden Zelle nicht nachgewiesen werden kann, so kommt sie doch

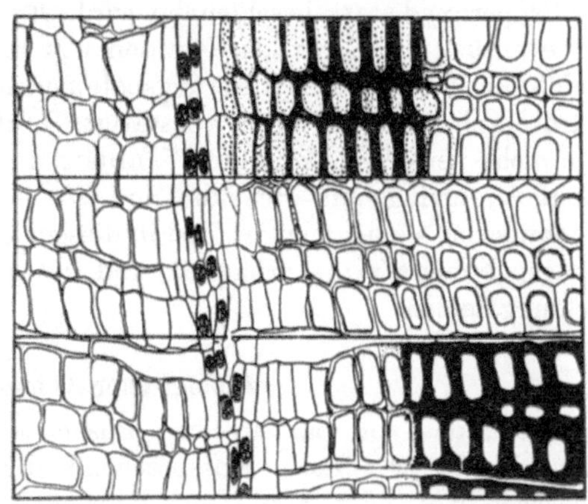

Abb. 112. Ligninbildung im jungen Jahrring (FREUDENBERG u. Mitarb. 1955). Oben: Nachweis der Glucosidase mit Indican. Mitte: unbehandelt. Unten: Nachweis des Lignins mit Phloroglucin/HCl

sicher außerhalb der Pflanze unter geeigneten anaeroben Bedingungen vor.

Durch FREUDENBERG und seine Mitarbeiter (1955) ist die Entstehung des Lignins in der Zellwand abgeklärt worden. Der Cambialsaft der Coniferen enthält ein Glucosid des Coniferylalkohols, das als Coniferin schon lange bekannt ist. Dieses Glucosid wandert in die jungen Zellwände des Xylems und wird dort durch eine β-Glucosidase in Glucose und Coniferylalkohol zerlegt, worauf der Coniferylalkohol durch gleichfalls anwesende Redoxasen zu Lignin kondensiert wird. Der Nachweis der β-Glucosidase kann mit Hilfe des Glucosids Indican erfolgen. Es besteht aus Glucose und Indoxyl, einem farblosen Leukofarbstoff; wenn dieser durch β-Glucosidase freigesetzt wird, verwandelt er sich unter dem Einfluß von Luftsauerstoff alsbald in tiefblaugefärbtes Indigo. Die Indigofärbung zeigt somit die Gegenwart der β-Glucosidase an. Aus dem oberen Streifen der Abb. 112 ist ersichtlich, daß im wachsenden Jahrring eines Coniferentriebes 8—9 Zellreihen des sich verholzenden Gewebes die Glucosidasereaktion aufweisen. Lignin kann in ihren Zellwänden noch nicht festgestellt werden. Erst von der neunten Zellreihe an ist dies mit Hilfe von Phloroglucin/Salzsäure möglich (Abb. 112 unten). Die Ligninbildung setzt in der Mittelschicht der sechsten Zellreihe ein und umfaßt dann von der neunten Zellreihe an die ganze

Wand. Die in den Baum eingeführten radioaktiven Glucoside D-Coniferin und D-Glucovanillin können bei der Ligninsynthese mit verwendet werden.

Aus diesen Versuchen geht hervor, daß die Lignifizierung ein Imprägnierungsprozeß ist. Woher die monomeren Bausteine stammen, die in der Zellwand kondensiert werden, muß noch abgeklärt werden. Vermutlich werden sie wie die Kohlenhydrate und Fette aus sehr niedrigmolekularen, C_2- oder C_3-Verbindungen aufgebaut. Die Glucosidierung verbürgt eine gute Wasserlöslichkeit (FREY-WYSSLING 1942a), die dann in der Zellwand durch Spaltung und Kondensierung der Ligninbausteine aufgehoben wird.

SIEGEL (1953) findet, daß Zellen, die Ligninbausteine zu Lignin kondensieren können, peroxydasehaltig sind, und daß die Ligninbildung mit Wasserstoffsuperoxyd stark beschleunigt wird. Er stellt daher die Frage zur Diskussion, ob eventuell die Peroxydase zu den von FREUDENBERG postulierten Redoxasen gehöre, welche die Dehydrierungspolymerisation bewirken. Der Befund SIEGELs wird durch WARDROP (1957) bestätigt. In den Zugholzfasern der Angiospermen, die nicht verholzen, konnten WARDROP und SCAIFE (1956) auf Schnitten durch Zugholzjahrringe mit Benzidin und Wasserstoffsuperoxyd reichlich Peroxydase nachweisen; sie nehmen an, daß in diesem Gewebe die Enzyme für die Dehydrierungspolymerisation vorhanden sind, während die Monomeren für die Ligninbildung fehlen.

Biologischer Abbau des Holzes

Holz, das von parasitischen Pilzen befallen wird, verfärbt sich entweder dunkel oder weißlich. Entsprechend dieser Verfärbung unterscheidet man zwischen Rot- oder Braunfäule einerseits und Weißfäule andererseits. Bei der Braunfäule wird die Cellulose durch besonders aktive Cellulasen schneller abgebaut als das Lignin, so daß das Holz seine Festigkeit verliert. FALCK (1926) bezeichnet diese Schädigung als destruktive Holzzersetzung. Im Elektronenmikroskop läßt sich nach der Hydrolyse der Cellulose das Ligninskelett der Zellwand abbilden (Abb. 29, S. 34). Ein typischer Braunfäulepilz ist der Hausschwamm *Merulius domesticus*. Mit seiner Hilfe kann das sog. Braunfäule-Lignin (Tabelle 20) gewonnen werden.

Bei der Weißfäule, z. B. durch *Trametes pini* verursacht, werden im allgemeinen Lignin und Cellulose gleichzeitig abgebaut (Simultanfäule), so daß man von korrosiver Holzzersetzung spricht. Es gibt jedoch Ausnahmen, bei denen vorgängig das Lignin und erst später die Cellulose angegriffen wird. Dies ist von H. MEIER (1955) bei der Infektion von Birkenholz mit dem Nadelholzzerstörer *Trametes radiciperda* gefunden worden. Der Ligninabbau geht mit einer starken Aufquellung der Sekundärwand einher. Die Cellulose wird vorübergehend als multilamellare Gerüstsubstanz sichtbar (Abb. 30, S. 34) und verschwindet dann, worauf nur die Tertiärlamelle übrigbleibt (Abb. 23, S. 29).

Als dritte Art des biologischen Holzabbaus ist die Moderfäule zu erwähnen, bei der lokal mikroskopische Gänge und Löcher aus der cellulosereichen Sekundärwand herausgelöst werden (Korrosionsfiguren s. S. 25). Dieser eigenartige Zellwandabbau wird durch Ascomyceten aus den Gattungen *Chaetomium* und *Trichurus* verursacht (FINDLAY und SAVORY 1954). Während *Merulius* die

Cellulose der Sekundärwand vom Wuchsort der Hyphen unter der Tertiärlamelle aus (Abb. 29, S. 34) auf Abstand aufzulösen vermag, so daß also die Cellulase als nach außen ausgeschiedenes frei diffusionsfähiges Exoenzym wirkt, scheint bei *Chaetomium* ein Kontakt der Pilzoberfläche mit den Mikrofibrillen der Cellulose, die hydrolysiert werden, notwendig zu sein.

b) Kernholz-Stoffe

Bei vielen Baumarten erscheint der Kern des Stammes gegenüber dem Splint dunkel gefärbt. Die Kernholz-Stoffe, welche diese Färbung bewirken, werden teils den Gerbstoffen und teils den Farbstoffen zugewiesen. Chemisch sind jedoch die meisten von ihnen untereinander verwandt, so daß sie in eine Gruppe zusammengefaßt werden können.

Chemismus

Ähnlich wie beim Lignin handelt es sich bei den Kernholz-Stoffen um Phenole, bei deren Aufbau jedoch, im Gegensatz zum Grundbaustein des Lignins, zwei aromatische Ringe beteiligt sind. Diese werden durch Kohlenstoffbrücken aneinandergekettet. Am wichtigsten ist das Gerüst des Catechins (XXXVIII). Hier sind die beiden Phenolringe durch eine Propankette miteinander verbunden, und durch eine Sauerstoffbrücke wird ein dritter Ring gebildet, der indessen im Gegensatz zu den beiden anderen gesättigt und heterocyclisch ist (Flavangerüst). Die Ringe tragen vier phenolische und eine sekundäre Alkoholgruppe.

XXXVIII
Catechin (Tetraoxyflavanol)

Das Catechin weist zwei asymmetrische C-Atome auf. Es gibt daher vier Stereoisomere dieser Verbindung, die alle in der Natur vorkommen (O. Th. Schmidt 1955). Durch Polymerisation des Catechins entstehen die als Gerbstoffrot oder Phlobaphene bekannten (Stähelin und Hofstetter 1844) rotbraunen Pigmente des Kernholzes, des Rotholzes und der Borke der Coniferen. Da die Phlobaphene völlig unlöslich sind, konnte die Art und Weise, wie die Kondensation der Catechinmoleküle erfolgt, bis heute nicht abgeklärt werden.

Neben solchen unlöslichen Farbstoffen kommen lösliche Kernholzphenole vor, die aus dem Farbkern extrahiert werden können. Bei ihnen sind die beiden Phenolringe durch ein, zwei, drei (XXXIX bis XLIV) oder beim Hämatoxylin (XLV) sogar durch vier (Isobutan) Kohlenstoffatome miteinander verknüpft. Bei der Zweierbrücke kann es sich um eine ungesättigte (Stilbengerüst) oder um eine gesättigte Bindung (Dihydrostilbengerüst) handeln. Die Kernholzphenole mit Dreierbrücken sind nah mit dem Catechingerbstoff verwandt; doch ist bei ihnen eine CH_2-Gruppe durch eine Ketogruppe ersetzt und es tritt eine Doppelbindung auf (Flavongerüst), die jedoch auch gesättigt sein kann (Dihydroflavon-

oder Flavanongerüst). Ferner kann bei verschiedenen dieser Verbindungen wie beim Grundkörper des Lignins eine Phenolgruppe methyliert erscheinen (Pinosylvinmonomethyläther, Chrysinmonomethyläther = Tectochrysin, Pinocembrinmonomethyläther = Pinostrobin).

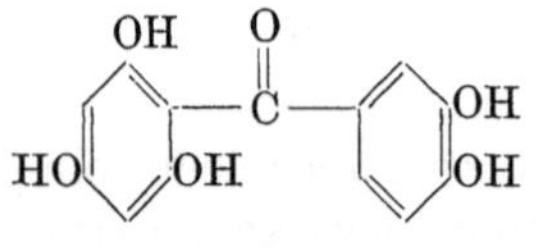

XXXIX
Maclurin
(Pentaoxybenzophenon)
C_{13}-Gerüst

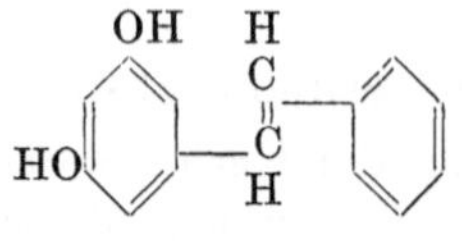

XL
Pinosylvin
(Dioxystilben)
C_{14}-Gerüst

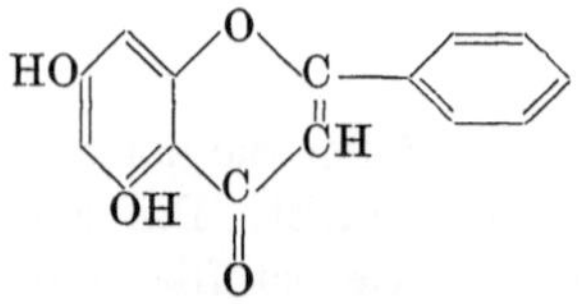

XLI
Chrysin
(Dioxyflavon)
C_{15}-Gerüst

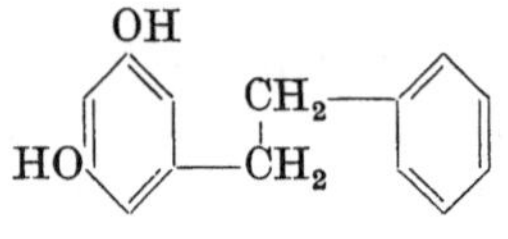

XLII
Dihydropinosylvin

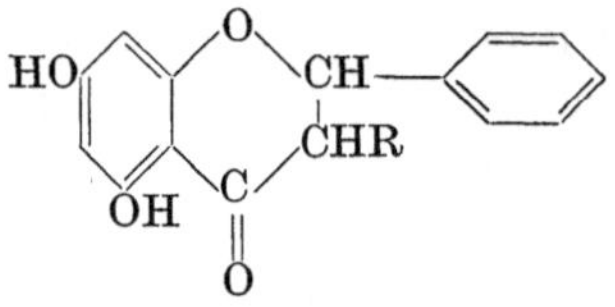

XLIII Pinocembrin (R = H)
XLIV Pinobanksin (R = OH)

Maclurin (XXXIX) kommt neben dem mit dem Catechin verwandten ehemaligen Textilfarbstoff Morin (Tetraoxy-Flavonol) im Gelbholz *(Chlorophora tinctoria)* vor. Die übrigen aufgeführten Verbindungen stammen aus dem Kernholz verschiedener Kieferarten (ERDTMAN 1949). Diese Kiefernkernholz-Stoffe sind nur am einen Phenylring mit Phenolgruppen ausgestattet, was einen Einfluß auf die Löslichkeit ausübt. Ferner hat sich gezeigt, daß die meisten zweinadeligen Kiefern (Unterfamilie Diploxylon) Pinosylvin, Pinocembrin und Pinobanksin enthalten, während die fünfnadeligen Kiefern (Unterfamilie Haploxylon) zusätzlich noch Dihydropinosylvin und Chrysin aufweisen. ERDTMAN (1953) nimmt an, daß diese Kiefern über ein Redoxsystem verfügen, das einen Teil des gebildeten Pinosylvins auf Kosten von Pinocembrin zu hydrieren vermag (vgl. XL → XLII und XLIII → XLI).

Die wertvollen Kernholz-Stoffe Hämatoxylin (XLV) und Brasilin (XLVI) werden aus dem Farbkern südamerikanischer Caesalpiniaceen extrahiert. Es

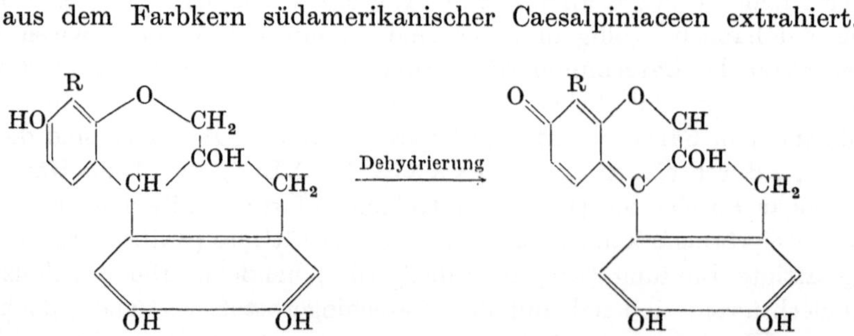

Dehydrierung

XLV Hämatoxylin (R = OH)
XLVI Brasilin (R = H)

XLVII Hämatein (R = OH)
XLVIII Brasilein (R = H)

handelt sich um farblose Phenolverbindungen, die unter dem Einfluß von Oxydationsmitteln zu dem prachtvollen blauschwarzen Hämatein oder dem roten Brasilein dehydriert werden. Der Entzug von zwei Wasserstoffatomen führt zu einer chinoiden Struktur mit einem System durchgehender konjugierter Doppelbindungen, das die tiefe Färbung bewirkt.

Mikrochemische Reaktionen. Als Phenole bilden die Kernholz-Stoffe mit Schwermetallionen dunkle Salze. Die mit ihnen inkrustierten Zellwände schwärzen sich daher beim Kontakt mit Eisen oder durch Lösungen von Eisensulfat, Ferrichlorid, Kupferacetat usw. Im Gegensatz zum Splintholz färbt sich das Kernholz mit solchen Reagentien meist dunkel.

Die gerbende, eiweißfällende Wirkung dieser Stoffe ist, verglichen mit jener von Gallotanninen, gering.

Vorkommen

Nicht nur in den Zellwänden der Hölzer, sondern auch in den Zellmembranen der Moose kommen Gerbstoffe vor. So isolierte CZAPEK (1899b) aus verschiedenen Moosen zwei phenolartige Zellwandstoffe, die er als Sphagnol (*Sphagnum* spec. div., *Trichocolea Tomentella*) und Dicranumsäure (*Dicranum* spec. div., *Gottschea* spec. div., *Mastigobryum trilobatum, Leucobryum glaucum*) beschrieben hat. Nach BÜNNING (1927) kommt nicht nur Sphagnol, sondern auch Dicranumsäure in den Zellwänden der Sphagnaceen vor. Auf die postmortale Gerbstoffspeicherung in den Zellwänden von Algen *(Spirogyra, Closterium)* und Farnprothallien (BRAUNER 1933) ist bereits hingewiesen worden (S. 44).

Einer genaueren Untersuchung sind jedoch bisher nur die gerbstoffartigen Inkrusten der Kernhölzer unterzogen worden, weil ihnen eine große praktische Bedeutung zukommt. Nach ERDTMAN (1939) behindern die eingelagerten

Tabelle 21. *Verbreitung spezifischer Kernholz-Stoffe.* [Nach WIESNER (1927, S. 288, 810), WEHMER und HARDERS (1932, S. 407) und ERDTMAN (1953)]

a) Gerbstoffe der Ellagsäuregruppe	*Castanea vesca,* Kastanienholz *Quercus* spec. div., Eichenholz }	Fagaceen
	Schinopsis Lorentzii *Schinopsis Balansae* } Quebrachoholz	Anacardiaceen
b) Catechine	*Acacia Catechu* *Acacia* spec. div. } Gerberakazien	Mimosaceen
	Swietenia Mahagoni, Mahagoniholz	Meliaceen
	Anacardium occidentale *Semecarpus Anacardium* } Tintenbaum	Anacardiaceen
c) Maclurin	*Chlorophora tinctoria,* Gelbholz	Moraceen
d) Hämatoxylin . . .	*Haematoxylon campechianum,* Blauholz	
e) Brasilin	*Caesalpinia brasiliensis,* Brasilienholz *Caesalpinia echinata,* Fernambukholz *Caesalpinia sappan,* Sappanholz *Caesalpinia* spec. div., Rotholz	Caesalpiniaceen
f) Pinosylvin Pinocembrin Pinobanksin	*Pinus* spec. div, (fast alle Arten.	
g) Dihydropinosylvin Chrysin	*Pinus* spec. div. (nur Arten der Unterfamilie Haploxylon)	Kiefern-kernholz Pinaceen

12*

Phenole den Sulfitaufschluß des Kiefernholzes; andererseits ist Pinosylvin ein
so starkes Gift für Bakterien, Pilze und Insekten, daß es wesentlich zur Konser-
vierung der Coniferenkernhölzer beiträgt (ERDTMAN 1953).

Biologisch von besonderer Bedeutung ist die große Mannigfaltigkeit der
Kernholz-Stoffe. Im Gegensatz zu den Gerüstsubstanzen, die im gesamten
Reiche der höheren Pflanzen die gleichen sind, findet man bei den Farbkern-
phenolen zahlreiche familien- oder sogar gattungsspezifische Verbindungen.
In Tabelle 21 ist die Quelle einer Anzahl dieser Stoffe verzeichnet, wobei offen-
gelassen werden muß, inwieweit sie auch bei verwandten Gattungen oder in
anderen Familien auftreten.

Bei den sog. Gerbhölzern (Kastanie, Quebracho, Catechu) stammt wohl
der größere Teil des Gerbstoffextraktes nicht aus den Zellwänden, sondern aus
dem Zellinhalt; denn wenn 13—14% des Kastanienholzes oder sogar 19—20%
des Quebrachoholzes aus Gerbstoffen bestehen (WIESNER 1927, S. 842), so kann
es sich kaum nur um Zellwandinkrusten handeln. Diese Feststellung leitet zur
Frage der Herkunft der Kernholzfarbstoffe über.

Herkunft

Es gibt viele Hölzer, die unter dem Einfluß des Luftsauerstoffes Farbstoffe
bilden, wie z. B. frisch gefällte Erlen oder Prunusarten; oder es kann beim
fakultativen Farbkern der Esche und der Buche nachgewiesen werden, daß
vorhandene farblose Kernholz-Stoffe durch Sauerstoff zu braunen Farbstoffen
oxydiert werden (BOSSHARD 1953, 1955). In beiden Fällen erscheinen nicht die
Zellwände des gesamten Holzgewebes, sondern nur die Zellinhalte der Markstrahlen und Holzparenchymzellen gefärbt. Diese Tatsache berechtigt zur
Annahme, daß derartige Vorläufer der gefärbten Kernholz-Stoffe postmortal
aus den Zellen des Strahlen- und Strangparenchyms auswandern und in den
Wänden der umliegenden Zellen adsorbiert und teilweise zu unlöslichen Verbindungen (Phlobaphene) kondensiert werden.

Es ist bezeichnend, daß in den Zellwänden nur schwerlösliche kondensierte
Gerbstoffe (Ellagsäure LI, Catechin XXXVIII) auftreten, während in den
Vacuolen lebender Zellen zellsaftlösliche und hydrolysierbare Depside (L) und
Glucoside der Gallussäure (LII) vorkommen. Man darf annehmen, daß lösliche
Vorstufen der Kernholz-Stoffe durch die Markstrahlen ins Gebiet des Kernholzes einwandern und von den absterbenden Parenchymzellen freigegeben
werden, nachdem diese vorgängig die umliegenden Zellwände mit den entsprechenden Oxydasen imprägniert haben. Bei einem Unterbruch der Markstrahlen (Windrisse) sind dann wohl die nötigen Fermente vorhanden, aber es
fehlt das Substrat für die Verkernung (Abb. 37, S. 44).

Damit drängt sich ein Vergleich mit der Verholzung auf. Der Grundkörper
des Lignins wird als C_9-Glucosid im Cambialsaft synthetisiert, gelangt dann in
einiger Entfernung vom Cambium in die Zellwände und wird dort durch die
vorhandene β-Glucosidase freigesetzt und zu Lignin kondensiert. Bei der Verkernung scheint sich ein analoger Prozeß zu wiederholen. In beiden Fällen liegen
aromatische Phenole vor. Während jedoch bei der Ligninbildung C_9-Körper
untereinander kondensieren, findet bei den Kernholz-Stoffen nach ERDTMAN
(1953) eine Vereinigung von C_9-Phenolen mit C_6-Phenolen statt, woraus flava-

noide Verbindungen vom Typus C_{15} resultieren. In Analogie kann man sich durch Veränderung der Länge der aliphatischen Seitenkette, die bei den C_9-Phenolen einen Propylrest vorstellt, die C_{13}-, C_{14}- und C_{16}-Verbindungen der

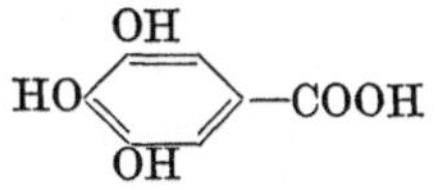

HO—⟨⟩—COOH (OH, OH)

XLIX
Gallussäure
(Trioxybenzoesäure)

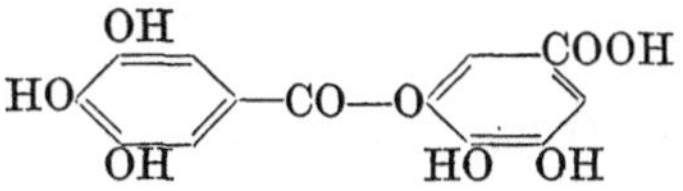

HO—⟨⟩—CO—O—⟨⟩—COOH

L
m-Digallussäure
(Di-Depsid)

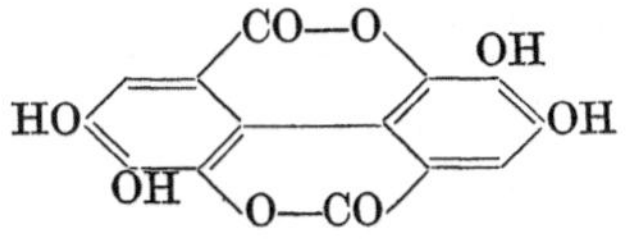

Ellagsäure-Struktur

LI
Ellagsäure
= 2 kondensierte Gallussäuremoleküle
(Hexaoxy-Diphensäure-Anhydrid)

Glucose-[O-Digallussäure]$_5$

LII
Gallotannin
(Galloyl-Glucosid)

Formeln XXXIX, XL und XLV entstanden denken. In besonderen Fällen tritt, wiederum in Analogie zum Lignin, eine Methylierung der Ausgangsphenole auf.

Es ist unwahrscheinlich, daß die Kondensation nur zu den bekannten C_{13}-, C_{14}-, C_{15}- und C_{16}-Verbindungen führt. Man darf sich vorstellen, daß gleichzeitig höher molekulare Kondensationsprodukte entstehen, deren Konstitution wegen ihrer Unlöslichkeit nicht aufgeklärt werden kann.

c) Phytomelane

Die in den Pflanzen auftretenden schwarzen Pigmente zerfallen in zwei Gruppen: erstens die *Melanine*, die durch Oxydation von Tyrosin, Dopa und Indolderivaten entstehen und daher über 8% Stickstoff enthalten (THOMAS 1955), und zweitens die stickstofffreien *Phytomelane*. Die Melanine kommen in der Zellwand nicht vor, während die Phytomelane nach HANAUSEK (1907) Membranstoffe vorstellen. Obschon sich diese Meinung als irrig herausgestellt hat (s. unten), sollen die Phytomelane hier kurz besprochen werden.

Chemismus

Die Phytomelane können relativ leicht aus den schwarzgefärbten Achänen oder Involukralblättern der Körbchenblütler isoliert werden, da sie nach Auflösung des Gewebes äußerlich unverändert übrigbleiben. Zur Zerstörung der Zellinhalts- und Zellwandstoffe wird das Schwefelsäure/Chromsäure-Gemisch von WIESNER verwendet (4 Volumteile H_2SO_4 conc. + 1 Volumteil gesättigte CrO_3-Lösung). Das Phytomelan bleibt bei dieser Behandlung als schwarze humus- oder kohlenartige Masse übrig. Diese ist zwar nicht völlig unlöslich, denn sie gibt Bestandteile an kochende Kalilauge ab und wird durch Jodwasserstoffsäure angegriffen; auch ist bei lang andauernder Behandlung mit dem Gemisch von WIESNER ein Gewichtsverlust von 6% festzustellen (DAFERT und MIKLAUZ 1912).

Die Elementaranalyse weist einen sehr hohen Kohlenstoffgehalt aus (Tabelle 22) und ein Verhältnis 2:1 von Wasserstoff zu Sauerstoff, so daß sich die Pauschalzusammensetzung $C_x(H_2O)_y$ ergibt (DAFERT 1932, DE VRIES 1948). Weiter in den Chemismus dieser Verbindung einzudringen, war bisher unmöglich.

Die festgestellte Zusammensetzung deutet darauf hin, daß das Phytomelan durch Entwässerung von Kohlenhydraten entsteht, denn eine Humifizierung von Lignin müßte zu sauerstoffärmeren Verbindungen führen (s. Tabelle 22).

Tabelle 22. *Kohlenstoffgehalt von Cellulose, Lignin und Phytomelan*

	C	H	O	Pauschal-zusammensetzung	Autor
Cellulose . . .	44,40	6,20	49,40	$C_6H_{10}O_5$	DAFERT (1932, S. 291)
Lignin	66—67	6,1	27—28	$C_{10}H_{10}O_3$	FREUDENBERG und DÜRR (1932, S. 129)
Phytomelan von *Tagetes* .	71,76	3,40	24,85	etwa $C_{18}H_{10}O_5$	DAFERT (1932, S. 291)

Vorkommen und Herkunft

Phytomelane kommen in den schwarzen Involukralblättern und vor allem im Perikarp der Compositen vor. HANAUSEK (1907) hat sie in den Früchten von 98 Compositengattungen nachgewiesen. Nach seinen Beobachtungen geht in den Achänen die Entstehung von der Mittelschicht der Zellwand zwischen der als Hypodermis ausgebildeten Rinde und dem Sklerenchym der Leitbündelkappen aus. Nach und nach bilden sich dicke intercellulare Platten von Phytomelan, die sich als „Kohleschichten" zwischen Rinde und Zentralzylinder einschieben. Wie M. A. DE VRIES (1948) nachwies, handelt es sich jedoch nicht um eine Umwandlung von Membranstoffen, sondern es bilden sich Intercellularspalten, in welche vom hypodermalen Gewebe aus eine dunkle, zähe Flüssigkeit in Form von Tröpfchen ausgeschieden wird. Da die Phytomelanbildung in abgeschnittenen Blüten durch Zufuhr von Glucose oder Fructose in Knop-Nährlösung stimuliert werden konnte, darf man annehmen, es handle sich um eine Art Caramellösung (Anfangsstadium einer Zuckerhumifizierung durch Wasserentzug). Schließlich erstarren die schwarzen Huminmassen; ihre Oberfläche weist Gewebeabdrücke der Hypodermzellen und der Sklerenchymfasern auf (DE VRIES 1948). Das hypodermale Rindengewebe bleibt zu Beginn der Phytomelanbildung durch Markstrahlen mit dem Zentralzylinder verbunden, so daß offenbar die Möglichkeit einer Zufuhr zusätzlicher Zucker vorhanden ist, wenn die Assimilate der ursprünglich grünen Achänen verbraucht sind (Abb. 113). In den Involukralblättern von *Zinnia* tritt das Phytomelan als Zellinhaltskörper auf (POLITIS 1957).

Solange der Chemismus der schwarzen Compositenpigmente nicht besser abgeklärt ist, werden auch andere stickstofffreie schwarze Pigmente zu den Phytomelanen gerechnet wie die schwarzen Farbstoffe gewisser Flechten (SENFT 1913) oder des Ebenholzes (GRIFFIOEN 1934); auch der schwarze Japanlack wird dazu gezählt (THOMAS 1955, S. 662). Beim Ebenholz (Diospyros spec.) befindet sich der Farbstoff nicht in der Zellwand, sondern wie beim fakultativen

Eschenkern im Zellumen, und Griffioen (1934) konnte wahrscheinlich machen, daß dieser Huminstoff durch Entwässerung von Lignin entsteht. Vom Japanlack ist bekannt, daß er aus stickstofffreien Phenolen unter Einwirkung des Fermentes Laccase gebildet wird. Die stickstofffreien schwarzen Pflanzenpigmente können also aus ganz verschiedenen Ausgangsstoffen hervorgehen.

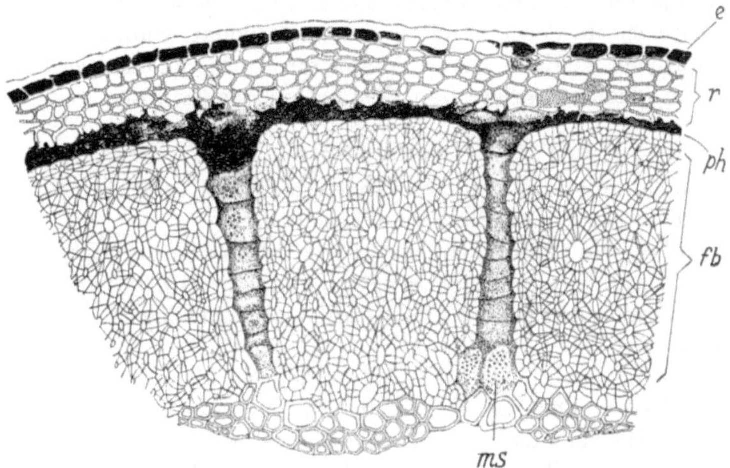

Abb. 113. Melaninbildung im Samen der Sonnenblume *(Helianthus annuus)* (nach De Vries 1948). *e* Epidermis; *r* Rinde; *ph* Phytomelan; *fb* Faserbündel; *ms* Markstrahl

d) Mineralstoffe

Wie die Spodogramme zeigen, ist der größte Teil der pflanzlichen Mineralstoffe in die Zellwände eingelagert. Dies folgt auch daraus, daß die plasmareichen Meristeme mit etwa 2% Aschegehalt gegenüber ausgewachsenen und alternden Geweben mit ausdifferenzierten Zellwänden eher aschenarm sind. So enthalten junge Blätter durchschnittlich 5%, alte Blätter dagegen 15% Asche (Humphries 1956). Bei Xerophyten mit immergrünen Blättern können die Epidermis und deren Anhänge so reich an Mineralstoffen sein, daß sie direkt einen versteinerten Eindruck machen. Sehr aschereich sind auch die Baumrinden (bis 20%), während das Holz durchschnittlich nur 5% Asche enthält. Da das Plasma aus dem Reifholz zurückgezogen wird, was in dessen sehr niedrigem Stickstoffgehalt zum Ausdruck kommt, geben Aschenanalysen des Holzes einen Einblick in die Zusammensetzung der mineralischen Zellwandinkrusten.

Tabelle 23. *Variationsbreite des mittleren Gehaltes der Mineralbestandteile in der carbonathaltigen Rohasche verschiedener Hölzer.* (Wolff 1871, Bd. 1, 117—128, Bd. 2, 68—105, 158)

	Gew.-%		Gew.-%
K_2O	10—25	Al_2O_3	1— 8
Na_2O	1— 5	SiO_2	1—45
CaO	20—75	SO_3	1— 5
MgO	5—15	P_2O_5	2—10
MnO	1—18	CO_2	15—20
Fe_2O_3	1— 5		

Wie Tabelle 23 zeigt, schwankt die Menge der verschiedenen mineralischen Komponenten in Holz-Rohaschen derartig, daß die Zusammensetzung als mehr oder weniger zufällig betrachtet werden muß. Nur wenige Gesetzmäßigkeiten können aus ihr abgelesen werden. Solche sind die Feststellungen, daß Calcium-

und Kalisalze offenbar die wichtigsten allgemein verbreiteten Aschebestandteile der Zellwand vorstellen, und daß Kalk und Kieselsäure ungewöhnlich stark
angehäuft werden können. Interessant ist auch die Möglichkeit der Anreicherung von Mangan und Eisen, trotz dem geringen Angebot im Boden. Der hohe
Kohlensäuregehalt, den Tabelle 23 ausweist, rührt davon her, daß in der Rohasche die Alkali- und Erdalkalimetalle zur Hauptsache als Carbonate vorliegen.

Das Kalium ist in Form löslicher Salze (Carbonat, Sulfat) vorhanden, die
leicht ausgewaschen werden. Die in Wasser schwer bis unlöslichen Mineralstoffe
stellen dagegen einen integrierenden Bestandteil der Zellwand vor.

Calciumsalze

Das Calcium kommt in den Zellwänden in Form verschiedener Salze vor,
von denen die folgenden erwähnt werden sollen.

Calciumpektat. Man nimmt an, daß die Pektinstoffe der Mittelschicht zum
Teil in Form von Calciumsalzen vorliegen. MOLISCH (1923) hat mit Schwefelsäure dieses Calcium als kleine in die Mittellamelle eingelagerte Gipskriställchen
nachweisen können.

Calciumcarbonat kommt in den Zellwänden der Haare zahlreicher Cucurbitaceen, Cruciferen, Boraginaceen sowie im Perikarp von *Celtis* und *Lithospermum* vor. Wie bei den Cystolithen (s. S. 48) kann unter dem Mikroskop
durch Zuführung von Salzsäure zu solchen Präparaten gelegentlich Kohlensäureentwicklung beobachtet werden. Auch sonst stimmen diese Kalkeinlagerungen mit jenen der Cystolithen überein und sind physiologisch gleichzudeuten.
Oft erscheinen nicht nur die Zellwände mineralisiert, sondern auch das Zell-
Lumen funktionslos gewordener Zellen wird mit Calciumcarbonat angefüllt,
wie dies in kalkreichen Hölzern beobachtet werden kann (MOLISCH 1923, S. 53).

Bei Algen sind Calciumcarbonateinlagerungen in die Zellwände sehr häufig,
besonders mächtig bei Siphonalen, Siphonocladialen und manchen Florideen
(Corallinaceen). MEIGEN (1902) folgerte aus der beim Kochen der zerriebenen
Kalkkrusten mit verdünntem Cobaltonitrat auftretenden Färbung, daß bei
Halimeda, Acetabularia u. a. Aragonit auftrete, während die Rhodophyceen
Lithophyllum, Lithothamnium und *Corallina* Kalkspat einlagern. Die etwas
unsichere Farbreaktion nach MEIGEN zur Unterscheidung von Aragonit und
Calcit kann heute mit sicherem Erfolg durch die Röntgenanalyse ersetzt werden,
sofern submikrokristalline Calciumcarbonateinlagerungen vorliegen (BRANDEN
BERGER und SCHINZ 1944). Neben Calciumcarbonat kommt häufig Magnesiumcarbonat in ansehnlichen Mengen vor (HÖGBOM 1894).

Calciumphosphat. Der hohe Phosphorsäuregehalt gewisser Hölzer (Tabelle 23)
ist auf Inkrustation mit Calciumphosphat zurückzuführen. Beim Teakholz
(Tectona grandis) kann er bis 29,6% der Reinasche erreichen (THOMS 1879).
Wieviel von diesem Calciumphosphat in die Zellwände eingelagert ist, entzieht
sich unserer Kenntnis. Jedenfalls ist die Hauptmasse in Form von Konkretionen
in den Zellumina enthalten. Im Holz alter Teakbäume können die mineralischen
Einlagerungen oft sogar makroskopisch als kreideartige Ausfüllungen von Poren
und Spalten erkannt werden.

Calciumoxalat. Über die Einlagerung dieses Salzes in die Zellwände, das
stets in Form mikroskopisch sichtbarer Kriställchen auftritt, siehe S. 51.

Bariumsulfat

Mit Hilfe der Röntgenanalyse konnte in Zellwandpräparaten von *Spirogyra* (NICOLAI, mündl. Mitt.) und von verschiedenen Pilzen (*Saccharomyces*, *Mucor* u. a.; R. FREY 1950) kristallisiertes Bariumsulfat nachgewiesen werden. In frisch getrockneten Mycelien wurde jedoch kein Barium gefunden, während in getrockneten *Spirogyra*-Fäden 0,2—0,4% Bariumsulfat vorhanden ist, das indessen mehr im Zell-Lumen als in den Zellwänden angehäuft scheint. Bei den Pilzmycelien liegt offenbar, als Folge der für die Chitingewinnung notwendigen Extraktion mit starker Natronlauge in Gefäßen aus bariumhaltigem Glas, eine nachträgliche Verunreinigung vor (KREGER 1957b).

Kieselsäure

Die Verkieselung der Zellwände ist für gewisse Pflanzenklassen wie die Diatomeen und die Equisetaceen mit bis 70% SiO_2 der Reinasche kennzeichnend. Bei den Phanerogamen werden häufig die Zellwände bestimmter Zellen besonders stark verkieselt (Kieselkurzzellen der Gramineen; GROB 1896, WERNER 1928), oder es treten Membranverdickungen der Epidermis (Cyperaceen; ZIMMERMANN 1893, RIKLI 1895), der Endodermis (Andropogeen, Abb. 47e; BORISSOW 1924—1928) sowie rudimentärer Haare auf (Campanulaceen; HEINRICHER 1885), die mit Kieselsäure inkrustiert werden. Im allgemeinen sind die Epidermisanhänge (Haare) und die Außenseite der Epidermen am stärksten verkieselt. Es besteht daher unzweifelhaft ein Zusammenhang zwischen cuticularer Rekretion und der Verkieselung der peripheren Gewebe.

Die Zusammenstellung der Pflanzen, die stark verkieseln (NETOLITZKY 1929), zeigt, daß es sich vornehmlich um Bewohner warmer Zonen handelt. Es darf daher eine Beziehung zum Angebot an gelöster Kieselsäure im Boden, das mit steigender Temperatur stark zunimmt, angenommen werden (FREY-WYSSLING 1930b). In den gemäßigten Zonen sind es vor allem Sumpfpflanzen, deren Membranen stark verkieseln (Equisetaceen, Cyperaceen, *Phragmites*).

Über die Modifikation der Kieselsäure in der Zellwand ist recht wenig bekannt. Sie scheint amorph eingelagert zu sein. Kieselsäureskelette stark verkieselter Zellwände (z. B. Härchen der Gerstengrannen) zeigen daher keine Eigendoppelbrechung, und Röntgenaufnahmen liefern keine Interferenzen kristalliner Kieselsäure. Eine auffallende Ausnahme hiervon bilden die verkieselten Membranprotuberanzen der Süßwassergrünalge *Chlorochytridion tuberculatum* Vischer (HARDER und KOCH 1954), die röntgenographisch nachweisbaren Quarz in Form submikroskopischer Kriställchen enthalten (BRANDENBERGER und FREY-WYSSLING 1947). Dies ist eine bemerkenswerte Feststellung, weil sonst bei Kristallisationsversuchen mit Kieselsäure unter Bedingungen, wie sie im Milieu von Süßwasseralgen vorliegen, in vitro kein mikrokristalliner Quarz erhalten werden kann.

Die Zellwand-Kieselsäure ist in heißem Wasser weitgehend löslich. ENGEL (1953) vermochte aus Roggenhalmen 82% der vorhandenen Kieselsäure mit heißem Wasser und Methanol zu extrahieren. Der Extrakt enthielt eine Galaktose-Kieselsäure-Verbindung im molekularen Verhältnis 1:2. Diese Verbindung konnte auch durch Elektrodialyse gewonnen werden. Die Kieselsäure geht daher offenbar Bindungen mit organischen Zellwandstoffen ein. Auch die

Diatomeenkieselsäure ist wasserlöslich, namentlich bei alkalischer Reaktion. Eine Wasserextraktion von *Thalassiosira nana* läßt bei p_H 8 nur 5% der Kieselsäure in den Schalen zurück; bei p_H 10 wird diese ganz aufgelöst, während in *Nitzschia linearis* 20% der Kieselsäure zurückbleiben. Die Bindungen zwischen Kieselsäure und organischen Stoffen verhalten sich also bei verschiedenen Objekten hinsichtlich ihrer Hydrolysierbarkeit unterschiedlich (JØRGENSEN 1955). Die Aufnahme gelöster Kieselsäure aus dem Nährsubstrat erfolgt bei den Diatomeen mit bemerkenswerter Geschwindigkeit; allerdings nur bis die Konzentration im Außenmilieu auf 30—40 µg/l gesunken ist. Dann hört die Kieselsäureresorption auf. Trotzdem vermehren sich die Kieselalgen weiter, so daß Diatomeenschalen mit vermindertem Kieselsäuregehalt entstehen (JØRGENSEN 1953).

Der *Nachweis* von Kieselsäure im Spodogramm erfolgt mit Flußsäure, die mit etwas Natriumchlorid versetzt ist. Es entstehen dann hexagonale Prismen, Pyramiden, Rosetten und sechsstrahlige Sterne aus Natriumfluorsilicat (HAUSHOFER 1885). Gelingt es, durch Behandlung mit Salzsäure die Kieselsäure in einen gelatinösen Zustand überzuführen, so zeigt sich eine ausgesprochene Affinität zu basischen Farbstoffen wie Fuchsin und Malachitgrün; Kieselasche und Kieselgur besitzen jedoch kein Speichervermögen für diese Farbstoffe (MOLISCH 1923, S. 75). Nach KÜSTER (1897a, b) können verkieselnde Zellwände erkannt werden, wenn man die Schnitte mit geschmolzenem Phenol aufhellt; während die unverkieselten Membranen im mikroskopischen Bilde bis zur Unkenntlichkeit verschwinden, bleiben die für das Phenol undurchlässigen verkieselten Zellwände sichtbar und fallen durch einen eigenartigen rötlichen oder bläulichen Glanz auf.

Da der Kieselsäuregehalt in der Asche tropischer Hölzer oft recht beträchtlich ist, wird fälschlicherweise vermutet, die große Härte jener Holzarten sei ihren mineralischen Inkrusten zuzuschreiben. Man hat daher versucht, solche Hölzer durch Einlegen in Flußsäure aufzuweichen, um sie besser schneiden zu können. Dieses Verfahren führt jedoch nicht zum Ziel, da die tropischen Eisenhölzer ihre große Härte nicht der vorhandenen Kieselsäure, sondern ihrer massiven Lignineinlagerung verdanken.

Eisen und Mangan

Die Eisenbakterien enthalten in ihrer gallertartigen Scheide reichlich Eisenhydroxyd (MOLISCH 1910), und die Zellwände verschiedener Flagellaten und Algen (*Conferva*-Arten, *Closterium*-Arten) führen ansehnliche Eisenmengen (GICKLHORN 1920), die mit gelbem Blutlaugensalz und Salzsäure als Berliner Blau $Fe_4[Fe(CN)_6]_3$ nachweisbar sind. Bei den Closterien zeigt die Zellwand mit diesem Reagens oft stärker gefärbte Querlinien. Häufig überzieht das Eisen die Membranen als Oxydhydrat in Form gelblicher bis rostroter Körnchen, die bei *Oedogonium*- und *Cladophora*-Arten stellenweise eine zusammenhängende Kruste bilden können (MOLISCH 1892). Die Eisenspeicherung ist kein lebensnotwendiger Vorgang, denn es ist MOLISCH gelungen, eisenfreie farblose Kulturen des Eisenbacteriums *Leptothrix* zu gewinnen.

Wie man sich die Entstehung solcher Metalloxyd-Inkrustierungen in den Zellwänden vorzustellen hat, läßt sich am besten am Beispiel der ebenso auffälligen *Manganeinlagerungen* zeigen, die eingehend untersucht worden sind (Molisch 1909, Küster 1923, Perusek 1919, Gicklhorn 1927, Schönleber 1937). Die Manganinkrustation ist wie die Eiseneinlagerung eine fakultative Erscheinung. Sie ist bis jetzt nur bei Wasserpflanzen, und zwar nur dann, wenn man ihnen in mangan- und bicarbonathaltiger Kulturlösung Gelegenheit zu kräftiger Assimilation bietet, beobachtet worden. Bei der Assimilation nehmen die Blätter der Wasserpflanzen auf ihrer Unterseite Calciumbicarbonat auf und geben auf der Blattoberseite Calciumhydroxyd ab (Arens 1936). Dadurch wird das Kulturmilieu alkalinisiert, und es bilden sich Niederschläge, die die Blattoberseite in Form von Krusten überziehen. Meistens bestehen diese Krustenüberzüge aus Calciumcarbonat (*Potamogetum*-Arten usw.); aber wenn das Kulturmilieu gelöste Eisen- oder Mangansalze enthält, kann eine „Vererzung" der Zellwände auftreten. Es entstehen kolloide Metallhydroxydsuspensoide, deren positiv geladene Teilchen in der Zellwand von ortsfesten Anionen (z. B. Pektinstoffe) adsorptiv gebunden werden. Bei *Helodea canadensis* erfolgt die Ablagerung in den Kuppen der Zellwände auf der Blattoberseite in Form von Ringen, deren Bildung von Gicklhorn (1927) durch die Diffusionsströmung der herbei- und wegdiffundierenden Reaktionsprodukte erklärt wird. Die Manganeinlagerung verrät sich durch eine dunkelbraune Membranfärbung (Strugger 1935); ein besonderer mikrochemischer Nachweis ist daher nicht notwendig. Er wäre übrigens auch schwer zu erbringen, da eine der Berliner-Blau-Probe beim Eisen entsprechende Manganreaktion von genügender Empfindlichkeit fehlt.

Gewisse Coniferen vermögen Mangan elektiv zu speichern; so kann die Asche der Fichte unter Umständen bis 23% MnO enthalten (Wolff 1871).

4. Adkrusten und andere lipophile Zellwandstoffe

Neben den hydrophilen Membransubstanzen enthalten die meisten Zellwände kleinere oder größere Mengen lipophiler Membranstoffe, von denen die Permeabilitätseigenschaften der Zellmembranen weitgehend abhängig sind. Man muß unterscheiden zwischen niedrig molekularen *extrahierbaren Lipoidstoffen* (Fett-Wachs-Gruppe) und *hochpolymeren Lipoidmembranstoffen* (Suberin-Cutin-Gruppe), die in den üblichen organischen Lösungsmitteln Äther, Benzol-Alkohol, Chloroform, Pyridin usw. unlöslich sind. Die Hauptmengen der unlöslichen Lipoidstoffe werden als amorphe Adkrusten der Zellwand auf- oder angelagert (S. 51 ff.), während die löslichen Lipoide zum größeren Teil Einlagerungsstoffe vorstellen.

Durch mikrochemische Farbreaktionen lassen sich die verschiedenen lipophilen Membranstoffe nicht voneinander unterscheiden. Sie färben sich alle in gleicher Weise mit den üblichen Lipoid- oder Fettfarbstoffen wie Sudan III (dunkelorangerot), Scharlach R (kräftige Rotfärbung) usw. Nach Kisser (1928a) zeigt Magdalarot Cutin in Kombination mit Cellulose an, während die Cuticula aus reinem Cutin nicht gefärbt wird.

a) Extrahierbare Lipoidstoffe

Phosphatide

Nach Hansteen Cranner (1914, 1926) und Grafe (1933, 1935) kommen in der jungen wachsenden Membran Phosphatide vom Typus des Lecithins vor, die zum Teil wasserunlöslich, zum Teil aber wasserlöslich sind, so daß sie z. B. mit destilliertem Wasser aus zermahlenen Parenchymen, die von allen protoplasmatischen Bestandteilen freigewaschen sind, ausgelaugt werden können. STEWARD (1928, 1929) bestreitet jedoch, daß die fraglichen Lipoide der Zellwand und des Cytoplasmahäutchens Phosphatide seien. THIMANN und BONNER (1933) finden in der meristematischen Zellwand der Hafercoleoptile ebenfalls keine ätherlöslichen Phosphatide, während NAKAMURA und HESS (1938) für die Maiscoleoptile ansehnliche Mengen Phosphatide angeben; ihre Untersuchungsmethode ist allerdings für unsere Fragestellung insofern nicht einwandfrei, als sie nicht nur die Zellwände, sondern auch den gesamten Zellinhalt der lebenden Zellen extrahiert haben. HESS, WERGIN u. Mitarb. (1939) haben aus jungen Baumwollhaaren mit kaltem Wasser eine Komponente ausgezogen, die 18% Phosphat und 33% Eiweiß enthielt und als Wandsubstanz angesprochen wurde; aber auch hier muß bemerkt werden, daß die jungen Haare samt dem plasmatischen Zellinhalt analysiert worden sind ohne jeden Versuch, Plasmaanteil und Zellwandanteil zu trennen. Die Frage, ob die wachsende Zellwand Phosphatide enthält, bleibt also unentschieden, trotzdem ein inniger Kontakt oder gar eine Oberflächendurchdringung der sich entwickelnden Zellmembran mit Plasmabestandteilen wahrscheinlich ist.

Aliphatische Wachse

Definitionsgemäß sind Wachse Ester höherer Fettsäuren mit höheren aliphatischen Alkoholen (Wachsalkohole). In der Pflanzenchemie werden indessen auch andere Extraktstoffe von wachsartiger Konsistenz als „Wachse" bezeichnet, so daß hier die vieldeutige Bezeichnung aliphatische Wachse verwendet werden muß.

Solche Wachse finden sich nicht nur als Epidermisauflagerungen (S. 54) oder in Cutinschichten (Cutinwachse) und Suberinlamellen (Korkwachse) eingelagert, sondern sie können auf röntgenometrischem Wege auch in wachsenden Primärwänden von Baumwollhaaren (SISSON (1937) und in jungen Trieben nachgewiesen werden, wo sie wohl unzutreffenderweise als „Primärsubstanz" gedeutet worden sind (GUNDERMANN, WERGIN und HESS 1937a, b).

Die aliphatischen Pflanzenwachse sind meistens keine Ester, sondern Gemische von Paraffinen, Wachsalkoholen und Wachsfettsäuren. Nur bei zwei von 60 untersuchten Wachsproben konnte KREGER (1948) die Gegenwart von Esterbindungen zwischen Alkoholen C_{28} oder C_{30} und Fettsäuren C_{18} oder C_{16} wahrscheinlich machen, nämlich im Wachs der Blattstiele von *Musa* und der Blütenstiele von *Strelitzia*. Die Wachsparaffine haben eine ungerade Anzahl von Kohlenstoffatomen, wobei die Ketten C_{29} und C_{31} vorherrschen, während die Wachsalkohole und Wachsfettsäuren Ketten mit einer geraden Anzahl von C-Atomen, hauptsächlich C_{28} und C_{30} aufweisen (CHIBNALL und PIPER 1934a, b). Außerdem treten manchmal Ketone oder sekundäre Alkohole auf, so daß also die Wachse Gemische aus Vertretern der folgenden Verbindungen vorstellen:

$$
\begin{aligned}
&\text{Paraffine} & & CH_3 \cdot (CH_2)_n \cdot CH_3 \\
&\text{Primäre Alkohole} & & CH_3 \cdot (CH_2)_n \cdot CH_2OH \\
&\text{Fettsäuren} & & CH_3 \cdot (CH_2)_n \cdot COOH \\
&\text{Ketone} & & CH_3 \cdot (CH_2)_n \cdot C = O \cdot (CH_2)_m \cdot CH_3 \\
&\text{Sekundäre Alkohole} & & CH_3 \cdot (CH_2)_n \cdot CHOH \cdot (CH_2)_m \cdot CH_3 \\
&\text{Echte Wachse} & & CH_3 \cdot (CH_2)_n \cdot O \cdot C = O \cdot (CH_2)_m \cdot CH_3
\end{aligned}
$$

Tabelle 24 gibt Auskunft über das Vorkommen solcher Verbindungen. Freie Fettsäuren treten in so untergeordneter Weise auf, daß sie in der Tabelle nicht erscheinen. Die sekundären Alkohole und Ketone können röntgenographisch nicht auseinandergehalten werden, so daß die Frage offen bleibt, ob die unter jener Rubrik aufgeführten Verbindungen Ketone oder Alkohole vorstellen.

Die chemische Trennung der Wachsalkohole und Wachsparaffine, deren Ketten sich nur wenig in ihrer Länge unterscheiden, stößt auf Schwierigkeiten. Früher beschriebene Wachsfraktionen sind daher oft Gemische; so enthält der Cerylalkohol aus Bienenwachs meistens C_{26}- und C_{28}- oder der Melissylalkohol aus Carnaubawachs C_{30}-, C_{32}- und C_{34}-Ketten. Die Kettenlängenbestimmung kann nicht nur mit Hilfe der Schmelzpunkte, sondern auch röntgenometrisch erfolgen.

Tabelle 24. *Verbindungen der aliphatischen Pflanzenwachse* (vgl. KREGER 1948, S. 668)

Verbindungen	Kettenlänge	Hauptbestandteil des Wachses von
Primäre Alkohole		
	C_{24} n-Tetrakosanol	*Phragmites communis*
Cerylalkohol . . .	C_{26} n-Hexakosanol C_{28} n-Oktakosanol	*Saccharum officinarum* Bienenwachs
Myricylalkohol. .	C_{30} n-Triakontanol	*Myrica cerifera*
Melissylalkohol .	C_{32} n-Dotriakontanol C_{34} n-Tetratriakontanol	*Copernicia cerifera* (Carnaubawachs)
Wachsparaffine	C_{27} n-Heptakosan	*Rosa centifolia* *Viola odorata* } Blüten
	C_{29} n-Nonakosan	*Brassica oleracea*
	C_{31} n-Hentriakontan C_{33} n-Tritriakontan	*Cotyledon orbiculata* $C_{31}:C_{33} = 7:3$
Sekundäre Alkohole und Ketone können röntgenographisch nicht unterschieden werden	C_{25} n-Pentakosan-8-ol C_{27} n-Heptakosan-9-ol	*Lepidium latifolium* *Rubus biflorus*
	C_{29} { n-Nonakosan-10-ol n-Nonakosan-15-ol	*Pyrus malus*-Frucht *Hordeum vulgare*
	C_{31} n-Hentriakontan-16-ol	*Triticum vulgare* *Avena sativa* *Secale cereale*
	C_{33} n-Tritriakontan-17-on	*Acacia dealbata*-Blüten

Die Röntgenometrie beruht auf dem Befunde, daß die bisher untersuchten Pflanzenwachse im rhombischen System der normalen Paraffine kristallisieren, das als A-Form bezeichnet wird. Rein dargestellte Wachsalkohole und Wachsfettsäuren kristallisieren zwar in einer monoklinen B-Form; wenn sie jedoch mit anderen Wachskomponenten verunreinigt sind, wie dies in den natürlichen Wachsen der Fall ist, nehmen auch sie die A-Form an (KREGER 1948). Das rhombische Paraffingitter der A-Form ist in Abb. 114 dargestellt. Der Grundriß der Elementarzelle ist ein Rechteck von $7,45 \times 4,97$ A², auf dem die zickzackförmigen Paraffinketten senkrecht stehen (MÜLLER 1928/29). Die Zickzackperiode der Ketten beträgt 2,54 A, so daß diese Größe also das Inkrement für eine Kettenverlängerung um C_2 bedeutet (Abb. 114).

Das Röntgendiagramm der kristallisierten Pflanzenwachse zeigt zwei Serien von Ringen (Abb. 116), sog. Kleinwinkelringe, die von großen, und Weitwinkelringe, die von kleinen Perioden stammen. Die Großperioden lassen die Kettenlänge (KREGER und SCHAMHART 1957) und die Kleinperioden die Gitterabstände senkrecht zur Kettenrichtung berechnen.

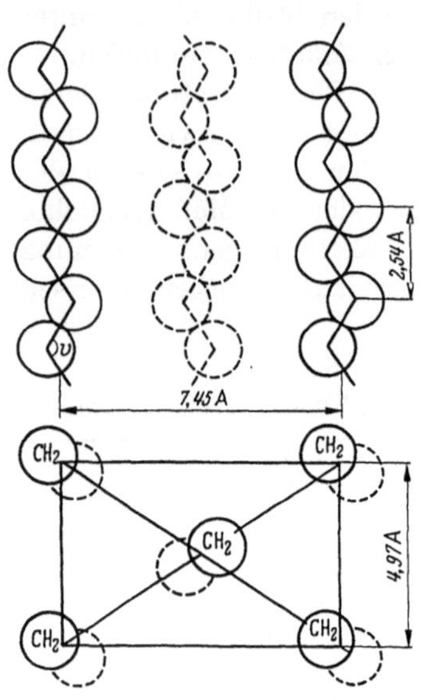

Abb. 114. Rhombisches Kristallgitter der Paraffinketten. Aufriß und Grundriß; v Valenzwinkel 109 $^1/_2{}^0$ (nach MÜLLER 1928/29)

Die Weitwinkelinterferenzen (Kleinperioden) sind in Tabelle 25 zusammengestellt. Sie stammen von den Prismen- und Diagonalebenen des rhombischen Gitters (Abb. 114). Die wichtigste Interferenz ist jene der Diagonalebenenschar (110); ihr Ebenenabstand beträgt 4,14 A, und da die Ebenen (110) am dichtesten mit Masse belegt sind, ist ihr Interferenzring am stärksten. Die zweitwichtigste Interferenz stammt von der Prismenflächenschar (200). Da der Grundriß flächenzentriert ist (Abb. 114), gibt es zwei solche Ebenen im Elementarkörper mit dem Abstande 7,45:2 = 3,72 A. Die beiden Interferenzen 4,14 A und 3,72 A zeigen, daß die „Primärsubstanz" von HESS, TROGUS und WERGIN (1936), welche die Perioden 4,14 und 3,75 A aufweist, ein Wachs vorstellt. Die drittstärkste Interferenz (Nr. 6 in Abb. 116 und Tabelle 25) wird durch die Prismenebenenschar (020) erzeugt; ihr Ebenenabstand ist 4,97:2 = 2,48 A. Da sie weniger dicht mit Masse belegt ist als (110) und (200), erscheint sie bedeutend schwächer. Die übrigen Interferenzen stammen von

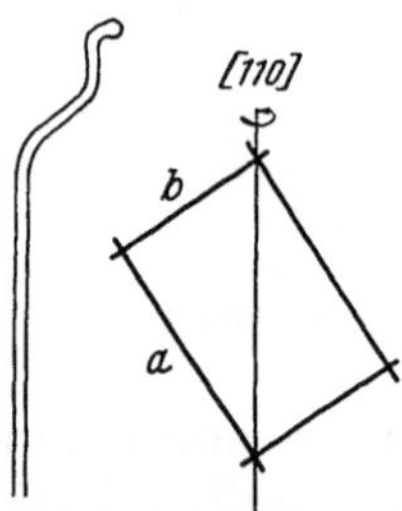

Abb. 115. Wachsstäbchen des Zuckerrohrs. Die Richtung [110] in der Diagonalebene des Paraffingitters verläuft parallel zur Stäbchenachse. (KREGER 1948)

Tabelle 25. *Die wichtigsten Großwinkelinterferenzen der kristallisierten Paraffine und Wachse* (s. Abb. 114 und 116; vgl. KREGER 1948)

Interferenzen Nr. (vgl. Abb. 116)	Intensität	Ebenenabstand d in A	Ebenenschar $(hk0)$
2	sehr stark	4,14	(110)
3	stark	3,72	(200)
5	schwach	2,98	(210)
6	mittel	2,48	(020)
7	sehr schwach	2,36	(120)
9	schwach	2,22	(310)
10	schwach	2,07	(220)
12	schwach	1,86	(400)

weiteren Diagonalebenenscharen (210), (310) und (120) oder stellen höhere Ordnungen der bereits erwähnten Scharen dar [(220), (400)], deren d-Werte der Hälfte der zugehörigen Netzebenenabstände entspricht (s. S. 216). Das Röntgendiagramm erlaubt ferner, die Orientierung der Kristallite in Wachsstäbchen (Abb. 115) und Wachsplättchen zu bestimmen.

Die Kleinwinkelinterferenzen stammen alle von der Großperiode der Molekül-
länge. Der innerste starke Interferenzkreis entspricht der Länge der Wachsketten, während die anschließenden, in ihrer Intensität abnehmenden Kreise
Interferenzen höherer Ordnung (s. S. 207) dieses Netzebenenabstandes sind.
Da somit für die Kettenlänge mehrere Interferenzen vorliegen, läßt sich diese
recht genau berechnen. So finden PIPER, CHIBNALL u. Mitarb. (1931) für C_{36}-Ket-
ten eine Länge von 47,50 A und für C_{26}-Ketten 34,95 A; teilt man die Differenz dieser Längen durch 5, erhält man das Kettenlängeninkrement von 2,51 A,
das erstaunlich gut mit dem theoretischen Werte 2,54 A von Abb. 114 übereinstimmt. Aus der Abfolge der Interferenzen höherer Ordnung können ferner

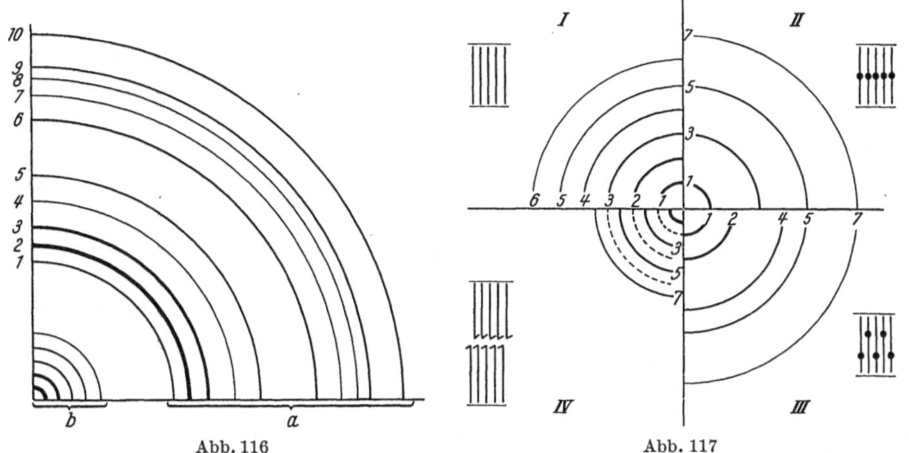

Abb. 116   Abb. 117

Abb. 116. Interferenzlinien des Röntgendiagramms von Pflanzenwachsen (KREGER 1948).
a Kurzperioden 1—10 des Gitters. *b* Langperioden der Kettenlänge

Abb. 117. Kleinwinkelinterferenzen gleich langer, jedoch chemisch verschiedener Wachsverbindungen (KREGER
1948). *I* Wachsparaffine; *II* symmetrische Ketone und sekundäre Alkohole; *III* auf $^1/_3$ der Kettenlänge sub-
stituierte Ketone und sekundäre Alkohole; *IV* primäre Alkohole und Fettsäuren; *1—7* erste bis siebente Ordnung
der Langperioden-Interferenz

wichtige Daten über die chemische Natur der Wachsketten gewonnen werden.
Wie Abb. 117 zeigt, liefern kristallisierte Ketten gleicher Länge verschiedene
Kleinwinkelringsysteme je nachdem, ob das Wachs zur Hauptsache aus Paraffinen, sekundären oder primären Alkoholen besteht. Paraffine erzeugen eine
normale Abfolge der Interferenzen höherer Ordnung. Sind die CH_2-Glieder
dagegen in der Mitte der Kette durch Keto- oder sekundäre Alkoholgruppen
substituiert, werden die Interferenzkreise *2, 4, 6* usw. und bei einer Substitution
in $^1/_3$ der Kettenlänge die Kreise *3, 6* usw. ausgelöscht (Abb. 117, *II* und *III*.)
Sind primäre Alkohole vorhanden, so ordnen sie sich in Doppelschichten an
(Abb. 117, *IV*), was zur Folge hat, daß die Großperiode doppelt so groß und
infolgedessen der Durchmesser des Interferenzkreises ungefähr halb so groß
ausfällt. Dasselbe gilt für die Fettsäuren und die Ester; das Röntgendiagramm
kann daher nicht entscheiden, ob die Ketten an ihren Enden chemisch miteinander verbunden sind oder nicht. Mit der hier beschriebenen Unterscheidungs-
methode ist ein Teil der Daten von Tabelle 24 gewonnen worden.

Die Doppelbrechung der Wachsausscheidungen ermöglicht eine sehr einfache Bestimmung der Orientierung der Wachsketten in Stäbchen und Schüppchen. Die Polarisierbarkeit der Kohlenwasserstoffketten ist derart, daß sich Bündel von parallelisierten Ketten optisch positiv verhalten, d. h. daß parallel zu der Kettenrichtung ein größerer Brechungsindex gefunden wird als senkrecht dazu (E. WEBER 1941/42). Man kann daher im Polarisationsmikroskop (s. S. 242) mit Hilfe eines vergleichenden Gipsplättchens leicht die Kettenrichtung feststellen.

In Wachsschichten und in Wachsschüppchen, wie sie von Blättern gewisser *Sedum*-Arten gewonnen werden können, oder wie sie die Wachsdrüsen der Biene erzeugen, stehen die Ketten senkrecht zur Schichtebene (Abb. 118a). Dadurch erscheinen solche Wachsplättchen in Aufsicht mehr oder weniger isotrop und

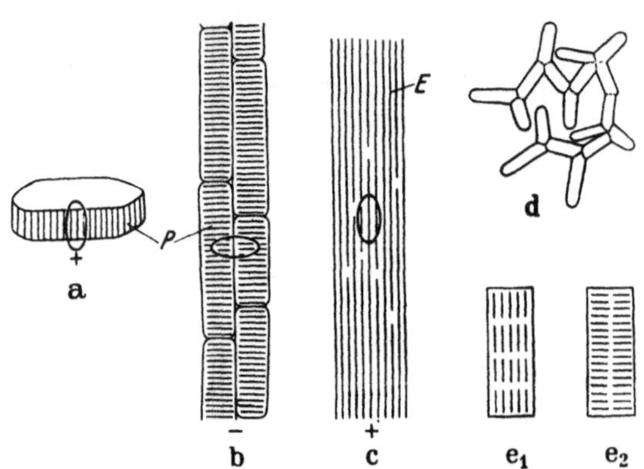

Abb. 118a—e. Feinbau der Wachsausscheidungen (a—c, FREY-WYSSLING 1953a, d KREGER 1948). Orientierung der Wachsketten *P*, a in einem Wachsschüppchen, b in einem Wachsstrich; c in einem Strich von Estoliden *E*, d im Querschnitt durch ein Wachsstäbchen. e Querschnitt durch ein submikroskopisches Wachsbändchen mit Andeutung der Großperioden (Kettenlänge)

erzeugen das Achsenbild eines optisch positiv einachsigen Kristalls. Da das rhombische System, in welchem die Wachse kristallisieren, ein zweiachsiges Achsenkreuz erzeugen sollte, können solche Wachsschuppen keine Einkristalle vorstellen, sondern müssen als Aggregate gegeneinander verdrehter Mikrokristalle betrachtet werden.

Die Wachsstäbchen weisen das größere Brechungsvermögen quer zu ihrer Längserstreckung auf. Ihre Wachsketten müssen also senkrecht zur Stäbchenachse angeordnet sein. Das gleiche Ergebnis erhält man, wenn man einen Wachsstrich auf einem Objektträger erzeugt; offenbar werden submikroskopische Wachsplättchen dabei längs ausgerichtet (Abb. 118b). Diese Deutung hat sich auch für den Feinbau der pflanzlichen Wachsstäbchen als richtig erwiesen. Das Röntgendiagramm zeigt, daß die Ketten senkrecht zur Stäbchenachse verlaufen (Abb. 115), und im Elektronenmikroskop erscheinen die Wachsstäbchen als lose Aggregate von submikroskopischen Wachsbändchen, deren Querschnitt in Abb. 118d dargestellt ist. Röntgenometrisch kann nicht bestimmt werden, ob die Wachsketten in diesen Bändern parallel oder senkrecht zu der Bandfläche stehen. KREGER (1948) gibt optische Gründe für eine parallele Orientierung an (Abb. 118e₁); da indessen die Paraffine bis zu den in den Wachsen festgestellten Kettenlängen in Schichten und nicht in Form von Fibrillen kristallisieren, scheint mir die Anordnung von Abb. 118e₂ wahrscheinlicher.

Estolide

Die Wachse der Coniferennadeln enthalten als Grundkörper *Oxyfettsäuren*. BOUGAULT und BOURDIER (1908) haben Oxylaurinsäure (C_{12}) und Oxypalmitinsäure (C_{16}) festgestellt. Diese bifunktionellen Ketten sollen sich untereinander oder mit sich selbst verestern. Falls es sich um ω-Oxyfettsäuren handelte, würden sich somit Dimere von folgender Form ergeben:

$$OH \cdot (CH_2)_{11} \cdot \overset{O}{\overset{\|}{C}}-O-(CH_2)_{15} \cdot \overset{O}{\overset{\|}{C}}OH$$

LIII

Es ist interessant, diese C_{28}-Esterkette mit der von KREGER (1948, S. 668) für die Blautanne *Picea pungens glauca* angegebenen C_{29}-Kette zu vergleichen, die eine Keto- oder eine sekundäre Alkoholgruppe am zehnten C-Atom trägt. Da eine Esterbrücke ein Längeninkrement von 1 A, im Gegensatz zu 1,27 A einer CH_2-Brücke, mit sich bringt, können sich diese beiden Ketten nur unwesentlich in ihrer Länge voneinander unterscheiden.

BOUGAULT und BOURDIER (1908) haben die Ester von Oxyfettsäuren (Formel LIII) als „étholides" bezeichnet, welchen Ausdruck man am besten mit Estolide übersetzt, da man im deutschen im Gegensatz zum französischen Sprachgebrauch einen Unterschied zwischen Äther und Ester macht. Theoretisch könnte die Veresterung nach obigem Schema weiterschreiten. Wie hochmolekular solche Estolidwachse sind, ist nicht bekannt; doch verraten ihr Schmelzpunkt von 68—82° C und ihre Löslichkeit, daß es sich nicht um große Moleküle handeln kann. Die Estolide der *Pinus*-Nadeln sind z. B. in siedendem Alkohol löslich, fallen jedoch beim Abkühlen der Lösung praktisch quantitativ wieder aus (JACCARD und FREY-WYSSLING 1935, S. 17).

Im Gegensatz zu den plättchenförmigen Wachskristalliten scheinen die Estolide eher nadelförmig zu kristallisieren. Während wie erwähnt ein Wachsstrich, bezogen auf die Strichrichtung, im allgemeinen optisch negative Reaktion zeigt, sind Ausstriche von *Pinus*-Estoliden optisch positiv. Man kann ihren Feinbau daher durch das Schema von Abb. 118c wiedergeben.

Als veresterte Oxyfettsäuren leiten die Estolide zu den eigentlichen Cutinstoffen über.

Cyclische Wachse

Außer den aliphatischen Wachsen enthalten cutinisierte und besonders suberinifizierte Zellwände wachsartige Verbindungen wie Friedelin ($C_{30}H_{50}O$) und Cerin ($C_{30}H_{50}O_2$), die durch ihren niedrigen Wasserstoffgehalt ausgezeichnet sind (LÜSCHER 1936). Es handelt sich um cyclische Triterpene. Friedelin ist ein Keton und Cerin dessen Monooxy-Derivat. Im übrigen ist die Konstitution dieser Korkwachse noch nicht aufgeklärt (vgl. STEINER und HOLTZEN 1955).

Im Gegensatz hierzu ist der Chemismus der häufig auftretenden *Ursolsäure* $C_{30}H_{48}O_3$ bekannt (Formel LIV). Diese Verbindung kommt als freies Triterpen

LIV

Ursolsäure

in der Cuticula und in den Wachsüberzügen der Ericaceen vor. Ihren Namen hat sie von der Bärentraube *(Arctostaphylos uva ursi)* erhalten. Ferner ist sie von den Wachsüberzügen der Rosaceenfrüchte als Malol oder Prunol bekannt. Im Apfelwachs kommt sie neben Hepta- und Nonakosanol (vgl. Tabelle 24) vor; diese aliphatischen Wachse finden sich bei der Aufarbeitung des Wachsgemisches im Petroläther, das Ursanol dagegen im Ätherextrakt. Nach KARIYINE und HASHIMOTO (1953) enthält die Cuticularschicht der Blätter von *Ilex latifolia* 0,68% Ursolsäure.

b) Unlösliche Lipoidstoffe

Nach erschöpfender Extraktion lipophiler Zellwände mit Lipoidlösungsmitteln bleiben die unlöslichen Lipoidmembranstoffe *Suberin* (Korkstoff) und *Cutin* zurück. Sie lassen sich weiterhin mit Lipoidfarbstoffen anfärben (Sudan III, Scharlach R, Cyanin) und zeigen eine gelbe Chlorzinkjod-Reaktion. Sie sind sauerstoffreicher als die Wachse. Es handelt sich um hochpolymere Lipoidstoffe, als deren Grundkörper Oxyfettsäuren betrachtet werden.

Suberin

Der Korkstoff des Periderms und der Endodermis wird als Suberin, in der Endodermis auch wohl als Endodermin (s. S. 63) bezeichnet. Etwa 50% der Zellwände des Flaschenkorkes sind in 3% Natronlauge verseifbar (FIERZ und ULRICH 1945). Im Verseifungsgemisch finden sich folgende Dicarbon- und Oxyfettsäuren, zu denen sich beim oxydativen Abbau des Suberins noch Korksäure gesellt:

$$C_8 \text{ Korksäure} \quad \ldots \quad COOH \cdot (CH_2)_6 \cdot COOH$$
$$C_{18} \text{ Phloionsäure} \quad \ldots \quad COOH \cdot C_{16}H_{30}(OH)_2 \cdot COOH$$
$$C_{18} \text{ Phloionolsäure} \quad \ldots \quad OH \cdot C_{17}H_{32}(OH)_2 \cdot COOH$$
$$C_{22} \text{ Phellogensäure} \quad \ldots \quad COOH \cdot (CH_2)_{20} \cdot COOH$$
$$C_{22} \text{ Phellonsäure} \quad \ldots \quad OH \cdot C_{21}H_{42} \cdot COOH$$

Man nimmt an, daß das Suberin ein durch Veresterung gebildetes Netzpolymerisat solcher Oxycarbonsäuren vorstellt; die Dicarbonsäuren werden als beim Abbau entstehende Oxydationsprodukte der Oxyfettsäuren aufgefaßt. Bei der Verseifung hinterbleibt stets ein Verseifungsrest, der vielfach als „Lignin" bezeichnet wird, weil er Methoxylgruppen enthält. Doch stammen diese voraussichtlich aus den Suberinbausteinen, da Phloion-di-Methylester, Phloionol-Methylester und Phellon-Methylester bekanntgeworden sind. Es ist daher wahrscheinlich, daß im Verseifungsrest ebenfalls Fettsäurederivate vorliegen, die jedoch nicht durch Ester-, sondern durch andere Polymerisationsbrücken miteinander verknüpft sind.

Bei der Röntgenanalyse liefert das Suberin des Flaschenkorkes einen diffusen Ring (zwischen 3,8 und 5,3 A), im Gegensatz zu den scharfen Ringen des Friedelins (5,75; 6,85; 12,5 A) und der aliphatischen Wachse (4,15 A) (KREGER 1958).

Cutin

Ein ähnlicher Aufbau gilt für das Cutin der Blätter, nur muß dort die Polymerisation wesentlich weiter fortgeschritten sein; denn das Cutin setzt dem Aufschluß einen viel größeren Widerstand entgegen. An Stelle von wäßriger 3% Natronlauge muß für die Verseifung 5% methylalkoholische Kalilauge verwendet werden, und es bleibt ein viel beträchtlicherer Verseifungsrückstand (Tabelle 26) zurück. Phellonsäure kann im Cutin nicht nachgewiesen werden (LEE 1925). Der Unterschied in der Zusammensetzung suberinifizierter und cutinisierter Zellwände geht aus Tabelle 26 hervor, in der Flaschenkork mit der durch Kochung in 60% Zinkchlorid gewonnenen Cutinschicht der Blattepidermis von *Ilex latifolia* verglichen ist.

Im Cutin von *Agave americana* findet MATIC (1956) einen verseifbaren Anteil von 88%, wovon 25% als 9,10,18-Trihydroxyoktodecansäure oder Phloionolsäure (C_{18}), 10,3% als 10,18-Dihydroxyoktodecansäure (C_{18}), 7% als 10,16-Dihydroxyhexadecansäure (C_{16}) und 2% als ungesättigte 18-Hydroxy-cis 9-oktodecylensäure (C_{18}) bestimmt werden konnten.

Wahrscheinlich sind in den cutinisierten Membranen nicht alle Carboxylgruppen der Carbonsäuren verestert, denn das Cutin erweist sich in mancher Hinsicht als Säure bzw. als hochpolymeres Gerüstanion (starke negative Ladung, BRAUNER 1930; selektive Kationenpermeabilität; Färbung mit basischen Farbstoffen, z. B. Gentianaviolett). Da sich das Cutin nach Entfernung der Cutinwachse optisch isotrop verhält, muß man annehmen, daß die Verknüpfung der Carboxyl- und Hydroxylgruppen nicht nach einem linearen Kettenschema, sondern ähnlich wie beim Lignin nach allen Richtungen des Raumes erfolgt.

Tabelle 26. *Zusammensetzung suberinifizierter und cutinisierter Zellwände*

	Flaschenkork (FIERZ & ULRICH 1945) Gew.-%	*Ilex*-Cuticularschicht (KARIYINE & HASHIMOTO 1953) Gew.-%
Wasser . . .	7	—
Extrahierbar	20	19[1]
	(Äthanol)	(Methanol + CCl_4)
Verseifbar .	50	24,6
	(3% NaOH in H_2O)	(5% KOH in CH_3OH)
Verseifungsrest[2] . . .	12	38,0
Cellulose . .	11	10,2
Uronide. . .	—	2,0
Asche . . .	—	6,0
	100	99,8

Der Cellulosegehalt rührt aus den Cuticularschichten und namentlich aus den die Adkrusten tragenden Celluloseschichten her. Die von der Sekundärwand getrennte Cuticula ist cellulosefrei (ROELOFSEN und HOUWINK 1951).

Über die Ausschwitzung des Cutins (s. S. 53) kann man sich folgende chemische Vorstellung machen. Nach CHIBNALL und PIPER (1934a) sind ungesättigte Fettsäuren die Vorläufer der Oxyfettsäuren, gesättigten Fettsäuren und Paraffine der Pflanzenwachse. Stellt man sich z. B. Ölsäure oder Linolsäure als Ausgangsverbindungen für die C_{18}-Ketten vor, so könnten diese als wasserlösliche Seifen die Zellwand durchwandern und an der Oberfläche der Epidermis im Kontakt mit dem Luftsauerstoff zum unlöslichen Cutin oxydiert und polymerisiert werden. Es gibt ein besonderes Ferment, die Lipoxydase, welches die Linolsäure zu oxydieren vermag (SIDDIQI und TAPPEL 1956), doch ist dessen Mitwirkung bei der Cutinbildung bislang noch nicht nachgewiesen worden. Die ungesättigten Ausgangssäuren würden somit einerseits zu gesättigten Wachssäuren oder Wachs-

---

[1] 0,68% Ursolsäure, 0,32% Melissylalkohol.
[2] Fälschlicherweise als „Lignin" bezeichnet.

alkoholen hydriert, andererseits jedoch ähnlich einem Lack durch Oxydationspolymerisation zu Cutin verfestigt.

Da die bisher isolierten Grundbausteine gesättigte aliphatische Verbindungen sind, begreift man, daß, abgesehen von eventuell vorhandenen Begleitpigmenten, gereinigtes Cutin keine UV-Absorption zeigt (s. S. 58). Wenn man als Vorstufen der Wachse und des Cutins flüssige ungesättigte Fettsäuren annimmt, die zu festen Polymeren oxydiert werden, wäre allerdings zu erwarten, daß ganz junge, noch nicht verfestigte Cutinausschwitzungen UV-Licht absorbieren.

Sporopollenin

ZETZSCHE (1932a) hat den außerordentlich widerstandsfähigen Lipoidmembranstoff des Sporoderms von Sporen und Pollenkörnern unter der Bezeichnung *Sporopollenin* als besondere Zellwandsubstanz vom gewöhnlichen Cutin unterschieden, weil er sich mit heißer Kalilauge nicht verseifen läßt wie das Cutin der Epidermis. Bereits STRASBURGER (1889, S. 135) hatte erkannt, daß der Membranstoff der Pollenkörnerexine von Cutin verschieden ist; er nannte ihn „Exinin". Nach KWIATOWSKI und LUB-

Tabelle 27. *Lipoidmembranstoffe nach zunehmender Unlöslichkeit geordnet*

Membranstoff	behandelt mit		
	Glycerin (siedend)	5% KOH oder 5% NaOH (heiß)	konzentrierter Chromsäure
Endodermin	schnelle Depolymerisation	schnelle Verseifung	Auflösung
Suberin [2]	schnelle Depolymerisation	schnelle Verseifung	keine Auflösung
Cutin	langsame Depolymerisation	langsame Verseifung	keine Auflösung
Sporopollenin	geringe Depolymerisation	keine Verseifung	keine Auflösung

LINER-MIANOWSKA (1957) enthalten Sporen von *Lycopodium clavatum* 23,4% und Pollenkörner von *Pinus silvestris* oder *Picea excelsa* 19,5% Sporopollenin bei Gegenwart von nur 2—3% Cellulose.

Das Sporopollenin gehört zu den widerstandsfähigsten Pflanzenstoffen, so daß es in den fossilen Sporen und Pollenkörnern über Tausende von Jahren in Moorböden erhalten geblieben ist.

Die verschiedenen unlöslichen Lipoidmembranstoffe dürfen vielleicht als die Glieder einer hochpolymeren Familie mit zunehmender Vernetzung durch Hauptvalenzbindungen (FREY-WYSSLING 1935b) aufgefaßt werden. In Tabelle 27 sind die von den Histologen ausgearbeiteten unterscheidenden Auflösungsreaktionen zusammengestellt, woraus deutlich eine zunehmende Unlöslichkeit in der aufgestellten Reihenfolge hervorgeht. Ein weiteres Lösungsmittel, welches das Cutin in Cuticularschichten ohne Schädigung der Cellulose abbaut (M. MEYER 1938), ist das von E. SCHMIDT (1921) empfohlene Chlordioxyd.

5. Zellwandanalyse

Nachdem eine Übersicht über den Chemismus der verschiedenen Membranstoffe gegeben worden ist, erhebt sich die Frage, wie ihr Anteil am Zellwandaufbau quantitativ bestimmt werden kann. Da es sich in der Hauptsache um hochmolekulare Substanzen handelt, die einander gegenseitig durchdringen, ist dies nicht möglich, ohne die Biostruktur der Zellhäute zu zerstören und einen Teil der unlöslichen Makromoleküle durch Abbau in lösliche Komponenten zu zerlegen.

Man kann die Menge der meisten Zellwandsubstanzen auf zwei Arten ermitteln: einerseits indem man alle Begleitstoffe abbaut und den betreffenden Stoff als unlöslichen Rest wägt, oder dadurch, daß er abgebaut, ausgezogen und in Form seiner Abbauprodukte analysiert wird. Im allgemeinen liefern diese beiden Methoden, die zu den gleichen Werten führen sollten, verschiedene Mengen. Dies rührt daher, daß ein Zellwandrückstand gewöhnlich nur näherungsweise einen reinen Stoff vorstellt, und weil der Abbau meist mit so aggressiven Hydrolyse- oder Oxydationsreagentien erfolgen muß, daß er je nach Konzentration und Einwirkungsdauer des Extraktionsmittels sowie je nach den gewählten Einwirkungsbedingungen sehr verschieden verlaufen kann. Man erhält daher in der Regel mit verschiedenen Analysemethoden immer wieder andere Werte, und brauchbare Vergleichswerte können deshalb im allgemeinen nur mit einer bestimmten Methode, deren Analysenvorschriften man peinlich genau befolgen muß, erzielt werden. Wie stark die Ergebnisse voneinander abweichen können, soll an den folgenden Beispielen erläutert werden. Oft sind die Werte so verschieden, daß die Zellwandstoffe nach der gewählten Isolierungsmethode benannt und definiert werden müssen.

Man muß sich fragen, wie es bei dieser Sachlage überhaupt möglich war, den Chemismus der Zellwandsubstanzen zu erschließen. Eigentlich konnte dies nur dadurch verwirklicht werden, daß sich in der Natur gewisse Objekte finden, die zum überwiegenden Teile nur aus einem bestimmten Wandstoff bestehen wie die Baumwolle aus Cellulose oder das Albedo der Agrumen aus Pektin. Es ist denn auch bezeichnend, daß Wandsubstanzen wie Lignin oder Cutin, von denen es keine solchen Objekte gibt, der chemischen Erschließung viel größere Schwierigkeiten entgegensetzten und auch heute zum Teil noch nicht bis in die letzten Einzelheiten aufgeklärt worden sind.

Zu den chemischen Schwierigkeiten gesellen sich mechanische Probleme. Wie kann die Zellwand quantitativ vom Zellinhalt abgetrennt werden? Bevor das Elektronenmikroskop zur Verfügung stand, war es unmöglich, aus Gewebehomogenaten gewonnene Zellwandfraktionen auf ihre Reinheit zu prüfen. Oft haften Plasmateile als submikroskopische Partikel so innig an der Zellwand, daß sie mechanisch nicht abgetrennt werden können. Aus dieser Sachlage ergeben sich dann die bereits früher erwähnten und im folgenden diskutierten Streitfragen über den Phosphatid- und Eiweißgehalt der wachsenden Zellwand. Günstigere Voraussetzungen für die Zellwandanalyse liefern daher Gewebe, deren Zellen als Abschluß der Differenzierung entleert werden, wie dies bei den Tracheen, Tracheiden und Fasern des Holzes geschieht.

Über einige Ergebnisse der Zellwandanalyse, die uns trotz allen Schwierigkeiten einen recht guten Einblick in die quantitative Zusammensetzung der pflanzlichen Zellhaut gibt, soll an je einem Beispiel der jungen, noch wachsenden und der gealterten, inkrustierten Zellwand berichtet werden.

a) Junge Zellwand

Sehr gut sind die wachsenden Zellwände der Hafer- und Maiscoleoptile untersucht, da ja an diesem Objekte die pflanzlichen Wuchsstoffe entdeckt worden sind (WENT 1927, WENT und THIMANN 1937).

Tabelle 28a. *Chemische Zusammensetzung primärer Zellwände (relative Werte)*

Objekt		Hafercoleoptilen	Maiscoleoptilen	Maiscoleoptilen		
				9 mm	32 mm	55 mm
Zellwand						
Cellulose		42	27,9	44	42	45
Hemicellulosen		38	22,5	45	46	38
Pektinstoffe		8	12,4	11	12	16
Proteine		12	30,4			
Asche			1,3			
Ätherextrakt		—	6,7			
		100	101,2	100	100	99
Gewebe						
Zell- wand	Cellulose	11,9	10,1	8,3	13,2	13,0
	Hemicellulosen	11,0	8,1	9,0	14,5	11,0
	Pektinstoffe	2,3	4,5	2,2	4,0	4,7
	Proteine	3,1	11,0			
Zell- inhalt	Ätherextrakt	—	2,4	1,2	10,4	7,8
	Wasserextrakt		61,3	44,1	39,5	46,0
	Proteine			22,2	15,2	13,1
	Asche		0,5	6,9	4,4	3,6
		28,3	97,9	93,9	101,2	99,2
Literatur		THIMANN und BONNER (1933)	NAKAMURA und HESS (1938)	BLANK und FREY-WYSSLING (1941), WIRTH (1946)		

Die Tabelle 28a gibt vergleichend die Ergebnisse dreier verschiedener Analysemethoden wieder.

THIMANN und BONNER (1933) analysierten gereinigte Zellhäute. Die feingemahlenen Zellen wurden wiederholt mit kaltem und heißem Wasser extrahiert, um Zellsaft und Plasma zu entfernen. Das erhaltene Zellwandmaterial lieferte keinen Ätherauszug. Hierauf wurden die Pektinstoffe durch Extraktion mit $\frac{1}{2}\%$ Ammoniumoxalat, die Hemicellulosen durch aufeinanderfolgende Digerierung mit 2% kochender Schwefelsäure und 2% Kalilauge, gefolgt von einer Alkoholextraktion, ausgezogen. Der Rückstand wird als *Rohfaser* bezeichnet, die in diesem Falle gleich Cellulose gesetzt wurde. Die Ermittlung des Proteingehaltes geschah in üblicher Weise durch Bestimmung des Stickstoffgehaltes im Kjeldahl-Apparat und Multiplizierung des erhaltenen Wertes mit dem Faktor 6,25. Nach dieser Analyse enthält die getrocknete Zellwand der Hafercoleoptile 42% Cellulose, 38% Hemicellulosen, 8% Pektinstoffe und 12% Protein. Da das Zellwandmaterial 28,3% der getrockneten Coleoptilen ausmacht, können die erhaltenen Fraktionen auf das getrocknete Ausgangsgewebe umgerechnet werden (Tabelle 28a). Ein ähnliches Ergebnis ist mit den primären Zellwänden des Erbsenkeimstengels erhalten worden (CHRISTIANSEN und THIMANN 1950): 26,3% Cellulose, 40,2% Hemicellulosen, 19,6% Pektinstoffe und 12,8% Protein.

NAKAMURA und HESS (1938) gingen bei ihrer Analyse der Coleoptilenzellwand nicht von Wandpräparaten, sondern von frischen Maiscoleoptilen aus. Ein Äther-Alkohol-Extrakt lieferte die Lipoidfraktion und verschiedene vereinigte Wasserextrakte den „Zellinhalt". Der Rückstand betrug 36,2%. Er wurde auf Hexosane, Pentosane, Methoxylgruppen, Eiweiß (N × 6,25) und Asche untersucht. Die entsprechenden Zahlen sind in Tabelle 28a wiedergegeben. Dabei ist zum Vergleiche mit den anderen Arbeiten die Hexosanfraktion gleich Cellulose und die Pentosanfraktion gleich Hemicellulose gesetzt worden, denn die Maiscoleoptilen enthalten nach LINK (1929) reichlich Xylan. Aus der Methoxylgruppenbestimmung kann, nachdem man sich im Mikroskop von der Abwesenheit verholzter Zellwände überzeugt hat, mit dem Faktor 10 (s. unten) die vorhandene Pektinmenge geschätzt werden. Auf diese Weise wird der ganze Extraktionsrückstand erfaßt. Auf das getrocknete Ausgangsmaterial umgerechnet, ergeben sich ähnliche Zahlen wie bei THIMANN und BONNER (1933).

Eine dritte Untersuchung liegt von WIRTH (1946) vor. Hier wurden die getrockneten Coleoptilen in der Extraktionsapparatur für Mikroanalysen von STREPKOV (1937) entfettet und dann der Reihe nach mit Wasser, 2% Schwefelsäure (Hydrolyse der Hemicellulosen) und 72% Schwefelsäure (Hydrolyse der Cellulose) erschöpfend extrahiert. In allen Extrakten bestimmte man den Zuckergehalt nach HAGEDORN-JENSEN und berechnete daraus die Zellwandstoffe. Im Wasserextrakt konnten keine Pektinstoffe nachgewiesen werden. Da die Ligninmenge im Protoxylem der Coleoptilen vernachlässigt werden darf, wurde der Pektingehalt durch Bestimmung des Methoxylgehaltes und Multiplikation mit dem Faktor 10 [Apfelpektin liefert im Mittel etwa 10% OCH_3 (WIRTH 1946, S. 195), d. h. ungefähr die Hälfte der Carboxylgruppen der Polygalakturonsäureketten ist verestert] geschätzt. Beim Analysenmaterial von NAKAMURA und HESS (1938) ist offenbar die Hauptmasse der Pektinstoffe bei der Wasserextraktion in Lösung gegangen, da der Wasserauszug sehr ansehnliche Mengen Methoxyl enthält. Eine andere Methode, die Pektinstoffe zu bestimmen, besteht in der Decarboxylierung der Polygalakturonsäure durch Kochen mit 12% Salzsäure (GRIFFIOEN 1938). Die abgespaltene Kohlensäure ($CO_2 = 44$) macht $^1/_4$ der vorhandenen Polyuronide aus (Hexuronsäurerest $= 176$) (JAYME und FINCK 1944).

Die Ermittlung des Eiweißgehaltes geschah durch Mikro-Kjeldahl-Analyse des in zerriebenen Coleoptilen mit Gerbsäure fällbaren Stickstoffes und Multiplikation des erhaltenen Wertes mit dem Faktor 6,25 (BLANK und FREY-WYSSLING 1941).

Wie Tabelle 28a zeigt, stimmen die nach verschiedenen Methoden (Analyse der isolierten Zellwand, des unlöslichen Geweberückstandes oder der Extraktionsfraktionen einer Stufenhydrolyse) erhaltenen Werte für die Zellwandstoffe größenordnungsmäßig miteinander überein. Etwa 40% Cellulose stehen einer ähnlichen Menge Hemicellulosen und etwa 10% Pektinstoffen gegenüber. Die Pektinstoffe sind einerseits auf Grund ihrer Löslichkeit in Ammoniumoxalat bestimmt oder anhand des Methoxylgehaltes geschätzt worden. Der Ätherextrakt enthält Fette und Wachse, er kann daher nicht eindeutig der Zellwand zugewiesen werden; THIMANN und BONNER haben keine Lipoide gefunden, so daß sicher ein Teil dieser Fraktion aus dem Zellinhalt stammt. NAKAMURA und

Hess (1938) sind jedoch der Meinung, daß die ganze Lipoidfraktion aus der Zellwand herrühre, so daß sie bei Bezug auf den unlöslichen Rückstand 6,7% Wachs erhalten. Dies scheint ihnen gerechtfertigt, weil Hess, Wergin u. a. (1939) aus wachsenden Baumwollhaaren 11,7% „Primärsubstanz" extrahieren konnten. Da jedoch alle Zellwände der Baumwollhaare an Luft grenzen, während in den Coleoptilen nur die Epidermiszellen cutinisiert sind, dürften diese beiden Objekte einen sehr verschiedenen Gehalt an Cutinwachsen aufweisen. Die Wasserextrakte sind nicht streng miteinander vergleichbar, da Wirth nur die Zucker ermittelt hat, während Nakamura und Hess das Gesamtgewicht des Auszuges angeben und bemerken, daß auch Stickstoffverbindungen darin enthalten sind. Ähnlich verhält es sich mit den Aschenanalysen, indem von Wirth die Gesamtasche der Coleoptilen (Zellwand + Zellinhalt), von Nakamura und Hess dagegen nur die Asche des Rückstands (Zellwand) bestimmt worden ist.

Am schwierigsten ist der Eiweißgehalt der wachsenden Zellwände zu beurteilen. Thimann u. Bonner (1933) finden etwa 12% in der Zellwandfraktion, Nakamura und Hess (1938) dagegen 30% im unlöslichen Rückstand, während sich die Eiweißanalysen von Blank und Frey-Wyssling (1941) auf das wachsende Gewebe beziehen, so daß der Anteil der Zellwand nicht ausgeschieden werden kann. Da ausgewachsene Sekundärwände (z. B. Holz) praktisch keinen Stickstoff enthalten, ist nur in den aktiv wachsenden Zellhäuten während der Synthese von stickstofffreien Gerüstsubstanzen ein Proteingehalt zu erwarten. Diese Wachstumsperiode dürfte mit der kurzen Zeit, während welcher der Protoplast bei Plasmolyseversuchen fest an der Wand haftet, zusammenfallen. Es ist daher verständlich, daß je nach Erntezeit und Präparationsmethode große Schwankungen des Stickstoffgehaltes der primären Zellwand auftreten müssen. Trotzdem dürfte der von Nakamura und Hess bestimmte Wert zu hoch ausgefallen sein, da in ihrem „unlöslichen Rückstand" sicher auch Plasmaproteine mit einbezogen worden sind.

Trotz diesen Unstimmigkeiten ergibt sich ein einheitliches Bild des Zellwandgehaltes an Grund- und Gerüstsubstanzen, solange man den Aufschluß mit Säuren durchführt. Extrahiert man jedoch das Pflanzenmaterial mit Mercerisierlauge (Tabelle 29), die nur α-Cellulose ungelöst zurückläßt, so ergibt sich ein nur halb so großer Cellulosegehalt der Coleoptilen, nämlich etwa 5% statt 12%. Dies rührt daher, daß beim Alkaliaufschluß die mangelhaft geordnete parakristalline Cellulose aufgelöst wird (s. S. 110), so daß nur die ideal kristallisierte α-Cellulose übrigbleibt. Wenn in der getrockneten Coleoptile 5% α-Cellulose vorhanden sind, müßten ihre Primärwände zu etwa 20% aus dieser Gerüstsubstanz bestehen. Da nun im frischen Zustand die Primärwand etwa 90% Wasser enthält, ist sie nur durch etwa 2% α-Cellulose oder, nach Tabelle 28a, durch 4% von in 72%iger Schwefelsäure löslicher Cellulose verstärkt.

Im Gegensatz zu den Primärwänden sind die Sekundärwände, wie das Beispiel der Ramie zeigt, sehr reich an α-Cellulose (Tabelle 29, II). Die Pektinstoffe sind in den Sekundärwänden sozusagen verschwunden, und der Alkaliextrakt umfaßt nicht nur Hemicellulose, sondern auch Proteinreste und den parakristallinen Teil der Cellulose.

Die Kenntnis der prozentualen Zusammensetzung der Zellwände erlaubt nicht, die Synthese der Zellwandstoffe während des Wachstums zu verfolgen.

Um einen Einblick in jene Verhältnisse zu gewinnen, müssen nicht die relativen, sondern die absoluten Werte des Gehaltes an Zellwandstoffen in einem sich entwickelnden Objekt er-

mittelt werden. Solche Daten sind aus Tabelle 28b ersichtlich, die die Menge der Zellwandsubstanzen je Coleoptile wiedergeben. Während des durch die Tabelle erfaßten Wachstums finden keine Zellteilungen in der Coleoptile statt. Die gesamte Verlängerung beruht daher ausschließlich auf Zellstreckung. Man ersieht aus den Zahlen, daß die Menge der Wandstoffe in den sich dehnenden Zellen zunimmt. Es kann sich also bei diesem Vorgang nicht um eine passive Streckung der Zellwände, sondern es muß sich um ein Zellwandwachstum handeln. Die Zunahme ist indessen nicht nur proportional dem Längenwachstum, sondern sogar etwas größer. Der Versechsfachung der Coleoptilenlänge von 9 auf 55 mm entspricht nämlich eine Zunahme der Gerüstsubstanz Cellulose um das 8,5fache und der Matrix (Hemicellulose +Pektin) um das 7fache. Dies dürfte mit dem frühzeitigen Dickenwachstum der Zellwände im Zusammenhang stehen, welches eine absolute Zunahme der Wandsubstanzen und durch den Übergang zur Sekundärwandtextur (Abb. 11, S. 14) eine Bevorzugung der Skelettsubstanz gegenüber der Matrix mit sich bringt.

Tabelle 28b. *Chemische Zusammensetzung der primären Zellwand der Maiscoleoptile (absolute Werte in mg/Coleoptile).* (WIRTH 1946)

Coleoptilenlänge		9 mm	32 mm	55 mm
Zell-wand	Cellulose	0,191	0,930	1,616
	Hemicellulose . .	0,231	0,973	1,371
	Pektin	0,052	0,272	0,580
Zell-inhalt	Ätherextrakt . . .	0,040	0,701	0,975
	Wasserextrakt . .	1,016	2,651	5,704
	Eiweiß	0,510	1,018	1,631
	Asche	0,160	0,300	0,444
Total gefunden		2,200	6,845	12,321
Ausgangs-Trockengewicht .		2,345	6,755	12,400

Tabelle 29. *Cellulosegehalt von Maiscoleoptilen Ia, Maiswurzelspitzen Ib und Ramiefasern II.* (FREY-WYSSLING 1954)

	Ia	Ib	II
Lipoidextrakt . .	5,3	3,4	—
Alkaliextrakt . .	89,5[1]	84,5	bis 10
α-Cellulose . . .	5,2	12,1	etwa 90

b) Inkrustierte Zellwand

In den inkrustierten Zellwänden tritt die ursprüngliche Matrix stark zurück und erscheint morphologisch durch die Inkrusten ersetzt (Abb. 36, S. 41). So weit es sich um Mineralstoffe handelt, können diese in der Reinasche leicht bestimmt werden (Tabelle 23, S. 183). Viel schwieriger ist die quantitative Erfassung der unlöslichen organischen Inkrusten, die nicht ohne chemische Veränderung aus der Wand herausgelöst werden können. Auf diese Schwierigkeiten ist besonders bei der Behandlung des Lignins hingewiesen worden.

Die quantitative Ligninanalyse erfolgt wie bei der Cellulose entweder durch Herauslösen des inkrustierenden Wandstoffes oder durch Zerstörung aller übrigen Zellwandstoffe, worauf der unlösliche Rückstand als „Lignin" bezeichnet wird. Beide Methoden liefern brauchbare Werte, wenn Lignin die einzige oder doch

---

[1] Umfaßt auch den Zellinhalt.

die vorherrschende Inkruste ist. Wenn dies jedoch nicht zutrifft, können grobe Fehler entstehen. So geht es z. B. nicht an, den Rückstand aufgearbeiteter Zellwände von *Sphagnum* (Tabelle 19, S. 168) oder den Verseifungsrest cutinisierter Zellwände (Tabelle 26) als „Lignin" zu erklären.

Eine quantitative Entfernung des Lignins aus der Zellwand kann nur mit Hilfe eines oxydativen Abbaus erfolgen. Meistens wird hierfür Chlor in Form von Hypochlorit, z. B. NaClO, oder Chlorit, z. B. $NaClO_2$ (JAYME 1942), verwendet. Das Chlorgas selbst ist zu aggressiv, indem es auch die Cellulose in Oxycellulose verwandelt und teilweise abbaut. Bei der Chlorbleiche muß daher sehr schonend vorgegangen werden.

Ein ausgezeichnetes Lösungsmittel für alle Inkrusten hat E. SCHMIDT im Chlordioxyd gefunden (SCHMIDT und GRAUMANN 1921). Der Rückstand nach der Chlordioxydbehandlung wird als Skelettsubstanz oder „Holocellulose" bezeichnet. Die Holocellulose ist im Gegensatz zur „Rohfaser" keiner Vorhydrolyse mit schwachen Säuren unterzogen worden. Sie enthält daher neben Rein- oder α-Cellulose noch unlösliche Hemicellulosen. Soweit es sich bei diesen um Pentosane handelt, kann man diese durch Destillation des unter der Einwirkung dehydratisierender Mineralsäuren entstandenen Furfurols mit Hilfe des Umrechnungsfaktors 1,375 bestimmen.

Die Papierchromatographie zeigt, daß in der Holocellulose neben der Cellulose verschiedene andere Hexosane vorkommen können, und daß selbst in der Reincellulose und sogar in der α-Cellulose kleine Mengen glucosefremder Zuckerreste auftreten.

In Tabelle 30 sind einige Analysen verholzter Zellwände zusammengestellt. Auffallend ist die geringe Menge von Polyuroniden, die als Pektinstoffe in der jungen Zellwand eine so große Rolle spielen. Ihr Anteil ist gewöhnlich so klein, daß sie nicht in die Analyse eingehen. In den wiedergegebenen Holzanalysen sind sie nur bei der Fichte erfaßt worden.

Man erkennt, daß der Cellulosegehalt immer etwa die Hälfte des Gewichtes der verholzten Zellwände ausmacht. Die Nadelhölzer enthalten merklich mehr

Tabelle 30. *Chemische Zusammensetzung verholzter Zellwände*

Zellwandstoffe	Picea excelsa	Pinus silvestris	Fagus silvatica	Populus canadensis		Eucalyptus regnans		Triticum vulgare	Secale cereale	Helianthus annuus
	Holz	Holz	Holz	Normal-holz	Zugholz	Normal-holz	Zugholz	Stroh	Stroh	Stengelbasis
Cellulose. . .	48,73	49,58	49,29	40,43	50,12	55,8	63,5	48,2	52,0	38,8
Mannan . . .	9,85	9,75								
Galaktan . .	0,25	0,50								
Hexosane . .				21,62	17,04	10,7	8,0			
Pentosane . .	6,71	11,10	27,30	14,04	10,86	18,3	11,5	26,7	28,9	24,2
Polyuronide .	2,52									8,6
Lignin . . .	28,24	29,07	22,91	23,20	21,35	22,2	16,0	15,7	16,2	19,3
Asche				0,33	0,34			6,5	5,5	9,9
Zellwand . .	96,30	100,00	99,50	99,62	99,71	107,0	99,0	97,1	102,6	100,8
Lipoidextrakt	1,82	5,88	—	2,45	2,28	—	—	4,1	3,0	
Literatur . .	JAYME u. FINCK (1944)	JAYME u. BLISCHNOK (1938)	JAYME (1947)	JAYME u. HARDERS-STEINHÄUSER (1950)		WARDROP u. DADSWELL (1948)		JAYME u. MOHRBERG (1940)		GRIFFIOEN (1938)

Lignin als die Laubhölzer und diese mehr als die Stroharten. Dafür wiegen im Laubholz und namentlich im Stroh die Hemicellulosen vor. Ferner ergibt sich eine Verminderung der Ligninkrustation und der Hemicellulosenbildung zugunsten einer kräftigen Cellulosevermehrung im sog. Zugholz (s. S. 317).

Da die Cellulose je nach den Verhältnissen als Rohfaser, Holocellulose, Rohcellulose oder Reincellulose (α-Cellulose) bestimmt wird, sollen diese Zellwandfraktionen hier abschließend einander gegenübergestellt werden.

Rohfaser = Zellwandrückstand nach erschöpfender Extraktion mit kochender 1,25% oder 2% Schwefelsäure und 1,25% oder 2% Kalilauge. Wenn keine schwer hydrolysierbaren Hemicellulosen und keine Inkrusten vorhanden sind, bleibt nur Cellulose zurück; sonst ist sie mit Hemicellulosen und den Inkrusten verunreinigt. Diese Methode wird bei der Maceration der Zellwände für die Elektronenmikroskopie verwendet (Abb. 9—12, S. 14).

Holocellulose oder Skelettsubstanz = Zellwandrückstand nach stufenweiser Extraktion mit Natriumchlorit (JAYME 1942) oder mit Chlordioxyd (SCHMIDT und GRAUMANN 1921). Sie enthält Hemicellulosen, da keine Vorhydrolyse angewendet wird; dagegen sind alle Inkrusten zerstört.

Rohcellulose wird aus Holocellulose oder inkrustenfreier Rohfaser durch Extraktion mit 10% Natronlauge gewonnen, dabei bleiben kleine Mengen alkaliresistenter Polyosane (β-Cellulose, Anteile des Mannans, der Pentosane usw.) übrig. Die Analysenzahlen der Tabellen 28 und 30 beziehen sich auf Rohcellulose. Aus Fichtenholz gewonnene Rohcellulose enthält bis 9% cellulosefremde Kohlenhydrate (JAYME und FINCK 1944).

Reincellulose oder α-Cellulose = Anteil der Rohcellulose, der in Mercerisierlauge (17,5% NaOH oder 24% KOH) unlöslich ist.

c) Zusammenfassung über den Chemismus der Zellwand

In wachsenden Zellwänden spielen die Polyuronide (Pektinstoffe) eine hervorragende Rolle. Sie bilden die *Matrix*, in welcher die ersten Cellulosemikrofibrillen erscheinen. Trotzdem sie in der Wand der lebenden Zelle dank ihrem außerordentlichen Quellungsvermögen das Hauptvolumen ausmachen, ist ihr Gewichtsanteil in der getrockneten Meristemwand relativ bescheiden. Abgesehen von collenchymatischen und verschleimenden Zellwänden, tritt später der Anteil der Polyuronide in der Zusammensetzung der Sekundärwand im Laufe der Differenzierung derart stark zurück, daß er in ausgewachsenen Geweben, z. B. im Holz, von der Analyse kaum mehr erfaßt wird. Zum Teil beruht dies auf der zunehmenden Produktion anderer Wandstoffe, zum Teil wohl aber auch auf einem Abbau der Pektinstoffe. Die nötigen Fermente, Pektase und Pektinase, sind hierzu in der Zelle vorhanden. Eine direkte Umwandlung der Pektine in andere Wandstoffe erscheint ausgeschlossen, doch können natürlich die Abbauprodukte, z. B. Pentosen, Triosen oder Acetate, eventuell wieder verwertet werden.

Die Skelettsubstanz der Zellwand tritt in der Primärwand anfänglich gegenüber den Polyuroniden und löslichen Hemicellulosen zurück, wird aber in der Sekundärwand zur alles beherrschenden Wandsubstanz (Zellstoff). Sie wird bei den höheren Pflanzen als *Holocellulose* bezeichnet; bei den Pilzen kann sie aus *Chitin* bestehen und in Sonderfällen aus Polymannan. Stets tritt sie in Form von Mikrofibrillen auf, die im Elektronenmikroskop abgebildet werden können.

Die nichtcellulosischen, als *Hemicellulosen* bezeichneten Anteile des *Kohlenhydratkomplexes* verteilen sich in unübersichtlicher Weise auf die ungeformte Matrix und die fibrillare Skelettsubstanz. Entsprechend den verschiedenen Funktionen, die sie dabei ausüben, unterscheiden sich ihre Hydrolysierbarkeit, ihre Löslichkeit und ihr Polymerisationsgrad stark. In Samen dienen sie oft als Reservestoffe, wobei die Zellwände ein auffallendes Dickenwachstum erfahren.

Die Skelettsubstanzen genügen offenbar nicht, um den Zellwänden für alle Beanspruchungen, denen sie bei den Landpflanzen ausgesetzt sind, die nötige Festigkeit zu verleihen. Wo dies nötig erscheint, erfolgt daher eine Inkrustation mit *Lignin*. Während die Bildung von Polyuroniden und fibrillaren Polysacchariden an der Oberfläche des Cytoplasmas in direktem Kontakt mit der lebenden Substanz vor sich geht, geschieht die Ligninbildung auf Distanz. Sie findet nicht statt, solange die Zellwand aufgebaut wird und wächst. Erst später werden Grundbausteine des Lignins wie z. B. Coniferylalkohol in die holocellulosische Sekundärwand ausgeschieden, wo sie dann in einem beträchtlichen Abstand von der Plasmaoberfläche durch vorhandene Fermente dehydriert und zu Lignin polymerisiert werden. Wie diese Fernsteuerung erfolgt, ist unbekannt; es ist denkbar, daß der Vorgang an der Oberfläche des Cytoplasmas ausgelöst wird und sich dann nach Art einer Kettenreaktion in die Sekundärwand hinaus fortpflanzt. Von besonderem Interesse ist in dieser Hinsicht, daß die Mittelschicht (Primärwand + ursprüngliche Mittellamelle), die vom lebenden Plasma am weitesten entfernt ist, am stärksten verholzt! Nachdem die Verholzung eingeleitet worden ist, stirbt das Cytoplasma gewöhnlich ab und der Protoplast verschwindet aus den verholzenden Zellen; eine wichtige Ausnahme bilden die Holzparenchymzellen, in denen der Zellinhalt bewahrt bleibt.

In einem späteren Stadium kann die Inkrustierung im Holze weiterschreiten. Die zunehmende Mineralisierung ist relativ leicht verständlich, während die nachträgliche Einlagerung von Gerb- und Farbstoffen auf metabolischen Prozessen in den überlebenden Holzparenchymzellen (Strang- und Strahlenparenchym) beruhen muß. Als Einlagerungsmechanismus kommt vor allem die Diffusion in den Zellwänden in Betracht. Wie die Adsorption erfolgt, und wie die Polymerisation der adsorbierten Phenole zu Phlobaphenen oder unlöslichen Kernholzfarbstoffen vor sich geht, entzieht sich unserer genauen Kenntnis; immerhin ist festgestellt, daß ähnlich wie bei der Ligninbildung Oxydationsprozesse mit im Spiele sein können.

Die *Lipoidfraktion* der Zellwand ist in den Primärwänden recht bedeutend, In den Sekundärwänden tritt sie dagegen im allgemeinen stark zurück. Falls die Zellen an Luft grenzen, produzieren ihre Protoplasten jedoch ansehnliche Mengen Lipoide, die als Wachse und Cutinstoffe in den äußersten Schichten der Sekundärwand eingelagert oder als *Adkrusten* auf diesen aufgelagert erscheinen. Wie diese hydrophoben Stoffe durch die hydrophile Wand transportiert werden, ist unabgeklärt. Einleuchtend ist die Theorie von CHIBNALL und PIPER (1934a, b), nach welcher die Membranlipoide von ungesättigten Fettalkoholen abzuleiten seien. Da diese wie z. B. Linolen-, Linol- oder Ölsäure flüssig sind, könnten sie als Seifen in Form von Tröpfchen ausgeschwitzt werden.

Die festen Wachsalkohole müßten dann durch Hydrierung solcher Verbindungen entstehen, während bei der Cutinbildung, ähnlich wie bei den trocknenden Ölen, unter dem Einfluß des Luftsauerstoffes eine Polymerisation zu einer Art Lack erfolgen würde.

C. Biophysik der Zellwand

1. Röntgenuntersuchung

Die Skelettsubstanzen und die mineralischen Inkrusten der Zellwände liegen zum Teil in kristalliner Form vor. Die kristallgitterartig geordneten Bereiche sind indessen von submikroskopischen Abmessungen, so daß man von mikrokristallinen Teilchen oder Kristalliten spricht. Bei den Skelettsubstanzen sind die Oberflächen dieser kristallinen Gebilde sehr schlecht definiert, man darf sie sich deshalb nicht von geraden Kanten und ebenen Flächen begrenzt vorstellen. Mit Hilfe der Röntgenometrie kann Auskunft über den Gitterbau der kristallinen Wandsubstanzen sowie über die Teilchenanordnung (Textur) und die Teilchengrößen erhalten werden.

a) Bestimmung von Gitterabständen (Ringdiagramm)

Zellwandpräparate liefern bei Durchleuchtung mit monochromatischem Röntgenlicht in der Regel Interferenzringe, die auf photographischen Platten und Filmen abgebildet werden können. Eine Serie solcher Ringe wird als Ring- oder Debye-Scherrer-Diagramm bezeichnet. Abb. 119a zeigt, wie ein Röntgenstrahl S durch ein mikrokristallines Objekt O teilweise abgelenkt wird und auf der photographischen Platte P Interferenzringe erzeugt. Als durchdringende Strahlung durchquert allerdings die Hauptmenge des Röntgenlichtes das Objekt unverändert und bewirkt einen großen zentralen Schwärzungsfleck. Die abgebeugten Strahlen werden als Sekundärstrahlen, der ungebeugte Hauptstrahl dagegen als Primärstrahl bezeichnet.

Um deutliche Interferenzen zu erhalten, muß ein möglichst feiner Röntgenstrahl auf das Objekt auffallen. Dies wird erreicht, indem man das Röntgenlicht durch eine enge Präzisionsblende in die aus Blei gebaute Röntgenkammer eintreten läßt. Ein Röntgenfilm kleidet die Innenwand der Kammer aus. Da der Primärstrahl beim Auftreffen auf die Kamerawand durch die Erzeugung von reichlich Streulicht stark stören würde, läßt man ihn durch ein Loch im Film und in der Röntgenkammer ungehindert austreten (Abb. 119b). Unterläßt man dies, entsteht beim Durchstoßpunkt und in dessen weiterer Umgebung ein ausgedehnter schwarzer Primärfleck.

Der Ablenkungswinkel ϑ der Sekundärstrahlen wird mit Hilfe des Objektabstandes f und der Durchmesser der Interferenzkreise ermittelt. Da dieser Winkel Werte von weit über 90^{0} erreichen kann, erhält man auf ebenen Platten nur die inneren Ringe des Röntgendiagramms (Abb. 119a). Man baut daher in der Regel eine Rundkammer, die mit einem Filmstreifen ausgelegt wird, der erlaubt, alle erzeugten Interferenzen zu registrieren (Abb. 119b).

Die Interferenzen kommen nach folgendem Prinzip zustande. Paralleles Röntgenlicht, das auf die Netzebenen eines Kristallgitters auffällt, wird von den Massenteilchen zerstreut. Jeder Gitterpunkt wird zu einem Strahlungszentrum von Beugungslicht. In gewissen Richtungen wird nun das abgebeugte Röntgenlicht durch Interferenz verstärkt, in anderen dagegen stark geschwächt

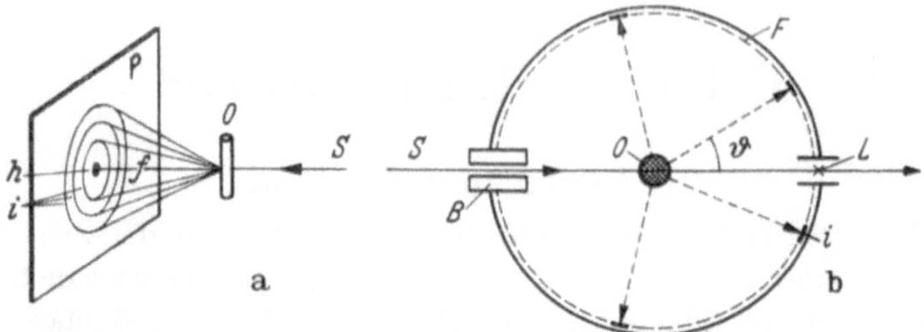

Abb. 119a u. b. Röntgenuntersuchung. a Beugung eines Röntgenstrahles *S* durch ein Objekt *O*, das ungeordnete mikrokristalline Teilchen enthält. *P* Photographische Platte; *i* Interferenzkreise; *h* Schwärzungsfleck des Primärstrahles; *f* Abstand Objekt—Platte. b Schematischer Grundriß einer Röntgenkammer. *F* Röntgenfilm; *B* Eintrittsblende; *L* Austrittsöffnung für den Primärstrahl; *ϑ* Beugungs- oder Ablenkungswinkel. Übrige Bezeichnungen wie unter a

oder sogar ausgelöscht. Die Bedingung, unter der eine Verstärkung eintritt, ist die folgende: Der Wegunterschied zwischen einem Strahl, der von einem Massenpunkt auf der etwas tiefer gelegenen Netzebene *II* (Abb. 120) des Gitters

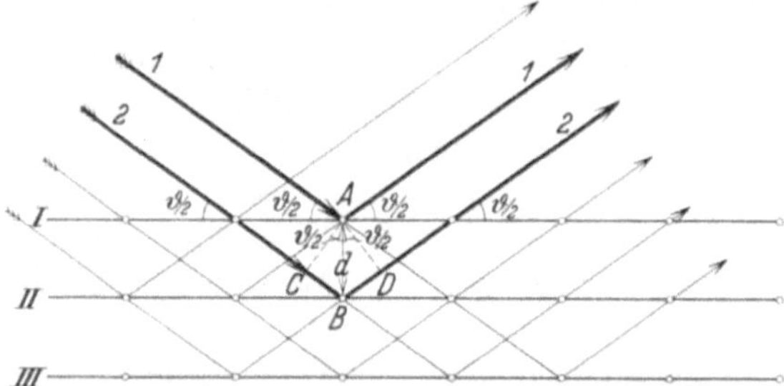

Abb. 120. Reflexion des Röntgenlichtes durch ein Kristallgitter (nach BRAGG). *I, II, III* Netzebenen; *d* Netzebenenabstand; *1, 2* interferierende Röntgenstrahlen; *ϑ/2* Reflexions- oder Glanzwinkel = halber Ablenkungswinkel

gestreut wird, und jenem, der von einem identischen Gitterpunkte der Netzebene *I* stammt, muß ein ganzes Vielfaches der Wellenlänge λ des verwendeten monochromatischen Röntgenlichtes ausmachen. Wie aus Abb. 120 hervorgeht, beträgt dieser Umweg

$$n\lambda = 2d \sin \frac{\vartheta}{2}, \qquad (1)$$

wobei d den Netzebenenabstand und ϑ den Winkel der Richtungsänderung des abgelenkten Röntgenstrahles gegenüber der Einfallsrichtung (Abb. 119 b) bedeuten. Die Intensität des abgebeugten Röntgenlichtes nimmt zu beiden Seiten eines solchen Beugungsmaximums so rasch ab, daß scharf begrenzte Interferenzstrahlen ausgesendet werden, die fast wie reflektierte Strahlen anmuten. Man spricht daher, trotzdem es sich um eine Diffraktions- oder Beugungserscheinung handelt, oft von Spiegelung und nennt den halben Ablenkungswinkel $\vartheta/2$ den Reflexions-, Gleit- oder *Glanzwinkel.*

Da die submikroskopischen Kristallite im Objekt alle möglichen Lagen im Raume einnehmen, muß man sich Abb. 120 um die Achse der Einfallsrichtung rotiert denken, so daß die von einer bestimmten Netzebenenschar ausgesandten Interferenzstrahlen miteinander die Oberfläche eines Kegels beschlagen. Die Interferenzlinien (Debye-Scherrer-Ringe), die in der photographischen Schicht entstehen, stellen dann die Schnittlinie eines Kegelmantels mit der ebenen

Platten- oder der gebogenen Filmfläche vor. Im ersten Falle sind es Kreise, im zweiten dagegen Hyperbeln.

Die nach ihrem Entdecker als Braggsches Reflexionsgesetz bezeichnete Glanzwinkel-Beziehung (1) wird dazu verwendet, aus dem beobachteten Ablenkungswinkel ϑ (Abb. 119b) und der bekannten Wellenlänge λ die Netzebenenabstände im Kristallgitter zu berechnen. Wie aus Formel (1) hervorgeht, ist der Ablenkungswinkel ϑ um so kleiner, je größer der Netzebenenabstand d ist. Ebenenscharen mit großen Abständen liefern daher Ringe nahe beim Primärfleck und solche, die eng gefächert sind, Interferenzen, die weiter außen liegen. Sehr große Abstände, wie sie z. B. der Länge von Wachsmolekülen entsprechen, ergeben Ringe von so kleiner Winkelöffnung, daß man von Kleinwinkelstreuung spricht. Aus Abb. 116, welche das Röntgendiagramm von Membranwachsen schematisch darstellt, ist ersichtlich, wie die Kleinperioden (Abstände der Paraffinketten kleiner als 10 A, Tabelle 25) große Weitwinkelringe, die Großperioden (Länge der Wachsketten Größenordnung 40 A) dagegen enge Kleinwinkelringe liefern. Die Aufnahme von Kleinwinkelinterferenzen noch größerer Perioden stößt auf Schwierigkeiten, weil sie in das Gebiet des Primärflecks fallen, der entweder schwarz erscheint oder durch Aussparung im Film wegfällt. Um dieser Schwierigkeit zu begegnen, muß man bei Kleinwinkelaufnahmen zur Beurteilung von Großperioden besonders feine Eintrittsblenden verwenden; da indessen die Intensität des Röntgenstrahles mit dem Quadrat des Blendendurchmessers abnimmt, ersetzt man die Lochblende durch eine feine Schlitzblende, die mehr Röntgenlicht eintreten läßt und dann einen strichförmigen Primärfleck erzeugt.

Nach der Braggschen Formel liefert jede Ebenenschar mehrere, d. h. n Beugungsmaxima, die als Interferenzen erster, zweiter, dritter und höherer Ordnung voneinander unterschieden werden. Diese entstehen dadurch, daß ein Wegunterschied der interferierenden Strahlen von zwei, drei und mehr Wellenlängen ebenfalls eine Intensitätsverstärkung bedingt. Die Ablenkungswinkel dieser Maxima höherer Ordnung sind größer als jener der ersten Ordnung und ergeben d-Werte, welche die Hälfte (s. Tabelle 25) oder ein Drittel des wirklichen Netzebenenabstandes betragen. Ihre Intensität nimmt, verglichen mit den Interferenzen erster Ordnung, rasch ab, so daß sie nur bei Netzebenenscharen, die sehr intensive Interferenzen erzeugen, zur Beobachtung gelangen, wie z. B. bei der durch die Länge der Wachsmoleküle bedingten Großperiode, die eine ganze Serie von Interferenzringen höherer Ordnung hervorruft (Abb. 116b).

Die Intensität der Interferenzen erster Ordnung hängt von der sog. Massenbelastung der Netzebenen ab. Je mehr Atome, Radikale oder kurz Massenzentren auf einer solchen Ebene liegen, um so größer ist ihr Streuungsvermögen, und um so mehr Röntgenlicht wird daher abgebeugt. Aus der Schwärzung der Interferenzlinien kann deshalb die Massenverteilung auf den verschiedenen Netzebenen beurteilt werden. Diese Schwärzung ist photometrisch meßbar. Gewöhnlich gibt man die Intensität der Linien qualitativ durch die vergleichenden Bezeichnungen sehr stark (stst), stark (st), mittel (m), schwach (s) und sehr schwach (ss) an (Tabelle 25 und 31).

Jede kristalline Substanz liefert eine charakteristische, als ihr Röntgenspektrum bezeichnete Abfolge von Interferenzlinien, mit deren Hilfe sie identi-

Tabelle 31. *Kristalline Wandsubstanzen (Röntgenanalyse)*

Verbindung	Wichtigste Gitterabstände in A			Kristallgitter	Vorkommen	Zellwandanteil	Literatur
Cellulose I . . .	6,05 st	5,33 mst	3,92 stst	monoklin $\beta = 84^0$ $a:b:c = 8,35:10,3:7,9$	Chlorophyceen (ohne unten erwähnte Gattungen) Oomyceten Cormophyten	bis 90%	MEYER u. MARK (1930)
Cellulose II . . .	7,3 st	4,45 stst	4,03 stst	monoklin $\beta = 62^0$ $a:b:c = 8,14:10,3:9,14$	Halicystis, Ulva Ulothrix, Microspora Spongomorpha		MEYER u. MARK (1930) SISSON (1941b) NICOLAI u. PRESTON (1952)
Chitin	9,6 st	4,63 st	3,39 ms	rhombisch $a:b:c = 9,4:10,46:19,25$	Pilze (ohne Oomyceten)	bis 90%	MEYER u. PANKOW (1935), R. FREY (1950), BLANK (1953)
Hefe-Glucan . .	17,6—13,0 st	7,8—7,0 ss	5,3—3,7 st		Saccharomyces Candida Schizosaccharomyces	20%	HOUWINK u. KREGER (1953)
Zellwand-Wachse	4,14 stst	3,72 st	2,48 m	rhombisch $a:b:c = 7,45:4,97: x$	Phanerogamen (Landpflanzen)	bis einige %	HESS, TROGUS u. WERGIN (1936), KREGER (1948)
Quarz SiO_2 . .	3,35 stst	4,26 st	1,37 st	hexagonal $a:c = 4,9:5,39$	Chlorochytridion (Chlorophycee)	Spuren	BRANDENBERGER u. FREY-WYSSLING (1947)
Calcit $CaCO_3$ . .	3,04 stst	1,91 st	1,88 st	rhomboedrisch $a = 6,37 \quad \alpha = 46^08'$	Myxomyceten (Sori) Rhodophyceen: Lithophyllum Characeen Moraceen } Acanthaceen }	Spuren bis 55% mikroskopische bis submikroskopische Kriställchen Cystolithen	BRANDENBERGER u. SCHINZ (1944) BOLLMANN (1951)

	Netzebenenabstände (Intensität)	Kristallsystem	Vorkommen	Kristallgröße	Literatur
Aragonit $CaCO_3$	3,39 stst 2,72 st 1,99 stst	rhombisch $a:b:c = 4{,}94:7{,}94:5{,}72$	Acetabularia, Halimeda (Chlorophyc.), Padina (Phaeophyc.), Galaxaura (Rhodophyc.)	submikroskopische Kriställchen	Brandenberger u. Schinz (1944)
Whewellit $CaC_2O_4 \cdot H_2O$	5,8 stst 3,64 st 2,95 st 2,33 st	monoklin $\beta = 107^\circ\, 18'$	Psoroma (Flechte), Hymenomyceten, Gastromyceten, Gymnospermen (ohne Abietineae), Dracaena, Loranthus, Nymphaea	mikroskopische Kriställchen	Kohl (1889), Honegger (1952)

Intensitäten: stst = sehr stark, st = stark, mst = mittelstark, m = mittel, ss = sehr schwach.

fiziert werden kann. Zu diesem Zwecke stellt man die Linienserien tabellarisch zusammen, wobei die Interferenzen durch die ihnen entsprechenden Netzebenenabstände und ihre relative Intensität charakterisiert werden. Da mikrokristalline oder unvollkommen kristallisierte Substanzen oft nur die stärksten Hauptinterferenzen liefern, ist man bei der Bestimmung besonders auf jene Linien angewiesen. In Tabelle 31 sind die wichtigsten Interferenzen kristalliner Zellwandsubstanzen verzeichnet, und man erkennt, daß solche Stoffe in Präparaten, die ein Röntgenspektrum ergeben, durch Vermessung der Diagramme ohne weiteres unterscheidbar sind.

b) Bestimmung der Faserperiode (Faserdiagramm)

In den Fibrillen und Fasern der kristallinen Skelettsubstanzen kommen nicht alle möglichen Lagen der Mikrokristalle vor, denn eine ihrer kristallographischen Hauptrichtungen ist parallel zur Faserachse ausgerichtet. Es treten nur alle Stellungen auf, die sich durch Rotation um die Faserachse ergeben, weil die Kristallite kreisförmig um das Zellumen angeordnet sind. Dies hat zur Folge, daß nun die Netzebenenscharen das Licht eines Interferenzmaximums nicht mehr in Form eines Kegelmantels aussenden. Von allen möglichen Rotationsstellungen einer Netzebenenschar gibt es nämlich nur vier, die unter dem Glanzwinkel zum einfallenden Röntgenstrahl stehen, so daß das Beugungslicht in vier bestimmten Richtungen ausstrahlt, deren Schnittpunkte mit dem photographischen Film sich als *Interferenzpunkte* abzeichnen. Diese vier Punkte oder Flecken sind symmetrisch zum Äquator und zum medianen Meridian des Röntgendiagramms angeordnet (Abb. 122). Ein solches 4-Punkt-Diagramm wird als *Faserdiagramm* bezeichnet.

Die Interferenzen eines Faserdiagramms liegen auf Linien, die auf dem Film einer Rundkammer als Gerade parallel zum Äquator, auf einer ebenen Platte dagegen hyperbolisch gekrümmt verlaufen (Abb. 122 und 126). Diese sog. *Schichtlinien* erlauben, die

Tafel XII
Röntgendiagramme

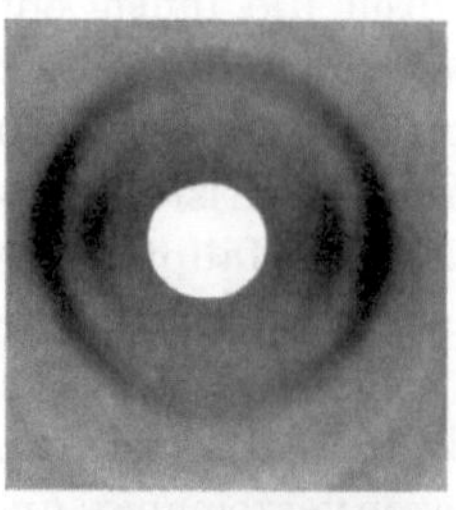

Abb. 121

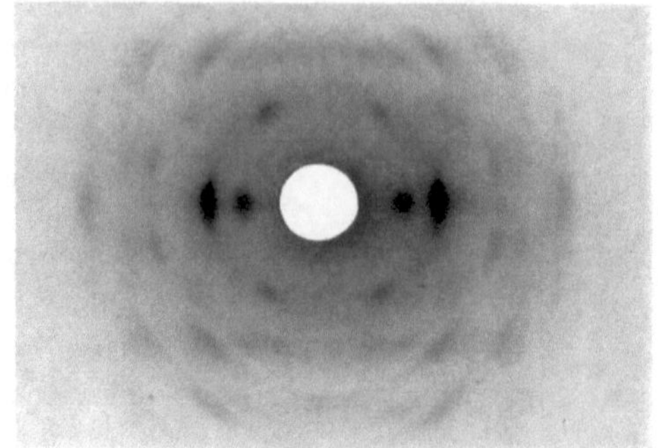

Abb. 122

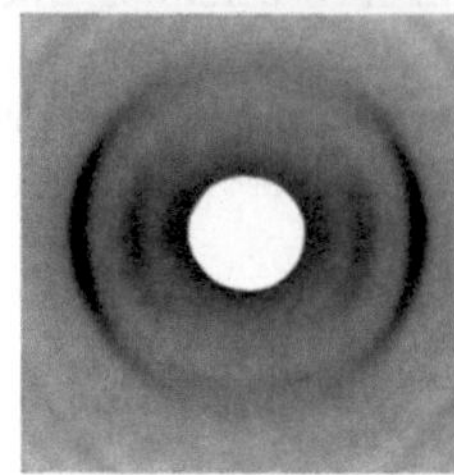

Abb. 123

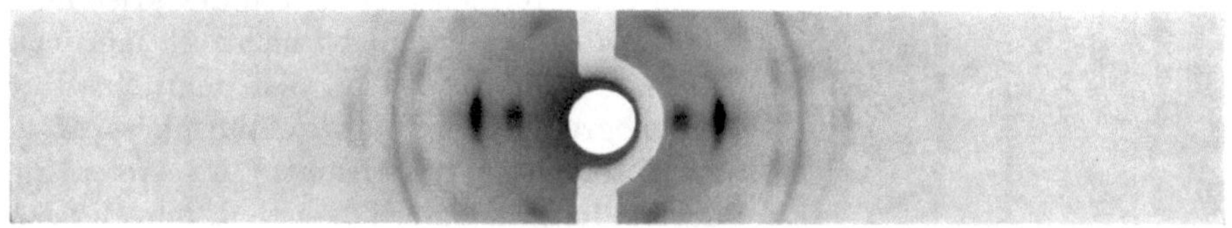

Abb. 124

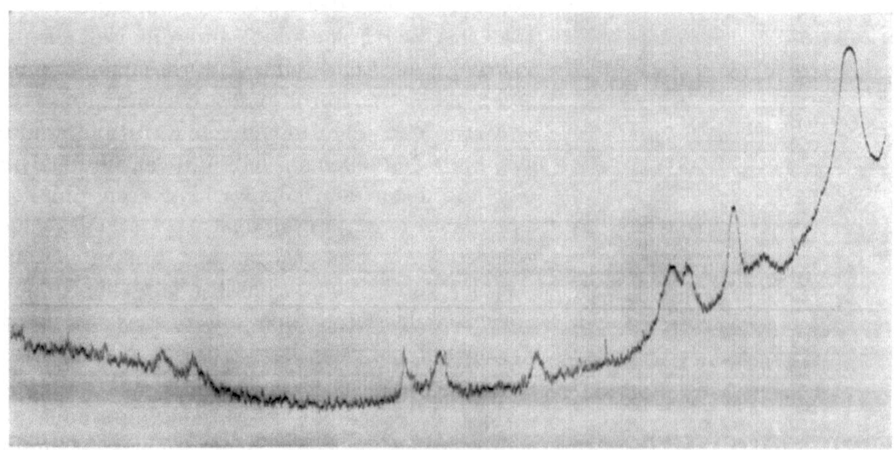

Abb. 125

Abb. 121. Ringdiagramm von Bambusfasern

Abb. 122. Faserdiagramm der Ramiefaser

Abb. 123. Sicheldiagramm der Baumwolle

Abb. 124. Kolloides Gold in Ramiefasern eingelagert. Ringdiagramm der Goldkristallite und Faserdiagramm der Cellulose

Abb. 125. Photometerkurve der linken Hälfte des Films von Abb. 124

Identitätsperiode des Kristallgitters in Richtung der Rotationsachse, welche in fibrillaren Objekten die Faserperiode vorstellt, zu ermitteln. Mit Hilfe des Schichtlinienabstandes e (Abb. 126) und des Objektabstandes f (Abb. 119a) kann man den Schichtlinienwinkel μ, bezogen auf die Äquatorfläche, bestimmen, und es besteht dann die einfache Beziehung für die Faserperiode b

$$b = \frac{k \cdot \lambda}{\sin \mu_k}. \tag{2}$$

k gibt die Nummer der Schichtlinie an (in Abb. 126 $I-III$). Für die erste Linie ist $k=1$, für die zweite 2 usw. Alle Schichtlinien beziehen sich auf die gleiche Grundperiode b, die sich nach Formel (2) für jede Linie gesondert bestimmen und daher durch mehrere voneinander unabhängige Messungen sehr genau ermitteln läßt. Dies ist wichtig, weil die Faserperiode bei den pflanzlichen Skelettsubstanzen die Länge der Monomeren in den hochpolymeren Kettenmolekülen angibt.

Um die einfache Schichtlinienbeziehung (2) zu beweisen, muß etwas weiter ausgeholt werden. Die Lage der Interferenzen erzeugenden Netzebenenscharen kann veranschaulicht werden, indem man sich um einen Punkt im Innern des zu untersuchenden Objektes eine Kugel beschrieben denkt und eine einzelne Ebene der Schar als Tangentialfläche an die Oberfläche dieser Kugel verlegt.

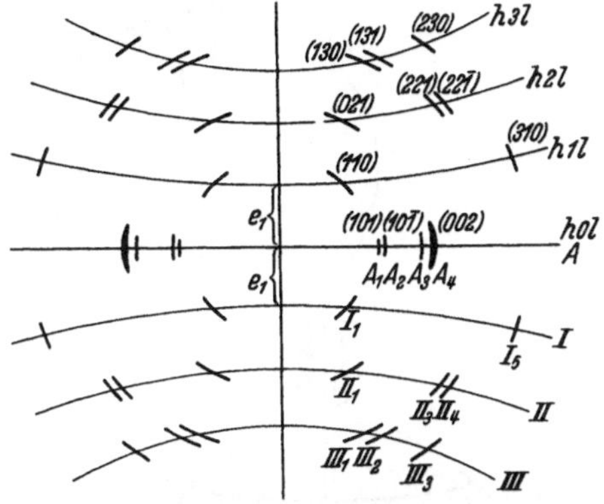

Abb. 126. Schema des Cellulosefaserdiagramms. *I, II, III* Schichtlinien $(h\,1\,l)$, $(h\,2\,l)$, $(h\,3\,l)$; *A* Äquator $(h\,0\,l)$; e_1 Schichtlinienabstand der 1. Schichtlinie. Einzeichnung der wichtigsten Interferenzpunkte oberhalb des Äquators mit ihren Millerschen Indices, unterhalb nach der Bezeichnungsweise von Herzog und Jancke (1928)

Zur weiteren Vereinfachung sollen die reflektierenden Tangentialebenen durch ihre Berührungspunkte dargestellt werden, d. h. durch den Punkt, in dem die Normale der entsprechenden Netzebenenschar die Kugelfläche trifft. Polanyi (1921) hat diese Kugel die *Lagenkugel* genannt, weil die Punkte ihrer Oberfläche durch die von ihnen als Normale von Ebenenscharen ausstrahlenden Radien die Lagen dieser Ebenen kennzeichnen.

In Abb. 127a stelle nun der Kreis O die Lagenkugel, MN die Tangentialebene in Punkt P und SP den dort einfallenden Elementarstrahl des Röntgenlichtes mit dem Glanzwinkel $\vartheta/2$ einer Netzebenenschar S_d dar. Wir wollen uns auf den einfachsten Fall beschränken, wo in der Bedingungsgleichung (1) $n=1$ ist. Der reflektierte Strahl PR bildet rückwärts verlängert mit der Strahlenrichtung NO des eintretenden Röntgenbündels den Winkel ϑ. Läßt man nun die ganze Figur um ON als Achse rotieren, so ist leicht ersichtlich, daß geometrisch die Bedingung $\sin \vartheta/2 = \lambda/2d$ für sämtliche Punkte des Kreises PK erfüllt ist, den der Punkt P hierbei auf der Kugelfläche durchläuft. Auf dem Kreis $PJKL$ liegen somit sämtliche Reflexionspunkte der verschiedenen Lagen der Netzebenenschar S_d; Polanyi (1921) nennt ihn deshalb den zur Netzebenenschar mit dem Gitterabstand d gehörigen *Reflexionskreis*.

Der Reflexionskreis entspricht den Debye-Scherrer-Ringen, die somit anzeigen, daß in einem Pulver alle möglichen Lagen der reflektierenden Ebenenschar S_d auftreten. Im Faserobjekt fehlen jedoch gewisse Lagen, denn die Netzebenenscharen sind im Raume nicht beliebig, sondern rotationssymmetrisch
zur Faserachse angeordnet. Werden nun z. B. für eine Netzebenenschar $S_{d\varrho}$
mit dem Ebenenabstand d und dem Normalenwinkel ϱ, die auf der Lagenkugel
durch den Punkt T dargestellt ist (Abb. 127b), die Reflexionsbedingungen
erfüllt, so würden entsprechend Abb. 127a alle übrigen Lagen auf dem Kreise

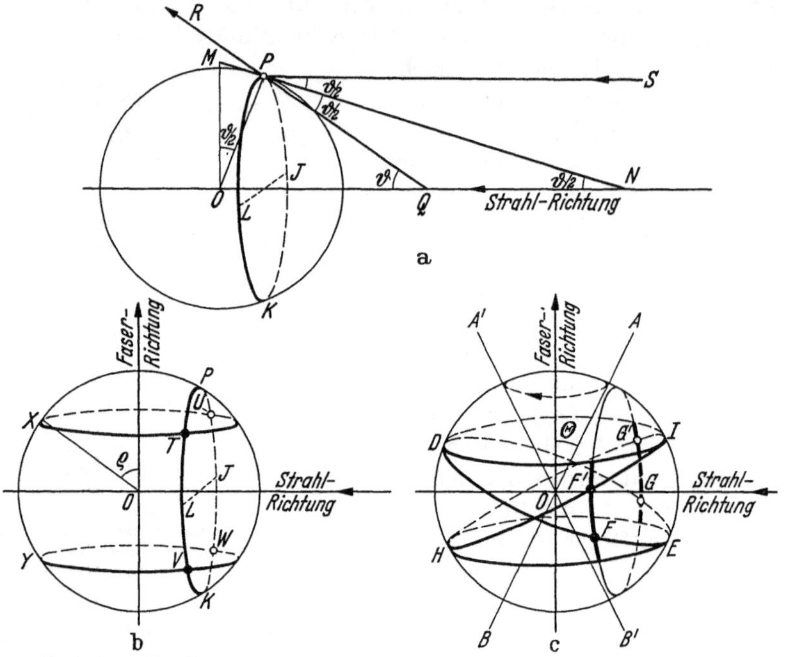

Abb. 127a—c. Entstehung der Röntgeninterferenzen an der Oberfläche der Lagenkugel 0. a Debye-Scherrer-
(Ring-)Diagramm; PK Reflexionskreis; NM Netzebene; SR reflektierter Röntgenstrahl; $\vartheta/2$ Reflexionswinkel;
ϑ Ablenkungswinkel, der zur Messung gelangt. b Faser-(4 Punkt-)Diagramm; T, U, V, W Reflexionspunkte;
ϱ Normalenwinkel. c Sichel-(Schrauben-)Diagramm; FF', GG' Reflexionszonen; Θ Steigungswinkel

TKP ebenfalls reflektieren. Die Rotationssymmetrie beschränkt jedoch die
Lagen der Ebenen mit dem Normalenwinkel ϱ auf die beiden Breitenkreise
TUX und VWY der Lagenkugel. Infolgedessen können Reflexionen nur dort
stattfinden, wo die beiden Breitenkreise den Reflexionskreis schneiden, d. h.
bei T, U, V und W. Diese vier Punkte auf der Lagenkugel veranschaulichen
die vier Interferenzflecken jeder Netzebenenschar auf dem Faserdiagramm.
Vergrößert man den Normalenwinkel ϱ, rücken die Punkte gegen den Äquator
und vereinigen sich schließlich zu einem Äquatorpunkte, wenn $\varrho = 90^\circ$ wird,
d. h. wenn die Netzebenenschar $S_{d\varrho}$ parallel zur Faserrichtung steht.

Die beiden Breitenkreise TUX und VWY entsprechen den Schichtlinien.
Durch sie werden alle Netzebenenscharen mit dem gleichen Normalenwinkel ϱ,
aber mit verschiedenen Netzebenenabständen d zur Darstellung gebracht. Alle
Netzebenen, deren Interferenzpunkte auf der ersten Schichtlinie liegen, schneiden
die Faserachse in einem Abschnitt, den man gleich 1 setzt; das Millersche Sym-

bol (s. S. 215) dieser Ebenen heißt daher $(h\,1\,l)$. Für die zweite Schichtlinie gilt $(h\,2\,l)$, für die dritte $(h\,3\,l)$ und für den Äquator $(h\,0\,l)$ (s. Abb. 126).

Um die Faserperiode b zu berechnen, drücken wir den Netzebenenabstand d einer die Faserachse schneidenden Schar in Funktion des Normalenwinkels aus (Abb. 128a):

$$d = b \cos \varrho$$

und kombinieren diese Gleichung mit dem Braggschen Reflexionsgesetz (1), wobei nur die erste Ordnung berücksichtigt wird $(n = 1)$. Man erhält dann

$$b = \frac{\lambda}{2 \sin \dfrac{\vartheta}{2} \cos \varrho} \,. \qquad (3)$$

Aus Abb. 128b, wo TP einen Ausschnitt aus einem Reflexionskreis, OT und OP Radien der Lagenkugel und QT sowie QP Mantellinien der Kegelfläche QTP bedeuten (vgl. Abb. 127a und b), geht hervor, daß

$$\frac{\cos \varrho}{\cos \dfrac{\vartheta}{2}} = \frac{\sin \mu}{\sin \vartheta} \,.$$

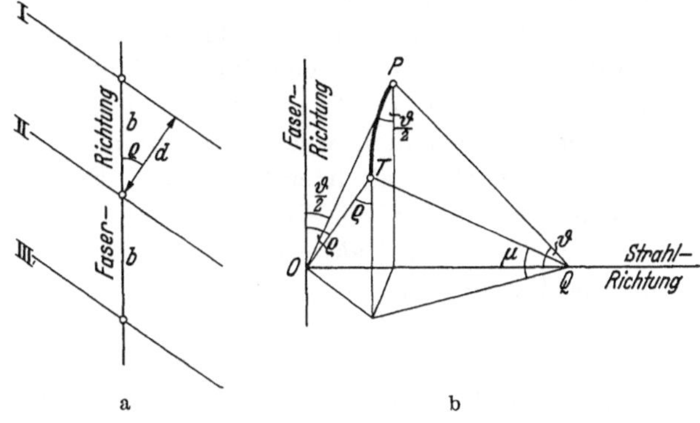

Abb. 128a u. b. Schichtlinienbeziehung. a Beziehung zwischen Netzebenenabstand d und Faserperiode b. b Darstellung des Schichtlinienwinkels μ. $\vartheta/2$ Reflexionswinkel; ϱ Normalenwinkel. Buchstabenbezeichnung wie in Abb. 127a u. b

Setzt man den so erhaltenen Wert für $\cos \varrho$ in (3) ein, erhält man folgende Beziehung, in der sich $\sin \vartheta$ gegen $2 \sin \vartheta/2 \cos \vartheta/2$ heraushebt.

$$b = \frac{\lambda \sin \vartheta}{\sin \mu \cdot 2 \sin \dfrac{\vartheta}{2} \cdot \cos \dfrac{\vartheta}{2}} = \frac{\lambda}{\sin \mu} \,.$$

Diese Gleichung gilt für Netzebenen, welche die Faserachse im Abstande b schneiden (1. Schichtlinie). Für Ebenen, die auf der y-Achse Bruchteile von b abschneiden, z. B. $b/2$ oder allgemein b/k, muß die rechte Seite der Gleichung mit k multipliziert werden, woraus sich die Schichtlinienbeziehung (2) ergibt.

Aus Formel (2) haben verschiedene Autoren (POLANYI 1921; SPONSLER und DORE 1926; MEYER-MARK 1930; ASTBURY 1933; HEYN 1933b) die Faserperiode des Cellulose-4-Punkt-Diagramms berechnet zu

$$b = 10,3 \text{ A.}$$

Die Schichtlinienbeziehung ist in der Kristallstrukturforschung eine sehr wichtige Untersuchungsmethode geworden, indem man von Makrokristallen bezogen auf beliebige kristallographische Richtungen Faserdiagramme erhalten kann, wenn man sie während der Röntgenaufnahme um die betreffende Achse rotieren läßt. Es ist daher bemerkenswert, daß POLANYI (1921) dieses Gesetz an einem pflanzlichen Objekte, nämlich an der Ramiefaser abgeleitet hat.

c) Bestimmung des Kristallgitters

Eine Schichtlinienaufnahme genügt noch nicht, um die Struktur der vorhandenen Kristallart eindeutig bestimmen zu können. Zu diesem Zwecke sind Aufnahmen nach den drei kristallographischen Hauptrichtungen des Kristalles notwendig, die dann die Identitätsperioden in den drei Richtungen des Raumes liefern. Ebenenscharen, deren Flächen senkrecht zur Einfallsrichtung des Röntgenstrahles stehen, können keine Reflexe ergeben, so daß sich bestimmen läßt, welche Ebenen den mutmaßlichen Elementarbereich des Raumgitters begrenzen.

Bei den pflanzlichen Skelettsubstanzen stößt nun diese Methode insofern auf Schwierigkeiten, als diese Stoffe in den Fasern in mikrokristalliner Form und rotationssymmetrisch angeordnet vorkommen. Alle parallel zur Faserachse verlaufenden Ebenen beteiligen sich daher an der Reflexion, und es läßt sich darum nicht entscheiden, welche Interferenzen von sich ungefähr senkrecht überschneidenden Kristallgitterebenen herrühren. Weil nun die Cellulosemikrofibrillen nicht rund, sondern abgeplattet sind, konnte dieser Schwierigkeit durch Walzen von Gelen aus Bakteriencellulose begegnet werden (MEYER und MARK 1930). Die Bändchenfläche kommt dann nämlich in die Walzebene zu liegen und vermag bei senkrechter Einstrahlung des Röntgenbüschels nicht zu reflektieren. Derartige Präparate, in denen die Mikrokristalle in bezug auf bestimmte Richtungen gleich gelagert sind, nennt man höher orientiert.

Solche Präparate höherer Ordnung erlaubten, die Kristallstruktur der Cellulose aufzuklären. Zu diesem Zwecke numerierte man zunächst die Interferenzen des Faserdiagramms, nach Schichtlinien geordnet, wie dies in der unteren Hälfte der Abb. 126 angegeben ist. Die wichtigsten Interferenzen sind jene auf dem Äquator A_1, A_2 und A_4, weil sie von Ebenen parallel zur Faserachse stammen. Der schwache Fleck A_3 zwischen A_2 und A_4, der auf vielen Diagrammen auftritt, rührt davon her, daß die gewöhnlich verwendeten Kupferkathoden der Röntgenröhren neben der Hauptstrahlung von 1,54 A Wellenlänge eine zweite, viel schwächere Strahlung von etwas kleinerer Wellenlänge aussenden. Arbeitet man mit monochromatischer Kupferstrahlung, indem man die Nebenstrahlung wegfiltert, verschwindet die Interferenz A_3. Trotzdem hat man keine Umnumerierung der Interferenz A_4 vorgenommen, die in Tat und Wahrheit die dritte Interferenz auf dem Äquator vorstellt.

Die Aufgabe der Strukturaufklärung besteht nun darin, die gegenseitige Lage der Ebenen, die Interferenzen liefern, festzulegen, den Elementarbereich des Gitters zu bestimmen und das Cellulosemolekül so in das gefundene Parallelepiped hineinzustellen, daß die beobachteten Intensitäten der Interferenzen erklärt werden können. Die gegenseitige Stellung der Netzebenen wird durch die sog. Millerschen Indices zum Ausdruck gebracht, deren Wesen kurz erläutert werden soll. In der Kristallographie bezieht man die Netzebenen, die stets mögliche Kristallflächen sind, auf ein Achsensystem mit den Achsen x, y, z und charakterisiert jede Ebene durch die reziproken Werte ihrer Achsenabschnitte. So bedeutet z. B. (hkl) eine Ebene, die auf der Achse x den Abschnitt $1/h$, auf y den Abschnitt $1/k$ und auf z den Abschnitt $1/l$ bildet. Man bedient sich der reziproken Abschnitte, die nach ihrem Propagator Millersche Indices heißen, weil sich mit ihnen alle Kristallberechnungen einfacher gestalten als mit den Abschnitten selbst. Auf jeder der Achsen x, y, z werden die Achsenabschnitte in einem anderen Maßstabe gemessen, der durch das kristallographische Achsenverhältnis gegeben ist. Das Achsenverhältnis ist nämlich der makroskopische Ausdruck der Identitätsperioden auf x, y, z, d. h. der Abstände, die gleichwertigen Punkten in diesen drei Richtungen des Raumes zukommen. Dieser Abstand betrage auf der x-Achse a, auf der y-Achse b und auf der z-Achse c; dann sagt man: die Netzebene, welche durch die Punkte ABC gelegt werden kann (Abb. 129), habe auf den Achsen x, y, z den Abschnitt 1. Ihr kommt somit das Millersche Symbol (111) zu. Eine andere Netzebene soll die y-Achse im Abschnitte $b/2$ treffen; ihr Symbol heißt dann (121). Eine Ebene, die parallel zu y verläuft, schneidet diese Achse erst im Unendlichen, ihr reziproker Achsenabschnitt ist daher (0) und ihr Symbol $(h0l)$; und im Spezialfalle, wo sie durch A und B geht, (101). Eine Ebene, die parallel zu x und y steht, heißt $(00l)$ usw. Ebenen, die eine oder mehrere der Achsen auf deren Verlängerung über den Ursprung 0 hinaus schneiden, erhalten für die betreffende Achse negative Indices; $(10\bar{1})$ schneidet z. B. die z-Achse im Abschnitt $-c$.

In zu Filmen ausgezogenen Präparaten von Bakteriencellulose fällt die Interferenz A_1 aus, wenn die Durchstrahlung senkrecht zur Filmebene erfolgt. Umgekehrt erscheint A_2 geschwächt, wenn man Aufnahmen parallel zur Querrichtung des Filmes macht. Hieraus folgt, daß die zu A_1 gehörende Netzebene ungefähr in der Filmfläche und die zu A_2 gehörende ungefähr senkrecht dazu liegen muß. In einer dritten Aufnahme parallel zur Dehnungsrichtung findet man A_1 und A_2 in der Tat senkrecht zueinander orientiert, nämlich A_1 auf dem Äquator und A_2 auf der Medianen des Diagramms. Die Interferenz A_4 tritt in vier Sektoren auf, deren Mittellinien den Äquator und die Mediane unter etwa 45^0 kreuzen. Hieraus

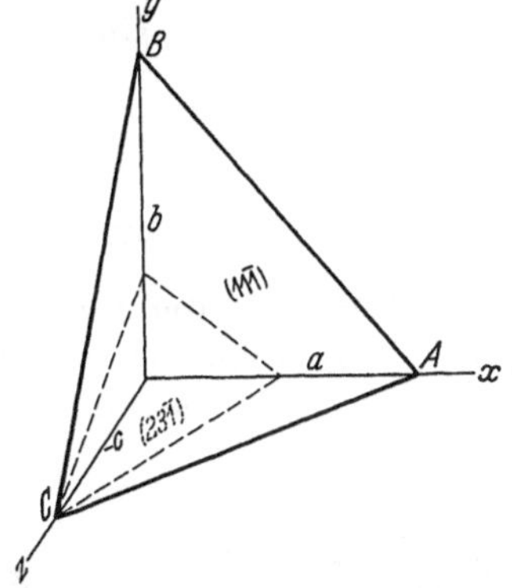

Abb. 129. Erklärung der Millerschen Indices. x, y, z Bezugsachsen des Kristallgitters der Cellulose; a, b, $-c$ Achsenabschnitte. $(11\bar{1})$ Netzebene mit den Abschnitten $a:b:-c$. $(23\bar{1})$ Netzebene mit den Abschnitten $a/2:b/3:-c$. NB. In der Kristallographie werden immer die c-Achse vertikal und die b-Achse links-rechts verlaufend gestellt. Da indessen bei der Cellulosefaser die b-Achse mit der stets aufrecht gezeichneten Faserachse zusammenfällt, wurde für das Cellulosegitter diese Aufstellung mit vertikaler b-Achse gewählt. Die Abschnitte auf der c-Achse sind von den Cellulosechemikern im Gegensatz zu der in der Mineralogie üblichen Art im stumpfen Winkel β (nach vorn verlaufend) *negativ* $(-c)$ gewählt worden

folgt, daß die zu A_4 gehörende Ebene eine Diagonalebene in einem aus den Ebenen A_1 und A_2 gebildeten Parallelepiped vorstellt. Unter Berücksichtigung der abgeleiteten Faserperiode scheint dieses Parallelepiped dem Elementarbereich des Cellulosegitters zu entsprechen. Nun muß jedoch beachtet werden, daß von den Interferenzen der Netzebenenschar senkrecht zur Faserachse I_0, II_0, III_0 usw. nur II_0, IV_0, VI_0 auf den geradzahligen Schichtlinien auftreten, während jene auf den ungeradzahligen fehlen. Dies bedeutet, daß die Eckkanten parallel zur b-Achse des erwähnten Parallelepipeds nicht gleichwertig, sondern in der Abfolge ihrer Massenpunkte um $^1/_4$ Faserperiode gegeneinander verschoben sind. Um einen Elementarbereich mit identischen Kanten zu erhalten, muß man daher diesen scheinbar kleinsten Bereich des Cellulosegitters verdoppeln.

Wie Abb. 130b zeigt, werden dann die A_1- und A_2-Ebenen zu Diagonalen und die A_4-Ebene zur Grundlinie eines so verdoppelten Parallelogramms. In diesem wählt man die dem größten Netzebenenabstand entsprechende Schar A_1 als (101)-Ebene und die Schar A_2 als (10$\bar{1}$)-Ebene. Der Reflex A_4 erhält den Index (002) einer Ebenenschar, die parallel zu den Achsen a und b verläuft und die Achse c hälftig unterteilt. Der so erhaltene Grundriß des Elementarbereiches ist flächenzentriert.

Mit Hilfe der Glanzwinkel $\vartheta/2$ dieser drei Ebenen können drei Gleichungen aufgestellt werden, in welche die Seiten a und c sowie der Winkel β des Grundrisses des unbekannten Elementarbereiches eingehen:

$$\sin\frac{\vartheta_1}{2} = \frac{\lambda^2}{4}\left(\frac{1}{a^2} + \frac{1}{c^2} - \frac{1}{ac}\cdot\cos\beta\right)\frac{1}{\sin^2\beta}\,,$$

$$\sin\frac{\vartheta_2}{2} = \frac{\lambda^2}{4}\left(\frac{1}{a^2} + \frac{1}{c^2} + \frac{1}{ac}\cdot\cos\beta\right)\frac{1}{\sin^2\beta}\,,$$

$$\sin^2\frac{\vartheta_4}{2} = \frac{\lambda^2}{4}\frac{4}{c^2}\cdot\frac{1}{\sin^2\beta}\,.$$

Rechnet man die drei unbekannten Größen aus, erhält man für β 84°, so daß also kein rhombisches, sondern ein monoklines Gitter vorliegt, und für a und c 8,35 bzw. 7,9 A, wie dies auf S. 111 und in Tabelle 31 aufgeführt ist. Die b-Achse des Parallelepipeds ist die mit Hilfe der Schichtlinien berechnete Faserperiode $b = 10{,}3$ A.

Nachdem der Elementarbereich bekannt ist, muß man die Kristallklasse innerhalb des monoklinen Systems bestimmen. Es gibt deren drei, von denen zwei durch Symmetrieebenen ausgezeichnet sind. Solche treten nur auf, wenn die kristallisierende Verbindung keine optische Aktivität aufweist. Da indessen die Cellulose optisch aktiv ist, kommt nur die niedrigst symmetrische Klasse mit zweizähligen Drehachsen in Richtung der Faserperiode b in Betracht. Anschließend muß die Raumgruppe, d. h. die Symmetrie der vorhandenen Punktlagen ermittelt werden. Es gibt wiederum drei Raumgruppen in der erwähnten monoklinen Klasse. Von diesen können eine auf Grund der oben erwähnten Auslöschung der Basisreflexe auf den geradzahligen Schichtlinien und eine zweite zufolge des gleichzeitigen Auftretens der Reflexe (101), (311), (321) und (012) ausgeschlossen werden (MEYER und MARK 1930). So bleibt die Raumgruppe übrig, welche zwei Parallelscharen zweizähliger Schraubenachsen in Richtung der Drehachse b aufweist. Deren Lage ist in der Darstellung des Elementarbereichs von Abb. 78a durch das S-förmige Symbol für zweizählige Schraubenachsen angedeutet.

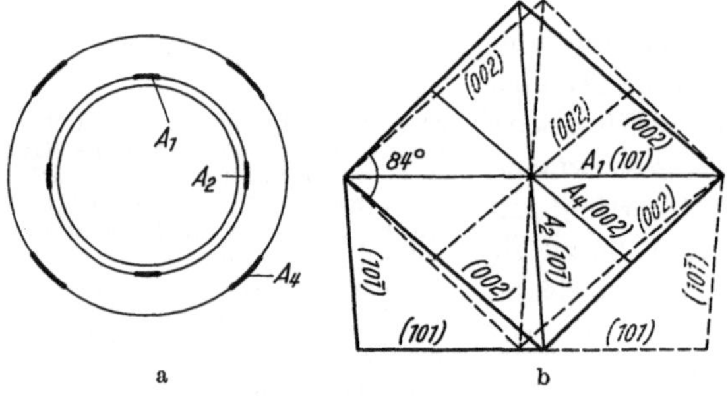

Abb. 130a u. b. Ableitung des Elementarbereiches der Cellulose auf Grund des Röntgendiagrammes eines gedehnten Films (Präparat höherer Ordnung). a Schema des Röntgendiagrammes bei Durchstrahlung parallel zur Dehnungsrichtung eines Cellulosefilms. b Grundriß des abgeleiteten Parallelepipeds und des zugehörigen Elementarbereiches des Cellulosegitters. — Wenn die Ebene A_1 *(101)* parallel zur Filmebene liegt, sind zwei spiegelbildliche Stellungen des Elementarbereichs möglich, welche in der Zeichnung ausgezogen und gestrichelt angedeutet sind

Nachdem die Raumgruppe bestimmt ist, berechnet man die Anzahl z der Moleküle, d. h. bei der Cellulose die Anzahl der Glucosereste, die im Elementarbereich Platz finden, und trachtet, sie unter Berücksichtigung ihres Molekülbaus den durch die gefundene Raumgruppe verlangten Symmetriebedingungen entsprechend in diesen einzubauen. Kennt man die Dichte der kristallisierten Substanz, so erlaubt die folgende Formel, z auf einfache Weise zu errechnen:

$$z = \frac{V \cdot \varrho \cdot N}{M}, \tag{4}$$

wobei V das Volumen des Elementarbereiches und ϱ die entsprechende Dichte der kristallisierten Substanz bedeuten. Das Produkt dieser beiden Größen ist das Elementargewicht. Das Gewicht eines Moleküls wird erhalten, indem man das Molekulargewicht durch die Loschmidtsche Zahl $N = 6{,}02 \cdot 10^{23}$ dividiert. Der Quotient dieser beiden Gewichte entspricht der Anzahl z der im Elementarbereich enthaltenen Moleküle. Bei der Cellulose betragen $V = 670\ \text{A}^3$, $\varrho = 1{,}59$ (s. S. 285) und $M = 162$. Werden diese Größen eingesetzt, erhält man $z = 4$.

Für die Eingliederung der vier Glucosereste ins Raumgitter der kristallisierten Cellulose sind folgende Überlegungen maßgebend. Aus den bekannten Atomabständen in organischen Molekülen berechnet sich die Länge eines Glucoserestes von einer glucosidischen Bindung zur anderen zu 5,15 A, was gerade der halben Faserperiode entspricht. Die Celluloseketten sind daher offenbar parallel zur Faserachse ausgerichtet, und der Elementarbereich umfaßt zwei in Richtung der b-Achse sich erstreckende Cellobiosereste. Diese Anordnung erklärt zugleich auch die Schraubensymmetrie längs der b-Achse, weil die Glucosereste in der Cellobiose durch die β-glucosidische Bindung gegenseitig verschraubt sind. Die beiden Cellobiosereste erscheinen um $^1/_4$ Faserperiode gegeneinander verschoben und gegenläufig angeordnet (MEYER und MISCH 1937).

Die Ebene der Glucoseringe kommt in die (002)-Ebene zu liegen, weil sie von allen Interferenzen den intensivsten Reflex liefert, was darauf hinweist, daß (002) mit den meisten Massenpunkten belegt ist. Es gibt indessen Massenpunkte, deren Lage nicht eindeutig festgelegt ist. Zum Beispiel besteht die freie Drehbarkeit der primären Alkoholgruppe um die C_5—C_6-Achse (Abb. 78b). Um die wirkliche Lage im Gitter zu finden, geht man so vor, daß die Intensitäten aller Interferenzen für verschiedene mögliche Stellungen berechnet und mit den beobachteten Intensitäten verglichen werden. Die beste Übereinstimmung liefert dann die wahrscheinlichste Stellung (ANDRESS 1929). Eine weitere Präzisierung kann mit Hilfe der festgestellten Wirkungsrichtung der die Kristallisation verursachenden seitlichen Wasserstoffbindungen zwischen benachbarten Ketten getroffen werden (s. S. 112).

Auf diese Weise ist die Kristallstruktur einer natürlichen Skelettsubstanz so weitgehend erschlossen, daß sich alle Beobachtungen über ihr Verhalten und ihre Eigenschaften aus ihrem Gitteraufbau und aus der durch die Biogenese bedingten relativ starken Gitterunordnung (vgl. S. 17) herleiten lassen.

d) Unterscheidung verschiedener Texturen (Sicheldiagramm)

Wenn in den mikrokristallinen Skelettsubstanzen keinerlei bevorzugte Orientierung herrscht, entstehen Ringdiagramme. Diese verraten daher Streuungstexturen. Liegt dagegen eine Fasertextur vor, erhält man Faserdiagramme. Außer diesen beiden Texturtypen können nun aber auch Schraubentexturen auf dem Röntgenbild an den sog. *Sicheldiagrammen* erkannt werden (Abb. 123). Die Sicheln entstehen durch Ausziehung der Äquatorinterferenzen zu Bögen. Die Bogenlänge entspricht, wie auf S. 20 erwähnt, dem doppelten Steigungswinkel $2\,\Theta$. Oft überlappen sich die beiden Bogen jedoch gegenseitig, so daß Ringe erscheinen. Solche Sichelringe kann man jedoch von Debye-Scherrer-Ringen unterscheiden, wenn man sie ihrem Kreisumfang entlang photometriert (SISSON und CLARK 1933). Man findet dann, daß die Intensität nicht gleichmäßig über den Interferenzring verteilt ist wie bei idealer Streuung, sondern daß die äquatorialen Zonen der Ringe, die von Äquatorinterferenzen stammen, dunkler sind (Abb. 122). Dann liegt der Beweis vor, daß die Streuung der Mikrofibrillen nur über einen beschränkten Streuungswinkel erfolgt, oder daß Schraubentextur vorliegt.

Die Beziehung zwischen der Bogenlänge und dem Steigungswinkel Θ kann aus Abb. 127c abgelesen werden. Die Achse der Kristallite verläuft bei Schraubentextur nicht parallel, sondern unter dem Winkel Θ zur Faserachse. Da die Zellwände zylindrisch sind, kommen alle Lagen der Mikrofibrillen vor, die durch den Kegelmantel $A'AO$ veranschaulicht sind. Von diesen Richtungen sind in Abb. 127c die Mantellinien AB und $A'B'$ sowie die ihnen zugeordneten Äquatorebenen eingezeichnet. Wo die schiefgestellten Äquatorlinien den Reflexionskreis in F und G oder in F' und G' schneiden, sind die Interferenzbedingungen erfüllt. Die übrigen verwirklichten Lagen erhält man, indem man AB durch Rotation um die Faserachse in $A'B'$ überführt. Dabei geht der zugeordnete Äquator DE in die Lage HI über, und die reflektierende Stelle wandert auf dem Reflexionskreis von F nach F'. Der Bogen FF' stellt die auf dem Diagramm erscheinende Sichel dar, und es ist aus Abb. 127c leicht ersichtlich, daß der Öffnungswinkel des Bogens FF' gleich dem doppelten Steigungswinkel $2\,\Theta$ ist.

Auf Abb. 123 beschlägt der (101)-Bogen etwa 64⁰, so daß der Steigungswinkel der aufgenommenen Baumwolle 32⁰ beträgt (vgl. Tabelle 4, S. 21). Die Äquatorinterferenzen der Faserdiagramme sind nie runde Flecken, sondern sie weisen stets eine deutliche axiale Verschmierung auf. Dies rührt davon her, daß in den Pflanzenfasern eigentlich nie eine ideale Fasertextur vorhanden ist, sondern daß stets eine gewisse Schraubungstendenz besteht; in der Hanffaser beträgt der Steigungswinkel z. B. 2⁰ und in der Ramie 4⁰ (vgl. Tabelle 4).

Wenn gekreuzte Texturen vorliegen, wie z. B. in der Zellwand von *Valonia*, treten nur die beiden durch den Kreuzungswinkel gegebenen Richtungen auf, während die übrigen durch den Kegelmantel von Abb. 127c gegebenen Richtungen fehlen. Dies hat zur Folge, daß die Äquatorreflexe in zwei auf dem zugehörigen Reflexionskreis gelegene Interferenzen aufspalten, deren Bogenabstand gleich dem Kreuzungswinkel ist.

Mit Hilfe des Röntgendiagramms kann man somit Streuungs-, Faser-, Schrauben- und Kreuzungstexturen auseinanderhalten.

e) Bestimmung von Teilchengrößen

Die Interferenzlinien der Röntgenspektren sind nur scharfe Linien, wenn die Zahl der Ebenen der reflektierenden Netzebenenschar sehr groß ist. Bei

Mikrokristallen ist nun diese Zahl oft ungenügend. Als Folge ergibt sich eine Verbreiterung der Interferenzkreise. SCHERRER (1920) hat eine Methode angegeben, wie aus der Linienbreite auf die Teilchengröße kubischer Kristallite geschlossen werden kann. Diese ist von LAUE (1926) zu einer allgemeinen Theorie ausgebaut worden. Danach besteht folgende Beziehung zwischen dem Teilchendurchmesser $\varLambda$ senkrecht zu einer Netzebenenschar und der Breite des von ihr erzeugten Debye-Scherrer-Ringes:

$$\varLambda = \frac{\lambda}{2\,\omega} \cdot \frac{R}{r} \left(\frac{1}{\dfrac{b}{r} \cos \dfrac{\vartheta}{2} - \dfrac{r}{b} \pi^2 \cos^3 \dfrac{\vartheta}{2}} \right). \tag{5}$$

In dieser Formel bedeuten λ die Wellenlänge des verwendeten monochromatischen Röntgenlichtes, R den Radius der Debye-Scherrer-Kammer, r den Radius des Präparates, $\vartheta/2$ den Glanzwinkel und b die Halbwertsbreite der entstandenen Interferenz; ω ist eine von LAUE bei der Ableitung der Formel eingeführte Konstante, welcher der Wert 0,556 zukommt. Die Größen λ und R bleiben bei einer bestimmten Untersuchung gleich, so daß sie in einer Konstanten vereinigt werden können.

Wie aus Formel (5) hervorgeht, erhält man für den Teilchendurchmesser $\varLambda$ nur einen vernünftigen Wert, wenn die Differenz unter dem Bruchstriche größer als Null ist. Es gilt daher die Bedingung $b/r > \pi \cos \vartheta/2$. Diese Beziehung zeigt, daß die Linienbreite b vom Glanzwinkel $\vartheta/2$ abhängt. Falls die submikroskopischen Kristallite mehrere Interferenzringe liefern, müssen die äußeren stets etwas breiter ausfallen als die inneren. Bei isodiametrischen Teilchen kann man deshalb so viele Größenbestimmungen machen, als Debye-Scherrer-Ringe vorliegen, die alle den gleichen Wert ergeben müssen.

Hält man r konstant, können Kurven für $\varLambda$ in Abhängigkeit von b aufgetragen werden. Mit $\vartheta/2$ als Parameter erhält man dann eine Kurvenschar, wie sie in Abb. 131 für das Beispiel des kolloiden Goldes dargestellt ist. Man erkennt, daß für Goldteilchen unter 300 A Durchmesser recht genaue Messungen durchgeführt werden können, während für größere Kristallite die Kurven asymptotisch zu parallel zur Ordinate verlaufenden Geraden werden. Das heißt, für schmale und scharfe Interferenzkreise mit kleinen b-Werten können keine genauen Bestimmungen von $\varLambda$ mehr durchgeführt werden. Die Erfassungsgrenze liegt unter 600 A.

Die Messung der Halbwertsbreite b der Interferenzkreise erfolgt durch Photometrierung der Röntgenaufnahmen. Es ergeben sich dann Kurven wie in Abb. 125. Jene Kurve stammt von mit Gold gefärbten Ramiefasern, deren Röntgendiagramm in Abb. 124 abgebildet ist. Jede Röntgeninterferenz liefert auf der Photometerkurve einen Schwärzungsberg, dessen Breite der Linienbreite entspricht. Da dessen Basisbreite nicht genau definiert ist, mißt man die sog. Halbwertsbreite b in halber Höhe des Schwärzungsberges.

Mit dieser Methode haben HENGSTENBERG und MARK (1928) die Dimensionen der Cellulosekristallite in unverholzten Fasern gemessen. Sie fanden quer zur Faserachse 50—60 A und in der Faserachse wenigstens 600 A. Wie aus der Diskussion des Kurvenverlaufes in Abb. 131 hervorgeht, bedeutet dies, daß die Länge der kristallinen Bereiche mit der Röntgenmethode nicht meßbar ist, denn diese kann ebensogut ein Vielfaches des angegebenen Wertes von 600 A betragen. In der Folge hat die Elektronenmikroskopie denn auch bewiesen, daß die kristallinen Elementarfibrillen unmeßbar lang sein können. Dagegen sind die Breitenangaben von 50—60 A heute noch gültig. Sie konnten röntgenometrisch sowohl mit Hilfe der hier beschriebenen Linienbreitenmethode (FREY-WYSSLING 1937a) als auch mit der Kleinwinkelstreuung bestätigt werden. Die Kleinwinkelmethode beruht darauf, daß eine große Anzahl gleich breiter Elementarfibrillen eine Großperiode liefern, die bei dichter Packung dem Elementarfibrillendurchmesser entspricht und Kleinwinkelinterferenzen erzeugt. HEYN (1949) hat mit dieser Methode folgende Perioden gefunden: in Hanffasern 44 A, in Flachsfasern 51,5 A, in Jutefasern 55 A, in Ramiefasern 68 A und in Baumwollhaaren 146 A. Diesen Zahlen schließen sich Messungen an Coniferen-Tracheiden von WARDROP (1952) mit 56 A an. Interessanterweise stimmen diese Werte größenordnungsmäßig mit der elektronenmikroskopisch gemessenen Dicke der Elementarfibrillen überein (s. S. 16), so daß deren Kern also sicher ein ideales Kettengitter aufweist (Abb. 13 und 80, S. 17 und 114).

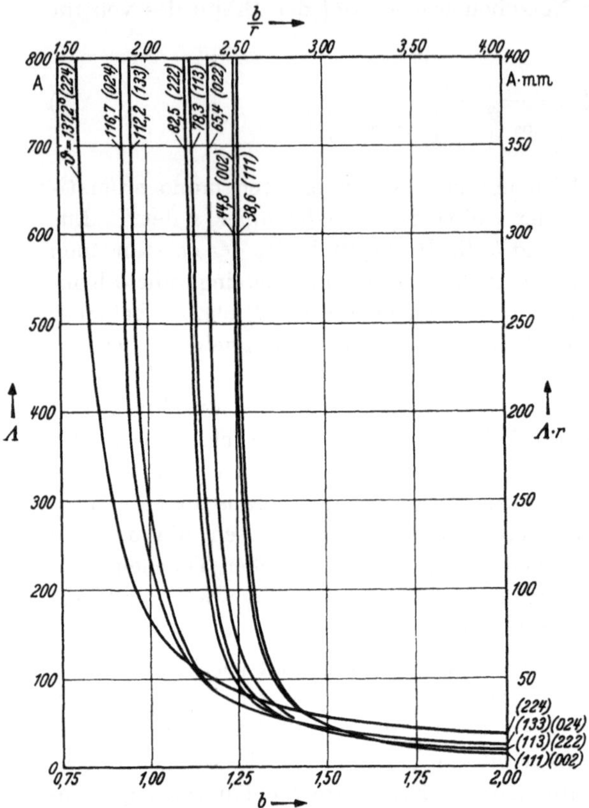

Abb. 131. Abhängigkeit der Halbwertsbreite b von der Teilchengröße Λ für die Interferenzen von Goldkristalliten. r Halbmesser des Präparates. Ordinate links: Teilchengröße Λ in A für $r = 0{,}5$ mm, rechts: $\Lambda \cdot r$ in $A \cdot$ mm. Abszisse unten: Halbwertsbreite b in mm für $r = 0{,}5$ mm, oben: b/r

Die Teilchengrößenbestimmung kann auch dazu verwendet werden, die Größenordnung der interfibrillaren Räume abzuschätzen. Zu diesem Zwecke müssen kristallisierende Farbstoffe in das interfibrillare Raumsystem der Zellwände eingebracht werden. Hierfür haben sich kolloide Edelmetallfärbungen als geeignet erwiesen (FREY-WYSSLING 1937a). Für solche Färbungen tränkt man Fasern in 1—2% Lösungen von Silbernitrat oder Goldchlorid, preßt sie zwischen Filtrierpapier aus und reduziert anschließend die aufgenommenen Salze im Licht oder mit Hydrazinhydrat (A. FREY 1925b). Hierauf erscheinen die Zellwände braun gefärbt und tragen im Polarisationsmikroskop einen prachtvollen Dichroismus (s. S. 269) zur Schau.

Das Röntgendiagramm solcher Fasern zeigt die Fasertextur der Cellulose überlagert von Debye-Scherrer-Ringen des Silbers oder des Goldes (Abb. 124).

Die kolloiden Edelmetallteilchen sind also nicht gerichtet eingelagert, sondern sie nehmen in den interfibrillaren Räumen beliebige Stellungen ein. Der Teilchendurchmesser Λ erlaubt, ein Mindestmaß für den Durchmesser der vorhandenen Räume zu errechnen. Die zahlreichen durchgeführten Messungen ergaben bei Ramiefasern im Mittel 85 A.

Solche Zwischenräume sind indessen nicht zwischen allen kristallinen Bereichen mit einem mittleren Durchmesser von 50 A möglich, denn sonst müßten die Cellulosefasern ein viel geringeres Raumgewicht besitzen, als tatsächlich festgestellt wird. Hieraus wurde geschlossen, daß die kristallinen Bereiche in den Zellwänden zu gröberen Mikrofibrillen von etwa 250 A Durchmesser zusammengezogen seien (FREY-WYSSLING 1937a), wie dies später tatsächlich im

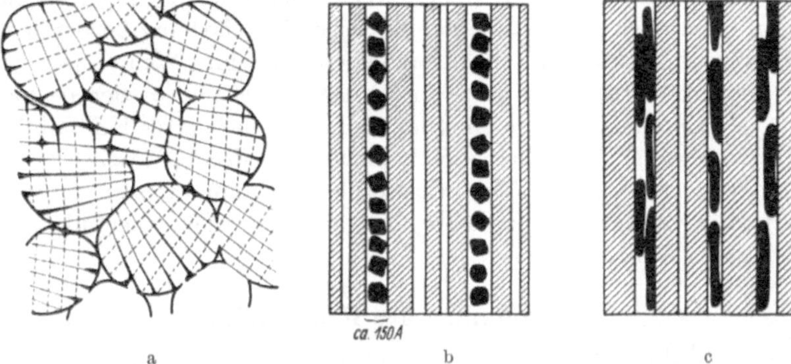

Abb. 132a—c. Gold- und Amalgamfärbung (FREY-WYSSLING 1937a). a Heterocapillares Raumsystem auf dem Querschnitt durch Cellulosefasern. Die groben Kolloidcapillaren zwischen den Mikrofibrillen haben Durchmesser von der Größenordnung 100 A. b Goldkriställchen in einer längsgeschnittenen Capillare. c β-Silberamalgamnadeln in die interfibrillaren Capillaren eingelagert

Elektronenmikroskop festgestellt wurde. Zwischen den Mikrofibrillen sind dann interfibrillare Capillaren von etwa 100 A Durchmesser möglich. Ferner wurden intermicellare Spalträume im Innern der Mikrofibrillen postuliert, die nur für Mikromoleküle (H_2O, J_2), nicht aber für Kolloidteilchen (Kongorot, kolloides Gold) zugänglich sind.

Abb. 132a gibt ein Schema wieder, das seinerzeit aus der Teilchengrößenbestimmung von eingelagertem Gold abgeleitet worden war, unter der Voraussetzung, daß benachbarte Mikrofibrillen miteinander verbändert und deren Kristallgitter relativ wenig gegeneinander verworfen seien. Sie zeigt ein heterocapillares Hohlraumsystem aus interfibrillaren Gängen von der Größenordnung 100 A und intermicellare Spalten von amikroskopischen Abmessungen (<10 A).

Man könnte sich vorstellen, daß die groben Capillaren in der Zellwand nicht vorgebildet, sondern durch den Kristallisationsprozeß der Kolloidteilchen aufgesprengt worden seien. Hiergegen sprechen die Beobachtungen von WARDROP (1954d), nach denen in verholzten Fasern die Goldteilchen 80 A, in delignifizierten Fasern dagegen 123 A messen. Die wachsenden Goldteilchen scheinen also in der ungebleichten Faser die interfibrillaren Räume nicht auf 120 A Weite aufsprengen zu können. Dagegen zeigen die Kolloidteilchen nach Entfernung des Lignins auf 123 A vergröberte Capillaren an. Ein eventueller Aufquellungseffekt durch das Kristallwachstums wird daher als unbedeutend erklärt. Die

elektronenmikroskopische Beobachtung der in die Cellulosetextur eingelagerten
Schwermetallteilchen wird dadurch erschwert, daß diese infolge ihres großen
Gewichtes bei der Präparation leicht aus dem Schnitte herausfallen und verlorengehen. WARDROP (1954d) ist es indessen gelungen, die zwischen die Mikrofibrillen eingeklemmten Metallteilchen abzubilden. Es handelt sich, wie voraus-
zusehen war, um isodiametrische Körnchen.

Die Körnchen erscheinen als langgestreckte Kristallitaggregate (Abb. 132b).
Diese Stäbchenform ist bereits früher mit Hilfe des Ultramikroskops nachgewiesen worden, indem die Lichtstreuung von mit Gold gefärbten Fasern bei
seitlicher Beleuchtung viel intensiver ist, als wenn das Licht in Richtung der
Faserachse einstrahlt (FREY-WYSSLING 1937b).

Die zylindrische Gestalt der Haarröhrchen der interfibrillaren Räume von
Textilfasern kann auch mit Hilfe einer Silberamalgamfärbung bewiesen werden.
Dieses Amalgam kristallisiert in hexagonalen Nadeln. Wenn man nun mit
Sublimat getränkte Fasern in Silbernitrat legt, erscheint in der getrockneten
Faser auf der Röntgenaufnahme ein Diagramm parallelisierter Kristallnädelchen
des β-Silberamalgams, deren hexagonale Achse mit der Faserachse zusammenfällt (FREY-WYSSLING 1937a). Die interfibrillaren Räume müssen daher parallel
zur Fasertextur verlaufen, wie dies später auf den Elektronenmikrogrammen
bestätigt wurde (Abb. 132c).

f) Bestimmung der Kristallinität

Amorphe Substanzen liefern im Gegensatz zu submikroskopischen Kristalliten auf der photographischen Platte der Röntgenkamera keine deutlichen
Interferenzlinien, sondern eine diffuse Schwärzung, eventuell mit einem ring-
förmigen flachen Intensitätsmaximum, dessen Lage dem mittleren Abstande
der ungeordneten Moleküle entspricht. Liegt ein Gemisch von kristallinen und
amorphen Anteilen vor, entstehen die Interferenzlinien daher auf einem grauen
bis grauschwarzen Hintergrund. Bei der Ausphotometrierung der Aufnahme
erhält man deshalb ein Schwärzungsplateau, auf welchem die Schwärzungsberge
der kristallinen Substanz aufgesetzt sind. Das Plateau setzt sich zusammen
aus der sog. Untergrundschwärzung, die auf allen Röntgenaufnahmen vom
Zentrum des Diagramms nach außen abnimmt (Abb. 125), und aus der diffusen
Streuung durch die amorphe Substanz. Die quantitative Auswertung der
Schwärzungsintensität des Untergrundes, des diffusen Plateaus und der Inter-
ferenzmaxima aus der Photometerkurve erlaubt, den amorphen und den kristallinen Anteil der im untersuchten Objekte vorliegenden Substanz zu berechnen.
Die kristalline Quote läßt sich in Prozenten der Gesamtmasse ausdrücken, und
falls es sich um eine chemisch einheitliche Verbindung handelt, kann dieser
Anteil als „Kristallinität" bezeichnet werden.

Für Cellulose ergibt die Methode nach HERMANS und WEIDINGER (1949)
folgende Werte: gereinigte Cellulosefasern, d. h. Cellulose der Sekundärwand
70%, Zellstoff 65% und Bakteriencellulose 40% Kristallinität. Ähnlich niedrige
Werte wie die Bakteriencellulose liefert die Primärwandcellulose; je nachdem,
ob man sie für elektronenmikroskopische Untersuchungen durch Maceration
präpariert oder für die Ermittlung ihres Polymerisationsgrades aufschließt,
findet man 57% oder 34% (FREY-WYSSLING 1954), woraus sich der in Tabelle 2

(S. 15) enthaltene Mittelwert von 45% errechnet. Man darf sich vorstellen, daß die sog. „amorphe" Cellulose dem parakristallinen Anteil entspricht, der den echt kristallinen Kern der Elementarfibrillen umgibt (s. Abb. 13 und 80, S. 17 und 114).

Die Kristallinität kann auch aus der Wassermenge, die getrocknete Fasern im feuchten Raume aufnehmen, berechnet werden (MHATRE und PRESTON 1947), wobei angenommen wird, daß nur die parakristallinen, nicht aber die kristallisierten Celluloseketten Wasser zu adsorbieren vermögen. Für Ramiefasern werden auf diese Weise 64,7% und für Baumwolle 66,0% kristalline Cellulose gefunden.

g) Übersicht über die Daten der Röntgenanalyse

Die Röntgendiagramme pflanzlicher Zellwände erlauben, wie aus dem vorhergehenden Abschnitte folgt, vier verschiedene Größen zu messen: 1. den gegenseitigen Abstand, 2. die Schwärzungsintensität, 3. die Breite und 4. die Anordnung der Interferenzen.

1. Aus dem Abstande der Interferenzen lassen sich mit Hilfe des Braggschen Reflexionsgesetzes die Abstände der entsprechenden Gitterebenen berechnen. Für die Bestimmung des Elementarbereiches und der Raumgruppe des Kristallgitters mikrokristalliner Gerüstsubstanzen müssen Präparate höherer Ordnung vorliegen, wie dies bei Cellulose und Chitin der Fall ist (Tabelle 31).

2. Aus der Schwärzungsintensität der Interferenzen kann man auf die Massenbelastung der zugeordneten Netzebenenscharen schließen. Die den am stärksten geschwärzten Interferenzen entsprechenden Netzebenen, wie z. B. (002) bei der Cellulose, müssen die dichteste Belegung mit Atomen aufweisen. Diese Beziehung erlaubt, die Richtigkeit einer auf Grund von 1. aufgestellten Kristallstruktur nachzuprüfen, indem sich die Intensitäten aller Interferenzen eines Gitters berechnen und mit den auf dem Diagramm beobachteten Schwärzungen vergleichen lassen.

3. Aus der Breite der Interferenzlinien ergibt sich nach der Formel (5) von LAUE die Größe der die Interferenzen erzeugenden kristallinen Bereiche. Je breiter die Interferenz, um so kleiner, und je schärfer die Linien, desto größer sind die Kristallite. Sind bei vergleichbaren Beugungswinkeln die Interferenzbreiten auf dem Äquator und auf der Medianen stark voneinander verschieden, handelt es sich um langgestreckte, stäbchenförmige kristalline Bereiche.

4. Die Anordnung der Interferenzen gibt Auskunft über die Textur der Zellwände. Faserdiagramme verraten in bezug auf eine bestimmte Richtung parallelisierte Mikrofibrillen. Wenn das Faserdiagramm vollständig ist, treten alle durch Rotation der kristallinen Bereiche um die Fibrillenachse möglichen Lagen auf. Dies kann daher rühren, daß senkrecht zur Faserachse keine Ordnung herrscht, oder daß die Kristallite in bezug auf die Kristallachse senkrecht zur Faserperiode zirkular angeordnet sind; in den pflanzlichen Zellwänden ist der zweite Fall verwirklicht. Fallen gewisse Interferenzflecke des Faserdiagramms aus, so handelt es sich um ein höher orientiertes Präparat; die der fehlenden Interferenz entsprechende Netzebenenschar steht dann ungefähr senkrecht zum einfallenden Röntgenstrahl.

Sind die Interferenzflecke zu Sicheln ausgezogen, liegt *Schraubentextur* vor. Die Bogenlänge der Sicheln entspricht dem doppelten Steigungswinkel. Schließlich können sich diese bei *Streuungstexturen* zu Interferenzringen schließen. Bei vollkommener Streuung erscheint der ganze Interferenzkreis gleich intensiv, während eine ungleiche Intensitätsverteilung eine gewisse Bevorzugung bestimmter Richtungen verrät (Abb. 121).

Zusammenfassend kann gesagt werden, daß auf dem Röntgendiagramm vermessene *Strecken*, *Winkel* und *Intensitäten* entsprechende Auskunft über *Abstände*, über *Winkel* und über *Mengenverteilungen* im Kristallgitter oder in den vorhandenen Texturen geben.

2. Optik

Optisch zeichnen sich die pflanzlichen Zellwände durch eine ausgesprochene *Anisotropie* aus, d. h. sie verhalten sich polarisiertem Lichte gegenüber nach Richtungen verschieden. Wie wir heute wissen, wird die optische Anisotropie durch den Kettengitterbau der mikrofibrillaren Gerüstsubstanzen und die besondere Ausbildung der Fibrillentexturen verursacht. Es ist daher möglich, umgekehrt aus der Beurteilung der anisotropen Eigenschaften auf den Feinbau zurückzuschließen. Es sollte daher jeder elektronenmikroskopischen Untersuchung von Zellwänden eine orientierende optische Analyse im Polarisationsmikroskop vorausgehen, die Anhaltspunkte darüber liefert, was für Texturen zu erwarten sind.

Den höchsten Grad der Zellwandanisotropie zeigen die pflanzlichen Fasern. Alle optischen Erscheinungen, sowohl die Lichtbrechung wie auch die Lichtabsorption und die Lichtbeugung, sind in der Regel parallel und senkrecht zur Faserachse stark verschieden. Die Faserzellwände zeigen daher auffallende Effekte der Doppelbrechung, der Doppelabsorption (Dichroismus) und der Doppelbeugung. Die Doppelbeugung ist für den besonderen Glanz der gereinigten Pflanzenfasern verantwortlich; der Dichroismus äußert sich bei gewissen Färbungen, während die Doppelbrechung eine so allgemein verbreitete und wichtige Eigenschaft der Zellwände ist, daß deren Charakterisierung ohne Berücksichtigung ihres optischen Verhaltens im polarisierten Lichte als unvollständig bezeichnet werden muß.

a) Brechungsvermögen

Die Zellwände weisen häufig ein so hohes Lichtbrechungsvermögen auf, daß das Relief in Wasser eingebetteter histologischer Schnitte zu ausgeprägt erscheint. Die schwarzen Konturen werden dann durch Übertragung in Medien mit höherem Brechungsindex (in Glycerin oder nach vorangehender Entwässerung in Canadabalsam) gemildert, wodurch sich das Objekt *aufhellt*.

Lichtzone (Linea lucida)

In aufgehellten Präparaten läßt sich manchmal feststellen, daß gewisse Zellwände das Licht nicht in ihrer ganzen Ausdehnung gleich stark brechen. Es ist bereits darauf hingewiesen worden (S. 62), daß der Casparysche Streifen der Wurzelendodermis optisch dichter erscheint als die Wand, in die er eingelagert ist. Ein noch auffallenderes Beispiel dieser Art ist die sog. Lichtlinie (linea lucida) oder Lichtzone, die man in den Samenschalen vieler Angiospermen findet (Tunmann-Rosenthaler 1931). Mattirolo (1885) beschreibt solche helle Zonen im Querschnitt der Samen von 44 Arten, verteilt über 30 Gattungen und 10 Familien. Bei den Tiliaceen, Sterculiaceen, Malvaceen, Cucurbitaceen und Labiateen kann die Lichtzone angefärbt werden; die höhere optische Dichte ist daher offenbar durch Inkrustation mit zusätzlichen Zellwandstoffen bedingt. Besonderer Art sind die Verhältnisse bei den Leguminosen (Caesalpiniaceen, Mimosaceen und Papilionaceen), in deren Samen die Lichtzone keine Inkrusten enthält. Bei ihnen verläuft die Lichtlinie durch die als Malpighische Palisadenschicht ausgebildete Epidermis der Testa (Abb. 133).

Der Sachverhalt soll an den besonders gut untersuchten Samen von *Gleditschia triacanthos* geschildert werden (Cavazza 1950a, Steiner und Jancke 1955). Die Palisadenschicht besteht aus stark verdickten, faserartig gestreckten Epidermiszellen mit einem Schlankheitsgrad von 1:14. Diese sind durch eine deutliche Cuticula (Abb. 133 *A*) überdacht. Die sklerenchymartig entwickelten Palisadenzellen *C*, *D*, *E* sind, wie dies bei Epidermen allgemein der Fall ist, durch eine Außenwand (Abb. 133 *B*) abgedeckt. Obschon die beiden Schichten Epidermisaußenwand *B* und Sklerenchymwand *C* gemeinsam zur Sekundärwand gehören, erfolgt ihre Ablagerung offenbar in zwei getrennten Schritten. Auf Grund der Doppelbrechung (Cavazza 1950a) verlaufen die submikroskopischen Fibrillen in *B* tangential, in *C*, *D*, *E* dagegen radial zur Samenoberfläche. Die Lichtlinie *D* liegt im oberen Drittel der Palisadenzellen; sie ist stärker doppelbrechend als die übrige Längswand (Abb. 133). Die Sklerenchymwand

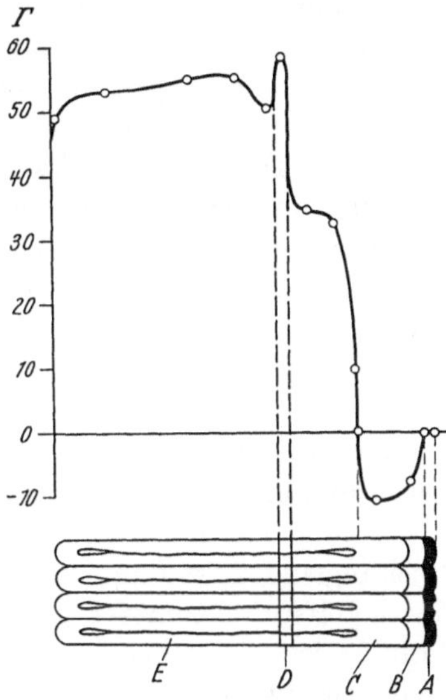

Abb. 133. Lichtzone der Testa-Epidermis im Samen von *Gleditschia triacanthos*. *A* Cuticula; *B* Außenwand der Epidermiszellen, die als Palisadensklerenchym *C—E* ausgebildet sind (= Malpighische Zellen); *D* Lichtzone; *Γ* gemessener Gangunterschied, in Drehgraden des Kompensators von Sénarmont

zeigt schwache Blaufluorescenz und ist daher wahrscheinlich leicht verholzt; in der Lichtzone läßt sich jedoch keine Verstärkung der Fluorescenz beobachten.

Nach den Bildern von Steiner und Jancke (1955) tritt die merkwürdige Lichtlinie erst gegen Abschluß des Streckungswachstums der Palisadenzellen in Erscheinung. Vorher ist kaum ein allseitiges Dickenwachstum der Sekundärwand möglich, so daß die Sklerifizierung der Epidermiszellen offenbar erst sehr spät gleichzeitig mit der Bildung der Lichtlinie einsetzt.

Die Membranabschnitte der Lichtzone schwellen in verquellenden Reagentien stärker auf als die übrigen Wandteile. Im Elektronenmikroskop erweisen sie sich trotz vorangehender Maceration kompakt und homogen, während die anschließenden Wandstücke porös erscheinen. Aus allen diesen Beobachtungen (Cavazza 1950a) folgt, daß die Lichtlinie Stellen der Zellwand vorstellt, die kein submikroskopisches Interfibrillarsystem besitzen, sondern kompakt aus cellulosischen Mikrofibrillen aufgebaut sind. Dies bringt eine größere Dichte, ein höheres

Brechungsvermögen und zufolge geringerer Lichtstreuung eine größere Transparenz der Membranabschnitte der Lichtzone mit sich (STEIN-JANCKE 1957).

Da es bei den Leguminosen immer Samen gibt, die viel schlechter quellen und keimen als die Hauptmenge des Saatgutes, wurde vermutet, bei jenen sog. „hartschaligen" Samen sei die Lichtzone so dicht ausgebildet, daß die Wasseraufnahme beeinträchtigt werde. Diese Theorie muß indessen fallen gelassen werden, weil die verzögerte Keimfähigkeit auch dann erhalten bleibt, wenn die Testa bis unter die Lichtzone abgeschliffen wird. Die Hartschaligkeit hat daher nichts mit der Linea lucida zu tun; sie kommt vielmehr zustande, wenn unvollständig ausgereifte Samen eintrocknen. Solche notreife Samen enthalten Zellkolloide, die bei der Trocknung irreversibel verhornen und dadurch die Fähigkeit, in Wasser zu quellen, weitgehend verloren haben (CAVAZZA 1950b). Trotz dieser Feststellung darf auf die Ähnlichkeit der Verstopfung der submikroskopischen Diffusionscapillaren in den Wandabschnitten der Lichtzone einerseits und in den Casparyschen Streifen der Wurzelendodermen andererseits hingewiesen werden. In beiden Fällen dürfte, wenn auch nicht die Diffusion des Wassers, so doch jene von Ionen durch die verdichteten Wandpartien behindert werden.

Messung der Brechungsindices (Immersionsmethode)

Das Brechungsvermögen mikroskopischer Gegenstände kann quantitativ bestimmt werden, indem man ein Flüssigkeitsgemisch sucht (Tabelle 35, S. 259), in welchem das mikroskopische Bild des Objektes verschwindet. Der gesuchte Brechungsindex ist dann gleich jenem des Immersionsmittels, welcher in einem Flüssigkeitsrefraktometer gemessen werden kann. Bei der Anwendung dieser Methode ist es wichtig, feststellen zu können, ob ein Flüssigkeitsgemisch das Licht etwas stärker oder etwas schwächer bricht als das Untersuchungsobjekt, um durch Eingabelung schließlich den richtigen Wert zu finden. Dies geschieht mit Hilfe der Beckeschen Linie. Durch Lichtbeugung entsteht an der Grenze von zwei verschieden stark brechenden Phasen ein weißer Saum, der beim *H*eben des Tubus in das *h*öher brechende Medium *h*inein wandert (HHH-Regel). Man kann daher im Mikroskop ohne weiteres feststellen, ob das Objekt stärker oder schwächer lichtbrechend ist als das Einschlußmittel. Im ersten Falle spricht man von einem positiven, im zweiten Falle dagegen von einem negativen Relief.

Die beschriebene Immersionsmethode ist sehr genau. Bei Kristallen können die Brechungsindices bis auf vier Stellen nach dem Komma gemessen werden. Da in jenem Bereiche die Indices für verschiedenfarbiges Licht voneinander abweichen und temperaturabhängig sind, müssen genaue Untersuchungen in monochromatischem Lichte (meist im Natriumlicht $\lambda_D = 586$ mμ) und bei konstanter Temperatur durchgeführt werden.

Trotz diesen Maßnahmen verschwindet die Beckesche Linie der Zellwände im gewöhnlichen Mikroskope nie vollkommen, weil das Brechungsvermögen nach Richtungen verschieden ist. Die Extremwerte finden sich in Zellwandschnitten parallel und senkrecht zur Zelloberfläche. Um die Indices mit der Immersionsmethode bestimmen zu können, muß linear polarisiertes Licht verwendet werden. Stellt man die Zellwand parallel zur Schwingungsrichtung des Polarisators ein, ergibt sich in der Regel ein größerer Wert für den Brechungsindex n, als wenn das Licht senkrecht zur Wand schwingt. Den größten Unterschied findet man bei Pflanzenfasern mit Fasertextur. Befreit man sie von nichtcellulosischen Wandsubstanzen, kann auf diese Weise das Brechungsvermögen der kristallinen Cellulose I gemessen werden. Man findet parallel zur Faserachse $(n_{\parallel})_D = 1{,}600$ und senkrecht zur Faserachse $(n_{\perp})_D = 1{,}532$.

Da die Cellulose monoklin kristallisiert, sollten drei verschiedene Hauptbrechungsindices gefunden werden, indem senkrecht zur Faserachse b die radiale und die tangentiale Richtung voneinander verschiedene Werte liefern sollten. Bisher ist es jedoch noch nicht gelungen, diesen Unterschied zu messen, so daß man in erster Näherung annimmt, das Brechungsvermögen sei auf dem Faserquerschnitt nach allen Richtungen gleich. Man faßt die Fasern mit Paralleltextur in erster Näherung als optisch einachsigen Körper auf. Bei einem solchen Körper werden die Faserachse als außerordentliche Richtung mit dem Brechungsindex n_ε und die gleichwertigen Querrichtungen als ordentliche Richtungen mit dem Brechungsindex n_ω bezeichnet. Das mittlere Brechungsvermögen n_iso solcher Substanzen wird gefunden, indem man bei der Mittelung dem ordentlichen Brechungsindex, der in zwei Hauptrichtungen vorkommt, das doppelte Gewicht gibt:

$$n_\mathrm{iso} = (n_\varepsilon + 2\,n_\omega)/3\,. \tag{6}$$

Die Bezeichnung n_iso rührt daher, daß die betreffende Gerüstsubstanz bei idealer Streuung ihrer Mikrofibrillen statistisch isotrop erscheinen und dann das nach (6) berechnete mittlere Brechungsvermögen aufweisen würde.

Die Differenz der Hauptbrechungsindices $n_\varepsilon - n_\omega$ ist die Doppelbrechung. Sie ist bei der Cellulose stark positiv (7,5mal stärker als bei Quarz und Gips), bei anderen Wandstoffen kann sie dagegen negativ sein.

Tabelle 32a. *Brechungsvermögen der Zellwandstoffe*

	Hauptbrechungsindices		Mittlerer Brechungsindex	Doppelbrechung $n_\varepsilon - n_\omega$	Literatur
	n_ε	n_ω			
Pektin (gedehntes Gel) . .	1,503	1,504	1,503,7	— 0,001	Wuhrmann u. Pilnik (1945)
Pektinsäure (gedehntes Gel)	1,527	1,533	1,531	— 0,006	Wuhrmann u. Pilnik (1945)
Callose (Siebplatten-Calli) .	—	—	1,532	isotrop	Frey-Wyssling, Epprecht u. Kessler (1957)
Cellulose II (mercerisierte Ramiefasern).	1,588	1,523	1,545	+ 0,065[1]	Atsuki u. Okajima (1937)
Cellulose I (Ramiefasern) .	1,600	1,532	1,555	+ 0,068[2]	Frey-Wyssling u. Wuhrmann (1939)
Chitin (Hummersehnen) . .	—	—	1,555	— 0,003	Diehl u. van Iterson (1935)
Lignin (Fichtenlignin). . .	—	—	1,61	isotrop	Freudenberg u. Dürr (1932)
Cutin (Clivia-Epidermis) .	—	—	1,50	isotrop	M. Meyer, (1938)

[1] Weitere Werte bei Frey-Wyssling (1943, S. 842).
[2] Weitere Werte bei Hermans (1949).

Soweit Daten über das Brechungsvermögen der verschiedenen Zellwandstoffe bekannt sind, wurden sie in Tabelle 32a zusammengestellt. Man erkennt, daß die Cellulose stark positiv und das Chitin schwach negativ doppelbrechend ist. Die in der Zellwand meist isotropen Pektinstoffe erscheinen nach geeigneter

Orientierung in künstlichen Gelen schwach negativ anisotrop. Die Veresterung der Seitengruppen der optisch positiven Kohlenhydratketten bewirkt eine Umkehr des Vorzeichens der Doppelbrechung. Lignin sowie Callose sind isotrop.

Als Brechungsvermögen ist der mittlere Brechungsindex angegeben. Lignin zeigt als aromatische Verbindung das höchste Brechungsvermögen, dann folgen die mit Kettengittern ausgestatteten Membranstoffe Cellulose und Chitin. Die Moleküle der übrigen Verbindungen sind weniger dicht gepackt, so daß ihre optische Dichte, die sich im Brechungsvermögen äußert, kleiner ausfällt, trotzdem sie chemisch sehr ähnlich wie Cellulose zusammengesetzt sind.

Molekularrefraktion

Der mittlere Brechungsindex n_{iso} kann dazu verwendet werden, die Molekularrefraktion R der Zellwandstoffe zu berechnen, wenn deren Dichte ϱ bekannt ist. Die Beziehung lautet

$$R = \frac{n^2 - 1}{n^2 + 2} \cdot \frac{M}{\varrho} \,, \tag{7}$$

wobei M das Molekulargewicht des Monomerenrestes der hochpolymeren Verbindung bedeutet.

Die Molekularrefraktion eignet sich als temperaturunabhängige Konstante ganz besonders für die Charakterisierung chemischer Substanzen. Ferner ist sie dadurch interessant, daß sie sich additiv zusammensetzt aus Inkrementen, welche den verschiedenen Atomgruppen, die ein Molekül bilden, zukommen. Die Molekularrefraktion kann daher, ähnlich wie das Molekulargewicht, nicht nur experimentell bestimmt, sondern auch theoretisch durch eine einfache Summenbildung berechnet werden. Die Inkremente lassen sich aus Tabellenwerken entnehmen (z. B. LANDOLT-BÖRNSTEIN 1923).

Für den Glucoserest $C_6H_{10}O_5$ der Gerüstsubstanz Cellulose ergibt sich folgende Summe:

1 CH$_2$	. . . .	4,62
5 CH	5×3,518	17,59
3 OH	3×2,625	7,87
2 O<	2×1,643	3,29
		$R = 33,37$

Da die Molekularrefraktion R einerseits durch Messung des mittleren Brechungsindex n_{iso} und der Dichte ϱ ermittelt und andererseits theoretisch berechnet werden kann, ist es möglich, die Richtigkeit von Dichtebestimmungen nachzuprüfen (vgl. S. 284 und Tabelle 39).

Indexellipse und Indikatrix

Falls nicht reine Cellulosezellwände mit idealer Fasertextur vorliegen, weichen die gefundenen Brechungsindices von n_ε und n_ω der Cellulose ab. Man nennt dann den größeren Brechungsindex n_γ und den kleineren n_α und bezeichnet diese als die Hauptbrechungsindices der Zellwand. Die beiden Hauptrichtungen, in welchen sie wirksam sind, werden mit Hilfe der Auslöschungserscheinungen gefunden (s. S. 236). Bei Streuungstextur verlaufen sie parallel und senkrecht, bei Paralleltextur dagegen gewöhnlich schief zur Achse zylindrischer Zellen.

Die beiden Hauptbrechungsindices können dazu verwendet werden, das Brechungsvermögen der Zellwand in von den Hauptrichtungen abweichenden Richtungen zu ermitteln. Zu diesem Zwecke konstruiert man eine Ellipse mit den beiden Hauptbrechungsindices n_γ und n_α als Durchmesser. Diese wird als *Indexellipse* bezeichnet. Ihre Radiusvektoren geben die Brechungsindices an, die in beliebig schief zur Texturachse stehenden Richtungen wirksam sind: sie sind alle kleiner als n_γ und größer als n_α.

Die Indexellipse ist praktisch von großer Bedeutung, weil in cellulosehaltigen Zellwänden ihre große Achse n_γ stets die Ausrichtungsachse der im gewöhnlichen Mikroskope unsichtbaren Mikrofibrillen angibt. Bei Streuungstexturen findet man senkrecht zur Achse n_γ wiederum eine Indexellipse, bei Parallel-texturen dagegen annähernd einen Indexkreis. Aus den senkrecht zu-einander stehenden Ellipsen kann man ein räumliches Ellipsoid, die sog. *Indikatrix* konstruieren. In Zellwänden mit Streuungstextur ist diese ein dreiachsiges, in solchen mit Paralleltextur dagegen ein Ro-tationsellipsoid. Bei Kenntnis der Ellipsoidachsen erlaubt sie, das Brechungsvermögen des Objektes in allen möglichen Richtungen des Raumes zu berechnen. Dies soll am Beispiel der Baumwollhaare erläutert werden (FREY 1926).

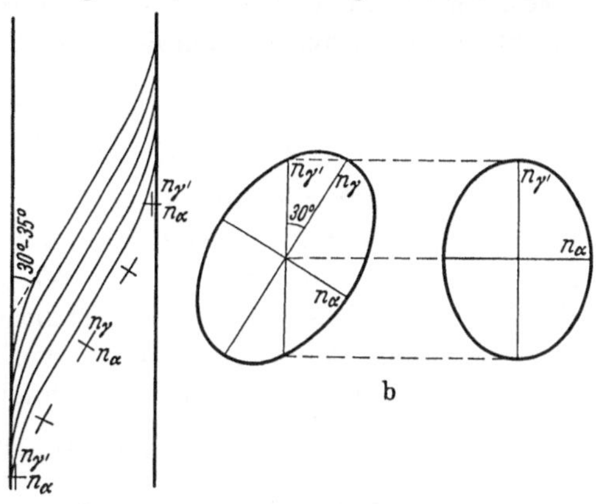

Abb. 134a u. b. Indikatrix des Baumwollhaares (FREY 1926). a Anordnung der Mikrofibrillen. b Indikatrix in der Aufsicht und im radialen Längsschnitt des Haares. Steigungswinkel $\Theta = 30^0$

In der Sekundärwand des Baumwollhaares ist die Indikatrix ein Rotations-ellipsoid, dessen Hauptachse n_γ unter dem Steigungswinkel der Schraubungs-textur schief zur Zellachse verläuft (Abb. 134a, b). Am Rande des Haares, wo auf Grund der Beckeschen Linie mit Hilfe der Immersionsmethode das Brechungs-vermögen bestimmt wird, ist nicht n_γ, sondern ein kleinerer Brechungsindex n_γ' wirksam. Da die Indikatrix auf dem optischen Radialschnitt durch die zylinder-förmige Zellwand parallel zur Zellachse getroffen wird, läßt sich n_γ' als unter dem Steigungswinkel Θ verlaufender Radiusvektor berechnen (Abb. 134b). Die entsprechende Ellipsengleichung lautet:

$$\frac{1}{n_\gamma'^{\,2}} = \frac{\sin^2 \Theta}{n_\alpha^2} + \frac{\cos^2 \Theta}{n_\gamma^2}. \tag{8}$$

Von diesen Größen sind im vorliegenden Falle n_γ', n_α und Θ meßbar, so daß man n_γ ermitteln kann. Für n_γ' findet man 1,580, für n_α 1,533, d. h. ungefähr n_ω der Cellulose, und der Winkel Θ beträgt 30^0. Setzt man diese Werte in die Formel ein, erhält man für n_γ den Brechungsindex n_ε der Cellulose. Auf diese Weise konnte der Beweis für die optische Identität von Baumwoll- und Gerüst-cellulose zu einer Zeit erbracht werden, als die chemische Identität dieser beiden CelluloSearten noch zur Diskussion stand (KARRER 1925).

Dies ist deswegen von einer gewissen Bedeutung, da sich ja Baumwoll- und Fasercellulose technologisch etwas verschieden verhalten. Die Unterschiede sind jedoch nicht durch verschiedene Celluloseabarten, sondern durch morphologische Besonderheiten und durch die Gegenwart cellulosefremder Begleitstoffe bedingt.

Mischformel

Da die Zellwände im allgemeinen verschiedene Substanzen enthalten, stellt ihr Brechungsvermögen ein Mittel aus den verschiedenen Brechungsindices ihrer Bestandteile dar. Dieses Mittel n_m wird gefunden, indem man den verschiedenen Indices, entsprechend dem Anteil der betreffenden Zellwandstoffe, verschiedenes Gewicht erteilt. Nach der empirischen *Mischformel* von GLADSTONE und DALE (HERMANS 1949) gilt

$$v_m(n_m - 1) = v_1(n_1 - 1) + v_2(n_2 - 1) + v_3(n_3 - 1) + \cdots, \tag{9}$$

wobei v_m das relative Volumen der Mischung, das man gleich eins setzt, und n_m deren Brechungsindex angeben, während v_1, v_2, v_3 die relativen Volumina und n_1, n_2, n_3 die Brechungsindices der Wandbestandteile bedeuten. Wichtig ist, daß diese Formel auch für wasserhaltige Zellwände ihre Gültigkeit besitzt (HERMANS 1949). Wenn also z. B. eine verholzte Sekundärwand neben 30 Vol.-% Lignin 20% Feuchtigkeit enthält, berechnet sich ihr Brechungsvermögen zu 1,527:

$$
\begin{array}{llll}
50 \text{ Vol.-\%} & \text{Cellulose} & v_1(n_1-1) = 0{,}5 \times 0{,}555 = & 0{,}277 \\
30 \text{ Vol.-\%} & \text{Lignin} & v_2(n_2-1) = 0{,}3 \times 0{,}61 \ \ = & 0{,}183 \\
20 \text{ Vol.-\%} & \text{Wasser} & v_3(n_3-1) = 0{,}2 \times 0{,}333 = & 0{,}067 \\
& & \overline{\phantom{v_1(n_1-1) = 0{,}5}\ 1{,}0} & \overline{0{,}527}
\end{array}
$$

Bei der Anwendung dieser Mischformel müssen die Gewichtsprozente der Zellwandanalyse mit Hilfe der Dichte der verschiedenen Wandsubstanzen (S. 287) in Volumprozente umgerechnet werden.

Andere Mischformeln, von denen die lineare $n_m = v_1 n_1 + v_2 n_2$, die quadratische von NEWTON $n_m^2 = v_1 n_1^2 + v_2 n_2^2$ und die logarithmische $\lg n_m = v_1 \lg n_1 + v_2 \lg n_2$ erwähnt werden sollen, führen nicht zum Ziel (FREY-WYSSLING und MEYER 1935).

Messung der Dispersion

Wenn man die Brechungsindices n mit Hilfe der Immersionsmethode in monochromatischem Lichte verschiedener Wellenlänge mißt und die erhaltenen Werte in Funktion der Wellenlänge λ aufträgt, erhält man Auskunft über die Dispersion der Zellwand (FREY-WYSSLING 1936a). Die Dispersionskurven steigen im kurzwelligen Lichte stark an. Da ihr Verlauf hyperbolisch ist, gelingt es, diese Kurven auf sog. Dispersionspapier (hyperbolisch lineares Netz, Schleicher und Schüll Nr. 405$^1/_2$) als Gerade zur Darstellung zu bringen (Abb. 135). Die Differenz der Brechungsindices $n_F - n_C$ wird als Maß der Dispersion verwendet ($F = 486$ mμ, $D = 589$ mμ, $C = 656$ mμ).

Da man von den Immersionsflüssigkeiten den Brechungsindex n_D und die Dispersion $n_F - n_C$ mit Hilfe des Refraktometers von ABBE leicht messen kann, erhält man für jede von ihnen auf dem Dispersionspapier eine Gerade. Man verändert nun im Monochromator die Wellenlänge des Lichtes, bis die Beckesche

Linie des Objektes in einer bestimmten Immersionsflüssigkeit verschwindet. Das auf der Dispersionskurve für die betreffende Wellenlänge abzulesende Brechungsvermögen ist dann für Objekt und Flüssigkeit gleich. Indem man dieses Verfahren für eine ganze Reihe ähnlich brechender Flüssigkeitsgemische anwendet, erhält man eine Serie von Punkten (Abb. 135), aus denen mit Hilfe der Ausgleichsrechnung die Dispersionsgerade der Zellwand bestimmt werden kann. Dort wo diese Gerade die Ordinaten der D-Linie schneidet, liegt n_D des Objektes. Auf diese Weise kann der Brechungsindex n_D der Zellwände viel rascher und genauer gefunden werden als bei der Eingabelung mit stärker und schwächer brechenden Flüssigkeitsgemischen im Natriumlicht; da nämlich diese Flüssigkeiten die Zellwände nicht nur umhüllen (Immersion), sondern zum Teil auch in sie eindringen (Imbibition), muß nach jeder Manipulation genügend lange gewartet werden, bis sich das Diffusionsgleichgewicht eingestellt hat.

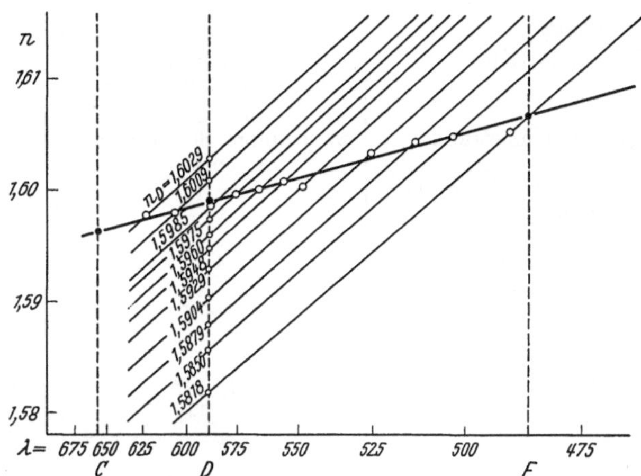

Abb. 135. Dispersion des extraordentlichen Brechungsvermögens n_ε von Ramiefasern dargestellt auf Dispersionspapier (FREY-WYSSLING und WUHRMANN 1939). Abszisse: Wellenlänge λ; C, D, F Fraunhofersche Linien. Ordinate: Brechungsindex n

Die gleiche Dispersionsgerade liefert auch n_F und n_C, wodurch die Dispersion $n_F - n_C$ bestimmt ist. In Tabelle 32b sind die für Ramiefasern erhaltenen Werte angegeben. Sie sind von der Größenordnung 0,01, wie sie bei vielen farblosen Substanzen wie Wasser, Gips, Quarz, Stärke usw. vorkommen. Die Dispersion für den großen Brechungsindex n_ε fällt etwas größer aus als für den kleinen Index n_ω. Dies ist eine allgemeine optische Regel. Immerhin kann das Ausmaß dieses Unterschiedes bei verschiedenen doppelbrechenden Substanzen in charakteristischer Weise variieren, so daß neben der Dispersion $n_F - n_C$ noch zusätzlich die sog. Dispersion der Doppelbrechung $\Delta n_F / \Delta n_C$ zur optischen Beschreibung eines anisotropen Objektes herangezogen wird (vgl. Tabelle 32b).

Mit Hilfe der beschriebenen Methode kann auch der Temperaturkoeffizient d des Brechungsvermögens von Cellulosefasern bestimmt werden, indem die Messungen auf einem heizbaren Mikroskoptisch durchgeführt werden. Man findet dann, daß das Brechungsvermögen in Richtung des Kettengitters mit steigender Temperatur viel weniger abnimmt als senkrecht dazu. Dies steht damit im Zusammenhang, daß in der Kettenrichtung Hauptvalenzkräfte, senkrecht dazu jedoch nur Wasserstoffbindungen das Gitter zusammenhalten. Ein noch ausgesprochenerer Unterschied tritt bei der Bestimmung der thermischen Ausdehnung von Cellulosefasern auf, indem der lineare Ausdehnungskoeffizient $\beta \times 10^5$ parallel zur Faserachse -2 ± 2, senkrecht dazu $+6 \pm 1$ beträgt. Die kovalenten Bindungen werden also von der Wärme, soweit sie unter dem Mikro-

Tabelle 32b. *Chemische und physikalische Daten von Cellulose I und Callose, verglichen mit Stärke*

	Cellulose I	Callose	Stärke
Chemie			
Glucosidbindung . . .	β 1—4	β 1—3	β 1—4
Kettenform	gestreckt	?	schwach gewunden
Verzweigung	unverzweigt	?	unverzweigt: Amylose
			verzweigt: Amylopektin
Polymerisationsgrad	6000[1]	?	Amylose 200—700[2]
			Amylopektin~1100
Kristallgitter			
Elementarzelle	monoklin		rhombisch
	$a:b:c = 8,35:10,3:7,9$[3]		$a:b:c = 9,0:10,6:15,6$[4]
	$\beta = 84^0$		$a:c = 1:\sqrt{3}$, hexagonal
Kettensymmetrie . . .	zweizählige Schrauben-		dreizählige Schrauben-
	achse		achse
Ketten je Elementar-			
bereich	2		3
Glucosereste je Ele-			
mentarbereich . . .	4		9
Kristallwasser je Ele-			
mentarbereich . . .	—		9
Dichte			
trocken (ϱ)	1,553[5]	(1,48)[6]	1,46[8]
unter Wasser	1,611	1,62[7]	1,60—1,63
Optik			
Hauptindex $(n_\varepsilon)_D$ . . .	1,600[9]	isotrop	1,535[10]
Hauptindex $(n_\omega)_D$ . . .	1,532	1,532	1,523
Doppelbrechung Δn_D .	*0,068*		*0,012*
Dispersion $(n_\varepsilon)_F-(n_\varepsilon)_C$.	0,011		0,011
Dispersion $(n_\omega)_F-(n_\omega)_C$.	0,009		0,009
Dispersion der $\left\{\dfrac{\Delta n_F}{\Delta n_C}\right.$	1,039		1,165
Doppelbrechung			
Temperatur- $\left\{\, d(n_\varepsilon)_D \cdot 10^5\right.$	−3,6		−3,0
koeffizient $\left\{\, d(n_\omega)_D \cdot 10^5\right.$	−5,8		−5,6
$n_{\text{iso}} = {}^1/_3(n_\varepsilon + 2n_\omega)$ . . .	1,555	1,532	1,527

[1] Baumwolle; MARX (1955).
[2] Kartoffelstärke; MEYER, K. H. (1949).
[3] Ramiefasern; MEYER u. MISCH (1937).
[4] *Phajus*-Stärke; KREGER (1951).
[5] HERMANS (1949).
[6] Berechnet aus theoretischer Molrefraktion 33,37 (s. S. 228).
[7] Siebröhrencallose; FREY-WYSSLING, EPPRECHT u. KESSLER (1957).
[8] RODEWALD (1896, S. 65).
[9] Ramiefasern; FREY-WYSSLING und WUHRMANN (1939).
[10] Kartoffelstärke; SPEICH (1942).

skop variiert werden kann, kaum beeinflußt, wohl aber der seitliche Zusammenhalt der Mikrofibrillen (HENGSTENBERG und MARK 1928).

Dielektrizitätskonstante

Die Dielektrizitätskonstante ε, welche im Dielektrikum zwischen zwei ungleichnamigen elektrischen Ladungen deren gegenseitige Anziehungskraft um den Faktor $1/\varepsilon$ verringert, besitzt gesetzmäßige Beziehungen zum Brechungsvermögen n. Für apolare Verbindungen gilt nämlich $\varepsilon = n^2$. Dieser Zusammenhang beruht auf der elektromagnetischen Natur des Lichtes. Für Substanzen, deren Moleküle polare Gruppen tragen, trifft indessen diese einfache Beziehung nicht zu (s. unten).

Im dielektrischen Felde trachten sich Dipole, soweit es ihre Bewegungsfreiheit erlaubt, in Richtung der Kraftlinien einzustellen. Falls ein Wechselfeld angelegt wird, geraten sie daher in Schwingung und erzeugen Reibungswärme. Durch hochfrequente Felder können auf diese Weise hohe Temperaturen erzeugt werden, die in neuerer Zeit zur Trocknung von frischem Holz und anderen pflanzlichen Produkten herangezogen werden. Für das physikalische Verhalten der Zellwände kommt somit der Dielektrizitätskonstanten theoretische und praktische Bedeutung zu, so daß kurz auf sie eingetreten werden soll.

Tabelle 33 gibt die Konstanten für einige Dielektrika im Vergleiche mit den Brechungsindices wieder. Nur für Luft und Benzol gilt $n = \sqrt{\varepsilon}$, während für die drei anderen Verbindungen die Dielektrizitätskonstante ε wesentlich größer als n^2 ist. Die Cellulose verhält sich in dieser Hinsicht bereits stark anormal, und das Wasser fällt völlig aus dem Rahmen, weil es die beweglichsten Dipole besitzt; das Äthylendichlorid $CH_2Cl \cdot CH_2Cl$ nimmt eine Mittelstellung ein.

Tabelle 33. *Dielektrizitätskonstante ε und Brechungsindex n*

	ε	n
Luft	1,00	1,00
Benzol	2,27	1,51
Cellulose	6,1	1,55
Äthylendichlorid .	10,4	1,45
Wasser	63	1,33

Eine genaue Messung der Dielektrizitätskonstanten der Zellwandsubstanzen ist sehr schwierig. Zuverlässig sind eigentlich nur die Bestimmungen an Cellulose (Luca, Campbell und Maass 1938). Es wurde dabei reine Fasercellulose in ein Gemisch von Benzol und Äthylendichlorid eingetragen. Dadurch wird ε_m der Mischung im allgemeinen verändert. Da nun der eine der beiden Mischbestandteile eine tiefere, der andere eine höhere Dielektrizitätskonstante als Cellulose aufweist (Tabelle 33), kann ein Gemisch gesucht werden, dessen ε_m unverändert bleibt, wenn man Cellulose eintauscht. Durch Eingabelung ergibt diese Methode für trockene Cellulose $\varepsilon = 6{,}1$.

Der gefundene Wert ist recht hoch, wenn man ihn mit den für Holz aus der Wärmeaufnahme im hochfrequenten Wechselfeld berechneten Dielektrizitätskonstanten vergleicht, die zwischen 1,6 und 2,25 schwanken (Vodoz 1957). Die sehr niedrigen Konstanten des trockenen Holzes rühren davon her, daß es ein Mischdielektrikum aus Luft und Zellwänden vorstellt. Schlüsse über die dielektrischen Eigenschaften der Zellwandsubstanzen, z. B. über den Einfluß der Lignineinlagerung in das Cellulosegerüst, lassen sich daher aus diesen Zahlen nicht ziehen. Für die Praxis sind die niedrigen Dielektrizitätskonstanten des trockenen Holzes von großer Bedeutung, weil sie dessen ausgezeichnete Isolationseigenschaften verraten. Die Zellwandsubstanz Cellulose wäre jedenfalls ein viel schlechterer Isolator als Holz!

In gequollenen Zellwänden steigen die Dielektrizitätskonstanten stark; z. B. für Holz, das bei 96% Feuchtigkeit konditioniert ist, von 2,0 auf 12,5 (Trapp

1945). In diesem Zustande erhitzen sich die Zellwandsubstanzen im hochfrequenten Wechselfelde beträchtlich, so daß man das in ihnen enthaltene Wasser von innen heraus wegdestillieren und das Holz auf diese Weise trocknen kann.

Im Hinblick auf die Wienersche Mischkörpertheorie (S. 256), die nicht nur für apolare, sondern auch für polare Imbibitionsmittel wie Glycerin, Äthylalkohol und Wasser von der Grundgleichung $\varepsilon = n^2$ ausgeht, muß erwähnt werden, daß in Tabelle 33 diese Beziehung deshalb nicht gilt, weil das Verhalten in ganz verschiedenen elektrischen Frequenzbereichen verglichen wird; denn die Frequenz der Lichtwellen ist viele tausend Male größer als jene der elektrischen Wellen. Das Verhalten der apolaren Stoffe ist nun im elektromagnetischen Felde unabhängig von der Frequenz, so daß ε und n trotz Messung in verschiedenen Frequenzbereichen miteinander in Beziehung gebracht werden dürfcn. Bei polaren Stoffen besteht jedoch eine Abhängigkeit von der Frequenz des elektrischen Feldes. Man darf daher ε und n, die bei sehr verschiedenen Frequenzen gemessen werden, nicht miteinander vergleichen. Ein solcher Vergleich wäre nur zulässig, wenn die Dielektrizitätskonstante für die elektromagnetischen Wellen des Lichtes oder der Brechungsindex für elektrische Wellen meßbar wären; es würde sich dann herausstellen, daß die Beziehung $\varepsilon = n^2$ innerhalb jedes Frequenzbereiches gilt, nur wäre in der Optik ε nicht die Dielektrizitätskonstante für elektrische, sondern für Lichtwellen.

b) Doppelbrechung

Polarisiertes Licht

Während für das Verständnis der Brechungsverhältnisse eines Objektes die Kenntnis der geometrischen Optik, d. h. die Verfolgung geradliniger Strahlen und deren Richtungsänderung durch Brechung genügt, muß für ein tieferes Eindringen in das Wesen der Doppelbrechung die Wellenoptik herangezogen werden.

Die Wellennatur des Lichtes wird durch Sinuskurven dargestellt (Abb. 136), aus denen die Wellenlänge λ und die Amplitude a als Maß für die Lichtintensität I (proportional a^2) abgelesen werden können. Als dritte Größe spielt die Frequenz v, d. h. die Schwingungszahl in der Zeiteinheit, eine wichtige Rolle. Die Fortpflanzungsgeschwindigkeit c der Wellen beträgt

$$c = \lambda v = 3 \cdot 10^{10} \text{ cm/sec.} \tag{10}$$

Die Lichtgeschwindigkeit von 300000 km/sec wird indessen nur im Vakuum und annähernd in Luft erreicht. In einem Medium, dessen Brechungsindex größer als eins ist, erfährt die Lichtausbreitung nach Maßgabe des Brechungsvermögens n eine Verzögerung, so daß die Geschwindigkeit

$$c' = \frac{\lambda}{n} \cdot v \tag{10a}$$

beträgt. Da die Frequenz einer bestimmten monochromatischen Lichtart konstant ist, bedeutet dies, daß die Wellenlänge λ einer Lichtart beim Eintritt aus Luft in ein Medium größerer optischer Dichte verkürzt wird, ohne daß sich dabei die Farbe des Lichtes ändert, weil sie durch die Frequenz bedingt ist.

Man nennt den zu einer bestimmten Zeit gehörigen Zustand der Wellenbewegung deren *Phase* und die Größe des entsprechenden seitlichen Ausschlages
die Elongation (Abb. 136). Die Phase wird in Bruchteilen der Wellenlänge
angegeben. In der Phase $^1/_4$ erreicht die Elongation den Wert der Amplitude a.

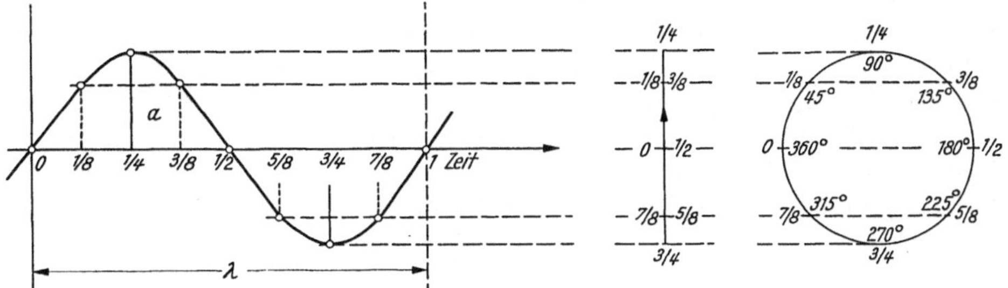

Abb. 136. Sinusschwingung mit Angabe der Phasen. λ Wellenlänge, a Amplitude

Auf einem Schnitte senkrecht zur Fortpflanzungsrichtung der Wellenbewegung kann man den Schwingungszustand des Lichtes darstellen. Erfolgt
die Schwingung in einer Ebene, spricht man von linear polarisiertem Licht.
Die Sinusbewegung kann indessen auch auf einer elliptischen oder auf einer

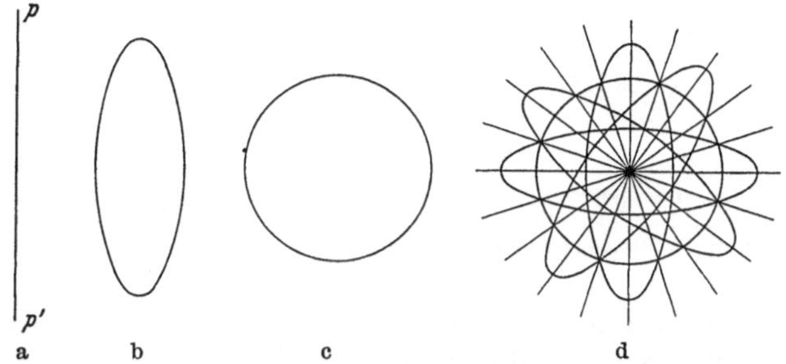

Abb. 137a—d. Polarisationszustand des Lichtes, (AMBRONN und FREY 1926): a linear polarisiert; p—p' Schwingungsebene; b elliptisch polarisiert; c zirkular polarisiert; d natürliches Licht

Kreisbahn voranschreiten (elliptisch polarisiertes und zirkular polarisiertes
Licht). Das *natürliche* Licht vereinigt alle diese Schwingungsmöglichkeiten
gleichzeitig in sich, so daß man es als unpolarisiert bezeichnet (Abb. 137d). Durch
sog. Polarisatoren kann aus dem natürlichen Lichte polarisiertes Licht von
ganz bestimmtem Schwingungszustand hergestellt werden.

Im Polarisationsmikroskop verwendet man in der Regel linear polarisiertes
Licht. Dieses wird mit Hilfe eines Nicolschen Prismas oder eines Polarisations-
filters gewonnen. Dabei geht die Hälfte des einfallenden Lichtes verloren, so
daß man in der Polarisationsmikroskopie mit sehr hellen Lichtquellen arbeiten
muß. Die Schwingungsrichtung des linear polarisierten Lichtes wird durch einen
geraden Strich angedeutet (Abb. 137a).

Auslöschung. Fällt solches Licht auf ein doppelbrechendes Objekt, so wird
es in zwei linear polarisierte Strahlen zerlegt, die senkrecht zueinander schwingen.
Ihre Schwingungsrichtungen können mit Hilfe der Auslöschungserscheinungen
festgelegt werden. Man beobachtet zu diesem Zwecke das Objekt zwischen
gekreuzten Polarisatoren. Das Gesichtsfeld ist dann dunkel, weil das zweite,

als Analysator bezeichnete Polarisationsfilter das durch das erste Filter linear
polarisierte Licht, welches senkrecht zu seiner Schwingungsebene schwingt,
nicht durchläßt.

In geeigneter Stellung leuchten nun anisotrope Objekte auf diesem schwarzen
Hintergrund auf. Durch Drehung des Objekttisches kann die Aufhellung indessen
zum Verschwinden gebracht werden. Man stellt fest, daß jedes doppelbrechende
Objekt in vier senkrecht zueinander stehenden Stellungen auslöscht. In den
Auslöschungsstellungen verlaufen die Schwingungsrichtungen der beiden linear
polarisierten Strahlen des anisotropen Objektes parallel zu den Schwingungs-
richtungen von Polarisator P-P und Analysator A-A. Man zeichnet das
Schwingungskreuz, dessen Ausrichtung bekannt ist, und skizziert darüber die

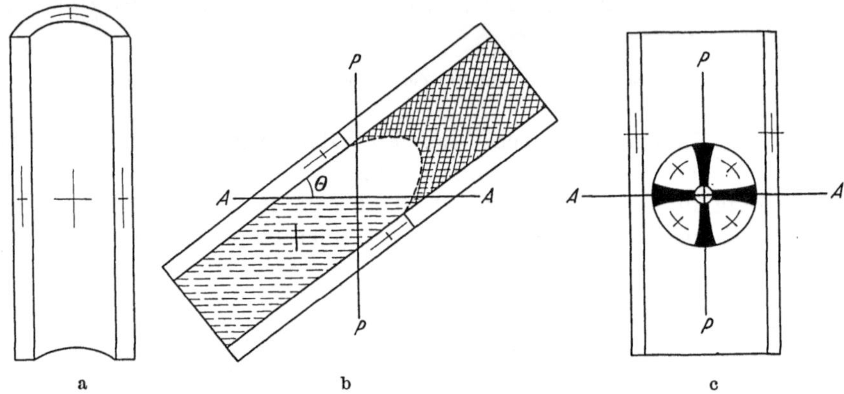

Abb. 138a—c. Auslöschung. Bezugssystem: Schwingungskreuz P-P (Polarisator), A-A (Analysator). a Gerade
Auslöschung. Aufgeschnittene Palisadenzelle. b Schiefe Auslöschung. Angeschnittene Tracheide mit Schraubentextur; Θ Steigungswinkel. c Zirkulare Auslöschung. Hoftüpfel

Umrisse des sich in Auslöschung befindlichen Objektes. Das Kreuz gibt dann
die gesuchten Richtungen im Objekte an.

Bei Zellwänden mit Fasertextur verlaufen die Arme dieses Kreuzes parallel
und senkrecht zur Zellachse (Abb. 138a, gerade Auslöschung). Bei Schraubentextur stehen sie jedoch schief zu ihr (Abb. 134a; Abb. 138b, schiefe Auslöschung).
Die Auslöschungsschiefe entspricht dann dem Steigungswinkel Θ oder dessen
Komplement. Zellwände mit Schraubentextur löschen im Polarisationsmikroskop
nur aus, wenn das Präparat so dünn geschnitten ist, daß nur eine einzige Wandschicht vom einfallenden linear polarisierten Lichte durchstrahlt wird. Liegen
jedoch zwei Wände übereinander, wie dies bei der Aufsicht auf intakte Fasern
oder Baumwollhaare der Fall ist, so überkreuzen sich die Texturrichtungen
der Vorder- und der Hinterwand schief; die Vorderwand wird dann von Licht
beleuchtet, dessen Polarisationszustand durch die Hinterwand verändert worden
ist. Das ursprünglich linear polarisierte Licht verläßt nämlich doppelbrechende
Lamellen elliptisch polarisiert, und wenn solches auf eine nächste Lamelle schief
zu deren Hauptschwingungsrichtungen auffällt, wird keine vollkommene Auslöschung, sondern nur eine Intensitätsschwächung erreicht.

Diese Verhältnisse können gut an dünnen Keilschnitten von Coniferenholz beobachtet werden. Dort, wo die Tracheiden aufgeschnitten sind, tritt
schiefe Auslöschung auf; im dickeren Teil des Schnittes jedoch mit unversehrt

gebliebenen Zellen läßt sich keine Auslöschung des Tracheidenlumens erzielen, weil sich dort übereinanderliegende Zellwände schief überkreuzen. Auf dem radialen Längsschnitte zeigen solche Zellwände gerade Auslöschung (vgl. Abb. 134).

Die Hoftüpfel der Tracheiden weisen ein dunkles Polarisationskreuz und vier helle Quadranten auf. Das Kreuz kommt dadurch zustande, daß im Gebiete seiner Arme die Auslöschungsrichtungen parallel, in den hellen Quadranten dagegen schief zu P–P und A–A des Polarisationsmikroskopes liegen. Trägt man die entsprechenden Hauptrichtungen auf dem Wulst des Hofes ein (Abb. 138c), so erkennt man, daß die eine Auslöschungsrichtung radial und die andere tangential verläuft. Eine solche zirkulare Auslöschung verrät eine Sphäritentextur.

Die Auslöschungserscheinungen erlauben somit einen gewissen Einblick in die submikroskopischen Texturen der Zellwände. Entscheidende Schlüsse können jedoch erst gezogen werden, wenn man das Vorzeichen der Doppelbrechung mit zu Hilfe nimmt. Es muß daher näher auf die Doppelbrechungserscheinungen eingetreten werden.

Gleichung der Doppelbrechung. Die beiden Strahlen, in welche das einfallende Licht in einem doppelbrechenden Medium zerlegt wird, divergieren in der Regel. Wenn das Licht jedoch senkrecht auf einen Hauptschnitt

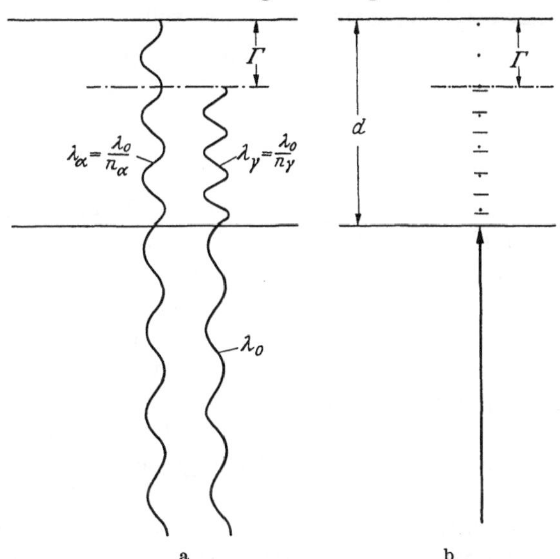

Abb. 139a u. b. Entstehung des Gangunterschieds Γ. Senkrechter Lichteinfall auf eine anisotrope planparallele Platte. a Die Wellenlänge λ_0 des einfallenden Lichtes wird im Objekt auf λ_0/n_α und λ_0/n_γ verkürzt. b Die beiden Strahlen sind senkrecht zueinander polarisiert, der langsamere Strahl (n_γ) schwingt in der Zeichenebene, der raschere senkrecht dazu. d Dicke der Platte; Γ Gangunterschied

der Indikatrix des doppelbrechenden Objektes auftrifft, verlaufen die beiden Strahlen gemeinsam in der Richtung der Mikroskopachse durch das Objekt. Der eine benützt indessen den kleineren Brechungsindex n_α des anisotropen Objektes und kommt daher schneller vorwärts als der zweite Strahl, der nach Maßgabe des größeren Index n_γ schwingt. In Abb. 139 sind diese Verhältnisse für eine planparallele anisotrope Platte dargestellt. Abb. 139a zeigt in übertriebener Weise, wie die Wellenlänge des einfallenden Lichtes im Objekte verkürzt wird, und zwar der Strahl, der nach n_γ schwingt, in stärkerem Maße als der n_α-Strahl. Wenn der Strahl mit der Wellenlänge λ/n_α die anisotrope Platte durchquert hat, ist sein Begleitstrahl n_γ, der mit gleicher Frequenz, aber mit kürzerer Wellenlänge vorwärts schreitet, etwas zurückgeblieben. Die Wegdifferenz, die sich dadurch ergibt, wird als Gangunterschied Γ bezeichnet. Die Darstellung in Abb. 139a ist insofern unrichtig, als nicht zwei verschiedene, in der gleichen Ebene schwingende Strahlen nebeneinander herlaufen, sondern ein und derselbe

Strahl in zwei senkrecht zueinander schwingende linear polarisierte Strahlen zerlegt wird, wie dies in Abb. 139b angedeutet ist.

Der Gangunterschied Γ wird in Bruchteilen der Wellenlänge λ_0 des eintretenden Strahles ausgedrückt. Diese Periodenbruchteile werden als Phasendifferenz φ bezeichnet. Um φ zu berechnen, vergleicht man die Anzahl Schwingungsperioden, die der nach n_γ schwingende Strahl braucht, um die Dicke d der planparallelen Platte zu durchlaufen, mit der Anzahl Schwingungsperioden des nach n_α schwingenden Strahles. Diese Zahlen erhält man, indem man die Strecke d durch die nach Maßgabe der Brechungsindices verkürzten Wellenlängen $\lambda_\gamma = \lambda_0/n_\gamma$ und $\lambda_\alpha = \lambda_0/n_\alpha$ teilt. Für die Phasendifferenz ergibt sich dann

$$\varphi = \frac{d \cdot n_\gamma}{\lambda_0} - \frac{d \cdot n_\alpha}{\lambda_0} = (n_\gamma - n_\alpha)\,\frac{d}{\lambda_0} \tag{11}$$

oder

$$\varphi\,\lambda_0 = \Gamma = (n_\gamma - n_\alpha)\,d\,. \tag{11a}$$

$n_\gamma - n_\alpha$ ist die Doppelbrechung des Objektes. Die Formel (11a) stellt daher die Grundgleichung der Doppelbrechung dar. Sie sagt aus, daß der Gangunterschied Γ eine lineare Funktion der Objektdicke d ist, wobei die Doppelbrechung $n_\gamma - n_\alpha$ die Rolle eines Parameters spielt. Die Größen Γ, d und λ_0 besitzen die Dimension einer Länge, so daß sie in einem Längenmaß (cm, mμ oder A) angegeben werden müssen, während die Phasendifferenz φ und die Doppelbrechung $n_\gamma - n_\alpha$ reine Zahlen vorstellen.

Von den Größen der Gl. (11a) lassen sich φ und Γ durch sog. Kompensation leicht messen; λ_0, die Wellenlänge des einfallenden Lichtes, ist bekannt. Schwieriger gestaltet sich im allgemeinen eine einwandfreie Messung der Objektdicke. Sie kann indessen heute mit Hilfe des Interferenzmikroskopes sehr genau durchgeführt werden (s. S. 254). Am zeitraubendsten ist die Messung der Indices n_γ und n_α mit der Immersionsmethode. Man benützt deshalb meistens die Formel (11a) zur Berechnung der Doppelbrechung als Quotient aus Gangunterschied und Dicke des Objektes ($n_\gamma - n_\alpha = \Gamma/d$).

Interferenz. Wenn die beiden mit verschiedener Geschwindigkeit wandernden Strahlen mit den Wellenlängen λ_γ und λ_α aus dem anisotropen Objekt austreten, setzen sie sich wieder zu einer einheitlichen Schwingung mit der ursprünglichen Wellenlänge λ_0 zusammen. Zufolge ihrer Phasenverschiebung ergeben sich dann Veränderungen des Schwingungszustandes durch Interferenz.

Die Interferenzerscheinungen sind dadurch kompliziert, daß die beiden austretenden Wellenzüge nicht in der gleichen Ebene, sondern senkrecht zueinander schwingen. Abb. 140 zeigt die Verhältnisse, wie sie sich bei 45°-Stellung des Objektes ergeben. Das ursprünglich nach der Schwingungsebene $P-P$ des Polarisators schwingende Licht wird im Objekt in die zwei senkrecht zueinander nach n_γ und n_α schwingenden Strahlen zerlegt. Beim Austritt aus der anisotropen Schicht weisen diese eine Phasenverschiebung auf. Beträgt diese z. B. $^1/_8$, hinkt die nach n_γ schwingende Welle etwas hinter jener nach, die nach n_α schwingt. Wenn die n_α-Welle eine Elongation von $^1/_4$ erreicht, befindet sich die n_γ-Welle in der Phase $^1/_8$. Setzt man diese beiden senkrecht aufeinander stehenden Elongationen mit Hilfe eines Vektorenparallelogramms zusammen, erhält man den entsprechenden Vektor der Interferenzschwingung. Wiederholt man diese

Konstruktion über eine ganze Schwingungsdauer, ergibt sich eine Ellipse (Abb. 140a). Das aus dem Objekte austretende Licht ist somit elliptisch polarisiert. Dies gilt für alle Phasenunterschiede mit Ausnahme von drei Spezialfällen. Wenn nämlich die Phasendifferenz $^1/_4$, $^1/_2$ oder 1 ganze Wellenlänge beträgt, entsteht zirkular oder linear polarisiertes Licht.

Bei einem Phasenunterschied von $^1/_2$ Wellenlänge schwingt das resultierende linear polarisierte Licht parallel zur Schwingungsebene des Analysators $A-A$,

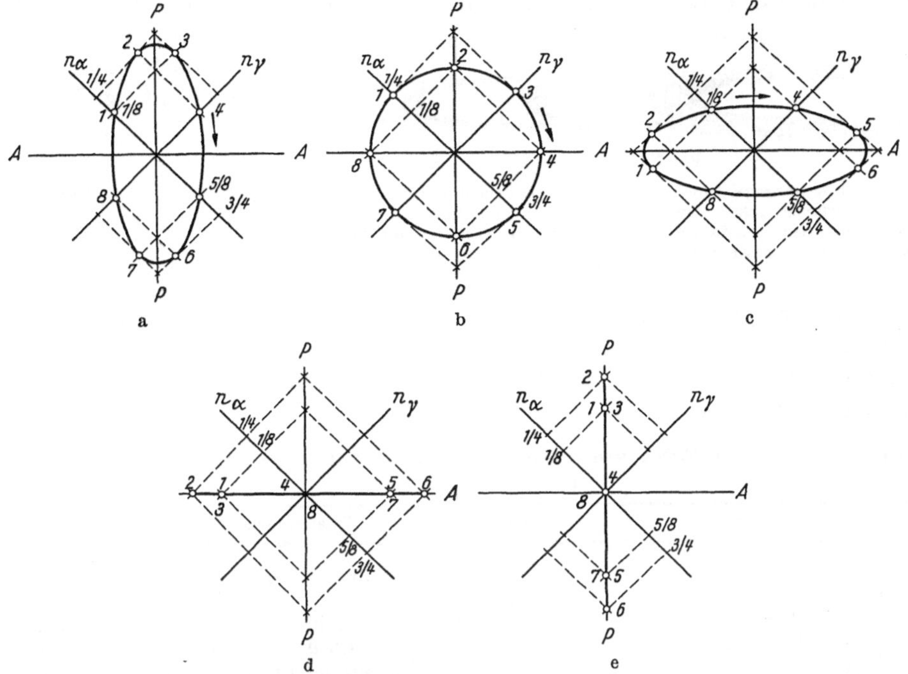

Abb. 140a—e. Interferenz. Schwingungszustand des aus dem Objekt austretenden Lichtstrahles bei a) $^1/_8$, b) $^1/_4$, c) $^3/_8$, d) $^1/_2$ und e) 1 Wellenlänge Phasendifferenz. P-P Schwingungsrichtung des Polarisators; A-A Schwingungsrichtung des Analysators; n_γ größerer, n_α kleinerer Brechungsindex des Objektes

bei der Phasendifferenz 1 oder einem ganzen Vielfachen davon parallel zur Schwingungsebene des Polarisators $P-P$. Im ersten Falle wird alles Licht durch den Analysator durchgelassen; im zweiten erscheint das Objekt dagegen dunkel.

Die Helligkeit des Objektes im Polarisationsmikroskop hängt somit einerseits von seiner Stellung ab (Auslöschungserscheinung) und andererseits von der erzeugten Phasendifferenz (Interferenzerscheinung).

Polarisationsfarben. Die Interferenzerscheinungen werden mit Vorteil in der 45°-Stellung untersucht, weil dann das Objekt am hellsten aufleuchtet. Da die Phasendifferenz φ eine Funktion der Objektdicke d ist (11), sind in einem keilförmigen Präparat alle möglichen Phasenunterschiede verwirklicht. Als Keilobjekt können z. B. die Borstenhaare der als Hygrometer brauchbaren Teilfrüchte von *Erodium gruinum* verwendet werden. Betrachtet man ein solches Haar in der 45°-Stellung bei Beleuchtung mit monochromatischem Licht, so beobachtet man helle und dunkle Zonen (Abb. 141). Die schwarzen

Bänder sind die Stellen, wo die Phasendifferenz 1, 2, 3 usw. ganze Wellenlängen beträgt, während das Zentrum der hellen Zonen φ-Werten von $^1/_2$, $1^1/_2$, $2^1/_2$ usw. entspricht.

Je nach der Wellenlänge λ des verwendeten monochromatischen Lichtes liegen die schwarzen Bänder enger geschart (kurzwelliges, blaues Licht) oder weiter auseinandergerückt (langwelliges, rotes Licht). Das grüne Licht, das den Schwerpunkt des sichtbaren Spektrums bildet, spielt bei diesen Betrachtungen eine besondere Rolle. Nehmen wir an, die schwarzen Bänder der Abb. 141

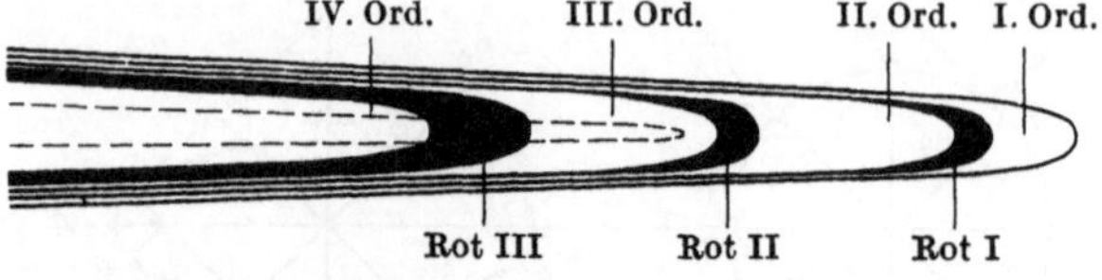

Abb. 141. Kegelförmiges Objekt (Borstenhaar der Frucht von *Erodium gruinum*) zwischen gekreuzten Polarisatoren in monochromatischem rotem Licht. (Maßstab in Richtung der Zellachse verkürzt, um die Folge der Interferenzstreifen deutlicher zur Darstellung zu bringen)

seien durch Beleuchtung mit monochromatischem grünem Licht, z. B. mit der grünen Linie der Quecksilberlampe ($\lambda = 546$ mμ) erzeugt worden. Schaltet man die Beleuchtung nun auf weißes Licht um, wird an den schwarzen Stellen des Bildes das grüne Licht fehlen, und sie erscheinen daher in der Komplementärfarbe von Grün, d. h. in Rot. Die roten Bänder solcher Objekte sind so auffallend, daß man die im weißen Lichte auftretenden Interferenzfarben in Ordnungen zwischen den Bändern Rot I, Rot II, Rot III usw. einteilt.

Tabelle 34. *Interferenzfarben und zugehörige Gangunterschiede $\varphi\lambda$ bei normaler Dispersion.*
(Nach POCKELS 1906)

	Interferenzfarbe	$\varphi\lambda$ in A		Interferenzfarbe	$\varphi\lambda$ in A
I. Ordnung	schwarz	0	III. Ordnung	hellbläulichviolett	11280
	eisengrau	400		indigo	11510
	lavendelgrau	970		grünlichblau	12580
	graublau	1580		meergrün	13340
	grau	2180		glänzend grün	13760
	grünlichweiß	2340		grünlichgelb	14260
	fast reinweiß	2590		fleischfarben	14950
	gelblichweiß	2670		carminrot	15340
	blaß strohgelb	2750		matt purpur	16210
	strohgelb	2810		violettgrau = Rot III	16520
	klar gelb	3060			
	lebhaft gelb	3320	IV. Ordnung	graublau	16820
	braungelb	4300		matt meergrün	17110
	rötlichorange	5050		bläulichgrün	17440
	warm rot	5360		schön hellgrün	18110
	tiefes Rot = Rot I	5510		hellgraugrün	19270
				grau, fast weiß	20070
II. Ordnung	purpur	5650		fleischrot = Rot IV	20480
	violett	5750			
	indigo	5890			
	himmelblau	6640	V. Ordnung		
	grünlichblau	7280		matt blaugrün	23380
	grün	7470		matt fleischrot = Rot V	26680
	heller grün	8260			
	gelblichgrün	8430		s. Abb. 142	
	grünlichgelb	8660			
	rein gelb	9100			
	orange	9480			
	rötlichorange	9980			
	dunkelviolett = Rot II	11010			

Anschließend an das Rot I findet sich nach innen das Gelb I. Ordnung, weil dort das blaue Licht durch Interferenz ausgeschaltet wird. Wichtig ist noch das Weiß I. Ordnung, wo für alle Wellenlängen φ ungefähr $^1/_2$ beträgt, und das Grau I. Ordnung, wo der Keil sehr dünn ist, so daß Phasendifferenzen von weniger als $^1/_4$ auftreten. Höhere Farben findet man bei Zellwänden selten; eine Ausnahme bilden die Bastfasern und Steinzellen, in denen die leuchtenden Farben der II. Ordnung Blau, Grün, Gelb, Orange bis Rot II vorkommen

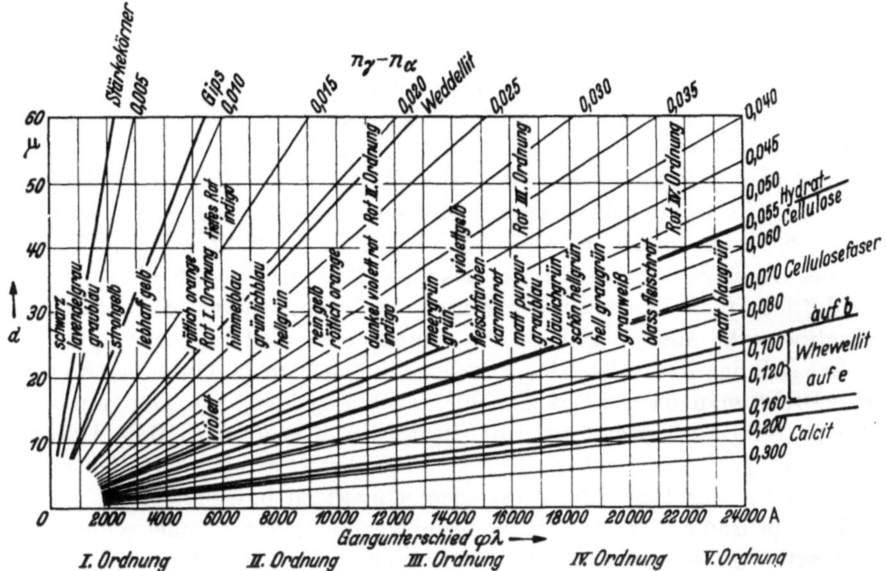

Abb. 142. Beziehung zwischen Dicke und Interferenzfarbe doppelbrechender pflanzlicher Objekte. Ordinate Dicke der Objekte d in μ. Abzisse: Gangunterschied $\Gamma = \varphi\lambda$ in Å

können. In Tabelle 34 ist die Interferenzfarbenfolge mit den zu den verschiedenen Farben gehörigen Gangunterschieden zusammengestellt.

Da die Polarisationsfarben durch das Wegfallen des Lichtes bestimmter Wellenlängen und Schwächung des Lichtes benachbarter Wellenlängen entstehen, sind sie mit den Farben dünner Blättchen (Newtonsche Farben) identisch. Die Auslöschungen und Schwächungen verschieben sich von Ordnung zu Ordnung etwas; entsprechende Farben der verschiedenen Ordnungen weisen daher leicht voneinander abweichende Töne auf, so daß sie bei einiger Übung auseinandergehalten werden können.

Jede Polarisationsfarbe entspricht einem ganz bestimmten Gangunterschied Γ. Für Rot I gilt z. B. $\Gamma = 551$ mμ. Bei bekannter Doppelbrechung kann daher aus der Polarisationsfarbe nach Formel (11a) auf die Dicke d des Objektes geschlossen oder umgekehrt bei bekanntem d die Doppelbrechung $n_\gamma - n_\alpha$ berechnet werden. In Abb. 142 sind diese Beziehungen zwischen Polarisationsfarbe und Schichtdicke auf Grund der linearen Abhängigkeit (11a) für eine Anzahl doppelbrechender pflanzlicher Objekte graphisch dargestellt.

Messung der Gangunterschiede

Kompensation. In Abb. 140a, b und c schwingt das elliptisch oder zirkular polarisierte Licht im Sinne des Uhrzeigers. Vertauscht man nun die Richtungen n_γ und n_α des Objektes miteinander, kehrt sich der Drehsinn des polarisierten Lichtes um. Diese Umkehr kann durch Drehung des Objektes auf dem Mikroskoptisch um 90° erzielt werden. Kombiniert man nun mit dem Objekt ein doppelbrechendes Gipsplättchen, das den gleichen Gangunterschied besitzt, jedoch umgekehrt wie das Objekt orientiert ist, heben sich die beiden entgegengesetzt gerichteten Schwingungen gegenseitig auf, so daß das Objekt dunkel erscheint. Der Doppelbrechungseffekt ist aufgehoben oder *kompensiert* worden.

Der Kompensationseffekt kann dazu benützt werden, um zu entscheiden, welche der beiden mit Hilfe der Auslöschung ermittelten Hauptrichtungen eines doppelbrechenden Objektes n_γ und welche n_α entspricht. Zu diesem Zwecke kombiniert man das Objekt mit einem Gipsplättchen Rot I, dessen Orientierung bekannt ist. Beide doppelbrechenden Medien, sowohl das Objekt als auch das Gipsplättchen, sollen sich in 45°-Stellung befinden. Fällt nun die Richtung von n_γ des Objektes mit jener von n_γ des Gipsplättchens zusammen, spricht man von Additionslage, denn der Gangunterschied vergrößert sich, wodurch die Polarisationsfarbe steigt. Besitzt das Objekt eine niedere Farbe I. Ordnung, verändert sich das Rot I des Gipsplättchens in das Blau II. Ordnung (Additionsfarbe). Dreht man das Objekt um 90°, wird umgekehrt der Gangunterschied verringert (Subtraktionslage), und die Farbe Rot I sinkt nach Gelb I ab (Subtraktionsfarbe). Dieses einfache Verfahren erlaubt somit, die Richtung der größeren Achse der Indexellipse in jedem Objekt zu bestimmen.

Keilkompensator. Um bei einem beliebigen doppelbrechenden Objekt Null-Kompensation zu erreichen, muß man über einen Kompensator mit kontinuierlich veränderlichem Gangunterschied verfügen. Zu diesem Zwecke kann man sich eines *Quarzkeils* bedienen, der in Subtraktionsstellung über dem Objekt hin und her geschoben wird, bis es völlig schwarz erscheint. An einer Skala kann dann der Gangunterschied des Keiles bei der betreffenden Einstellung abgelesen werden.

BEREK hat das Prinzip der kontinuierlich veränderlichen Länge des Lichtweges in einer geeichten anisotropen Kristallschicht so gelöst, daß er eine planparallele *Calcitplatte* um eine Achse senkrecht zur Mikroskopachse dreht. Die optische Dicke nimmt dann entsprechend dem Drehwinkel zu, und der wirksame Gangunterschied kann aus der Winkelablesung an der Drehtrommel ermittelt werden.

Der Kompensator von BEREK und der Quarzkeilkompensator eignen sich vor allem für die Messung großer Gangunterschiede, welche Farben II. und höherer Ordnungen erzeugen. Da die Zellwände jedoch meistens nur Farben I. Ordnung ergeben, bedient man sich mit Vorteil empfindlicherer Kompensatoren. Ein solches Instrument ist der

Kompensator von SÉNARMONT. Er besteht darin, daß man ein $\frac{1}{4}\,\lambda$-Glimmerplättchen über dem Objekt so in den Strahlengang des Mikroskops einlegt, daß seine n_γ-Richtung parallel zur Schwingungsebene $A-A$ des Analysators verläuft. Für die weitere Betrachtung muß erwähnt werden, daß man das aus dem Objekt austretende Licht nicht unbedingt zu einer Interferenzschwingung

zusammentreten lassen muß, sondern man kann sich die beiden Wellenzüge,
auch als senkrecht zueinander schwingende linear polarisierte Wellen vorstellen.
die sich mit der erfahrenen Phasendifferenz nebeneinander her bewegen,

In Abb. 143a ist dargestellt, wie dann die nach n_α des Objektes schwingende
Welle in eine zirkulare Schwingung verwandelt wird, die entsprechend der
Abb. 140b im Sinne des Uhrzeigers verläuft. Das nach n_γ des Objektes schwin-
gende Licht wird auch zirkular, jedoch in umgekehrtem Drehsinne polarisiert
(Abb. 143b). Nach dem Austritt aus dem $^1/_4\,\lambda$-Glimmerplättchen läßt man die
beiden Schwingungen miteinander interferieren. Die zwei gegensinnig laufenden

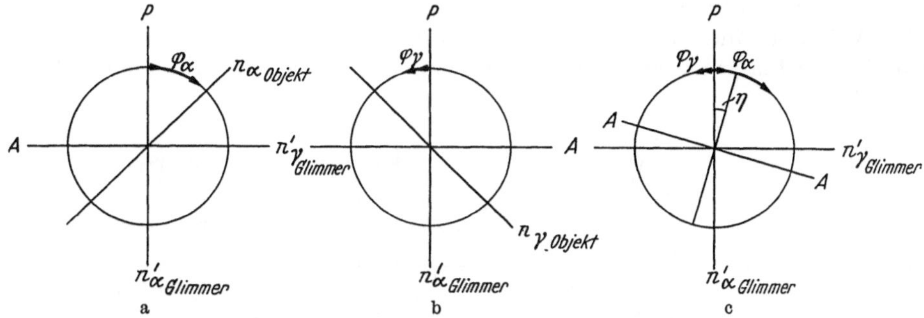

Abb. 143a—c. Kompensator von Sénarmont. P Schwingungsebene des Polarisators; A Schwingungsebene
des Analysators; n'_α, n'_γ Schwingungsebene des $^1/_4\,\lambda$-Glimmerplättchens; n_α, n_γ Schwingungsebene des Objektes. a Umwandlung der Schwingung nach n_α in zirkular polarisiertes Licht mit der Phase φ_α. b Umwandlung der Schwingung nach n_γ in zirkular polarisiertes Licht mit der Phase φ_γ. c Interferenz der beiden gegen-
läufigen zirkularen Schwingungen. η Drehwinkel des Analysators

Zirkularschwingungen ergeben dann durch Interferenz linear polarisiertes Licht,
dessen Schwingungsebene die Winkelhalbierende der Summe der beiden Phasen-
winkel $(\varphi_\gamma + \varphi_\alpha)$ bildet (Abb. 143c).

Da nun linear polarisiertes Licht auf den Analysator trifft, das nicht senkrecht, sondern unter dem Winkel $(90^\circ - \eta)$ zu $A - A$ schwingt, ergibt sich eine
schwache Aufhellung des Objektes. Diese kann auf Schwarz kompensiert werden,
indem man den Analysator um den Winkel η dreht. Dabei wird umgekehrt
das dunkle Gesichtsfeld etwas aufgehellt. Wegen der Kontrastwirkung des
schwarzen Objektes zum schwach grauen Hintergrund kann der Winkel η sehr
genau eingestellt werden.

Falls die Phasendifferenz eine ganze Wellenlänge ausmacht, beträgt der
Drehwinkel $\eta = 360^\circ/2 = 180^\circ$. Für beliebige Phasendifferenzen gilt daher

$$\varphi = \frac{\eta}{180^\circ} , \tag{12}$$

$$\Gamma = \varphi \lambda = \frac{\eta}{180^\circ} \cdot 550\,\mathrm{m}\mu . \tag{12a}$$

Die $^1/_4\,\lambda$-Plättchen sind gewöhnlich für den Schwerpunkt des Spektrums ($\lambda =$
550 mμ) eingestellt. Sie können dann unbedenklich im weißen Licht verwendet
werden. Da man die Analysatordrehung gut mit einer Genauigkeit von 1° einstellen kann, erlaubt diese Methode, Gangunterschiede bis hinunter auf einige
mμ zu messen!

Elliptischer Kompensator nach BRACE und KÖHLER. Noch feinere Messungen lassen sich mit einem drehbaren Glimmerplättchen erreichen. Während beim $^1/_4$ λ-Kompensator das Kompensatorplättchen fest in den Strahlengang des Mikroskops eingeschoben wird und ein drehbarer Analysator unentbehrlich ist, liegt beim elliptischen Kompensator umgekehrt der Analysator fest, und das Glimmerplättchen muß um die Mikroskopachse drehbar sein.

Das Prinzip des elliptischen Kompensators beruht darauf, daß eine sehr schwach doppelbrechende Platte elliptisch polarisiertes Licht von kontinuierlich sinkender Exzentrizität liefert, wenn sie aus der Auslöschungsstellung in die 45°-Stellung gedreht wird.

In Abb. 144 sind die Schwingungsellipsen konstruiert, die sich ergeben, wenn ein $^1/_8$ λ-Plättchen aus seiner Auslöschungslage in die 45°-Stellung gedreht

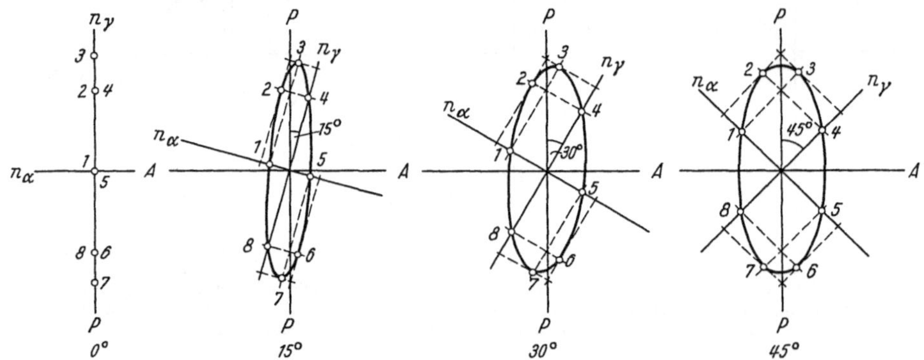

Abb. 144. Elliptische Kompensation. Veränderung des Schwingungszustandes des Lichtes in einer Platte mit der Phasendifferenz $^1/_8$ bei deren Drehung aus der Auslöschung in die 45°-Stellung. Vgl. Abb. 140

wird. In der Auslöschungsstellung verläßt linear polarisiertes Licht das Kompensatorplättchen. Dreht man es um einige Grade aus jener Stellung heraus, entsteht schwach elliptisch polarisiertes Licht, das mit zunehmender Drehung in der 45°-Stellung schließlich die Exzentrizität der Schwingungsellipse erreicht, wie sie in Abb. 140a ersichtlich ist.

Da nun schwach doppelbrechende Objekte elliptisch polarisiertes Licht von bestimmter Exzentrizität erzeugen, lassen sich mit dem Kompensator nach BRACE und KÖHLER Ellipsen gleicher Exzentrizität einstellen; wenn dann das Objekt in Subtraktionslage gebracht wird, so daß der Drehsinn der beiden Ellipsen gegenläufig ist, heben sich die beiden Schwingungen gegenseitig auf. Man kann daher mit dem elliptischen Kompensator beliebig kleine Phasendifferenzen kompensieren. Der Drehwinkel vollständiger Kompensation η kann mit Hilfe eines Wrightschen Okulars mit einem Halbschattenkeil nach MACE DE LEPINAY außerordentlich genau eingestellt werden.

Es ist zu bemerken, daß die Achsen der Kompensatorellipsen nur in 45°-Stellung streng parallel zu $P-P$ und $A-A$ verlaufen. Bei Winkeln zwischen 0 und 45° sind die Ellipsen gegenüber jenem Achsenkreuz schwach verwackelt (Abb. 144). Da nun die Ellipsen des Objektes, das in 45°-Stellung untersucht wird, streng nach $P-P$ und $A-A$ ausgerichtet sind, können diese eigentlich nicht in idealer Weise mit einer gleich exzentrischen Kompensatorellipse zur

Deckung gebracht werden. Die Abweichungen sind indessen so gering, daß man sie ohne Beeinträchtigung der Genauigkeit der Messung vernachlässigen darf.

Nach Köhler (1921) besteht zwischen dem Drehwinkel η des Glimmerplättchens und der Phasendifferenz φ des Objektes folgende Beziehung:

$$\varphi = - \varphi' \sin 2\,\eta, \tag{13}$$

wobei φ' die Phasendifferenz des drehbaren Kompensatorplättchens bedeutet. Das negative Vorzeichen weist darauf hin, daß sich Objekt und Plättchen mit ihren Achsen in Subtraktionsstellung befinden müssen. Da $\sin 2\,\eta$ maximal 1 werden kann, kann φ höchstens gleich groß, nicht aber größer als φ' werden. Das heißt, der Kompensator erlaubt nur, φ-Werte bis zur Größe seiner eigenen Phasendifferenz φ' zu ermitteln. Nach unten gibt es jedoch keine Beschränkung, indem man φ' beliebig klein wählen und damit theoretisch auch beliebig kleine Phasendifferenzen messen kann. Tatsächlich kommen Glimmerplättchen von $^1/_{16}\,\lambda$ oder gar $^1/_{32}\,\lambda$ zur Verwendung. Bei einem $^1/_{32}\,\lambda$-Glimmerplättchen beträgt der Gangunterschied ungefähr 17 mμ, und da man den Drehwinkel auf etwa 1^0 genau einstellen kann, resultieren theoretische Meßgenauigkeiten der Größenordnung 2 A. Für solche Präzisionsmessungen müssen jedoch auch die Polarisationseinrichtungen und die Beleuchtung Anforderungen entsprechen, die bei den üblichen Polarisationsmikroskopen nicht erfüllbar sind. Zum Beispiel ist es fast unmöglich, Linsen so zu fassen, daß sie ideal isotrop bleiben, denn die geringsten Druckstellen erzeugen schon Spannungsanisotropien, deren Gangunterschiede weit über der oben errechneten Erfassungsgrenze liegen.

Die Kompensatorplättchen, die in der Polarisationsmikroskopie verwendet werden, besitzen Dicken von mikroskopischer Abmessung. So ist z. B. ein Gipsplättchen Rot I nur 60 μ und ein $^1/_4\,\lambda$-Quarzplättchen 15 μ dick. Die Glimmerplättchen des elliptischen Kompensators sind noch wesentlich dünner und müssen daher zwischen isotropen Schutzplatten aus Glas gefaßt sein.

Eigendoppelbrechung

Optische Texturbestimmung. Wenn pflanzliche Zellwände in Medien eingebettet werden, deren Brechungsindex ungefähr dem mittleren Brechungsvermögen ihrer fibrillaren Gerüstsubstanz entspricht (z. B. Canadabalsam $n = 1,54$; vgl. Tabelle 32a, S. 227), werden optische Nebeneffekte, die man als Formdoppelbrechung bezeichnet (s. S. 255), aufgehoben. Die beobachtete Doppelbrechung ist dann ausschließlich durch die den submikroskopischen Mikrofibrillen eigene optische Anisotropie bedingt. Sie wird deshalb *Eigendoppelbrechung* genannt.

Die Eigendoppelbrechung kann dazu verwendet werden, die Orientierung der im Lichtmikroskop unsichtbaren Mikrofibrillen und auf diese Weise die submikroskopische Textur zu ermitteln. Besonders einfach ist die Anwendung dieser Methode bei Zellwänden, die Cellulose enthalten, was ja für die überwiegende Mehrheit der zur Untersuchung gelangenden Zellmembranen zutrifft.

Im Cellulosekettengitter und auch in Celluloselösungen (Strömungsdoppelbrechung!) fällt die Richtung des größeren Brechungsvermögens n_γ mit der Achse der Fadenmoleküle zusammen. Da nun mit Hilfe eines vergleichenden Gipsplättchens Rot I die n_γ entsprechende Richtung in jedem Objekte leicht festgelegt werden kann (S. 242), ist es ohne weiteres möglich, nach einem Blick ins Polarisationsmikroskop die Ausrichtung der Mikrofibrillen in der Zellwand anzugeben. Sie wird durch Strichelung in eine Skizze des betreffenden Zellwandschnittes eingetragen (Abb. 145, FREY-WYSSLING 1930a).

Bei Chitinzellwänden verlangt die Anwendung dieser Methode etwas größere Vorsicht. Da die Eigendoppelbrechung des Chitins negativ ist, entspricht die Orientierung der Chitinmikrofibrillen theoretisch der Richtung von n_α. Ihre optisch negative Eigenanisotropie wird indessen leicht von der meist ansehnlichen positiven Formdoppelbrechung überkompensiert, so daß dann wie in cellulosischen Zellwänden n_γ der Fibrillenrichtung entspricht. Bei chitinhaltigen Zellwänden muß daher vorgängig einer optischen Texturbestimmung stets eine Prüfung auf Formdoppelbrechung durchgeführt werden. Die folgenden Ausführungen beziehen sich somit nur auf Zellwände mit positiver Gesamtdoppelbrechung, d. h. die Summe von Eigendoppelbrechung plus Formdoppelbrechung muß positiv ausfallen.

Paralleltexturen. Wie bereits früher erwähnt (S. 15), sind die Mikrofibrillen bei idealer *Fasertextur* (Abb. 145a) derart optimal parallel zur Zellachse ausgerichtet, daß cellulosische Fasern dazu dienen können, die Brechungsindices der kristallinen Cellulose zu messen. Der Querschnitt senkrecht zur Faserrichtung ist annähernd isotrop. Man wird zwar stets in tangentialer Richtung einen unbedeutend größeren Brechungsindex als in radialer Richtung finden, da in tangentialer Richtung eine etwas dichtere Anordnung der Fadenmoleküle herrscht (Abb. 80, S. 114); aber dieser Unterschied kann vernachlässigt werden, so daß im wesentlichen nur zwei Hauptbrechungsindices, n_γ und n_α, zur Messung gelangen.

Für *Schraubentexturen* (Abb. 145g) gelten die gleichen Verhältnisse, nur ist dort der Querschnitt durch die Zellwand nicht senkrecht zur Zellachse, sondern senkrecht zur Auslöschungsschiefe zu führen. Als Spaltprodukte gewonnene Makrofibrillen oder ausgezogene Schraubenfäden weisen jedoch gerade Auslöschung auf. Solche *Fadentexturen* sind in Abb. 145b—d dargestellt.

Die Richtung von n_γ kann nicht nur schief, sondern auch rechtwinklig zur Zellachse verlaufen, wie dies in den sekundären Ringverstärkungen der Ringgefäße der Fall ist (Abb. 145e). Man spricht dann von einer Ringtextur. Faser- und Ringtexturen sind Spezialfälle, während die Schraubentextur, wie schon früher erwähnt, den allgemeinen Fall der Sekundärwandtextur vorstellt.

Streuungstexturen. Zeigt die Zellwand auf allen drei Hauptschnitten deutliche Doppelbrechung und gleichzeitig gerade Auslöschung auf dem Längsschnitt, ergibt sich ein dreiachsiges Indexellipsoid mit den Achsen $n_\alpha, n_\beta, n_\gamma$. Die Achse n_α der Indicatrix verläuft stets radial. Wenn die Zellwand von Pektinstoffen befreit ist, erweist sich dieses n_α stets etwas größer als n_ω der kristallinen Cellulose. Die Richtung von n_γ kann axial oder tangential verlaufen; das gefundene Brechungsvermögen ist stets beträchtlich niedriger als n_ε der kristallinen Cellulose. Der dritte Brechungsindex n_β liegt zwischen n_α und n_γ.

Die Richtungen von n_β und n_γ werden leicht gefunden, indem man die mit Hilfe des Gipsplättchens Rot I ermittelten Indexellipsen in Skizzen der drei Hauptschnitte durch die Zellwand einträgt. In der Zellwandaufsicht liegt dann die größere Achse der Ellipse entweder parallel oder senkrecht zur Zellachse (Abb. 146a und b).

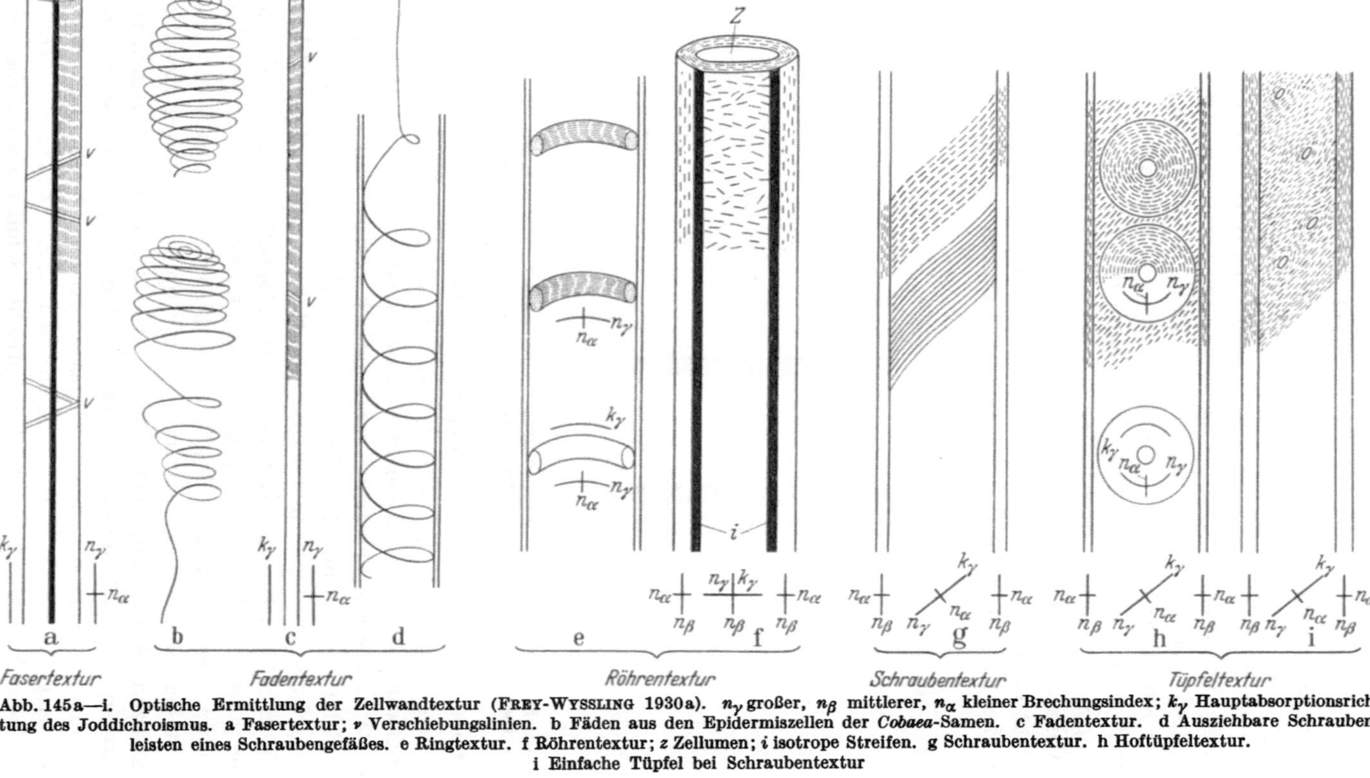

Abb. 145a—i. Optische Ermittlung der Zellwandtextur (FREY-WYSSLING 1930a). n_γ großer, n_β mittlerer, n_α kleiner Brechungsindex; k_γ Hauptabsorptionsrichtung des Joddichroismus. a Fasertextur; v Verschiebungslinien. b Fäden aus den Epidermiszellen der *Cobaea*-Samen. c Fadentextur. d Ausziehbare Schraubenleisten eines Schraubengefäßes. e Ringtextur. f Röhrentextur; z Zellumen; i isotrope Streifen. g Schraubentextur. h Hoftüpfeltextur. i Einfache Tüpfel bei Schraubentextur

In Abb. 146a zeigt die tangentiale Richtung auf dem Querschnitt das größere auf dem Tangentialschnitt dagegen das kleinere Brechungsvermögen. Hieraus

folgt, daß die Tangentialrichtung dem mittleren Brechungsindex n_β, die Axialrichtung dem größten Index n_γ und die Radialrichtung dem kleinsten Index n_α
entsprechen muß. Die geschilderten Brechungsverhältnisse sind nur möglich,
wenn die optisch einachsig angenommenen Cellulosemikrofibrillen um die Zellachse streuen. Man nennt eine solche Textur, die durch unvollkommene Ein-
schwenkung der Mikrofibrillen in die Richtung der Faserachse oder, anders
gesagt, durch eine Verwackelung bedingt ist, eine *faserähnliche Textur*. Sie
ist z. B. in Kunstseidefäden verwirklicht, weil es beim Spinnprozeß durch Düsen
nicht möglich ist, die in der Lösung vorhandenen Fadenmoleküle und Mikrofibrillen optimal strömungsparallel zu richten.

Die Verwackelung kann auch von der Ringtextur ausgehend gedacht werden.
Man spricht dann von *Röhrentextur*. Diese äußert sich so, daß der Brechungsindex in der axialen Richtung auf dem Radialschnitt relativ größer, auf dem

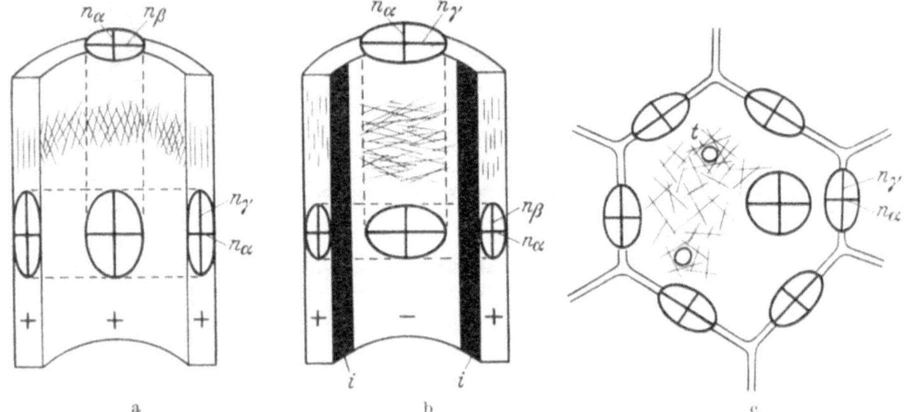

Abb. 146a—c. Indexellipsen bei Streuungstexturen. Vorzeichen der Doppelbrechung (+, —) bezogen auf die
Zellachse. a Faserähnliche Textur. b Röhrentextur; *i* isotroper Streifen. c Folientextur; *t* einfacher Tüpfel

Tangentialschnitt jedoch relativ kleiner ist. Die axiale Richtung muß daher n_β
entsprechen. Die Richtung von n_γ verläuft quer; d. h. die Doppelbrechung
der Längswand ist in der Aufsicht optisch negativ in bezug auf die Zellachse.
Da die Radialschnitte der Längswand optisch positiv sind (Abb. 146b), ergibt
sich bei Additionslage mit dem Gipsplättchen Rot I folgendes Bild: Die Längswände erscheinen im optischen Radialschnitt blau, während das Zellumen gelb
aufleuchtet. Der Übergang der negativen Doppelbrechung in der Mitte der
Zelle zur positiven Doppelbrechung der Längswände erfolgt allmählich und muß
notgedrungenerweise durch Null gehen. Es gibt daher einen isotropen Streifen,
wo die Stellen optisch negativer mit solchen optisch positiver Reaktion aneinander grenzen (Abb. 146b, 147). Dieser Streifen erscheint zwischen gekreuzten
Polarisatoren trotz 45°-Stellung schwarz und bei Einschaltung von Rot I rot.
Auch in den Zellwänden anderer Objekte (Haare; Algenfäden, NICOLAI und
FREY-WYSSLING 1938, S. 406) treten solche isotrope Zonen auf. Die Isotropie
kommt dadurch zustande, daß der optische Schnitt durch die zweiachsige
Indikatrix an jener Stelle einen Kreis vorstellt. Es gibt in einem zweiachsigen
Ellipsoid zwei solche Kreisschnitte. Der Radius dieser Kreise ist n_β. Die Radius-
vektoren, die senkrecht auf den Kreisschnitten stehen, werden als optische

Achsen solcher optisch zweiachsiger Objekte bezeichnet, und der Winkel, den diese Achsen miteinander einschließen, ist der sog. *Achsenwinkel*. Der halbe Achsenwinkel V kann auf folgende Weise berechnet werden:

$$\cos V = \frac{n_K}{n_\beta}\cos E = \frac{n_\alpha}{n_\beta}\sqrt{\frac{n_\gamma^2 - n_\beta^2}{n_\gamma^2 - n_\alpha^2}}\,. \tag{14}$$

E ist der scheinbare halbe Achsenwinkel, der im Mikroskop als $\cos E = a/r$ gemessen wird; a ist der Abstand des isotropen Streifens von der Zellmitte und r der Zellradius (s. Abb. 147). $\cos E$ kann durch Berücksichtigung des Brechungsvermögens des Einschlußmittels (Canadabalsam n_K) auf $\cos V$ umgerechnet werden. $\cos V$ läßt sich nach der oben angegebenen Formel auch ausrechnen, wenn alle drei Indices n_α, n_β und n_γ bekannt sind, so daß der Achsenwinkel auf zwei verschiedene Weisen ermittelt und das Ergebnis auf seine Zuverlässigkeit geprüft werden kann (FREY 1925 a).

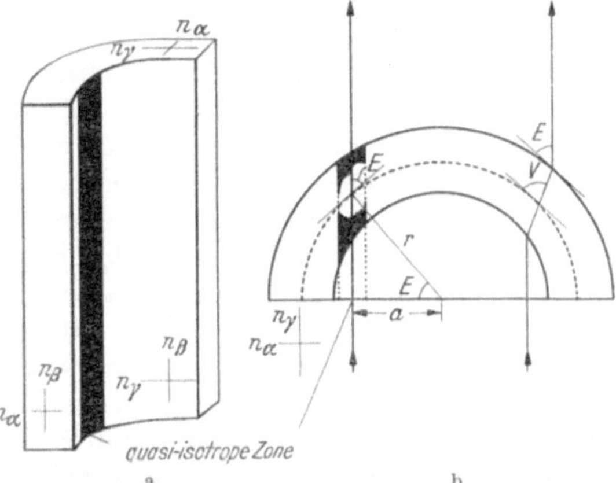

Abb. 147 a u. b.   Optik der Milchröhren von *Euphorbia splendens* (FREY 1925 a). *r* Radius der Milchröhre; *a* Abstand des quasiisotropen Streifens von der Zellachse; *E* scheinbarer, *V* wahrer Achsenwinkel

Wichtiger als der Achsenwinkel ist der *Streuwinkel*. Dieser Winkel ist ein Maß für die Abweichung der Achse der Mikrofibrillen von der Richtung der Zellachse bei faserähnlicher Textur oder von der tangentialen Querrichtung bei Röhrentextur. Nimmt man an, daß die Mikrofibrillen nur in der Wandebene, nicht aber senkrecht dazu streuen, und daß alle Richtungen innerhalb des vorhandenen Streusektors gleich häufig vorkommen (Abb. 148), so läßt sich der Öffnungswinkel $2\,\alpha$ des Streusektors berechnen, denn es gilt (FREY-WYSSLING 1943)

$$\frac{1}{n_\beta^2} - \frac{1}{n_\gamma^2} = \left(\frac{1}{n_\omega^2} - \frac{1}{n_\varepsilon^2}\right)\frac{\sin 2\alpha}{2\alpha}\,. \tag{15}$$

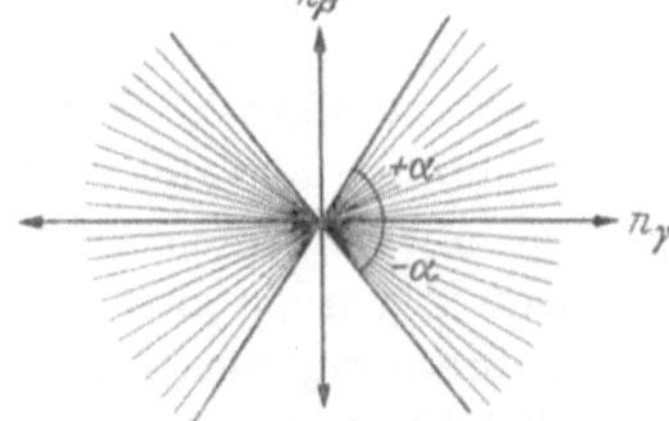

Abb. 148.   Streuung der Mikrofibrillen in einer Ebene (FREY-WYSSLING 1942 b). n_β, n_γ Brechungsindices der Zellwand; α Streuwinkel

Hierbei bedeuten n_ω und n_ε die beiden Hauptbrechungsindices der kristallinen Cellulose. Bei schwachen Doppelbrechungseffekten gilt $n_\beta + n_\gamma \cong n_\omega + n_\varepsilon$, wobei allerdings n_β und n_γ durch cellulosefremde Zellwandstoffe nicht wesentlich beeinflußt sein dürfen. Unter diesen Voraussetzungen vereinfacht sich die Formel (15) zu

$$n_\gamma - n_\beta = (n_\varepsilon - n_\omega)\frac{\sin 2\alpha}{2\alpha}\,. \tag{15a}$$

Diese Betrachtungen sind insofern bedeutsam, als die Primärwände zylindrischer Zellen *Röhrentextur* aufweisen. Man kann sich daher mit Hilfe optischer

Messungen auch ohne Elektronenmikroskop ein Bild von ihrem submikroskopischen Aufbau machen.

Wenn die Streuung nicht nur in der Tangentialebene der Wand, sondern räumlich nach allen Richtungen erfolgt, ergibt die Streuungsfigur einen Kugelsektor mit der halben Sektoröffnung als Streuwinkel α. Die Streuformel lautet dann (FREY-WYSSLING 1943):

$$\Delta n = (n_\varepsilon - n_\omega)\left(\frac{\cos\alpha + \cos^2\alpha}{2}\right). \tag{15b}$$

Die Anwendung dieser Formel soll an Hand der Streuung der Calcitkristallite in den Cystolithen gezeigt werden. Nach Tabelle 6 (S. 50) vermindert die Kalkeinlagerung die Doppelbrechung der Cystolithen von *Strobilanthes* um $\Delta n = -0{,}020$. Da dem Calcit die Doppelbrechung $n_\varepsilon - n_\omega = -0{,}172$ zukommt, ergibt sich aus (15b) für $\alpha = 79^\circ$. Ein Winkel von 90° würde eine vollkommene Streuung mit statistischer Isotropie bedeuten. Der Streuwinkel von 79° zeigt daher eine sehr unvollkommene Ordnung der Calcitkristallite, bezogen auf die Achse des Cystolithen und der Cellulosemikrofibrillen, an (Abb. 39e, S. 48).

Die Wandfacetten isodiametrischer und die Querwände zylindrischer Zellen erscheinen im Polarisationsmikroskop oft isotrop. Gewöhnlich finden sich nur um die Poren der einfachen Tüpfel schwach doppelbrechende Säume mit Zirkulartextur. Die zwischen den Tüpfeln liegenden Wandpartien weisen in der Aufsicht einen Indexkreis auf (Abb. 146c). Dies ist indessen nur eine scheinbare Isotropie, denn die Wand enthält ja neben der isotropen Grundsubstanz die stark anisotropen Mikrofibrillen. Deren Doppelbrechungseffekt wird jedoch durch eine vollkommene Streuung (Streuwinkel $\alpha = 90^\circ$), d. h. durch nach allen möglichen Richtungen übereinander gelagerte Fibrillen gegenseitig kompensiert und aufgehoben. Wie aus Formel (15a) hervorgeht, wird die Doppelbrechung $n_\gamma - n_\beta$ für einen Streuwinkel von 90° tatsächlich gleich Null, da sin 180° Null ist. Solche Zellwände ohne irgendwelche Richtungstendenz der Mikrofibrillen besitzen eine sog. *Folientextur*.

Da die Doppelbrechungseffekte der Zellwände durch das Zusammenwirken zahlloser submikroskopischer Kristallite zustande kommen, gehören sie zu den Erscheinungen der *Aggregatpolarisation*. Bei Paralleltexturen wirken alle anisotropen Mikrofibrillen gleichsinnig zusammen. Bei den Streuungstexturen beeinträchtigen sie sich jedoch gegenseitig, und bei der Folientextur kann die Doppelbrechung senkrecht zur Zellwand sogar ganz aufgehoben werden. Ähnliche Effekte treten nun auf, wenn zahlreiche Lamellen mit Paralleltextur schief gekreuzt übereinanderliegen. Dies gilt in erster Linie für die Sekundärwände mit ihrem ausgesprochenen Schichten- und Lamellenbau. So weisen die Sekundärwände der Milchröhren von *Euphorbia splendens* nach den Beobachtungen im Polarisationsmikroskop ideale Röhrentextur auf (FREY 1925a, FREY-WYSSLING 1942b). Im Elektronenmikroskop erweisen sie sich jedoch als submikroskopisch lamelliert, wobei sich die vielen parallel texturierten Lamellen in verschiedenen Winkeln schief überkreuzen (Abb. 28b, S. 33). Da die Lamellendicken von der Größenordnung der Wellenlängen des Lichtes sind, wirkt eine solche Überkreuzungstextur optisch gleich wie eine Streuungstextur. Man kann daher im Polarisationsmikroskop Streuungstexturen nicht von submikroskopischen Überkreuzungstexturen unterscheiden (FREYTAG 1954).

Gekreuzte Systeme. Bei der Besprechung der Auslöschungserscheinungen
ist bereits darauf hingewiesen worden, daß sich schief überkreuzende, doppelbrechende Schichten mikroskopischer Dicke, wie sie in Zellen mit Schraubentextur (Baumwollhaare, Tracheiden) durch Überlagerung der Vorder- und Hinterwand vorliegen, nicht zur Auslöschung gebracht werden können. Dies rührt
davon her, daß die untere Schicht das einfallende linear polarisierte Licht in
elliptisch polarisiertes verwandelt, wodurch dann auf die obere Schicht nicht
linear, sondern elliptisch polarisiertes Licht auffällt, bei welcher Beleuchtungsart
sich die Interferenzerscheinungen wesentlich komplizieren. Falls die beiden
übereinanderliegenden Schichten nicht den gleichen Gangunterschied erzeugen,
ist es ferner so, daß voneinander verschiedene Effekte auftreten je nachdem,
ob das ursprünglich linear polarisierte Licht von der einen oder von der anderen
Seite her durch das System geschickt wird.

Im Gegensatz dazu treten bei schiefer Überlagerung sehr dünner submikroskopischer Lamellen, wie sie in den Sekundärwänden vorliegen, die erwähnten
Komplikationen nicht auf. Vielmehr zeigen solche Lamellenpakete vollständige
Auslöschung, und es ist gleichgültig, in welcher Richtung das Licht durch sie
hindurchgeschickt wird (FREY-WYSSLING 1941).

Die Tatsache, daß sich gekreuzte Schichtpakete (Einzelschichten mit be-
trächtlichem Gangunterschied) und gekreuzte Lamellenpakete (Lamellen mit
sehr kleinem Gangunterschied) verschieden verhalten, ist auf folgende Weise
zu erklären: Serien von übereinandergelagerten doppelbrechenden Plättchen
liefern einen resultierenden Gangunterschied Γ_x, der aus den Gangunterschieden
$\Gamma_1, \Gamma_2, \Gamma_3$ usw. der einzelnen Platten mit Hilfe der Vektoranalyse konstruiert
werden kann. Die Länge jedes einzelnen Vektors gibt die Größe des Gangunterschiedes und seine Richtung die Orientierung der Schwingungsrichtung der
betreffenden Platte an. Die Addition der Vektoren hat auf Grund der theoretischen Optik (POCKELS 1906) auf einer Kugeloberfläche zu erfolgen. Die die
Gangunterschiede darstellenden Vektoren sind also keine Geraden, sondern
Kreisbögen, die mit Hilfe der sphärischen Trigonometrie addiert werden müssen.

Sind nun die Gangunterschiede sehr klein, kommt ein so kleiner Ausschnitt
der Kugeloberfläche zur Anwendung, daß er in erster Näherung als eben betrachtet werden kann. Für Lamellenpakete mit Phasendifferenzen, die für die
einzelnen Lamellen weniger als $^1/_{16}\ \lambda$ betragen, kann man daher ein ebenes Vektorendiagramm konstruieren (Abb. 149). Man zeichnet einen geraden Vektor
in beliebiger Richtung, dessen Länge dem Gangunterschied Γ_1 der ersten Lamelle
entspricht. Der Gangunterschied Γ_2 der zweiten Lamelle wird nun so mit dem
ersten kombiniert, daß der Außenwinkel des entstehenden Vektorenpolygons
gleich dem doppelten Überkreuzungswinkel $2\,\eta$ der ersten und zweiten Lamelle
ist. In gleicher Weise werden die Vektoren Γ_3, Γ_4 usw. bis Γ_n angefügt. Die
Länge der Verbindungslinie des Endpunktes des entstandenen Linienzuges mit
dem Ursprung gibt dann die Größe des resultierenden Gangunterschiedes Γ_x
und der Außenwinkel $2\,\eta_{x\,1}$ (Abb. 149) den doppelten Kreuzungswinkel der
Schwingungsrichtung des Lamellenpaketes mit der Schwingungsrichtung der
ersten Lamelle wieder.

Nehmen wir an, es liegen Lamellen vor, die sich unter konstantem Winkel
(z. B. 60°) überkreuzen, derart, daß alle geraden und alle ungeraden Lamellen

gleich gerichtet sind, ergibt sich das Vektorendiagramm von Abb. 150a. Der
Kreuzungswinkel η soll von der Zellachse halbiert werden, und diese soll parallel
zur Schwingungsebene $P-P$ des Polarisators orientiert sein. Das Vektorenpolygon kann dann auf die Richtung $P-P$ bezogen werden. Da die erste
Lamelle unter einem Winkel von $\eta/2$ zu $P-P$ orientiert ist, ist der erste
Vektor Γ_1 unter dem Winkel η zu $P-P$ einzutragen. Da alle folgenden Gangunterschiede gleich sind und die Richtungswinkel zwischen den geraden und
ungeraden Lamellen η und zwischen den ungeraden und geraden Lamellen
$\pi-\eta$ betragen, entsteht unter Berücksichtigung, daß stets die doppelten Winkel
eingetragen werden müssen, der Linienzug von Abb. 150a. Der Außenwinkel
der Resultante wird von $P-P$ halbiert.

Das Vektorenpolygon der Gangunterschiede kann dazu verwendet werden, in
der Streitfrage über die Lamellierung der *Valonia*-Zellwand (s. S. 82) die
verschiedenen Auffassungen auf ihre Wahr-
scheinlichkeit zu prüfen. Wenn nur zwei Systeme von sich ungefähr senkrecht überkreuzenden Lamellen vorhanden sind, ergibt sich
das Diagramm der Abb. 150b, in welchem sich
die beiden Gangunterschiede Γ_1 und Γ_2 gegenseitig aufheben, so daß die Wand in der Aufsicht mehr oder weniger isotrop erscheinen
muß. Dasselbe gilt für drei gleichwertige La-
mellensysteme, die sich unter 60° überkreuzen
(Abb. 150c). Wenn jedoch eines dieser drei
Systeme viel schwächer entwickelt ist als die
anderen beiden (PRESTON und RIPLEY 1954),
resultiert ein Gangunterschied Γ_x, so daß also
die Wand in der Aufsicht deutlich doppelbrechend sein müßte, mit gerader Auslöschung
bezogen auf die Winkelhalbierende des Kreu-
zungswinkels der beiden anderen Richtungen.

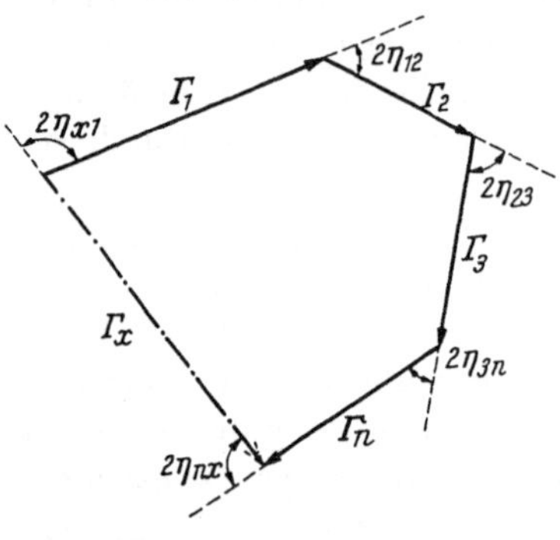

Abb. 149. Bestimmung des resultierenden
Gangunterschiedes Γ_x ($-\cdot-\cdot-$) eines
Lamellensystems, dessen einzelne Lamel-
len die Gangunterschiede Γ_1, $\Gamma_2 \ldots \Gamma_n$
erzeugen, mit Hilfe des Vektorenpolygons.
$\eta_{12} \ldots \eta_{nx}$ = Winkel zwischen $(n_\gamma)_1$ und
$(n_\gamma)_2$ usw. (FREY-WYSSLING 1941)

Optische Dickenbestimmung. Nach der Grundgleichung der Doppelbrechung
(11a) ist der Gangunterschied Γ in linearer Weise von der Objektdicke d abhängig. Da nun der Gangunterschied in der Polarisationsfarbe zum Ausdruck
kommt, kann die Dicke der doppelbrechenden Zellwände an Hand ihrer Farben
im Polarisationsmikroskop beurteilt werden. Bei der Behandlung des Keil-
kompensators ist gezeigt worden, wie die Polarisationsfarben in regelmäßigen
Ordnungen ansteigen, wobei die verschiedenen Rot gleiche Abstände voneinander aufweisen. Die pflanzlichen Zellen sind indessen nur ausnahmsweise keil-
förmig (Haarspitzen), sondern im allgemeinen zylindrisch oder kugelig. Die
Farbserien folgen daher in unregelmäßigen Abständen aufeinander, und wenn
man in der Beurteilung tieferer und höherer Polarisationsfarben geübt ist,
erkennt man aus ihrem Ansteigen oder Absinken direkt das Relief des Unter-
suchungsobjektes. Planparallel geschnittene Zellwände zeigen natürlich kein
solches Farbenspiel, sondern eine einheitliche Farbe; aber in Canadabalsam
eingebettete Macerate dickwandiger Zellen lassen auffallende Farbenserien
erkennen (vgl. Abb. 141).

Abb. 151 veranschaulicht eine Ramiefaser im Querschnitt. Über der Grundlinie sind die gemessenen Gangunterschiede mit den zugehörigen Interferenzfarben aufgetragen. Man erkennt, wie die Farben sehr rasch zu Rot I, dann etwas langsamer bis Rot II ansteigen, um darauf ein Maximum mit Blau III zu erreichen; anschließend fällt die Farbe unvermittelt auf Gelb II ab und bildet

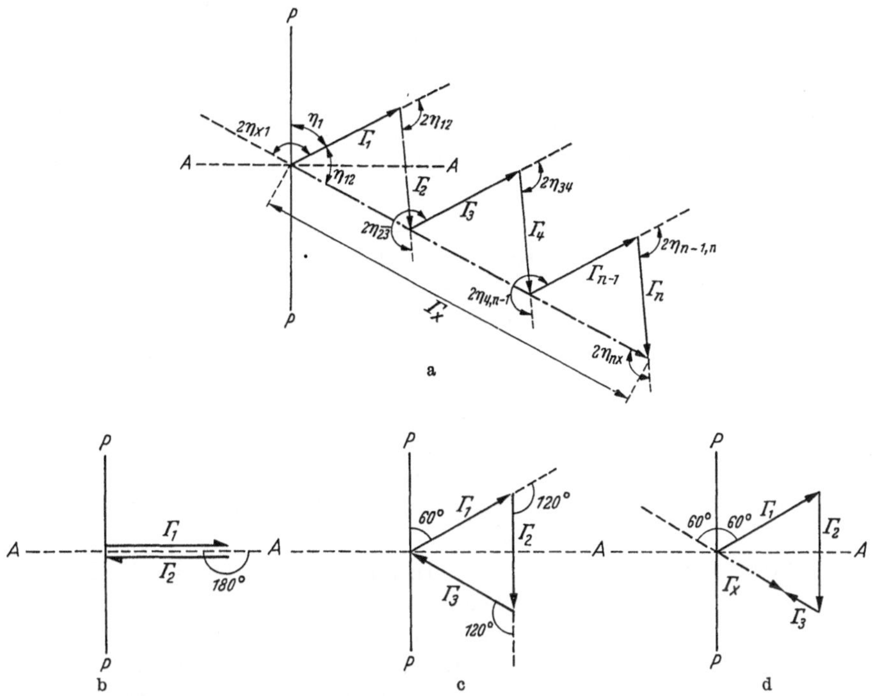

Abb. 150. a Konstruktion des Gangunterschiedes Γ_x, wenn die Lamellen abwechslungsweise unter einem bestimmten Winkel (η_{12}) und dessen Supplement ($\eta_{23} = \pi - \eta_{12}$) symmetrisch zur Zellachse angeordnet sind. Als Auslöschungsrichtung ergibt sich die Winkelhalbierende zwischen Γ_1 und Γ_x, d. h. die Zellachse, womit bewiesen ist, daß ein solches System gerade Auslöschung aufweist. P-P Schwingungsrichtung des Polarisators, A-A des Analysators. b Zwei unter 90° sich kreuzende Lamellen; $\Gamma_1 = \Gamma_2$; Außenwinkel 180°; $\Gamma_x = 0$. c Drei unter 60° sich kreuzende Lamellen, $\Gamma_1 = \Gamma_2 = \Gamma_3$; Außenwinkel 120°; $\Gamma_x = 0$. d Wie c, jedoch Γ_3 wesentlich kleiner als $\Gamma_1 = \Gamma_2$. Es resultiert ein Gangunterschied Γ_x (— · — · —), sowie ein Auslöschungswinkel von 60° bezogen auf Γ_1

über dem Zellumen ein gleichmäßig gefärbtes Plateau. Dies deutet auf eine konstante Dicke der Zellwand an jener Stelle. Durch Division des dem Gelb II entsprechenden Gangunterschiedes von 899 mμ durch die Doppelbrechung der Ramiefaser erhält man die doppelte Dicke der Zellwand (vgl. Tabelle 34).

Bei kugeligen Steinzellen mit einem punktförmigen Lumen variiert der Gangunterschied über die ganze Zellwandbreite, und man findet nirgends ein ausgedehnteres Gebiet gleicher Farbe, wo man die Zellwanddicke durch eine Einzelmessung bestimmen könnte. Man muß dann die Gangunterschiede über die ganze Zellbreite messen und eine Kurve aufnehmen. Diese Kurve ist schön gerundet, steigt wie in Abb. 151 von außen nach innen steil zu einem Maximum ($\Gamma_{\max}$) an, um dann bis zum punktförmigen Zellumen der Steinzelle auf Null abzufallen, da deren Wand Folientextur aufweist und daher in der Aufsicht isotrop erscheint. In diesem Falle besteht folgende Beziehung zwischen Doppelbrechung, Gangunterschied und Zellwanddicke (FREY-WYSSLING 1940c):

$$n_\gamma - n_a = \frac{\Gamma_{max}}{1{,}122\,r},\tag{16}$$

wobei Γ_{max} den maximalen Gangunterschied und r den Radius der Kugelzelle bedeuten. Voraussetzung für die Anwendung dieser Formel sind annähernd kugelige Zellen und ein sehr kleines Zellumen, so daß r mit der Zellwanddicke identifiziert werden kann.

Auf diese Weise findet man für Steinzellen aus der Birne Werte von 0,019 für die Doppelbrechung (FREY-WYSSLING 1942c). Dieser Wert ist verglichen mit der Doppelbrechung der Cellulose (0,068) sehr niedrig, was teils durch die Streuung der Folientextur und teils durch starke Inkrustation mit zusätzlichen isotropen Zellwandsubstanzen bedingt ist.

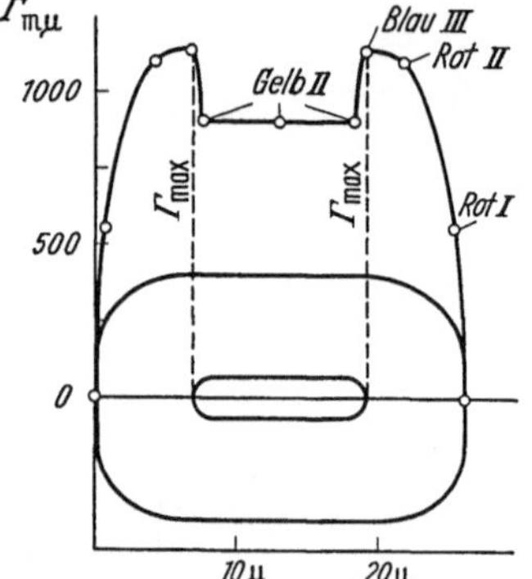

Abb. 151. Graphische Darstellung des Gangunterschiedes einer Ramiefaser, konstruiert über dem Faserquerschnitt (FREY-WYSSLING 1942c). Abszisse: Faserbreite bzw. Zellwanddicke in µ. Ordinate: gemessener Gangunterschied Γ in mµ (maximaler Gangunterschied Γ_{max} = 1124 mµ [Blau III])

Aus den bisherigen Ausführungen geht hervor, daß die relative Zellwanddicke an Hand der Polarisationsfarben leicht festgestellt werden kann, während die Bestimmung exakter absoluter Werte auf Schwierigkeiten stößt, weil die Doppelbrechung der Zellwände nur in Ausnahmefällen genau bekannt ist. Sehr genaue Dickenmessungen lassen sich dagegen mit Hilfe des *Interferenzmikroskops* erzielen.

Dieses Instrument erlaubt, das ins Mikroskop einfallende Licht in zwei Strahlen aufzuspalten, von denen der eine das zu untersuchende Objekt, der andere dagegen nur das Einbettungsmittel durchstrahlt. Falls das Objekt optisch dichter ist als das umgebende Einschlußmittel, erfährt das Licht in ihm, verglichen mit dem Strahl, der am Objekte vorbeigeht, eine Verzögerung. Das Interferenzmikroskop bringt nun diese beiden Strahlen miteinander zur Interferenz. Der Gangunterschied Γ der beiden beträgt $(n_x - n)\,d$, wobei n_x den Brechungsindex des Objektes, n jenen des Einbettungsmittels und d die Dicke des Objektes bedeuten. Da n_x im allgemeinen nicht bekannt ist, untersucht man das Objekt in zwei verschiedenen Einschlußmitteln mit den Brechungsindices n_I und n_{II}. Man erhält dann folgende beide Gleichungen:

$$\Gamma_I = (n_x - n_I)\,d,$$
$$\Gamma_{II} = (n_x - n_{II})\,d,$$

aus denen sowohl die Dicke d als auch das Brechungsvermögen n_x des Präparates ermittelt werden können:

$$d = \frac{\Gamma_I - \Gamma_{II}}{n_{II} - n_I} \qquad n_x = \frac{\Gamma_I\,n_{II} - \Gamma_{II}\,n_I}{\Gamma_I - \Gamma_{II}}.$$

Das Interferenzmikroskop spricht wie das Phasenkontrastmikroskop auf außerordentlich kleine Phasendifferenzen an. Es erlaubt deshalb, in lebenden

Zellwänden sehr geringe Dickenänderungen zu registrieren. GREEN (1958 b) ist es daher mit dieser Methode gelungen, ein vorübergehendes Dünnerwerden der Wand beim Streckungswachstum der Internodialzellen von *Nitella* nachzuweisen.

Doppelbrechungsausfall. Berechnet man die Doppelbrechung der Ramiefasern nach der Formel (11a) und vergleicht den erhaltenen Wert mit der Differenz aus den nach der Immersionsmethode gewonnenen Hauptbrechungsindices, so findet man im Gegensatz zu den Verhältnissen bei homogenen Kristallen nicht den gleichen Wert. Stets ist bei den pflanzlichen Zellwänden die mit Hilfe von Gangunterschied und Dicke berechnete Doppelbrechung $n_\gamma - n_\alpha$ ansehnlich kleiner als die aus der Messung der Brechungsindices ermittelte $n_\varepsilon - n_\omega$. Voraussetzung für einen solchen Vergleich ist eine sehr genaue Dickenmessung. Trotzdem bei Ramiefasern die Faser- und die Lumenbreite im Mikroskop gut ermittelt und durch Differenzbildung die doppelte Wanddicke leicht bestimmt werden kann, ist diese Bestimmung jedoch unerwarteterweise viel ungenauer als die auf Tausendstel genauen Messungen der Gangunterschiede oder der Brechungsindices. Immerhin gelingt es, die Wanddicke auf etwa 1% genau zu messen. Man erhält dann z. B. für den Schwerpunkt des weißen Lichtes ($550 \, m\mu$) folgende Werte (FREY-WYSSLING und SPEICH 1942):

$$
\begin{array}{lr}
\text{Messung der Indices } n_\varepsilon - n_\omega \ldots\ldots\ldots\ldots\ldots\ldots & 0{,}0686 \\
\text{Gangunterschied- und Dickenmessung } n_\gamma - n_\alpha = \Gamma/d \ \ . \ . & \underline{0{,}0657} \\
\text{Doppelbrechungsausfall} \quad 0{,}0029 = 4{,}4\%
\end{array}
$$

Aus diesem Doppelbrechungsausfall muß man schließen, daß die Faserwandung nicht homogen aus kristalliner Cellulose mit der Doppelbrechung $n_\varepsilon - n_\omega$ aufgebaut ist, sondern daß offenbar unsichtbare submikroskopische Räume vorliegen, die kein doppelbrechendes oder schwächer doppelbrechendes Material enthalten, so daß der Gangunterschied, den das Licht auf dem Wege durch die Wand erfährt, etwas zu klein ausfällt. Es handelt sich dabei um die interfibrillaren Capillaren (s. S. 221), die man heute im Elektronenmikroskop beobachten kann, während ihre Existenz früher nur mit Hilfe solcher indirekter Methoden nachgewiesen werden konnte.

Formdoppelbrechung

Alle bisher unter dem Titel „Eigendoppelbrechung" beschriebenen optischen Messungen müssen an Zellwänden durchgeführt werden, die in einem Medium mit einem Brechungsindex von ungefähr 1,55 (z. B. Canadabalsam $n_K = 1{,}54$) eingebettet sind. Wenn diese Bedingung nicht erfüllt ist, ergeben sich zusätzliche Doppelbrechungserscheinungen, die unter dem Namen Formdoppelbrechung bekannt sind.

Grundlagen. Nach der Mischkörpertheorie von WIENER (1912) wird ein System, das aus zwei oder mehreren isotropen Bestandteilen verschiedenen Brechungsvermögens zusammengesetzt ist, *doppelbrechend*, wenn die Komponenten anisodiametrische Formen besitzen, wobei die Durchmesser der verschiedenen Phasen wenigstens in einer Richtung klein sein müssen im Vergleich zu den Wellenlängen des Lichtes. Es wird also eine submikroskopische Periodizität vorausgesetzt, die durch die besondere *Form* der Mischbestandteile zustande kommt. Die resultierende Anisotropie wird daher als Formanisotropie (*Form-doppelbrechung*, Formdichroismus usw.) bezeichnet. Für zwei Sonderfälle hat WIENER (1912) Formeln abgeleitet, die sich auf ein System von parallel gerichteten zylindrischen Stäben in einer Grundsubstanz und auf ein System von verschieden gearteten Lamellen beziehen. Solche Systeme sind im allgemeinen doppelbrechend; im ersten Falle spricht man von Stäbchendoppelbrechung und im zweiten von Schichtendoppelbrechung. Beide Systeme sind optisch einachsig, und die optische Achse, in deren Richtung sie isotrop erscheinen, verläuft parallel zu den Stäben (Abb. 152a) oder senkrecht zu den Schichten (Abb. 152b).

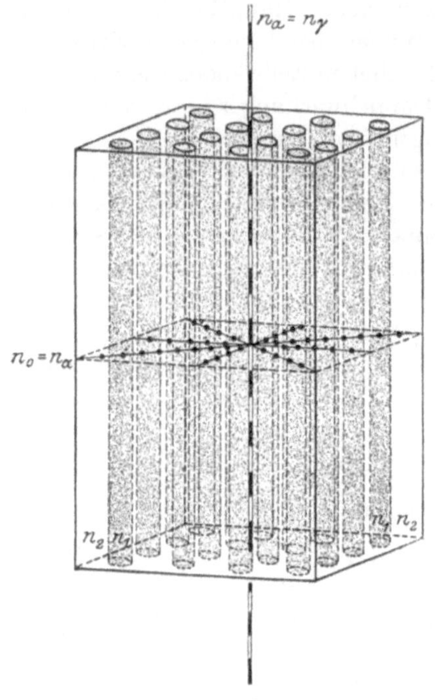
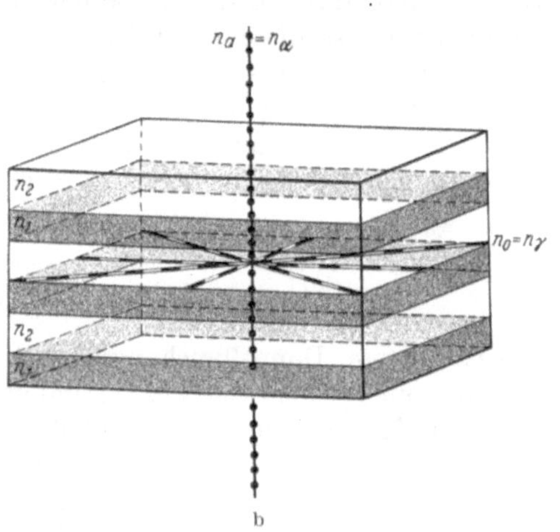

Abb. 152. a Stäbchenmischkörper. b Schichtenmischkörper (AMBRONN und FREY 1926). n_a Außerordentlicher, n_o ordentlicher Brechungsindex des Mischkörpers; n_1 Brechungsindex des 1. Bestandteils, n_2 Brechungsindex des 2. Bestandteils (Imbibitionsflüssigkeit); n_γ großer Brechungsindex ════; n_α kleiner Brechungsindex ─·─·─·─·─·─·─

Die Wienerschen Formeln lauten für die *Stäbchendoppelbrechung*:

$$n_a^2 - n_o^2 = \frac{\delta_1\,\delta_2\,(n_1^2 - n_2^2)^2}{(\delta_1 + 1)\,n_2^2 + \delta_2\,n_1^2} \tag{17}$$

und für die *Schichtendoppelbrechung*

$$n_a^2 - n_o^2 = -\,\frac{\delta_1\,\delta_2\,(n_1^2 - n_2^2)^2}{\delta_1\,n_2^2 + \delta_2\,n_1^2}. \tag{18}$$

n_a und n_o bedeuten den außerordentlichen bzw. den ordentlichen Brechungsindex des Mischkörpers, n_1 und n_2 die Brechungsindices und δ_1 und δ_2 die relativen Volumenanteile ($\delta_1 + \delta_2 = 1$) der beiden isotropen Mischkomponenten (Abb. 152). Alle Brechungsindices erscheinen in diesen Formeln im Quadrat, weil sie auf Grund des dielektrischen Verhaltens der Mischkörper abgeleitet worden sind und zwischen der Dielektrizitätskonstanten ε und dem Brechungsindex n die Beziehung $\varepsilon = n^2$ gilt (vgl. S. 233).

Die Differenz $n_a^2 - n_0^2$ bedeutet daher die dielektrische Anisotropie. Die Formeln können jedoch auch für die Formdoppelbrechung $n_a - n_0$ verwendet werden, denn es besteht die Beziehung $n_a^2 - n_0^2 = (n_a - n_0)(n_a + n_0)$. Bei ungleichsinniger Veränderung von n_a und n_0 variiert daher $n_a - n_0$ stark, während sich $n_a + n_0$ nur unbedeutend ändert, so daß dieser Faktor in grober Annäherung als konstant betrachtet werden darf.

Die Formeln (17) und (18) zeigen, daß die Stäbchendoppelbrechung positiv, die Schichtendoppelbrechung dagegen negativ ist (Abb. 152); im übrigen weisen beide den gleichen Aufbau auf. Die Formanisotropie ist in erster Linie durch den Ausdruck $(n_1^2 - n_2^2)^2$ bestimmt. Falls $n_1 = n_2$ ist, wenn also die beiden Mischbestandteile das Licht gleich brechen, verschwindet die Formdoppelbrechung, d. h. der Mischkörper erscheint isotrop. Untersucht man den Gang der Doppelbrechung in Abhängigkeit von n_2, d. h. $n_a - n_0 = f(n_2)$, ergeben sich Hyperbeln (FREY-WYSSLING 1940 d), die sich beim Stäbchenmischkörper nach oben (Abb. 153–156), beim Schichtenmischkörper dagegen nach unten öffnen (Abb. 157). Von dieser Beziehung kann experimentell Gebrauch gemacht werden, wenn die eine Komponente des Systems gasförmig oder flüssig ist. Das System kann dann mit Flüssigkeiten steigenden Brechungsvermögens n_2 imbibiert werden. Verändert sich dabei der Gangunterschied nach Art einer Formdoppelbrechungskurve, liegt ein submikroskopischer Feinbau vor, und je nachdem, ob eine positive oder eine negative Doppelbrechung gefunden wird, muß es sich um einen Stäbchen- oder um einen Schichtenmischkörper handeln.

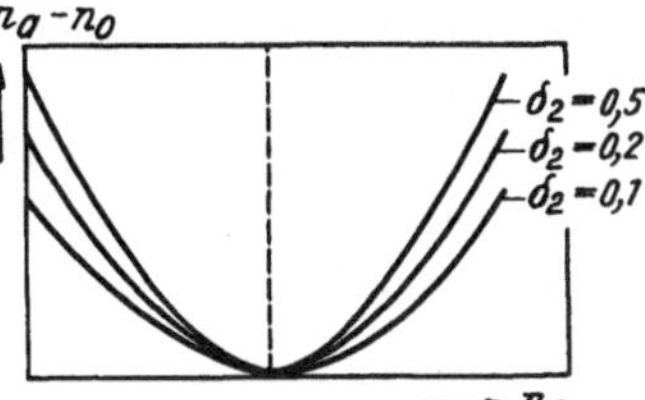

Abb. 153. Stäbchendoppelbrechungs-Kurvenschar bei Variation der relativen Volumina δ_1 und δ_2 der beiden Komponenten. Doppelbrechung $n_a - n_0 = f(\delta_1 \delta_2)$; $\delta_1 + \delta_2 = 1$. n_2 Brechungsindex des Imbibitionsmittels

Leider geben die Formeln von WIENER keine Auskunft über die absolute Größe der Periodizität in den Mischkörpern — man weiß bloß, daß sie klein sein muß, verglichen mit der Wellenlänge des Lichtes —, denn die Größenverhältnisse gehen lediglich in Form der relativen Volumina δ_1 und δ_2 in den Ausdruck ein. Es lassen sich daher aus den beobachteten Formdoppelbrechungskurven nur Schlüsse über das gegenseitige Mengenverhältnis der beiden Komponenten ziehen. Das in den Formeln auftretende Produkt $\delta_1 \delta_2$ kann als Parameter betrachtet werden, durch dessen Variation eine Hyperbelschar erhalten wird (Abb. 153). Je kleiner der Volumenanteil n_2 im Mischkörper ist, um so flacher fallen die Kurven aus. Für $n_2 = 0$, d. h. wenn der Mischkörper nicht imbibierbar ist, wird die Kurve zu einer Geraden. Da das Produkt $\delta_1 \delta_2$ wegen $\delta_1 + \delta_2 = 1$ für $\delta_1 = \delta_2 = 0,5$ ein Maximum erreicht, sind die Formdoppelbrechungseffekte unter übrigens gleichen Bedingungen am größten, wenn die beiden Mischbestandteile das gleiche Volumen einnehmen. Steigt δ_2 über 0,5 an, sinkt die Formdoppelbrechung symmetrisch wieder ab und wird bei $\delta_2 = 1$ ($\delta_1 = 0$) erneut gleich Null.

Aschenskelette. SCHULTZE (1863) machte die Beobachtung, daß Kieselgur, d. h. die Kieselskelette der Diatomeenschalen ihre Doppelbrechung verlieren, wenn sie in Canadabalsam eingebettet werden. Die Erklärung dieses Effektes gelang indessen erst AMBRONN (1910), der die optische Anisotropie der Diatomeenzellwände als Stäbchendoppelbrechung erkannte.

Bei verkieselten Zellwänden höherer Pflanzen können doppelbrechende Aschenskelette durch nasse Veraschung gewonnen werden. Diese wird mit einem Chromsäure-Schwefelsäuregemisch (FREY 1925a) oder einfacher und schneller in geschmolzenem Kaliumchlorat (FREY-WYSSLING 1930a) durchgeführt. Als geeignetes Objekt erwiesen sich die verkieselten Härchen der Gerstengrannen. An solchen wurden erstmals vollständige Stäbchendoppelbrechungskurven von pflanzlichen Zellwänden aufgenommen (Abb. 154).

Da sich diese Skelette sehr leicht durchtränken lassen, empfiehlt es sich, bei den Imbibitionsversuchen leichtflüchtige Flüssigkeiten zu verwenden. Das gleiche Skelett kann dann für mehrere kurz aufeinanderfolgende Durchtränkungen auf dem Objektträger gebraucht und so die Untersuchungsdauer wesentlich abgekürzt werden. Auf diese Weise läßt sich der absteigende Ast der Stäbchendoppelbrechungshyperbel sehr leicht gewinnen. Am eindrücklichsten ist die Durchtränkung mit Benzol, wobei die Doppelbrechung schlagartig verschwindet und nach der raschen Verdunstung dieses Imbibitionsmittels ebenso plötzlich wieder erscheint. Da die meisten stark lichtbrechenden Flüssigkeiten nicht flüchtig sind, ist die Gewinnung des aufsteigenden Astes der Kurve zeitraubender. Folgende Imbibitionsreihe wurde verwendet:

	n_2		n_2
Luft	1,000	frischer Canadabalsam	1,535
Wasser	1,333	Xylol-Monobromnaphthalin-Gemisch	1,565
Äthylalkohol	1,362	Schwefelkohlenstoff	1,629
Xylol	1,493	Monobromnaphthalin	1,658
Benzol	1,501	Kalium-Quecksilberjodid	1,721

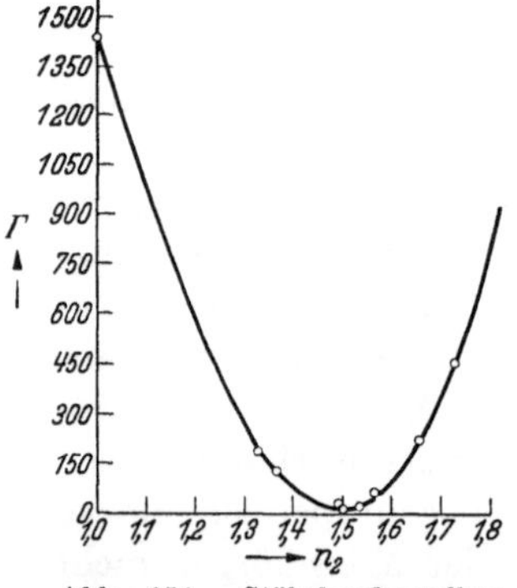

Abb. 154. Stäbchendoppelbrechungskurve des Kieselskeletts der Härchen von Gerstengrannen (FREY 1925a). Abszisse: Brechungsindices der Imbibitionsflüssigkeit. Ordinate: Gangunterschied $\Gamma = \varphi\lambda$ in A

Die Formdoppelbrechungskurve (Abb. 154) solcher Kieselwände zeigt an, daß ihr Aschenskelett offenbar das Negativ eines submikroskopischen Stäbchenmischkörpers vorstellt, dessen stabförmige Hohlräume von den zerstörten organischen Mikrofibrillen herrühren, und dessen zweite Komponente den mineralischen Inkrusten entspricht. Da die Doppelbrechung bei $n_2 = 1{,}50$ verschwindet, ist damit auch das Brechungsvermögen der Aschensubstanz gefunden.

In ähnlicher Weise haben BAAS BECKING und GALLIHER (1931) Stäbchendoppelbrechung für die Zellwände von Kalkalgen (*Corallina* und *Amphiroa*) nachgewiesen.

Ligninskelette. Auch das Lignin bildet in stark verholzten Zellwänden ein zusammenhängendes System, das als Skelett gewonnen werden kann (FREUDENBERG, ZOCHER und DÜRR 1929). In Abb. 110 auf S. 173 ist die Stäbchendoppelbrechungs-Kurve eines solchen Ligninskelettes dargestellt, und dort ist auch beschrieben, wie man für Imbibitionsversuche geeignete Präparate herstellt. Als Durchtränkungsflüssigkeiten eignen sich für den absteigenden Ast der Kurve Gemische von Äthylalkohol ($n_2 = 1{,}362$) und Jodbenzol ($n_2 = 1{,}624$) und für den aufsteigenden Ast solche von Jodbenzol und Methylenjodid ($n_2 = 1{,}739$). Die

Aufhebung der Stäbchendoppelbrechung ($n_2 = n_1$) erfolgt bei $n = 1{,}61$, welcher Wert gut mit dem im Interferenzmikroskop bestimmten Brechungsvermögen des Lignins übereinstimmt (Tabelle 20, S. 171).

Die Stäbchendoppelbrechungs-Hyperbel der Abb. 110 zeigt bei $n_2 = 1{,}67$ einen unschönen Knick. Solche Unregelmäßigkeiten treten auf, weil die verschiedenen Imbibitionsflüssigkeiten verschieden leicht eindringen und vom Untersuchungsobjekt ganz ungleich adsorbiert werden, wobei merkliche Veränderungen der optischen Eigenschaften auftreten. Man sollte daher in den Imbibitionsreihen chemisch möglichst nah verwandte Flüssigkeiten (FREY-WYSSLING und SPEICH 1942; Abb. 155) oder Mischreihen anwenden (DIEHL und VAN ITERSON 1935). Bei den Mischreihen kommen im günstigsten Falle nur zwei verschiedene Imbibitionsflüssigkeiten zur Anwendung; wenn die beiden mit den submikroskopischen inneren Oberflächen des Objektes verschieden reagieren (FREY-WYSSLING 1940d), ergeben sich schief gestellte Hyperbeln mit geneigter Achse und verschieden steil ansteigenden Schenkeln; aber es entstehen keine Zickzacklinien wie in Abb. 110 (vgl. FREY-WYSSLING und STEINMANN 1948).

In Tabelle 35 ist eine Anzahl Mischreihen, die für Imbibitionsversuche in Betracht kommen, zusammengestellt. Eine große Spannweite von $n_2 = 1{,}333$ bis $1{,}721$ zeigt die Thouletsche Lösung (Kaliumquecksilberjodid), die indessen die meisten organischen Objekte verquillt. Sie kann mit Vorteil durch die Mischreihe von Aceton ($n_2 = 1{,}362$) und Methylenjodid ($n_2 = 1{,}739$) ersetzt werden.

Die Brechungsindices der Mischungen werden mit einem geeigneten Refraktometer, z. B. mit dem Refraktometer von ABBE, gemessen. Falls die beiden Mischkomponenten verschieden flüchtig sind, muß vor Gebrauch der

Tabelle 35. *Mischreihen für Imbibitionsversuche mit Angabe der Brechungsindices n_D der reinen Flüssigkeiten bei Zimmertemperatur*

Wasser	1,333	und	Glycerin (bidest.) . .	1,461
Glycerin (bidest.)	1,461	und	Chinolin	1,613
Aceton	1,362	und	Jodbenzol	1,624
Jodbenzol . . .	1,624	und	Methylenjodid. . . .	1,739
Wasser	1,333	und	Kaliumquecksilberjodid	1,721
Aceton	1,362	und	Methylenjodid. . . .	1,739

Mischungen immer nachgeprüft werden, ob sich das Brechungsvermögen nicht etwas verändert hat.

Diese Mischungen können auch für die Messung von Brechungsindices nach der Immersionsmethode verwendet werden (S. 226). Die Immersions- oder Umhüllungsmethode unterscheidet sich von der Imbibitions- oder Durchtränkungsmethode dadurch, daß das Einbettungsmedium nicht in das Objekt einzudringen vermag. Eine ausführlichere Tabelle über die Brechungsindices verschiedener Einbettungsmittel findet sich bei W. J. SCHMIDT (1935).

Cellulosefasern. Die schönsten Stäbchendoppelbrechungskurven intakter Zellwände sind an gebleichten Ramiefasern gewonnen worden. Die Schwierigkeit besteht darin, daß im Gegensatz zu den Zellwandskeletten die Imbibition weniger leicht erreicht wird und die eindringenden Agentien oft Quellungserscheinungen hervorrufen, so daß dann die Dicke d in der Grundformel der Doppelbrechung (11a) keine Konstante mehr ist. Deshalb konnte MÖHRING (1922/1926) nur den absteigenden Ast der Hyperbel gewinnen.

Den Schwierigkeiten kann begegnet werden, wenn man Imbibitionsserien mit chemisch verwandten Flüssigkeiten durchführt. So wird in Abb. 155 gezeigt, daß polare Flüssigkeiten wie Aldehyde, Alkohole und flüssige Stickstoffbasen eine ideale Stäbchendoppelbrechungskurve mit ziemlich symmetrisch aufsteigenden Ästen ergeben, während apolare und sehr schwach polare lipoide Flüssigkeiten eine zur X-Achse parallele Linie liefern. Eine dritte Kurve, d. h. deren absteigenden Ast, erhält man mit den stark hydrophilen Alkoholen Äthylalkohol, Glykol und Glycerin (Frey-Wyssling und Speich 1942). Aus den drei Kurven der Abb. 155 darf man schließen, daß die verwendeten polaren Flüssigkeiten in die Fasern eindringen, ohne wesentliche Texturänderungen zu verursachen. Die stark hydrophilen Alkohole bewirken dagegen eine leichte Quellung, verbunden mit einer beginnenden Desorientierung der parallelisierten Mikrofibrillen, wodurch die Doppelbrechung auffällig sinkt. Die rein lipophilen Flüssigkeiten vermögen dagegen offenbar nicht, in die Faser einzudringen, so daß die Doppelbrechung der Zellwand unverändert bleibt.

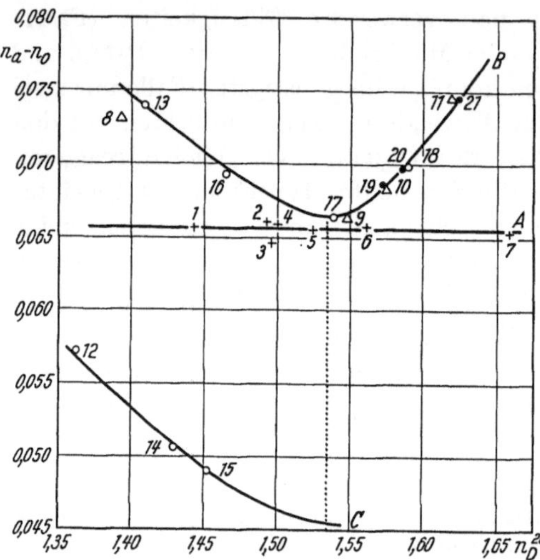

Abb. 155. Stäbchendoppelbrechungskurven der Ramiefaser (Frey-Wyssling und Speich 1942). ○ Alkohole; △ Aldehyde; + lipophile Flüssigkeiten; ● Stickstoffbasen. n_D^{20}: A *Lipophile Flüssigkeiten.* 1. Amylbromid 1,4412; 2. Xylol 1,4924; 3. Toluol 1,4950; 4. Benzol 1,4998; 5. Chlorbenzol 1,5240; 6. Brombenzol 1,5600; 7. α-Bromnaphthalin 1,6576. B. *Aldehyde, Alkohole und Stickstoffbasen.* 8. Acetaldehyd 1,3930; 9. Benzaldehyd 1,5464; 10. Salicylaldehyd 1,5718; 11. Zimtaldehyd 1,6178; 13. Amylalkohol 1,4080; 16. Cyclohexanol 1,4640; 17. Benzylalkohol 1,5384; 18. Zimtöl-Nelkenöl 1,5886; 19. Methylanilin 1,5716; 20. Anilin 1,5846; 21. Chinolin 1,6210 C. *Hydrophile Alkohole.* 12. Äthylalkohol 1,3630; 14. Glykol 1,4280; 15. Glycerin 1,4540

Die erhaltenen Kurven unterscheiden sich von jenen der Abb. 154 und 110 dadurch, daß der Scheitelpunkt der Hyperbel mehr oder weniger hoch über der X-Achse liegt. Bei Ausschaltung der Formanisotropie wird daher die Doppelbrechung nicht Null, sondern es bleibt eine kräftige Restdoppelbrechung im Minimum der Stäbchendoppelbrechungskurve zurück. Diese Restdoppelbrechung ist durch die *Eigendoppelbrechung* der Skelettsubstanz bedingt. Die Doppelbrechung der Zellwände ist daher in der Regel aus zwei verschiedenen Komponenten zusammengesetzt, von denen die Eigendoppelbrechung durch die Anisotropie der Kettengitterstruktur der Gerüstsubstanz und die Formdoppelbrechung durch die submikroskopische Textur des Mikrofibrillengerüstes bedingt ist. Es gilt daher für die beobachtete Doppelbrechung (Do):

$$\text{Gesamt-Do} = \text{Eigen-Do} + \text{Form-Do}$$
$$n_\gamma - n_\alpha \quad \text{oder} \quad n_{\parallel} - n_{\perp} = n_\varepsilon - n_\omega + n_a - n_0. \tag{19}$$

Die Formdoppelbrechung kann durch geeignete Einbettungsflüssigkeiten ausgeschaltet werden, so daß dann nach (19) die Doppelbrechung der Zellwände gleich der Eigendoppelbrechung wird. Aus diesem Grunde ist bei der Behandlung der Eigendoppelbrechung (S. 245) vorausgesetzt worden, daß die Präparate in Canadabalsam eingeschlossen seien (vgl. Abb. 155, Kurve A). Form- und Eigendoppelbrechung kommen nur bei Fasertexturen mit idealer Parallelisierung der Mikrofibrillen in bezug auf die Zellachse zur vollen Auswirkung. Wenn Systeme mit Streuung, Schraubung oder Überkreuzung vorliegen, werden die Werte der Indices n_γ und n_α der Gesamtdoppelbrechung einander angenähert, und bei vollständiger Streuung oder orthogonaler Überkreuzung wird ihre Differenz sogar Null, so daß die Zellwand in der Aufsicht statistisch isotrop erscheint.

Die Formanisotropie kann nur mit Hilfe von Imbibitionsversuchen ermittelt werden. Solche Versuche sind nicht nur für den Nachweis eines vorhandenen Mischkörpers, sondern auch für die Beurteilung der chemischen Oberflächeneigenschaften der submikroskopischen Mischbestandteile nützlich. So zieht die Oberfläche der Cellulosemikrofibrillen stark hydrophile Alkohole offenbar mit solcher Macht an, daß diese nicht nur in die interfibrillaren Capillaren eindringen, sondern gleichzeitig auch sich berührende Fibrillen auseinanderdrängen. Umgekehrt scheinen die rein lipophilen Flüssigkeiten keine genügend große Affinität zur Oberfläche des Cellulosekettengitters zu besitzen, so daß sie die von solchen Oberflächen gebildeten submikroskopischen Capillaren nicht zu benetzen vermögen. Derartige Flüssigkeiten können daher nicht zur Durchtränkung (Imbibition), sondern nur zur Umhüllung (Immersion) cellulosischer Zellwände benützt werden.

Die durchtränkenden Flüssigkeiten vermögen mit der Cellulose chemisch zu reagieren. So kann man diese Gerüstsubstanz, ohne sie aus den Zellwänden herauszulösen, nitrieren, acetylieren oder anderweitig verestern. Sie ist also befähigt, entgegen der alten Lehrmeinung „corpora non agunt nisi fluida" im festen Zustande chemisch zu reagieren. Solche permutoide oder topochemische Reaktionen können im Polarisationsmikroskop leicht verfolgt werden, wenn sich wie bei der Nitrierung oder Acetylierung der Cellulose das Vorzeichen der Doppelbrechung als Folge der Veresterung umkehrt (FREY-WYSSLING 1936b).

Chitinsehnen. Über die Formdoppelbrechung der Chitinzellwände liegen keine quantitativen Messungen vor, da sich die Sporangienträger von *Phycomyces* hierfür als wenig geeignet erwiesen. Dagegen gibt es gründliche Messungen an Chitinsehnen von Arthropoden (Hummer), die sich nach DIEHL und VAN ITERSON (1935) qualitativ gleich wie Chitinzellwände verhalten.

MÖHRING (1922/1926) hat unter Leitung von AMBRONN zuerst vollständige Stäbchendoppelbrechungskurven des Chitins aufgenommen. Da die Eigendoppelbrechung dieser Gerüstsubstanz negativ ist und deshalb das Minimum im negativen Gebiete liegt, zeichnet sich die Hyperbel dadurch aus, daß sie die Achse $\Gamma = 0$ zweimal überkreuzt (Abb. 156). In monochromatischem Lichte erscheint daher das Objekt in zwei verschiedenen Einbettungsmischungen isotrop. Nach Gl. (19a) gilt dort

$$\text{Formdoppelbrechung} + \text{Eigendoppelbrechung} = 0, \qquad (19\,\text{a})$$

d. h. die Gesamtdoppelbrechung ist durch die gegenseitige Neutralisierung des Form- und des Eigendoppelbrechungseffektes aufgehoben. Da die Eigendoppelbrechung des Chitins nur gering ist, wiegt die positive Formdoppelbrechung im allgemeinen vor, und nur in einem engbegrenzten Gebiete erscheinen Chitinmischkörper optisch negativ.

Um die negative Reaktion im Polarisationsmikroskop beobachten zu können, muß man durch Zerstörung der mineralischen Inkrusten der Crustaceen-Sehnen oder der isotropen Matrix der Pilzzellwände durchtränkbare Chitingerüste herstellen. In natürlichen Chitinzellwänden weisen die interfibrillaren Substanzen verglichen mit den Chitinmikrofibrillen ein so niedriges Brechungsvermögen auf (vgl. Tabelle 32a, z. B. Pektin $n = 1,50$), daß die Formdoppelbrechung stets überwiegt und sich folglich nicht vorbehandelte Pilzzellwände wie die cellulosischen Membranen der höheren Pflanzen im Polarisationsmikroskop stets optisch positiv verhalten.

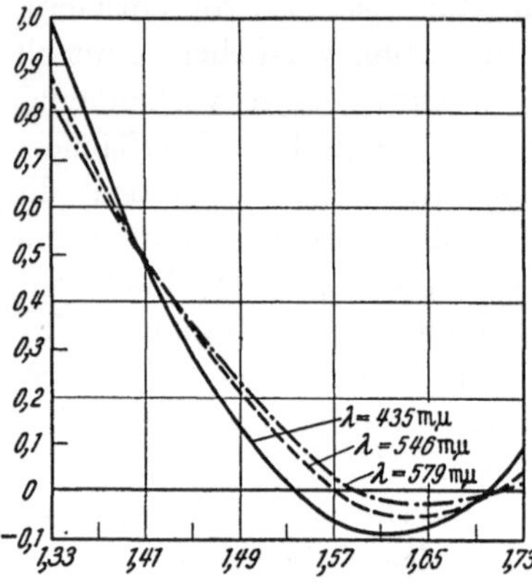

Abb. 156. Stäbchendoppelbrechungskurven von Chitinsehnen (MÖHRING 1922/1926). Ordinate: Gangunterschiede Γ in Wellenlängen; blau $\lambda = 435$ mμ, grün $\lambda = 546$ mμ, gelb $\lambda = 579$ mμ. Abszisse: Brechungsindex n_2 der Imbibitionsflüssigkeit

Wie Abb. 156 zeigt, decken sich die Doppelbrechungskurven des Chitingerüstes für verschiedenfarbiges Licht nicht, sondern sie divergieren etwas. Dies hat zur Folge, daß die Beziehung (19a) nur bei Beobachtung in monochromatischem Lichte erfüllt wird. In weißem Lichte herrscht dagegen bloß für eine bestimmte Farbe Isotropie, während alle anderen Farben schwache Doppelbrechungseffekte erzeugen, und zwar zum Teil positive und zum Teil negative. Dies bewirkt, daß in der Nähe der beiden Kompensationspunkte nicht die bekannten Polarisationsfarben, sondern anomale Interferenzfarben auftreten, auf die hier nicht näher eingegangen werden kann (s. AMBRONN und FREY 1926).

Das Minimum der Chitin-Formdoppelbrechungskurve nach MÖHRING liegt bei $n_2 = 1,61$. DIEHL und VAN ITERSON (1935) konnten nun nachweisen, daß dieser hohe Wert für das Brechungsvermögen des Chitins durch Adsorptionserscheinungen verursacht worden ist. MÖHRING hat nämlich seine Doppelbrechungskurven mit Hilfe einer Kaliumquecksilberjodid-Reihe aufgenommen, wobei merkliche Mengen von Quecksilberjodid durch das Chitin gebunden werden. Verwendet man dagegen Gemische von Einbettungsmitteln aus der Reihe Glycerin-Chinolin, erscheint die ganze Formdoppelbrechungskurve nach links verschoben, und das Kurvenminimum liegt bei $n_2 = 1,555$. Da in diesem Falle keine merkliche Adsorption der Imbibitionsmittel festgestellt werden kann, ist in Tabelle 32a für das Brechungsvermögen des Chitins der mit dieser Reihe gewonnene Wert aufgenommen worden. Weil die Glycerin-Chinolin-Reihe jedoch nicht über Werte von $n_2 = 1,61$ gesteigert werden kann (vgl. Tabelle 35), erhält man allerdings mit ihr nur den Anfang des aufsteigenden Hyperbelastes, so daß man ihn nicht bis zur Umkehr der Doppelbrechung und ins positive Gebiet hinauf verfolgen kann.

Cutinschichten. In Epidermen mit dicken Cuticularschichten *(Yucca, Dasylirion, Gasteria, Clivia)* kann man nach Extraktion der Membranwachse mit Pyridin deutliche Formdoppelbrechungseffekte beobachten (M. MEYER 1938). Offenbar vermögen geeignete Imbibitionsmittel in die Spalträume einzudringen, die vorher von den Wachsen eingenommen worden waren. Da die äußere Epidermiswand in der Aufsicht isotrop erscheint, ist ihre optische Achse radial,

d. h. senkrecht zur Zelloberfläche gerichtet. Man muß daher die Doppelbrechung auf den Zellradius beziehen und erhält dann die negative Formdoppelbrechung eines Schichtenmischkörpers. In Abb. 157 ist eine solche Schichtendoppelbrechungskurve wiedergegeben. Als Imbibitionsmittel wurden die flüchtigen Medien Wasser, Äthylalkohol, Benzol und Schwefelkohlenstoff verwendet. Das Brechungsvermögen des Cutins scheint in der Nähe von 1,50 zu liegen. Dieser tiefe Wert deutet darauf hin, daß im Cutin keine namhaften Mengen ungesättigter Bestandteile vorkommen können.

Übersicht über die Doppelbrechungserscheinungen

Die Doppelbrechungserscheinungen sind einerseits durch die kristallinen Gerüstsubstanzen (Eigenanisotropie) und andererseits durch die Gestalt und die gegenseitige Anordnung der verschiedenen Wandsubstanzen (Formanisotropie) bedingt. Die Eigendoppelbrechung wird durch die nach Richtungen verschiedene Polarisierbarkeit der Fadenmoleküle im Kettengitter (amikroskopische Abstände), die Formdoppelbrechung dagegen durch gröbere Inhomogenitäten kolloider Abmessungen (submikroskopische Abstände) bedingt. Die Eigendoppelbrechung ist eine Materialkonstante der betreffenden kristallinen Skelettsubstanzen ($n_\varepsilon - n_\omega$ = konstant); die Formdoppelbrechung ist dagegen veränderlich, da sie von den Eigenschaften des Einbettungsmittels abhängt [$n_a - n_0 = f(n_2)$]. Durch Einbettung in ein Einschlußmittel, dessen Brechungsindex n_2 dem mittleren Brechungsindex n_1 der betreffenden Skelettsubstanz entspricht, kann die Formdoppelbrechung ausgeschaltet werden ($n_2 = n_1$, optische Homogenisierung des Objektes).

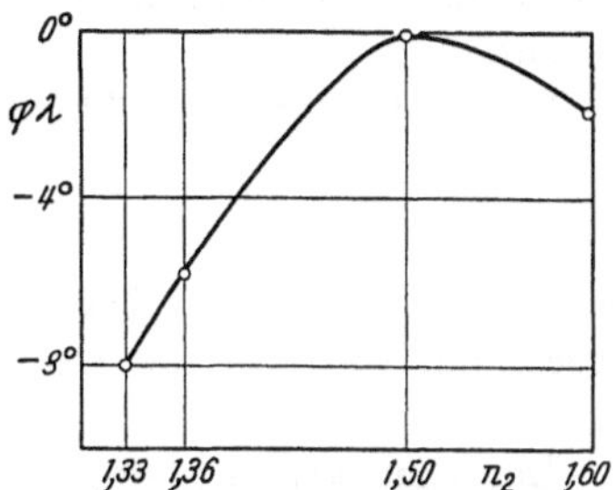

Abb. 157. Schichtendoppelbrechungskurve der Epidermis von *Clivia* (M. MEYER, 1938). Ordinate: Gangunterschied $\Gamma = \varphi \lambda$ in Graden des Kompensators von SÉNARMONT. Abszisse: Brechungsindex des Imbibitionsmittels n_2

Durch Variation des Einbettungsmittels lassen sich die sog. Formdoppelbrechungskurven aufnehmen. Sie erlauben die Feststellung, ob ein Stäbchen- (positive) oder ein Schichtenmischkörper (negative Formdoppelbrechung) sowie ob fehlende, positive oder negative Eigendoppelbrechung vorliegt. Ferner gestatten sie, das mittlere Brechungsvermögen der Membransubstanzen zu bestimmen. Solche Durchtränkungsversuche gelingen am besten, wenn man vorgängig bestimmte Zellwandbestandteile entfernt. Durch Zerstörung der Inkrusten kann das Gerüst der Fibrillarsubstanzen oder umgekehrt durch Auflösung der Mikrofibrillen ihr Negativ als Inkrustenskelett erhalten werden. Intakte Zellwände vermögen ohne Quellungserscheinungen nur bescheidene Mengen des Imbibitionsmittels aufzunehmen, da sich Gerüstsubstanzen, Matrix und Inkrusten gegenseitig raumfüllend durchdringen (s. Abb. 36, S. 41).

c) Absorption

Grundlagen

Extinktionskoeffizient und Absorptionskoeffizient. In gefärbten Zellwänden wird ein Teil des durchfallenden Lichtes absorbiert. Dies kommt dadurch zustande, daß die Amplitude bestimmter Lichtschwingungen (Abb. 136) auf dem

Wege durch das absorbierende Medium durch Energieverlust zusehends verringert wird. Da die Lichtintensität I proportional dem Quadrate der Schwingungsamplituden ist, hat dies eine Intensitätsschwächung zur Folge. Die Lichtschwächung $-\partial I$ beim Durchgang durch eine sehr dünne absorbierende Schicht von der Dicke ∂d ist proportional der herrschenden Intensität, so daß

$$-\partial I = \varkappa \cdot I \cdot \partial d, \tag{20}$$

wobei der Proportionalitätsfaktor $\varkappa$ den sog. Extinktionsmodul vorstellt. Durch Integration erhält man aus dieser Grundgleichung

$$\ln \frac{I_0}{I} = \varkappa \cdot d, \tag{21}$$

wobei I_0 die Intensität des einfallenden und I jene des austretenden Lichtes bedeuten.

Durch Einführung dekadischer Logarithmen erhält man

$$\log \frac{I_0}{I} = \varkappa \cdot d \cdot \log e = E. \tag{22}$$

E ist die Extinktion. Da das Verhältnis I/I_0 als Durchlässigkeit des Mediums bezeichnet wird, ist die Extinktion somit der dekadische Logarithmus der reziproken Durchlässigkeit. Sie ist eine lineare Funktion der Dicke d des Objektes.

Der Extinktionsmodul ist von der Konzentration c des im gefärbten Medium enthaltenen Farbstoffes abhängig. Für nicht zu starke Absorptionen gilt

$$E = 0{,}4343\,\varkappa d = \varepsilon \cdot c \cdot d. \tag{22a}$$

ε heißt der *Extinktionskoeffizient*. Hält man die Dicke d konstant, ist die Extinktion E direkt proportional der Konzentration c. Diese einfache Beziehung wird als das Lambert-Beersche Gesetz bezeichnet, das die Grundlage für alle quantitativen Messungen auf dem Gebiete der Colorimetrie und Spektralphotometrie bildet (KORTÜM 1948).

Untersucht man die Verkleinerung der Amplitude a der Wellenbewegung, erhält man für den Extinktionsmodul die Beziehung

$$\varkappa = 2\,\frac{2\,\pi}{\lambda} \cdot d \cdot k, \tag{23}$$

wobei der Faktor 2 daher rührt, daß die Intensität dem Quadrate der Amplitude proportional ist. Die Größe k ist ein Maß für die Amplitudenschwächung, indem die Amplitude $a = e^{-2\pi k}$ beträgt, falls $d = \lambda$ ist. k wird als *Absorptionskoeffizient* bezeichnet; bei bekannter Extinktion E und Dicke d des Objektes berechnet er sich als

$$k = \frac{E\,\lambda}{4\,\pi \cdot d \cdot \log e}. \tag{24}$$

Der Absorptionskoeffizient ist wie der Brechungsindex eine unbenannte Zahl. In anisotropen Objekten ist er nach Richtungen verschieden und kann für die Charakterisierung der Anisotropie wie die Indexvektoren der Indikatrix zur Konstruktion von Absorptionsellipsoiden oder von Amplitudenellipsen mit von $1/k$ abhängigen Achsen verwendet werden.

Extinktionskurven. Die Absorption gefärbter Objekte zeigt eine charakteristische Abhängigkeit von der verwendeten Lichtart. Trägt man als Ordinate die Extinktion E und als Abszisse die Wellenlänge λ auf, erhält man Kurven, die bei reinen Stoffen in der Regel ein ausgesprochenes Hauptmaximum aufweisen (Abb. 108, S. 172). Dieses liegt bei Farbstoffen im Gebiete ihrer Komplementärfarbe; denn durch die starke Schwächung eines bestimmten Bezirkes des Spektrums bleibt ein komplementäres Farbengemisch übrig. Die Lage dieses Maximums charakterisiert die absorbierenden Stoffe in eindeutiger Weise und ist selbst bei nah verwandten Verbindungen für jeden einzelnen Farbstoff etwas verschieden. Wenn es daher gelingt, die Maxima so exakt zu vermessen, daß ihre Lage auf etwa 1 mμ genau festgelegt wird, können die Extinktionskurven zur Identifizierung von absorbierenden Stoffen im Mikroskop herangezogen werden. Genaue Absorptionsmessungen sind deshalb in der Cytologie zu analytischen Zwecken verwendbar.

Nach Formel (22a) ist die Extinktion E das Produkt von Extinktionskoeffizient ε, Konzentration c und Schichtdicke d des absorbierenden Stoffes. Der Verlauf der Extinktionskurve zeigt daher in ihren Maxima und Minima je nach der Größe von c und d verschieden große Ausschläge. Um eine von diesen Faktoren unabhängige Extinktionskurve zu erhalten, kann die Gl. (22a) logarithmiert werden. Sie besteht dann aus drei Summanden, von denen log c und log d auf einem halblogarithmischen Netze Gerade liefern, die unter sich und zur Achse, auf der die Wellenlängen λ aufgetragen werden, parallel sind. Darüber gelangt die Kurve von log ε zur Darstellung, deren Ausschläge hinsichtlich der Steilheit ihres Auf- und Abstieges nun unabhängig von der Farbstoffkonzentration und der Objektdicke geworden sind. Ganz verschieden intensiv gefärbte und verschieden dicke Absorptionsschichten ergeben daher für einen bestimmten Stoff genau die gleiche log ε-Kurve, so daß diese charakteristische Extinktionskurve zu Vergleichen und zur qualitativen Stoffanalyse verwendet wird (Abb. 108). Die Extinktionskoeffizienten ε gelten für einmolare Lösungen; sie können jedoch bei polymeren Stoffen, deren Molekulargewicht nicht bekannt ist, auch für 1 g/Liter Lösung (ε_p, Abb. 108) oder bei Stoffen, die nur in festem Zustande vorliegen wie das native Lignin, für 1 g/100 g Mischung (ε_g, Tabelle 20) angegeben werden.

Messung der Absorption

Absorptionsmessungen beruhen immer auf einer Bestimmung der Extinktion E (22), aus der dann der Extinktionskoeffizient ε (22a) oder der Absorptionskoeffizient k (24) berechnet werden können. Da E in Funktion der Wellenlänge λ untersucht werden muß, ist für solche Messungen monochromatisches Licht aus dem gesamten Spektralbereich notwendig. Dieses kann mit Hilfe von Farbfiltern mit spektral eng begrenzter Durchlässigkeit oder besser durch einen Monochromator mit einem drehbaren Prisma erhalten werden. Der Monochromator besitzt den Vorteil, daß er innerhalb seines Spektralbereiches die Wellenlänge beliebig variieren läßt, so daß die Extinktionsmaxima nicht eingegabelt werden müssen wie bei der Verwendung monochromatischer Filter, sondern kontinuierlich erfaßt werden können.

Mikroskop-Photometer (RINNE und BEREK 1953 S. 186). Für die Bestimmung der Extinktion E ist das Verhältnis I_0/I der einfallenden zur austretenden Lichtintensität zu ermitteln. Zu diesem Zwecke werden von zwei gleichwertigen

Lichtstrahlen der eine durch das Objekt, der andere dagegen am Objekte vorbeigeführt, worauf ihre Helligkeit in zwei aneinanderstoßenden Gesichtsfeldern zum Vergleich gelangt. Die Helligkeit des ungeschwächten Strahles läßt sich durch geeignete Blenden oder Polarisationseinrichtungen kontinuierlich dämpfen, bis die beiden Gesichtshälften gleich hell erscheinen, d. h. bis die ursprüngliche Intensität I_0 auf die durch das Objekt verringerte Intensität I geschwächt ist. Aus dem Drehwinkel der Trommel, durch deren Drehung die notwendige Helligkeitsdämpfung erzielt wird, kann die Intensitätsschwächung berechnet werden. Wenn die Drehwerte in logarithmischem Maßstabe aufgetragen sind, läßt sich unter Umständen die Extinktion E direkt ablesen. Die Intensitätsgleichheit der beiden Gesichtsfelder wird von Auge oder viel genauer mit Hilfe von Photozellen eingestellt.

Durch Variation der Wellenlänge λ der monochromatischen Lichtquelle wird E über den ganzen Spektralbereich des Monochromators gemessen und auf diese Weise die Extinktionskurve erhalten.

Mikrodensitometer. Wenn das Extinktionsmaximum für ein bestimmtes Pigment festgelegt worden ist, kann das mikroskopische Präparat im monochromatischen Lichte der betreffenden Wellenlänge photographiert werden. Die Stellen, welche reichlich Farbstoff enthalten, werden auf dem Negativ hell, jene, die wenig davon aufweisen, dunkel erscheinen. Wenn man einen Lichtstrahl über die photographische Platte führt und dessen Schwächung durch Vergleich mit einem zweiten, in seiner Helligkeit regulierbaren Strahl bestimmt, kann die Schwärzung der Platte und damit nach (22a) die Konzentration c des betreffenden Stoffes ermittelt werden.

Instrumente, mit denen die Schwärzung oder optische Dichte auf der photographischen Platte an beliebigen Stellen auf diese Weise gemessen werden kann, bezeichnet man als Densitometer und, falls sie gestatten, Mikroaufnahmen auszuphotometrieren, als Mikrodensitometer. Meistens sind sie so konstruiert, daß sie die Schwächungen, die der über die Platte geführte Lichtstrahl erleidet, direkt graphisch aufzeichnen (vgl. Abb. 125, S. 210).

Die Absorptionsmessungen erlauben also, mit Hilfe der Extinktionskurven sowohl qualitative (Lage der Absorptionsmaxima) als auch quantitative (Höhe der Maxima) Analysen von absorbierenden Stoffen in den Zellen durchzuführen.

Ultraviolett-Absorption

An natürlich gefärbten Zellwänden sind bisher kaum quantitative Absorptionsmessungen durchgeführt worden. Dagegen hat sich die Prüfung der Ultraviolett-Absorption zu einer wichtigen Untersuchungsmethode für die Inkrustierungsvorgänge entwickelt.

Die Grundsubstanz und der Gerüststoff der Zellwände, d. h. also die Pektinstoffe und die Cellulose, sind für ultraviolette Strahlen durchsichtig. Für Cellulose wird zwar eine schwache Absorption bei 285 mμ angegeben (SCHAUENSTEIN u. Mitarb. 1954); diese ist jedoch so gering, daß sie vernachlässigt werden kann. Dagegen absorbieren das Lignin und gewisse Begleitstoffe der Cutinsubstanzen das ultraviolette Licht kräftig, so daß sie die sie enthaltenden Zellwände im Ultraviolett-Mikroskop schwarz erscheinen lassen.

Das UV-Mikroskop mit seiner kostspieligen Quarzoptik wurde ursprünglich mit dem Ziele konstruiert, das Auflösungsvermögen des Lichtmikroskops zu steigern (KÖHLER 1904). Unerwarteterweise hat es jedoch viel größere Bedeutung für quantitative UV-Absorptionsuntersuchungen gewonnen, da die wichtigsten Plasmabausteine, nämlich die Nucleinsäuren (bei etwa 260 mμ) und die Proteine (bei etwa 280 mμ) charakteristische Absorptionsmaxima aufweisen. Durch die Einführung der Spiegelobjektive, deren Brennweite unabhängig von der Wellenlänge des verwendeten Lichtes ist, können die Objekte im sichtbaren Lichte scharf eingestellt und dann ohne Focusänderung im ultravioletten Lichte für densitometrische Zwecke photographiert werden.

Ultraviolett-Absorption des Lignins. Wie Abb. 108 (S. 172) zeigt, besitzt das Lignin eine vom kurz- zum längerwelligen UV-Licht absinkende Extinktionskurve mit einem deutlich ausgeprägten Maximum bei 282 mμ. Voraus geht ein Minimum bei etwa 261 mμ. An das Maximum schließt sich eine Schulter an, die ein zweites Maximum vermuten läßt. Vergleicht man diese Extinktionskurve mit jenen von Coniferylalkohol (XXXI) und Kaffeealkohol (d. i. entmethylierter Coniferylalkohol), so findet man die gleiche Sequenz von Minimum, Maximum und Schulter, nur sind alle diese Charakteristika auf der stark absteigenden Kurve um etwa 15 mμ nach links, d. h. gegen kürzere Wellenlängen hin verschoben. Diese Übereinstimmung spricht sehr für die Entstehung des Lignins durch Polymerisation aus Bausteinen vom Typus des Coniferylalkohols (FREUDENBERG und SCHUMACHER 1953/55).

Messungen im Gebiete des Absorptionsmaximums (282 mμ) erlauben, die Verholzung der Sekundärwände zu verfolgen und die Verteilung des Lignins in den ausgewachsenen Zellwänden festzulegen (Abb. 109).

Die UV-Absorption des Coniferylalkohols und des Lignins wird durch deren aromatischen Phenylring verursacht, dessen konjugiertes Doppelbindungssystem im Bereiche der Frequenzen der Ultraviolettstrahlung resoniert.

Ultraviolett-Absorption der Cuticularschichten. Da das Cutin aus hochpolymeren Oxyfettsäuren bestehen soll, ist im Ultraviolettmikroskop bei Beleuchtung mit Quecksilberlicht keine Absorption zu erwarten; denn gesättigte Carbonsäuren beginnen erst im extrem kurzen Ultraviolett bei 200—210 mμ zu absorbieren.

Auch die in die Cuticularschichten eingelagerten Wachse absorbieren kaum im üblichen Meßbereiche von 250—400 mμ. Absorptionsmessungen haben bei den in unserem Institute näher untersuchten Pflanzenwachsen (WEBER 1941/42) für Schichtdicken von 1 μ die in Tabelle 36 verzeichneten Werte ergeben (WUHRMANN-MEYER 1941). Die Extinktionswerte E sind auf Durchlässigkeit D in Prozente umgerechnet, um zu zeigen, daß eine 1 μ dicke Wachsschicht keinerlei wirksamen Schutz gegen Ultraviolettstrahlung zu gewähren vermag. Als gesättigte aliphatische Verbindungen sind die Wachse gar nicht in der Lage, eine namhafte UV-Absorption zu erzeugen. Dies trifft auch für die alicyclischen Wachse zu (z. B. Friedelin); so enthält die Ursolsäure (LIV, S. 193) wie Cholesterin nur eine einzige Doppelbindung. Ein chromogenes System, das zwischen 250 und 400 mμ ein Absorptionsmaximum zeigt, müßte jedoch zwei bis drei konjugierte Doppelbindungen (z. B. einen Benzolkern und eine konjugierte

Doppelbindung) besitzen oder eine Keto-Gruppe in Verbindung mit zwei konjugierten Doppelbindungen enthalten (DIMROTH 1939).

Diese Überlegungen zeigen, daß die starke UV-Absorption der Cuticularschichten gewisser Xerophyten im UV-Mikroskop (Abb. 43c, S. 56) und auch die schwache Extinktion isolierter Pflanzenwachse (Tabelle 36) von Verunreinigungen herstammen müssen. Tatsächlich werden cutinisierte Epidermen mit starker UV-Absorption im ultravioletten Lichte durchsichtig, wenn man sie von allen Inkrusten befreit.

Auf der Suche nach der chemischen Natur solcher UV-absorbierender Begleitstoffe ist BOLLIGER (1956) in der Epidermis von *Gasteria* auf ein hydrophiles Pigment gestoßen, das aus dem Verseifungsgemisch der Cuticularschicht isoliert werden kann. Es zeigt ein Absorptionsmaximum bei $280 \ m\mu$, gibt eine starke lila Fluorescenz und liefert mit Ferrichlorid eine dunkelbraune sowie mit konzentrierter Salpetersäure eine intensive tiefblaue Färbung. Alle diese Eigenschaften lassen vermuten, daß es sich um ein Flavanon aus der Reihe der Phloroglucinderivate handelt (GEISSMANN 1955). Solche Verbindungen enthalten das für die UV-Absorption der Cuticularschichten notwendige chromogene System von

Tabelle 36. *Extinktion von Pflanzenwachsen* (WUHRMANN-MEYER 1941). $d = 1 \ \mu,\ c = 100\%$, $\lambda = 290 \ m\mu,\ E = $ Extinktion, $D = $ Durchlässigkeit in %

Wachs	E (290 mμ)	D (%)
Carnauba . .	0,0631	86,5
Pinus	0,1258	74,8
Ricinus . . .	0,0158	96,4
Friedelin . .	0,0112	97,5

konjugierten Doppelbindungen (LV), besonders wenn man auch Flavone (XLI, S. 178) und Flavonole (LVI) mit in Betracht zieht. Da es Epidermen gibt, die solche Substanzen in fester Form ausscheiden (gewisse *Primula*-Arten), ist die Möglichkeit ihrer Anwesenheit in den Cuticularschichten nicht von der Hand

LV Flavanon-Gerüst

LVI Flavon-ol-Gerüst

zu weisen. Diese Verbindungen sind im Pflanzenreiche weit verbreitet, doch kommen sie wie Quercetin und Rutin meist mit einem Zuckerpaarling als Glucoside gelöst im Zellsaft vor. Dies gilt insbesondere für die Vacuolen der Epidermiszellen. Doch treten sie auch als Zellwandfarbstoffe in Hölzern auf (S. 177), so daß durch ihren Nachweis in den Cuticularschichten nur ein neuer Fundort für eine allgemein verbreitete Klasse gelblicher Pflanzenpigmente aufgezeigt worden ist.

Man muß sich fragen, inwieweit die Flavonderivate einen Strahlungsschutz gegen ultraviolettes Licht vorstellen, falls ein solcher für pflanzliche Zellen überhaupt notwendig ist. Nach SHIBATA und KISHIDA (1916) produzieren Gebirgspflanzen eine größere Quantität dieser Verbindungen als vergleichbare Ebenenpflanzen. Trotzdem kann der Cuticula und den Cuticularschichten keine besondere Funktion als UV-Filter zufallen, da ihr Gehalt an absorbierenden Pigmenten nicht von der UV-Strahlung des Standortes abhängt, sondern artspezifisch ist. So hat BOLLIGER (1956) bei verschiedenen alpinen Arten für Ultraviolett durchsichtige Epidermisaußenwände gefunden (z. B. bei *Gentiana Kochiana* und *Vaccinium Myrtillus* von 2000 m ü. d. M. gelegenen Standorten).

d) Dichroismus
Grundlagen

In farbigen Objekten, die anisotrop sind, ist die Lichtabsorption im allgemeinen nach Richtungen verschieden. Dies kann im Polarisationsmikroskop erkannt werden, indem man das Präparat mit linear polarisiertem Licht beleuchtet. Ohne Zuhilfenahme eines Analysators zeigt dann das Objekt beim Drehen über dem Polarisator Veränderungen der Farbintensität oder der Farbqualität. Die Erscheinung wird als Pleochroismus oder, weil auf den im Polarisationsmikroskop beobachteten Schnitten durch das Objekt nur zwei Extremwerte festgestellt werden, als Doppelabsorption oder *Dichroismus* bezeichnet. Sie läßt sich besonders schön bei gefärbten pflanzlichen Zellwänden beobachten (AMBRONN 1888b).

Wie bei der Doppelbrechung unterscheidet man zwei Hauptanisotropierichtungen, die senkrecht aufeinander stehen und mit den Auslöschungsrichtungen zusammenfallen. Ein dichroitisches Objekt besitzt somit nicht nur einen Absorptionskoeffizienten k, sonderen deren zwei. Man muß daher die Extinktion in den beiden Hauptrichtungen bestimmen und daraus die beiden Koeffizienten berechnen; den größeren nennt man, in Analogie zu den Symbolen bei der Doppelbrechung, k_γ und den kleineren k_α. Der Dichroismus ist als die Differenz $k_\gamma - k_\alpha$ definiert.

Im allgemeinen fallen die Richtungen für das größere Brechungsvermögen und die stärkere Absorption zusammen, so daß also $n_\gamma \| k_\gamma$ gilt. Es gibt indessen auch Ausnahmen von diesem als Regel von BABINET bekannten Verhalten, wobei die Tensoren $n_\gamma \| k_\alpha$ und $n_\alpha \| k_\gamma$ verlaufen; während der Normalfall als positiver Dichroismus bezeichnet wird, spricht man bei diesem Ausnahmefall von negativem Dichroismus.

Die Erscheinungen im Polarisationsmikroskop sollen an einigen Färbungen von Ramiefasern und *Cobaea*-Fäden erläutert werden. Rein cellulosische Bastfasern und Cellulosefäden zeigen nämlich besonders auffällige dichroitische Effekte. Färbt man solche Präparate mit Chlorzinkjod, so erscheinen sie parallel zur Schwingungsebene des Polarisators $P-P$ fast schwarz, senkrecht dazu dagegen sozusagen farblos (FREY 1927a). In Abb. 158a sind zwei genau gleich gefärbte Fasern senkrecht gekreuzt dargestellt, die diesen Effekt sehr deutlich zeigen; bei den *Cobaea*-Fäden (Abb. 158b) verschwindet das mikroskopische Bild wegen mangelnden Kontrastes in der Stellung senkrecht zu $P-P$ fast vollständig. In diesem Falle ist, bezogen auf die Faserachse, $k_\|$ sehr groß, $k_\perp$ dagegen fast Null. Beim Chlorzinkjod-Dichroismus degeneriert daher die Absorptionsellipse zu einer Geraden parallel zur Faserachse.

Die Kongorotfärbung zeigt ähnliche Verhältnisse. Parallel zur Faserachse erscheinen die Objekte tiefrot, senkrecht dazu dagegen farblos (WÄLCHLI 1945). Im komplementären grünen Lichte findet man die gleichen Absorptionserscheinungen, wie sie soeben für die Jodfärbung geschildert worden sind. Bei roter

Beleuchtung absorbiert die Faser jedoch in keiner Stellung. Da man den Kongo-
rot-Dichroismus durch einen Tensor andeutet, welcher die Richtung der Haupt-
absorption angibt, muß bemerkt werden, daß diese Darstellung nur für grünes
Licht gilt.

Noch auffallender sind die Absorptionserscheinungen der Färbungen mit
kolloidem Silber (FREY 1927a; FREY-WYSSLING und WÄLCHLI 1946). Die
Fasern zeigen dann parallel zur Faserachse ein prächtiges Indigoblau, senkrecht dazu dagegen ein lebhaftes Strohgelb. Dies kommt dadurch zustande,

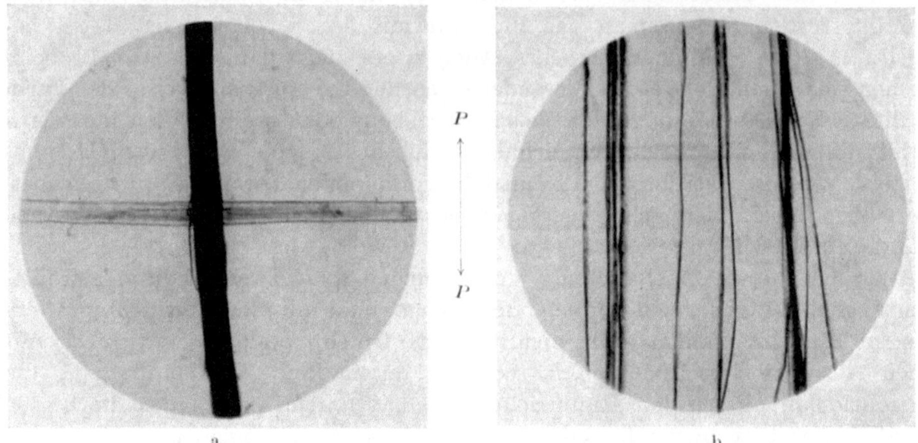

Abb. 158a u. b. Joddichroismus. a Ramiefasern und b *Cobaea*-Fäden gefärbt mit Chlorzinkjod.
$P \leftrightarrow P$ Schwingungsebene des Polarisators. (FREY-WYSSLING 1935b)

daß der Dichroismus für langwelliges Licht, insbesondere für Gelb positiv, für
kurzwelliges Licht, insbesondere für Blau dagegen negativ ist. Messungen der
diesem auffälligen Farbenspiele zugrunde liegenden Absorptionsverhältnisse
können daher nur in monochromatischem Lichte durchgeführt werden.

Bei der Berechnung der Absorptionskoeffizienten k nach Formel (24), die
eine genaue Kenntnis der Dicke d des Objektes voraussetzt, stößt man oft auf
Schwierigkeiten, weil präzise Dickenmessungen in Richtung der Mikroskopachse
schwer durchführbar sind. Als Maß für den Dichroismus wird deshalb häufig
nicht die Differenz $k_\parallel - k_\perp$, sondern das einfacher zu bestimmende Verhältnis
$E_\parallel/E_\perp$ gewählt.

Messung des Dichroismus

Die Extinktion gefärbter Zellwände in Richtung der beiden Auslöschungsrichtungen, d. h. also parallel und senkrecht zur Zellachse im Längsschnitt oder
parallel und senkrecht zur Tangentialrichtung in Querschnitten durch die Zelle,
kann mit Hilfe eines sog. Dichroskopokulars gemessen werden. Dieses Instrument enthält zwei senkrecht zueinander orientierte Polarisatoren und ist so
gebaut, daß je ein Bild des Objektes auf zwei durch eine scharfe Trennungslinie
voneinander abgegrenzten, senkrecht zueinander polarisierten Gesichtsfeldern
entsteht. Mit einem solchen Okular kann man den Dichroismus auch in einem
gewöhnlichen Mikroskop ohne Polarisatoren und ohne Drehtisch erkennen, denn
im einen Gesichtsfeld wird nur Licht, das parallel zur einen Hauptrichtung,

im anderen dagegen nur Licht, das senkrecht zu dieser Richtung schwingt, durchgelassen. Bei Fasern oder Fäden, die man parallel zum Trennstrich der beiden Gesichtsfelder legt, erscheinen die zwei Bilder des Objektes in den beiden verschiedenen, durch den Dichroismus gegebenen Farben der Anisotropie-Hauptrichtungen, also z. B. bei Kongorotfärbungen rot und farblos oder bei Silberfärbungen indigoblau und strohgelb. Die beiden Farben treten also nicht nacheinander in Erscheinung, wie es beim Drehen des Objektes über einen Polarisator geschieht, sondern man kann sie gleichzeitig nebeneinander beobachten, was bei schwach dichroitischen Effekten von Vorteil ist.

Um Absorptionsmessungen mit dem dichroskopischen Okular durchzuführen, muß man ein Polarisationsmikroskop mit einem drehbaren Analysator zu Hilfe nehmen. Stellt man die Schwingungsebene des Analysators parallel zur Trennungslinie der beiden Gesichtsfelder im Dichroskop ein, erscheint das eine hell

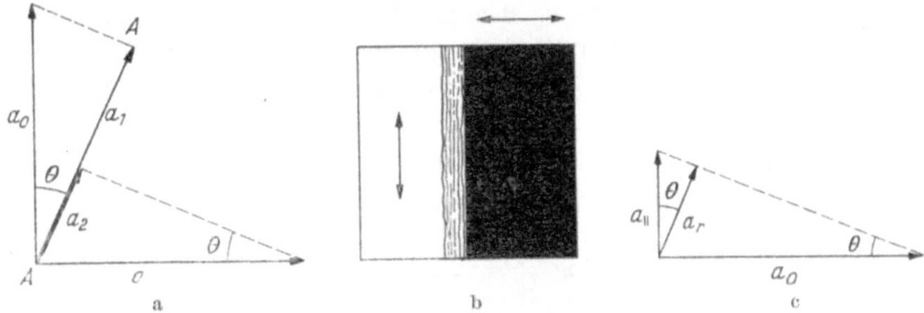

Abb. 159a—c. Messung des Dichroismus. a Polarisationsphotometrie. Aus dem dichroskopischen Okular treten zwei senkrecht zueinander stehende Schwingungen mit den Amplituden a_0 aus. Im Aufsatzanalysator $A\text{-}A$ werden diese in die Amplituden a_1 und a_2 verwandelt. b Lage der gefärbten Faser am Rande des dunklen Gesichtsfeldes. ↔ Schwingungsrichtung in den beiden Gesichtsfeldern. c Extinktionsmessung. $a_{\parallel}$ Amplitude des geschwächten Lichtes parallel zur Faserachse; a_0 Amplitude des ungeschwächten Lichtes; a_r resultierende Amplitude bei gleicher Helligkeit; Θ Drehwinkel des Analysators

(Parallelstellung), das andere dagegen schwarz (gekreuzte Stellung der Schwingungsebenen). Dreht man nun den Analysator, hellt sich das dunkle Gesichtsfeld auf, und das helle wird zusehends dunkler, bis nach einer Drehung von 45° beide die gleiche Helligkeit aufweisen. Dieses in allen Polarisationsphotometern zur Anwendung gelangende Prinzip, die Lichtintensität zu variieren, beruht auf der Möglichkeit, die Amplitude linear polarisierten Lichtes nach Belieben zu verändern.

Abb. 159b zeigt die beiden Gesichtsfelder des Dichroskops. Die Schwingungsrichtung $A - A$ des Analysators verläuft parallel zu jener des linken Gesichtsfeldes; das senkrecht dazu schwingende linear polarisierte Licht des rechten Gesichtsfeldes wird daher ausgelöscht. Dreht man nun den Analysator um den Winkel Θ (Abb. 159a), muß das linear polarisierte Licht in der Richtung $A - A$ austreten. Dies ist aber nur für die Komponenten a_1 des dunkler werdenden und a_2 des sich aufhellenden Gesichtsfeldes möglich. Sie betragen

$$\left.\begin{aligned} a_1 &= a_0 \cos \Theta \\ a_2 &= a_0 \sin \Theta \end{aligned}\right\} \tag{25}$$

Die Intensitäten I_1 und I_2 der beiden Felder entsprechen dem Quadrate dieser Werte. Denn nach dem Gesetz von MALUS muß die austretende Energie $I_1 + I_2$

gleich der eintretenden Energie I_0 sein, da ja bei fehlender Absorption keine Energie im System festgehalten wird. Diese Bedingung kann aber nur erfüllt werden, wenn die trigonometrischen Funktionen ins Quadrat erhoben werden (WEIGERT 1927):

$$\left.\begin{aligned} I_1 &= I_0 \cos^2 \Theta \\ I_2 &= I_0 \sin^2 \Theta \\ \hline I_1 + I_2 &= I_0 \end{aligned}\right\} \tag{26}$$

Für die Extinktionsmessungen bringt man das gefärbte Objekt an den Rand des dunkeln Gesichtsfeldes (Abb. 159 b) und dreht den Analysator bei Belichtung mit geeignetem monochromatischem Licht, bis das Objekt so dunkel ist wie das sich aufhellende anstoßende Gesichtsfeld. Es gilt dann das Amplitudendiagramm von Abb. 159 c. Da als Objekt eine gefärbte Faser angenommen worden ist, wird die Amplitude $a_\parallel$ des parallel zur Faserachse schwingenden Lichtes auf die resultierende Amplitude a_r geschwächt, die gleich der Amplitude des aus dem sich aufhellenden Gesichtsfelde austretenden Lichtes ist. Es gilt daher

$$\begin{aligned} a_r &= a_\parallel \cos \Theta & I_r &= I_\parallel \cos^2 \Theta \\ a_r &= a_0 \sin \Theta & I_r &= I_0 \sin^2 \Theta \end{aligned}\Bigg\} \quad \frac{I_0}{I_\parallel} = \cot^2 \Theta$$

$$E_\parallel = \log \frac{I_0}{I_\parallel} = 2 \log \cot \Theta \tag{27}$$

Führt man solche Messungen nicht nur parallel, sondern auch senkrecht zur Faserachse aus, kann man die Extinktionen $E_\parallel$ und $E_\perp$ bestimmen und daraus die Absorptionskoeffizienten $k_\parallel$ und $k_\perp$ sowie den Dichroismus $k_\parallel - k_\perp$ berechnen oder den Quotienten $E_\parallel/E_\perp$ als dichroitisches Maß bilden (FREY-WYSSLING 1942 b, WÄLCHLI 1945, PATEL 1951).

Genauer als von Auge können die Extinktionen mit Hilfe photoelektrischer Registrationen gemessen werden. Dies spielt namentlich im ultravioletten Lichte eine Rolle, wo ja gar nicht subjektiv beobachtet werden kann. Die Lichtabsorption muß dann auf dem Umwege über die Photographie quantitativ erfaßt oder photoelektrisch registriert werden. RUCH (1951) hat eine sehr empfindliche Apparatur zur Messung des UV-Dichroismus gebaut. Das Meßprinzip beruht darauf, daß ein Analysator, der über einem dichroitischen Objekt rotiert, periodisch schwankende Lichtmengen durchtreten läßt; diese erzeugen in einer Photozelle einen Wechselstrom, der elektronisch verstärkt und zur quantitativen Erfassung der beiden Hauptextinktionen $E_\parallel$ und $E_\perp$ verwendet wird.

Eigendichroismus

Gewisse in der Mikrochemie der Zellwand verwendete Farbstoffe färben die Membranen stark dichroitisch an (AMBRONN 1888 b), während andere nur einen sehr schwachen oder überhaupt keinen Dichroismus zu verleihen vermögen. So ziehen die Benzidinfarbstoffe wie Kongorot (Abb. 81, S. 118), Benzoazurin, Benzopurpurin, Chrysophenin usw. auf cellulosischen Zellwänden und der Thiazinfarbstoff Methylenblau auf oxydativ geschädigten Fasern ausgesprochen dichroitisch auf, während die Safranine und die Triphenylmethan-Farbstoffe

(Fuchsin, Gentianaviolett, Methylgrün, Anilinblau, Baumwollblau usw.) höchstens einen schwachen Formdichroismus (s. S. 276) erzeugen. Dies rührt davon her, daß die Moleküle der Farbstoffe, die sich vom Benzidin (LVII) und der Thiazinbase (LVIII) ableiten, ausgesprochen stabförmig sind. Es kann theoretisch gezeigt werden, daß in solchen Systemen die Lichtabsorption für linear polarisiertes Licht parallel zur Molekülachse bedeutend stärker sein muß als

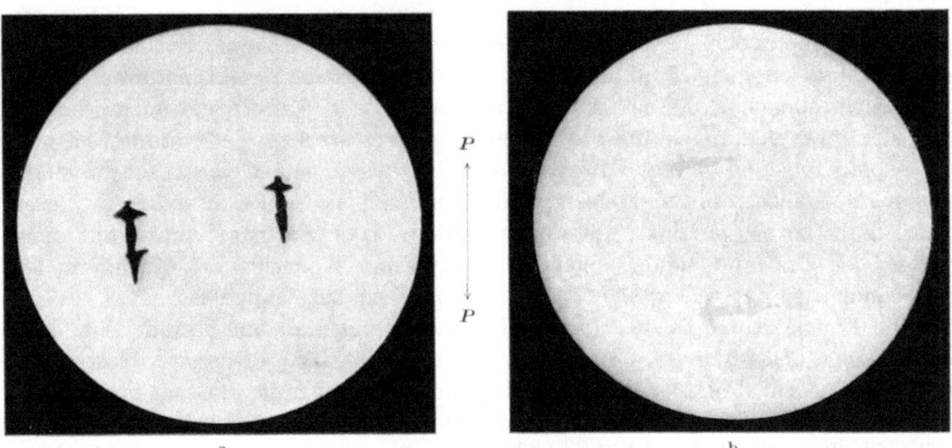

Abb. 160a u. b. Eigendichroismus 0,5 μ dünner Jodkriställchen. a parallel, b senkrecht zur Schwingungsebene des Polarisators P-P

senkrecht dazu. Im Gegensatz hierzu besitzen die Grundkörper der Safranine (LIX) und der Triphenylmethan-Farbstoffe (LX) keine hervorstechende lineare Achse und deshalb auch keine ausgesprochene Absorptionsanisotropie.

LVII Benzidin

LVIII Methylenblau

LIX Phenosafranin

LX Triphenylcarbinolbase

Die Dichroismus erzeugenden Farbstoffe bilden stengelige Kristallite, so daß sie durch Ausstreichen auf einem Objektträger oder in der Strömungstrommel

orientiert werden können, wobei dichroitische Striche oder Strömungsdoppel-
brechungseffekte (FREY-WYSSLING und WEBER 1942) entstehen. Offenbar besitzen die übrigen Farbstoffe mehr oder weniger isodiametrische Kristallite, so
daß man sie nicht so leicht mechanisch ausrichten kann.

Die Orientierung der stabförmigen Farbstoffmoleküle oder Kolloidteilchen
geschieht in den Zellwänden durch gerichtete Adsorption an der Oberfläche der
mikrofibrillaren Gerüststoffe. Die Farbstoffe, die keinen Dichroismus verursachen, können offenbar nicht gerichtet eingelagert werden, zum Teil wegen
ihrer isodiametrischen Gestalt, zum Teil aber auch, weil sie als Farbkationen in
erster Linie ionogene Bindungen mit den anionischen Membranstoffen Lignin
und Cutin eingehen, die selbst keine ausgesprochene Anisotropie aufweisen.

Die Voraussetzungen für die Erzeugung eines starken Zellwanddichroismus
sind somit folgende: 1. Die Farbstoffmoleküle müssen selbst eine ausgesprochene
Absorptionsanisotropie aufweisen, und 2. müssen sie von den mikrofibrillaren
Gerüstsubstanzen gerichtet adsorbiert werden. Der Farbstoff prägt auf diese
Weise der Zellwand seinen eigenen, durch seine Konstitution bedingten Di-
chroismus auf, der daher als *Eigendichroismus* zu bezeichnen ist.

Die Eigenanisotropie der Farbstoffteilchen kann man am besten beim Joddichroismus der Chlorzinkjod-Färbung zeigen (Abb. 158). Dünnste Jodkriställchen weisen im Polarisationsmikroskop den Dichroismus schwarz-farblos auf
(Abb. 160). Der Joddichroismus kommt daher so zustande, daß die Cellulosemikrofibrillen die Jodmoleküle in ähnlicher Anordnung adsorbieren, wie diese
im Kristallgitter ausgerichtet sind.

Der den Zellwänden aufgeprägte Dichroismus erlaubt, Schlüsse über ihren
submikroskopischen Feinbau zu ziehen. So verläuft die Hauptrichtung der im
Lichtmikroskop unsichtbaren Mikrofibrillen parallel zur Richtung der stärksten
Absorption (Abb. 161). Bei der Jodfärbung kann man auf Grund der Feststellung, daß bei Paralleltexturen parallel zur Mikrofibrillenrichtung alles Licht,
senkrecht dazu dagegen kein Licht absorbiert wird (Abb. 161), sogar nach der
Formel

$$\frac{k_\gamma}{k_\alpha} = \frac{1 - \cos\alpha}{\sin\alpha} \tag{28}$$

den Streuungswinkel α berechnen, wenn der große (k_γ) und der kleine Absorptionskoeffizient (k_α) in der Aufsicht einer Zellwand bestimmt worden sind (FREY-
WYSSLING 1942b).

Durch genaue Beobachtungen der dichroitischen Erscheinungen lassen sich
allerlei Einblicke in das Wesen der Farbstoffadsorption gewinnen. So kann die
rote Kongorotfärbung des Farbsalzes durch Ansäuerung des Einschlußmittels in
die blaue Färbung der Farbsäure übergeführt werden, wobei die acidoide Form
des Kongorotmoleküls in seine chinoide Form übergeht. Wird dieser Vorgang
bei gefärbten Bastfasern im Polarisationsmikroskop verfolgt, so stellt man die
Erhaltung des Dichroismus während der ganzen Umwandlung fest, indem er
sich kontinuierlich von rot-farblos über lila- und violett-farblos nach blau-
farblos verändert. Die Farbstoffteilchen vermögen somit in ihrem adsorbierten
Zustande zu reagieren und, ohne in Lösung zu gehen, sich chemisch umzuwandeln.

Man kann auch den Einfluß der Färbezeit auf die Adsorption verfolgen.
Abb. 162a zeigt die Absorptionskoeffizienten von Kristallnädelchen des Kongo-

rots parallel und senkrecht zur Nadelachse in Funktion der Wellenlänge λ des Lichtes. Bei beiden Kurven tritt ein Maximum bei etwa 585 mμ auf. Die Diffe-

renz der Werte $k_\parallel - k_\perp$ ergibt die Dichroismuskurve des kristallinen Kongorots. Diese zeigt einen charakteristischen Verlauf, mit einem sehr scharfen Maximum im roten Gebiet bei etwa 630 mμ (Abb. 162a). Der steile Anstieg zu diesem Maximum ist ebenso sprunghaft wie die Veränderung der Brechungsindices bzw. der Doppelbrechung in der Nähe des Absorptionsmaximums eines gefärbten anisotropen Objektes. In gefärbten Zellwänden oder Cellophanfolien tritt das charakteristische Maximum des Dichroismus des Kongorots auch auf. Es ist jedoch nach wesentlich kürzeren Wellenlängen verschoben (Abb. 162b). In Abhängigkeit von der Färbezeit, durch deren Verlängerung von 4 Std auf 44 Tage der Kongorotgehalt des Cellulosegels von 1% auf 5,5% gesteigert werden kann, verschiebt sich dieses

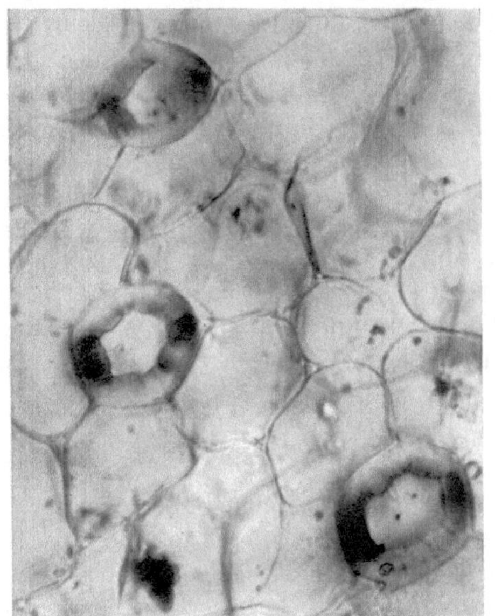

Abb. 161. Joddichroismus schwarz-farblos eines Querschnittes durch Milchröhren von *Euphorbia splendens*. *P-P* Schwingungsebene des Polarisators

Maximum jedoch nach rechts, um sich asymptotisch dem Maximum des Dichroismus des kristallinen Kongorots zu nähern (WÄLCHLI 1945). Der Befund ist so zu deuten, daß die Adsorption der Kongorotteilchen vorerst offenbar nicht optimal gerichtet einsetzt, daß dann aber mit zunehmender Färbedauer eine immer besser parallelisierte Anlagerung an die Oberflächen des aufgelockerten Kettengitters (Abb. 82, S. 118) erfolgt.

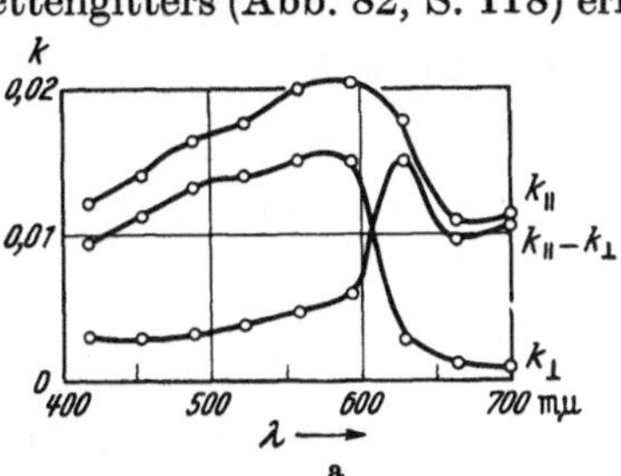

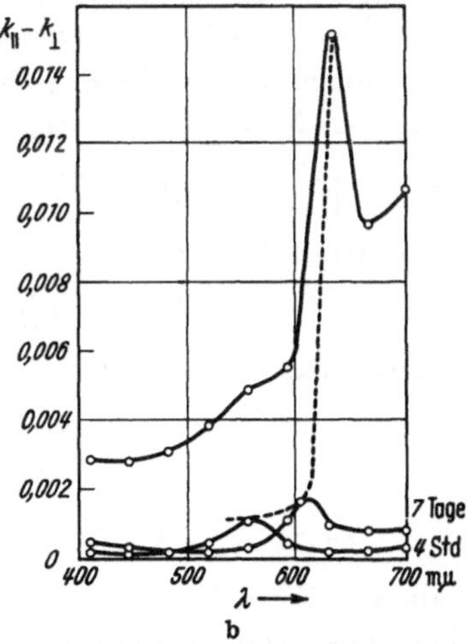

Abb. 162a u. b. Dichroismus von Kongorot (nach WÄLCHLI 1945). a Kristallnädelchen von Kongorot. Ordinate: Absorptionskoeffizient k. Abszisse: Wellenlänge λ des Lichtes; $k_\parallel$ Absorption parallel zur Nadelachse; $k_\perp$ Absorption senkrecht zur Nadelachse; $k_\parallel - k_\perp$ Dichroismus. b Vergleich der Anfärbung einer Cellophanfolie mit dem Dichroismus von Kongorotkriställchen. Ordinate: Dichroismus $k_\parallel - k_\perp$. Abszisse: Wellenlänge λ des Lichtes. Parameter: Anfärbungszeit

Solche Veränderungen können auch konzentrationsabhängig sein. PATEL (1951) verfolgte den Methylenblau-Dichroismus oxydativ geschädigter cellulosischer Bastfasern. Da je gebildete Carboxylgruppe ein Molekül Methylenblau gebunden wird, nimmt die Färbbarkeit der Zellwände mit zunehmender Oxydation zu, z. B. von 2,5% auf 7,3% ; gleichzeitig verschiebt sich das Maximum der Dichroismuskurve von etwa 670 mμ nach 700 mμ. Interessanterweise ist der Dichroismus nicht blau-farblos, sondern blau-rötlich, wobei das Absorptionsmaximum parallel zur Faserachse dem blauen Farbton von Methylenblaulösungen mit dimeren Farbionen, jenes senkrecht zur Faserachse jedoch dem rötlichen Farbton verdünnter Lösungen mit monomeren Farbionen entspricht.

Während der Dichroismus gefärbter Zellwände durch die Absorption der eingelagerten Farbstoffteilchen künstlich erzeugt wird, besitzen verholzte Zellwände im ultravioletten Bereich eine natürliche Absorption. Diese verrät im UV-Mikroskop einen schwachen *UV-Dichroismus* (LANGE 1947). Es gelingt ferner, das Lignin in den Tracheiden mit Benzidin (LVII) dichroitisch anzufärben (H. P. FREY 1955). Trotzdem ist es istrop eingelagert, denn die beobachteten Effekte sind auf *Formdichroismus* zurückzuführen.

Formdichroismus

Submikroskopische Mischkörper zeigen nicht nur Formdoppelbrechung, sondern auch Formdichroismus. Das heißt, wenn einer ihrer Mischbestandteile gefärbt ist, ergibt sich ein Dichroismus, der nicht durch die Eigenanisotropie des Farbstoffes bedingt zu sein braucht. WIENER (1926) hat seine Theorie über die Formanisotropie auf den Fall, daß eine der beiden Komponenten Licht absorbiert, ausgedehnt. Man muß zu diesem Zwecke komplexe Brechungsindices

$$n - ik \tag{29}$$

in die Ausgangsgleichung für die Formanisotropieformeln einsetzen; dabei bedeutet k den Absorptionskoeffizienten (24) und $i = \sqrt{-1}$. Im Laufe der Umrechnungen verschwinden die Glieder mit der imaginären Größe i als Faktor, so daß sich folgende Gleichungen für das Brechungsvermögen n_m und die Absorption k_m des Mischkörpers ergeben:

$$n_m = \sqrt{{}^1/_2(d + \sqrt{d^2 + p^2})} \quad \text{und} \quad k_m = \sqrt{{}^1/_2(-d + \sqrt{d^2 + p^2})}. \tag{30}$$

Für die Größen d und p gelten beim Stäbchenmischkörper parallel zur Achse

$$d_a = \delta_1(n_1^2 - k_1^2) + \delta_2 n_2^2 \qquad p_a = 2\,\delta_1 n_1 k_1 \tag{30a}$$

und senkrecht zur Achse

$$d_0 = n_2^2 \frac{\delta_2(1 + \delta_1)n_2^4 + (4\,\delta_1 + 2\,\delta_2^2)n_2^2(n_1^2 - k_1^2) + \delta_2(1 + \delta_1)(n_1^2 + k_1^2)^2}{(1 + \delta_1)^2 n_2^4 + 2\,\delta_2(1 + \delta_1)n_2^2(n_1^2 - k_1^2) + \delta_2^2(n_1^2 + k_1^2)^2},$$

$$p_0 = n_2^4 \frac{4\,\delta_1 \cdot 2\,n_1 k_1}{(1 + \delta_1)^2\,n_2^4 + 2\,\delta_2(1 + \delta_1)n_2^2(n_1^2 - k_1^2) + \delta_2^2(n_1^2 + k_1^2)^2}. \tag{30b}$$

Aus diesen Formeln können k_a und k_0 und damit der Formdichroismus $k_a - k_0$ berechnet werden, wenn n_1, k_1 und δ_1 des absorbierenden und n_2 des nichtabsorbierenden Bestandteiles bekannt sind. Vergleicht man dann den errechneten Wert mit dem gemessenen Dichroismus $k_\gamma - k_\alpha$, müssen der berechnete und der gemessene Wert bei fehlendem Eigendichroismus ungefähr übereinstimmen, während bei einem deutlichen Eigendichroismus der Formdichroismus nur einen Teil der gesamten Absorptionsanisotropie ausmacht.

Die Methode erlaubt zu entscheiden, ob der UV-Dichroismus des in den Zellwänden inkrustierten Lignins auf Eigendichroismus, d. h. auf anisotropem Lignin, oder nur auf Formdichroismus, d. h. auf durch die Zellwandtextur bedingter stäbchenartiger Anordnung von isotropem Lignin beruht. Da δ_1 und k_1 von Ligninskeletten ungenügend genau bekannt sind, kann dies so geschehen, daß solche Skelette mit einer Ultraviolett nichtabsorbierenden Flüssigkeit von möglichst hohem Brechungsindex imbibiert werden. Bei kleinen Werten von k können in den Formeln (30a) und (30b) alle Glieder, die k_1^2 enthalten, vernachlässigt werden; für $n_1 = n_2$ wird dann nicht nur die Formdoppelbrechung, sondern auch der Formdichroismus gleich Null. Falls also bei solchen Imbibitionsversuchen kein Restdichroismus nachgewiesen werden kann, ist der Lignin-UV-Dichroismus reine Formanisotropie; nur wenn sich ein deutlicher Restdichroismus ergäbe, wäre eine Eigenanisotropie des bisher als isotrop betrachteten Lignins bewiesen.

H. P. FREY (unveröffentlicht) hat diese Untersuchung in unserem Institute durchgeführt. Durch Einbettung von Ligninskeletten in Schwefelkohlenstoff ($n_{280\,\text{m}\mu}^{20\,°\text{C}} = 1{,}962$) wird der UV-Dichroismus aufgehoben. In Mischungen von Schwefelkohlenstoff und Äthylalkohol ($n_{280\,\text{m}\mu}^{18\,°\text{C}} = 1{,}397$) sinkt der UV-Dichroismus mit steigendem Brechungsindex der Imbibitionsflüssigkeit gesetzmäßig gegen Null ab. Dadurch ist gezeigt, daß dem Lignin keine nennenswerte Eigenanisotropie zukommt, und daß der UV-Dichroismus der verholzten Zellwände als Formdichroismus zu deuten ist.

Bei den Metallfärbungen von Bastfasern kann der Stäbchendichroismus nicht nur qualitativ, sondern auch quantitativ erfaßt werden (FREY-WYSSLING und WÄCHLI 1946), da z. B. beim Silberdichroismus der Ramiefasern der eingelagerte Silberanteil δ_1 analytisch bestimmbar ist. Die Größen n_1 und k_1 für durchsichtige Silberschichten können physikalischen Tabellen entnommen werden; Silber besitzt wie alle Metalle sehr kleine Brechungsindices von der Größenordnung 0,2 und Absorptionskoeffizienten, die in Funktion der Wellenlänge zwischen 1,9 (blau) und 4,8 (rot) stark variieren. Für n_2 muß man je nachdem, ob man k_a oder k_0 berechnet, die Werte n_ε oder n_ω der Cellulose einsetzen.

Abb. 163 zeigt die experimentellen Kurven der Absorptionskoeffizienten k_a und k_0 sowie des Dichroismus $k_a - k_0$ der Silberramie für einen Silbergehalt von 0,18 Vol.-% ($\delta_1 = 0{,}0018$). Man erkennt, daß sich die Kurven von k_a und k_0 bei $\lambda = 455\ \text{m}\mu$ überschneiden. Dort geht der positive Dichroismus für längere Wellenlängen mit dem Schwerpunkt in Orange (Komplementärfarbe: Indigo) in den negativen Dichroismus der kurzen Wellenlängen des violetten Lichtes über (Komplementärfarbe: Strohgelb). Beim Umschlagspunkt im blauen Licht von $\lambda = 455\ \text{m}\mu$ ist die Faser absorptionsisotrop, d. h. ihr Dichroismus verschwindet bei jener Wellenlänge, da $k_a - k_0 = 0$ ist.

Die nach den Wiener-Formeln berechneten Kurven zeigen qualitativ den gleichen Verlauf wie die experimentellen Kurven von Abb. 163. Für die kurzen Wellenlängen bis zum Umschlagspunkt stimmen die berechneten Absorptionskoeffizienten sogar quantitativ mit den gemessenen überein. Im Spektralbezirk des Orange ist allerdings kein Maximum wie bei der experimentellen Kurve zu finden, was darauf zurückzuführen sein dürfte, daß die Absorptionskoeffizienten disperser kolloider Silberteilchen nicht genau mit jenen von Silberfolien übereinstimmen. Jedenfalls geht aus der Anwendung der Wiener-Theorie auf die Anfärbungen der Zellwände mit den kubisch kristallisierenden isotropen Edelmetallen (Ag, Au usw.) hervor, daß die beobachtete auffallende Doppelabsorption reiner Formdichroismus ist.

Tabelle 37. *Elemente, die in die Zellwände eingelagert werden können* (FREY 1925 b)

I	II	III	IV	V	VI	VII	VIII
Cu				P As Sb Bi	S Se Te	Br J	Rh Pd
Ag							
Au	Hg					Os	Pt

Dies dürfte auch für weitere Färbungen mit Metallen zutreffen. Es ist bis jetzt gelungen, die in Tabelle 37 verzeichneten 17 Vertreter des periodischen Systems in elementarer Form in die Zellwände von Ramiefasern einzulagern (FREY 1925 b). Mit Ausnahme von Phosphor und Schwefel erzeugen alle stark dichroitische Färbungen, von denen jene der Edel- und Halbedelmetalle ein besonderes Farbenspiel zeigen:

Cu smaragdgrün-schmutzigrot
Ag indigoblau-strohgelb
Au blaugrün-weinrot
Hg dunkelstahlblau-hellbraun
As braun-farblos
Sb dunkelbraun-farblos
Bi schwarz-farblos
Se orangerot-farblos
Te schwarz-farblos
Br rötlichgelb-farblos
J schwarzviolett-farblos
Rh dunkelolivbraun-hellolivbraun
Pd dunkelgraubraun-hellgraubraun
Os schwarzgrau—hellgelbbraun
Pt dunkelbraun-hellbraun

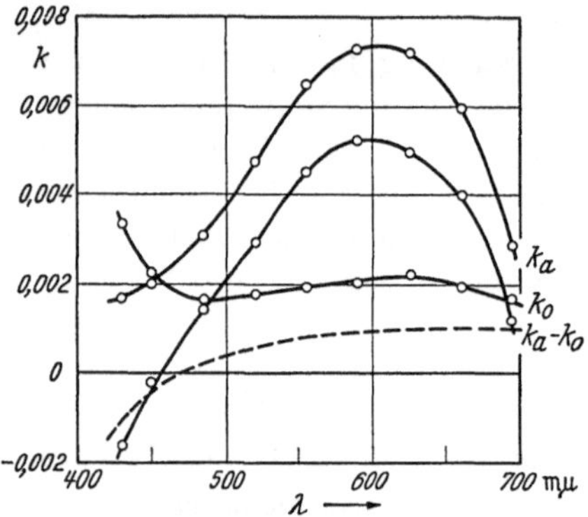

Abb. 163. Silberdichroismus k_a—k_o der Ramiefaser. Volumenanteil des Silbers $\delta_1 = 0,0018$. Ordinate: Absorptionskoeffizient k. Abszisse: Wellenlänge λ des Lichtes. — experimentelle Kurven von k_a, k_o und k_a—k_o; - - - - berechnete Kurve von k_a—k_o

e) Fluorescenz

Grundlagen

Viele Pigmente sind befähigt, einen Teil der absorbierten Lichtenergie in Form von sog. Fluorescenzlicht wieder auszustrahlen. Dieses besitzt ein charakteristisches Emissionsspektrum, das sich vom Absorptionsspektrum des betreffenden Farbstoffes unterscheidet. Nach der Regel von STOCKE ist das Fluorescenzlicht stets langwelliger als das Erregerlicht. Von dieser Gesetzmäßigkeit wird Gebrauch gemacht, indem man fluorescierende Substanzen mit für das menschliche Auge unsichtbarem ultraviolettem Licht bestrahlt, worauf sie in ihrer charakteristischen Fluorescenzfarbe aufleuchten. Ähnliche, wenn auch weniger auffallende Effekte können durch Beleuchtung mit kurzwelligem blauviolettem Licht erreicht werden, doch entziehen sich dann naturgemäß blau fluorescierende Substanzen der Beobachtung.

Im Fluorescenzmikroskop geschieht die Beleuchtung durch eine Bogen- oder eine Quecksilberlampe, deren sichtbares Licht weggefiltert wird. Das ultraviolette Licht gelangt als dunkles Erregerlicht zum fluorescierenden Objekt, das dann sichtbares Licht ausstrahlt. Um die UV-Beleuchtung zu gestatten, muß im Fluorescenzmikroskop wie im UV-Mikroskop die Optik bis zum Objekte aus Quarz gearbeitet sein (Quarzkollektor, Quarzprisma als Spiegel, Quarzkondensor und Quarzobjektträger). Deckgläschen, Objektiv und Okular bestehen dagegen aus Glasoptik, da das Erregerlicht nun ausgeschaltet werden soll. Weil dies nicht vollkommen geschieht, muß man noch ein UV-Sperrfilter in den Strahlengang einschalten, um die Augen des Beobachters nicht zu gefährden. Fluorescierende Objekte leuchten unter diesen Umständen in ihrer Emissionsfarbe auf schwarzem Hintergrund prächtig auf.

Fluorescenzlicht kann von außerordentlich verdünnten Lösungen ausgestrahlt werden. Die Fluorescenzmikroskopie ist deshalb namentlich für den Nachweis sehr kleiner Stoffmengen geeignet, die im durchfallenden Licht farblos erscheinen.

Fluorochrome

Substanzen, die fluorescieren, werden in der Cytologie als Fluorochrome bezeichnet. Meistens handelt es sich um Farbstoffe, d. h. also um Verbindungen, die sichtbares Licht absorbieren. Es gibt indessen auch farblose Fluorochrome, die dann aber eine Absorption im langwelligen Ultraviolett aufweisen. Die Fluorescenz von im Objekte natürlich vorkommenden Fluorochromen wird als primär bezeichnet, jene, die durch Anfärbung erzielt wird, dagegen als sekundär (STRUGGER 1939).

Die Voraussetzungen, die erfüllt werden müssen, damit eine absorbierende Verbindung fluoresciert, sind nicht genau bekannt. Viele in der Cytologie verwendete Fluorochrome zeigen eine gewisse Verwandtschaft untereinander. Die meisten weisen durch verschiedenartige Heterocyclen miteinander verbundene aromatische Ringe auf. Im folgenden sind für die Fluorochromierung von Zellwänden brauchbare Farbstoffe zusammengestellt (LXI bis LXIV).

Wie man aus diesen Formeln sieht, müssen das Methylenblau (LVIII, S. 273), die Flavanone (LV, S. 268) und Flavone (LVI) auch fluorescierend sein. Die

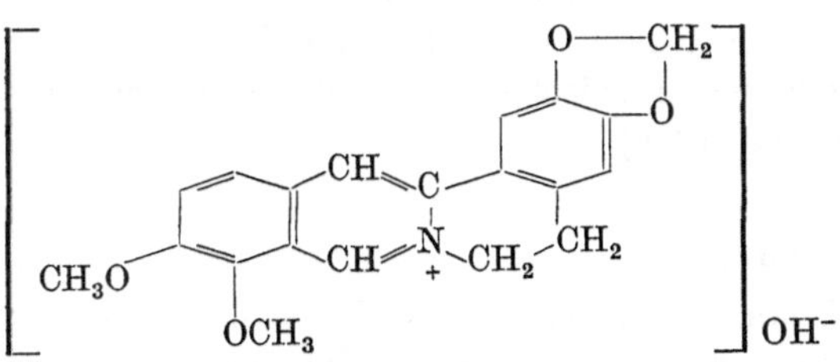

LXI
Berberin-Base

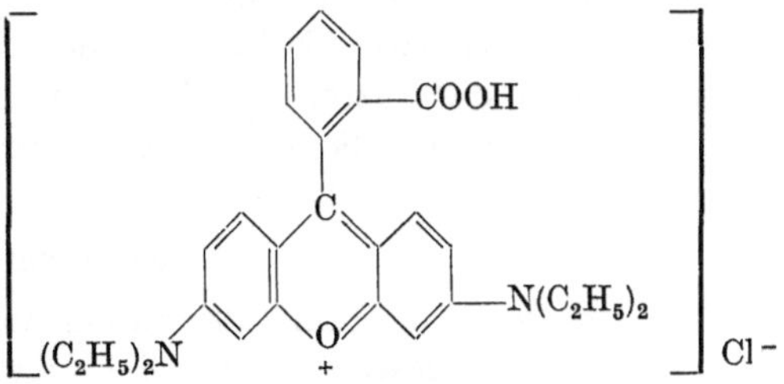

LXII
Rhodamin-Salz

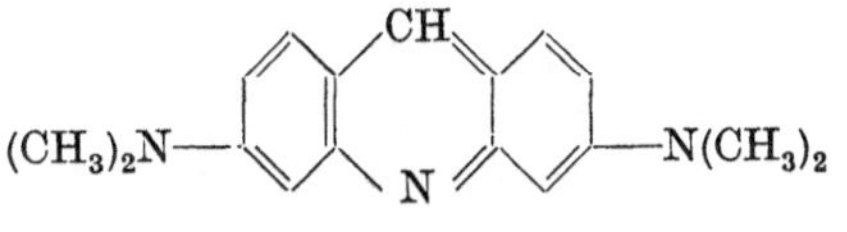

LXIII
Acridinorange

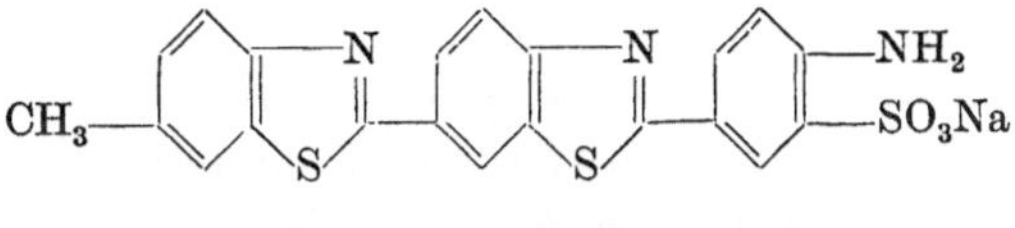

LXIV
Primulin

Zellwandfluorochrome sind basische Farbstoffe, die offenbar von den sauren Membranbestandteilen elektroadsorptiv gebunden werden können. Für die Rhodamine und das Primulin gilt dies allerdings nur im neutralen Bereiche, da sie als amphotere Moleküle bei stark basischer Reaktion des Lösungsmittels anionisch werden können. Die wichtigsten in der Cytologie gebrauchten Fluorochrome aus der Reihe der Fluoresceine (Fluorescein, Eosin, Erythrosin) werden trotz ihrer nahen Verwandtschaft mit den Rhodaminen in der Zellwand nicht gespeichert. Dies rührt wohl davon her, daß sie sich anionisch verhalten; denn bei ihnen findet man an Stelle der Aminogruppen des Rhodamingerüstes Hydroxyle, wodurch der saure Charakter dieses amphoteren chromogenen Gerüstes gegenüber der basischen Oxoniumgruppe in den Vordergrund tritt.

Primäre Fluorescenz

Da die Gerüstsubstanzen Cellulose und Chitin für ultraviolettes Licht durchsichtig sind, weisen sie auch keine Fluorescenz auf. Dagegen fluoresciert das Lignin mit blauer Farbe. Man kann daher die Inkrustierung verholzender Zellwände im Fluorescenzmikroskop verfolgen. Auch sind leicht Übersichtsbilder über die Verteilung verholzter Zellen in Pflanzenschnitten zu gewinnen, ohne daß die Präparate angefärbt werden müssen. Die Ligninfluorescenz ist allerdings nicht besonders intensiv und besitzt deshalb keine sehr auffällige Leuchtkraft.

Stärker ist die Emission von Fluorescenzlicht bei gewissen Holzfarbstoffen. Da ist vor allem das Alkaloid Berberin (LXI) zu erwähnen, das von den Berberidaceengattungen *Berberis* und *Hydrastis* produziert und in ihren Zellwänden gespeichert wird. Das Berberin fluoresciert prachtvoll grün. Da es eine Base ist, wird es besonders von den verholzten und suberifizierten Zellwänden adsorbiert. So zeigt ein Stengelquerschnitt der Berberitze primäre Fluorescenz des Xylems, der verholzten Bastfasern und des Periderms. Das Holz von *Berberis* enthält so viel Berberin, daß es auffallend gelb gefärbt erscheint; in den Bastfasern und im Periderm ist der Berberingehalt jedoch weniger augenfällig, so daß man das Fluorescenzmikroskop zum Nachweis der Lokalisation dieses Alkaloides heranziehen muß. In der Wurzel von *Hydrastis canadensis* leuchten die nichtverholzten Zellwände der primären Rinde als Folge der Berberinanhäufung stark grün auf. Nur die Mittellamellen zwischen den Zellen scheinen frei von diesem Alkaloid zu sein (STRUGGER 1939).

Sekundäre Fluorescenz

Das Berberin kann als Sulfat zur Fluorochromierung von Zellwänden in Pflanzen, die dieses Alkaloid nicht enthalten, verwendet werden. Wie STRUGGER (1938) zeigte, wandern Fluorochrome mit dem Transpirationswasser von den Gefäßendigungen durch die Zellwände an die verdunstende Blattoberfläche hinaus. Verwendet man hierzu nicht das anionische Fluorescein, sondern das kationische Berberinsulfat, so erfolgt in allen verholzten und auch in den cutinisierten Zellwänden eine elektroadsorptive Anfärbung. Eine solche Adsorption kann man auch mit Sulforhodamin B (LXII) erzielen, worauf lignifizierte Zellwände rot fluorescieren. Diese instruktiven Fluorescenzfärbungen können in einfacher Weise dadurch erreicht werden, daß man abgeschnittene Pflanzen vor der Herstellung der Querschnitte genügend lang in Lösungen von 1% Berberinsulfat oder 1⁰/₀₀ Sulforhodamin B einstellt und sie kräftig transpirieren läßt.

Besonders interessant ist das Verhalten des Fluorochroms Acridinorange (LXIII). Es verleiht den Zellwänden im allgemeinen eine tiefrote Fluorescenz, während das Zellinnere grün aufleuchtet, solange die Zelle lebt; tote Zellen nehmen dagegen wie die Zellwand die rote Fluorescenz an. Diese Erscheinungen sind dazu benützt worden, um in Bakterien- und Hefekulturen den Anteil an toten und lebenden Zellen zu ermitteln. Es hat sich herausgestellt, daß diese scheinbar rätselhafte Verhaltensweise auf einem Konzentrationseffekt beruht, denn Acridinorange fluoresciert in Konzentrationen von über 1% kupferrot, unter 0,1% dagegen gelbgrün. Daraus geht hervor, daß die lebenden Zellen nur wenig Farbstoff eintreten lassen, während bei toten Zellen nach dem Wegfall der semipermeablen Diffusionsbarriere der Zellinhalt wie das submikroskopische Raumsystem der Zellwände von diesem Fluorochrom überschwemmt wird.

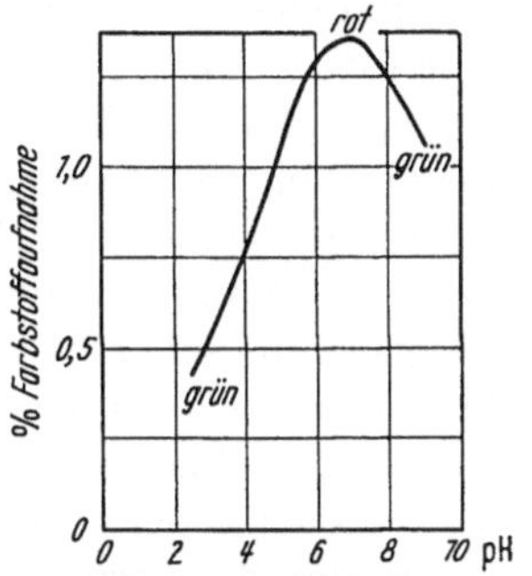

Abb. 164. Speicherung von Acridinorange durch Zellstoff-Fasern in Funktion des pH. (STRUGGER 1949)

Der Konzentrationseffekt der Acridinfluorescenz ist p_H-abhängig. Dies äußert sich bei der Anfärbung von Zellstoff-Fasern mit 0,1⁰/₀₀ Lösungen z. B. folgendermaßen: In stark saurem Gebiet (p_H 2) zeigt die Zellwand gelbgrüne, im neutralen Gebiet (p_H 6—7) kupferrote und im alkalischen Gebiete (p_H über 8) wieder grüngelbe Fluorescenz (Abb. 164). Dieses Verhalten ist von der Menge des adsorbierten Acridinorange abhängig (STRUGGER 1949). Im Zellstoff ist stets eine gewisse Menge Oxycellulose vorhanden, die den Farbstoff im neutralen Gebiete reichlich adsorbiert (Rotfluorescenz); im stark sauren Gebiete wird die Dissoziation ihrer Carboxylgruppen jedoch stark zurückgedrängt, so daß nur noch wenig Acridinorange elektroadsorptiv in die Zellwand eingelagert werden kann. Im stark basischen Gebiete herrscht nach STRUGGER ein anderer Grund für das reduzierte Adsorptionsvermögen. In jenem p_H-Bereich wird die Dissoziation des Acridinorange verhindert. Folglich liegen keine Farbkationen, sondern nurmehr undissoziierte Moleküle (LXIII) vor, die elektroadsorptiv nicht gebunden werden können.

Der Thiazolfarbstoff Thioflavin S zeigt bei der Anfärbung von Nadelholz-Zellstoff ebenfalls einen Konzentrationseffekt. JAYME und BAUER (1957) finden, daß die mit diesem Fluorochrom gefärbten Frühholztracheiden gelbgrün, die Spätholztracheiden dagegen blau fluorescieren. Dies wird auf die dichtere Packung der Spätholz-Zellwände zurückgeführt, die nur eine geringere Farbstoffaufnahme zuläßt. Wo Verschiebungslinien (s. S. 311) mit ihrer aufgelockerten Paralleltextur auftreten, macht sich auch in den Spätholztracheiden die gelbgrüne Fluorescenz bemerkbar.

Difluorescenz

Farbstoffe, welche die Zellwände dichroitisch anfärben, zeigen, soweit es sich um Fluorochrome handelt, die Erscheinung der Difluorescenz. Um diese zu beobachten, muß das Fluorescenzmikroskop mit einem Aufsatzanalysator versehen werden. Es erweist sich dann, daß je nachdem, ob das polarisierte Licht parallel oder senkrecht zur Ausrichtung der Mikrofibrillen schwingt, die Fluorescenz verschieden ist.

Am einfachsten sind die Verhältnisse bei Farbstoffen, die den Faserdichroismus farbig-farblos erzeugen. Als Versuchsobjekt werden mit Vorteil Ramiefasern verwendet. Da in diesem Falle senkrecht zur Faserachse kein Licht absorbiert wird, fehlen in jener Richtung die Voraussetzungen für die Erregung der Fluorescenz, so daß die Faser im Fluorescenz-Polarisationsmikroskop parallel zur Zellachse stark aufleuchtet, senkrecht dazu dagegen auslöscht. Es ergibt sich also in Analogie zum Dichroismus farbig-farblos die Difluorescenz leuchtend-dunkel.

Sehr eindrücklich bietet sich die Erscheinung bei gelben Farbstoffen dar wie Oxypyrengelb, Thiazolgelb und Primulin [Gemisch von Tri- und Dithiazol-Derivaten (LXIV) des p-Toluidins]; ihr Dichroismus gelb-farblos ist zwar sehr wenig auffällig, dagegen überrascht eine Difluorescenz gelbgrün-dunkel von ungewöhnlicher Brillanz (ZIEGENSPECK 1949). Man darf annehmen, daß die Primulinmoleküle (LXIV) gerichtet adsorbiert werden und wie Kongorot (Abb. 81, 82, S. 118) nur parallel zur Längsachse der Stabmoleküle polarisiertes Licht absorbieren, senkrecht dazu schwingendes Licht jedoch unbehindert passieren lassen. Es wäre interessant zu untersuchen, ob die Emissionskurve des Fluorescenzlichtes eine durch die Adsorption der Farbstoffmoleküle bedingte leichte Verschiebung der Emissionsmaxima aufweist, wie dies für die Absorptionskurve des Kongorots nachgewiesen worden ist (Abb. 162b).

Nicht immer sind die Erscheinungen so leicht zu deuten wie bei den Fluorochromen mit dem Dichroismus farbig-farblos. ZIEGENSPECK (1949) hat bei Eosinfärbungen der Ramiefaser den Dichroismus tiefrot-hellpurpur und die Difluorescenz gelbgrün-dunkel beobachtet. Dies ist insofern merkwürdig, als in der Richtung quer zur Faser wohl Absorption, aber keine Fluorescenz auftritt. Da das anionische Eosin in der Zellwand nicht adsorbiert wird, ist die Anfärbung mit diesem Farbstoff nicht waschecht. Die Färbung kommt lediglich durch die Ausfüllung der interfibrillaren submikroskopischen Capillaren mit Farbstoff zustande. Der Eosindichroismus ist daher wahrscheinlich kein Eigendichroismus wie beim Kongorot oder Primulin, sondern sicher wenigstens teilweise Formdichroismus.

Die Beziehungen zwischen Difluorescenz und Formdichroismus hat HELEN HENGARTNER (unveröffentlicht) bei verholzten Zellwänden abgeklärt. Die blaue Fluorescenz des Lignins ist in Wänden mit Fasertextur nach Richtungen verschieden. Als Untersuchungsobjekt eignen sich die lignifizierten Bastfasern der Jute. Gemessen wird die Difluorescenz, indem man das Verhältnis der Intensitäten des ausgestrahlten Fluorescenzlichtes $I_{\parallel}/I_{\perp}$ parallel und senkrecht zur Faserachse bestimmt. Dies geschieht mit Hilfe eines dichroskopischen Okulars, in analoger Weise wie bei der Messung des Dichroismus (S. 270), nur hat man es hier nicht mit durch Absorption geschwächten Intensitäten, sondern mit dem Vergleiche zweier verschiedener Emissionsintensitäten zu tun.

Bei Imbibition der Jutefasern mit Flüssigkeiten steigenden Brechungsvermögens n_2 (z. B. Äthylalkohol-Monobromnaphthalin-Mischung oder Clerici-Mischung aus Thallium-Malonat und -Formiat) sinkt die Difluorescenz $I_{\parallel}/I_{\perp}$ beträchtlich, geht bei $n_2 \sim 1{,}55$, d. h. ungefähr beim mittleren Brechungsindex der Cellulose durch ein Minimum und steigt gegen $n_2 = 1{,}65$ wieder an. Durch dieses Verhalten erweist sich die Difluorescenz der Jutefasern als ein Effekt der Formanisotropie. Die im Minimum der Kurve zurückbleibende geringe Restdifluorescenz ist nur ein kleiner Bruchteil der Difluorescenz in Wasser, so daß dem Lignin höchstens andeutungsweise eine Eigendifluorescenz zukommt.

Diese Versuche deuten darauf hin, daß das Lignin annähernd isotrop in die Zellwand eingelagert ist. Nachdem sich die Doppelbrechung der Ligninskelette (S. 258) sowie der UV-Dichroismus (S. 277) und die Difluorescenz verholzter Zellwände alle als Effekte der Formanisotropie erwiesen haben, dürfte die Frage, ob dem Lignin in der Zellwand eine Eigenanisotropie zukomme, verneint werden. Die nach Ausschaltung der Formanisotropie verbleibenden Anisotropiespuren (Restdoppelbrechung, Restdichroismus und Restdifluorescenz) sind zu gering, als daß dem inkrustierten Lignin eine optisch anisotrope Innenstruktur zuerkannt werden könnte.

3. Dichte

a) Dichte der Zellwand

Die Dichte der Zellwände ist namentlich für technische Belange von Interesse, weil das spezifische Gewicht des Holzes und der Textilfasern eine große Rolle spielt. Es handelt sich dabei gewöhnlich um die Bestimmung der Masse (Dichte) oder des Gewichtes (spez. Gewicht) trockener Zellwandsubstanz pro Volumeneinheit. Physiologisch sagen solche Werte jedoch wenig aus, da ja die Zellwände in der Natur stets mit Wasser gesättigt sind. Trotzdem verdienen die Bemühungen, ihre Dichte zu ermitteln, besondere Beachtung, weil die Massenbestimmung bei Objekten mit einer Lockerstruktur, d. h. mit submikroskopischen Capillaren und Lockerstellen ein sehr schwieriges und theoretisch interessantes Problem vorstellt; denn es erhebt sich die Frage, von welcher Feinheit der Fehlstellen an die Lücken nicht mehr als Hohlräume, sondern als vergrößerte Abstände der Massenpunkte einer Substanz mit örtlich wechselnder Dichte betrachtet werden sollen.

Xerogele und Aerogele

Hinsichtlich der submikroskopischen Porosität getrockneter Gele sind zwei verschiedene Bautypen zu unterscheiden. Die einen Gele schrumpfen und verhornen beim Eintrocknen. Sie werden hart und durchscheinend bis durchsichtig; man bezeichnet sie daher als *Xerogele*. Man kann ihren Zustand am ehesten mit jenem des Glases vergleichen, indem sich die submikroskopischen Fadenbausteine im Verlaufe der Dehydratation so dicht aneinanderlagern, daß nurmehr amikroskopische Abstände zwischen ihnen übrigbleiben, die weder für Luft noch für andere Flüssigkeiten als Wasser zugänglich sind. Als typische Vertreter der Xerogele können Gelatine und Tischlerleim gelten, die in Form von durchsichtigen Folien oder Platten in den Handel gelangen.

Den zweiten Typus bilden die *Aerogele*. Sie schrumpfen beim Eintrocknen nicht oder nur unbedeutend und der Raum des verschwindenden Wassers wird durch Luft ersetzt. Dadurch werden sie undurchsichtig und erscheinen meistens weiß. Charakteristische Aerogele sind die Kieselsäuregele und die auf S. 258

beschriebenen Aschenskelette der Zellwände. Sie lassen sich leicht mit den verschiedensten Flüssigkeiten imbibieren und auf diese Weise durchsichtig machen. Ihr Gelgerüst ist so starr, daß es beim Wasserentzug nicht zusammenklappt, sondern mit wenig veränderten Abständen der Gerüststränge erhalten bleibt.

Die pflanzlichen Zellwände nehmen nun eine Mittelstellung zwischen den geschilderten Zuständen ein. Sie schrumpfen zwar ansehnlich bei der Trocknung, aber sie bleiben doch für Alkohole und Aldehyde imbibierbar (S. 260). Während aufgelöste und wieder ausgefällte Cellulose zu einem Xerogel eintrocknet, ist das Mikrofibrillengefüge in der Zellwand so sperrig, daß bei der Trocknung die submikroskopischen Poren nicht völlig verschwinden. Andererseits stellen die pflanzlichen Gerüstsubstanzen Cellulose und Chitin auch keine richtigen Aerogele dar, weil das submikroskopische Hohlraumsystem bei der Trocknung weitgehend und zum Teil irreversibel verlorengeht.

Bestimmung der Zellwanddichte

Die Dichte ϱ der kristallinen Gerüstsubstanzen kann aus dem Volumen V der röntgenometrisch bestimmten Elementarbereiche berechnet werden. Nach Formel (4) (S. 217) ergibt sich

$$\varrho = \frac{z \cdot M}{N \cdot V}, \tag{31}$$

wobei M das Molekulargewicht des Polymerisationsrestes und z die Anzahl der Monomeren im Elementarbereich vom Volumen V bedeuten. N ist die Loschmidtsche Zahl $0{,}602 \cdot 10^{24}$. Da V in A^3 gemessen wird und daher als cm^{-24} in die Formel eingeht, heben sich die beiden hohen Potenzen zufällig gegenseitig auf. Nach diesem Verfahren findet man für die kristalline Cellulose $\varrho = 1{,}59$ und für kristallines Chitin $1{,}42$ g/cm³.

Diese Werte sind indessen zu hoch, da die Mikrofibrillen keine idealen Kristallite vorstellen, sondern zufolge ihrer Zusammensetzung aus Elementarfibrillen amikroskopische Spalten und Gitterfehler aufweisen. Dazu kommen dann die gröberen interfibrillaren submikroskopischen Capillaren, so daß cellulosische Zellwände ein wesentlich kleineres Verhältnis Gewicht G/Volumen V liefern. Solche Messungen sind an Ramiefasern durchgeführt worden (FREY-WYSSLING und SPEICH 1942). Genau 5 cm lange Faserausschnitte hatten ein Tausendgewicht von $26{,}65$ mg; der mittlere Faserquerschnitt wurde durch variationsstatistische Planimetrierung bei bekannter Vergrößerung zu $382{,}65 \pm 5{,}58\ \mu^2$ bestimmt. Hieraus ergibt sich für die „Dichte" der Ramiefaser-Zellwand $1{,}39$. Da die Ramiecellulose (s. unten) die Dichte $1{,}553$ besitzt, erhält man somit für die cellulosische Zellwand einen *Dichteausfall* von $0{,}163$ oder $10{,}5\%$, der als massefreier Raum oder als größeres Gebiet geringerer Dichte gedeutet werden kann. Für die Zellwände kommen wohl beide Möglichkeiten nebeneinander in Betracht. CLEGG und HARLAND (1923) sowie BALLS (1928) geben für Baumwolle wesentlich höhere Werte — zwischen 20% und 30% — für den Dichteausfall an, die auf Grund unserer heutigen Kenntnisse des Faserfeinbaus übertrieben erscheinen; dagegen entspricht der für Ramiefasern erhaltene Wert durchaus den elektronenmikroskopischen Befunden.

Im allgemeinen werden die Dichtebestimmungen jedoch mit Hilfe irgend eines Einschlußmittels gemacht, indem man nach der Verdrängungsmethode das Volumen der eingebrachten Substanz in einem Pyknometer bestimmt oder nach der Schwebemethode die Dichte des Einschlußmittels variiert, bis das Objekt schwebt. SOLLAS (1907) hat für die Ermittlung der Dichte des Chitins Diffusionssäulen von Alkohol ($\varrho = 1{,}44$) und Chloroform ($\varrho = 1{,}66$) verwendet, während HERMANS u. Mitarb. (1946) für Cellulosefasern Tetrachlorkohlenstoff bei verschiedenen Temperaturen brauchten, da dessen Dichte zwischen 30^0 und 60^0 C von $1{,}575 - 1{,}516$ variiert. Gelangt ein Gas als Einschlußmedium zur Anwendung, wird die Druckveränderung bei der Zufügung definierter Gasvolumina verfolgt und aus der Abweichung von der Relation Druck $\times$ Volumen $=$ konstant das Volumen des eingeschlossenen porösen Objektes errechnet (DAVIDSON 1927).

Untersuchungen mit diesen Methoden führten zum Ergebnis, daß die gemessene „Dichte" von der Natur des Einschlußmediums abhängt (Tabelle 38). Nach HERMANS (1949) liefern jene Einschlußmedien die besten Werte, die wie Tetrachlorkohlenstoff, Nitrobenzol, Toluol usw. nicht vermögen, in die amikroskopischen Räume zwischen den kristallisierten Elementarfibrillen einzudringen (vgl. S. 260). Das

Tabelle 38. *Dichte von Cellulosefasern*

Einschluß- medium	Tetrachlor- kohlenstoff[1]	Toluol[2]	Helium[2]	Wasser[1]
Ramiefasern	1,553			1,6108
Baumwolle .	1,547	1,550	1,567	1,6116
Zellstoff . .	1,538			

[1] HERMANS (1949).   [2] DAVIDSON (1927).

Helium kann in feinere Spalträume hineindiffundieren, so daß eine höhere Dichte resultiert. Das Wasser schließlich hydratisiert alle freien Hydroxylgruppen und durchdringt auf diese Weise die parakristalline Cellulose bis an die Oberfläche der kristallinen Bereiche. Man durfte daher erwarten, daß sich mit Wasser die Dichte 1,59 der kristallinen Cellulose ergäbe; statt dessen wurde der wesentlich höhere Wert 1,61 gefunden (Tabelle 38). Ursprünglich glaubte man, das Wasser werde durch Adsorptionskräfte auf und zwischen den Cellulosesträngen verdichtet. HERMANS (1949) wies jedoch darauf hin, daß sich die sehr kleinen Wassermoleküle so zwischen die nichtkristallisierten Celluloseketten einfügen können, daß sogar eine etwas bessere Raumerfüllung als im Kristallgitter resultiert. Mit Wasser als Einschlußmedium erhält man daher nicht die wahre Dichte der Zellwandcellulose, sondern ihre scheinbare Dichte in Wasser. Es ist interessant, daß die Wasserstoffbindungen, welche die Kristallisation der Cellulose veranlassen, eine etwas weniger dichte Massenpackung bewirken, als im System Cellulose-Wasser möglich ist.

Für den Gerüststoff Cellulose gibt es somit drei verschiedene „Dichten": 1. die mittlere Dichte zwischen kristallisierten, d. h. ideal geordneten und aufgelockerten, weniger gut geordneten Celluloseketten (Abb. 80, S. 114), die als die Dichte der Zellwandcellulose gelten kann und in der Sekundärwand der Ramiefaser 1,553 beträgt, 2. die Dichte der kristallinen Cellulose I mit 1,592 und 3. die „scheinbare Dichte" der hydratisierten Zellwandcellulose mit 1,611.

Man könnte versucht sein, aus den beiden ersten Werten die Dichte des parakristallinen Mantels der Elementarfibrillen zu berechnen. Bei 70% Kristallinität (S. 222) ergäbe dies einen Wert von 1,462. Indessen muß man sich bewußt sein, daß keine scharfe Grenze, sondern ein allmählicher Übergang zwischen parakristalliner und echt kristalliner Cellulose vorliegt. An der Oberfläche der Elementarfibrillen muß die Ordnung der Celluloseketten noch wesentlich stärker aufgelockert sein, als der Dichte 1,462 entspricht, woraus sich die große Reaktionsbereitschaft, die Hydratationsfähigkeit und die Färbbarkeit der Zellwandcellulose erklären.

Nach den Werten von Tabelle 38 sollte man für Baumwolle eine etwas geringere Kristallinität erwarten als für Ramiefasern (vgl. dagegen S. 223).

Die scheinbare Dichte ϱ_s feuchter Cellulosefasern läßt sich pyknometrisch in Benzol messen (STAMM und SEBORG 1934). Trägt man die erhaltenen Werte in Funktion des Wassergehaltes auf, ergibt sich die Kurve von Abb. 165. Enthalten Baumwollhaare bezogen auf den feuchten Zustand etwa 10% Wasser, besteht eine lineare Abhängigkeit zwischen der Dichte ϱ_s und dem Wassergehalt i. Extrapoliert man auf den Wassergehalt Null, findet man die Dichte 1,61, wie sie für die Zellwandcellulose in Berührung mit Wasser charakteristisch ist. Unterhalb von 8% Wassergehalt weicht die Kurve der scheinbaren Dichte ϱ_s jedoch von dieser theoretischen Geraden ab, durchläuft bei etwa 4% Wasser ein Maximum und weist bei 0% Wasser den Wert 1,55 auf, d. h. die Dichte der Zellwandcellulose. Früher deutete man dieses Verhalten, wie oben erwähnt, als Verdichtung des auf den Fibrillen adsorbierten Wassers, so daß bei Befeuchtung die Dichte etwas ansteige. Nach der Theorie von HERMANS (1949) muß man jedoch aus dieser Kurve den Schluß ziehen, daß unter 8% Wassergehalt zu wenig Wasser vorhanden ist, um alle hydratationsfähigen Zwischenräume der mangelhaft geordneten Cellulose restlos auszufüllen. Dadurch verliert das System Cellulose/Wasser relativ an Dichte und fällt schließlich bei völliger Abwesenheit von Wasser auf den Wert 1,55 der Zellwandcellulose zurück. Das Wasser wird also nach dieser Anschauung auf der Celluloseoberfläche nicht verdichtet; sondern es verschwinden kleine Wassermengen in der parakristallinen Cellulose, ohne daß eine Volumenvergrößerung stattfindet. Es handelt sich dabei um die gleiche Erscheinung, wie wenn bei der gegenseitigen Lösung von zwei Flüssigkeiten ineinander eine kleine Volumenkontraktion auftritt.

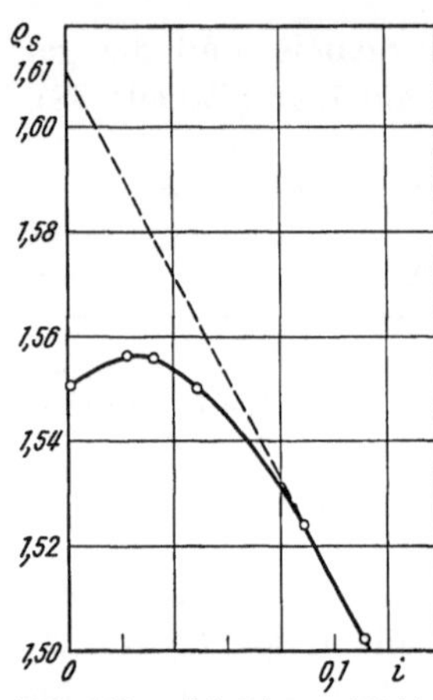

Abb. 165. Scheinbare Dichte feuchter Baumwolle in Abhängigkeit vom Wassergehalt. Ordinate: Scheinbar Dichte ϱ_s. Abszisse: Wassergehalt i in g je g Cellulose. (Daten aus STAMM und SEBORG 1934)

Dichte der Zellwandsubstanzen

Da die Zellwand nur ausnahmsweise aus reiner Cellulose besteht, ergibt sich ihre Dichte nicht nur aus den Wechselwirkungen des Systems Cellulose/Wasser, sondern es sind zusätzlich die Grundsubstanz und die Inkrusten zu berücksichtigen. Nach VORREITER (1955) kann man z. B. die Dichte ϱ_H der Holzzellwände nach folgender Mischformel errechnen:

$$\varrho_H = p_P \varrho_P + p_C \varrho_C + p_L \varrho_L, \qquad (32)$$

wobei die Indices H Holz, P Hemicellulose, C Cellulose und L Lignin bedeuten. Die Faktoren p sind die prozentualen Anteile der verschiedenen Wandsubstanzen, so daß $p_P + p_C + p_L = 1$ ist. Als Dichte verwendet VORREITER für die Hemicellulose 1,50, für die Cellulose 1,58 und für das Lignin 1,40. Nach dieser Formel berechnet, schwankt die Zellwanddichte ϱ_H der verschiedensten Hölzer nur unwesentlich zwischen 1,48 und 1,51. Da Lignostone, d. h. Holz, dessen Zelllumina zum Verschwinden gebracht worden sind (s. S. 288), eine Darrwichte von 1,45 g/cm³ besitzt, werden die errechneten Dichten als in genügender Übereinstimmung mit diesem experimentellen Werte betrachtet.

Die große Schwierigkeit bei solchen Berechnungen besteht darin, daß die Dichten der einzelnen Zellwandbestandteile wegen ihrer submikroskopischen Lockerstruktur ungenügend bekannt sind. Wie oben ausgeführt, findet man für Cellulose je nach der Bestimmungsmethode in Funktion ihrer Hydratation Werte zwischen 1,55 und 1,61. Man muß daher immer berücksichtigen, ob die Zellwände absolut trocken, „lufttrocken" oder wie im lebenden Zustand weitgehend wassergesättigt zur Untersuchung gelangen. VORREITER (1955) hat für seine Berechnungen eine mittlere „Cellulosedichte" von 1,58 für lufttrocknes Holz gewählt.

Die hinsichtlich der Dichtebestimmung für die Cellulose aufgezeigte Unsicherheit besteht auch für alle anderen Zellwandstoffe, und es ist daher nicht erstaunlich, daß kaum genaue Untersuchungen auf diesem wenig ersprießlichen Gebiete vorliegen. Da Messungen des Brechungsindex leichter durchzuführen sind als die mit den erwähnten Mängeln behafteten Dichtebestimmungen, kann man die Dichte der Zellwandstoffe aus der theoretischen Molekularrefraktion berechnen und die erhaltenen Werte dann mit den experimentell ermittelten Zahlen vergleichen.

Tabelle 39. *Dichte ϱ und Brechungsvermögen n der Zellwandsubstanzen.* R Molekularrefraktion, M Molekulargewicht der Monomerenreste

Zellwandsubstanzen	ϱ g/cm³		n (s. Tab. 32 ι)	M	$R = \dfrac{n^2 - 1}{n^2 + 2} \cdot \dfrac{M}{\varrho}$	R aus Inkrementen berechnet
	trocken	hydratisiert				
Pektin . .	—	—	1,50[1]	177 ÷ 191	—	—
Callose . . .	1,49[2]	1,62[3]	1,532	162	31,1	33,37
Cellulose . .	1,55[4]	1,61[4]	1,555	162	33,47	33,37
Chitin . . .	$\left\{\begin{matrix} 1,40[5] \\ 1,42[6] \end{matrix}\right\}$		1,555	203	46,5	45,59
Lignin . .	$\left\{\begin{matrix} 1,40[7] \\ 1,32[8] \end{matrix}\right\}$		1,61	178[9]	44,2	46,80

[1] Feuchtes Pektin, s. Tabelle 12, S. 135. [2] Aus $R = 33,37$ berechnet.
[3] FREY-WYSSLING, EPPRECHT und KESSLER (1957). [4] HERMANS (1949).
[5] SOLLAS (1907). [6] Aus $R = 45,59$ nach (7) (S. 228) und (4) (S. 217) berechnet.
[7] VORREITER (1955). [8] Aus $R = 46,80$ berechnet. [9] Dehydroconiferylalkohol.

In Tabelle 39 sind die Brechungsindices und die Dichten der verschiedenen Zellwandsubstanzen zusammengestellt. In der zweitletzten Kolonne stehen die experimentell gewonnenen und in der letzten Kolonne die aus den Inkrementen (s. S. 228) theoretisch berechneten Molekularrefraktionen.

Bei der *Callose* besteht zwischen der experimentellen und der theoretischen Molekularrefraktion eine deutliche Diskrepanz. Diese dürfte daher rühren, daß die Callosekügelchen bei der Dichtebestimmung offenbar nicht dehydratisiert waren. Unter der Annahme, daß der Brechungsindex vom Hydratationswasser weniger beeinflußt wird als die Dichte, kann ein theoretisches ϱ für trockene Callose aus der theoretischen Molekularrefraktion berechnet werden. Man findet auf diese Weise für die dehydratisierte Callose 1,48 gegenüber 1,62 der hydratisierten Callose. Diese beiden Werte sind dadurch interessant, daß auch bei der Cellulose (1,55 und 1,61) und bei der Stärke (1,46 und 1,615, Tabelle 32b) ein solcher Unterschied besteht. Offenbar werden also die Kohlenhydrate durch Einlagerung von Wasser in ihre intermolekularen Räume ansehnlich schwerer. *Chitin* besitzt sowohl experimentell bestimmt als auch aus der Molekularrefraktion und aus dem Kristallgitter berechnet eine auffällig niedrige Dichte. Dies rührt offenbar daher, daß sein Kettengitter wegen der Acetylseitenketten weniger dicht gepackt und wahrscheinlich auch schlechter kristallisiert ist als das der Cellulose. Das *Lignin* besitzt als aromatischer Stoff von allen aufgeführten Zellwandsubstanzen den höchsten Brechungsindex und die kleinste Dichte. Die Diskrepanz zwischen der theoretischen aus Dehydro-Coniferylalkohol und der experimentell mit $\varrho = 1,40$ bestimmten Molekularrefraktion ist so beträchtlich, daß vermutlich die Dichte des Lignins geringer als 1,4 ist; tatsächlich geben STAMM und HANSEN (1937) einen Minimalwert von 1,366 in Benzin an.

Zusammenfassend stellt man fest, daß die *Cellulose* mit $\varrho = 1,55$ von allen Zellwandsubstanzen die schwerste ist, was zweifellos mit ihrem hohen Kristallisationsgrade zusammenhängt.

b) Wichte des Holzes

Da das Holz praktisch ganz aus Zellwänden besteht, muß hier noch kurz auf den Zusammenhang seines Gewichtes mit der Zellwanddichte hingewiesen werden. Bei einem grob porösen System wie dem Holz kann man nicht von Dichte sprechen, da das Volumen, auf das man diese Masse oder das Gewicht bezieht, voller Hohlräume ist. Das Gewicht des Holzes je Volumeneinheit wird daher als Raumgewicht bezeichnet oder als Wichte, welcher Fachausdruck sich für den Begriff des spezifischen Gewichtes eingebürgert hat. Die Holztechnologen (KOLLMANN 1951, TRENDELENBURG/MAYER-WEGELIN 1955) unterscheiden zwischen der *Rohwichte*, d. i. das Raumgewicht des Holzes, und der *Reinwichte*, womit die im vorigen Abschnitte behandelte Dichte ϱ der Zellwand gemeint ist.

Die *Reinwichte* ist für alle verholzten Zellwände ungefähr gleich. Dies wurde schon von SACHS (1879) festgestellt, der einen mittleren Wert von $\varrho_H = 1,56$ fand. Diese Größe wurde mit dünnen Holzschnitten nach der Schwebemethode in verschieden konzentrierten Lösungen von Calciumnitrat gefunden. Sie ist zufolge der Salzadsorption in den Zellwänden etwas zu groß. Heute wird für die Reinwichte des Holzes $\varrho_H = 1,50$ und für die Dichte der Zellwandstoffe die in Helium bestimmten Werte $\varrho_C = 1,58$ für Cellulose und $\varrho_L = 1,38 - 1,41$ für Lignin angenommen (KOLLMANN 1951, VORREITER 1955). Die Reinwichte der verholzten Zellwand sollte sich auch ergeben, wenn man bei hoher Temperatur plastisch gemachtes Holz unter hohem Druck zu Preßvollholz oder Lignostone verarbeitet. In diesem Rohstoff sind alle Zellumina verschwunden, so daß also keine mikroskopischen Poren mehr vorliegen; trotzdem steigt die Wichte dieses Materials nicht auf 1,50, sondern nur auf 1,45.

Die *Rohwichte* variiert je nach der Holzart von 0,13—1,23 g/cm³. Theoretisch wären noch leichtere und noch schwerere Hölzer denkbar. Doch würde die Holzfestigkeit am unteren Ende der Skala zu gering, und am oberen Ende könnte das Holz bei weiterer Verringerung der Porosität seine Funktion als Speicher- und Wasserleitungsgewebe nicht mehr ausüben. Da die wichtigsten technischen Holzeigenschaften wie Festigkeit, Härte, Abnützungswiderstand, Schwindung und Heizwert im allgemeinen mit steigender Wichte zunehmen, ist die Kenntnis der Holzrohwichte von großer Bedeutung.

Tabelle 40. *Rohwichte und Schwindung verschiedener Hölzer* (KOLLMANN 1951). r_0 Darr-Rohwichte, r_{15} Rohwichte, lufttrocken. β_v Raum-, β_l Längs-, β_r radiale, β_t tangentiale Schwindung. β_t/β_r Schwindungsanisotropie auf dem Holzquerschnitt

	r_0	r_{15}	β_v	β_l	β_r	β_t	β_t/β_r
Balsa (*Ochroma lagopus* Sw.) . .	0,05—*0,13*—0,41	0,16	7,1	0,6	3,0	3,5	1,17
Strobe (*Pinus strobus* L.)	0,31—*0,37*—0,46	0,40	8,5	0,2	2,3	6,0	2,60
Tanne (*Abies alba* Miller)	0,32—*0,41*—0,71	0,45	11,5	0,1	3,8	7,6	2,00
Fichte (*Picea abies* Karsten) . .	0,30—*0,43*—0,64	0,47	11,9	0,3	3,6	7,8	2,16
Kiefer (*Pinus silvestris* L.) . . .	0,30—*0,49*—0,87	0,52	12,1	0,4	4,0	7,7	1,93
Lärche (*Larix europaea* D. C.) . .	0,40—*0,55*—0,82	0,59	11,4	0,3	3,3	7,8	2,36
Birke (*Betula pendula* Roth.) . .	0,46—*0,61*—0,80	0,65	13,7	0,6	5,3	7,8	1,47
Eiche (*Quercus robur* L.)	0,39—*0,65*—0,93	0,69	12,2	0,4	4,0	7,8	1,95
Buche (*Fagus silvatica* L.). . . .	0,49—*0,68*—0,88	0,72	17,9	0,3	5,8	11,8	2,04
Hainbuche (*Carpinus betulus* L.)	0,50—*0,79*—0,82	0,83	18,8	0,5	6,8	11,5	1,69
Buchsbaum (*Buxus sempervirens* L.)	0,79—*0,92*—0,97	0,95	26,7	0,7	11,0	15,0	1,36
Pockholz (*Guaiacum officinale* L.) .	0,95—*1,23*—1,31	1,23	15,0	0,1	5,6	9,3	1,66

Es besteht eine starke Abhängigkeit der Rohwichte vom Feuchtigkeitsgrad des Holzes. Daher werden die Darrwichte r_0 bei 0% Wassergehalt und die dem

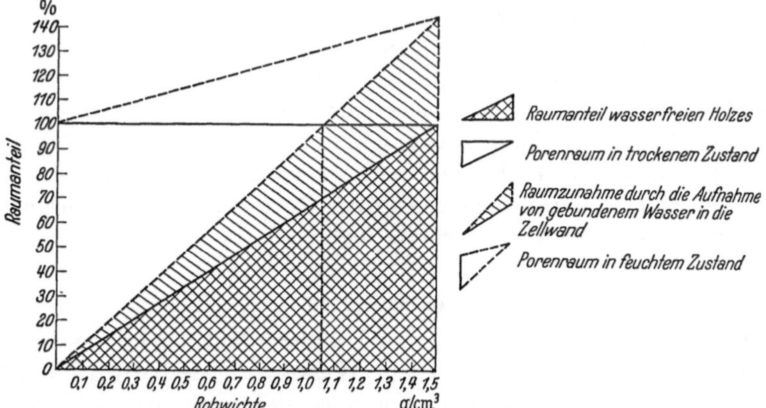

Abb. 166. Zusammenhang zwischen Zellwand- und Porenanteil in Hölzern verschiedener Rohwichte. (TRENDELENBURG/MAYER-WEGELIN 1955)

lufttrockenen Zustande entsprechende Rohwichte r_{15} bei der Normalfeuchtigkeit von 15% Wassergehalt unterschieden. Gedarrtes Holz ist stark hygroskopisch, so daß die r_0-Werte mehr theoretisches als praktisches Interesse besitzen. In Tabelle 40 sind die Rohwichten von 12 Holzarten zusammengestellt.

Frischhölzer, deren Wassergehalt sich noch nicht mit der Normalfeuchtigkeit der Luft ins Gleichgewicht gesetzt hat, müssen getrocknet werden. Neben der

Ofentrocknung kommt hierfür namentlich auch die Wasserverdampfung im hochfrequenten Wechselfelde in Betracht (Vodoz 1957). Das zu verdampfende Wasser befindet sich teils in den Zellwänden gebunden, teils frei in den Zellumina. Abb. 166 zeigt, wie groß der Zellwandanteil in trockenem und in wassergesättigtem Zustande bei Hölzern verschiedener Rohwichte ist.

Die Rohwichte der Holzarten weist beträchtliche Schwankungen auf, die von der Ausbildung der einzelnen Gewebearten (Speicher-, Leit- und Festigungsgewebe) und von der Wandstärke der betreffenden Zellen abhängen. Obschon diese Merkmale für jede Holzart ihre charakteristische Eigenart besitzen, gibt es klimatisch und wachstumsmäßig bestimmte Streuungen, die einen starken Einfluß auf die Rohwichte ausüben (s. Kolonnen r_0 in Tabelle 40). Besonders auffällig sind die Unterschiede zwischen Früh- und Spätholz. Bei der Kiefer z. B. kann die Rohwichte des Frühholzes 0,33, jene des Spätholzes dagegen 0,87 betragen. Bei 70% Frühholz- und 30% Spätholzanteil ergibt sich dann

$$0,7 \times 0,33 + 0,3 \times 0,87 = 0,492,$$

die Rohwichte des Kiefernholzes, wie sie in Tabelle 40 verzeichnet ist. Dieses Mittel charakterisiert das Kiefernholz jedoch ungenügend, denn in Tat und Wahrheit setzt es sich aus einem recht weichen und einem sehr harten Anteil zusammen (Trendelenburg 1939).

4. Quellung und Schwindung

a) Sorption des Wassers

Die Gewinnung absolut wasserfreier Zellwände ist ein Problem. Bei 100° C getrocknetes Material hält hartnäckig Wasser zurück, und bei 110° C beginnt, wie dies namentlich vom Holze bekannt ist, bereits die trockene Destillation, d. h. es setzt eine chemische Zersetzung ein. Man bestimmt daher das Trockengewicht der Zellwände bei 105° C, oder noch vorsichtiger bei 103° C, wobei allerdings im Holz, wie die chemische Analyse zeigt, noch 0,5—1% Wasser zurückbleiben (Trendelenburg/Mayer-Wegelin 1955, S. 227). Diese Wassermengen sind jedoch kleiner als die Destillationsverluste bei höheren Temperaturen, so daß man den Betrachtungen über Quellung und Schwindung das bei 105° C ermittelte Darrgewicht zugrunde legt.

Chemosorption

Bei 105° C getrocknete Zellwände sind außerordentlich hygroskopisch. Sie nehmen aus feuchter Luft mit Vehemenz Wasser auf. Dabei wird Wärme frei, die als *Quellungswärme* bezeichnet wird, und es ergibt sich eine geringe *Volumenkontraktion*, indem das Volumen des Systems Zellwand + Wasser etwas kleiner ist als die Summe der Ausgangsvolumina der beiden Mischbestandteile.

Diese Verhältnisse sind bei Baumwolle und Holz besonders gut untersucht. Die Quellungswärme beträgt 10 cal/g Cellulose (Rosenbohm 1914, Katz 1914) und etwa 18 cal/g Holz. Die Werte sind kleiner als bei anderen quellbaren Substanzen wie Stärke und Eiweißkörper, welche Quellungswärmen von 20—30 cal entwickeln. Die Quellungswärme der Gele ist von der Höhe des Quellungsmaximums abhängig. Die Cellulose erreicht daher entsprechend ihrer geringen

Quellungswärme keine sehr hohen Quellungsgrade; das Maximum liegt etwa bei 25%, d. h. 0,25 g Wasser/g Cellulose. Auch die Volumenkontraktion steht in direkter Beziehung zur Quellungswärme; sie besitzt für Holz die Größenordnung 0,032 cm³/g; für Baumwollcellulose gelten ähnliche Werte.

Bei sehr beträchtlicher Wasseraufnahme, wie sie bei Pektingelen vorkommt, wird der Quellungsgrad gewöhnlich nicht in Prozenten, sondern als Quotient der Volumina vor und nach der Quellung $V_{\text{gequollen}}/V_{\text{trocken}}$ angegeben. Eine Wassersorption von 50%, 100% oder 200% entspricht Quellungsgraden von $1^1/_2$, 2 oder 3.

Stellt man sich vor, die Quellung werde durch äußere Kräfte verhindert, kann man den *Quellungsdruck* berechnen, der sich aus der Wasseraufnahme ergibt. KOLLMANN (1951, S. 410) errechnete für lufttrockenes Holz Werte von über 2000 kg/cm². Experimentell ist der allseitige Quellungsdruck der Zellwände sehr schwer zu messen; ein allgemeiner Wert würde überdies die Anisotropie der Zellwände unberücksichtigt lassen und keine Auskunft über die nach Richtungen verschiedenen Druckgrößen geben. IVANOV (1956) hat sich daher darauf beschränkt, den Quellungsdruck senkrecht zur Längserstreckung der Holzzellen zu messen. Dies geschah in radialer und tangentialer Richtung von kleinen Holzmustern ($8 \times 12 \times 12$ mm). Dabei war darauf zu achten, daß die Formfestigkeit (s. S. 314) der Zellen nicht überschritten wurde. Sowohl für die Zellwände der Frühholz- als auch für Spätholztracheiden wurden quer zur Zellachse 100 kg/cm² gefunden, während die Formfestigkeit der Zellen im Frühholz 129 kg/cm² und im Spätholz 171 kg/cm² beträgt. Bei einem Vergleich dieses experimentellen Ergebnisses mit dem 20mal größeren theoretischen Werte muß berücksichtigt werden, daß bei den Messungen die Quellung senkrecht zur Druckrichtung unbehindert blieb.

Hydratation. Die Quellung besitzt große Ähnlichkeit mit der Lösung. Die Form der Dampfspannungskurve des Quellungsvorganges (Abb. 168) gleicht auffallend der Dampfdruckisotherme von Lösungen im hochkonzentrierten Gebiet. Auch hinsichtlich Wärmetönung und Volumenkonzentration verhalten sich mit Wasser in Berührung gebrachte quellungsfähige Körper wie ideale konzentrierte Lösungen. Quellungswärme und Lösungswärme sind nachgewiesenermaßen identische Erscheinungen. KATZ (1924/25) erklärte daher Quellung und Lösung als analoge Vorgänge, die sich thermodynamisch nicht prinzipiell, sondern nur graduell unterscheiden.

Die Übereinstimmung beruht auf der bei beiden Vorgängen auftretenden Bindungskraft der benetzten Substanz gegenüber Wasser. Bei der Cellulose wird die Anziehung durch die Verwandtschaft der OH-Gruppen der Celluloseketten zu Wasser verursacht. Im Innern der Elementarfibrillen sind die Kohäsionskräfte der Hydroxylgruppen durch Wasserstoffbindungen im Kettengitter abgesättigt. An der Oberfläche der Elementarfibrillen liegen die OH-Gruppen jedoch frei und treten daher mit den ihnen wesensgleichen Wassermolekülen in Wechselbeziehung.

Die frei beweglichen Dipole des Wassers werden von den Hydroxylgruppen angezogen und geordnet festgehalten (Abb. 167). Dabei büßen die Wassermoleküle einen Teil ihres Energieinhaltes ein. Die freiwerdende Energie ist die Quellungswärme. Da sich die Wasserdipole gitterähnlich um die hydratisierte

OH-Gruppe scharen, nehmen sie einen etwas kleineren Raum ein als bewegliche Dipole. Dies vermag die Volumenkontraktion jedoch nur teilweise zu erklären; ebenso wichtig ist eine bessere Ausnützung des Raumes, indem die im „trockenen Zustande" leeren toten Winkel und Zwickel an der Basis der nach außen abstehenden Seitengruppen zum Teil mit Wasserdipolen angefüllt werden. Es tritt also nicht so sehr eine Verdichtung des Wassers ein, sondern es macht sich eine günstigere Raumerfüllung geltend.

Adsorption

Nach der ersten stürmischen Wasseraufnahme trockener Zellwände erfolgt eine weitere Wassereinlagerung mit proportionaler Volumenvergrößerung. Dies

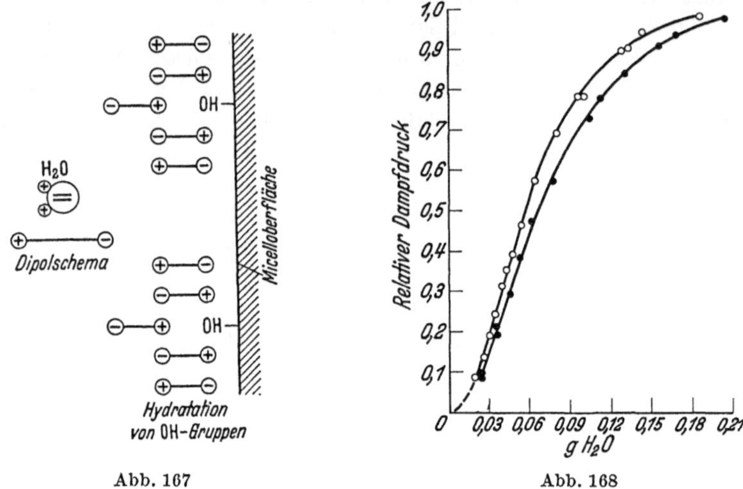

Abb. 167   Abb. 168

Abb. 167. Hydratation von OH-Gruppen an der Oberfläche der Elementarfibrillen. (Frey-Wyssling 1935b)

Abb. 168. Hysterese der Sorptionskurve der Cellulose bei Quellung und Entquellung (Urquhart und Williams 1924). ○ Adsorptionskurve; ● Desorptionskurve. Abszisse: Quellungsgrad in g Wasser je g Baumwolle. Ordinate: relativer Dampfdruck der Luft

äußert sich in einem mehr oder weniger geradlinigen Verlauf der Sorptionskurve, wenn man Zellwände sich mit Luft verschiedener Feuchtigkeit ins Gleichgewicht setzen läßt (Abb. 168). Fast ebenso leicht gibt die Zellwand das aufgenommene Wasser wieder ab. Dies ist für den Wasserhaushalt der pflanzlichen Gewebe von großer Tragweite, indem bei verschiedenen Wasserdampfspannungen zu beiden Seiten einer Zellwand das Wasser auf der trockeneren Seite widerstandslos verloren wird; die Abdeckung der cellulosischen Epidermiszellwände der Landpflanzen durch eine hydrophobe Cuticula ist daher unerläßlich.

Abb. 168 zeigt die Sorptionskurve von Baumwollhaaren. Sie ist S-förmig gekrümmt. Das Gebiet, in welchem das Wasser nur durch Temperaturen über 100° in nützlicher Frist entfernt werden kann, ist punktiert angedeutet. Von etwa 10% relativer Feuchtigkeit an spielt sich, entsprechend dem äußeren Dampfdruck, ein Gleichgewicht ein. In diesem Gebiete spricht man von gewöhnlicher Adsorption des Wassers und stellt sich vor, daß dieses gewisse freie Oberflächen besetze. Der Vorgang muß zum Abschluß kommen, wenn alle belegbaren Stellen von Wassermolekülen eingenommen sind. Die Verfolgung der Wasseraufnahme bei höheren Feuchtigkeiten liefert daher eine Sättigungskurve, deren Sättigungswert sich im wasserdampfgesättigten Raume einstellt.

Quellungshysterese. Interessanterweise sind die Gleichgewichte etwas verschieden, je nachdem ob die Zellwände aus einer feuchten oder einer trockenen Atmosphäre in einen Raum bestimmter Feuchtigkeit gebracht werden. Setzt man nämlich Baumwolle über Schwefelsäure von bestimmer Konzentration einer bestimmten Dampfspannung aus und läßt das Sorptionsgleichgewicht sich einerseits auf dem Wege der Quellung und andererseits durch Entquellung der Faser einstellen, findet man nicht den gleichen Quellungsgrad i, sondern es ergeben sich zwei verschiedene Dampfdruckisothermen, die man als Adsorptions- und Desorptionskurve unterscheidet. Die beiden Isothermen sind verschieden stark gekrümmte S-Kurven mit gemeinsamem Anfangs- und Endpunkt (URQUHART und WILLIAMS 1924). Man nennt diese durch die Schleifenkurve von Abb. 168 wiedergegebene Erscheinung die *Hysterese* der Quellung. Sie ist dadurch bedingt, daß bei der Entquellung die Oberfläche der Faser zuerst schrumpft und auf diese Weise den Austritt des Wassers etwas behindert. Es dürfte sich um eine ähnliche Erscheinung handeln wie bei der Trocknung von Holzmustern in einem Raume niederer Dampfspannung; auch dort bildet sich eine „verhärtete" Oberflächenschicht, welche die Wasserabgabe stark verzögert und behindert.

Zwischen der Wasseradsorption und der Chemosorption gibt es keinen prinzipiellen, sondern nur einen graduellen Unterschied, denn in beiden Fällen sind es die wasseranziehenden Dipole in der Zellwand, welche die Quellung bewirken. Der graduelle Unterschied besteht darin, daß die erste Wasseraufnahme stark exotherm verläuft und daher nur unter Energieaufwand wieder rückgängig gemacht werden kann, während im weiteren Verlaufe der Wasseraufnahme die Dipolkräfte mit zunehmender Dicke der bereits adsorbierten Wassermolekülfilme exponentiell abnehmen; als Folge wird der Beweglichkeitsverlust und die damit verbundene Energieeinbuße der angezogenen Wasserdipole so unbedeutend, daß die Wärmetönung vernachlässigt werden kann. Eine scharfe Trennung zwischen Chemosorption und Adsorption ist daher unmöglich, und die hier verwendete Einteilung ist, namentlich von den Holztechnologen, mehr aus praktischen Gründen vorgenommen worden.

Fasersättigung. Bei 100% Luftfeuchtigkeit werden alle wasseranziehenden Kräfte vollkommen abgesättigt. Man spricht dann von der Fasersättigung. Dieser ursprünglich für das Holz geprägte Fachausdruck kann sinngemäß auch auf unverholzte Zellwände übertragen werden.

Der Fasersättigungspunkt ist experimentell nicht leicht bestimmbar, weil das Ende der Adsorption durch einsetzende Wasserkondensation verschleiert wird. Die Fasersättigung wird daher durch Extrapolation aus Sorptions- und Schwindungskurven oder aus dem Verlauf von elektrischer oder Wärmeleitfähigkeit in Funktion des Wassergehaltes ermittelt (KOLLMANN 1951). Sie beträgt für Baumwollfasern etwa 20%, bezogen auf trockne Cellulose. Bei den Hölzern schwankt sie zwischen 22% und 35%, und zwar liegt sie bei kernlosen und im Splint von verkernten Hölzern an der oberen (30—35%), bei Laubkernholz dagegen an der unteren Grenze (22—24%). Die relativ geringe Schwankung der Werte für die Fasersättigung bei den verschiedensten unverkernten Holzarten wird darauf zurückgeführt, daß die verholzte Zellwand in allen Fällen eine ähnliche Zusammensetzung besitzt.

Capillarkondensation

Oberhalb des Fasersättigungspunktes können die Zellwände noch weiterhin Wasser aufnehmen, namentlich wenn sie sich im Gewebeverband befinden. Dies rührt davon her, daß die submikroskopischen Capillaren und die mikroskopischen Zellumina Mikroräume vorstellen, in denen die Wasserkondensation erleichtert wird, da in ihnen ein kleinerer Dampfdruck herrscht als über einer freien Wasseroberfläche. Im wasserdampfgesättigten Raume und schon bei sehr feuchter Luft mit einer höheren Dampfspannung, als sie in den Zellwandcapillaren möglich ist, muß sich Wasser kondensieren.

In feucht gelagertem Holz können sich die Zellumina daher wie im Frischholz mit Wasser füllen, und es ergeben sich dann Wassergehalte von über 100%. Der Wassergehalt ist bei solchen nassen Hölzern im Gegensatz zur Fasersättigung stark von der Rohwichte r_0 abhängig. Er beträgt für $r_0 = 0{,}3$ etwa 300%, für $r_0 = 0{,}4$ etwa 200% und für $r_0 = 0{,}7$ etwa 100%. In noch schwereren Hölzern ist die Summe der Zellumina zu klein, um so große Wassermengen aufzunehmen. Der Wassergehalt beträgt daher bei $r_0 = 1{,}1$ nurmehr etwa 50% (KOLLMANN 1951).

Wassersorption der verschiedenen Zellwandstoffe

In Abb. 169 sind die Sorptionsisothermen von Natriumpektat (PALMER u. Mitarb. 1947), Splintholz von *Picea canadensis* (PIDGEON und MAASS 1930) und Baumwolle (vgl. Abb. 168) einander gegenübergestellt. Man erkennt, daß das Quellungsvermögen der Pektinstoffe bedeutend größer ist als jenes der Cellulose, während die verholzte Zellwand offenbar eine Mittelstellung einnimmt.

Der große Unterschied zwischen Pektin und Cellulose liegt darin, daß im Hauptvalenzgel des Protopektins der Zellwand die vernetzten Kettenmoleküle der Hydratation einzeln zugänglich sind; ferner sind die Carboxylgruppen der Polygalakturonsäure stärkere Dipole als die primären Alkoholgruppen der Cellulose. Der Hauptgrund der geringen Hydratationsfähigkeit der Cellulose liegt jedoch in ihrer Kristallstruktur; denn alle Cellulosemoleküle im Innern des Kettengitters kommen für die Adsorption von Wasser nicht in Betracht.

Die im Vergleich zu reiner Cellulose etwas größere Quellbarkeit der verholzten Zellwand kann ihre Ursache nicht in deren Ligningehalt haben, weil das Lignin sehr wenig hydrophil ist und als Inkruste den Zutritt der Wassermoleküle behindert. Tatsächlich sind denn auch die verkernten Hölzer mit ihrer verstärkten Inkrustation weniger quellbar als solche mit unverkernten Zellwänden. Man muß deshalb die erhöhte Quellbarkeit der verholzten Zellwand eher ihrem großen Gehalte an Hemicellulose zuschreiben (s. Tabelle 30, S. 202), denn für die Zellwandstoffe gilt die Reihe

<table>
<tr><td>Lignin</td><td rowspan="3">│
│
↓</td><td rowspan="3">zunehmende Hydrophilie,
Wassersorption und Quellbarkeit.</td></tr>
<tr><td>Cellulose</td></tr>
<tr><td>Hemicellulosen</td></tr>
</table>

Da die Membranstoffe ungleich über den Querschnitt der Zellwand verteilt sind, muß ein Unterschied in der Quellung der verschiedenen Zellwandschichten bestehen. Über diese Frage herrscht allerdings keine einheitliche Ansicht. Während die Untersuchung der Quellungsanisotropie dafür spricht, daß im verholzten Gewebe die Mittelschicht der Zellwände am stärksten quillt (FREY-WYSSLING 1940/1943, BOSSHARD 1956), weisen nach verschiedenen Verfahren auf-

geschlossene Papierfasern das Sorptionsmaximum in der Zentralschicht der Sekundärwand auf (RUN-KEL und LÜTHGENS 1956). Es wird geltend gemacht, daß die Mittellamelle wegen ihrer stärkeren Lignifizierung schwächer quellbar sein müsse. Nun haben aber gerade RUNKEL und LÜTHGENS nachgewiesen, daß die Quellung in erster Linie eine Funktion des Hemicellulosegehaltes ist; und aus dem submikroskopischen Feinbau der verschiedenen Wandschichten geht hervor, daß die Primärwand und die Übergangsschicht wegen ihres sehr lockeren Cellulosegerüstes trotz stärkerer Verholzung pro Volumeneinheit wesentlich mehr Hemicellulosen zu beherbergen vermögen als die sehr kompakte Sekundärwand mit ihren parallelisierten Cellulosemikrofibrillen. Dementsprechend finden ASUNMAA und LANGE (1954) in den äußeren Schichten der Tracheiden und Holzfasern 50%, in den zentralen und inneren Zellwandpartien um das Zellumen dagegen nur 10—20% Hemicellulose.

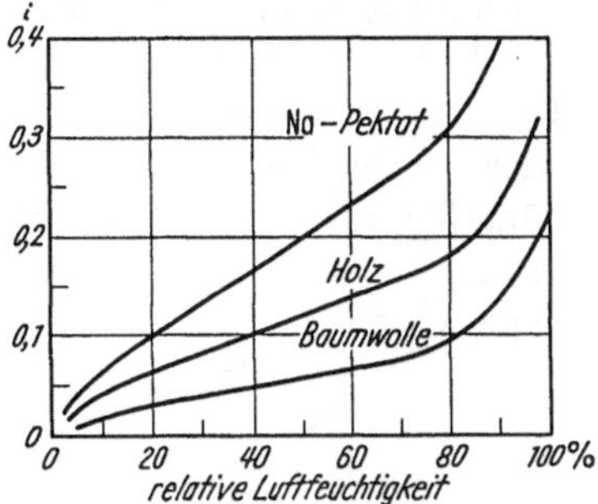

Abb. 169. Sorptionsisothermen von Natriumpektat, Holz und Baumwollcellulose bei 25° C. Abszisse: relative Luftfeuchtigkeit. Ordinate: Wassergehalt i in g Wasser je g Trockensubstanz

Quellungsmaximum und Texturänderung

In einer Lösung können sich die vollständig hydratisierten Teilchen kinetisch frei bewegen und infolgedessen auseinanderweichen. Eine konzentrierte Lösung nimmt daher aus dampfgesättigter Luft dauernd Wasser auf, theoretisch bis sie unendlich verdünnt ist. Bei der Quellung stellt sich dagegen ein *Quellungsmaximum* ein, über welches hinaus keine weitere Volumenvergrößerung möglich ist.

Das Quellungsmaximum ist durch den Zusammenhang der hydratisierten Teilchen des Quellkörpers untereinander bedingt, der ihre freie Diffusion verhindert. Die Verknüpfung der Makromoleküle kann durch verschiedene Kräfte bewirkt werden, durch kovalente, ionogene oder Wasserstoffbindungen.

Treten kovalente Bindungen auf, spricht man von einem *Hauptvalenzgel.* Ein solches liegt z. B. vor, wenn kettenförmige Fadenmoleküle durch Querbrücken miteinander verbunden sind. Je geringer die Anzahl solcher Brücken ist, um so stärker vermag das System durch Wassereinlagerung zu quellen. Es ist wahrscheinlich, daß das Protopektin und vielleicht auch gewisse Hemicellulosen sowie die begrenzt quellbaren Schleime zu diesem Typus gehören.

Ionogene Bindungen, wie sie in protoplasmatischen Gelen (Plastiden, Chromosomen, Plasmagel) auftreten, und die durch p_H-Veränderungen oder durch die Einwirkung von Salzen verschiedener Ionenstärke gelöst werden können, spielen in den Zellwänden kaum eine Rolle.

Dagegen sind die Wasserstoffbindungen für die kristallinen Gerüstsubstanzen maßgebend, denn sie halten die Fadenmoleküle im Kettengitter zusammen (S. 112). Durch Agentien wie Kupfertetramin können sie abgebaut und die Kettenmoleküle in Lösung gebracht werden. Das Wasser vermag diese Bindungen nicht anzugreifen. Wie die Röntgenanalyse zeigt, bleibt der innere Aufbau der Elementarfibrillen bei der Quellung völlig unverändert; nur der Fibrillenabstand wird größer. Diese Abstandsänderung muß in reiner Cellulose durch die Wasseradsorption an den fibrillaren Oberflächen zustande kommen. Dabei spielt der aufgelockerte Mantel der Elementarfibrillen aus parakristalliner oder „amorpher" Cellulose eine große Rolle. Solange diese Auflockerung nicht künstlich durch sog. „Aufschlüsse", wie man sie bei der Gewinnung der Papierfasern durchführt, gesteigert wird, und wenn keine hydrophilen Quellstoffe interfibrillar eingelagert sind wie die Hemicellulose in den verholzten Zellwänden, bleibt die Quellung auf 20% beschränkt. Daß trotz der Ausbildung der Gerüstsubstanzen als individuelle Mikrofibrillen ein Quellungsmaximum vorkommt und keine Fibrillisierung stattfindet, dürfte daher rühren, daß in der Sekundärwand Verbänderungen und in der Primärwand eine Verflechtung auftreten, wodurch eine individuelle Ablösung einzelner Mikrofibrillen verhindert wird.

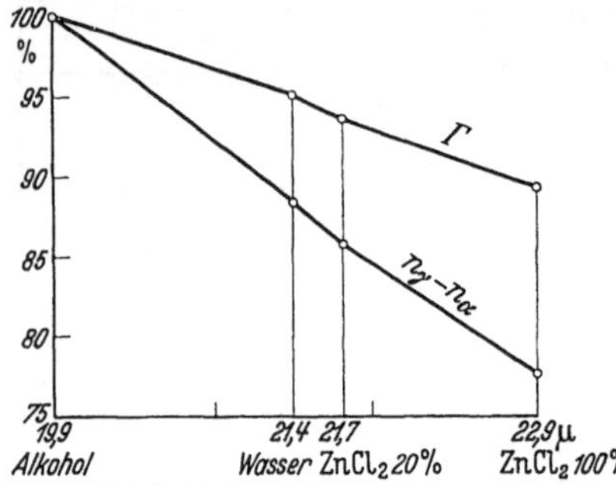

Abb. 170. Optisches Verhalten von Ramiefasern bei der Quellung. Abnahme der Doppelbrechung $n_\gamma - n_\alpha$ infolge der Dickenzunahme der Zellwand; Abnahme des Gangunterschiedes $\varphi\lambda$ infolge beginnender Desorientierung der Mikrofibrillen. Abszisse: Quellungsgrad; Dicke der Zellwand in μ bei verschieden starker Quellung. Ordinate: $n\gamma - n_\alpha$ und $\Gamma = \varphi\lambda$ in Prozent der in absolutem Alkohol entquollenen Faser

Infolge des Zusammenhanges und der Verwebung der Mikrofibrillen wird deren Orientierung durch die Wassereinlagerung mehr oder weniger geändert. Bei den Fasern macht sich z. B. eine Störung der Paralleltextur bemerkbar. Solche Desorientierungen können am besten anhand der Doppelbrechung nachgewiesen werden, die feinere Veränderungen zu messen gestattet als die Röntgenanalyse (WIENER 1926, S. 198).

Wenn die Zellwand quillt, muß die Doppelbrechung $n_\gamma - n_\alpha$ bei gleichbleibendem Gangunterschied nach der Grundformel (11a) (S. 238) sinken, da die Dicke d der Wand größer wird. Der Gangunterschied $\varphi\lambda$ bleibt indessen nur konstant, wenn sich Anzahl und Anordnung der anisotropen Elementarfibrillen, die das polarisierte Licht passieren muß, nicht ändern. Abb. 170 zeigt, wie die Doppelbrechung $n_\gamma - n_\alpha$ von Ramiefasern in Quellmitteln steigenden Quellungsvermögens stark abnimmt. Aber auch der Gangunterschied $\varphi\lambda$ weist einen deutlichen Gang auf (A. FREY 1928). Hieraus muß man schließen, daß die Mikrofibrillen bei der Quellung etwas aus ihrer Parallellage gebracht werden, worauf wegen der eingetretenen leichten Streuung nicht mehr ihre volle Anisotropie zur Wirkung kommt.

Die Orientierungsänderung der Mikrofibrillen in Funktion der Quellung erklärt, warum die Zellwände bei scharfer Trocknung ihr Quellungsvermögen zum Teil einbüßen, während umgekehrt in konzentrierten Salzlösungen eine Überquellung stattfindet, die nicht mehr ganz rückgängig gemacht werden kann. Offenbar werden die Mikrofibrillen beim Trocknen optimal parallelisiert, und ein Teil der Dipolkräfte, die vorher für die Hydratation zur Verfügung standen, sättigt sich an benachbarten Oberflächen der Elementarfibrillen in Form von Wasserstoffbindungen ab, so daß nachher das Wassersorptionsvermögen geschmälert erscheint. Umgekehrt werden bei der Überquellung bestehende Kontaktstellen durch die Salzeinlagerung gesprengt, wodurch die Quellung teilweise irreversibel wird.

b) Quellungsanisotropie

Quellung von Fasern

Läßt man trockne Pflanzenfasern in Wasser maximal quellen, ergibt sich eine Breitenzunahme von etwa 20% gegenüber einer Längenzunahme von nur 0,1% (v. HÖHNEL 1905). Stellt man sich in der ungequollenen Zellwand ein fiktives Membrankügelchen vor, so quillt dieses zu einem abgeplatteten Rotationsellipsoid heran, das man als Quellungsfigur bezeichnet. In Abb. 171 ist die Projektion dieses Ellipsoids dargestellt; ihre Achsen zeigen die Richtung größter und kleinster Quellung an; die Exzentrizität der Ellipse gibt den Grad der Quellungsanisotropie wieder.

Die große Achse der Quellungsellipse steht immer senkrecht zur Richtung der Mikrofibrillen, da die Wassereinlagerung interfibrillar erfolgt. Weil umgekehrt die große Indexachse mit der Fibrillenrichtung zusammenfällt, läßt sich die Hauptquellrichtung der Zellwände ohne weiteres aus ihrer Optik ableiten.

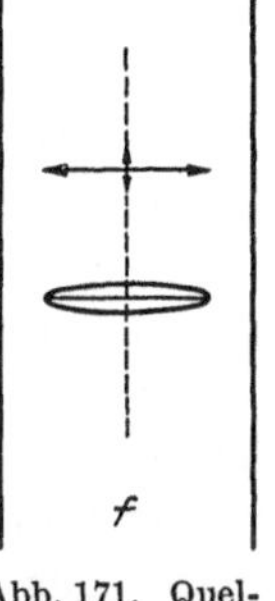

Abb. 171. Quellungsanisotropie einer Zellwand mit Fasertextur. *f—f* Faserachse

Fasern mit Schraubentextur verkürzen sich bei der Quellung, weil sich zufolge der Umfangszunahme der Steigungswinkel (S. 18) der oberflächlichen Mikrofibrillen vergrößern muß. Die Quellungsanisotropie der Zellwände ist die wichtigste Ursache der mannigfaltigen hygroskopischen Bewegungen, die im Pflanzenreiche bei austrocknenden Geweben beobachtet werden (Rose von Jericho, aufspringende Früchte, platzende Pollensäcke, Schraubenbewegung von Samen usw.)

In Zellwänden mit Fasertextur kann die Quellung aus der aufgenommenen Menge Wasser berechnet werden. Für Cellulose beläuft sich der Quellungsgrad i auf etwa 0,20 g Wasser/g Cellulose. Da der Ramiecellulose die Dichte $\varrho = 1,55$ zukommt, ist ihr spezifisches Volumen 0,64 cm³/g. Dieses Volumen wird um 0,20 cm³ Wasser oder 31% vermehrt. Die gequollene Faser besitzt daher, verglichen mit der trockenen Faser, das Volumen 1,31. Da die Längsquellung vernachlässigt werden kann, beträgt die Dicke der gequollenen Zellwand $\sqrt{1,31} = 1,14$ des Durchmessers der getrockneten Zellwand, d. h. die Breitenzunahme oder das lineare Quellmaß α der Faser erreicht 14%. Für verholzte Zellwände ($\varrho = 1,50$, $i = 0,30$) ergibt die Rechnung $\alpha = 20\%$, entsprechend den Messungen von v. HÖHNEL (1905).

Diese Überschlagsrechnungen haben nur Gültigkeit, wenn man das Volumen des Zellumens vernachlässigt, was für viele Bastfasern und Baumwollhaare zulässig ist. Bei den Holztracheiden nimmt jedoch der Zellhohlraum 50% und mehr des Zellquerschnittes ein. In diesem Falle wird die lineare Quellung,

d. h. die prozentuale Breitenzunahme der Zelle entsprechend herabgesetzt. Unter der Annahme, daß der Radius des Zellumens dreimal so groß sei wie die Zellwanddicke, macht die lineare Quellung nur $^1/_4$ der oben berechneten Größe aus, nämlich etwa 5%. Die Quellung ist also stark von der Mächtigkeit der Zellwände abhängig, was sich beim Holz darin äußert, daß die leichten Hölzer viel weniger quellen und schwinden als die schweren (Tabelle 40).

Schwindung des Holzes

Die linearen Quellmaße α werden in Prozenten der Ausgangsdimensionen des gedarrten Objektes angegeben. Bei der Schwindung geht man jedoch von einem wassergesättigten Probekörper aus und drückt das Schwindmaß β in Prozenten der Dimensionen des gequollenen Objektes aus. Da die Schwindung nach den drei Hauptrichtungen eines Stammes stark verschieden ist, unterscheidet man beim Holz das axiale (β_l), das radiale (β_r) und das tangentiale (β_t) Schwindmaß. Die Summe dieser Schwindmaße ergibt in erster Näherung das Volumenschwindmaß β_v:

$$\beta_l + \beta_r + \beta_t = \beta_v. \tag{33}$$

Das Raumschwindmaß β_v variiert in Funktion der Rohwichte von $7-26\%$ (Tabelle 40, S. 289). Das Längenschwindmaß β_l ist auffallend klein, meistens unter 0,5%. Dies hat zur Folge, daß Holzbalken ihre Länge in Abhängigkeit von der Luftfeuchtigkeit nur wenig ändern, was technologisch von großer Bedeutung ist. Die Breitenschwindmaße senkrecht zur Holzfaserrichtung sind dagegen beträchtlich, denn sie betragen mehrere Prozente. Besonders auffallend ist der große Unterschied zwischen dem radialen und dem tangentialen Schwindmaß. Das Verhältnis β_t/β_r ist im Mittel ungefähr zwei, wenn man von dem auf dem Querschnitt schwach anisotropen Balsaholz und von besonders schweren Hölzern absieht (Tabelle 40). Das Verhältnis der drei linearen Schwindmaße kann daher, bezogen auf β_r, in grober Näherung durch folgende Proportion ausgedrückt werden:

$$\beta_l : \beta_r : \beta_t \sim 0,1 : 1 : 2. \tag{33a}$$

Dieses Zahlenverhältnis bringt die ausgesprochene Schwindungsanisotropie des Holzes drastisch zum Ausdruck. Die starke Anisotropie auf dem Holzquerschnitt hat zur Folge, daß Stammscheiben und markhaltige Balken durch radiale Schwindrisse entwertet werden, und daß sich Bretter oder Balken mit stark gekrümmten oder diagonal verlaufenden Jahrringen werfen oder verzerren. Die Holztechnologen haben deshalb von jeher nach einer stichhaltigen Erklärung für die auffallende und lästige Schwindungsanisotropie auf dem Holzquerschnitt gesucht. Während die geringe Längsschwindung wegen der im letzten Abschnitt besprochenen Quellungsanisotropie der Fasern verständlich erscheint, bildet die Frage nach der Ursache des Anisotropiekoeffizienten $\beta_t/\beta_r \sim 2$ ein vieldiskutiertes Problem.

Versuche, die Schwindungsanisotropie auf dem Holzquerschnitt aus dem Gewebegefüge zu erklären (Jahrringe, Früh- und Spätholz, Gefäß- und Faserverteilung) sind gescheitert, denn Tropenhölzer ohne Jahrringe zeigen im Prinzip die gleichen Anisotropieerscheinungen wie Jahrringhölzer, und bei diesen spielt es keine Rolle, ob sie ring- oder zerstreutporig sind. Nur die Markstrahlen haben einen gewissen Einfluß, der jedoch nicht entscheidend ist. Das Holzgefüge beeinflußt daher nur das Ausmaß der Schwindungsanisotropie, nicht aber deren allgemeinen Charakter.

Die Tatsache, daß die Raumschwindung mit der Rohwichte ansteigt und umgekehrt der Anisotropiekoeffizient β_t/β_r bei den schweren Hölzern abnimmt, spricht dafür, daß in erster Linie der Feinbau und die Anisotropie der Zellwände maßgebend sind. Interessanterweise scheint jedoch die Schraubentextur der Tracheiden-Holzfasern ohne Einfluß zu sein; bei den hohen Steigungswinkeln, die auftreten können (30—45°!), müßte man auf Grund der Faser-Quellungsanisotropie eine viel kräftigere Längsschwindung erwarten. Da dies nicht der Fall ist, muß man wohl das Hauptmoment der Quellung in die Primärwand und die Übergangsschicht hinaus verlegen (FREY-WYSSLING 1940/1943), wo die stark quellbaren Wandsubstanzen gehäuft auftreten (s. S. 127). Da nun die Mittelschichten der radial verlaufenden Zellwände bei allen Hölzern, namentlich aber bei den Weichhölzern, wesentlich dicker sind als jene der tangentialen Querwände (Abb. 29, S. 34), ergibt sich eine viel stärkere Tangentialquellung und -schwindung. Bei Jahrringhölzern mit dichtem Spätholz kann außerdem die Tangentialquellung besser nach außen übertragen werden als die Radialquellung, die zum Teil vom porösen Frühholz aufgefangen wird.

Durch Entfernung des Lignins aus den Mittelschichten (BOSSHARD 1956) werden beide Schwindwerte erhöht; der Anisotropiekoeffizient β_t/β_r wird jedoch kleiner. Dies besagt, daß die Mittelschichten der tangentialen Wände durch die Verholzung in ihrer Quellbarkeit stärker beeinträchtigt werden als die breiten radialen Mittelschichten.

Das Problem der Schwindungsanisotropie auf dem Holzquerschnitt verschiebt sich auf Grund der obigen Ausführungen auf die Frage, warum die radialen Mittelschichten im sekundären Xylem breiter angelegt werden als die tangentialen. Dies beruht auf dem Wachstumsmodus der sekundären Gewebe: Die Tangentialwände werden in ihrer definitiven Größe angelegt und durch den Wachstumsdruck (Rindendruck) zusammengepreßt, während die Radialwände ein radiales Streckungswachstum im Spannungsfelde der durch das Dickenwachstum bedingten tangentialen Zugkräfte durchmachen. Dadurch kann sich wesentlich mehr Intercellularsubstanz zwischen den radialen Wänden der sich differenzierenden Zellen bilden. Das Ergebnis dieser Verhältnisse äußert sich bei den Nadelhölzern in den bekannten, von einer Initialen ausgehenden radialen Zellreihen, die in radialer Richtung dicht gepackt erscheinen, in tangentialer Richtung jedoch leicht auseinanderklaffen; oft ist sogar die Sekundärschicht in den Radialwänden mächtiger entwickelt als in den Tangentialwänden (Abb. 29). Bei den Laubhölzern, wo die Ordnung der Radialreihen durch die Gefäßbildung und das starke Spitzenwachstum der Faserzellen gestört wird, tritt denn auch die Schwindungsanisotropie auf dem Holzquerschnitt oft weniger ausgeprägt in Erscheinung.

Zusammenfassend kann daher gesagt werden, daß die Schwindungsanisotropie quer zur Faserrichtung des Holzes das Ergebnis einer ungleichen Wachstumstätigkeit ist, indem die Tangentialwände und deren Schichten dünner, die Radialwände und deren quellungsfähige Schichten dagegen breiter angelegt werden.

5. Festigkeit

a) Zugbeanspruchung

Dehnungsdiagramm

Von allen Festigkeitseigenschaften der Zellwände ist die Reiß- oder *Zug-festigkeit* am gründlichsten untersucht, da ihr für die Textilindustrie eine große Bedeutung zukommt. Für die Physiologie der pflanzlichen Zellen spielt sie jedoch, wie SCHWENDENER (1874) schon hervorgehoben hat, eine untergeordnete Rolle, denn im allgemeinen werden die Zellmembranen in der Natur nicht bis zum Bruche beansprucht. Viel wichtiger erscheint dagegen die *Elastizität*, d. h. die reversible Deformation der Zellhäute. Auf ihr beruhen einerseits die erstaunlichen Leistungen der mechanischen Gewebe des Pflanzenkörpers und andererseits die durch den Turgor verursachte Formbeständigkeit mechanisch ungenügend verstärkter Organe, wie z. B. hydro- oder mesophiler Blätter.

Die Deformation dehnbarer Substanzen charakterisiert man durch zwei mehr oder weniger deutlich ausgeprägte Größen:

1. die Elastizitätsgrenze (Tragvermögen),
2. die Bruchgrenze (Zugfestigkeit).

Formänderungen unterhalb der Elastizitätsgrenze sind völlig *reversibel*; darüber führen sie dagegen zu einer bleibenden Verformung, die als Fließen oder *plastische Deformation* bezeichnet wird. Die Belastung in kg/mm², die das Objekt bis zur Elastizitätsgrenze dehnt, ist das Tragvermögen, diejenige, bei der es bricht, die *Zugfestigkeit*. Diese Größen werden ermittelt, indem man die Dehnung in Prozenten der Ausgangslänge in Funktion der angelegten Zugspannung in einem Dehnungsdiagramm aufträgt. Solche Diagramme liefern in der Regel *S*-Kurven (Abb. 175a). Der flach ansteigende Schenkel entspricht der elastischen Dehnung, solange er dem Hookeschen Proportionalitätsgesetz gehorchend geradlinig verläuft. Dann folgt eine steile Aufrichtung der Kurve, d. h. ein Gebiet, wo kleine Spannungszunahmen große Formveränderungen bewirken, so daß das Objekt „fließt‟. Oft schließt sich darauf andeutungsweise noch eine kurze Abflachung der Kurve an, die auf eine gewisse „Verfestigung‟ des Objektes vor dem Bruche hinweist.

Faserdehnung

Die meisten Dehnungsversuche sind mit Fastersträngen durchgeführt worden. Da die Zellen in den Geweben durch die Mittellamellen zusammengekittet sind, erhebt sich die Frage, ob die Festigkeit der Zellwand oder jene der Kittsubstanz für die Bruchgrenze von Zellverbänden maßgebend ist. Bei Zerreißversuchen weichen jedoch die Zellen nur nach extremer Maceration (FREY-WYSSLING 1938b) auseinander; sonst brechen die Zellwände immer quer durch. Der intercellulare Zusammenhalt ist daher offenbar stärker als die Zellwandfestigkeit. Man bezieht deshalb die Ergebnisse solcher Versuche auf die Zellwand. Dabei stößt die genaue Bestimmung des Zellwandquerschnittes auf beträchtliche Schwierigkeiten, weil die Vermessung aller Zellumina, die vom Querschnitt des verwendeten Testobjektes abgezogen werden müssen, unerläßlich ist (Abb.172).

Es gibt nur ausnahmsweise so große Faserzellen wie bei Ramie oder Baumwolle, wo man Einzelzellen testen kann. Es zeigt sich dann, daß Faserstränge eine etwas größere Reißfestigkeit entwickeln als Einzelfasern (Tabelle 41), was entweder auf eine Stärkung durch den Zellverband oder auf eine Schwächung der Einzelfasern bei der Gewebemacerierung zurückzuführen ist.

Zwischen der Festigkeit sekundärer und primärer Zellwände gibt es einen so großen Unterschied, daß die Verhältnisse getrennt zur Darstellung gebracht werden müssen.

Sekundärwände. Die Zugfestigkeit σ_{zB}[1] der Cellulosefasern ist imponierend groß. Sie beläuft sich auf etwa 100 kg/mm² (Tabelle 41), übertrifft somit jene

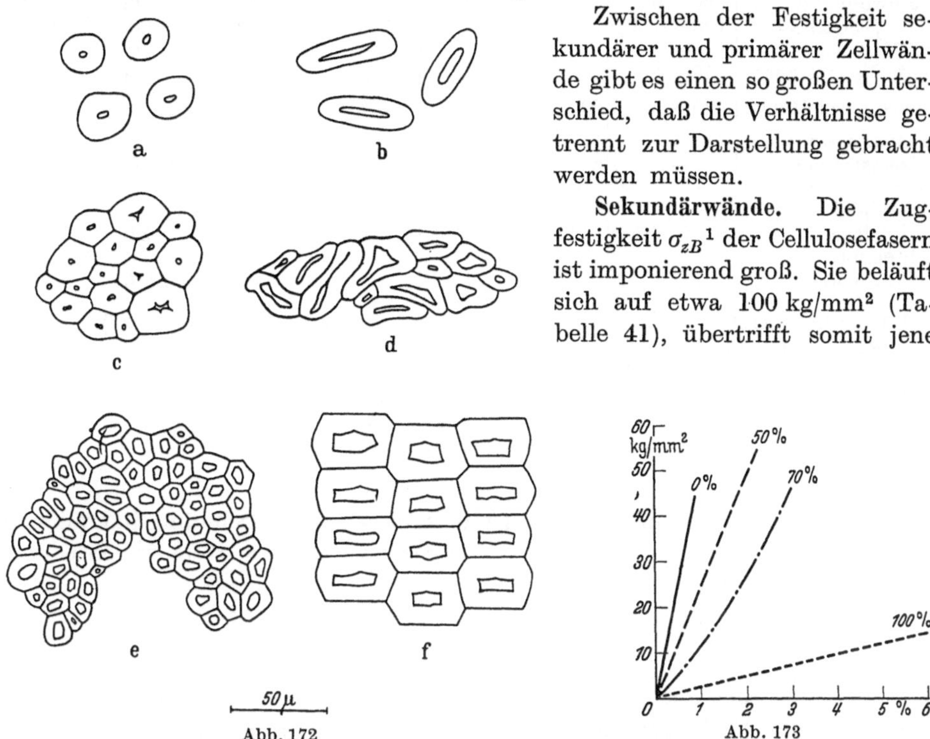

Abb. 172 a—f. Querschnitte von Pflanzenfasern und Fasersträngen, alle bei 250facher Vergrößerung. a Baumwollhaare. b Ramie-Einzelfasern. c Flachs-Faserstrang. d Hanf-Faserstrang. e Sisal-Faserstrang. f Fichtenholz. (Aus FREY-WYSSLING: Deformation and Flow in Biological Systems, S. 209. Amsterdam: North-Holl. Publ. Co., 1952 a)

Abb. 173. Dehnungsdiagramm für Einzelfasern von Ramie bei verschiedenem Quellungsgrad (KARGER und SCHMID 1925). Die Zugfestigkeit nimmt mit zunehmender Quellung ab, während die Bruchdehnung beträchtlich wächst. Abszisse: Dehnung in %. Ordinate: Zugspannung in kg/mm². Parameter: relative Feuchtigkeit in %

von Schmiedeeisen mit 40 kg/mm² und hält sogar einen Vergleich mit Stahldrähten von 150—170 kg/mm² aus. SCHWENDENER (1874) machte die unerwartete Entdeckung, daß bei Bastfasern im Gegensatz zu Metalldrähten beinahe kein Unterschied zwischen Tragvermögen und Reißfestigkeit vorhanden ist (welche Größen z. B. für Schmiedeeisen 13,3 kg/mm² und 40 kg/mm² betragen); d. h. mit der Elastizitätsgrenze ist zugleich auch die Bruchgrenze erreicht. Wie aus Abb. 173 hervorgeht, beträgt die Dehnbarkeit der Bastfasern bis zur Reißgrenze nur wenige Prozent; ferner ist sie stark vom Feuchtigkeitsgrad der Faser abhängig, wobei namentlich ein hoher Wassergehalt von großem Einfluß ist. In Tabelle 41 sind die von verschiedenen Autoren bei cellulosischen Fasern im lufttrocknen Zustande gewonnenen Daten zusammengestellt.

---

[1] Das heißt Zugspannung σ_z bei der Bruchgrenze B.

Tabelle 41. *Festigkeitseigenschaften lufttrockner Sekundärwände*

	Zellgröße [1]		Steigungs-winkel θ	Zugfestig-keit σ_{zB}	Dehnbarkeit ε_{zB}	Elastizitäts-modul E	Torsions-modul D
	Länge mm	Breite μ		kg/mm²	%	kg/mm²	kg/mm²
Baumwollhaare . .	30—40	20	28—44[7]	30—80[7]	1,2—2,0[5]	2760[3]	462[3]
Ramie { Einzelfasern	120—(250)	50	6[9]	85—95[8]	1,7[5]	8000[4]	80[4]
Ramie { Faserstränge	—	—	—	—	—	9200[6]	—
Hanf, Faserstränge	15—25	22	2[9]	92[2]	1,7[5]	8700[6]	—
Flachs, Faserstränge	25—30	20—25	6[9]	bis 110[2]	1,8[5]	{ 8000 }[6] { 10800 }[2]	—
Apocynum sibiricum, Faserstränge . .	—	—	—	116[2]	1,0[12]	11600[2]	—
Eschenholz (Holzfasern) . .	(0,5—1,5)	(20)	—	16,5[10]	1,2[12]	1340[10]	141[10]
Fichtenholz (Tracheiden) . .	(2—4)	(40)	(10—45)[11]	9[10]	0,8[12]	1110[10]	68[10]

[1] v. HÖHNEL (1887).
[2] SONNTAG (1892).
[3] CLAYTON und PEIRCE (1929).
[4] JANCKE (1930).
[5] MARK (1932).
[6] MEYER und LOTMAR (1936).
[7] BERKLEY und WOODYARD (1938).
[8] HERMANS (1949).
[9] Siehe Tabelle 4.
[10] KOLLMANN (1951).
[11] JACCARD und FREY (1928).
[12] Berechnet.

Neben Dehnbarkeit und Zugfestigkeit kann aus den Dehnungsdiagrammen der *Elastizitätsmodul* abgeleitet werden. Dieser ist nach dem Hookeschen Gesetz durch die Beziehung

$$\varepsilon = \sigma/\mathrm{tg}\,\alpha = \frac{\sigma}{E} \tag{34}$$

im Gebiete des linearen Anstieges der Dehnungskurve gegeben; dabei bedeuten ε die elastische Verlängerung, bezogen auf die Ausgangslänge, σ die angelegte Spannung, $\mathrm{tg}\,\alpha$ den Proportionalitätsfaktor, α den Neigungswinkel des linearen Anlaufes der Dehnungskurve im Dehnungsdiagramm und E den Elastizitäts-modul. Die Größen ε und α sind unbenannte Zahlen, σ und E besitzen dagegen die Dimension kg/cm². Bei Zerreißversuchen bedeuten ε_{zB} die Dehnbarkeit und σ_{zB} die Zugfestigkeit. Falls wie bei Sekundärwänden Elastizitäts- und Bruchgrenze annähernd zusammenfallen, gilt die Gl. (34) für den gesamten Dehnungsvorgang (Abb. 173). Da die Dehnungen sehr gering, die Festigkeiten dagegen sehr hoch sind, würden die Verhältniszahl ε sehr klein und die Werte σ im CGS-System ausgedrückt sehr groß ausfallen; man gibt daher ε_z in Prozenten und σ_z sowie E in kg/mm² wieder (Tabelle 41). Der Elastizitätsmodul ist wie alle Festigkeitseigenschaften nach Richtungen verschieden; doch soll hier nur auf das Verhalten in Richtung der Zellachse eingetreten werden.

Eine zweite Methode, den Elastizitätsmodul von Fasern zu messen, besteht darin, diese als Saite zu benützen (MEYER und LOTMAR 1936). Die Tonhöhe (Frequenz), die beim Anstreichen eines linearen Vibrators festgestellt wird, steht in einfacher Beziehung zu dessen Elastizität. Es gilt nämlich

$$f = \frac{1}{2\,l}\sqrt{\frac{E}{\varrho}}\,, \tag{35}$$

wobei f die Frequenz, l die Länge und ϱ die Dichte der Saite bedeuten. Erzeugt man mit einer Violinsaite mit den Eigenschaften E_2, ϱ_2 und l_2 den gleichen Ton, den ein 60 cm langer gespannter Faserstrang von sich gibt, erhält man für den Elastizitätsmodul E_1 der Faserzellwände

$$E_1 = E_2 \cdot \frac{\varrho_1}{\varrho_2} \left(\frac{l_1}{l_2}\right)^2. \tag{35a}$$

Da ϱ_1 und l_1 des gespannten Faserstranges bekannt sind, läuft die Messung des Elastizitätsmoduls auf eine einfache Längenmessung von l_2 hinaus! Namentlich sind keine Querschnittsmessungen notwendig. Man erhält mit dieser Methode für lufttrockene Fasern Werte von 8000 kg/mm². Durch Steigerung der Spannung vergrößert sich E_1 nur unwesentlich. Wenn man dagegen feuchte Faserstränge aufspannt und dann unter Zug trocknen läßt, steigt E_1 auf 10 000 kg/mm² (Tabelle 41). Nach MEYER und LOTMAR (1936) stimmt dieser Wert mit der theoretischen Elastizität eines idealen Cellulosekettengitters überein.

CLAYTON und PEIRCE (1929) haben die Vibrationsmethode bei einzelnen Baumwollhaaren angewendet, wobei sich $E = 2760$ kg/mm² ergab (Tabelle 41). Falls man das Baumwollhaar als Torsionspendel braucht, kann man aus den Drehschwingungen den Torsionsmodul D berechnen. Er wurde bei Baumwolle zu 462 kg/mm², bei Einzelfasern der Ramie dagegen zu nur 80 kg/mm² gefunden (JANCKE 1930).

Die in Tabelle 41 zusammengestellten Daten über die Elastizität der Sekundärwände variieren stark. Dies rührt einerseits vom großen Schwankungsbereiche des Begriffes „lufttrocken" und von den Schwierigkeiten genauer Querschnittsmessungen, vor allem aber von der von Fall zu Fall verschieden entwickelten Lockerstruktur der Zellwände her. Man kann daher für die Module von Faserzellwänden nur die Größenordnung ihrer Zug- und Torsionselastizität angeben. Immerhin erkennt man, daß ihr Widerstand gegen Verdrehung mindestens zehnmal geringer ist als gegen Verlängerung durch Zug; der hohe Torsionsmodul der Baumwolle, der fünfmal größer ist als bei Einzelfasern der Ramie, dürfte mit der Schraubentextur ihrer Haare zusammenhängen. Zum Vergleiche sind in Tabelle 41 noch je ein Laub- und ein Nadelholz aufgenommen worden. Die Festigkeitsmessungen beziehen sich bei Holzproben jedoch nicht auf die Zellwände, sondern auf den porösen Zellverband. Wenn man eine Porosität von 70%, entsprechend einer Rohwichte von 0,45, annimmt, erscheint die Zugfestigkeit der Holzzellen geringer als jene der Bastfasern, während der Torsionsmodul eher größer ausfällt. Hinsichtlich des Elastizitätsmoduls ist zu bemerken, daß er beim Holz aus Biegeversuchen gewonnen wird; doch sind Biege-, Druck- und Zugmodul nur wenig voneinander verschieden. Man darf aus den Zahlen von Tabelle 41 schließen, daß der Elastizitätsmodul bei Holzfasern und Tracheiden mit ihrer Schraubentextur geringer ist als in cellulosischen Sekundärwänden mit Fasertextur.

Schon SONNTAG (1909) hat auf das besondere mechanische Verhalten von Fasern mit Schraubenbau hingewiesen; nach seinen Beobachtungen sind solche Fasern wesentlich dehnbarer. Er gibt für Fasern der Zuckerpalme *Arenga* Bruchdehnungen von 8,8% und für Cocosfasern sogar 16,4% an. Er bezeichnet sie deshalb im Gegensatz zu den wenig dehnbaren Bastfasern als *duktile Fasern* (s. S. 19). Die große Dehnbarkeit der Palmfasern beruht jedoch nicht allein

auf ihrem großen Steigungswinkel, denn trotz Zellwänden mit Schraubentextur kann man weder die Baumwolle noch das gewöhnliche Holz duktil nennen
(s. Tabelle 41). Zur Erklärung der Duktilität muß daher die sehr starke Verholzung der Monocotylenfasern, mit reichlichen Mengen interfibrillarem Lignin
als Plastizierer in der submikroskopischen Zellwandtextur, herangezogen werden.
Tatsächlich läßt sich röntgenometrisch eine Veränderung des Steigungswinkels
in Funktion der Dehnung nachweisen. So finden BALASHOV u. Mitarb. (1957)
bei Sisalfasern zufolge einer Dehnung von 20% eine Verkleinerung des Steigungswinkels Θ von 36,5° auf 20,1°. Nach der Entlastung stellt sich nicht mehr
der ursprüngliche Zustand ein, denn Θ kehrt nurmehr auf den Wert 26,9° zurück. Es ist noch zu bemerken, daß Palm-, Sisal- und weitere Fasern der Monokotylen ganze Leitbündel vorstellen und deshalb wesentlich heterogener gebaut
sind als die Faserstränge von Flachs und Hanf.

Die Unabhängigkeit der Dehnbarkeit der Baumwolle vom Steigungswinkel
ihrer Schraubentextur ist durch die seitliche Verbänderung der Mikrofibrillen
bedingt, die deren Gleiten verhindert. In den Palmfasern, die nach SONNTAG
bis 59% Inkrusten enthalten, ist jedoch eine gegenseitige Verschiebung der
cellulosischen Mikrofibrillen möglich. Im Gegensatz zur Dehnbarkeit ist die
Zugfestigkeit der Baumwolle stark vom Steigungswinkel Θ abhängig. Sie beträgt bei einer Windung von 25° Steilheit 79,9 kg/mm², bei 45° hingegen nur
35,3 kg/mm². BERKLEY und WOODYARD (1938) finden eine lineare Beziehung
zwischen Steigungswinkel Θ und Zugfestigkeit σ_{zB}; die erhaltene Regressionsgerade wird durch die Gleichung

$$\sigma_{zB} = 135,5 - 2,23 \, \Theta \; \text{kg/mm}^2$$

dargestellt. Durch Extrapolation auf $\Theta = 0°$ ergibt diese Gleichung in Richtung
der Paralleltextur eine Zugfestigkeit von 135,5 kg/mm², die ansehnlich größer
ist als jene des Flachses (s. Tabelle 41); deswegen gilt die gefundene Linearität
offenbar bloß für das Gebiet zwischen den Steigungswinkeln von 25° und 45°.

Die bisherigen Ausführungen treffen nur zu, wenn man die Faserdehnung
rasch vornimmt. Läßt man sich dagegen bei der Dehnung Zeit, bleibt die erreichte Verlängerung zum größten Teil erhalten, indem die gedehnten Zellwände
nicht mehr zurückfedern. Die bleibende Dehnung wird als *plastische Verformung*
bezeichnet. Diese macht sich im Dehnungsdiagramm dadurch geltend, daß bei
der Entspannung der Faser die rückläufige Dehnungskurve nicht mehr zum
Ursprung zurückführt (Abb. 174). Die quantitative Abgrenzung des plastischen
vom elastischen Anteil der Verlängerung geschieht durch die Analyse der Dehnungsarbeit. Diese ist durch das Integral

$$A = \int \sigma \, d\varepsilon \tag{36}$$

gegeben, d. h. durch die Fläche, die von der Dehnungskurve und der ε-Achse
eingeschlossen wird (Abb. 174). Da die Spannung σ die Dimension kg/cm² und
die Verlängerung ε die Dimension cm/cm besitzen, ergibt sich für diese Fläche
kg · cm/cm³; dies bedeutet Arbeit pro Volumeneinheit, so daß also die Dehnungsarbeit in unserem Falle auf einen Kubikmillimeter der Fasersubstanz
bezogen wird. Bei der elastischen Dehnung läßt sich die Dehnungsarbeit zurückgewinnen, weil sich bei der Entspannung die rückläufige Dehnungskurve mit der

hinläufigen deckt. Die bei einem bestimmten Dehnungsgrad geleistete Arbeit wird durch das Dreieck $1/2\,\sigma\cdot\varepsilon$ dargestellt. Bei plastischer Verformung kehrt die rückläufige Dehnungskurve jedoch nicht mehr zum Ursprung zurück, sondern sie umschließt eine kompliziert begrenzte Fläche, welche die plastische Dehnungsarbeit darstellt (Abb. 174). Nach MARK (1932) bestimmt man den Elastizitätsgrad von Fäden, indem man die Spannung langsam auf 60% der Bruchbelastung (Zugfestigkeit) ansteigen läßt und dann nach längerer Zeit wieder entspannt. Mit Hilfe eines Präzisionsdehnungsapparates, der laufend die Belastung und die Verlängerung aufzeichnet, gewinnt man das Dehnungsdiagramm und kann

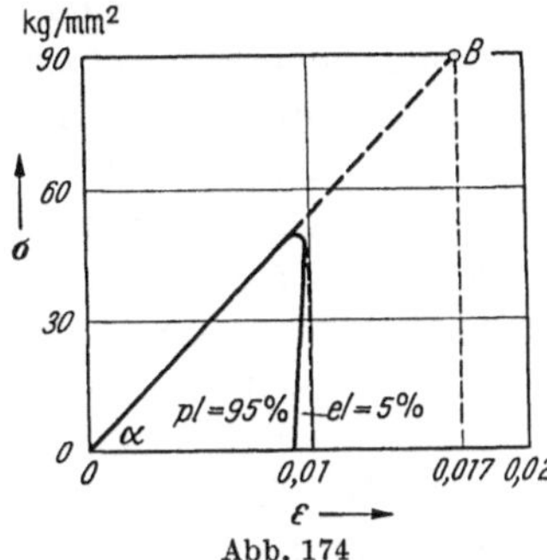

Abb. 174

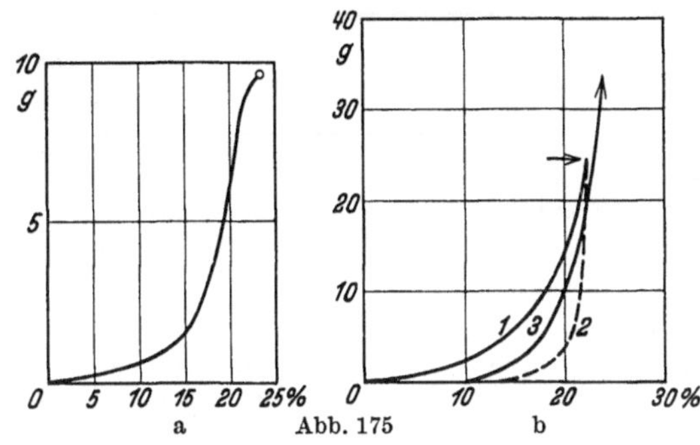

a   Abb. 175   b

Abb. 174. Dehnungsdiagramm von Ramiefasern. Langsam bis auf 60% ihrer Zugfestigkeit beansprucht und dann nach längerer Zeit entspannt. *pl* Plastischer; *el* elastischer Anteil der Dehnungsarbeit; *B* Zugfestigkeit. Abszisse: Verlängerung ε. Ordinate: Spannung σ. (Aus FREY-WYSSLING: Deformation and Flow of Biological Systems, S. 211. Amsterdam: North-Holl. Publ. Co. 1952)

Abb. 175a u. b. Dehnungsdiagramme von *Avena*-Coleoptilen (HEYN 1933a). Abszisse: Verlängerung. Ordinate: Belastung. a Dehnung von in 50% Glycerin plasmolysierten Epidermisstreifen. b Wiederholte Dehnung einer längshalbierten plasmolysierten Coleoptile. *1* erste Dehnung bis →; *2* Entspannungskurve; *3* zweite Dehnung

dann die von der Dehnungskurve gebildete Fläche planimetrieren. Bei Ramiefasern findet man bei langsamer Dehnung 95% der geleisteten Arbeit als plastische Verformung und nur 5% als zurückgewinnbare Arbeit (elastische Deformation; Abb. 174). Wenn man also der sekundären Zellwand Zeit läßt, gibt sie der angelegten Spannung weitgehend nach, indem sich die submikroskopischen Cellulosemikrofibrillen gegeneinander verschieben. Diese langsame Verformung wird als „Kriechen" bezeichnet. Offenbar besitzen nur die Mikrofibrillen echte Elastizität, während sich die Grundsubstanz und auch die Inkrusten weitgehend plastisch verhalten, wenn man diesen Zellwandstoffen genügend Zeit für ihre langsamen Kriechbewegungen einräumt.

Primärwände. Da in den Primärwänden der Mikrofibrillenanteil gegenüber der Grundsubstanz stark zurücktritt, verhalten sie sich nicht nur bei hinhaltender, sondern auch bei rascher Dehnung plastisch. In Abb. 175a ist die Dehnungskurve eines Epidermisstreifens der *Avena*-Coleoptile wiedergegeben (HEYN 1933a). Man erkennt, daß Verlängerungen bis zu 25% möglich sind, und wie sich an den anfangs „elastischen" Kurvenanstieg eine Fließzone mit fast senkrecht aufsteigender Kurve anschließt. Entspannungsversuche sind mit längshalbierten Coleoptilen durchgeführt worden. Die Entspannungskurve (*2*) in Abb. 175b fällt fast senkrecht ab, und eine zweite Dehnung (*3*) zeigt deutliche Hysterese gegenüber der Entspannungskurve (*2*). Nach diesen Versuchen verhält sich die Primärwand ähnlich wie eine hochviscose Flüssigkeit, und es ist daher nicht verwunderlich, daß sie beim Wachstum durch kontinuierliche Apposition weiterer Mikrofibrillenlamellen ständig verstärkt werden muß.

Die Festigkeitseigenschaften der Primärwände ändern sich laufend, solange diese im Wachstum begriffen sind. So geht z. B. der Elastizitätsmodul einer sich streckenden Zelle während der großen Dehnungsperiode durch ein ausgesprochenes Minimum (Abb. 73, S. 92) und umgekehrt die elastische Dehnung durch ein Maximum (Abb. 176, S. 309). Diese vorübergehende Schwächung der Primärwand muß mit einem Unterbruch oder einem Hintennachhinken der Bildung neuer Gerüstsubstanz im Zusammenhang stehen.

Tabelle 42. *Festigkeit von Sklerenchym- und Collenchymsträngen*

		Dehnbarkeit ε_{zB} %	Zugfestigkeit σ_{zB} kg/mm²
Sklerenchym (HOLTERMANN 1909)	*Phormium tenax*	1,3	20
	Papyrus antiquorum	1,5	19
	Secale cereale	0,4	15—20
Collenchym (AMBRONN 1881) . .	*Levisticum officinale*	2,0	11,6
	Leonurus cardiaca	2,0	8—10

Collenchymwände. AMBRONN (1881) hat die Dehnbarkeit und die Zugfestigkeit von Collenchymsträngen gemessen. Die Zugfestigkeit ist etwa halb so groß wie bei Sklerenchymsträngen. Dagegen ist die Dehnbarkeit im Mittel größer, nämlich 2% gegenüber etwa 1,3% (Tabelle 42 sowie 41); von diesen 2% erweist sich jedoch die Hälfte als plastische Dehnung, so daß die elastische Dehnung wie bei anderen Festigungsgeweben wiederum nur etwa 1% beträgt. Die nachgewiesene Plastizität dürfte auf den Pektingehalt der Collenchyme zurückzuführen sein.

Turgordehnung

Turgordruck. Die Turgordehnung der Zellwände kommt durch den osmotisch bedingten Turgordruck T zustande. Dieser erzeugt in der Zellwand Spannungen, die dann ihrerseits auf den Zellinhalt einen Druck, den Wanddruck W, ausüben. Bei Gleichgewicht gilt

$$T = -W. \tag{37}$$

Die Turgordrucke schwanken zwischen 1 bis maximal 100 kg/cm²; sie sind also etwa zwei Größenordnungen kleiner als die in kg/mm² gemessenen Zugspannungen, die bei der Faserdehnung in Betracht kommen. In wachsenden Geweben mit ihren Primärwänden sollte der Turgor leicht imstande sein, die sehr plastischen Zellwände zu überdehnen. Da indessen die beobachteten Wandausweitungen im Zusammenhang mit Wandneubildungen stehen (s. S. 11), ist es schwierig, die Auswirkungen des Turgors gegenüber den festgestellten Wachstumserscheinungen abzugrenzen. Nach BURSTRÖM (1942) ist der Begriff „plastische Überdehnung durch den Turgor" durch „Wachstumsfähigkeit" zu ersetzen, denn nach seinen Beobachtungen an Weizenwurzeln ist der Turgor so gering, daß die Elastizitätsgrenze der Zellwand nie überschritten wird.

Dies gilt insbesondere für ausgewachsene Zellen mit durch sekundäre Schichten verstärkter Wandung. Zahllose Untersuchungen zeigen, daß in ausdifferenzierten Zellen das Produkt aus osmotischer Konzentration O und Zellvolumen V konstant ist:

$$O \cdot V = \text{konstant}. \tag{38}$$

Man kann daher durch osmotische Verdünnung oder Konzentrierung des Zellsaftes die Zelle reversibel anschwellen oder schrumpfen lassen, wobei das Zellvolumen mit abnehmender Konzentration O hyperbolisch zunimmt. Dies ist nur möglich, wenn sich die Zellwand bei solchen Versuchen wie eine elastische Haut verhält.

Wandspannung. Bei der Wandspannung handelt es sich um Spannungsfelder innerhalb der Zellmembran, welche die Wandfestigkeit tangential beanspruchen. Sie unterscheidet sich daher wesentlich vom Wanddruck, der nach innen auf den Zellinhalt wirkt. Bei unregelmäßig gestalteten Zellen ist es meistens unmöglich, die Wandspannungen zu berechnen. Wenn jedoch die Zellen einfache Formen aufweisen, können die Spannungen aus dem in der Zelle herrschenden hydrostatischen Drucke hergeleitet werden. Eine einfache Ableitung ist allerdings auch dann nur möglich, wenn der Durchmesser der Zelle groß ist im Verhältnis zur Wanddicke, so daß der äußere und der innere Zellwandumfang einander gleichgesetzt werden können. Man geht für die Berechnung von der Überlegung aus, daß der Wandquerschnitt den im Zellquerschnitt herrschenden Turgordruck T aufnehmen muß.

Für eine kugelige Zelle mit dem Radius r und der Zellwanddicke d ergibt sich so (Frey-Wyssling 1952 b)

$$T \pi r^2 = \sigma \cdot 2 \pi r \cdot d$$
$$\sigma = \frac{Tr}{2d}. \tag{39}$$

In einer jungen *Valonia*-Zelle mit 1 at Turgordruck, 2,5 mm Durchmesser und $0,25\,\mu$ Wanddicke herrscht somit eine Spannung von

$$\sigma = \frac{1 \cdot 0{,}25}{2 \cdot 0{,}25 \cdot 10^{-4}}\ \text{kg/cm}^2 = 5000\ \text{kg/cm}^2 = 50\ \text{kg/mm}^2.$$

Da die Cellulosemikrofibrillen eine Zugfestigkeit von 100 kg/mm² besitzen, können sie durch die berechnete Spannung nicht zerrissen, wohl aber kann ihr Geflecht plastisch ausgeweitet werden.

In zylindrischen Zellen herrschen in longitudinaler und tangentialer Richtung verschiedene Spannungen. Wenn eine lange Röhre vorliegt, deren Radius r gegenüber der Länge l vernachlässigt werden kann, gilt nämlich

$$
\begin{array}{lll}
\text{auf dem Medianschnitt} & T \cdot 2 r\, l = \sigma_t \cdot 2 l\, d; & \sigma_t = Tr/d, \\
\text{auf dem Querschnitt} & T \pi r^2 = \sigma_l \cdot 2 \pi r\, d; & \sigma_l = Tr/2d.
\end{array} \tag{40}
$$

Die Längsspannung σ_l ist also nur halb so groß wie die Querspannung σ_t; es herrscht somit Spannungsanisotropie. Aus diesem Grunde platzt eine Wasserleitung, deren Inhalt gefriert, nie mit Querrissen, sondern immer mit Längsrissen. Castle (1937) vermutete, der größere Querzug in zylindrischen Zellen sei die Ursache der Querorientierung der Mikrofibrillen (Röhrentextur S. 248). Es scheint jedoch unwahrscheinlich, daß die Zellwandtexturen lediglich das Ergebnis äußerer Richtungskräfte sind. Vielmehr werden die Texturen im Hinblick auf ihre künftige Funktion vom Cytoplasma in „vorausschauender" Weise angelegt. Man kann daher die Querorientierung der Mikrofibrillen ebensogut als eine Maßnahme auffassen, um eine größere Querfestigkeit zu erzielen und auf diese Weise eine zylindrische Form der Zelle zu erlangen; ohne Vergrößerung der tangentialen Zugfestigkeit müßte sich die Zelle nämlich unter dem Einfluß des Turgors abkugeln. Es ist richtig, daß später bei der Zellstreckung die Wandspannung passive Umorientierungen der Mikrofibrillen auslöst (s. S. 86); dort handelt es sich jedoch um einen ganz anderen Vorgang als bei der Zellwandneubildung durch die aktive, morphogenetische Gestaltungskraft der lebenden Substanz.

Elastische Wanddehnung. Die reversiblen linearen Turgordehnungen parenchymatischer Zellwände können viel beträchtlichere Ausmaße erreichen als die elastische Verlängerung der wenig dehnbaren Faserzellen. Im Parenchym des Fruchtstiels von *Taraxacum* ist eine reversible 10%ige Zellverlängerung (OPPENHEIMER 1930) und bei den Milchröhren von *Hevea brasiliensis* sogar eine elastische Zunahme des Umfanges von 25% festgestellt worden. Die große elastische Dehnbarkeit ist durch die Röhrentextur zylindrischer Zellen oder durch überkreuzte Systeme, wie sie bei Milchröhren vorkommen, bedingt. Diese Texturen erlauben im Gegensatz zur Fasertextur eine ansehnliche gegenseitige Verschiebung der Mikrofibrillen, die wieder zurückfedern, falls die Elastizitätsgrenze der Grundsubstanz, die als Bindemittel wirkt, nicht überschritten wird.

Zellstreckung. Verfolgt man die Festigkeitseigenschaften der Zellwand während der Zellstreckung, stößt man auf Schwierigkeiten, weil sie sich ständig verändern. Unabhängig von der Frage, ob die bleibende Wandverlängerung durch plastische Turgordehnung, durch reines Wachstum oder durch eine Kombination der beiden Vorgänge erfolgt, kann während der Zellstreckung in jedem beliebigen Momente durch Plasmolyse eine elastische Wandverkürzung erwirkt werden. BURSTRÖM (1942) hat dies zu zehn verschiedenen Zeitpunkten während des Streckungswachstums der Epidermiszellen von Weizenwurzeln durchgeführt. Aus der Längenzunahme der plasmolysierten Zellen zu den verschiedenen Zeitpunkten läßt sich die nichtelastische und aus der jeweiligen Plasmolyseschrumpfung die elastische Verlängerung ε feststellen. Das beobachtete Wachstum der Zelle setzt sich als Gesamtverlängerung e aus diesen beiden Teilverlängerungen zusammen. Da die Wurzeln in einer sehr verdünnten Nährlösung wachsen, deren osmotischer Wert vernachlässigt werden kann, entspricht der jeweils gefundene Plasmolysewert dem Turgor T; aus diesem läßt sich nach (40) die longitudinale Wandspannung σ_l sowie aus ε und σ_l der jeweilige Elastizitätsmodul E berechnen. Er variiert zwischen 60 und 600 kg/cm² (FREY-WYSSLING 1948a). In Abb. 176 sind die aus den Angaben BURSTRÖMs (1942) berechneten Daten zusammengestellt.

Man erkennt, wie die Wandspannung und der Elastizitätsmodul (als dessen Maß die Steilheit der gestrichelten Dehnungskurve in Erscheinung tritt) während der Zellstreckung durch ein Minimum gehen (vgl. Abb. 73, S. 92) und umgekehrt die elastische Dehnung ein Maximum aufweist, indem ε von 12 auf 33% (ε_7) ansteigt und dann wieder absinkt.

Die beobachteten Änderungen der Wandfestigkeit während der Zellstreckung sind die Folge von Wachstumsvorgängen. In der Phase 0—2 der Abb. 73 (S. 92) wird die Primärwand trotz einsetzender Zellverlängerung durch Dickenwachstum (Bildung neuer Lamellen, S. 86) noch verfestigt, was sich in einem Anstieg des Elastizitätsmoduls E äußert. Bald überwiegt die zunehmende

Dehnungsbeanspruchung jedoch den Zuwachs, so daß E steil absinkt (Phase 2—7, Abb. 73). Während dieser Einleitung der großen Wachstumsperiode bleibt das Wachstum hinter der Dehnung der Membran zurück, so daß in der lebenden Zelle mit dem Interferenzmikroskop deutlich ein Dünnerwerden der Zellwand nachgewiesen werden kann (vgl. GREEN 1958b). Trotzdem geht offenbar das Zellwandwachstum weiter, und zur Zeit der Phase 7 in Abb. 73 beginnt es, die Schwächung der Zellwand wettzumachen, denn von jenem Zeitpunkt an steigt die Festigkeit, gemessen am Elastizitätsmodul E, wieder an. Es ist zu bemerken, daß die Zellstreckung trotzdem weiterschreitet (Phase 7—10, Abb. 73). Erst nachdem die Zellwandverfestigung

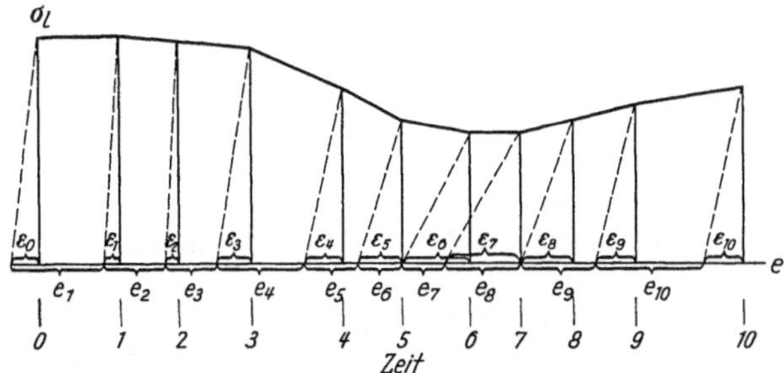

Abb. 176. Dehnungsdiagramm von Epidermiszellen der Weizenwurzel während des Streckungswachstums (BURSTRÖM 1942, FREY-WYSSLING 1952a). Ursprüngliche Zellänge 38 μ, Endlänge 475 μ; $e_1, e_2 \ldots e_{10}$ Streckung in 10 Zeitintervallen (vgl. Abb. 73); $\varepsilon_1, \varepsilon_2 \ldots \varepsilon_{10}$ elastischer Anteil der Streckung; σ_l longitudinale Wandspannung. (Aus FREY-WYSSLING: Deformation and Flow of Biological Systems S. 232, Amsterdam: North-Holl. Publ. Co. 1952)

einen gewissen Grad erreicht hat, kommt die plastische Zellwandverformung zum Stillstand (Phase 10). So zeigt die Analyse der Festigkeitseigenschaften der Zellwand, wie die Zellstreckung keineswegs lediglich einen passiven Dehnungsvorgang vorstellt, sondern ständig von Wachstumsprozessen begleitet wird.

Reißfestigkeit von Blättern

Die Festigkeit der Zellwände von Blättern kann mit Hilfe der Berstdruckmethode geprüft werden, wie sie in der Papier- und in der Textilindustrie zur Anwendung gelangt. Das Blatt wird über der Öffnung einer kreisrunden Röhre eingespannt. Dann wird in der Röhre ein Gasdruck erzeugt, der das Blatt aufwölbt, und der gesteigert werden kann, bis es platzt. Diese Methode gestattet, die Dehnbarkeit und die Reißfestigkeit solcher blattartiger Objekte zu messen (HERZBERG 1932, SOMMER 1941, SULSER 1947).

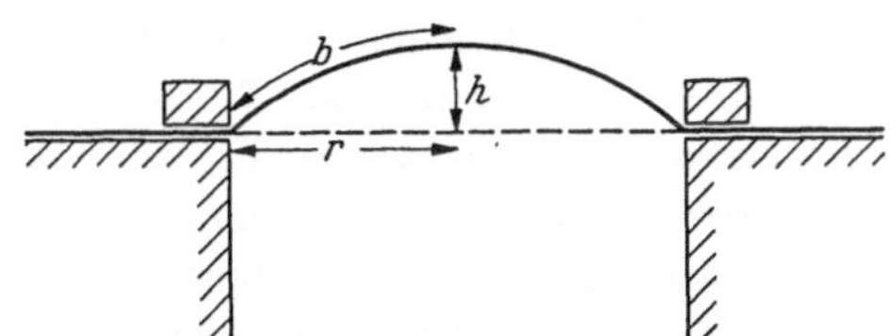

Abb. 177. Berstdruckprobe. r Radius des eingespannten Blattes; b Bogen des gedehnten Blattes; h Wölbhöhe

Nach Abb. 177 beträgt die durch einen bestimmten Druck erreichte Dehnung D unter der Voraussetzung, daß die Wölbungsfigur ein Kugelsegment vorstellt,

$$D = \frac{b - r}{r}, \tag{41}$$

wobei der Bogen b dem durch die Dehnung verlängerten Radius r entspricht. Im Moment des Platzens der Probe beträgt die Blattspannung K (nach SOMMER 1941)

$$K = p\left(\frac{r^2 + h^2}{4h}\right). \tag{42}$$

Um die Festigkeit K_0 im unbeanspruchten Zustande zu erhalten, muß der gefundene Wert K auf ungedehntes Material bezogen werden:

$$K_0 = K(1 + D). \tag{42a}$$

p ist der auf das Blatt wirkende Druck und h die erreichte Wölbhöhe. K wird nicht in kg/cm², sondern da man die Blattdicke vernachlässigt, wie die Oberflächenspannung in kg/cm erhalten. K gibt daher die Kraft an, die im Momente des Platzens auf eine Linie von 1 cm Länge einwirkt. Will man Vergleiche mit den nach den üblichen Methoden bestimmten Zugfestigkeiten ziehen, muß man die Blattdicke mit berücksichtigen.

ARTHO (1955) hat einen Apparat gebaut, um nach dieser Methode die Elastizität getrockneter Tabakblätter zu messen. Dehnbarkeit D und Reißfestigkeit K_0 sind stark vom Feuchtigkeitsgehalt der Blätter abhängig, und zwar nimmt D mit steigender Feuchtigkeit zu, K dagegen ab. Die Abhängigkeiten lassen sich durch Regressionsgerade darstellen. Bei 30% Wassergehalt werden für die Sorte White Burley Dehnbarkeiten D von 20—23% und Reißfestigkeiten K_0 von etwa 0,2 kg/cm gefunden. Da die Summe der Zellwanddicken ungefähr 0,002 cm beträgt, errechnet sich hieraus eine Zugfestigkeit σ_{zB} von 100 kg/cm² oder 1 kg/mm². Verglichen mit der Zugfestigkeit der Fasern erscheint

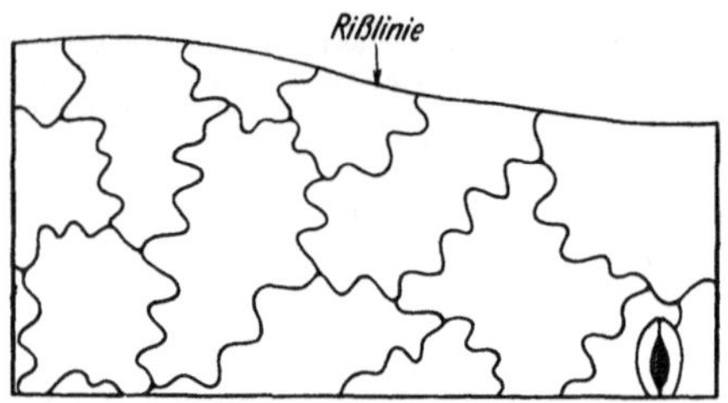

Abb. 178. Epidermis eines im Berstdruckapparat zerrissenen Tabakblattes (ARTHO 1955)

dieser Wert sehr gering; dafür ist die Dehnbarkeit dieser Zellwände sehr groß. Durch Belastung auf zwei Drittel des gefundenen Berstdruckes und anschließende Entspannung kann auch der elastische nnd der plastische Anteil der Blattdehnung ermittelt werden. ARTHO findet, daß nur 37% der Dehnung reversibel, 63% dagegen irreversibel plastisch sind. Bei einer Dehnbarkeit von 21% wären somit nur etwa 7% elastisch, so daß also die elastische Dehnung der Zellwände abgetöteter Blätter bei weitem nicht an die festgestellten elastischen linearen Turgordehnungen lebender Zellen von 10—25% heranreicht.

Das wichtigste Ergebnis der Berstdruckversuche besteht in der Feststellung, daß die Epidermiszellen beim Platzen des Blattes nicht etwa auseinanderweichen, sondern quer durchgerissen werden (Abb. 178). d. h., die Festigkeit der Kittsubstanz in der Mittellamelle zwischen den Zellen muß größer sein als die Festigkeit der Wand selbst (vgl. S. 300).

b) Druck- und Biegebeanspruchung
Druckfestigkeit

Die Zellwände können wegen ihrer großen Biegsamkeit und ihrer sehr geringen Knickfestigkeit nur im Zellverband auf ihre Druckfestigkeit geprüft werden. Aber auch dann, wenn die Zellen wie im Holze allseitig seitlich abgestützt sind, besteht bei axialer Druckbelastung eine Tendenz der Zellwände, aus ihrer achsenparallelen Richtung abzuweichen. Dies hat zur Folge, daß die Druckfestigkeit des Holzes nur halb so groß ist wie seine Zugfestigkeit (KOLLMANN 1951, S. 708).

Bei axialer Überbelastung entstehen im Holze Stauchebenen, die schief zur Druckrichtung verlaufen. Diese werden in der Technologie als „Gleitebenen" bezeichnet; sie haben jedoch nichts mit den Gleiterscheinungen in Kristallen gemein, da die Bauelemente im Holze nicht aneinander vorbeigleiten, sondern S-förmig gebogen werden. Die Spuren der Stauchebenen verlaufen auf dem Radialschnitt horizontal, auf dem Tangentialschnitt dagegen unter einem Winkel von 45—60⁰ zur Axialrichtung (Abb. 179), d. h. die verscho-

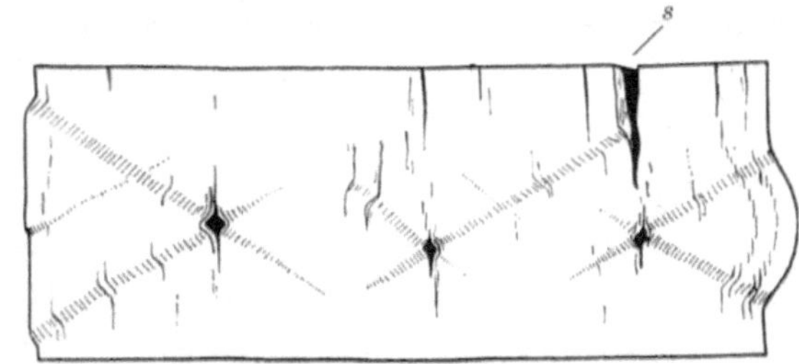

Abb. 179. Makrostauchlinien auf dem Tangentialschnitt von axial zerdrücktem Eichenholz (FREY-WYSSLING 1953b). *s* Sprengriß

benen Fasern weisen einen Steigungswinkel Θ von 45—30⁰ auf. In der Regel weichen die Winkel stark von 45⁰ ab. Dies muß auf der Anisotropie des Holzes beruhen, denn in Probewürfeln aus isotropen Materialien stellen sich die Verschiebungsflächen bei Überbelastung in Richtung der größten Schubkraft unter 45⁰ zur Druckrichtung ein (STÜSSI 1946).

Mikrostauchlinien

Bei Biegeversuchen an Holzstäben zeigen die Zellwände in der Druckgurtung mikroskopische Staucherscheinungen bei Belastungen, die wesentlich geringer sind, als sie für die Erzeugung von Makrostauchlinien (Abb. 179) benötigt werden. Sie äußern sich als sog. Mikrostauchlinien (Abb. 180), welche die Längswände der Holztracheiden schief durchqueren. Nach KISSER und STEININGER (1952) entstehen diese Stauchungsbilder bei Stauchlasten, die bei allen untersuchten Holzarten etwa der halben Bruchlast bei der Druckprüfung entsprechen. Man ist also in der Lage, in druckbeanspruchtem Holze mikroskopisch ein Nachgeben der Zellwände festzustellen, lange bevor die makroskopische Festigkeitsgrenze erreicht ist. Es folgt hieraus, daß die Stauchfestigkeit der Sekundärwand kleiner ist als jene des Holzes, d. h. der seitliche Zusammenhalt der Mikrofibrillen als Folge

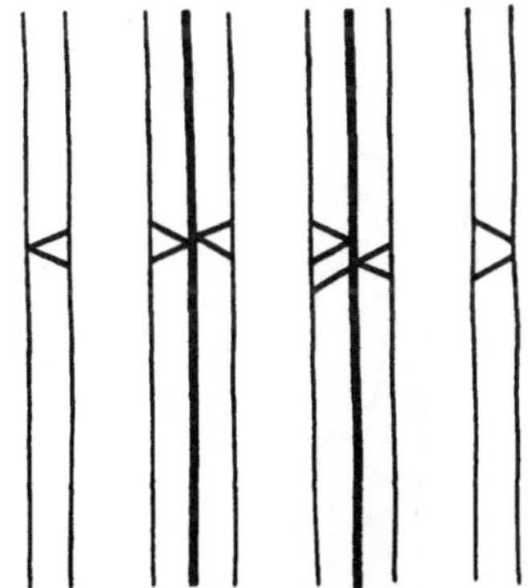

Abb. 180. Mikrostauchlinien auf dem Radialschnitt von gebogenem Fichtenholz (KISSER und STEININGER 1952)

ihrer Verbänderung ist geringer als jener der langgestreckten, durch die Mittellamelle miteinander verkitteten Zellen.

Die Mikrostauchlinien stimmen morphologisch mit den sog. Verschiebungslinien cellulosischer Zellwände überein, wie sie namentlich von Bastfasern, aber auch von vielen anderen Objekten bekannt sind (Abb. 181a u. b). Diese auffälligen Verschiebungen wurden erst als Gleiterscheinungen gedeutet (AMBRONN 1925); später konnte jedoch bei Asbestfasern mit mikroskopischer Fibrillierung gezeigt werden, daß es sich um Staucherscheinungen handelt (Abb. 182a). Die

vorhandenen Fibrillen werden nicht gebrochen, sondern nur zweimal leicht gebogen.
Die Zugfestigkeit einer solchen Faser wird daher nur wenig beeinträchtigt.

In den Sekundärwänden mit Paralleltextur macht sich als Folge von Stau-
chungen das gleiche morphologische Bild geltend, aber die verbogenen Mikro-

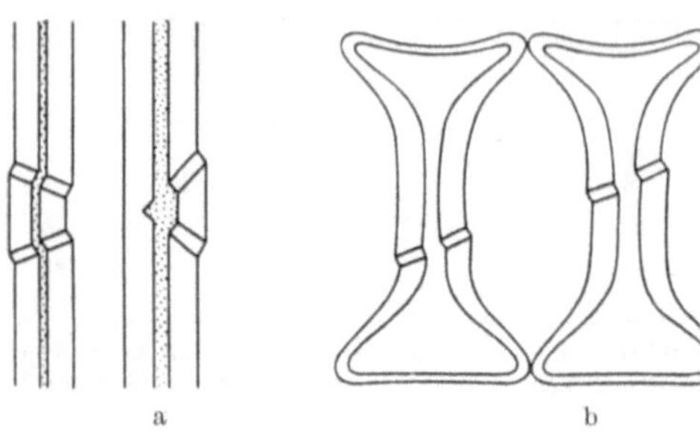

fibrillen lassen sich im Lichtmikroskop nicht beobachten. Dagegen
äußert sich die Verschiebung im
Polarisationsmikroskop, wie dies in
Abb. 182 b angedeutet ist. Die Richtigkeit der aus dem optischen Verhalten abgeleiteten Vorstellung über
den submikroskopischen Feinbau
der Verschiebungen kann heute im
Elektronenmikroskop demonstriert
werden (s. Abb. 10, S. 14).

Abb. 181 a u. b. Mikroskopische Verschiebungslinien a in
Bastfasern (V. Höhnel 1884), b in den Sanduhrzellen aus
der Samenschale der Sojabohne (Frey-Wyssling 1934)

Interessanterweise stimmt die
Neigung dieser Mikrostauchlinien
ungefähr mit jener der Makrostauchlinien überein. Ambronn (1925) fand
bei *Cobaea*-Fäden 62⁰ (was einem Steigungswinkel von 28⁰ entspricht), und
der gleiche Winkel läßt sich aus den Mikrostauchlinien von
Eucalyptus-Holzfasern ableiten; die Bilder von Wardrop und
Dadswell (1947, Tafel V/2) zeigen nämlich unter 56⁰ überkreuzte Verschiebungen, so daß sich für den Steigungswinkel Θ
die Hälfte, nämlich 28⁰ ergibt.

Da die Anzahl der parallelen Mikrofibrillen in der schief
verlaufenden Verschiebungsfigur die gleiche ist wie auf dem

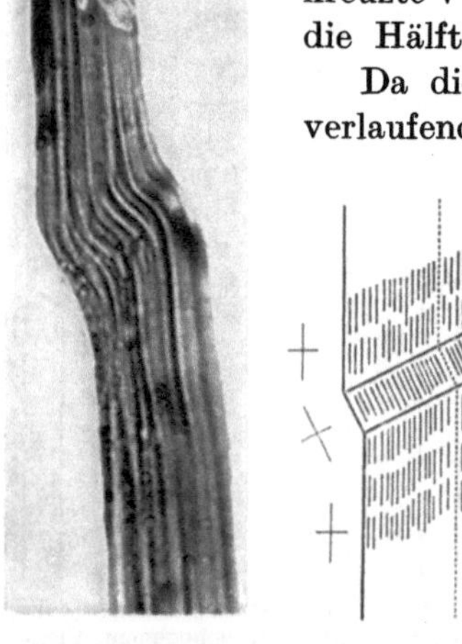
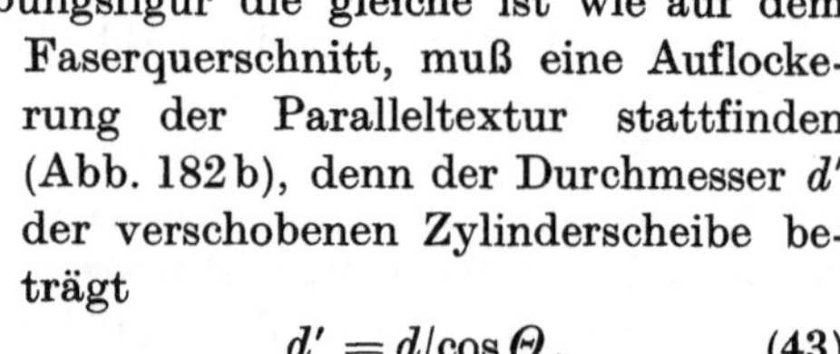

Faserquerschnitt, muß eine Auflockerung der Paralleltextur stattfinden
(Abb. 182 b), denn der Durchmesser d'
der verschobenen Zylinderscheibe beträgt

$$d' = d/\cos\Theta. \qquad (43)$$

Mit Hilfe der Formel (43) kann die
lineare Auflockerung der Verschiebungsscheiben berechnet werden. Für den
Steigungswinkel Θ von 28⁰ (Verschiebungswinkel von 62⁰) findet man eine
Auflockerung von etwa 13 % (Tabelle 43).
Die Zunahme des Durchmessers erfolgt nur in Richtung der Radialebene. Der Querschnitt der Verschie-

Abb. 182. a Verschiebungsfigur einer gestauchten
Asbestfaser (Frey-Wyssling 1939 b). b Optik einer
Faserverschiebung (Frey-Wyssling 1934). γ Stei-
gungswinkel Θ; α Verschiebungswinkel

bungsscheibe senkrecht zur Mikrofibrillenrichtung ist daher eine Ellipse. Diese
Querschnittsform ist die Ursache, daß die Verschiebungslinien stets schief durch
die Fasern verlaufen müssen; denn da kein Bruch der Mikrofibrillen stattfindet,
kann sich der durch die Stauchung aufgelockerte elliptische Querschnitt nur
als schiefe Ebene in die zylindrische Gestalt der Faserzelle einfügen.

Die hier entwickelte Auffassung der Faserverschiebungen kann eine Beobachtung von VAN ITERSON (1933) erklären, die unverständlich bleibt, wenn man die Verschiebung als Gleiterscheinung deutet. Beim Verquellen von zuvor in 1% Schwefelsäure erhitzten Fasern mit 10% Lauge stellt sich die ursprünglich schief verlaufende Verschiebungsfigur genau quer zur Faserrichtung ein. Das heißt, wenn bei der Quellung der Querschnitt der gesamten Faser so groß wie jener der gestauchten Stelle wird, ist die Vorbedingung für deren schiefe Stellung aufgehoben. und sie kann die Querlage, die sich vorher verboten hatte, einnehmen.

Tabelle 43. *Auflockerungswerte für Verschiebungen mit verschiedenem Steigungswinkel Θ*

Steigungs-winkel θ Grad	Lineare Auf-lockerung %	Steigungs-winkel θ Grad	Lineare Auf-lockerung %
0	0,0	30	15,5
5	0,4	35	22,1
10	1,5	40	30,5
15	3,5	45	41,4
20	6,4	50	55,7
25	10,3		

Die örtliche Auflockerung ist schuld, daß sich die Verschiebungsscheiben stärker anfärben lassen und leichter in Lösung gehen als die unversehrte Zellwand.

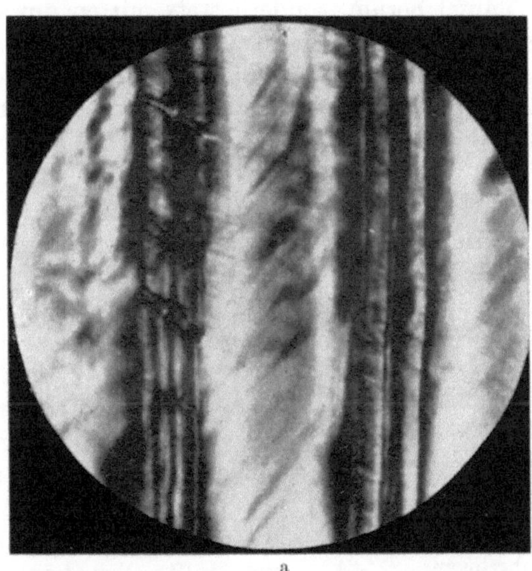
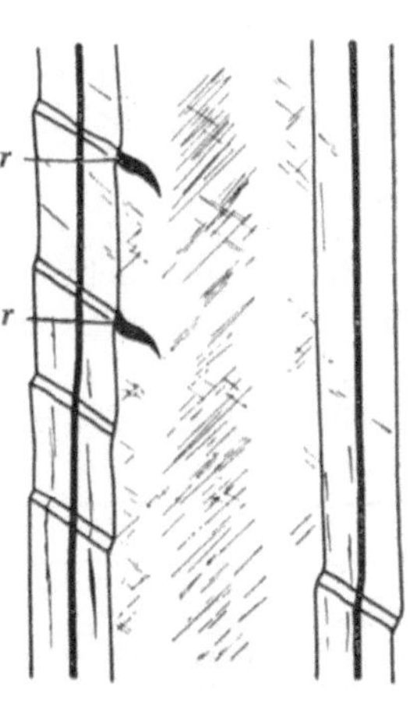

Abb. 183. a Mikroskopische Stauchfiguren in Tracheiden aus zerdrücktem *Abies*-Holz (Bruchlast 350 kg/cm²). Tangentialschnitt im Polarisationsmikroskop. b Skizze zu a. *r* Risse. (FREY-WYSSLING 1953 b)

Verschiebungsfiguren treten nur auf, wenn eine Paralleltextur vorliegt. Ferner findet man in der älteren Literatur Angaben, nach denen Verschiebungslinien für Cellulosefasern charakteristisch seien, in verholzten Fasern dagegen fehlten. Dies ist nur insofern richtig, als bei Holzfasern größere Stauchkräfte aufgewendet werden müssen, da offenbar die cellulosischen Mikrofibrillen durch die Ligninkrusten seitlich wesentlich besser abgestützt sind. Bei Drucküberbeanspruchung knickt jedoch die Paralleltextur auch in verholzten Zellen aus (Abb. 180 und 183). In den Festigungsgeweben der unversehrten, lebenden Pflanzen kommen keine Mikrostauchlinien vor (SCHWENDENER 1894); sie entstehen erst bei der Herstellung von Längsschnitten, bei der technischen Isolierung der Textilfasern aus den Basträngen (Brechen, Hecheln) oder bei Überbeanspruchung des Holzes. Kunstfasern unterscheiden sich von den pflanzlichen Textilfasern durch völlige Abwesenheit von Verschiebungslinien, weil in ihrer als Folge des Spinnprozesses nur unvollkommenen Paralleltextur die morphologischen Voraussetzungen für die Entstehung von Mikrostauchlinien nicht erfüllt sind.

Um ähnliche Staucherscheinungen dürfte es sich bei den von SCHAEDE (1940) beschriebenen Linien in der Aufsicht von Parenchymzellwänden handeln, die entstehen, wenn Handschnitte von in Alkohol gehärteten Geweben gewonnen werden. Als geeignetes Objekt ist das Grundgewebe von Mais- und Spargelstengeln zu erwähnen. Die Linien lassen sich mit Chlorzinkjod dichroitisch anfärben, was dazu geführt hat, sie als Cellulosestränge zu deuten. Ihr Verlauf widerspricht jedoch dem Befunde der im Elektronenmikroskop nachgewiesenen Texturen, indem sie in auffälliger Weise von bestimmten Zellkanten aus fächerartig über die Zellwand ausstrahlen ähnlich wie die Sprünge einer geborstenen Glasscheibe. Charakteristischerweise ziehen sie im Gegensatz zu den Mikrofibrillen nicht um die vorhandenen Tüpfel herum, sondern stets mitten durch diese Stellen geringsten Widerstandes hindurch. Offenbar liegen also Mikrostauchlinien vor, die wegen der Streuungstextur der fraglichen Zellwände, im Gegensatz zu den Verschiebungslinien in Sekundärwänden mit Paralleltextur, in verschiedene Richtungen vorprellen können.

Formfestigkeit

Bei Beanspruchung quer zur Faserrichtung zeigt das Holz wesentlich geringere Druckfestigkeiten als parallel zur Längsachse. In Tabelle 44 sind solche Werte für Fichtenholz nach den Messungen von STÜSSI (1947) zusammengestellt. Nachdem die Längsdruckfestigkeit des Holzes wegen des Ausknickens der Längswände bereits nur etwa die Hälfte der Längszugfestigkeit beträgt, sinkt die Querdruckfestigkeit weiter auf weniger als ein Zehntel der Längsdruckfestigkeit ab. Besonders auffallend ist die sehr geringe Festigkeit in der Diagonalrichtung, d. h. unter 45°, zu den sich senkrecht schneidenden Richtungen der Markstrahlen (radial) und der Jahrringe (tangential).

Tabelle 44. *Festigkeiten von Fichtenholz bei 13% Feuchtigkeitsgehalt*

	kg/cm²
Längszugfestigkeit σ_{zB}, Faserrichtung (Tabelle 41)	900
Längsdruckfestigkeit σ_{dB}, Faserrichtung	500
Querdruckfestigkeit, radiale Richtung	46
Querdruckfestigkeit, tangentiale Richtung	44
Querdruckfestigkeit, unter 45° zu den Jahrringen	24

Untersucht man die Ursache dieser geringen Querfestigkeit im Mikroskop, findet man, daß es sich nicht um eine Materialeigenschaft der Zellwände, sondern um eine Änderung der Querschnittsform der Tracheiden handelt. Der rechteckige Zellquerschnitt verliert schon bei geringen Drucken seine Stabilität. Die in der Druckrichtung verlaufenden Zellwände knicken ein, oder die Zellen klappen schief zusammen (Abb. 184). Diese Instabilität ist um so größer, je dünner die Zellwände sind. Die erwähnten Verformungen sind daher im Frühholz am auffälligsten (Abb. 185). Ferner hängen sie stark vom Winkel ab, unter dem die Druckbelastung auf den Querschnitt einwirkt. Bei diagonaler Belastung erreicht die Instabilität ein Maximum, weil ein auf einer Ecke stehendes Quadrat besonders leicht eingedrückt wird.

Bei Querdruck spielen deshalb für die Festigkeit und für die Verformung des Holzes nicht mehr die Festigkeits- und Elastizitäts eigenschaften des Materials die maßgebende Rolle, sondern die *Form* der den

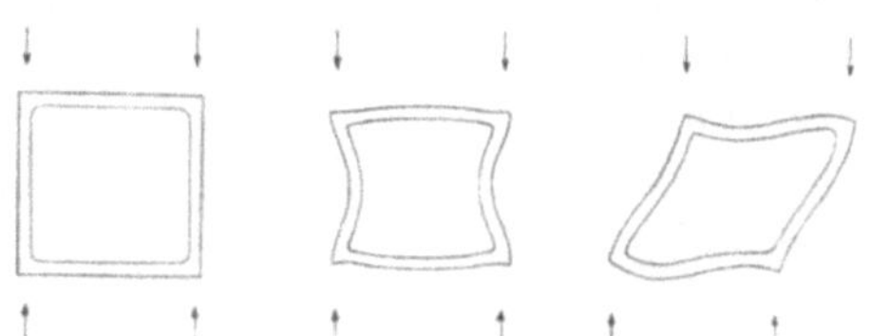

Abb. 184. Forminstabilität des quadratischen Querschnittes einer Tracheide bei Druckbelastung (FREY-WYSSLING und STÜSSI 1948)

Stamm aufbauenden Zellen tritt in den Vordergrund. Um die Theorien der Festigkeit und der Elastizität des Baustoffes Holz zu vervollständigen, ist man

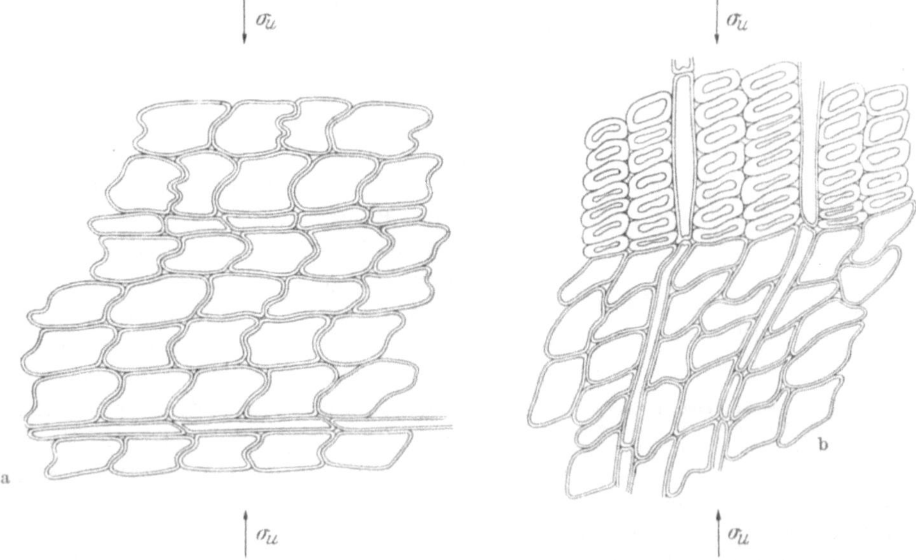

Abb. 185a u. b. Querschnitte durch senkrecht zur Stammachse zerdrücktes Fichtenholz. Querdruck σ_u in a tangentialer, b radialer Richtung. (FREY-WYSSLING und STÜSSI 1948)

daher gezwungen, die Begriffe „Festigkeit der Zellform" und „Elastizität der Zellform" im Gegensatz zur Festigkeit und Elastizität der Zellwand einzuführen. Die allgemeine Elastizitätstheorie, wie sie in der Holztechnologie aus der Physik der rhombischen Kristalle (mit neun Elastizitätskonstanten des Materials) übernommen worden ist, stimmt hier deshalb nicht. Sie ist für Schnittebenen senkrecht zur Stammachse durch den neuen Begriff „Elastizität der Form" zu ergänzen (STÜSSI 1947).

Biegefestigkeit

Bei der Biegung von Stäben wird die Außenseite verlängert, die Innenseite dagegen verkürzt. Nur die unmittelbare Nachbarschaft der Symmetrieachse in der Längsrichtung des Stabes behält ihre ursprüngliche Länge bei. Sie bleibt daher spannungsfrei und wird deshalb als neutrale Zone bezeichnet, im Gegensatz zur äußeren Zuggurtung und zur inneren Druckgurtung. Das Ausmaß der elastischen Verlängerung $+\varepsilon$ und der elastischen Verkürzung $-\varepsilon$ der beiden Seiten ist vom Krümmungsradius R der Biegung und vom Halbmesser r des Stabes abhängig (Abb. 186).

Das Längenverhältnis der auf Zug beanspruchten Außenseite zur zusammengedrückten Innenseite beträgt

$$\frac{1+\varepsilon}{1-\varepsilon} = \frac{R+r}{R-r}. \tag{44}$$

Hieraus folgt

$$\varepsilon = \frac{r}{R}, \tag{44a}$$

d. h. die elastische Dehnung bzw. Verkürzung ist gleich dem Verhältnis von Stab- zu Krümmungsradius.

Diese Formel läßt beurteilen, wie stark isolierte Pflanzenfasern gebogen werden können, ohne die Festigkeitsgrenze der Zellwände zu überschreiten.

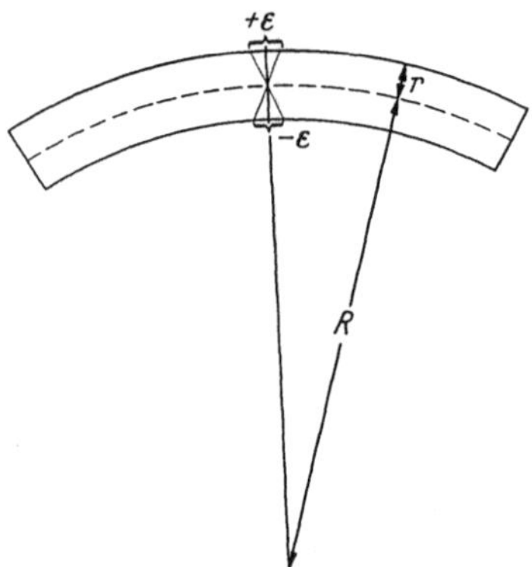

Abb. 186. Biegung eines Stabes. R Krümmungsradius; r Halbmesser des Stabes; ε elastische Verlängerung bzw. Verkürzung

Da die Dehnbarkeit trockener Faserzellwände 1% erreicht und der Faserhalbmesser etwa $20\,\mu$ beträgt, kann man eine trockene Faserzelle ohne Überbeanspruchung in Bögen von 2 mm Radius legen. Im nassen Zustande, wo die Dehnbarkeit bis auf 6% ansteigt, wird der Krümmungsradius R sogar auf etwa 0,3 mm herabgedrückt, so daß man also theoretisch eine nasse Faser knoten kann, ohne Verschiebungslinien zu erzeugen, solange man Knickungen vermeidet. Praktisch ist die Biegefestigkeit der Zellwände wahrscheinlich noch wesentlich größer, als diese Berechnungen aufzeigen, weil sie ja wie ein Kabel aus submikroskopischen Fibrillen zusammengesetzt sind, die trotz geringer gegenseitiger Verschiebbarkeit, im Gegensatz zu einem massiven Stab, bei der Biegung einen gewissen inneren Spannungsausgleich gestatten.

Bei Holzstäben liegen wesentlich ungünstigere Verhältnisse vor. Die Zellen sind derart miteinander verkittet, daß die elastischen Spannungen bei rascher Biegung voll zur Auswirkung kommen. Bei lang andauernden Biegebelastungen machen sich allerdings namentlich bei feuchtem Holz kriechende, d. h. plastische Verformungen geltend. Da bei lufttrockenem Holz die Druckfestigkeit nur halb so groß ist wie die Zugfestigkeit, müssen Makrostauchlinien schon bei einer elastischen Zusammenpressung von etwa 0,5% und Mikrostauchlinien bei 0,25% erwartet werden. Nach der obigen Überschlagsrechnung dürften in einem Stabe von 1 cm Halbmesser auf der Innenseite bereits mikroskopische Stauchlinien auftreten, wenn ein Krümmungsradius von 4 m erreicht wird. Dies ist allerdings eine ganz rohe Schätzung, denn die Spannungsfelder sind bei Biegebelastungen sehr kompliziert. Erstens ist die Spannungsverteilung in einem solchen Stabe nicht linear, wie in Abb. 186 für einen Schnitt vereinfachend angenommen wird, und ferner hängt die Durchbiegung stark vom Schlankheitsgrad des Stabes ab (KOLLMANN 1951).

Noch komplizierter werden die Verhältnisse, wenn man von der Betrachtung einfacher Balken zur Beurteilung der Biegefestigkeit pflanzlicher Stengel mit ihrem komplexen histologischen Bau übergeht. SCHWENDENER (1874) hat mit großem Erfolg die klassische Festigkeitslehre auf pflanzliche Organe angewendet. Seine Theorien wurden später unter Berücksichtigung der Erfahrungen im Verbundbau ausgestaltet, welcher die Anordnung und Verbindung zug- und druckfester Elemente in materialsparenden Gitterkonstruktionen in Betracht zieht (RASDORSKY 1928, 1937). Aus der Festigkeit solcher Verbundsysteme lassen sich ohne Berücksichtigung der angewandten Konstruktionsprinzipien keine direkten Rückschlüsse auf die Festigkeit der verwendeten Baumaterialien ziehen. Es ist daher falsch, wenn TREITEL (1946—1948) auf Grund von an Stengeln und Wurzeln krautiger Pflanzen durchgeführten Festigkeits- und Elastizitätsuntersuchungen theoretische Schlüsse über den Feinbau und die mechanischen Eigenschaften der pflanzlichen Zellwände ableitet.

Zug- und Druckholz

Baumäste und aus ihrer orthotropen Normalstellung gebrachte Baumstämme weisen ein exzentrisches Dickenwachstum auf. Bei Nadelhölzern verdickt sich die Unterseite (Hypoxylie), bei Laubhölzern dagegen die Oberseite (Epixylie). Das Holz des Stammsektors mit verbreiterten Jahrringen wird bei den Gymnospermen als *Druckholz*, bei den Laubhölzern dagegen als *Zugholz* bezeichnet, da sich die vermehrte Holzbildung in der Druckgurtung oder in der Zuggurtung geltend macht.

Ursprünglich dachte man, daß die Druckholzbildung zur Verstärkung der Druckgurtung des Stammes stattfinde. In jenem Falle müßte jedoch auch die Basis normalwüchsiger Bäume Druckholz entwickeln, da sie unter der Druckspannung des gesamten Kronen- und Schaftgewichtes steht. Druckholz entsteht jedoch nur, falls ein Organ aus seiner Normalstellung (Stämme orthotrop, Äste plagiotrop mit ganz bestimmtem Ablaufwinkel) abweicht. Man kann z. B. Coniferenäste veranlassen, auf ihrer Oberseite Druckholz zu bilden, wenn man sie zwingt, schief aufwärts zu wachsen. Ferner erzeugen Astschleifen nur in der oberen Biegung auf der inneren Seite (Druckgurtung) Druckholz, während die abnorme Holzbildung bei der unteren Biegung auf der äußeren Seite, also in der Zuggurtung erfolgt (JACCARD 1938). Die Bildung von Zugholz bei den Laubhölzern verhält sich in umgekehrtem Sinne genau gleich. Man findet daher, daß Zug- und Druckholz nicht aus mechanischen Gründen entstehen, sondern daß diese Spezialgewebe die Aufgabe besitzen, die aus ihrer angeborenen Lage gebrachten Organe durch Wachstumsreaktionen wieder in ihre Normalstellung zurückzubringen. Man bezeichnet sie daher mit Vorteil als *Reaktionsholz* (HARTMANN 1942, WERGIN 1957).

Frisch gebildetes Druckholz verlängert sich aktiv, wenn es als Längsstreifen aus dem Stamme herausgeschnitten wird (MÜNCH 1938). Das Cambium erzeugt also ein Gewebe, das die herrschenden Spannungen im Stamm überkompensiert und nach und nach den schief gestellten Stamm wieder aufrichtet. Dabei kann das Cambium Drucke von über 50 kg/cm² entwickeln, die wesentlich größer sind als der im Bildungsgewebe herrschende Turgordruck (FREY-WYSSLING 1952b). Die Tendenz zur Gewebeverlängerung kommt durch ein extracambiales

Streckungswachstum der Druckholztracheiden zustande. Es äußert sich durch gegabelte Tracheidenenden, die sich zwischen die Spitzen axialer Nachbartracheiden hineindrängen (WARDROP und DADSWELL 1948—1952). Der große Druck, der bei der Aufrichtung von Baumstämmen entwickelt wird, ist also ein durch metabolische Stoffvermehrung erzeugter *Wachstumsdruck*.

MÜNCH (1938) schätzt diesen Druck auf über 300 kg/cm², weil eine solche Belastung notwendig ist, um Druckholz um 1% zu verkürzen. Dabei wird angenommen, daß sich das Holz wie ein elastischer Körper verhalte. Dies gilt jedoch keineswegs für Balken aus grünem Holz (KINGSTON und ARMSTRONG 1951), die sich bei lange andauernder Biegungsbelastung weitgehend plastisch erweisen. Durch Kriecherscheinungen klingen die erzeugten Spannungen stets wieder ab. Man darf daher einen grünen Baumstamm als zähflüssige Masse betrachten, und es ist dann erlaubt, für eine Überschlagsrechnung zur Feststellung der notwendigen, vom Cambium zu entwickelnden Druckspannungen die Formel (40) (S. 307) anzuwenden:

$$\sigma = pr/2d.$$

Hierbei bedeuten p den Gewichtsdruck auf dem Stammquerschnitt, r den Stammradius und d die Dicke der Cambialschicht. Setzt man für $p = 1$ kg/cm², für $r = 10$ cm und für $d = 1$ mm ein, erhält man $\sigma = 50$ kg/cm². Das heißt, das Cambium muß eine einseitige Druckspannung von mindestens 50 at erzeugen, um den Stamm zu biegen. Die notwendige Spannung ist also für die Biegung eines plastischen Stammes wesentlich kleiner, als wenn eine elastische Deformation vorausgesetzt wird.

Das Druckholz der Coniferen besitzt über die ganze Jahrringbreite die braunrote Färbung des normalen Spätholzes und ist härter als Normalholz, weshalb es auch Rotholz oder Buchs genannt wird. Seine Rohwichte ist 15—40% größer als die von vergleichbarem senkrecht gewachsenem Holz, weil seine Frühholztracheiden stark verdickte Zellwände besitzen. Die hierdurch auf der Druckholzseite beeinträchtigte Wasserleitung wird durch Erweiterung des Lumens der Spätholztracheiden kompensiert, so daß diese dem Spätrotholz unerwarteterweise eine etwas kleinere Wichte als dem Normalspätholz verleihen. Die Einbuße wiegt jedoch die Wichtezunahme durch das Frührotholz nicht auf (TRENDELENBURG/MAYER-WEGELIN 1955). Bezogen auf die Rohwichte sind alle Festigkeitseigenschaften, besonders aber die Zugfestigkeit, niedriger als bei Normalholz. Ganz regelwidrig verhält sich die Längsschwindung, denn sie beträgt 0,3—2,5% gegenüber nur 0,1—0,2% im Normalfalle (KOLLMANN 1951, RENDLE 1956). Aus allen diesen Gründen ist das Rotholz für die technische Holzverwendung unerwünscht, und der Förster trachtet daher, seine Bildung durch die Erziehung geradschäftiger Stämme zu vermeiden.

Die mikroskopischen und chemischen Eigenschaften der Rotholztracheiden weichen ganz wesentlich von jenen der Normaltracheiden ab. Ihr Ligningehalt übertrifft jenen von Normaltracheiden um 20—35% (Tabelle 45). Nach Zerstörung der Cellulose mit 72% Schwefelsäure entsteht ein Ligninskelett mit radialen Spalten im Gegensatz zur konzentrischen Ligninverteilung in normalen Tracheiden (WARDROP und DADSWELL 1948—1952). Oft findet man auch in chemisch unbehandelten Drucktracheiden radiale Risse, so daß also der übliche konzentrische Lamellenbau der Sekundärwand hier nicht zur Ausbildung gelangt. Der Querschnitt der Druckholztracheiden erscheint stark abgerundet (HARTIG 1901), so daß vielfach Intercellularräume entstehen (Abb. 187b). Der Schraubenbau ist stark ausgeprägt mit auffällig flacher Schraubung (großer Steigungswinkel Θ!).

Tabelle 45. *Chemische Zusammensetzung von Zug- und Druckholz*

	Fichtenholz (HÄGGLUND 1951)		Pappelholz JAYME u. Mitarb. 1950)	
	Druckholz	Normalholz	Zugholz	Normalholz
Cellulose	27,3	41,5	49,2	40,9
Polyosane bzw.				
Pentosane	29,3	24,3	12,8	16,1
Lignin	38,0	28,0	21,6	23,2

Der flache Verlauf der Schraubenlinien in den Druckholztracheiden wurde mit der Aufgabe, Druckspannungen aufzunehmen, in Zusammenhang gebracht (MÜNCH 1938). Diese teleologische Theorie hat sich indessen als falsch erwiesen. Es kann einwandfrei gezeigt werden, daß die flachere Schraubung im Rotholz davon herrührt, daß sich die Cambiumzellen dort häufiger teilen als in den Zonen, wo die Jahrringe enger bleiben. Als Ergebnis sind die Druckholztracheiden daher wesentlich kürzer als die Normaltracheiden (JACCARD und FREY 1928). Da nun eine Beziehung zwischen Tracheidenlänge und Steigungswinkel besteht, beruht die flache Schraubung der Rotholztracheiden auf deren beschränktem Längenwachstum, und sie ist denn auch nicht flacher als bei entsprechend kurzen Normaltracheiden (WARDROP und DADSWELL 1948—1952).

Das Zugholz der Laubbäume besitzt ebenfalls eine größere Rohwichte als das Normalholz (bei der Pappel z. B. +12%). Seine Porosität ist daher vermindert, und es erscheint deshalb etwas weißlicher, so daß man es auch als *Weißholz* bezeichnet. Wie beim Druckholz ist die Längsschwindung anormal groß; die Druckfestigkeit ist geringer, die Zugfestigkeit dagegen größer als beim Normalholz. Gehobeltes Weißholz weist meistens eine faserig-wollige Oberfläche auf, wodurch es wie das Rotholz für die Verarbeitung ungeeignet ist. Besonders auffallend ist die Zugholzbildung bei der Pappel, bei *Eucalyptus,* Buche, *Nothofagus* u. a.

Im Mikroskop lassen sich auffällige Veränderungen des Zellwandbaus feststellen. Verglichen mit Normalfasern wird eine dicke, fast das ganze Zellumen ausfüllende gelatinöse Verdickungsschicht angelegt (Abb. 188). Diese färbt sich mit Chlorzinkjod kirschrot und ist stark quellbar; ihr roter Ton kontrastiert auffallend mit der gelb angefärbten Mittelschicht. JACCARD (1917) wies so nach, daß die charakteristische Verdickungsschicht ligninfrei ist. Tatsächlich enthalten die Zugfasern weniger Lignin, dafür aber wesentlich mehr Cellulose als die Normalfasern (JAYME und HARDERS-STEINHÄUSER 1950). Trotz der großen Quellbarkeit erscheint merkwürdigerweise auch der Pentosangehalt niedriger (Tabelle 45). Über die morphologische Natur der ligninfreien Verdickungsschicht ist man sich nicht einig. Die alten Autoren faßten sie als Tertiärschicht auf; nach der Terminologie von KERR und BAILEY (Tabelle 5, S. 32) wäre es dagegen die Innenschicht der Sekundärwand. Bezeichnet man die gelatinöse Schicht mit G, würde die normale Zugfaser daher aus den Verdickungsschichten $II_1 + II_2 + G$ bestehen. WARDROP und DADSWELL (1955) fanden jedoch Ausnahmen von dieser Regel, indem sie bei *Eucalyptus* Zugfasern mit vier oder nur zwei Schichten ($II_1 + II_2 + II_3 + G$ oder $II_1 + G$) feststellten. Ferner entdeckte JUTTE (1956) im Zugholz der Lauracee *Ocotea rubra* Fasern, in denen unverholzte „gelatinöse" Schichten mit verholzten Schichten abwechseln. Die große

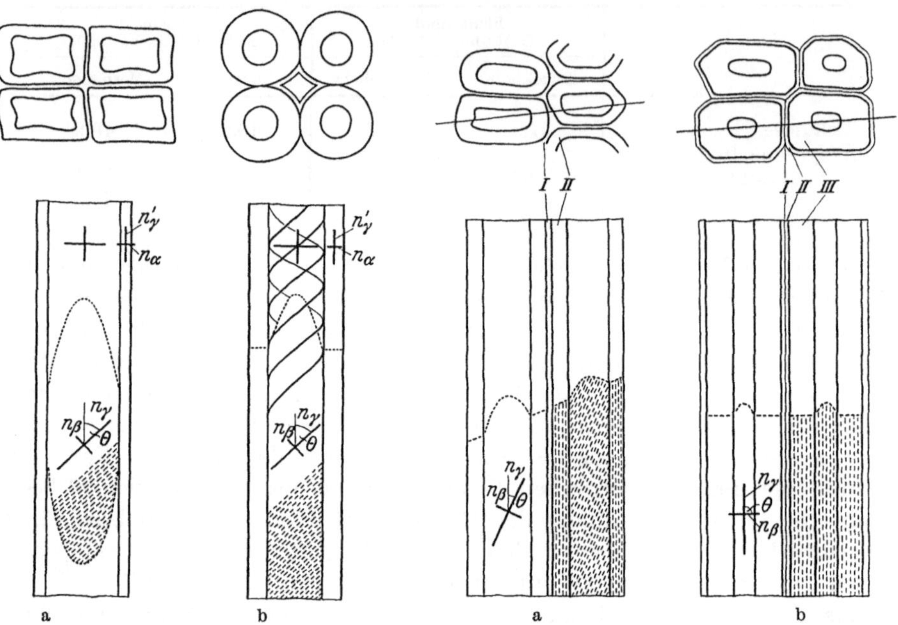

Abb. 187 a u. b. Tracheiden von *Pinus nigra* (JACCARD und FREY 1928). Quer- und Längsschnitt. n_α, n_β, n_γ Hauptbrechungsindices. Steigungswinkel Θ an auskeilend angeschnittenen Zellen gemessen. a Normaltracheiden. $\Theta = 40{,}1° \pm 1{,}9°$. b Druckholztracheiden, $\Theta = 46{,}9° \pm 2{,}6°$

Abb. 188a u. b. Holzfasern von *Populus nigra* (JACCARD und FREY 1928). Quer- und Längsschnitt. *I, II* Primär- und Sekundärwand; *III* gelatinöse Verdickungsschicht G; n_β, n_γ Hauptbrechungsindices. a Normalfaser, $\Theta = 26{,}1 \pm 1{,}9°$. b Zugfaser, $\Theta = 90° \pm 0°$

Mannigfaltigkeit in der Ausbildung der Zugfasern ist der beste Beweis für die Sondernatur der gelatinösen Zellwandschicht. Diese kann nicht in das Schema der dreischichtigen Sekundärwand eingeordnet werden, und ihr eigenartiges, zum Teil vicarisierendes Auftreten in zwei-, drei-, vier- oder vielschichtigen Sekundärwänden macht es einigermaßen fraglich, ob die dreischichtige Sekundärwand (S. 30) ein so wichtiger Standardtypus ist, wie im allgemeinen angenommen wird.

Im Polarisationsmikroskop (JACCARD und FREY 1928), aber auch röntgenometrisch (WARDROP und DADSWELL 1950; CORRENS, WERGIN und RUSCHER 1956) weist die gelatinöse Schicht Fasertextur mit völlig achsenparalleler Orientierung auf (Abb. 188b), die im Elektronenmikroskop prächtig sichtbar ist. Trotzdem besitzen die Zugfasern wesentlich andere Eigenschaften als cellulosische Bastfasern; besonders auffallend sind ihre „gelatinöse" Beschaffenheit, ihre Rotfärbung mit Chlorzinkjod, ihre starke Quellbarkeit und ihre unerwartete Längsschwindung. Das durchscheinende „gelatinöse" Aussehen muß durch eine besonders dichte Lagerung der Wandsubstanzen zustande kommen. Im Gegensatz zu den Verhältnissen bei der Lichtlinie (s. S. 224) in den Samen kann hier jedoch dieser optische Effekt nicht durch eine engere Scharung der Cellulosemikrofibrillen bedingt sein, weil sonst die Rotfärbung mit Jod und die Längsschwindung unerklärt blieben. Ich stelle mir daher vor, daß die submikroskopischen interfibrillaren Capillaren besonders dicht mit isotropen Hemicellulosen ausgefüllt sind. Diese würden nach allen Richtungen des Raumes gleichmäßig quellen und könnten so für die starke Längsschwindung und eventuell auch für die anormale Jodfärbung verantwortlich gemacht werden. Die Analyse weist allerdings keinen erhöhten Hemicellulosegehalt aus (Tabelle 45); aber es ist möglich, daß es sich um Hemicellulosen besonderer Art handelt. OLLINMAA (1957) findet papierchromatographisch 10% Galaktan, gegenüber nur 2,5% in normalen Fasern. Es scheinen also in der Zusammensetzung der Hemicellulosen tatsächlich namhafte Unterschiede vorzuliegen.

Das Schwindungsvermögen der Zugfasern ist so stark, daß die Zellen beim Austrocknen kollabieren und im Zugholze nicht nur Schwindrisse, sondern ganze Schwindlöcher entstehen können (RENDLE 1955). WARDROP und DADSWELL (1955) führen dies auf die fehlende Verholzung der Zugfasern zurück und vergleichen ihr Verhalten mit den Baumwollhaaren, deren Zell-Lumen beim Austrocknen ebenfalls zusammenschrumpft. Im Gegensatz dazu kollabieren die cellulosischen Bastfasern jedoch nie, so daß hier offenbar weniger die Zellwandsubstanz als eine völlige Verklebung der Mikrofibrillen durch verhornende Interfibrillarsubstanzen (parakristalline Cellulose oder Hemicellulosen) eine Rolle spielen.

Das Zugholz besitzt die bemerkenswerte Eigenschaft, sich in der Faserrichtung zu verkürzen, wenn man es als Streifen vom Stamminnern abtrennt. Dieses Kontraktionsvermögen verleiht ihm die Fähigkeit, als Reaktionsholz schiefe Stämme aufzurichten und schwere Äste in ihrer angestammten plagiotropen Stellung zu erhalten. Nach welchem Prinzip Zellwände, denen auf Grund der Röntgenanalyse eine optimale Fasertextur aus kristallinen Cellulosemikrofibrillen zukommt, sich kontrahieren können, ist rätselhaft. WARDROP (1956c) nimmt an, in der gelatinösen Schicht entstehe die Cellulose vorerst ausschließlich in parakristallinem Zustande, und der einsetzende Kristallisationsprozeß verursache dann die beobachtete Verkürzung. Diese Hypothese wäre jedoch nur von Interesse, wenn eine Streuungstextur vorliegen würde. Bei der festgestellten optimalen Parallelrichtung der Cellulosefadenmoleküle zur Zellachse könnte bei der Kristallisation nur eine Querkontraktion, keineswegs aber eine Längenverkürzung ausgelöst werden. Will man eine mechanische Verkürzung der Zugfasern in Betracht ziehen, kommen hierfür nur isotrope Zellwandstoffe in Frage, die bei einsetzender Dehydratisierung nicht nur quer, sondern auch parallel zur Faserachse abschwellen. Die Cellulosemikrofibrillen müssen daher in ein Substrat aus amorphen Polyosanen unbekannter Natur eingebettet sein.

Versucht man, die ungewöhnlichen Eigenschaften des Reaktionsholzes aus der submikroskopischen Fibrillentextur der Zellwände seiner Drucktracheiden oder Zugfasern herzuleiten, gelingt dies wie bei den Zellen des normalen Holzes nur für die Festigkeits-, nicht aber für die Quellungseigenschaften. In der Tat sind die Drucktracheiden dank ihrer ausgesprochenen Schraubentextur besonders druckfest und duktil, während die Zugfasern wegen ihrer Fasertextur eine erhöhte Zugfestigkeit besitzen. Warum jedoch das Druckholz verglichen mit Normalholz aus gleich kurzen Tracheiden mit ähnlich flachem Schraubenbau eine verminderte Quer- und stark erhöhte Längsschwindung aufweist, kann aus der Textur der Sekundärwand ebensowenig abgeleitet werden wie die ausgesprochene Längsschwindung der Zugfasern. Offenbar sind für die Quellungseigenschaften in erster Linie Anwesenheit und Verteilung der Begleitstoffe der Gerüstsubstanzen verantwortlich. So dürfte der hohe Ligningehalt der Drucktracheiden die geringere räumliche Schwindung des Druckholzes und die Gegenwart isotroper Quellstoffe bei fehlendem Lamellenbau der Sekundärwand eine Verstärkung der Längsschwindung bedingen. Auch für die auffallende Längenverkürzung der Zugfasern müssen die Abwesenheit einer Lamellierung der gelatinösen Schicht und besondere Begleitstoffe in oder auch außerhalb der Sekundärwand verantwortlich gemacht werden.

c) Zusammenfassung über Quellung und Festigkeit

Die komplizierten Verhältnisse der technisch so wichtigen Festigkeitseigenschaften und der Schwindungsanisotropie von Verbänden dickwandiger Zellen, wie sie Faserbündel oder das Holz vorstellen, müssen aus der Struktur dieser Objekte hergeleitet werden können. Daß dies bisher noch nicht oder doch nur in Sonderfällen (Bastfasern) einwandfrei gelungen ist, beruht auf der Schwierigkeit, die Bedeutung der verschiedenen Strukturstufen einwandfrei miteinander in Beziehung zu bringen und hinsichtlich ihrer Auswirkung auf die Eigenschaften eines Zellverbandes richtig einzuschätzen. Die in Betracht kommenden Strukturstufen sind

1. der histologische Zellverband (Form, Größe und Gruppierung der verschiedenen Zellarten),

2. der Schichten- und Lamellenbau der Zellwände,

3. die Fibrillartextur der verschiedenen Zellwandlamellen.

Der Gewebebau gehört zur mikroskopischen, die Fibrillartextur dagegen zur submikroskopischen Stufe, während die Lamellarstruktur der Zellwände das Übergangsgebiet zwischen submikroskopischer und mikroskopischer Morphologie beschlägt, wo sich die beiden Gestaltungsreiche gegenseitig überlappen. Im Laufe der Geschichte unserer Wissenschaft hat man, je nach der Entwicklung der technischen Untersuchungsmöglichkeiten, die erste, zweite oder dritte Stufe für die Erklärung der makroskopischen Eigenschaften von Zellverbänden herangezogen. Zur Zeit ist gerade deren Deutung auf Grund der submikroskopischen Textur üblich. Doch es versteht sich von selbst, daß nur eine Integration aller Struktureigenheiten zu den makroskopisch wahrnehmbaren Eigenschaften führt, und daß man daher vor lauter Cytologie und Ultrafeinbaulehre die klassische Histologie nicht vernachlässigen darf, wie es heute gerne geschieht. In dieser Hinsicht muß auf die Begriffe der Elastizität der Form und der *Festigkeit der Form* (s. S. 314) hingewiesen werden, die offenbar in der Holztechnologie noch keinen allgemeinen Eingang gefunden haben.

Hier soll vor allem von der Auswirkung des Lamellenbaus und der submikroskopischen Fibrillentextur die Rede sein. Die Schichten- und Lamellarstruktur der Zellwände scheint hauptsächlich für die Schwindungseigenschaften, insbesondere für die Schwindungsanisotropie verantwortlich zu sein. Da die kristallinen Gerüstsubstanzen nur unwesentlich, soweit ihre Elementarfibrillen einen parakristallinen Mantel besitzen, quellen können, müssen die Matrix und die hydrophilen Inkrusten in erster Linie als die maßgebenden Quellsubstanzen betrachtet werden. Wegen ihres meistens amorphen Zustandes sollten sie keine Quellungsanisotropie zeigen. Diese wird jedoch dem System durch den Lamellenbau aufgeprägt. Wichtig ist dabei die gesamte Mittelschicht mit ihren quellbaren Zellwandstoffen; aber auch als Abgrenzung jeder submikroskopischen Appositionslamelle der Sekundärwand muß man sich dünne oder dünnste Filme aus quellbaren Kittsubstanzen vorstellen. Da die Quellung und die Schwindung senkrecht zu den Lamellen erfolgen, machen sie sich auf Grund der zylindrischen Gestalt der Holzzellen hauptsächlich in der Querrichtung geltend, wobei die Tangentialrichtung, bedingt durch die breiteren radialen Mittelschichten und Sekundärwände, bevorzugt wird. Fehlt eine zirkulare Lamellarstruktur der Sekundärwände, wie dies für die Druckholztracheiden und Zugfasern nachgewiesen ist, machen sich Quellung und Schwindung allseitig geltend, mit dem Ergebnis einer unerwartet starken Zunahme der Längsschwindung.

Die Festigkeitseigenschaften werden außer durch die Zellform (Formfestigkeit) auch durch den Mikrofibrillenbau bestimmt. Denn beim Dehnungsversuch gibt es den Lamellenebenen entlang kein Gleiten, sondern die Zellwandschichten brechen bei Überbeanspruchung quer durch, wobei die Mikrofibrillen zerrissen werden. Dies erklärt die geringe Dehnbarkeit bei Fasertextur und die in gewissen Fällen beobachtete Duktilität bei Schraubentextur. Duktile Eigenschaften sind jedoch nur gewährleistet, wenn genügend inkrustierende Substanzen eine plastische gegenseitige Verschiebung der Mikrofibrillen gestatten, wie dies offenbar bei Palmfasern und in geringerem Maße auch bei Druckholztracheiden der Fall ist; fehlen solche „Plastizierer", bleibt die Dehnbarkeit trotz Schraubentextur so unbedeutend wie bei Fasertextur. Bei Zugbelastung spielen die Zugfestigkeit und eventuelle Umorientierungsmöglichkeiten der Mikrofibrillen, bei Druckbelastung dagegen deren Querverfestigung durch Verbänderung oder deren seitliche Abstützung durch Interfibrillarsubstanzen die Hauptrolle.

Theoretisch sollten die submikroskopischen Zellwandtexturen, wie z. B. der Steigungswinkel der Schraubentextur, auch einen Einfluß auf die Schwindungseigenschaften ausüben. Aber offenbar ist dieser, verglichen mit der Auswirkung des Lamellarbaus, gering. Es muß daher in der Hierarchie der morphologischen Gegebenheiten stets abgewogen werden, welche Stufe bei der Integration vorhandener Effekte für die makroskopischen Eigenschaften des Zellverbandes die maßgebende Rolle spielt.

In grober Näherung darf man daher sagen, daß der Lamellenbau in erster Linie für die Schwindungseigenschaften, die Mikrofibrillentextur dagegen für die Festigkeitseigenschaften der Zellwände ausschlaggebend ist.

Rückblick

Funktion der pflanzlichen Zellwand

Die Grundsubstanz der Zellwände ist als metaplasmatische und die Gerüstsubstanz als alloplasmatische Bildung des pflanzlichen Protoplasmas erkannt worden (s. S. 107). Die Zellhaut kann sich daher nur passiv an den Lebensvorgängen der Zelle beteiligen. Trotzdem erscheinen ihre Funktionen erstaunlich vielseitig. Sie ist, mit Ausnahme der Grundprozesse der Assimilation und der Energiegewinnung durch die Dissimilation, an allen physiologischen Verrichtungen der Pflanze irgendwie beteiligt.

Die wichtigste Aufgabe der pflanzlichen Zellwand ist ihre *Stützfunktion*. Sie verleiht der Zelle als Außenskelett die notwendige Festigkeit und Formbeständigkeit. Dies wird auf zwei verschiedenen Wegen erreicht. Einerseits entsteht durch die elastische Straffung dünner Sekundärwände mit typischen Überkreuzungstexturen der notwendige Turgor. Oder es kann sich eine mächtige starre Sekundärwand mit Paralleltextur entwickeln; dabei wird in der Regel der lebende Zellinhalt aufgeopfert und ein Verband sklerifizierter Zellen gebildet, der als Stützgewebe mechanische Aufgaben erfüllt.

Ebenso bedeutsam ist der Abschluß, den die Zellwand den pflanzlichen Protoplasten gegenüber der Außenwelt und gegenüber Nachbarzellen gewährt. Diese Abgrenzung ist vor allem für die Einzeller wichtig und muß daher als phylogenetisch ursprüngliche Aufgabe bewertet werden. Bei den Metaphyten ist diese *Schutzfunktion* nur bei den Epidermiszellen und bei Zellen oder Zellpartien, die an Intercellularen grenzen, erhalten geblieben. Während bei wasserbewohnenden Protophyten der Schutz in erster Linie mechanischer Art sein dürfte, tritt bei den Landpflanzen der Transpirationsschutz in den Vordergrund. Die normale Zellwand ist aus derart hydrophilen Membranstoffen aufgebaut, daß sie sich mit den Dampfdruckschwankungen der Umgebung sofort ins Gleichgewicht setzt. Sie kann daher nicht als Barriere zwischen der hohen Dampfspannung in der Zelle und dem wesentlich geringeren Wasserdampfdruck der umgebenden Luft dienen. Die pflanzlichen Gewebe müßten deshalb sofort vertrocknen, wenn man sie aus dem feuchten Raum in trockenere Luft bringt, wie dies von Moosen und Laichkräutern bekannt ist. Alle an Luft grenzenden Zellwände werden daher durch hydrophobe Cutinschichten verschiedener Mächtigkeit abgedichtet: durch einen submikroskopischen Film gegenüber Intercellularen oder durch die mikroskopische Cuticula im Kontakt mit der Außenluft. Die begrenzenden Zellen der Atemhöhlen oder der Luftkanäle höherer Wasserpflanzen besitzen hauchdünne Cutinlamellen, deren Dicke im Gebiet der Auflösungsgrenze des Lichtmikroskops liegt. Im Gegensatz dazu wird die lipophile Schranke der Epidermis gewisser Xerophyten durch mächtige zusätzliche Cuticularschichten verstärkt. Neben dem Transpirationsschutz wurde den Cutinschichten die Funktion eines Strahlenschutzes gegen ultraviolettes Licht zugeschrieben. Eine UV-Absorption tritt jedoch nur auf, wenn gewisse Pigmente in die Epidermisaußenwand gelangen und dort gespeichert werden, denn das reine Cutin ist UV-durchlässig. Da am gleichen Standort im Gebirge je nach Pflanzenart UV-durchsichtige oder UV-undurchsichtige Epidermen auftreten, scheint die postulierte Funktion des Strahlenschutzes durch die cutinisierten Zellwände in Frage gestellt. Grundsätzlich ist im Hinblick auf die Assimilationstätigkeit der Chloroplasten eher die Durchsichtigkeit der Zellwände für das gesamte photoaktive Spektrum wichtig, weil auf diese Weise die Assimilationsorganelle in den ungeschmälerten Genuß des einstrahlenden Lichtes gelangen. Sobald die Lichtdurchlässigkeit beeinträchtigt wird, wie dies bei der Verkorkung der Zellwände des Periderms geschieht, muß das tiefer gelegene Assimilationsgewebe seine Tätigkeit einstellen.

Dort, wo die Zellwand nicht als Abschluß gegen das äußere Milieu oder gegen innere Lufträume fungiert, bildet sie im Gewebeinnern ein Hindernis für den innigen Kontakt und den gegenseitigen Stoffaustausch benachbarter Protoplasten. Es werden daher Verbindungswege in Form von Plasmodesmen und Tüpfeln geschaffen. Die Elektronenmikroskopie zeigt, daß diese Zellwandaussparungen in den allerjüngsten Stadien, d. h. bei der Anlage der Zellplatte, noch nicht bestehen, sondern erst im Laufe der anschließenden Zellwanddifferenzierung in Erscheinung treten. Man darf aus diesem ontogenetischen Befunde auf eine phylogenetisch späte Neuerwerbung der Wanddurchbrechungen durch die Metaphyten schließen. Es gibt zwar auch Protobionten wie die Radiolarien, Foraminiferen und Diatomeen, deren Plasma durch Poren im Außenskelette direkten Kontakt mit der Außenwelt sucht. Aber bei den Grünalgen, von denen sich die Cormophyten ableiten, ist dies nicht der Fall. Bei dieser Sachlage muß man sich fragen, warum die Bildung der Zellwände im Gewebeinnern, wo diese nachgewiesenermaßen physiologisch ein Hindernis für die Kommunikation zwischen den Protoplasten vorstellen, beibehalten worden ist. Sicher darf dieses konservative Verhalten nicht einfach als Atavismus bewertet werden, denn für die Turgescenz der pflanzlichen Gewebe ist ja die Zellwand unerläßlich. Andererseits wird jedoch die Anlage von Zellwänden auch dann nicht unterlassen, wenn sie sich nachträglich als unnötig erweist. (Zellfusionen der Tracheen, gegliederte Milchröhren, lysigene Exkretbehälter). Solche Wandeinschmelzungen sind jedoch relativ seltene, auffällige Erscheinungen, und sie treten phylogenetisch erst sehr spät bei den Angiospermen auf. Nackte Zellen findet man nur bei den Gameten gewisser niederer Pflanzen, während bei den Phanerogamen sogar die Eizelle und der Pollenschlauch eine plasmafremde Membran aufweisen. Die Ausbildung einer festen Wand ist deshalb ein von der primitiven Stufe der Flagellaten übernommenes und durch die gesamte, Jahrmillionen dauernde phylogenetische Entwicklungsgeschichte der Pflanzenwelt beibehaltenes Merkmal.

Die Pflanzenzelle ist somit prinzipiell behäutet, und einmal gebildete Zellwände bleiben in der Regel erhalten, indem ihre Membransubstanzen endgültig aus dem Stoffwechsel ausscheiden. Da sie vom ferneren Stoffumsatz weitgehend ausgeschlossen bleiben, müssen sie sich, soweit sie nicht einem mikrobiellen Abbau oder dem menschlichen Zugriff anheimfallen, im Laufe der geologischen Äonen auf der Erde in großen Mengen anhäufen.

Es ist nicht anders möglich, als daß ein so urtümliches Organell wie die pflanzliche Zellwand im Laufe der Phylogenie neben ihrer ursprünglichen Schutz- und

Stützfunktion weitere Aufgaben im Lebenshaushalt der Pflanzen übernommen hat. Diese stehen im Zusammenhang mit dem Übergang vom Wasser- zum Landleben. Wie bereits erwähnt, erwies sich der Aufbau der Zellwände an der Gewebeoberfläche wegen des gefährlich großen Verlustes an Transpirationswasser als nachteilig. Im Gewebeinnern erzeigte sich die submikroskopische Capillarenstruktur dagegen als vorteilhaft und führte zur Übernahme gewisser *Leitfunktionen.* Die vasculare Verfrachtung des Transpirationswassers im Xylem geht im Blatt an den Enden der Leitbündelverzweigungen in die extravasculare Wasserleitung über; diese benützt unter Umgehung des lebenden Zellinhaltes die für Wasser leicht wegsamen Zellwände (STRUGGER 1938). Als Ergebnis sind die Protoplasten vom Transpirationswasser und den in ihm gelösten Nährionen umspült. Die gleiche Holopermeabilität der Zellwand, die in den Wurzelhaaren den widerstandslosen Durchtritt der Nährionen bis an die Oberfläche des resorbierenden Plasmas gestattet, erlaubt einen freien Zutritt von Nitrat-, Phosphat- und Kaliumionen zu den Protoplasten des grünen Blattes. Diese leben also nicht wesentlich anders als eine Grünalge im Wasser, indem sie in ihrer unmittelbaren Umgebung aus dem submikroskopischen Schwamm der Zellwand das für ihre Turgescenz notwendige Wasser und die für den Stoffwechsel unentbehrlichen Nährstoffe schöpfen können!

Die Wegsamkeit der Zellwände ist so groß, daß sie an Gewebegrenzen, wo eine Leitfunktion unerwünscht ist, eingeschränkt werden muß. Nicht nur die mit Cutin abgedichtete Epidermisaußenwand bildet eine solche Grenze, sondern es gibt auch innere Scheiden, die die freie Zirkulation des Wassers und damit den unkontrollierbaren Stoffaustausch verunmöglichen. Derartige Einrichtungen sind die Casparyschen Streifen der Wurzelendodermis (S. 62) und die Lichtlinie in der Palisadenepidermis bestimmter Samen (S. 224). In beiden Fällen wird die Grundsubstanz lokal durch kristalline Gerüstsubstanzen oder Inkrusten vollkommen verdrängt und so die submikroskopische Lockerstruktur aufgehoben. Die entsprechenden Zellwandpartien erweisen sich dann als optisch dichter, kristallartig durchsichtig und zufolge ihrer kompakten Textur schwerer löslich. Sie dienen als örtliche Sperren im submikroskopischen Capillarensystem der Zellwand.

Bei allen Pflanzen ist die Durchlässigkeit der Zellwände für Ionen und Mikromoleküle die Voraussetzung für jede Stoffaufnahme und Stoffausscheidung. Die Wasserpflanzen können auf dem Wege der freien Diffusion durch die Zellhäute ihrer ganzen Oberfläche hindurch mit den notwendigen Nährstoffen versorgt werden; bei den Landpflanzen ist dies nur in der Region der Wurzelspitzen möglich, und die im Boden adsorbierten Nährionen müssen in der Regel vermittels des Ionenaustausches mobilisiert werden. Für die Stoffausscheidung steht den Wasserpflanzen wiederum die ganze Oberfläche zur Verfügung; es besteht keine Schwierigkeit für irgendwelche wasserlöslichen Ionen oder Mikromoleküle, die Pflanze durch die Außenwand ihrer Epidermis zu verlassen. Bei den Landpflanzen häufen sich jedoch die entsprechenden Stoffe in der Epidermisaußenwand an: Durch die Speicherung solcher überschüssiger Aschensubstanzen übernimmt die Zellwand einen Teil der pflanzlichen *Ausscheidungsfunktion* (FREY-WYSSLING 1935b). Bei ausgiebigem Regen werden die löslichsten der von der Transpiration in den oberflächlichen Zellwänden zurückgelassenen Salze wie Kaliumcarbonat, Chloride und Sulfate wieder ausgewaschen (cuticulare Rekretion). Die weniger löslichen wie Calciumcarbonat, Phosphate und vor allem Kieselsäure häufen sich jedoch als unlösliche Rekrete an und verursachen eine fortschreitende passive Mineralisierung der Zellwände, die sich in den peripheren Geweben am stärksten bemerkbar macht. Diese von Jahr zu Jahr zunehmende Zellwandverhärtung „immergrüner" Blätter ist zweifellos mit ein Grund dafür, daß deren Lebensdauer auf wenige Jahre beschränkt bleibt. Es gibt allerdings Beispiele wie die Characeen und Diatomeen, deren Zellwände aus mechanischen Gründen durch aktive Mineraleinlagerung verkalken oder verkieseln. Bei den Angiospermen darf eine solche Deutung jedoch aus dem Spiele gelassen werden, weil man die Mineralisierung ihrer Zellwände experimentell unterdrücken kann, ohne daß die Festigkeit der Gewebe darunter leidet.

Schließlich wird nach HABERLANDT (1918) die Zellwand auch in den Dienst der *Sinnesorgane* gestellt. Natürlich können dabei nur passive Funktionen in Betracht kommen. Solche liegen z. B. vor, wenn in der Epidermisaußenwand der Ranken besondere Fühltüpfel oder durch Membranfaltung an der Oberfläche der „Fühlzellen" reizbarer Filamente Fühlpapillen zur Erleichterung der Reizperzeption ausgebildet werden. Weniger überzeugend ist die Deutung der nach außen vorgewölbten oder linsenartig verdickten Epidermisaußenwände gewisser Blätter als Lichtsinnesorgane.

Die funktionelle Betrachtungsweise der Lebensvorgänge wird, verglichen mit der objektiven chemischen Deutung und der entwicklungsphysiologischen Beschreibung, immer ihre teleologischen Schwächen aufweisen. Sie besitzt jedoch den Vorzug, die Lebensprozesse als zielstrebig zu betrachten und sich so mit dem Sinne des Lebens auseinanderzusetzen.

Nachdem in jüngster Zeit die Morphologie in den submikroskopischen Feinbau der Zellen vorgedrungen ist und die Biochemie Methoden ausgearbeitet hat, Zusammensetzung und Stoffwechsel der einzelnen Zellbestandteile aufzuklären, wird das Hauptinteresse der Biologie in der nächsten Zukunft der *Zellphysiologie* gehören. Wie sich die Physiologie der menschlichen Organe erst nach einem großartigen Ausbau der Histologie und der Histochemie entwickeln konnte, so wird die Physiologie der Zellorganelle erst nach Abklärung des genauen Aufbaus und der stofflichen Zusammensetzung sowie der morphologischen und biochemischen Wandlungen der im Elektronenmikroskop entdeckten Ultrastrukturen zur Blüte gelangen können. In dieser Richtung hofft die vorliegende Monographie über die pflanzliche Zellwand für ein, dank günstiger Umstände, chemisch und strukturell sehr weitgehend erschlossenes Zellorganell einen Beitrag geleistet zu haben.

Literatur

AFZELIUS, B. M.: Electron-microscope investigation into exine stratification. Grana Palynologica 1, 22 (1956).
— G. ERDTMAN and F. S. SJÖSTRAND: On the fine structure of the spore wall of Lycopodium clavatum. Svensk bot. Tidskr. 48, 55 (1954).
AGARDH, J.: De cellula vegetabili fibrillis tenuissimis contexta. Lund: Berling 1852.
ALDABA, V. C.: The structure and development of the cell wall in plants. I. Bast fibres of Boehmeria and Linum. Amer. J. Bot. 14, 16 (1927).
ALEXANDROV, W. G., u. L. I. DJAPARIDZE: Über das Entholzen und Verholzen der Zellhaut. Planta (Berl.) 4, 467 (1927).
AMBRONN, H.: Über die Entwicklungsgeschichte und die mechanischen Eigenschaften des Collenchyms. Jb. wiss. Bot. 12, 473 (1879—1881).
— Über Poren in den Außenwänden von Epidermiszellen. Jb. wiss. Bot. 14, 82 (1884).
— Über das optische Verhalten der Cuticula und der verkorkten Membranen. Ber. dtsch. bot. Ges. 6, 226 (1888a).
— Pleochroismus gefärbter Zellmembranen. Ber. dtsch. bot. Ges. 6, 85. — Ann. Chem. Physik 34, 340 (1888b).
— Das optische Verhalten und die Struktur des Kirschgummis. Ber. dtsch. bot. Ges. 7, 103 (1889).
— Über das optische Verhalten und die Struktur der Tonerdefasern. Kolloid-Z. 6, 1 (1910).
— Über Gleitflächen in Zellulosefasern. Kolloid-Z. 36, 119 (1925). Zsigmondy-Festschrift.
—, u. A. FREY: Das Polarisationsmikroskop. Leipzig: Akademische Verlagsgesellschaft 1926.
ANDERSON, D. B.: Über die Struktur der Collenchymzellwand auf Grund mikrochemischer Untersuchungen. S.-B. Akad. Wiss. Wien, Abt. 1 136, 429 (1927).
— Struktur und Chemismus der Epidermis-Außenwand von Clivia nobilis. Jb. wiss. Bot. 69, 501 (1928).
—, and T. KERR: Growth and structure of cotton fibre. J. industr. engng. Chem. 30, 48 (1938).
ANDRESS, K. R.: Das Röntgendiagramm der nativen Cellulose. Z. phys. Chem., Abt. B 2, 380 (1929).
ANT-WUORINEN, O.: Evaluation of the crystallinity of cellulose from the X-ray diffraction pictures. Paper and Timber 37, 335 (1955).
ARENS, K.: Die kutikuläre Exkretion des Laubblattes. Jb. wiss. Bot. 80, 248 (1934).
— Physiologisch polarisierter Massenaustausch bei submersen Wasserpflanzen. Die $Ca(HCO_3)_2$-Assimilation. Jb. wiss. Bot. 83, 513 (1936).
ARNOLD, A.: Ein neues Reagens auf Kallose. Naturwissenschaften 43, 233 (1956).
ARTHO, A. J.: Über die physikalischen Eigenschaften getrockneter Tabakblätter. Diss. E.T.H. Zürich 1955. Vjschr. naturforsch. Ges. Zürich 100, 87 (1955).
ASADI, A. M., T. F. DOUGHERTY and G. W. COCHRAN: An electron microscopic study of the ground substance of connective tissue. Nature (Lond.) 178, 1061 (1956).
ASPINALL, G. O., and G. KESSLER: The structure of callose from the grape vine. Chem. and Ind. 39, 1296 (1957).
ASTBURY, W. T.: Fundamentals of fibre structure. London: Oxford University Press, H. Milford 1933.
— T. C. MARWICK and J. D. BERNAL: X-Ray analysis of the structure of the wall of Valonia ventricosa. Proc. roy. Soc. B 109, 443 (1932).
ASUNMAA, S., and P. W. LANGE: The distribution of cellulose and hemicellulose in the cell wall of spruce, birch, and cotton. Svensk Träforskn. Inst. Medd. 155 (1954).
ATSUKI, K., and S. OKAJIMA: Refractive indices of cellulose, I—II. J. Soc. chem. Ind. Japan B 40, 360 (1937).
AVERY, G. S., and P. R. BURKHOLDER: Polarized growth and cell studies on the Avena coleoptile, phytohormone test object. Bull. Torrey bot. Club 63, 1 (1936).

BAAS BECKING, L. G. M. and C. CHAMBERLIN: A note on the refractive index of chitin. Proc. Soc. exp. Biol. (N.Y.) 22, 256 (1925).
—, and E. W. GALLIHER: Wall structure and mineralization in coralline algae. J. phys. Chem. 35, 467 (1931).
BADENHUIZEN, N. P.: Some observations on removable spirals in Scilla ovatifolia Bak. Protoplasma 43, 429 (1954).
BAILEY, I. W.: The structure of the bordered pits of conifers and its bearing upon the tension hypothesis of the ascent of sap in plants. Bot. Gaz. 62, 133 (1916).
— The formation of the cell plate in the cambium of the higher plants. Proc. nat. Acad. Sci. (Wash.) 6, 197 (1920).
— Aggregations of microfibrils and their orientations in the secondary wall of coniferous tracheids. Amer. J. Bot. 44, 415 (1957).
—, and T. KERR: The visible structure of the secondary wall and its significance in physical and chemical investigations of tracheary cells and fibers. J. Arnold Arbor. 16, 273 (1935).
— — The structural variability of the secondary wall as revealed by „lignin" residues. J. Arnold Arbor. 18, 261 (1937).
—, and M. R. VESTAL: The significance of certain wood-destroying fungi in the study of the enzymatic hydrolysis of cellulose. J. Arnold Arbor. 18, 196 (1937).
BAKER, F.: Role of fungi and actinomycetes in the decomposition of cellulose. Nature (Lond.) 143, 522 (1939).
BALASHOV, V., and R. D. PRESTON: Fine structure of cellulose and other microfibrillar substances. Nature (Lond.) 176, 64 (1955).
— — G. W. RIPLEY and L. C. SPARK: Structure and mechanical properties of vegetable fibres. I. The influence of strain on the orientation of cellulose microfibrils in sisal leaf fibre. Proc. roy. Soc. B 146, 460 (1957).
BALLS, W. L.: The existence of daily growth-rings in the cell-wall of cotton hairs. Proc. roy. Soc. B 90, 542 (1919).
— The determiner of cellulose structure as seen in the cell-wall of cotton hairs. Proc. roy. Soc. B 95, 72 (1923).
— Studies of quality in cotton, S. 71. London: Macmillan & Co. 1928.
BANGHAM, D. H., and F. J. LEWIS: Wettability of the cellulose walls of the mesophyll in the leaf. Nature (Lond.) 139, 1107 (1937).
BARY, A. DE: Über die Wachsüberzüge der Epidermis. Bot. Ztg 29, 128, 566 (1871).
— Vergleichende Anatomie der Vegetationsorgane, S. 88. Leipzig: Wilhelm Engelmann 1877.
BAYLEY, S. T.: X-ray and infrared studies on carrageenin. Biochim. biophys. Acta 17, 194 (1955).
— J. R. COLVIN, F. P. COOPER and C. A. MARTIN-SMITH: The structure of the primary epidermal cell wall of Avena coleoptiles. J. biophys. biochem. Cytol. 3, 171 (1957).
BECHERER, G., u. G. VOIGTLAENDER-TETZNER: Über Röntgenuntersuchungen zur Klärung des Aufbaues von Lignin. Naturwissenschaften 42, 577 (1955).
BECKER, W. A.: Application de la coloration vitale à l'étude de la cytodiérèse. C. R. Acad. Sci. (Paris) 196, 2022 (1933).
— Experimentelle Untersuchungen über die Vitalfärbung sich trennender Zellen. Acta Soc. bot. Polon. 11, 138 (1934).
BECKMANN, E., O. LIESCHE u. F. LEHMANN: Qualitative und quantitative Unterschiede der Lignine. Biochem. Z. 139, 491 (1923).
BERKLEY, E. E., and D. C. WOODYARD: A new microphotometer for analyzing X-ray diffraction patterns of raw cotton. Industr. engng. Chem., analyt. Edit. 10, 451 (1938).
BERSIN, T.: Kurzes Lehrbuch der Enzymologie. Leipzig: Akademische Verlagsgesellschaft 1939.
BERTHOLD, G.: Studien über Protoplasmamechanik. Leipzig: Arthur Felix 1886.
BLANK, F.: The chemical composition of the cell walls of dermatophytes. Biochim. biophys. Acta 10, 110 (1953).
—, u. H. E. DEUEL: Der Einfluß von Heteroauxin auf die Quellung von Membransubstanzen. Vjschr. naturforsch. Ges. Zürich 88, 161 (1943).
—, u. A. FREY-WYSSLING: Protoplasmawachstum und Stickstoffwanderung in der Koleoptile von Zea Mays. Ber. schweiz. bot. Ges. 51, 116 (1941).

BLOCH, R.: Wound healing in higher plants. Bot. Review 7, 110 (1941).

BOBILIOFF, W.: Over de oorzaak der bruine binnenbastziekte van Hevea brasiliensis. Arch. Rubbercult. 3, 173 (1919).

BOLLIGER, R.: Über die UV-Absorption der Kutinschichten. Diplomarbeit E.T.H. Zürich 1956. (Unveröffentlicht.)

BOLLMANN, M.: Über den submikroskopischen Feinbau der Cystolithen. Diplomarbeit E.T.H. Zürich 1951. (Unveröffentlicht.)

BONNER, J.: Zum Mechanismus der Zellstreckung auf Grund der Micellarlehre. Jb. wiss. Bot. 82, 377 (1935).

— The chemistry and physiology of the pectins. Bot. Review 10, 475 (1936).

BONNER, J. T., D. CHIQUOINE and M. Q. KOLDERIE: A histochemical study of differentiation in the cellular slime molds. J. exp. Zool. 130, 133 (1956).

BORESCH, K.: Membranstoffe der Algen. In KLEINS Handbuch der Pflanzenanalyse, Bd. 3/1, S. 269. Berlin: Springer 1932.

BORISSOW, G.: Über die eigenartigen Kieselkörper in der Wurzelendodermis bei Andropogon-Arten. Ber. dtsch. bot. Ges. 42, 366 (1924); 43, 168 (1925); 46, 463 (1928).

BOROUGHS, H., and J. BONNER: Effects of IAA on metabolic pathways. Arch. Biochem. 46, 279 (1953).

BOSSHARD, H. H.: Elektronenmikroskopische Untersuchungen im Holz von Fraxinus excelsior L. Diss. E.T.H. Zürich 1952. — Ber. schweiz. bot. Ges. 62, 482 (1952).

— Der braune Kern der Esche. Holz als Roh- u. Werkstoff 11, 349 (1953).

— Zur Physiologie des Eschenbraunkerns. Schweiz. Z. Forstw. 106, 1 (1955).

— Über die Anisotropie der Holzschwindung. Holz als Roh- u. Werkstoff 14, 285 (1956).

BOUGAULT, J., et L. BOURDIER: Sur les cires des conifères, nouveau groupe de principes immédiats naturels. C. R. Acad. Sci. (Paris) 147, 1311 (1908).

BOYSEN JENSEN, P.: Über die Wachstumsvorgänge in der Spitze der Wurzelhaare von Phleum. Kgl. danske Vid. Selsk. biol. Medd. 22, 1 (1954).

BRANDENBERGER, E., u. A. FREY-WYSSLING: Über die Membransubstanzen von Chlorochytridion tuberculatum W. Vischer: Experienta (Basel) 3, 492 (1947).

—, u. R. SCHINZ: Röntgenographische Untersuchungen an Verkalkungen im Pflanzenkörper. Ber. schweiz. bot. Ges. 54, 255 (1944).

BRAUNER, L.: Untersuchungen über die Elektrolyt-Permeabilität und Quellung einer leblosen natürlichen Membran. Jb. wiss. Bot. 73, 513 (1930).

— Zur Frage der postmortalen Farbstoffaufnahme von Pflanzenzellen. Flora (Jena) 27, 190 (1933).

— M. BRAUNER and M. HASMAN: The relations between water-intake and oxybiosis in living plant-tissues. Rev. Fac. Sci. Istanbul 5, 266 (1940).

BRAUNS, F. E.: The chemistry of lignin. New York: Academic Press 1952.

BRINCMANN, G., u. R. KÜHN: Elektronenmikroskopische Befunde zur Morphologie der Cuticula von Blüten gärtnerischer Nutzpflanzen. Z. Naturforsch. 10 b, 47, 317 (1955).

BROWN, R., and D. BROADBENT: The development of cells in the growing zones of the root. J. exp. Bot. 1, 249 (1951).

BUCHER, H.: Die Tertiärlamelle von Holzfasern und ihre Erscheinungsformen bei Coniferen. Untersuchungen Labor. Cellulosefabrik Attisholz, Solothurn 1953.

— Die Struktur der Tertiärwand von Holzfasern. Holzforsch. 11, 97 (1957).

BÜNNING, E.: Über die Zellmembranen der Spagnaceen. Beih. bot. Zbl. 44 (I), 241 (1927).

BURGER, M.: Bacterial polysaccharides. Springfield, Ill. 1950.

BURSTRÖM, H.: Die osmotischen Verhältnisse während des Streckungswachstums der Wurzel. Ann. agric. Coll. Sweden 10, 113 (1942).

— Studies on growth and metabolism of roots. V. Cell elongation and dry matter content. Physiol. Plantarum (Cph.) 4, 199 (1951).

BUSTON, H. W.: The polyuronide constituents of forage grasses. Biochem. J. 28, 1028 (1934).

CARLQUIST, S.: On the occurence of intercellular pectic warts in Compositae. Amer. J. Bot. 43, 425 (1956).

CARLSTRÖM, D.: The crystal structure of chitin. J. biophys. biochem. Cytol. 3, 669 (1957).

CASTLE, E. S.: Membrane tension and orientation of structure in the plant cell wall. J. cell. comp. Physiol. 10, 113 (1937).

CASTLE, E. S.: Problems of oriented growth and structure in Phycomyces. Quart. Rev. Biol. 28, 364 (1953).
— The mode of growth of epidermal cells of the Avena coleoptile. Proc. nat. Acad. Sci. (Wash.) 41, 197 (1955).
— The topography of tip growth in a plant cell. J. gen. Physiol. 41, 913 (1958).
CAVAZZA, L.: Recherches sur l'imperméabilité des graines dures chez les légumineuses. Bull. Soc. bot. Suisse 60, 596 (1950a).
— Beitrag zur Erkennung von hartschaligen Leguminosensamen. Schweiz. landwirtsch. Mh. 28, 378 (1950b).
CHAYEN, J.: Pectinase technique for isolating plant cells. Nature (Lond.) 170, 1070 (1952).
CHIBNALL, A. C., and S. H. PIPER: Melting points and long crystal spacings of the higher primary alcohols and n-fatty acids. Biochem. J. 28, 2215 (1934a).
— — A. POLLARD, E. F. WILLIAMS and P. N. SAHAI: The constitution of the primary alcohols, fatty acids and paraffins present in plant- and insect waxes. Biochem. J. 28, 2189 (1934b).
CHODAT, R.: Principes de botanique. Paris: J. B. Baillière & Fils. — Genève: Edition „Atar" 1920.
— Sur le mécanisme de la division cellulaire. Bull. Soc. bot. Genève 14, 50 (1922).
CHRISTIANSEN, G. S., and K. V. THIMANN: The metabolism of stem tissue during growth and its inhibition. Arch. Biochem. 26, 230 (1950).
CLARK, G. L., G. J. RITTER and W. A. SISSON: X-ray studies of the structure of wood. Industr. engng. Chem. 22, 481 (1930).
—, and A. F. SMITH: X-ray diffraction studies of chitin, chitosan and derivatives. J. phys. Chem. 40, 863 (1936).
CLARKE, S. H.: The growth, structure and properties of wood. Forest Prod. Res. Lab. Princes Risborough, Special Report, No 5, London 1939.
—, and C. B. PETTIFOR: Influence of cell wall composition on the moisture relations of hardwood timbers. Nature (Lond.) 145, 424 (1940).
CLAYTON, F. H., and F. T. PEIRCE: The rigidity of soda-boiled cotton. Shirley Inst. Mem. 8, 69 (1929).
CLEGG, G. G., and S. C. HARLAND: The measurable characters of raw cotton. 1. The determination of area of cross section and hair weight per centimetre. J. Textile Inst. 14, 489 (1923).
CLELAND, R., and J. BONNER: The residual effect of auxin on the cell wall. Plant Physiol. 31, 350 (1956).
COLVIN, J. R., S. T. BAYLEY and M. BEER: The growth of cellulose microfibrils from Acetobacter xylinum. Biochim. biophys. Acta 23, 652 (1957).
CORMAK, R. G. H.: Action of pectic enzymes on surface cells of living Brassica roots. Science 122, 1019 (1955).
CORRENS, C.: Zur Kenntnis der inneren Struktur einiger Algenmembranen. Zimmermanns Beitr. Morph. u. Physiol. Pflanz. 1, 260 (1893).
CORRENS, E., W. WERGIN u. C. RUSCHER: Über Strukturunterschiede in den Zellwänden von Laubhölzern. Faserforsch. u. Textiltechnik 7, 565 (1956).
CRAFTS, A. S.: A technique for demonstrating plasmodesmata. Stain Technol. 6, 127 (1931).
CRAMER, C.: Über das Vorkommen und die Entstehung einiger Pflanzenschleime. Diss. Zürich u. Pflanzenphysiologische Untersuchungen v. C. NÄGELI u. C. CRAMER, Heft 3, Zürich 1855.
— Über das Verhalten des Kupferoxydammoniaks zur Pflanzenzellmembran, zu Stärke Inulin, zum Zellkern und zum Primordialschlauch. Vjschr. naturforsch. Ges. Zürich 3, 1 (1858).
CROSS, C. F., and E. J. BEVAN: Research on cellulose. London: Longmans, Green & Co. 1918.
CUMMINS, C. S.: The chemical composition of the bacterial cell wall. Int. Rev. Cytol. 5, 25 (1956).
CURRIER, H. B.: Callose substance in plant cells. Amer. J. Bot. 44, 478 (1957).
CZAPEK, F.: Über die sogenannten Ligninreaktionen des Holzes. Hoppe-Seylers Z. physiol. Chem. 27, 141 (1899a).
— Zur Chemie der Zellmembranen bei Laub- und Lebermoosen. Flora (Jena) 86, 361 (1899b).

DADSWELL, H. E., and D. J. ELLIS: Contributions to the study of the cell wall. 1. Methods for demonstrating lignin distribution in wood. J. Council. sci. industr. Res. **13**, 44 (1940a).
— — Contributions to the study of the cell wall. III. The fibre-bonding materials and their importance in pulping. J. Council. sci. indsustr. Res. **13**, 290 (1940b).
DAFERT, F. W.: Phytomelane. In KLEIN: Handbuch der Pflanzenanalyse, Bd. II/1, S. 286. Berlin: Springer 1932.
—, u. R. MIKLAUZ: Untersuchungen über die kohleähnliche Masse der Kompositen. Denkschr. Akad. Wiss. Wien **87**, 143 (1912).
DALITZ, V. C.: Abdruckverfahren zur Beobachtung von Holz im Übermikroskop. Z. wiss. Mikr. **61**, 292 (1953).
DAMM, O.: Über den Bau mehrjähriger Epidermen bei den Dikotyledonen. Beih. bot. Zbl. **11**, 219 (1901).
DAS, D. B., M. K. MITRA and J. F. WAREHAM: Structure of cotton alpha-cellulose. Nature (Lond.) **174**, 1058 (1954).
DAUPHINÉ, A.: Origine et évolution de la lamelle moyenne dans les membranes pectocellulosiques. Rev. gén. Bot. **51**, 321 (1939).
DAVIDSON, G. F.: The specific volume of cotton cellulose. J. Textile Inst. **18**, 175 (1927).
DAWSON, I. M., and H. STERN: Structure in the bacterial cell-wall during cell division. Biochim. biophys. Acta **13**, 31 (1954).
DERUNGS, R.: Trennung von Oligogalakturonsäuren an Anionenaustauschern. Diss. E.T.H. Zürich 1957.
DEUEL, H.: Oxydativer Abbau von Pektin in wässeriger Lösung. Helv. chim. Acta **26**, 2002 (1943).
— Über die Einwirkung von Formaldehyd auf Pektinstoffe. Helv. chim. Acta **30**, 1269 (1947).
— G. HUBER u. L. ANYAS-WEISZ: Über „Salzbrücken" zwischen Makromolekeln von Polyelektrolyten, besonders bei Calciumpektinaten. Helv. chim. Acta **33**, 563 (1950).
— R. LEUENBERGER u. G. HUBER: Über den enzymatischen Abbau von Carubin, dem Galaktomannan aus Ceratonia siliqua L. Helv. chim. Acta **33**, 942 (1950).
—, u. H. NEUKOM: Wasserunlösliche Kupferkomplexe von Polysacchariden. Makromol. Chem. **4**, 97 (1949).
— — Some properties of lucust bean gum. Advanc. Chem., Ser. XI **51**, 1 (1954).
— J. SOLMS u. H. NEUKOM: Carubin und Guaran. Chimia **8**, 64 (1954).
—, u. F. WEBER: Über die Kinetik des enzymatischen Pektinabbaus. Helv. chim. Acta **29**, 1872 (1946).
DIEHL, J. M.: Over plantardige chitine. Chem. Weekbl. **33**, 36 (1936).
—, u. G. VAN ITERSON: Die Doppelbrechung von Chitinsehnen. Kolloid-Z. **73**, 142 (1935).
DIMROTH, K.: Beziehungen zwischen den Absorptionsspektren im Ultraviolett und der Konstitution organischer Verbindungen. Angew. Chem. **52**, 545 (1939).
DIPPEL, L.: Die wandständigen Protoplasmaströmchen und deren Verhältnis zu den spiraligen und netzförmigen Verdickungsschichten. Abh. naturforsch. Ges. Halle **10**, 55 (1868).
— Das Mikroskop, 2. Aufl. Braunschweig 1898.
DISCHENDORFER, O.: Zur Kenntnis der Baumwollhaare. Z. angew. Bot. **7**, 57 (1925).
DRAWERT, H.: Zellmorphologische und zellphysiologische Studien an Cyanophyceen. Planta (Berl.) **37**, 161 (1949).
—, u. I. METZNER: Fluoreszenz- und elektronenmikroskopische Beobachtungen an Cyanophyceen. Ber. dtsch. bot. Ges. **69**, 291 (1956).
EICKE, R.: Beitrag zur Frage des Hoftüpfelbaues der Koniferen. Ber. dtsch. bot. Ges. **47**, 213 (1954).
— Elektronenmikroskopische Untersuchungen an den Tracheiden von Dryopteris Filix mas. Ber. dtsch. bot. Ges. **69**, 347 (1956).
EMERTON, H. W.: The outer secondary wall. In BOLAM, F.: Fundamentals of papermaking fibres. Kenley (Surrey, Engl.): Brit. Paper & Board Makers' Ass. 1958.
—, and V. GOLDSMITH: The structure of the outer secondary wall of pine tracheids from kraft pulps. Holzforsch. **10**, 108 (1956).
ENGEL, W.: Untersuchungen über die Kieselsäureverbindungen im Roggenhalm. Planta (Berl.) **41**, 358 (1953).

ERDTMAN, G.: Pollen morphology and plant taxonomy of angiosperms. Stockholm: Almquist & Wikseel 1952.

ERDTMAN H.: Die phenolischen Inhaltsstoffe des Kiefernkernholzes, ihre physiologische Bedeutung und hemmende Einwirkung auf die normale Aufschließbarkeit des Kiefernkernholzes. nach dem Sulfitverfahren. Justus Liebigs Ann. Chem. **539**, 116 (1939).

— Heartwood extraction of conifers. Tappi **32**, 305 (1949).

— Über einige Inhaltsstoffe des Kernholzes der Coniferenordnung Pinales. Holz als Roh- u. Werkstoff **11**, 245 (1953).

ERRERA, L.: Zellformen und Seifenblasen. Biol. Zbl. **7**, 728 (1888).

— Cours de physiologie moléculaire, S. 41. Bruxelles: H. Lamerin 1907.

ESAU, K.: Vessel development in celery. Hilgardia **10**, 479 (1936).

— Phloem structure in the grapevine and its seasonal changes. Hilgardia **18**, 217 (1948).

ESCHRICH, W.: Ein Beitrag zur Kenntnis der Kallose. Planta (Berl.) **44**, 532 (1954).

— Kallose (Sammelreferat). Protoplasma **47**, 488 (1956).

FALCK, R.: Über korrosive und destruktive Holzzersetzung und ihre biologische Bedeutung. Ber. dtsch. bot. Ges. **44**, 652 (1926).

FALCONE, G., and W. J. NICKERSON: Cell-wall mannan-protein of baker's yeast. Science **124**, 272 (1956).

FARR, W. K., and S. H. ECKERSON: Separation of cellulose particles in membranes of cotton fibres by treatment with hydrochloric acid. Contrib. Boyce Thompson Inst. **6**, 309 (1934).

FAUCONNET, L.: Texture submicroscopique du mucilage de la graine de lin. Pharm. Acta Helv. **23**, 101 (1948).

FERNÁNDEZ-MORÁN, H., and A. O. DAHL: Electron microscopy of ultrathin frozen sections of pollen grains. Science **116**, 465 (1952).

FIERZ, H. E., u. C. ULRICH: Zur Kenntnis des Korkes. Experientia (Basel) **1**, 160 (1945).

FINDLAY, W. P. K., u. J. G. SAVORY: Moderfäule. Holz als Roh- u. Werkstoff **12**, 293 (1954).

FITTING, H.: Bau und Entwicklungsgeschichte der Makrosporen von Isoetes und Selaginella und ihre Bedeutung für die Kenntnis des Wachstums pflanzlicher Zellmembranen. Diss. Strassburg 1900. — Bot. Ztg **58**, 107 (1900).

FRENZEL, P.: Über die Porengrößen einiger pflanzlicher Membranen. Planta (Berl.) **8**, 642 (1929).

FREUDENBERG, K.: Tannin, Cellulose, Lignin. Berlin: Springer 1933.

— Neuere Ergebnisse auf dem Gebiete des Lignins und der Verholzung. Fortschr. Chem. organ. Naturstoffe **11**, 43 (1954).

— Lignin im Rahmen der polymeren Naturstoffe. Angew. Chem. **68**, 84 (1956).

—, u. W. DÜRR: Konstitution und Morphologie des Lignins. In KLEINS Handbuch der Pflanzenanalyse, Bd. 3/1, S. 125. Berlin: Springer 1932.

—, u. T. PLOETZ: Über die Verschiedenheit von Cellulase und Lichenase. Hoppe Seylers Z. physiol. Chem. **259**, 19 (1939).

— H. REZNIK, W. FUCHS u. M. REICHERT: Untersuchungen über die Entstehung des Lignins und des Holzes. Naturwissenschaften **42**, 29 (1955).

—, u. G. SCHUMACHER: Die Ultraviolett-Absorptionsspektren von künstlichem und natürlichem Lignin sowie von Modellverbindungen. S.-B. heidelberg. Akad. Wiss., 3. Abh. **1953/55.**

— F. SOHNS, W. DÜRR u. C. NIEMANN: Über Lignin, Koniferylalkohol und Saligenin. Cellulosechem. **12**, 263 (1929).

— ZOCHER H. u. W. DÜRR: Weitere Versuche mit Lignin. Ber. dtsch. chem. Ges. **62**, 1814 (1929).

FREY, A.: Die submikroskopische Struktur der Zellmembranen. Jb. wiss. Bot. **65**, 195 (1925a).

— Die Technik der dichroitischen Metallfärbungen. Z. wiss. Mikr. **42**, 421 (1925b).

— Das Brechungsvermögen der Zellulosefasern. Kolloidchem. Beih. **23**, 40 (1926). AMBRONN-Festschrift.

— Das Wesen der Chlorzinkjodreaktionen und das Problem des Faserdichroismus. (Ein Beitrag zur Theorie der Färbungen.) Jb. wiss. Bot. **67**, 597 (1927a).

— Der submikroskopische Feinbau der Zellmembranen. Naturwissenschaften **15**, 760 (1927b).

Frey, A: Über die Intermicellarräume der Zellwände. Ber. dtsch. bot. Ges. 46, 444 (1928).

Frey, H. P.: Über den Dichroismus verholzter Zellwände. Diplomarbeit E.T.H. 1955 (unveröffentlicht).

— Lignin. Kolloquiumsvortrag 3. 1. 1957. (Diss. E.T.H. Zürich 1959.)

Frey, R.: Chitin und Zellulose in Pilzzellwänden. Diss. E.T.H. Zürich 1950. — Ber. schweiz. bot. Ges. 60, 199 (1950).

Frey-Wyssling, A.: Mikroskopische Technik der Micellaruntersuchung von Zellmembranen. Z. wiss. Mikr. 47, 1 (1930a).

— Über die Ausscheidung der Kieselsäure in der Pflanze. Ber. dtsch. bot. Ges. 48, 179 (1930b).

— Der Milchsafterguß von Hevea brasiliensis als Blutungserscheinung. Jb. wiss. Bot. 77, 560 (1932).

— Über die Verschiebungsfiguren zellulosischer Zellwände. Z. wiss. Mikr. 51, 29 (1934). Küster-Festschrift.

— Der Aufbau der pflanzlichen Zellwände. Protoplasma 25, 261 (1935a).

— Die Stoffausscheidung der höheren Pflanzen. Berlin: Springer 1935b.

— Über die Dispersion von nativer und Hydrat-Cellulose. Helv. chim. Acta 19, 900 (1936a).

— Über die mikroskopisch heterogene Reaktionsweise von Fasern. Protoplasma 26, 45 (1936b).

— Über die röntgenometrische Vermessung der submikroskopischen Räume in Gerüstsubstanzen. Protoplasma 27, 372 (1937a).

— Ultramikroskopische Untersuchung der submikroskopischen Räume in Gerüstsubstanzen. Protoplasma 27, 563 (1937b).

— Über die submikroskopische Morphologie der Zellwände. Ber. dtsch. bot. Ges. 55, 119 (1937c).

— Submikroskopische Struktur und Mazerationsbilder nativer Cellulosefasern. Papier-Fabrikant 36, 212 (1938a).

— Die mikroskopischen Holzstrukturen bei technischer Überbelastung. Ber. eidg. Materialprüfungs- u. Versuchsanstalt (Zürich) 119, 23 (1938b).

— Über die Entstehung von Harztaschen. Holz als Roh- u. Werkstoff 1, 329 (1938c). — Schweiz. Z. Forstw. 1946, Nr 3.

— Über den Zellulosenachweis mit Jod. Verh. schweiz. naturforsch. Ges. 1939a, 67.

— Über Verschiebungsfiguren in Asbestfasern. Z. wiss. Mikr. 56, 309 (1939b).

— Zur Ontogenie des Xylems in Stengeln mit sekundärem Dickenwachstum. Ber. dtsch. bot. Ges. 58, 166 (1940a).

— Der Feinbau der Zellwände. Naturwissenschaften 28, 385 (1940b).

— Die Optik der Stärkekörner. Ber. schweiz. bot. Ges. 50, 321 (1940c).

— Analyse der Formdoppelbrechungskurven. Kolloid-Z. 90, 33 (1940d).

— Die Anisotropie des Schwindmaßes auf dem Holzquerschnitt. Holz als Roh- u. Werkstoff 3, 43 (1940); 6, 197 (1943).

— Optik gekreuzter Feinbausysteme und Zellwandstreckung. Protoplasma 35, 527 (1941).

— Zur Physiologie der pflanzlichen Glukoside. Naturwissenschaften 30, 500 (1942a).

— Über Zellwände mit Röhrentextur. Jb. wiss. Bot. 90, 705 (1942b).

— Über den Feinbau der Steinzellen. Cellulosechem. 20, 55 (1942c).

— Berechnung des Orientierungsgrades von Gelen aus Refraktionsmessungen. Helv. chim. Acta 26, 833 (1943).

— Das Streckungswachstum der pflanzlichen Zellen. Arch. Klaus-Stift. Vererb.-Forsch. 20, 381 (1945).

— Zur Wasserpermeabilität des Protoplasmas. Experientia (Basel) 2, 132 (1946).

— Anisotropic diffusion of direct dyes in fibres. J. polymer Sci. 2, 314 (1947).

— Über die Dehnungsarbeit beim Streckungswachstum pflanzlicher Zellen. Vjschr. naturforsch. Ges. Zürich 93, 24 (1948a).

— The growth in surface of the plant cell wall. Growth Symposium 12, 151 (1948b).

— Stoffwechsel der Pflanzen, 2. Aufl., Zürich: Büchergilde 1949.

— Elektronenmikroskopie. Neujahrsblatt der naturforsch. Ges. Zürich auf 1951. Vjschr. naturforsch. Ges. Zürich 95, Beih. 4 (1950).

Frey-Wyssling, A.: Über verbänderte Cellulosemikrofibrillen in Zellwänden. Holz als Roh- u. Werkstoff **9**, 333 (1951).
— Deformation and flow in biological systems. Amsterdam: North Holland Publ. Co. 1952 a.
— Wachstumsleistungen des pflanzlichen Zytoplasmas. Ber. schweiz. bot. Ges. **62**, 583 (1952 b).
— — Submicroscopic morphology of protoplasm. 2nd engl. ed. Amsterdam u. New York: Elsevier Publ. Co. 1953 a.
— Über den Feinbau der Stauchlinien in überbeanspruchtem Holz. Holz als Roh- u. Werkstoff **11**, 283 (1953 b).
— The fine structure of cellulose microfibrils. Science **119**, 80 (1954).
— On the crystal structure of cellulose. Biochem. biophys. Acta **18**, 166 (1955).
— Macromolecules in cell structure. Cambridge, Mass.: Harvard University Press 1957.
—, u. H. H. Bosshard: Über den Feinbau der Schließhäute in Hoftüpfeln. Holz als Roh- u. Werkstoff **11**, 417 (1953).
— — u. K. Mühlethaler: Die submikroskopische Entwicklung der Hoftüpfel. Planta (Berl.) **47**, 115 (1956).
— W. Epprecht u. G. Kessler: Zur Charakterisierung der Siebröhren-Kallose. Experientia (Basel) **13**, 22 (1957).
—, u. R. Frey: Tunicin im Elektronenmikroskop. Protoplasma **39**, 656 (1950).
—, u. M. Meyer: Das Lichtbrechungsvermögen der Cellulose in Funktion des Quellungsgrades. Helv. chim. Acta **18**, 1428 (1935).
—, u. W. Michel: Über die „Metachromasie" der Benzidinfarbstoffe in der pflanzlichen Histologie. Vjschr. naturforsch. Ges. Zürich **88**, 147 (1943).
—, and K. Mühlethaler: Submicroscopic structure of cellulose gels. J. polymer. Sci. **1**, 172 (1946).
— — Der submikroskopische Feinbau von Chitinzellwänden. Vjschr. naturforsch. Ges. Zürich **95**, 45 (1950).
— — The fine structure of cellulose. Fortschr. Chem. organ. Naturstoffe 8, 1 (1951 a).
— — Zellteilung im Elektronenmikroskop. Mikroskopie **6**, 28 (1951 b).
— — u. H. H. Bosshard. Das Elektronenmikroskop im Dienste der Bestimmung von Pinus-Arten. Holz als Roh- u. Werkstoff **13**, 245 (1955); **14**, 161 (1956).
— — u. H. Moor: Elektronenmikroskopische Präparationsartefakte dünner Cellulosemembranen. Mikroskopie **11**, 219 (1956).
— — u. R. W. G. Wyckoff: Mikrofibrillenbau der pflanzlichen Zellwände. Experientia (Basel) **4**, 475 (1948).
—, and H. R. Müller: Submicroscopic differentiation of plasmodesmata and sieve plates in Cucurbita. J. Ultrastructure Res. **1**, 38 (1957).
—, u. H. Speich: Über die Durchdringbarkeit der Zellulosefasern. Helv. chim. Acta **25**, 1474 (1942).
—, u. H. Stecher: Das Flächenwachstum der pflanzlichen Zellwände. Experientia (Basel) **7**, 420 (1951).
— — Über den Feinbau des Nostoc-Schleimes. Z. Zellforsch. **39**, 515 (1954).
—, u. E. Steinmann: Die Schichtendoppelbrechung großer Chloroplasten. Biochim. biophys. Acta **2**, 254 (1948).
—, u. F. Stüssi: Festigkeit und Verformung von Nadelholz bei Druck quer zur Faser. Schweiz. Z. Forstw. 1948, Nr. 3.
—, and O. Wälchli: Silver dichroism of micellar systems with fibrous structures. J. polymer. Sci. **1**, 266 (1946).
—, u. E. Weber: Beobachtungen von Koagulationserscheinungen in der Strömungsdoppelbrechungstrommel von Signer. Kolloid-Z. **101**, 199 (1942).
—, u. K. Wuhrmann: Die Abhängigkeit des Lichtbrechungsvermögens kristallisierter Cellulose von der Temperatur. Helv. chim. Acta **22**, 981 (1939).
Freytag, K.: Der submikroskopische Bau der Deckhaare von Lamium Galeobdolon. Protoplasma **43**, 253 (1954).
Fritz, F.: Über die Kutikula von Aloë und Gasteria-Arten. Jb. wiss. Bot. **81**, 718 (1935).
— Untersuchungen über die Kutinisierung der Zellmembranen und den rhythmischen Verlauf dieses Vorganges. Planta (Berl.) **26**, 693 (1937).

FUCHS, W.: Die Chemie des Lignins. Berlin: Springer 1926.

GÄUMANN, E.: Pflanzliche Infektionslehre. Basel: Birkhäuser 1945.

— Die Pilze. Basel: Birkhäuser 1949.

GEESTERANUS, R. A. MAAS: On the development of the stellate form of the pith cells of Juncus species. Proc. Acad. Sci. Amsterd. 44, 489, 648 (1941).

GEISSMANN, T. A.: Anthocyanins, chalcones, aurones, flavones and related water-soluble plant pigments. In PAECH u. TRACEY: Moderne Methoden der Pflanzenanalyse, Bd. 3, S. 450. Berlin: Springer 1955.

GEITLER, L.: Schizophyceen. In LINSBAUERs Handbuch der Pflanzenanatomie, Bd. 6/1b. Berlin: Gebrüder Bornträger 1936.

GÉNEAU DE LAMARLIÈRE, M. L.: Recherches sur quelques réactions des membranes ligni- fiées. Rev. gén. Bot. 15, 149 (1903).

GEZELIUS, K., and B. S. RÅNBY: Morphology and fine structure of the slime mold Dictyo- stelium discoideum. Exp. Cell. Res. 12, 265 (1957).

GICKLHORN, J.: Studien an Eisenorganismen. I. Mitteilung über die Art der Eisenspeiche- rung bei Trachelomonas und Eisenbakterien. S.-B. Akad. Wiss. Wien, Abt. 1 129, 187 (1920).

— Über die Entstehung und die Formen lokalisierter Manganspeicherung bei Wasserpflanzen. Protoplasma 1, 372 (1927).

GIRBARDT, M.: Lebensbeobachtungen an Polystictusversicolor L. Flora (Jena) 142, 540 (1955).

GLASER, L.: The enzymic synthesis of cellulose by Acetobacter xylinum. Biochem. biophys. Acta 25, 436 (1957).

GLASZIOU, K. T.: The effect of auxins on the binding of pectin methylesterase to cell wall preparations. Aust. J. biol. Sci. 10, 436 (1957).

GOMORI, G.: Microscopic histochemistry. Chicago, Ill.: Chicago University Press 1952.

GONELL, H. W.: Röntgenographische Studien an Chitin. Z. physiol. Chem. 152, 18 (1926).

GRAFE, V.: Die Phosphatide der Pflanzenzelle. Protoplasma 17, 602 (1933).

— Untersuchungen über die Physiologie der Pflanzenphosphatide. Beitr. Biol. Pflanz. 23, 336 (1935).

GREEN, P. B.: The spiral growth pattern of the cell wall in Nitella axillaris. Amer. J. Bot. 41, 403 (1954).

— Concerning the site of the addition of new wall substance to the elongating Nitella cell wall. Amer. J. Bot. 45, 111 (1958a).

— Structural characteristics of developing Nitella internodal cell walls. J. biophys. biochem. Cytol. 4, 505 (1958b).

—, and G. B. CHAPMAN: On the development and structure of the cell wall in Nitella. Amer. J. Bot. 42, 685 (1955).

GRIFFIOEN, K.: A study on the dark coloured duramen of ebony. Rec. Trav. bot. néerl. 31, 780 (1934).

— Über Quellungsbilder verschiedener Faserarten und deren Bedeutung für die Faser- struktur. Planta (Berl.) 24, 584 (1935).

— On the origin of lignin in the cell wall. Diss. Leiden 1938. — Rec. Trav. bot. néerl. 35, 322 (1938).

GROB, A.: Beiträge zur Anatomie der Epidermis der Gramineenblätter. Bibl. bot. (Stutt- gart) 7, 1 (1896).

GROSSBARD, E., and R. D. PRESTON: Some submicroscopicals features of bacteria. Nature (Lond.) 179, 448 (1957).

GUNDERMANN, J., W. WERGIN u. K. HESS: Über die Natur und das Vorkommen der Primärsubstanz. Planta (Berl.) 25, 419 (1937a).

— — — Über die Natur und das Vorkommen der Primärsubstanz in den Zellwänden der pflanzlichen Gewebe. Ber. dtsch. chem. Ges. 70, 517 (1937b).

GUTTENBERG, H. v.: Der primäre Bau der Angiospermenwurzel. In LINSBAUERs Handbuch der Pflanzenanatomie, Bd. 8, S. 123. Berlin: Gebrüder Bornträger 1940.

HABERLANDT, G.: Physiologische Pflanzenanatomie, 5. Aufl. Leipzig: Wilhelm Engelmann 1918.

HÄGGLUND, E.: Holzchemie, 2. Aufl. Leipzig: Akademische Verlagsgesellschaft 1939.

— Chemistry of wood. New York: Academic Press 1951.

HÄMMERLING, J.: Entwicklung und Formbildungsvermögen von Acetabularia mediterranea. Biol. Zbl. 52, 42 (1932).

HÄRTEL, O., u. E. PAPESCH: Über die Wachsausscheidung von Koniferen. Ber. dtsch. bot. Ges. 68, 133 (1955).

HÄUSERMANN, E.: Über die Benetzungsgröße der Mesophyllintercellularen. Diss. E.T.H. Zürich. — Ber. schweiz. bot. Ges. 54, 541 (1944).

HALLA, F.: Kristallchemie und Kristallphysik metallischer Werkstoffe, 2. Aufl. Leipzig: Johann Ambrosius Barth 1951.

HALLER, R.: Der histologische Aufbau der Baumwollfaser. Helv. chim. Acta 16, 383 (1933).

— Zur Frage der Existenz von Querelementen innerhalb der nativen vegetabilischen Gespinstfasern. Helv. chim. Acta 18, 800 (1935).

— Nochmals zur Frage der Existenz von Querelementen in den nativen vegetabilischen Gespinstfasern. Helv. chim. Acta 20, 199 (1937).

HANAUSEK, T. F.: Die „Kohleschicht" im Perikarp der Kompositen. S.-B. Akad. Wiss. Wien Abt. 1, 116, 3 (1907).

HANNIG, E.: Über die Bedeutung der Periplasmodien. III. Kritische Untersuchungen über das Vorkommen und die Bedeutung von Tapeten-Periplasmodien. Flora (Jena) 102, 335 (1911).

HANSTEEN-CRANNER, B.: Beiträge zur Biochemie und Physiologie der Zellwand lebender Zellen. Jb. wiss. Bot. 53, 536 (1914).

— Untersuchungen über die Frage, ob in der Zellwand lösliche Phosphatide vorkommen. Planta (Berl.) 2, 438 (1926).

HARDER, R.: Über das Vorkommen von Chitin und Zellulose und seine Bedeutung für die phylogenetische und systematische Beurteilung der Pilze. Nachr. Ges. Wiss. Göttingen 3, 1 (1937).

—, u. W. KOCH: Zur Frage der Identität von Pedinomonas Korschikov und Chlorochytridion Vischer. Arch. Mikrobiol. 20, 343 (1954).

HARTIG, R.: Holzuntersuchungen. Berlin: Springer 1901.

HARTMANN, F.: Das statische Wuchsgesetz bei Nadel- und Laubbäumen. Wien: Springer 1942.

HAUSHOFER, K.: Mikroskopische Reaktionen. Braunschweig 1885.

HEEN, E.: Untersuchungen über Alginsäure. III. Viskosimetrische Molekulargewichtsbestimmungen. Kolloid-Z. 83, 204 (1938).

HEINRICHER, E.: Ein reduziertes Organ bei Campanula-Arten. Ber. dtsch. bot. Ges. 3, 4 (1885).

HELMCKE, J. G.: Die Feinstruktur der Kieselsäure und ihre physiologische Bedeutung in Diatomeenschalen. Naturwissenschaften 41, 254 (1954).

—, u. W. KRIEGER: Feinbau von Diatomeenschalen in Einzeldarstellungen. Z. wiss. Mikr. 60, 197 (1951 a).

— — Elektronenoptische Untersuchungen über den Kammerbau der Diatomeenmembran. Ber. dtsch. bot. Ges. 64, 27 (1951 b).

— — Feinbau der Kieselschalen der Diatomee Cyclotella comta (Ehrbg.) Kütz. Ber. dtsch. bot. Ges. 65, 70 (1952).

—, u. H. RICHTER: Photogrammetrische Ausmessung elektronenmikroskopischer Stereobilder. Z. wiss. Mikr. 60, 189 (1951).

HENGLEIN, F. A.: Pektine. In K. PAECH u. M. V. TRACEY: Moderne Methoden der Pflanzenanalyse, Bd. 2, S. 226. Berlin: Springer 1955.

HENGSTENBERG, J., u. H. MARK: Über Form und Größe der Micelle von Cellulose und Kautschuk. Z. Kristallogr. 69, 271 (1928).

HEPTON, C. E. L., R. D. PRESTON and G. W. RIPLEY: Electron microscopic observations on the structure of the sieve plates in Cucurbita. Nature (Lond.) 176, 868 (1955).

HERMANS, P. H.: Physics and chemistry of cellulose fibres. Amsterdam u. New York: Elsevier Publ. Co. 1949.

— J. J. HERMANS and D. VERMAAS: Density of cellulose fibres. J. polymer Sci. 1, 162 (1946).

—, and A. WEIDINGER: X-ray studies on the crystallinity of cellulose. J. polymer. Sci. 4, 135 (1949).

— — Quantitative investigation of X-ray diffraction by „amorphous" polymers and some other noncrystalline substances. J. polymer Sci. 5, 269 (1950).

HERRMANN, F.: Zur Methode der Veraschung von Gewebsschnitten und der Aschendifferenzierung. Z. wiss. Mikr. **49**, 313 (1932).

HERZBERG, W.: Papierprüfung. Eine Anleitung zum Untersuchen von Papier, S. 340. Berlin: Springer 1932.

HERZOG, R. O., u. W. JANCKE: Das Röntgendiagramm der Cellulose. Z. phys. Chem. A **139**, 235 (1928).

HESS, K., H. KIESSIG, W. WERGIN u. W. ENGEL: Zur Kenntnis der Bildung von Cellulose in der Zellwand. Ber. dtsch. chem. Ges. **72**, 642 (1939).

—, u. H. MAHL: Elektronenoptischer Nachweis großer Perioden bei Kunststoff- und Cellulosefasern. Naturwissenschaften **41**, 86 (1954).

— — u. E. GÜTTER: Elektronenmikroskopische Darstellung großer Längsperioden in Zellulosefasern. Kolloid-Z. **155**, 1 (1957).

— C. TROGUS u. W. WERGIN: Untersuchungen über die Bildung der pflanzlichen Zellwand. Planta (Berl.) **25**, 419 (1936).

— W. WERGIN, H. KIESSIG, W. ENGEL u. W. PHILIPPOFF: Untersuchungen über die Ontogenese und den chemischen Aufbau der pflanzlichen Zellwand. Naturwissenschaften **27**, 622 (1939).

HESTRIN, S., and M. SCHRAMM: Synthesis of cellulose by Acetobacter xylinum. Biochem. J. **58**, 345 (1954).

HEYN, A. N. J.: Der Mechanismus der Zellstreckung. Diss. Utrecht 1931.

— Further investigations on the mechanism of cell elongation and the properties of the cell wall in connection with elongation. I. The load extension relationship. Protoplasma **19**, 78 (1933a).

— X-ray investigations of the cellulose in the wall of young epidermis cells. Proc. Acad. Sci. Amsterd. **36**, 560 (1933b).

— Investigations on the molecular structure of chitin cell wall of sporangiophores of Phycomyces. Protoplasma **25**, 372 (1936).

— The physiology of cell elongation. Bot. Review **6**, 515 (1940).

— Small-angle X-ray scattering in various cellulose fibers and its relation to the micellar structure. Text. Res. J. **19**, 163 (1949).

HILPERT, R. S., u. H. LITTMANN: Über die Verharzung der Zucker durch Säuren und ihre Beziehung zur Lignin-Bestimmung. Ber. dtsch. chem. Ges. **67**, 1551 (1934).

— — Buchenholz-Lignin, ein Reaktionsprodukt der Kohlenhydrate bei der Lignin-Bestimmung. Ber. dtsch. chem. Ges. **68**, 380 (1935).

—, u. O. PETERS: Die direkte Umwandlung der Gerüstsubstanz des Strohes in ein acetyliertes Kohlehydrat. Ber. dtsch. chem. Ges. **68**, 1575 (1935).

HILTZ, M.: Contribution à l'étude des lithocystes et des cystolithes de Ficus elastica. Rev. gén. Bot. **57**, 453 (1950).

HIRST, E. L.: Die Chemie der Pflanzen-Gummi und Schleime. Endeavour **10**, 106 (1951).

HÖGBOM, A. G.: Über Dolomitbildung und dolomitische Kalkalgen. Neues Jb. Mineral., Geol. Paläont. **1**, 262 (1894).

HÖHNEL, F. v.: Über den Kork und verkorkte Gewebe überhaupt. S.-B. Akad. Wiss. Wien Abt. 1 **76**, 507 (1877).

— Über den Einfluß des Rindendruckes auf die Beschaffenheit der Bastfasern der Dicotylen. Jb. wiss. Bot. **15**, 311 (1884).

— Mikroskopie der technisch verwendeten Faserstoffe, 1. Aufl. 1887, 2. Aufl. 1905. Wien-Pest-Leipzig: A. Hartleben.

HOEVEN v. OORDT-HULSHOF, B. v. D.: Cell-wall structure of some monocotyledones. Acta bot. neerl. **6**, 420 (1957).

HOFMEISTER, L.: Mikrurgische Untersuchungen an Borraginoideen-Zellen. II. Mikroinjektion und mikrochemische Untersuchung. Protoplasma **35**, 161 (1940).

HOLTERMANN, C.: SCHWENDENERS Vorlesungen über mechanische Probleme der Botanik. Leipzig: Wilhelm Engelmann 1909.

HONEGGER, R.: Das Polyhydrat des Calcium-Oxalates. Diss. E.T.H. Zürich 1952. — Vjschr. naturforsch. Ges. Zürich **97**, Beih. 1, (1952).

HONJO, G., and M. WATANABE: Examination of cellulose fibre by the low-temperature specimen method of electron diffraction and electron microscopy. Nature (Lond.) **181**, 326 (1958).

Hostettler, F.: Über die Aldobionsäure aus dem Samenschleim von Plantago arenaria Waldst. et Kit. Diss. E.T.H. Zürich 1952.

Houwink, A. L.: A macromolecular mono-layer in the cell wall of Spirillum spec. Biochim. biophys. Acta 10, 360 (1953).

— Flagella, gas vacuoles and cell-wall structure in Halobacterium halobium; an electron microscope study. J. gen. Microbiol. 15, 146 (1956).

—, and D. R. Kreger: Observations on the cell wall of yeasts. Antonie v. Leeuwenhoek 19, 1 (1953).

—, and P. A. Roelofsen: Fibrillar architecture of growing plant cell walls. Acta bot. neerl. 3, 387 (1954).

Huber, B.: Die physiologische Bedeutung der Ring- und Zerstreutporigkeit. Ber. dtsch. bot. Ges. 53, 711 (1935).

— E. Kinder, E. Obermüller u. H. Ziegenspeck: Spaltöffnungs-Dünnstschnitte im Elektronenmikroskop. Protoplasma 46, 380 (1956).

Humphries, E. C.: Mineral components and ash analysis. In K. Paech u. M. V. Tracy, Moderne Methoden der Pflanzenanalyse, Bd. 1, S. 468. Berlin: Springer 1956.

Iterson, G. v.: De wording van den plantaardigen celwand. Chem. Weekbl. 24, 166 (1927).

— Links en rechts in de levende natuur. Handelingen van hat 23. Nederlandsch Natuur-en Geneeskundig Congr. Delft 1931, S. 1.

— Biologische inleiding tot het cellulose-symposium. Chem. Weekbl. 30, 2 (1933).

— Structure of the wall of Valonia. Nature (Lond.) 138, 364 (1936a).

— Notes on the structure of the wall of algae of the genus Halicystis. Proc. Acad. Sci. Amsterd. 39, 1066 (1936b).

— A few observations on the hairs of the stamens of Tradescantia virginica. Protoplasma 27, 190 (1937).

—, and A. D. J. Meeuse: The shape of cells in homogeneous plant tissues. Proc. Acad. Sci. Amsterd. 44, 770, 897 (1941).

— K. H. Meyer u. W. Lotmar: Über den Feinbau des pflanzlichen Chitins. Rec. Trav. chim. Pays-Bas 55, 61 (1936).

Ivanov, Y. G. M.: Measurement of swelling pressure of wood. Composite Wood 3, 91 (1956).

Jaag, O.: Untersuchungen über die Vegetation und Biologie der Algen des nackten Gesteins. Beitr. Kryptogamenflora Schweiz 9, H. 3 (1945).

Jaccard, P.: Anatomische Struktur des Zug- und Druckholzes bei wagrechten Ästen von Laubhölzern. Vjschr. naturforsch. Ges. Zürich 62, 303 (1917).

— Nouvelles recherches sur l'accroissement en épaisseur des arbres. Mémoire Fondation Schnyder von Wartensee Zürich; Lausanne u. Genève 1919.

— Exzentrisches Dickenwachstum und anatomisch-histologische Differenzierung des Holzes. Ber. schweiz. bot. Ges. 48, 491 (1938).

—, u. A. Frey: Einfluß von mechanischen Beanspruchungen auf die Zug- und Druckholzelemente. Jb. wiss. Bot. 68, 844 (1928).

—, and A. Frey-Wyssling: Recherches comparatives sur la production de résine chez les pins scandinaves et chez les pins indigènes. Mitt. schweiz. Anst. forstl. Versuchswes. 19, 11 (1935).

Jancke, W.: Über Torsionserscheinungen bei Bastfasern. Melliand Textilber. 11, 359 (1930).

Jaretzky, R., u. E. Berek: Der Schleim in den Knollen von Orchis purpureus Huds. und Platanthera bifolia (L) Rchb. Arch. Pharm. (Weinheim) 276, 17 (1938).

—, u. H. Ulbrich: Die intraplasmatischen Vorgänge bei der Schleimbildung in den Samen von Linum usitatissimum L. und in der Wurzel von Althaea officinalis L. Arch. Pharm. (Weinheim) 272, 796 (1934).

Jayme, G.: Über die Herstellung von Holocellulosen und Zellstoffen mittels Natriumchlorit. Cellulosechem. 20, 43 (1942).

— Gewinnung von pentosan-armen Zellstoffen aus Rotbuchenholz. Angew. Chem. 59, 150 (1947).

—, u. G. Bauer: Die Unterscheidung von Früh- und Spätholzfasern durch sekundäre Fluoreszenz. Holzforsch. 11, 16 (1957).

—, u. B. Blischnok: Über die chemische Zusammensetzung der verschiedenen Anteile des Kiefernholzes. Holz als Roh- u. Werkstoff 1, 538 (1938).

JAYME, G., u. F. FINCK: Über den Polysaccharidanteil des Fichtenholzes. Cellulosechem. **22**, 102 (1944).

—, u. M. HARDERS-STEINHÄUSER: Über die chemische Zusammensetzung des Zugholzes in einem Pappelholz. Papier **4**, 104 (1950).

—, u. G. HUNGER: Die Oberflächen ungebleichter Fichtensulfat- und Sulfitzellstoffe im elektronenoptischen Bild. Holz als Roh- u. Werkstoff **13**, 212 (1955).

—, u. W. MOHRBERG: Die chemische Zusammensetzung des Getreidestrohs. Mitt. Inst. Cellulose- u. Papierchem. Techn. Hochsch. Darmstadt 1940.

—, u. W. VERBURG: Über ein neues alkalisches Lösungsmittel für Cellulose. (Cellulose-Eisen III-hydroxyd-Weinsäure-Natriumhydroxyd.) Reyon Zellwolle u. andere chem. Fasern **32**, 193, 275 (1954).

JERMYN, M. A.: Cellulose und Hemicellulose. In K. PAECH u. M. V. TRACEY, Moderne Methoden der Pflanzenanalyse, Bd. 2, S. 197. Berlin: Springer 1955.

JODL, R.: Feinstrukturuntersuchungen über Lignine. Brennstoff-Chem. **23**, 163, 175 (1942).

JONAS, K. G.: Zur Kenntnis der Lignin- und Huminsubstanzen. Z. angew. Chem. **34**, 289 (1921).

JØRGENSEN, E. G.: Silicate assimilation by diatoms. Physiol. Plantarum (Cph.) **6**, 301 (1953).

— Solubility of the silica in diatoms. Physiol. Plantarum (Cph.) **8**, 846 (1955).

JUNGERS, V.: Recherches sur les plasmodesmes chez les végétaux. I. et II. Cellule **40**, 5 (1930); **42**, 5 (1933).

JUNKER, E.: Zur Kenntnis der kollidchemischen Eigenschaften des Humus. Beitrag zur Dispersitätschemie des Lignins. Diss. E.T.H. Zürich 1941. — Kolloid-Z. **95**, 213 (1941).

JUTTE, S. M.: Tension wood in wane (Ocotea rubra Mez.). Holzforsch. **10**, 33 (1956).

KALB, L.: Analyse des Lignins. In KLEINs Handbuch der Pflanzenanalyse, Bd. 3/1, S. 156. Berlin: Springer 1932.

KAMAL, M., and R. K. S. WOOD: Pectic enzymes secreted by Verticillium dahliae and their role in the development of the wilt disease of cotton. Ann. appl. Biol. **44**, 322 (1956).

KARGER, I., u. E. SCHMID: Über die Dehnung von Einzelfasern und Haaren. Z. techn. Physik **6**, 127 (1925).

KARIYINE, T., and Y. HASHIMOTO: Chemical components of plant cuticle, with special reference to the triterpenoid constituents. Experientia (Basel) **9**, 136 (1953).

KARRER, P.: Einführung in die Chemie der polymeren Kohlehydrate. Leipzig: Akademische Verlagsgesellschaft 1925.

— Lehrbuch der organischen Chemie, 7. Aufl. Leipzig: Georg Thieme 1941.

KATZ, J. R.: Die Gesetze der Quellung. Kolloid-Beih. **9**, 64 (1914).

— Die Quellung. I. u. II. Ergebn. exakt. Naturwiss. **3**, 316 (1924); **4**, 154 (1925).

KELANEY, M. A. EL, and G. O. SEARLE: Chemical sectioning of plant fibres. Proc. roy. Soc. **106**, 357 (1930).

KERR, T.: The structure of the growth rings in the secondary wall of the cotton hair. Protoplasma **27**, 229 (1937).

—, and I. W. BAILEY: Structure, optical properties and chemical composition of the so-called middle-lamella. J. Arnold Arbor. **15**, 327 (1934).

KESSLER, G.: Zur Charakterisierung der Siebröhren-Kallose. Diss. E.T.H. Zürich 1957. — Ber. schweiz. bot. Ges. **68**, 5 (1958).

KIESER, D. G.: Über die ursprüngliche und eigentümliche Form der Pflanzenzelle. Nova Acta Leopold.-Carol. **9**, 57 (1818).

KIESSIG, H.: Die Beeinflussung der Kristallgitter von Zellulose I und Zellulose II durch Wasser. Z. Elektrochem. **54**, 320 (1950).

KINGSTON, R. S. T., and L. D. ARMSTRONG: Creep in initially green wooden beams. Aust. J. appl. Sci. **2**, 306 (1951).

KISSER, J.: Mazeration parenchymatischer Gewebe bei vollständiger Erhaltung des Zellinhaltes. Planta (Berl.) **2**, 325 (1926).

— Zur Färbung kutinisierter Zellulosemembranen. Z. wiss. Mikr. **45**, 163 (1928a).

— Untersuchungen über das Vorkommen und die Verbreitung von Pektinwarzen. Jb. wiss. Bot. **68**, 206 (1928b).

— u. H. SKUHRA: Zur Methodik der Kutikularanalyse rezenter Pflanzen. Mikroskopie **7**, 164 (1952).

KISSER, J., u. A. STEININGER: Makroskopische und mikroskopische Strukturänderungen bei der Biegebeanspruchung von Holz. Holz als Roh- u. Werkstoff 10, 415 (1952).

KLAGES, F.: Zur Kenntnis der Steinnuß-Mannane. I. Die Konstitution von Mannan A. Die Konstitution von Mannan B. Justus Liebigs Ann. Chem. 509, 159; 512, 185 (1934).

KLASON, P.: Über die Bildung von Lignin im Holz. Ber. dtsch. chem. Ges. 69 B, 676 (1936).

KLEBS, G.: Beiträge zur Morphologie und Biologie der Keimung. Arb. bot. Inst. Tübingen 1, 581 (1884).

KLUG, J.: Über die Sekretdrüsen bei den Labiaten und Kompositen. Diss. Frankfurt a. M. 1926.

KÖHLER, A.: Mikrophotographische Untersuchungen mit ultraviolettem Licht. Z. wiss. Mikr. 21, 129 (1904).

— Ein Glimmerplättchen Grau I. Ordnung zur Untersuchung sehr schwach doppelbrechender Präparate. Z. wiss. Mikr. 38, 29 (1921 a).

— Untersuchungen über das Verhalten einiger Kompensatoren (verzögernder Plättchen) bei einfarbigem und gemischtem Licht. Z. wiss. Mikr. 38, 209 (1921 b).

KÖSTLER, J.: Wirtschaftslehre des Forstwesens. Berlin: P. Parey 1943.

KOHL, G.: Kalksalze und Kieselsäure in der Pflanze. Marburg: Elwert 1889.

KOLBE, R. W., u. E. GÖLZ: Elektronenmikroskopische Diatomeenstudien. Ber. dtsch. bot. Ges. 63, 91 (1943).

KOLLMANN, F.: Technologie des Holzes, Bd. 1, S. 327. Berlin: Springer 1951.

KONDO, Y.: Aschenbilder wichtiger, in den japanischen, deutschen und österreichischen Pharmakopöen fehlender Drogenblätter. J. pharmaceut. Soc. Jap. 54, 179 (1934).

KOOIMAN, P.: Amyloids of plant seeds. Nature (Lond.) 179, 107 (1957).

—, and D. R. KREGER: X-ray observations on *Tamarindus* amyloid. Biochim. biophys. Acta 26, 207 (1957).

KOPP, M.: Über das Sauerstoffbedürfnis wachsender Pflanzenzellen. Diss. E.T.H. Zürich 1948. — Ber. schweiz. bot. Ges. 58, 283 (1948).

KORTÜM, G.: Kolorimetrie und Spektralphotometrie. Berlin: Springer 1948.

KRABBE, G.: Das gleitende Wachstum bei der Gewebebildung der Gefäßpflanzen. Berlin: Gebrüder Bornträger 1886.

KRAWKOW, N. P.: Über verschiedenartige Chitine. Z. Biol. 29, 177 (1892).

KREGER, D. R.: An X-ray study of waxy coatings from plants. Diss. Delft 1948. — Rec. Trav. bot. néerl. 41, 603 (1948).

— The configuration and packing of the chain molecules of native starch as derived from X-ray diffraction of part of a single starch grain. Biochim. biophys. Acta 6, 406 (1951).

— Observations on cell walls of yeasts and some other fungi by X-ray diffraction and solubility tests. Biochim. biophys. Acta 13, 1 (1954).

— New crystallite orientation of cellulose I in Spirogyra cell-walls. Nature (Lond.) 180, 914 (1957 a).

— X-ray interferences of barium sulphate in fungi and algae. Nature (Lond.) 180, 867 (1957 b).

— X-ray diffraction of stopper cork. J. Ultrastructure Res. 1, 247 (1958).

—, and C. SCHAMHART: On the long crystal-spacings in wax esters and their value in microanalysis of plant cuticle waxes. Biochim. biophys. Acta 19, 22 (1957).

KROEMER, K.: Wurzelhaube, Hypodermis und Endodermis der Angiospermen. Bibl. bot. (Stuttgart) 1903, H. 59.

KUBO, I., u. K. KANAMARU: Untersuchungen über die Umwandlung von Hydratcellulose in natürliche Cellulose. Z. phys. Chem. A 182, 341 (1938).

KÜHNELT, W.: Studien über den mikrochemischen Nachweis des Chitins. Biol. Zbl. 48, 374 (1928).

KÜSTER, E.: Die anatomischen Merkmale der Chrysobalaneen, insbesondere ihre Kieselablagerungen. Bot. Zbl. 69, 46 (1897 a).

— Über Kieselablagerungen im Pflanzenkörper. Ber. dtsch. bot. Ges. 15, 136 (1897 b).

— Pathologische Pflanzenanatomie, 2. Aufl., S. 222. Jena: Gustav Fischer 1916.

— Über die Manganniederschläge auf photosynthetisch tätigen Pflanzenzellen. Z. wiss. Mikr. 40, 299 (1923).

— Über die Gewinnung nackter Protoplasten. Protoplasma 3, 223 (1927).

Kwiatowski, A., and K. Lubliner-Mianowska: Investigation on the chemical composition of pollen. Acta Soc. bot. Polon. **26**, 501 (1957).

Kylin, H.: Untersuchungen über die Biochemie der Meeresalgen. Z. physiol. Chem. **94**, 337 (1915).

Lambertz, P.: Untersuchungen über das Vorkommen von Plasmodesmen in den Epidermis-außenwänden. Planta (Berl.) **44**, 147 (1954).

Landolt, H., u. R. Börnstein: Physikalisch-chemische Tabellen, 5. Aufl., S. 985. Berlin: Springer 1923.

Lange, P. W.: Ultraviolett-Absorption und Dichroismus der verholzten Zellwand. Svensk Papperstidn. **47**, 263; **48**, 241 (1944/45).

— Some views on the lignin in the woody fibre. Svensk Papperstidn. **50**, 130 (1947).

Lapwood, D. H.: On the parasitic vigour of certain bacteria in relation to their capacity to secrete pectolic enzymes. Ann. Botany, N.S. **21**, 167 (1957).

Laue, M. v.: Lorentz-Faktor und Intensitätsverteilung in Debye-Scherrer-Ringen. Z. Kristallogr. **64**, 115 (1926).

Lausberg, T.: Quantitative Untersuchungen über die kutikuläre Exkretion des Laubblattes. Jb. wiss. Bot. **81**, 769 (1935).

Lee, B.: The plant cuticle. A macrochemical study. Ann. Botany **39**, 755 (1925).

—, and J. H. Priestley: The plant cuticle. I. Its structure, distribution and function. Ann. Botany **38**, 525 (1924).

Legrand, C.: Mesures précises des paramètres cristallins de la cellulose et de ses dérivés. Application à l'étude de l'hydratation. Bull. Soc. chim. belg. **57**, 113 (1948).

Leitgeb, H.: Die Inkrustation der Membran von Acetabularia. S.-B. Akad. Wiss. Wien, Abt. 1 **96**, 13 (1887).

Lenz, E.: Über den Durchbruch der Seitenwurzeln. Beitr. Biol. Pflanz. **10**, 235 (1911).

Lewis, F. T.: The typical shape of polyhedral cells in vegetable parenchyma and the restoration of that shape following cell division. Proc. Amer. Acad. Arts. Sci. **58**, 537 (1923).

— The shape of tracheids in the pine. J. Bot. (Lond.) **22**, 741 (1935).

— Nature of the outer surface of the cell wall of the mesophyll of the leaf. Nature (Lond.) **141**, 34 (1938).

Lier, F. G.: A comparison of the three-dimensional shapes of cork cambium and cork cells in the stem of Pelargonium hortorum. Bull. Torrey bot. Club **79**, 312, 371 (1952).

Liese, W.: Beitrag zur Warzenstruktur der Koniferentracheiden unter besonderer Berücksichtigung der Cupressaceae. Ber. dtsch. bot. Ges. **70**, 21 (1957a).

— Der Feinbau der Hoftüpfel bei den Laubhölzern. Holz als Roh- u. Werkstoff **15**, 449 (1957b).

—, u. M. Fahnenbrock: Elektronenmikroskopische Untersuchungen über den Bau der Hoftüpfel. Holz als Roh- u. Werkstoff **10**, 197 (1952).

—, u. M. Hartmann-Fahnenbrock: Elektronenmikroskopische Untersuchungen über die Hoftüpfel der Nadelhölzer. Biochim. biophys. Acta **11**, 190 (1953).

—, u. I. Johann: Elektronenmikroskopische Beobachtungen über eine besondere Feinstruktur der verholzten Zellwand bei einigen Coniferen. Planta (Berl.) **44**, 269 (1954a).

— — Experimentelle Untersuchungen über die Feinstruktur der Hoftüpfel bei den Koniferen. Naturwissenschaften **24**, 579 (1954b).

Lindberg, B., and H. Meier: Studies on glucomannans from Norwegian spruce. Svensk Papperstidn. **60**, 785 (1957).

Link, K. P.: The chemical composition of corn (Zea mays) seedlings. I. The isolation of xylan and cellulose from the cell walls. J. Amer. chem. Soc. **51**, 2506 (1929).

Linsbauer, K.: Zur Verbreitung des Lignins bei Gefäßkryptogamen. Öst. bot. Z. **49**, 317 (1899).

Livingston, L. G.: The nature and distribution of plasmodesmata in the tobacco plant. Amer. J. Bot. **22**, 75 (1935).

Lohwag, K.: Untersuchungen über die Holzzerstörung durch Fomes Hartigii Sacc. et Trav. und Fomes robustus Karst. Z. Pflanzenkrankr. **50**, 483 (1940).

Luca, H. A. de, W. B. Campbell and O. Maass: Measurement of the dielectric constant of cellulose. Canad. J. Res. **16 B**, 273 (1938).

Lucas, R.: Über das Zeitgesetz des capillaren Aufstiegs von Flüssigkeiten. Kolloid-Z. **23**, 15 (1918).

LÜDTKE, M.: Zur Kenntnis der pflanzlichen Zellmembran. Justus Liebigs Ann. Chem. **466**, 35 (1928).
— Über die Organisation der pflanzlichen Zellmembran. Cellulosechem. **13**, 169, 185 (1932); **14**, 1 (1932).
LUERSSEN, C.: 2. Über centrifugales locales Dickenwachstum innerer Parenchymzellen der Marattiaceen. Bot. Ztg **31**, 641 (1873).
LÜSCHER, E.: Der Zusammenhang des Suberins mit dem Korkwachs. Diss. Bern 1936.
MACKE, W.: Untersuchungen über die Wirkung des Bors auf Helodea canadensis. Z. Bot. **34**, 241 (1939).
MADER, H.: Untersuchungen an Korkmembranen. Planta (Berl.) **43**, 163 (1954).
MÄULE, C.: Das Verhalten verholzter Membranen gegen Kaliumpermanganat. Fünfstücks Beitr. wiss. Bot. **4**, 166 (1900).
MAGER, H.: Beiträge zur Kenntnis der primären Wurzelrinde. Planta (Berl.) **16**, 666 (1932).
MANGIN, L.: Sur les réactifs iodés de la cellulose. Bull. Soc. bot. France **35**, 421 (1888).
— Sur la callose, nouvelle substance fondamentale dans la membrane. C. R. Acad. Sci. (Paris) **110**, 644 (1890).
— Sur l'emploi du rouge de ruthénium en anatomie végétale. C. R. Acad. Sci. (Paris) **116**, 653 (1893a).
— Recherches sur les composés pectiques. J. Bot. (Paris) **7**, 37, 121, 325 (1893b).
— Sur un essai de classification des mucilages. Bull. Soc. bot. France **41**, 40 (1894).
— Nouvelles observations sur la callose. C. R. Acad. Sci. (Paris) **151**, 279 (1910).
MARK, H.: Physik und Chemie der Cellulose. Berlin: Springer 1932.
MARTENS, P.: Dépouillement cuticulaire spontané sur les pétales de Tradescantia. Bull. Soc. bot. Belg. **66**, 58 (1933).
— Structure, origine et signification du relief cuticulaire. Protoplasma **20**, 483 (1934a).
— Le relief cuticulaire et la différenciation épidermique des organes floraux. Cellule **43**, 289 (1934b).
— Différenciation épidermique et cuticulaire chez Erythraea centaurium. Ann. Sci. natur. Bot. **17**, 7 (1935).
— L'origine des espaces intercellulaires. Cellule **46**, 357 (1937).
— Nouvelle recherches sur l'origine des espaces intercellulaires. Beih. bot. Zbl. A **58**, 349 (1938).
MARVIN, J. W.: The shape of compressed lead shot and its relation to cell shapes. Amer. J. Bot. **26**, 280 (1939).
MARX, M.: Viskosimetrische Molekulargewichtsbestimmung von Cellulose in Kupfer-Aethylendiamin. Makromol. Chem. **16**, 157 (1955).
MATIC, M.: The chemistry of plant cuticles: A study of cutin from *Agave americana* L. Biochem. J. **63**, 168 (1956).
MATTIROLO, O.: La linea lucida nelle cellule Malpighiane degli integumenti seminali. Mem. R. Accad. Sci. Torino II **37**, 1 (1885). — Bot. Zbl. **23**, 136 (1885).
MATZKE, E. B.: The three-dimensional shape of bubbles in foam, an analysis of the rôle of surface forces in three-dimensional cell shape determination. Amer. J. Bot. **33**, 58 (1946).
— Progressive configurational changes, during cell division, of cells within the apical meristem. Proc. nat. Acad. Sci. (Wash.) **42**, 26 (1956).
MEEUSE, A. D. J.: On the nature of plasmodesmata. Protoplasma **35**, 143 (1941a).
— Plasmodesmata. Bot. Review **7**, 249 (1941b).
— A study of intercellular relationships among vegetable cells with special reference to „sliding growth" and to cell shape. Diss. Delft 1941c.
MEIER, H.: Über den Zellwandabbau durch Holzvermorschungspilze und die submikroskopische Struktur von Fichtentracheiden und Birkenholzfasern. Diss. E.T.H. Zürich 1955. — Holz als Roh- u. Werkstoff **13**, 323 (1955).
— On the submicroscopic structure of mannans. Stockholm, Conf. on Electr. Microsc. 1956, S. 298.
— Discussion of the cell wall organisation of tracheids and fibres. Holzforsch. **2**, 41 (1957).
— On the structure of cell walls and cell wall mannans from ivory nuts and from dates. Biochim. biophys. Acta **28**, 229 (1958).
—, u. S. YLLNER: Die Tertiärwand in Fichtenzellstoff-Tracheiden. Svensk Papperstidn. **59**, 395 (1956).

MEIGEN, W.: Beiträge zur Kenntnis des kohlensauren Kalkes. Habil.-Schr. Freiburg 1902.
METZNER, I.: Zur Chemie und zum submikroskopischen Aufbau der Zellwände, Scheiden und Gallerten von Cyanophyceen. Arch. Mikrobiol. 22, 45 (1955).
MEYER, A.: Über die Methoden zur Nachweisung der Plasmaverbindungen. Ber. dscht. bot. Ges. 15, 166 (1897).
MEYER, K. H.: Über die Konstitution und Textur der Stärke und ihren enzymatischen Abbau und Aufbau. Öst. Chem.-Ztg 50, 46 (1949).
— ,and N. P. BADENHUIZEN: Transformation of hydrate cellulose into native cellulose. Nature (Lond.) 140, 281 (1937).
— L. HUBER et E. KELLENBERGER: La texture de la cellulose animale. Experientia (Basel) 7, 216 (1951).
—, et W. LOTMAR: Sur l'élasticité de la cellulose. Helv. chim. Acta 19, 68 (1936).
—, u. H. MARK: Der Aufbau der hochpolymeren organischen Naturstoffe. Leipzig: Akademische Verlagsgesellschaft 1930.
— — Hochpolymere Chemie. Leipzig: Akademische Verlagsgesellschaft 1940.
—, et MISCH, L.: Positions des atomes dans le nouveau modèle spatial de la cellulose. Helv. chim. Acta 20, 232 (1937).
—, et G. W. PANKOW: Sur la constitution et la structure de la chitine. Helv. chim. Acta 18, 589 (1935).
—, et H. WEHRLI: Comparaison chimique de la chitine et de la cellulose. Helv. chim. Acta 20, 353 (1937).
MEYER, MADL.: Die submikroskopische Struktur der kutinisierten Zellmembranen. Diss. E.T.H. Zürich 1938. — Protoplasma 29, 552 (1938).
MHATRE, S. H., and J. M. PRESTON: Some observations on the relations between the densities, moisture absorptions and crystallinities of cellulose fibres. Int. Congr. Pure and Applied Chem. Sect. 10, London July 1947.
MIA, A. J.: Presence of nucleus and cytoplasm in the mature vessel elements and fibre tracheids in Japan jute plants. Nature (Lond.) 175, 177 (1953).
MICHEL, W.: Über die Metachromasie der Benzidinfarbstoffe in der pflanzlichen Histologie. Diss. E.T.H. Zürich 1944. — Ber. schweiz. bot. Ges. 54, 19 (1944).
MIDDLEBROOK, M. J. and R. D. PRESTON: Spiral growth and spiral structure. Biochim. biophys. Acta 9, 32, 115 (1952).
MILANÈZ, F. R.: Ontogênese dos laticiferos do caule de Euphorbia phosphorea. Arch. Jardim Bot. (Rio de J.) 12, 17 (1952).
MÖHRING, A.: Zur Doppelbrechung natürlicher Zellulosefasern und des Chitins. Diss. Jena 1922. — Kolloidchem.-Beih. 23, 162 (1926). AMBRONN-Festschrift.
MOELLER, J.: Über die Entstehung des Acacien-Gummi. S.-B. Akad. Wiss. Wien, Abt. 1 72, 219 (1875).
MOLISCH, H.: Die Pflanze in ihren Beziehungen zum Eisen. Jena: Gustav Fischer 1892.
— Über lokale Membranfärbung durch Manganverbindungen bei einigen Wasserpflanzen. S.-B. Akad. Wiss. Wien, Abt. 1 118, 1427 (1909).
— Die Eisenbakterien. Jena: Gustav Fischer 1910.
— Aschenbild und Pflanzenverwandtschaft. S.-B. Akad. Wiss. Wien, Abt. 1 129, 261 (1920).
— Mikrochemie der Pflanze, 2. Aufl. 1921, 3. Aufl. 1923. Jena: Gustav Fischer.
— Über die Bedeutung des Lignins für die Pflanze. Z. Bot. 25, 583 (1931/32).
MOOR, H.: Der submikroskopische Feinbau der Milchröhren. Diplomarbeit E.T.H. Zürich 1956. Unveröffentlicht.
MÜHLDORF, A.: Das plasmatische Wesen der pflanzlichen Zellbrücken. Beih. bot. Zbl. 56. 171 (1937).
— Einige Betrachtungen zur Membranmorphologie der Blaualgen. Ber. dtsch. bot. Ges. 56, 316 (1938).
MÜHLETHALER, K.: Electron micrographs of plant fibers. Biochim. biophys. Acta 3, 15 (1949a).
— The structure of bacterial cellulose. Biochim. biophys. Acta 3, 527 (1949b).
— Electron microscopy of developing plant cell walls. Biochim. biophys. Acta 5, 1 (1950a).
— Elektronenmikroskopische Untersuchungen über den Feinbau und das Wachstum der Zellmembranen in Mais- und Haferkoleoptilen. Ber. schweiz. bot. Ges. 60, 614 (1950b).

MÜHLETHALER, K.: The structure of plant slimes. Exp. Cell Res. 1, 341 (1950c).
— Elektronenmikroskopische Untersuchungen an pflanzlichen Geweben. Z. Zellforsch. 38, 299 (1953a).
— Untersuchungen über die Struktur der Pollenmembran. Mikroskopie 8, 143 (1953b).
— Die Struktur einiger Pollenmembranen. Planta (Berl.) 46, 1 (1955).
— Electron microscopic study of the slime mold Dictyostelium discoideum (Raper). Amer. J. Bot. 43, 673 (1956).
—, u. R. BRAUN: Elektronenoptische Diatomeen-Untersuchung. Ber. schweiz. bot. Ges. 56, 360 (1946).
MÜLLER, A.: A further X-ray investigation of long-chain compounds (n-hydrocarbon). Proc. roy. Soc. A 120, 437 (1928). — Z. Kristallogr. 70, 386 (1929).
MÜLLER, H. O., u. C. W. A. PASEWALDT: Der Feinbau der Test-Diatomee Pleurosigma angulatum W. Sm. nach Beobachtungen und stereoskopischen Aufnahmen im Übermikroskop. Naturwissenschaften 30, 55 (1942).
MÜNCH, E.: Die Stoffbewegungen in der Pflanze. Jena: Gustav Fischer 1930.
— Statik und Dynamik des schraubigen Baues der Zellwand, besonders des Druck- und Zugholzes. Flora (Jena) 32, 357 (1938).
MUKHERJEE, S. M., J. SIKORSKI and H. J. WOODS: Micellar structure of cellulose. Nature (Lond.) 167, 821 (1951).
NÄGELI, C.: Über den inneren Bau vegetabilischer Zellenmembranen. S.-B. bayer. Akad. Wiss. 1, 282; 2, 151 (1864).
NAKAMURA, Y., u. K. HESS: Zur Kenntnis der chemischen Zusammensetzung von Mais-Koleoptilen. Ber. dtsch. chem. Ges. 71, 145 (1938).
NAYLOR, G. L., and B. RUSSEL WELLS: On the presence of cellulose and its distribution in the cell-walls of brown and red algae. Ann. Botany 48, 635 (1934).
NETOLITZKY, F.: Mikroskopische Untersuchung einer altägyptischen Grabbeigabe. Z. allg. öst. Apothekerverein 41, 916 (1903).
— Die Kieselkörper und Kalksalze als Zellinhaltskörper. In LINSBAUERs Handbuch der Pflanzenanatomie, Bd. 3/1a. Berlin: Gebrüder Bornträger 1929.
NICOLAI, E.: Wall deposition in Chaetomorpha melagonium. Nature (Lond.) 180, 491 (1957).
—, u. A. FREY-WYSSLING: Über den Feinbau der Zellwand von Chaetomorpha. Protoplasma 30, 401 (1938).
—, and R. D. PRESTON: Cell-wall studies in chlorophyceae. I. A general survey of submicroscopic structure in filamentous species. Proc. roy. Soc. B 140, 244 (1952).
NIEUWENHUIS-V. UEXKÜLL, M.: Sekretionskanäle in den Cuticularschichten der extrafloralen Nektarien. Rec. Trav. bot. néerl. 11, 291 (1914).
NORD, F. F., J. SCHUBERT and S. N. ACERBO: On the mechanism of lignification. Naturwissenschaften 44, 35 (1957).
NORMAN, A. G.: The association of xylan with cellulose in certain structural celluloses. Biochem. J. 30, 2054 (1936).
— The biochemistry of cellulose, the polyuronides, lignin etc. Oxford: Clarendon Press 1937.
NORTHCOTE, D. H., and R. W. HORNE: The chemical composition and structure of the yeast cell wall. Biochem. J. 51, 232 (1952).
ODÉN, S.: Om ligninets uppkomst och onwandling i växtriket. Svensk kem. T. 38, 122 (1926).
OHARA, K., u. Y. KONDO: Studien über die Erkennung der Drogen auf Grund des Aschenbildes. J. pharmaceut. Soc. Jap. 49, 164 (1929).
O'KELLEY, J. C.: The use of C^{14} in locating growth regions in the cell wall of elongating cotton fibers. Plant Physiol. 28, 281 (1953).
—, and P. H. CARR: An electron micrographic study of the cell walls of elongating cotton fibres, root hairs, and pollen tubes. Amer. J. Bot. 41, 261 (1954).
OLLINMAA, P. J.: On the anatomic structure and properties of the tension wood in birch. Acta forest. fenn. 64, 171 (1957).
OORT, A. J. P., u. P. A. ROELOFSEN: Spiralwachstum, Wandbau und Plasmaströmung bei Phycomyces. Proc. Acad. Sci. Amsterd. 35, 2 (1932).
OPPENHEIMER, H. R.: Dehnbarkeit und Turgordehnung der Zellmembran. Ber. dtsch. bot. Ges. 48, 192 (1930).

ORGELL, W. H.: The isolation of plant cuticle with pectic enzymes. Plant Physiol. **30**, 78 (1955).

OSTER, G.: Dye binding to high polymers. J. polymer Sci. **16**, 235 (1955).

OVERBECK, F.: Beiträge zur Kenntnis der Zellstreckung. Z. Bot. **27**, 129 (1934).

PALMER, K. J., R. C. MERRILL, H. S. OWENS and M. BALLANTYNE: An X-ray diffraction investigation of pectinic and pectic acids. J. phys. Chem. **51**, 710 (1947).

— T. M. SHAW and M. BALLANTYNE: X-ray and moisture equilibrium investigation. J. polymer Sci **3**, 318 (1947).

PARK, J. T., and J. L. STROMINGER: Mode of action of penicillin. Science **125**, 99 (1957).

PATEL, G. M.: Optical investigation on oxycelluloses. Diss. E.T.H. Zürich 1951. — Makromol. Chem. **7**, 12 (1951).

PERUSEK, M.: Über Manganspeicherung in den Membranen von Wasserpflanzen. S.-B. Akad. Wiss. Wien, Abt. 1 **128**, 3 (1919).

PFEFFER, W.: Zur Kenntnis der Kontaktreize. Unters. bot. Inst. Tübingen **1**, 483 (1885).

PFEIFFER-WELLHEIM, F.: Über ein Silberimprägnierungsverfahren zur Darstellung der Plasmodesmen in einigen Endospermgeweben und bei Moosblättchen. Z. wiss. Mikr. **41**, 325 (1924).

PFITZER, E.: Diatomeen. In SCHENKS Handbuch der Botanik, Bd. 2. Breslau 1882.

PIDGEON, L. M., and O. MAASS: The adsorption of water by wood. J. Amer. chem. Soc. **52**, 1053 (1930).

PIGMAN, W. W., and R. M. GOEPP: Chemistry of the carbohydrates. New York: Academic Press 1948.

PILNIK, W.: Das Verhalten kolloiddisperser Caruba-, Stärke- und Pektinlösungen im Strömungsdoppelbrechungs-Apparat. Mitt. Lebensm.-Unters.Hyg. **36**, 149 (1945).

PIPER, S. H., A. C. CHIBNALL, S. J. HOPKINS, A. POLLARD, J. A. B. SMITH and E. F. WILLIAMS: Synthesis and crystal spacings of certain long-chain paraffins, ketones and secondary alcohols. Biochem. J. **25**, 2072 (1931).

PLATEAU, J.: Statique des liquides. Gand u. Leipzig 1873.

POCKELS, F.: Lehrbuch der Kristalloptik. Leipzig: Teubners Sammlung v. Lehrbüchern 1906.

PÖSCHEL, T.: Über die Gestalt der Kristallkörner im vielkristallinen Werkstoff. Z. Metallk. **35**, 25 (1943).

POLANYI, M.: Das Röntgen-Faserdiagramm. Z. Physik **7**, 148 (1921).

POLITIS, J.: Untersuchungen über die cytologische Bildung der Phytomelane bei einigen Zinnia-Arten. Protoplasma **48**, 269 (1957).

PORSCH, O.: Zur physiologischen Bedeutung der Verholzung. Ber. dtsch. bot. Ges. **44**, 137 (1926).

PRESTON, J. M.: The cellulose-dyestuff complex. I. The structure of cellulose fibres. J. Soc. Dyers Colourists **47**, 312 (1931).

— Relations between the refractive indices and the behaviour of cellulose fibres. Trans. Faraday Soc. **29**, 65 (1933).

PRESTON, R. D.: The organization of the cell wall of the conifer tracheid. Phil. Trans. B **224**, 131 (1934).

— The structure of the walls of parenchyma in Avena coleoptiles. Proc. roy. Soc. B **125**, 372 (1938).

— The fine structure of the wall of the conifer tracheid. I. The X-ray diagram of conifer wood. Proc. roy. Soc. B **133**, 327 (1946).

— The fine structure of the wall of conifer tracheid. II. Optical properties of dissected walls in Pinus insignis. Proc. roy. Soc. B **134**, 202 (1947).

— Spiral growth in sporangiophores of Phycomyces. Biochim. biophys. Acta **2**, 155 (1948).

— The molecular architecture of plant cell walls. New York: J. Wiley & Sons 1952a.

— Biological units of cellulose structures. Symp. Soc. exp. Biol. **6**, 348 (1952b).

— A note of the submicroscopic structure of pectin in collenchyma cell walls. J. exp. Bot. **3**, 437 (1952c).

— Fibrillar units in the structure of native cellulose. Discuss. Faraday Soc. **11**, 165 (1952d).

—, and W. T. ASTBURY: The structure of the wall of the green alga Valonia ventricosa. Proc. roy. Soc. B **122**, 76 (1937).

PRESTON, R. D., W. T. ASTBURY, F. C. STEWARD and K. MÜHLETHALER: Structure of the cell wall of Valonia. Nature (Lond.) **173**, 203 (1954).

— E. NICOLAI, R. REED and A. MILLARD: An electron microscope study of cellulose in the wall of Valonia ventricosa. Nature (Lond.) **162**, 665 (1948).

—, and G. W. RIPLEY: Electron diffraction diagram of cellulose microfibrils in Valonia. Nature (Lond.) **174**, 76 (1954).

PRIESTLEY, J. H.: Studies in the physiology of cambial activity. II. The concept of sliding growth. New Phytologist **29**, 96 (1930).

—, and E. E. NORTH: The structure of the endodermis in relation to its function. New Phytologist **21**, 113 (1922).

—, and E. RHODES: On the macro-chemistry of the endodermis. Proc. roy. Soc. **100**, 119 (1926).

PRINGSHEIM, H., u. W. KUSENACK: Über Lichenin und die Lichenase. V. Mitt. über Hemicellulosen. Hoppe Seylers-Z. physiol. Chem. **137**, 265 (1924).

RÅNBY, B. G.: The physical characteristics of alpha-beta- and gamma-cellulose. Svensk Papperstidn. **55**, 115 (1952a).

— Physico-chemical investigation on animal cellulose (tunicin). Ark. Kemi **4**, 241 (1952b).

—, u. E. RIBI: Über den Feinbau der Zellulose. Experientia (Basel) **6**, 12 (1950).

RAPER, K. B., and D. I. FENNELL: Stalk formation in Dictyostelium. Bull. Torrey bot. Club. **79**, 25 (1952).

RASDORSKY, W.: Über das baumechanische Modell der Pflanzen. Ber. dtsch. bot. Ges. **46**, 48 (1928). — Biol. generalis (Wien) **12**, 359 (1937).

REESS, M.: Zur Kritik der Böhmschen Ansicht über die Entwicklungsgeschichte und Funktion der Thyllen. Bot. Ztg **26**, 1 (1868).

REIMERS, H.: Die Verschiedenheiten im strukturellen Aufbau der Bastfasern in ihrer Bedeutung für die technische Warenkunde. Mitt. Forsch.-Inst. Textilstoffe, Karlsruhe 1920/21. **3**, 109 (1922).

RENDLE, B. J.: Tension wood. Wood (Lond.) **20**, 348 (1955).

— Compression wood. Wood (Lond.) **21**, 120 (1956).

RENNER, O.: Die Lithocysten der Gattung Ficus. Beih. bot. Zbl. **25** (I), 183 (1910).

RIBI, E.: Electron microscopic investigation of the cell wall organization of wood. Exp. Cell Res. **5**, 161 (1953).

RICHARDS, A. G.: Studies on arthropod cuticle. Ann. entom. Soc. Amer. **40**, 227 (1947).

RIKLI, M.: Beiträge zur vergleichenden Anatomie der Cyperaceen mit besonderer Berücksichtigung der inneren Parenchymscheide. Diss. Basel 1895. — Jb. wiss. Bot. **27**, 485 (1895).

RINNE, F., u. M. BEREK: Anleitung zu optischen Untersuchungen mit dem Polarisationsmikroskop, S. 186. Stuttgart: Schweizerbarth 1953.

RITTER, G. J.: Composition and structure of the cell wall of wood. J. industr. engng. Chem. **20**, 941 (1928).

ROBINOW, C. F., and R. G. E. MURRAY: The differentiation of cell wall, cytoplasmic membrane and cytoplasm of Gram positive bacteria by selective staining. Exp. Cell Res. **4**, 390 (1953).

RODEWALD, H.: Untersuchungen über die Quellung der Stärke. Leipzig 1896.

ROELOFSEN, P. A.: The origin of spiral growth in Phycomyces sporangiophores. Rec. Trav. bot. néerl. **42**, 73 (1949/50).

— Cell wall structure in the growth zone of Phycomyces sporangiophores. Biochim. biophys. Acta **6**, 340, 357 (1950/51).

— Contradictory data on spiral structures in the secondary wall of fibers of flax, hemp and ramie. Text. Res. J. **21**, 412 (1951).

— On the submicroscopic structure of cuticular cell walls. Acta bot. néerl. **1**, 99 (1952).

— On the softening of fruits of Mespilus germanica. Acta bot neerl. **3**, 154 (1954).

— Eine mögliche Erklärung der typischen Korrosionsfiguren der Holzfasern bei Moderfäule. Holz als Roh- u. Werkstoff **14**, 208 (1956).

— V. C. DALITZ and C. F. WYNMAN: Constitution, submicroscopic structure and degree of crystallinity of the cell wall of Halicystis osterhoutii. Biochim. biophys. Acta **11**, 344 (1953).

ROELOFSEN, P. A., and A. L. HOUWINK: Cell wall structure of staminal hairs of Tradescantia virginica and its relation with growth. Protoplasma **40**, 1 (1951).

— — Architecture and growth of the primary cell wall in some plant hairs and in the Phycomyces sporangiophore. Acta bot. neerl. **2**, 218 (1953).

—, and D. R. KREGER: The submicroscopic structure of pectin in collenchyma cell walls. J. exp. Bot. **2**, 332 (1951).

— — The submicroscopic structure of pectin in collenchyma cell walls. J. exp. Bot. **5**, 24 (1954).

ROMANO, A. H., and W. J. NICKERSON: The biochemistry of the Actinomycetales. Studies on the cell wall of Streptomyces fradiae. J. Bact. **72**, 478 (1956).

ROSENBOHM, E.: Über die Wärmeentwicklung bei der Quellung von Kolloiden. Kolloid-Beih. **6**, 177 (1914).

RUCH, F.: Eine Apparatur zur Messung des Ultraviolett-Dichroismus von Zellstrukturen. Exp. Cell Res. **2**, 680 (1951).

RUFZ DE LAVISON, J. DE: Du mode de pénétration de quelques sels dans la plante vivante. Rôle de l'endoderme. Rev. gén. Bot. **22**, 225 (1910).

RUGE, U.: Zur Theorie der Mechanik der Zellstreckung und des Streckungswachstums. Planta (Berl.) **32**, 571 (1942).

RUHLAND, W., u. C. HOFFMANN: Die Permeabilität von Beggiatoa mirabilis. Planta (Berl.) **1**, 1 (1925).

RUNDLE, R. E., J. F. FOSTER and R. R. BALDWIN: On the nature of the starch-iodine complex. J. Amer. chem. Soc. **66**, 2116 (1944).

RUNKEL, R. O. H., u. M. LÜTHGENS: Untersuchungen über die Heterogenität der Wassersorption der chemischen und morphologischen Komponenten verholzter Zellwände. Holz als Roh- u. Werkstoff **14**, 424 (1956).

RUSSEL, E. J.: Boden und Pflanze. Dresden u. Leipzig: Theodor Steinkopff 1936.

RUSSOW, E.: Zur Kenntnis des Holzes, insonderlich des Coniferenholzes. Bot. Zbl. **13**, 171 (1883).

SACHS, J.: Handbuch der Experimental-Physiologie der Pflanzen. Leipzig 1865.

— Über die Anordnung der Zellen in jüngsten Pflanzenteilen. Arb. bot. Inst. Würzburg **2**, 46 (1878).

— Über die Porosität des Holzes. Arb. bot. Inst. Würzburg 2, 291 (1879).

SAKOSTSCHIKOFF, A., u. D. TUMARKIN: Über die Homogenität nativer Zellulosen und ihrer Derivate. Melliand Textilber. **16**, 214, 366, 499 (1935).

SALTON, M. R. J.: Structure of the bacterial cell wall. Biochim. biophys. Acta **10**, 512 (1953).

—, and R. C. WILLIAMS: Electron microscopy of the cell walls of Bacillus megaterium and Rhodospirillum rubrum. Biochim. biophys. Acta **14**, 455 (1954).

SANIO, C.: Einige Bemerkungen über den Bau des Holzes. Bot. Ztg **18**, 193, 201, 209 (1860).

— Anatomie der gemeinen Kiefer. Jb. wiss. Bot. **9**, 50 (1873).

SCHAEDE, R.: Über den Feinbau der Parenchymmembranen. Ber. dtsch. bot. Ges. **58**, 275 (1940).

SCHAEFER, A. C.: Über Bildung und Wirkung eines zellulosespaltenden Fermentes aus Schimmelpilzen. Ber. schweiz. bot. Ges. **67**, 218 (1957).

SCHAUENSTEIN, E., E. TREIBER, W. BERNDT, W. FELBINGER u. H. ZIMA: UV-Absorptionsspektren von Seidenfibroin und Cellulose in Lithiumbromidlösung. Mh. Chem. **85**, 120 (1954).

SCHELLENBERG, C.: Beiträge zur Kenntnis der verholzten Zellmembran. Jb. wiss. Bot. **29**, 237 (1896).

SCHERRER, P.: Bestimmung der inneren Struktur und der Größe von Kolloidteilchen mittels Röntgenstrahlen. In Kolloidchemie von R. ZSIGMONDY, 3. Aufl., S. 387. Leipzig 1920.

SCHIEFERSTEIN, R. H., and W. E. LOOMIS: Wax deposits on leaf surfaces. Plant Physiol. **31**, 240 (1956).

SCHILLING, E.: Ein Beitrag zur Physiologie der Verholzung und des Wundreizes. Jb. wiss. Bot. **55**, 177 (1915).

SCHLOTMANN, A.: Untersuchungen über die Struktur pflanzlicher Haare und Fasern. Planta (Berl.) **19**, 313; **21**, 515 (1933).

SCHMIDT, E.: Zur Kenntnis pflanzlicher Inkrusten. II. Ber. dtsch. chem. Ges. **54**, 3241 (1921).

— E. GEISLER, P. ARNDT u. F. IHLOW: Zur Kenntnis pflanzlicher Inkrusten. III. Ber. dtsch. chem. Ges. **56**, 23 (1923).

—, u. E. GRAUMANN: Reindarstellung pflanzlicher Skelettsubstanzen. Ber. dtsch. chem. Ges. **54**, 1860 (1921).

— W. HAAG u. L. SPERLING: Zur Kenntnis pflanzlicher Inkrusten VI. Ber. dtsch. chem. Ges. **58**, 1394 (1925).

— M. HECKER, W. P. DANDEBEUR u. M. ATTERER: Die quantitative Bestimmung der Carboxyl-Gruppen von Cellulose durch konduktometrische Titration. Ber. dtsch. chem. Ges. **67**, 2037 (1934).

SCHMIDT, O. TH.: Natürliche Gerbstoffe. In PAECH u. TRACY, Moderne Methoden der Pflanzenanalyse, Bd. 3, S. 517. Berlin: Springer 1955.

SCHMIDT, W. J.: Polarisationsoptische Analyse des submikroskopischen Baues von Zellen und Geweben. In Handbuch der biologischen Arbeitsmethoden, Abt. V, Teil 10, S. 435. Berlin u. Wien: Urban & Schwarzenberg 1934.

— Einige Verfahren zur mikroskopischen Bestimmung der Brechzahlen von Zellen und Geweben. In Handbuch der biologischen Arbeitsmethoden, Abt. V, Teil 10, S. 827. Berlin: u. Wien: Urban & Schwarzenberg 1935.

— Die Doppelbrechung von Karyoplasma, Zytoplasma und Metaplasma. Berlin: Gebrüder Bornträger 1937.

— Über den polarisationsoptischen Nachweis des Chitins bei Tieren und Pflanzen. Z. wiss. Mikr. **56**, 24 (1939).

SCHOCH, K.: Quantitative Erfassung der kutikularen Rekretion von K und Ca. Diss. E.T.H. Zürich 1955. — Ber. schweiz. bot. Ges. **65**, 206 (1955).

SCHOCH-BODMER, H.: Methoden zur Ermittlung der Wachstumsgeschwindigkeit der Pollenschläuche im Griffel. Verh. schweiz. naturforsch. Ges. **113**, 368 (1932).

— Beiträge zur Kenntnis des Streckungswachstums der Gramineen-Filamente. Planta (Berl.) **30**, 168 (1939).

— Über das Spitzenwachstum der Pollenschläuche. Ber. schweiz. bot. Ges. **55**, 154 (1945a).

— Interpositionswachstum, symplastisches und gleitendes Wachstum. Ber. schweiz. bot. Ges. **55**, 313 (1945b).

—, u. P. HUBER: Wachstumstypen plastischer Zellmembranen. Mitt. naturforsch. Ges. Schaffhausen **21**, 29 (1946).

— — Über Flächenwachstum, insbesondere über Fasergabelungen. Vjschr. naturforsch. Ges. Zürich **94**, 188 (1949).

SCHÖNLEBER, K.: Beiträge zur Kenntnis der Manganvererzung der Pflanzenzellmembranen. Protoplasma **27**, 599 (1937).

SCHOLL, E.: Die Reindarstellung des Chitins aus Boletus edulis. Mh. Chem. **29**, 1023 (1908).

SCHRAMM, M.: Synthesis of C^{14}-labelled cellulose by a dry cell preparation of Acetobacter xylinum. Bull. Res. Council Israel A **5**, 98 (1955).

— Z. GROMET and S. HESTRIN: Oxidation and transformation of sugars by preparations of Acetobacter xylinum. Bull. Res. Council. Israel A **5**, 99 (1955).

— — — Role of hexose phosphate in synthesis of cellulose by Acetobacter xylinum. Nature (Lond.) **179**, 28 (1957).

SCHRAUTH, W.: Über das Lignin. Z. angew. Chem. **36**, 149 (1923).

SCHÜRHOFF, P.: Zytologische Untersuchungen in der Reihe der Geraniales. Jb. wiss. Bot. **63**, 707 (1924).

SCHULTZE, M.: Die Struktur der Diatomeenschale. Verh. naturhist. Ver. preuß. Rheinl. u. Westfalens **20**, 39 (1863).

SCHULZ, G. V., u. M. MARX: Über Molekulargewichte und Molekulargewichtsverteilungen nativer Cellulose. Makromol. Chem. **14**, 52 (1954).

SCHULZE, B., G. THEDEN u. O. VAUPEL: Röntgen-Interferenzuntersuchungen einheimischer Holzarten im gesunden Zustand und nach Pilzangriff. Holz als Roh- u. Werkstoff **1**, 75 (1937).

SCHUMACHER, W.: Über Ektodesmen und Plasmodesmen. Ber. dtsch. bot. Ges. **70**, 335 (1957).

SCHUMACHER W., u. W. HALBSGUTH: Über den Anschluß einiger höherer Parasiten an die Siebröhren der Wirtspflanzen. Jb. wiss. Bot. 87, 324 (1938).

—, u. H. MATTHAEI: Über den Zusammenhang zwischen Streckungswachstum und Eiweiß-Synthese. Planta (Berl.) 45, 213 (1955).

SCHURZ, J.: Textures of native celluloses as revealed by X-rays. Phyton 5, 33 (1955).

SCHWALBE, C. G., u. E. BECKER: Die chemische Zusammensetzung einiger deutscher Holzarten. Angew. Chem. 32, 229 (1919).

SCHWEIZER, E.: Das Kupferoxyd-Ammoniak, ein Auflösungsmittel für die Pflanzenfaser. Vjschr. naturforsch. Ges. Zürich 2, 395 (1857). — J. prakt. Chem. 72, 109 (1857).

SCHWENDENER, S.: Das mechanische Prinzip im anatomischen Bau der Monokotylen. Leipzig: Wilhelm Engelmann 1874.

— Die Schutzscheiden und ihre Verstärkungen. Abh. dtsch. Akad. Wiss. Berl., Abh. III 1882.

— Über die „Verschiebungen" der Bastfasern im Sinne HÖHNELS. Ber. dtsch. bot. Ges. 12, 234 (1894).

SCOTT, F. M.: Internal suberization of tissues. Bot. Gaz. 111, 378 (1950).

— K. C. HAMMER and E. BAKER: Ultrasonic and electronmicroscopic study of onion epidermal wall. Science 125, 399 (1957).

— — E. BALSER and E. BOWLER: Electron microscope studies on cell wall growth in the onion root. Amer. J. Bot. 43, 313 (1956).

SEN, M. K., and S. C. ROY: Structures of native and mercerized celluloses. Nature (Lond.) 173, 298 (1954).

SENFT, E.: Über das Vorkommen der sogenannten Phytomelane und über die humifizierten Membranen bei Kryptogamen. Z. allg. öst. Apothekerverein 51, 612 (1913).

SHIBATA, K., u. M. KISHIDA: Untersuchungen über das Vorkommen und die physiologische Bedeutung der Flavonderivate in den Pflanzen. Ein Beitrag zur chemischen Biologie der alpinen Gewächse. Bot. Mag. (Tokyo) 29, 301 (1916). — Bot. Zbl. 132, 343 (1916).

SHINKE, N., and K. UEDA: A cytomorphological and cytochemical study of Cyanophyta. Mem. Coll. Sci. Univ. Kyoto B 23, 101 (1956).

SIDDIQI, A. M., and A. L. TAPPEL: Catalysis of linoleate oxidation by pea lipoxidase. Arch. Biochem. 60, 91 (1956).

SIEGEL, S. M.: On the biosynthesis of lignin. Physiol. Plantarum (Cph.) 6, 134 (1953).

SINNOTT, E. W., and R. BLOCH: Changes in intercellular relationships during the growth and differentiation of living plant tissues. Amer. J. Bot. 26, 625 (1939).

SISSON, W. A.: Identification of cristalline cellulose in young cotton fibres by X-ray diffraction analysis. Contrib. Boyce Thompson Inst. 8, 389 (1937).

— The existence of mercerized cellulose and its orientation in Halicystis as indicated by X-ray diffraction analysis. Science 87, 350 (1938a).

— Orientation in young cotton fibres as indcated by X-ray diffraction studies. Contrib. Boyce Thompson Inst. 9, 329 (1938b).

— X-ray studies regarding the formation and orientation of crystalline cellulose in the wall of Valonia. Contrib. Boyce Thompson Inst. 12, 171 (1941a).

— Some X-ray observations regarding the membrane structure of Halicystis. Contrib. Boyce Thompson Inst. 12, 31 (1941b).

—, and L. CLARK: X-ray method for quantitative comparison of cristallite orientation in cellulose fibers. Industr. engng. Chem., Anal. 5, 296 (1933).

SITTE, P.: Untersuchungen zur submikroskopischen Morphologie der Pollen- und Sporenmembranen. Mikroskopie 8, 290 (1953).

— Untersuchungen zum Feinbau verholzter Zellwände. Rapp. Europ. Congr. Electr.-Micr. Bruxelles, S. 83, 1954.

— Der Feinbau verkorkter Zellwände. Mikroskopie 10, 178 (1955).

SLOEP, A. C.: Onderzoekingen over Pectinestoffen. Diss. Delft 1928.

SÖDING, H.: Wachstum und Wanddehnbarkeit bei der Haferkoleoptile. Jb. wiss. Bot. 74, 127 (1931).

— Über die Wachstumsmechanik der Haferkoleoptile. Jb. wiss. Bot. 79, 231 (1934).

SOLLAS, I. B. I.: On the identification of chitin by its physical constants. Proc. roy. Soc. B 79, 474 (1907).

Sommer, H.: Grundlagen der Berstfestigkeitsprüfung. Melliand Textilber. **22**, 414, 426, 516, 564 (1941).

Sonntag, P.: Die Beziehungen zwischen Verholzung, Festigkeit und Elastizität vegetabilischer Zellwände. Landwirtsch. Jb. **21**, 839 (1892).

— Über die mechanischen Eigenschaften des Roth- und Weißholzes der Fichte und anderer Nadelhölzer. Jb. wiss. Bot. **39**, 71 (1904).

— Die duktilen Pflanzenfasern, der Bau ihrer mechanischen Zellen und die etwaige Ursache der Duktilität. Flora (Jena) **99**, 203 (1909).

Sorauer, P.: Handbuch der Pflanzenkrankheiten, Bd. 1. Berlin: Parey 1909.

Speich, H.: Über die Optik der Kartoffelstärkekörner. Diss. E.T.H. Zürich (1941). — Ber. schweiz. bot. Ges. **52**, 175 (1942).

Sponsler, O. L.: Orientation of the cellulose space lattice in the cell wall. Protoplasma **12**, 241 (1931).

—, and W. H. Dore: The structure of ramie cellulose as derived from X-ray data. H. B. Weiser edit.. Colloid Symp. Monogr. **4**, 174 (1926).

Spurr, A. R.: Boron in morphogenesis of plant cell walls. Sience **126**, 78 (1957). — Amer. J. Bot. **44**, 637 (1957).

Stähelin, C., u. J. Hofstetter: Chemische Untersuchung einiger Rinden. Justus Liebigs Ann. Chem. **51**, 63 (1844).

Stamm, A. J., and L. A. Hansen: The bonding force of cellulosic materials for water (from specific volume and thermal data). J. phys. Chem. **41**, 1007 (1937).

—, and R. M. Seborg: Adsorption compression on cellulose and wood. I. Density measurments in benzene. J. phys. Chem. **39**, 133 (1934).

Staudinger, H.: Die hochmolekularen organischen Verbindungen Kautschuk und Cellulose. Berlin: Springer 1932.

— Über die Konstitution der Cellulose. Svensk kem. T. **49**, 3 (1937).

—, u. E. Dreher: Über hochpolymere Verbindungen. 142. Mitt. Über das Lignin. Ber. dtsch. chem. Ges. **69**, 1729 (1936).

— M.: Chemische Anatomie des Holzes. Holz als Roh- u. Werkstoff **5**, 193 (1942).

Stecher, H.: Über das Flächenwachstum der pflanzlichen Zellwand. Mikroskopie **7**, 30 (1952).

Stein v. Kamiensky-Jancke, I.: Untersuchungen über Bau, Chemismus und submikroskopische Struktur der Palisadenschicht von Leguminosensamen. Mikroskopie (Wien) **12**, 357 (1957).

Steiner, M., u. H. Holtzen: Triterpene. In Paech u. Tracey, Moderne Methoden der Pflanzenanalyse, Bd. 3, S. 118 u. 131. Berlin: Springer 1955.

—, u. I. Jancke: Sind die Malpighischen Zellen die Epidermis der Leguminosentesta? Öst. bot. Z. **102**, 542 (1955).

Stemsrud, F.: Über die Feinstruktur der Hoftüpfel-Schließhaut von Nadelhölzern. Holzforsch. **10**, 69 (1956).

Sterling, C., and B. J. Spit: Microfibrillar arrangement in developing fibres of Asparagus. Amer. J. Bot. **44**, 851 (1957).

Steward, F. C.: On the evidence for phosphatides in the external surface of the plant protoplast. Biochem. J. **22**, 268 (1928).

— Phosphatides in the limiting protoplasmic surface. Protoplasma **7**, 602 (1929).

—, and K. Mühlethaler: The structure and development of the cell wall in the Valoniaceae. Ann. Botany, N.S. **17**, 295 (1953).

Strasburger, E.: Über den Bau und das Wachstum der Zellhäute. Jena 1882.

— Über Kern- und Zellteilung im Pflanzenreiche. Jena: Gustav Fischer 1888.

— Über das Wachstum vegetabilischer Zellhäute. Histologische Beitr., Heft 2, Jena 1889.

— Über Plasmaverbindungen pflanzlicher Zellen. Jb. wiss. Bot. **36**, 493 (1901).

Strepkov, S. M.: Apparat zur Extraktion der Kohlehydrate bei der Mikroanalyse der Pflanzenstoffe. Z. analyt. Chem. **108**, 406; **111**, 57 (1937).

Strugger, S.: Die Beeinflussung des Wachstums und des Geotropismus durch die Wasserstoffionen. Ber. dtsch. bot. Ges. **50**, 70 (1932).

— Praktikum der Zell- und Gewebephysiologie der Pflanze. Berlin: Gebrüder Bornträger 1935.

STRUGGER, S.: Die lumineszenzmikroskopische Analyse des Transpirationsstromes im Parenchym. Flora (Jena) **33**, 56 (1938).
— Die Anwendung der Lumineszenzmikroskopie in der Botanik. Zeiss-Nachr. **3** 69 (1939).
— Fluoreszensmikroskopie und Mikrobiologie, S. 64. Hannover: Schaper 1949.
STÜSSI, F.: Baustatik. I. Basel: Birkhäuser 1946.
— Über Grundlagen des Ingenieurholzbaues. Schweiz. Bauztg. **129** (1947).
SULSER, H.: Die Kugeldurchstoßprüfung. Schweiz. Arch. angew. Wiss. Techn. **13**, 45 (1947).
TAGAWA, T., and J. BONNER: Mechanical properties of the Avena coleoptile as related to auxin and to ionic interactions. Plant Physiol. **32**, 207 (1957).
TAMMES, T.: Der Flachsstengel. Natuurk. Verh. Holl. Mij. Wetensch. Haarlem, Ser. 3, 6. Folg., 4. Teil, 1908.
TANGL, E.: Über offene Kommunikationen zwischen den Zellen des Endosperms einiger Samen. Jb. wiss. Bot. **12**, 170 (1879).
THALER, I., u. F. WEBER: Kallosehülle um Kalziumoxalatdrusen. Phyton **7**, 8 (1957).
THIMANN, K. V.: Studies on the physiology of cell enlargement. Growth Symp. **10**, 5 (1951).
— The physiology of growth in plant tissues. Amer. Scient. **42**, 589 (1954).
—, and J. BONNER: The mechanism of the action of the growth substance of plants. Proc. roy. Soc. B **113**, 126 (1933).
—, and A. C. LEOPOLD: Plant growth hormones. In: The Hormones, vol. 3, S. 1. New York: Academic Press 1955.
THOMAS, M.: Melanins. In PAECH u. TRACEY, Moderne Methoden der Pflanzenanalyse, Bd. 4, S. 660. Berlin: Springer 1955.
— R. C.: Composition of fungus hyphæ. Ohio J. Sci. **42**, 60 (1942); **43**, 135 (1943).
THOMS, G.: Beitrag zur Kenntnis des Teakholzes (Tectonia grandis). Landwirtsch. Versuchsstat. **23**, 413 (1879).
THOMSON, W.: On the division of space with minimum partitional area. Phil. Mag, V. Ser. **24**, 503 (1887).
TIEGHEM, P. VAN, et H. DOULIOT: Origine des radicelles des dicotylédones. Ann. Sci. natur. Bot., Sér. VII 8, 12 (1888).
TIMBERLAKE, H. G.: The development and function of the cell plate in higher plants. Bot. Gaz. **30**, 73, 154 (1900).
TISCHLER, G.: Allgemeine Pflanzenkaryologie. In LINSBAUERs Handbuch der Pflanzenanatomie, Bd. 2, 2. Aufl. Berlin: Gebrüder Borntraeger 1934.
TOBLER, F.: Beitrag zur Kenntnis der Ligninbildung im Holzkörper von Cannabis sativa. Ber. dtsch. bot. Ges. **58**, 143 (1940).
TOWERS, G. H. N., and R. D. GIBBS: Lignin chemistry and the taxonomy of higher plants. Nature (Lond.) **172**, 25 (1953).
TRAPP, W.: Das dielektrische Verhalten von Holz und Zellulose im großen Frequenz- und Temperaturbereich. Diss. Braunschweig 1945.
TREIBER, E., H. TOPLAK u. M. u. H. RUCK: Physikalisch-chemische Untersuchungen an einigen Hemicellulosen. Holzforsch. **9**, 49 (1955).
TREITEL, O.: Elasticity, plasticity and compression for cylindrical plant tissues, and fine structure of their cell walls. J. Colloid Sci. **1**, 327 (1946); **2**, 453 (1947); **3**, 263 (1948).
TRENDELENBURG, R.: Holz als Rohstoff, S. 273. München: J. F. Lehmann 1939.
— / H. MAYER-WEGELIN: Das Holz als Rohstoff. München: C. Hanser 1955.
TSCHIRCH, A.: Angewandte Pflanzenanatomie. Wien u. Leipzig: Urban & Schwarzenberg 1889.
—, u. P. NOTTBERG: Experimentelle Untersuchungen über die Bildung der Harzgallen. Arch. Pharm. (Weinheim) **235**, 256 (1897).
TUNMANN, O., u. L. ROSENTHALER: Pflaɪzɘnmikrochemie. Berlin: Gebrüder Bornträger 1931.
TUPPER-CAREY, R. M., and J. H. PRIESTLEY: The composition of the cell-wall at the apical meristem of stem and root. Proc. roy. Soc. B **95**, 109 (1923).
TUTTON, A. E. H.: Crystallography and practical crystal measurement, S. 536ff. London: Macmillan & Co. 1911.
URQUHART A. R., and A. M. WILLIAMS: The moisture relations of cotton. J. Textile Inst. **15**, 138 (1924).

Ursprung, A.: Über das Eindringen von Wasser und anderen Flüssigkeiten in Interzellularen. Beih. bot. Zbl. **41** (I), 15 (1924).

—, u. G. Blum: Über die Schädlichkeit ultravioletter Strahlen. Ber. dtsch. bot. Ges. **35**, 385 (1917).

Vöchting, H.: Untersuchungen zur experimentellen Anatomie und Pathologie des Pflanzenkörpers. Tübingen: H. Laupp 1908.

Vodoz, J.: Das Verhalten des Holzes im hochfrequenten Wechselfelde. Diss. E.T.H. Zürich 1957. — Holz als Roh- u. Werkstoff **15**, 327 (1957).

Vogel, A.: Die Zellwand der Pollenschläuche. Diplomarbeit E.T.H. Zürich 1950. Unveröffentlicht.

— Zur Feinstruktur von Ramie. Diss. E.T.H. Zürich 1953. — Makromol. Chem. **11**, 111 (1953).

— — Zelloberfläche und Zellverbindungen im elektronenmikroskopischen Bild. Verh. dtsch. Ges. Pathologie. Stuttgart: Gustav Fischer 1958.

Volz, G.: Elektronenmikroskopische Untersuchungen über die Porengröße pflanzlicher Zellwände. Mikroskopie **7**, 251 (1952).

Vorreiter, L.: Rechnungsmäßige Bestimmung der Zellwanddichte aus den Holzkonstituenten. Holz als Roh- u. Werkstoff **13**, 185 (1955).

Vries, M. A. de: Over de vorming van phytomelaan bij Tagetes patula L. en enige andere composieten. Diss. Leiden 1948.

Wälchli, O.: Die Einlagerung von Kongorot in Zellulose. Diss. E.T.H. Zürich 1945. — Schweiz. Arch. angew. Wiss. Tech. **11**, 129 (1945).

Ward, K.: Chemistry and chemical technology of cotton. New York: Interscience Publ. 1955.

Wardrop, A. B.: The low-angle scattering of X-ray by conifer tracheids. Textile Res. J. **22**, 288 (1952).

— The fine structure of the conifer tracheid. Holzforsch. **8**, 12 (1954a).

— Observations on crossed lamellar structures in the cell walls of higher plants. Aust. J. Bot. **2**, 154 (1954b).

— The mechanism of surface growth involved in the differentiation of fibres and tracheids. Aust. J. Bot. **2**, 165 (1954c).

— The intermicellar system in cellulose fibres. Biochim. biophys. Acta **13**, 306 (1954d).

— The mechanism of surface growth in parenchyma of Avena coleoptiles. Aust. J. Bot. **3**, 137 (1955).

— The mechanism of surface growth in the parenchyma of Avena coleoptiles. Biochim. biophys. Acta **21**, 200 (1956a).

— The nature of surface growth in plant cells. Aust. J. Bot. **4**, 193 (1956b).

— The nature of reaction wood. V. Aust. J. Bot. **4**, 152 (1956c).

— The phase of lignification in the differentiation of wood fibers. Tappi **40**, 225 (1957).

—, and H. E. Dadswell: Contributions to the study of the cell wall. The occurrence, structure, and properties of certain cell wall deformations. Counc. Sci. Ind. Res. (Aust.) Bull. **221**, 14 (1947).

— — The nature of reaction wood. Aust. J. Sci. Res. B **1**, 3 (1948); **3**, 1 (1950); **5**, 385 (1952).

— — The development of the conifer tracheid. Holzforsch. **7**, 33 (1953).

— — The nature of reaction wood. IV. Aust. J. Bot. **3**, 177 (1955).

— and E. Scaife: Occurence of peroxidase in tension wood of angiosperms. Nature (Lond.) **178**, 867 (1956).

Weber, E.: Über die Optik und die Struktur der Pflanzenwachse. Diss. E.T.H. Zürich 1941. — Ber. schweiz. bot. Ges. **52**, 112 (1942).

Weber, F.: Doppelbrechung und Grana von Chloroplasten. Mikrochemie **1936**, 447. Molisch-Festschrift.

Weddel, A.: Sur les cystolithes ou concrétions calcaires des Urticacées et d'autres végétaux. Ann. Sci. natur. bot., Sér. IV **2**, 267 (1854).

Wehmer, C., u. M. Harders: Systematische Verbreitung und Vorkommen der einzelnen natürlichen Gerbstoffe und verwandter Stoffe. In Kleins Handbuch der Pflanzenanalyse, Bd. 3/1, S. 407. Berlin: Springer 1932.

Weibull, C.: The nature of the „ghosts" by lysozyme-lysis of Bacillus megaterium. Exp. Cell. Res. **10**, 214 (1956).

WEIGERT, F.: Optische Methoden der Chemie. Leipzig: Akademische Verlagsgesellschaft 1927.
WEINLAND, H.: Das Wachstum der Hypanthien bei den Oenotheren. Z. Bot. **36**, 401 (1941).
WENT, F. W.: Wuchsstoff und Wachstum. Diss. Utrecht 1927.
—, and K. V. THIMANN: Phytohormones. New York: Macmillan Comp. 1937.
WENZL, H.: Untersuchungen über die Exkretbildung in den Drüsenhaaren an Labiaten. Jb. wiss. Bot. **81**, 807 (1935).
— Ist das Holz ein einheitlicher Rohstoff? Holzforsch. **2**, 37 (1948).
WERGIN, W.: Über Entstehung und Aufbau von Reaktionsholzzellen. Faserforsch. u. Textiltechn. **8**, 257 (1957).
WERNER, O.: Blattaschenbilder heimischer Wiesengräser als Mittel ihrer Verwandtschafts- und Wertbestimmung. Biol. generalis (Wien) **4**, 403 (1928).
WERZ, G.: Membranbildung bei kernlosen, wachsenden und nicht wachsenden Teilen von Acetabularia mediterranea. Z. Naturforsch. **12**b, 739 (1957).
WETTSTEIN, F. v.: Das Vorkommen von Chitin und seine Verwertung als systematisches, phylogenetisches Merkmal im Pflanzenreich. S.-B. Akad. Wiss. Wien, Abt. 1 **130**, 3 (1921).
WHELAN, W. J.: Lichenin, Mannans. In PAECH u. TRACEY, Moderne Methoden der Pflanzenanalyse, Bd. 2, S. 175, 189. Berlin: Springer 1955.
WIELER, A.: Die Bedeutung der Innenhaut für die Zelle und die Struktur der sekundären Verdickungsschichten. Protoplasma **34**, 202 (1940).
WIENER, O.: Theorie des Mischkörpers für das Feld der stationären Strömung. Abh. sächs. Ges. Wiss. **32**, 507 (1912).
— Formdoppelbrechung bei Absorption. Kolloid-Beih. **23**, 189 (1926). AMBRONN-Festschrift.
WIESNER, J.: Über ein Ferment, welches in der Pflanze die Umwandlung der Cellulose in Gummi und Schleim bewirkt. Bot. Ztg **43**, 577 (1885).
— Untersuchung über die Organisation der vegetabilischen Zellhaut. S.-B. Akad. Wiss. Wien, Abt. 1 **93**, 17 (1886).
— Die Rohstoffe des Pflanzenreiches, 4. Aufl. Leipzig: Wilhelm Engelmann 1927.
WILLSTÄTTER, R., u. G. SCHUDEL: Bestimmung von Traubenzucker mit Hypojodit. Ber. dtsch. chem. Ges. **51**, 780 (1918).
—, u. L. ZECHMEISTER: Zur Kenntnis der Hydrolyse von Cellulose. Ber. dtsch. chem. Ges. **46**, 2401 (1913).
WILSON, K.: Observations on the structure of the cell wall of Valonia ventricosa and of Dictyosphaeria favulosa. Ann. Botany, N. S. **15**, 279 (1951).
— The polarity of the cell wall of Valonia. Ann. Botany, N. S. **19**, 289 (1955).
— Extension growth in primary cell walls with special reference to Elodea canadensis. Ann. Botany, N. S. **21**, 1 (1957).
WINTERSTEIN, E.: Über das pflanzliche Amyloid. Hoppe-Seylers Z. physiol. Chem. **17**, 353 (1892).
— Zur Kenntnis der Pilzcellulose. Ber. dtsch. bot. Ges. **11**, 441 (1893).
— Über die Spaltungsprodukte der Pilzcellulose. Ber. dtsch. chem. Ges. **27**, 3113 (1894); **28**, 167 (1895).
WIRTH, P.: Membranwachstum während der Zellstreckung. Diss. E.T.H. Zürich 1946. — Ber. schweiz. bot. Ges. **56**, 175 (1946).
WISLICENUS, H., u. H. HEMPEL: Fruktose als Urbaustoff des „Lignins". Cellulosechem. **14**, 149 (1934).
WISSELINGH, C. v.: Mikrochemische Untersuchungen über die Zellwände der Fungi. Jb. wiss. Bot. **31**, 619 (1897).
— Die Zellmembran. In LINSBAUERs Handbuch der Pflanzenanatomie, Bd. 3/2. Berlin 1925.
— Beitrag zur Kenntnis der inneren Endodermis. Planta (Berl.) **2**, 27 (1926).
WOLFF, E.: Aschenanalysen, Bd. 1 u. 2. Berlin 1871.
WOLFF, P. M. DE,. u. A. L. HOUWINK: Some considerations on cellulose fibril orientation in wing cell walls. Acta bot. neerl. **3**, 396 (1954).
WORK, E.: Biochemistry of the bacterial cell wall. Nature (Lond.) **179**, 841 (1957).
WUHRMANN, K.: Der Einfluß von Neutralsalzen auf das Streckungswachstum der Avena-Koleoptile. Diss. E.T.H. Zürich 1937. — Protoplasma **29**, 361 (1937).
— A. HEUBERGER u. K. MÜHLETHALER: Elektronenmikroskopische Untersuchungen an Zellulosefasern nach Behandlung mit Ultraschall. Experientia (Basel) **2**, 105 (1946).

WUHRMANN, K., u. W. PILNIK: Über Optik und Feinbau des Pektins und seiner Derivate. Experientia (Basel) 1, 330 (1945).

WUHRMANN-MEYER, K. u. M.: Über Bau und Entwicklung der Zellwände in der Avena-Koleoptile. Jb. wiss. Bot. 87, 642 (1939).

— Untersuchungen über die Absorption ultravioletter Strahlen durch Kutikular- und Wachsschichten von Blättern. Planta (Berl.) 32, 43 (1941).

WULFF, H. D.: Die Entwicklung der Pollenkörner von Triglochin und die verschiedenen Typen der Pollenkernentwicklung der Angiospermen. Jb. wiss. Bot. 88, 141 (1939).

ZECHMEISTER, L.: Zur Kenntnis der Zellulose und des Lignins. Diss. E.T.H. Zürich 1913.

ZETZSCHE, F.: Kork und Cuticularsubstanz. In KLEINs Handbuch der Pflanzenanalyse, Bd. 3/1, S. 205. Berlin: Springer 1932a.

— Membranstoffe von Bakterien, Pilzen, Moosen und Farnen. In KLEINs Handbuch der Pflanzenanalyse, Bd. 3/1, S. 264. Berlin: Springer 1932b.

— Fossile Pflanzenstoffe. In KLEINs Handbuch der Pflanzenanalyse, Bd. 3/1. Berlin: Springer 1932c.

ZIEGENSPECK, H.: Über die Rolle des Casparyschen Streifens der Endodermis und analoge Bildungen. Ber. dtsch. bot. Ges. 39, 302 (1921).

— Über die Zwischenprodukte des Aufbaues von Kohlehydrat-Zellwänden und deren mechanischen Eigenschaften. Bot. Archiv 9, 297 (1925).

— Über das Ergußwachstum des Kutins bei Aloe-Arten. Bot. Archiv 21, 1 (1928).

— Die Emission polarisierten Fluoreszenzlichtes (Difluoreszenz) durch gefärbte Zellwände. In BRÄUTIGAM u. GRABNER, Fluoreszenzmikroskopie, S. 71. Wien: G. Fromme 1949.

ZIMMERMANN, A.: Über den Zusammenhang zwischen der Richtung der Tüpfel und der optischen Elastizitätsachsen. Ber. dtsch. bot. Ges. 2, 124 (1884).

— Zur Wachstumsmechanik der Zellmembran. Beitr. Morph. u. physiol. Pflanzenzelle 3, 198 (1893).

ZYCHA, H.: Über die Kernbildung und verwandte Vorgänge im Holz der Rotbuche. Forstwiss. Zbl. 67, 80 (1948).

Namenverzeichnis

Verzeichnis der Symbole

Sachverzeichnis